Jetzt helfe ich mir selbst

Motor
buch
Verlag

Einbandgestaltung: Andreas Pflaum

Bilder/Zeichnungen: Rainer Althaus, Motor-Presse Stuttgart, Volkswagen, SEAT, Bosch, Dunlop, Hella.

Alle Angaben und Ratschläge in diesem Ratgeber wurden nach bestem Wissen und Gewissen erteilt. Eine Haftung der Autoren oder des Verlages und seiner Beauftragten für Personen-, Sach- und Vermögensschäden ist jedoch ausgeschlossen.

Dieser Band entspricht dem Kenntnisstand zum Zeitpunkt der Drucklegung. Abweichungen durch Weiterentwicklung der beschriebenen Fahrzeuge, geänderte Anweisungen des Fahrzeugherstellers bzw. neue gesetzliche Bestimmungen sind möglich.

ISBN 3-613-02137-4

Ein Unternehmen der Paul Pietsch Verlage GmbH + Co
1. Auflage 2001

Grafische Gestaltung: Andreas Pflaum
Herstellung: Fotolito Longo, Bozen (I)
Druck und Bindung: Fotolito Longo, Bozen (I)
Printed in Italy

Rainer Althaus

VW LUPO
VW LUPO TDI 3L
VW LUPO FSI
SEAT AROSA

Benzinmotoren:
Vierzylinder 1,0 Liter, 37 KW/50 PS ab 3/97
Vierzylinder 1,4 Liter, 44 KW/60 PS ab 3/97
Vierzylinder 1,4 Liter, 55 KW/75 PS ab 9/98
Vierzylinder 1,4 Liter, 74 KW/100 PS ab 5/99
Vierzylinder 1,4 Liter, 77 KW/105 PS (FSI) ab 9/00
Vierzylinder 1,6 Liter, 90 KW/125 PS (GTI) ab 3/01

Dieselmotoren:
Vierzylinder 1,7 Liter, 44 KW/60 PS (SDI) ab 12/97
Dreizylinder 1,2 Liter, 45 KW/61 PS (TDI PDE "3L") ab 5/99
Dreizylinder 1,4 Liter, 55 KW/75 PS (TDI PDE) ab 5/99

Inhaltsverzeichnis

Die Kraftübertragung

Das Fahrwerk

Die Bremsanlage

Die Fahrzeugelektrik

Der Innenraum

Die Karosserie

Technische Daten

Stichwortverzeichnis

Was tun bei Pannen und Störungen?

Störungsbeistände

Ein Ratgeber stellt sich vor

»Jetzt helfe ich mir selbst« ist ein Ratgeber rund ums Auto. Er zeigt, wie die Technik funktioniert und wie Sie Ihr Fahrzeug optimal pflegen und warten. Sie werden sehen: Do it yourself macht Spaß und spart Geld. Und mit dem richtigen Know-how schrumpft manche Panne zur Bagatelle, weil oft wenige Handgriffe genügen, ein Auto wieder flott zu machen.

Ein Ratgeber mit System

Jedes Kapitel dieses Ratgebers gliedert sich stets in die Abschnitte Theorie, Wartung, Störungsbeistand und Reparatur.

Theorie. Hier informieren Sie sich über Technik und Funktionen. Neben ausführlichen Beschreibungen finden Sie in diesem Abschnitt ein **Techniklexikon** mit Hintergrundwissen zu speziellen Problemen.

Wartung. Eine detaillierte Anleitung führt Step by Step durch alle Arbeiten. Arbeitssymbole verdeutlichen Zeitaufwand, Schwierigkeitsgrad sowie Gefahren für Sicherheit und Umwelt. Illustrationen veranschaulichen Arbeitsabläufe und Probleme.

Reparatur. Störungen, Ursachen und Abhilfen werden in den **Störungsbeiständen** aufgelistet, die bei der Reparatur helfen sollen. Die Arbeitsschritte werden nach dem gleichen Muster dargestellt wie die Wartungsarbeiten. **Praxistipps** helfen Ihnen bei der Umsetzung und bei Problemen.

Wollen Sie zum Beispiel mit einer Wartung beginnen, schlagen sie das Inhaltsverzeichnis des entsprechenden Kapitels auf: Die Seitenangaben bei den Wartungspunkten führen Sie direkt zur Beschreibung der Arbeitsschritte. Den gleichen Weg beschreiten Sie bei den Reparaturen.

Die Bauteile des Motors

Motorblock. Hier sind die beweglichen Teile gelagert. Er besteht bei vielen Motoren aus Grauguss. Der Motorblock trägt auch Aggregate wie Lichtmaschine, Anlasser und Zündanlage.

Zylinderkopf. Schließt den Zylinder nach oben ab. Er enthält Kanäle für Frisch- und Abgas, Ventilsitze, Lager und Führungen für Teile der Ventilsteuerung, Zündkerzengewinde, Wasserkanäle und Brennraum. Die Zylinderkopfdichtung zwischen den Metall-Flächen von Zylinderkopf und Zylinderblock verhindert, dass an dieser Stelle Luft und Kühlwasser in den Zylinder gelangen.

Technik auf den Punkt gebracht: Knappe und präzise Infos über Begriffe, Funktionen und Zusammenhänge.

Wartung

Reparatur

Eine Übersicht der Wartungen und Reparaturen finden Sie auf der ersten Seite jedes Kapitels. Die Seitenangaben führen Sie direkt zu den Arbeitsschritten.

① Ansauggeräuschdämpfer abbauen. Beim Diesel: Luftansaugleitung abbauen. Bei allen Motoren: elektrische Steckverbindungen lösen.

② Sechs Schrauben der Zylinderkopfhaube lösen und Haube vorsichtig abnehmen. Sitzt der Deckel fest, lösen Sie ihn durch Schläge mit Handballen oder Hammerstiel.

③ Für die Messung von Ein- und Auslassventil eines Zylinders müssen beide Ventile entlastet sein. Dazu den Motor durchdrehen, bis an der Nockenwelle die Spitzen beider Nocken von Zylinder 1 (in Fahrtrichtung rechts) symmetrisch nach links und rechts oben zeigen (OT-Markierung beachten). Diese Position entspricht dem Oberen Totpunkt.

Die Arbeitsschritte führen Sie Step by Step durch Ihre Wartungen und Reparaturen. Hier steht, wo Sie den Hebel ansetzen müssen und worauf Sie dabei achten müssen.

Kühlsystem

Störungs-beistand

Störung	Ursache	Abhilfe
A Temperatur-Anzeigenadel steht im roten Bereich	**1** Keilrippenriemen zu schwach gespannt oder gerissen	Riemenspannung kontrollieren oder Riemen ersetzen
	2 Zu wenig Flüssigkeit im Kühlsystem	Auffüllen, notfalls aus der Scheibenwaschanlage
	3 Kabel zur Temperaturanzeige hat Masseschluss	Kabel am Temperaturgeber abziehen, Zeiger muss zurückgehen, sonst Masseschluss; Kabelverlauf kontrollieren

Der ideale Pannenhelfer: Der »Störungsbeistand« hilft Ihnen, Fehlern und Defekten an Ihrem Fahrzeug systematisch auf den Grund zu gehen. Außerdem finden Sie hier Tipps, wie Sie mit einer Störung fertig werden.

Praxistipp

Kompressions-druckluft strömt aus

Wenn Kompressionsdruckluft an einer der folgenden Stellen ausströmt, hat dies meist diese Ursachen:

- Ansaugkrümmer oder Luftfiltergehäuse: defektes Einlassventil.
- geöffneter Kühler oder Kühlmittel-Ausgleichsbehälter.

Praxistipps für Schrauber: Hier steht, wie Sie schnell und effektiv Fehler feststellen und Probleme lösen.

Wartung und Inspektion

Sie finden den Wartungsplan von »Jetzt helfe ich mir selbst« auf den letzten Buchseiten. Er basiert auf dem Wartungsplan, den Volkswagen an seine Vertragswerkstätten ausgibt. Außerdem enthält er einige Wartungsarbeiten an Baugruppen, die der Prüfer von TÜV oder DEKRA bei einer Hauptuntersuchung in Augenschein nimmt.

Kein Do it yourself bei Garantie

Wenn Sie einen neuen Lupo fahren: Halten Sie die Wartungsintervalle des Herstellers unbedingt ein. Vor allem: Verzichten Sie aufs Do it yourself. Volkswagen erfüllt nämlich selbst berechtigte Garantieansprüche nur dann, wenn die Wartungsarbeiten an Ihrem Wagen rechtzeitig von einer Vertragswerkstatt erledigt wurden. Das gilt übrigens auch, wenn Sie einen Lupo mit einem Austauschmotor fahren.

Ratgeberservice: Checklisten

Auf der vorderen und der hinteren Umschlaginnenseite dieses Ratgebers finden Sie eine Reihe von Checklisten, die Ihnen helfen, Ihren Lupo für Alltag, Winter und TÜV/DEKRA fit zu machen. Hier steht, welche Arbeiten Sie durchführen sollten und auf welchen Seiten Sie die Arbeitsanleitungen dazu finden. Die benötigte Liste kopieren und alle Arbeiten Punkt für Punkt abhaken.

Die Arbeitssymbole

Der Umweltbaum soll Sie für den Umweltschutz sensibilisieren. Er taucht immer dann auf, wenn eine Arbeit oder die dabei anfallenden Abfälle für die Umwelt problematisch sind.

Die Zahl der Schraubenschlüssel signalisiert den Schwierigkeitsgrad.
1 Schlüssel = leichte Arbeit; 2 Schlüssel = anspruchsvolle Arbeit; 3 Schlüssel = schwierige Arbeit.

Die Sanduhr nennt den Zeitaufwand für den Hobby-Schrauber. Ein Teilstrich steht für eine Viertelstunde – bei einer gefüllten Uhr müssen Sie also mit rund einer Stunde Arbeit rechnen.

Das Ausrufezeichen steht für Arbeiten, die die Betriebssicherheit Ihres Fahrzeugs betreffen. Wenn Sie nicht absolut kompetent sind: Hände weg! Das ist ein Fall für die Werkstatt.

Die Prüfplakette klassifiziert eine Vorsorgearbeit für die Hauptuntersuchung. Sie sparen Geld und Zeit, wenn Sie die markierten Wartungs- und Prüfarbeiten vor Ihrem Termin bei TÜV oder DEKRA durchführen.

Die Wartungsplakette bezeichnet alle Wartungsarbeiten für Ihr Auto, die auch die Werkstatt beim Kleinen und Großen Kundendienst durchführt. Sämtliche Punkte entsprechen den offiziellen Wartungsplänen.

DER VW LUPO

Der Lupo – ein Kleinwagen, der mit Sicherheit, Wirtschaftlichkeit, Ausstattung und Fahrkomfort manchen Großen Konkurrenz macht. Im Marktsegment A00 ist der kompakte Zwerg aus Wolfsburg Spitzenreiter.

Als die Volkswagen AG im September 1998 der Öffentlichkeit den Lupo präsentierte, hatte der heiß umkämpfte Kleinwagenmarkt seinen neuen Star. Für Kleinwagen gilt der Anspruch, Sympathien zu wecken, in ganz besonderem Maße. Dem Lupo gelingt dies gleich mehrfach: Nicht nur das gefällige Äußere mit den runden Klarglasscheinwerfern, auch die hohe Verarbeitungsqualität (beispielsweise Vollverzinkung der Karosserie) und die konkurrenzlose Modellvielfalt machen ihn in seinem Marktsegment zum Renner. Da der kompakte Zwerg ausschließlich als 2-türige (oder in der Betrachtungsweise inklusive Heckklappe als 3-türige) Limousine angeboten wird, hat der Hersteller an eine neuartige Einstieghilfe gedacht. Dabei gleiten die Vordersitze beim Vorklappen der Lehne weit nach vorn, womit der Zugang zum Fond erleichtert wird.

Fahrer- und Beifahrer-Airbag gehören zur Serienausstattung. Seitenairbags und ABS sind optional erhältlich. Seitliche Karosserieverstärkungen in den Türen erhöhen die passive Sicherheit. Die Motorisierung folgt individuellen Anforderungen. Ob ein wirtschaftliches Einstiegsmodell, ein sportlicher 16V oder ein Verbrauchsweltmeister gefragt ist – der Lupo hat die passende Antwort.

Die querliegenden Motoren sind in einer Pendellagerung aufgehängt, die im Leerlaufbetrieb die Vibrationen des Autos vermindert. Zum Fahrkomfort trägt auch der so genannte Fahrschemel an der Vorderachse bei. Er ist über Gummilager von der Karosserie entkoppelt und dämpft die Schwingungen, die sonst auf den Innenraum übertragen werden. Radaufhängung und Schraubenfedern hinten sind getrennt, so dass sich die Durchladebreite des bei einem Fahrzeug von nur 3,527 m Länge ohnehin knapp bemessenen Kofferraums etwas vergrößert.

Neben der Basisausstattung können die Kunden beim Lupo noch zwischen den Ausstattungsstufen »Trendline« und »Comfortline« wählen. Individuelle Ansprüche werden durch Zentralverriegelung, elektrische Fensterheber, Klimaanlage, das elektrisch bedienbare Kunststoff-Faltdach für Open Air sowie Schiebe-Ausstelldach, CD-Spieler und Radio-Navigationssystem erfüllt.

SEAT Arosa – der spanische Vetter des Lupo

Allerdings war bei der Vorstellung des VW Lupo im Herbst 1998 dieses Auto im Grunde schon längst bekannt. Denn der Lupo ist nichts anderes als ein etwas feiner eingekleideter – und damit teurerer – Seat Arosa. Der wurde schon seit März 1997 verkauft. Die Technik dieses bis Mai 1998 in Wolfsburg, dann in Spanien gebauten Kleinwagens stammt von VW. Der spanische Vetter des Lupo unterscheidet sich durch seine breiten Scheinwerfer und die außen liegenden Blinkleuchten. Das blieb auch so nach dem Facelifting zum November 2000. Benannt wurde dieses Fahrzeug nicht etwa nach dem bekannten Schweizer Kurort, sondern nach der beliebten galizischen Küstenstraße an der Ria de Arosa in Nordwestspanien.

61 Prozent der Arosa-Käufer waren bis dahin weiblich. Durchschnittsalter: 40 Jahre. In den meisten Familien wurde der Arosa als Zweitwagen mit einer Fahrleistung von 15.000 Kilometer im Jahr gehalten. Der Arosa ist in fünf Motorisierungsvarianten erhältlich. Für den 1,4 Liter Benziner wird auch ein Automatikgetriebe angeboten. Seit Januar 1999 gibt es eine voll verzinkte Karosserie.

Mit neuem Styling unterstreicht der Seat Arosa 2000/2001 den Werbespruch des Herstellers für ein selbstbewusstes Auto: Außen David. Innen Goliath. Das typische Gesicht der spanischen Marke ziert nun auch deren kompaktestes Modell. Große Doppelscheinwerfer mit integrierten Blinkleuchten hinter Klarglasabdeckungen lassen den Arosa dynamisch aussehen.

Das neue Arosa-Styling von Ende 2000 ist nicht nur hübsche Verpackung, sondern Ausdruck der inneren Stärken des Autos, meint der Hersteller und wirbt mit dem Spruch: »Außen David. Innen Goliath«. Sonderausstattungen genügen auch gehobenen Ansprüchen. Arosa Signo und Sport zum Beispiel haben Leichtmetallräder und feinstes Leder im Innenraum. Der Arosa Sport (100 PS) hat rundum Scheibenbremsen sowie ABS und EDS der neuesten Generation.

Verantwortlich für das neue Erscheinungsbild ist Walter de'Silva, der frühere Chefdesigner von Alfa Romeo. Hinter dem neuen Design innen und außen verbirgt sich eine gründliche Revision, in die Seat rund 100 Millionen Mark investiert hat. Die Anerkennung ließ nicht lange auf sich warten: Anfang April 2001 konnte Seat den »autonis«, Deutschlands einzige Auszeichnung für Autodesign, entgegen nehmen. Die Leser der Automobilzeitschrift »AUTO/Straßenverkehr« hatten den Arosa in seiner Kategorie auf Rang 1 gewählt.

Mehr als die Hälfte aller Bauteile des Arosa der zweiten Generation sind komplett neu oder wurden überarbeitet. Besonders auf Sicherheit legten die Ingenieure im Technischen Zentrum von Martorell großen Wert und verbesserten sämtliche Werte bei allen Arten von Kollisionen im Crashtest.

Lupo 3L: Das erste 3-Liter-Auto

Mit dem Lupo 3L TDI, dem ersten Drei-Liter-Auto der Welt, setzte sich VW beim Öko-Check 2000 gegen rund 300 Konkurrenten durch. Der ökologisch orientierte Verkehrsclub Deutschland (VDC) kürte den Lupo

Die operettenartige Inszenierung dieses Volkswagen-Pressefotos vom Lupo 3L TDI als Reisewagen hat einen realen Hintergrund. Nur wenig später ging ein VW-Team mit dem Drei-Liter-Diesel auf Rekordfahrt in 80 Tagen um die Welt. Mit einem Durchschnittsverbrauch von 2,99 Liter auf 100 Kilometer schrieb der Spar-Weltmeister Automobilgeschichte.

in dieser seit Mai 1999 angebotenen Version zum sparsamsten und umweltfreundlichsten Auto.
Mitarbeiter aus der technischen Versuchsabteilung fuhren mit dem 3L TDI in 80 Tagen um die Welt. Für die 33.333 Kilometer lange Strecke standen maximal 1.000 Liter Dieselkraftstoff zur Verfügung, der Lupo begnügte sich mit noch etwas weniger. Mit einem Durchschnittsverbrauch von 2,99 Litern auf 100 Kilometer schrieb er Automobilgeschichte.
Auf seiner Rekordfahrt, die am 16. Mai 2000 in Berlin gestartet wurde und am 3. August in Wolfsburg endete, erwies sich der Lupo als sparsamstes Serienauto der Welt: Ohne Pannen und Defekte mit Kraftstoff für kaum mehr als eineinhalb Tausend Mark einmal um die Erde! Überdies war er zumindest bis dahin der einzige Diesel, der die strengen Grenzwerte der Abgasnorm D4 erfüllte.
Angetrieben wird die besonders sparsame Version des Lupo von einem Dreizylinder-TDI-Motor mit 1,2 Liter Hubraum. Das mit Pumpe-Düse-Technologie ausgestattete Triebwerk leistet 45 kW (61 PS). Die Kraftübertragung erfolgt über ein Fünfgang-Direktschaltgetriebe, bei dem neben dem vollautomatischen Modus die Gänge manuell über eine Tiptronic ausgewählt werden können. Außerdem ist der 3L TDI konsequent auf Leichtbau optimiert. Durch den Einsatz von besonders leichten Baustoffen wie Aluminium und Magnesium erreicht der Drei-Liter-Lupo nach Werksangaben ein Leergewicht von nur 830 Kilogramm.

Lupo FSI: Zum ersten Mal Benzindirekteinspritzung

Auf dem Genfer Automobilsalon 2000 machte VW mit dem Lupo FSI Furore, der von einem in die Zukunft weisenden Benzinmotor mit Direkteinspritzung angetrieben wird. Auch dieser Motor stellt in Sachen Sparsamkeit einen technologischen Höhepunkt dar.

FSI steht für ***Fuel Stratified Injection*** (übersetzt: geschichtete Benzineinspritzung) und markiert den Eintritt in eine neue Ära des Ottomotors. Bisher wurde der Treibstoff in das Saugrohr eingespritzt und bereits dort mit der angesaugten Luft vermischt. Im FSI wird das Benzin mit hohem Druck direkt in den Brennraum gespritzt. Der Vorteil des direkt einspritzenden Vierzylinder-Aggregats lässt sich an Zahlen ablesen: Der Lupo 1,4 Liter 16V, durchaus kein Benzinfresser, verbraucht im Durchschnitt 6,6 Liter auf 100 km. Der FSI mit vergleichbarem Hubraum und vergleichbarer Leistung begnügt sich mit 4,9 Litern.

Zusammen mit Bosch-Ingenieuren hat Volkswagen das Schichtladekonzept der Benzin-Direkteinspritzung entwickelt. Für den Lupo FSI – hier auf dem Rollenprüfstand im Technischen Entwicklungszentrum Schwieberdingen – wurden nach 30-monatiger Entwicklungszeit 110 Patente erteilt.

Der Lupo FSI leitet eine neue Ära der Benzinmotoren ein. Der knapp 200 km/h schnelle Kleinwagen verbraucht 4,9 Liter und ist der umweltfreundlichste Benzindirekteinspritzer weltweit.

Ein weiteres Merkmal des Benzin-Direkteinspritzers ist die effektive Nachbehandlung des Abgases. Zur Reduktion der Schadstoffemissionen wird ein NOx-Speicherkatalysator eingesetzt. In diesem werden die besonders kritischen Stickoxide während des Schichtladebetriebs zwischengelagert und, je nach Betriebszustand des Motors, in unschädlichen Stickstoff sowie Sauerstoff umgewandelt. Durch die Kombination von Direkteinspritzung und Abgasnachbehandlung ist der FSI sparsam und umweltfreundlich wie kein anderes Auto.
Problematisch im heutigen Entwicklungsstadium von FSI-Motoren bleibt der im Kraftstoff enthaltene Schwefel, der die Aktivität des NOx-Speicherkatalysators zu-

nehmend reduziert. Der erstmals eingesetzte NOx-Sensor hilft bei einer gezielten Entschwefelung. Um allerdings das volle Potenzial des Direkteinspritzers erschließen zu können, sollte der FSI mit den seit kurzem erhältlichen schwefelfreien Benzin-Sorten wie zum Beispiel Optimax von Shell betankt werden.
Der FSI kam analog zum 3L TDI mit einer gewichtsoptimierten Version auf den Markt. Doch der Leichtbau geht nicht zu Lasten der Sicherheit. Die in zahlreichen Punkten verstärkte Fahrgastzelle der Karosserie erfüllt strengste Crashanforderungen. Daran ändert auch der Einsatz von Aluminium und Magnesium nichts.

Vielfältige Angebotspalette

Zählt man zusammen, was Seat mit dem Arosa und Volkswagen mit dem Lupo offerieren, kommt eine vielfältige Angebotspalette zusammen. Für alle Modelle gilt die großzügige Gewährleistung: Ein Jahr ohne Kilometerbegrenzung, 3 Jahre auf den Lack, 12 Jahre gegen Karosseriedurchrostung, Mobilitätsgarantie.
Das Einsteigermodell ist bei VW und Seat der 1,0 Liter Benziner (50 PS). Den 1,4 Liter gibt es mit 60, 75 und 100 PS und als FSI mit 105 PS. Bei den Dieselmotoren haben beide Unternehmen den 1,7 Liter SDI (60 PS) und den 1,4 Liter TDI PDE (75 PS) im Angebot. Bei VW kommt der Drei-Liter-Diesel (61 PS) hinzu. Seit September 2000 kann bei VW der Lupo GTI bestellt werden: Dieser 1,6-Liter-Vierventiler kommt mit seinen 125 PS in 8,3 Sekunden auf 100 km/h und auf eine Spitzengeschwindigkeit von 205 km/h.
Seine vielfältige Angebotspalette macht den noch so jungen Lupo deutschlandweit zur erfolgreichsten Kleinwagenfamilie des so genannten Marktsegments A00. Schon 1999 betrug sein Marktanteil 23 Prozent. In Westeuropa gehört er zu den fünf am meisten verkauften Fahrzeugen seiner Klasse. Der Arosa basiert auf der A00-Plattform des Volkswagenkonzerns. Aufbauend auf diese Technik, sichert sich der Arosa durch ein eigenständiges und Seat-typisches Karosserie- und Innenraum-Design seine Markenidentität und bietet ein hervorragendes Preis-Leistungsverhältnis.

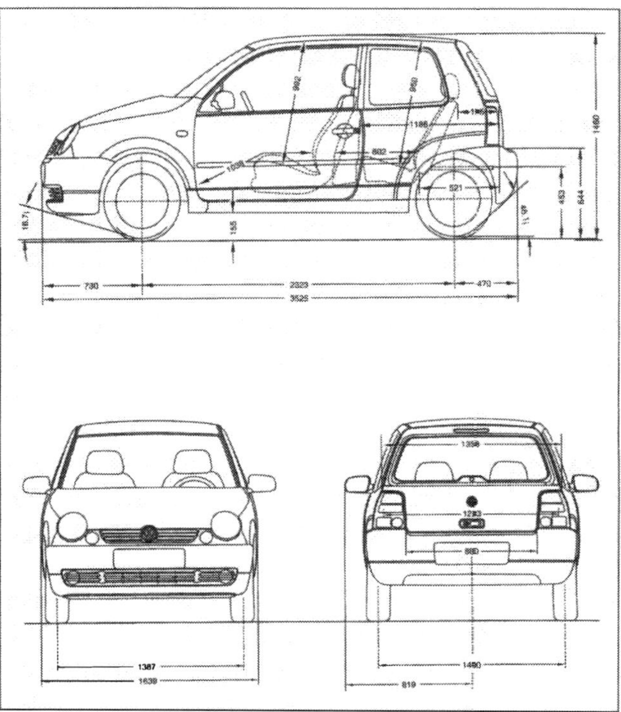

Für alle Modellvarianten gleich: Die Maße des Lupo.

Die Vielfalt der Lupo-Familie wird auch von Diesel-Modellen getragen. Der TDI fährt mit einem Dreizylinder-Triebwerk, das auf der Pumpe-Düse-Technologie basiert.

Die Modellpflege beim Lupo/Arosa

1997
Markteinführung des Seat Arosa, mit dem die Volkswagengruppe einen innovativen Kleinwagen vorstellt. Im März wird das Auto mit quer liegenden Ottomotoren (1,0 Liter, 1,4 Liter) vorgestellt, zum Jahresende kommt mit dem 1,7 Liter SDI eine Dieselvariante hinzu.

1998
Der VW Lupo erlebt im September seine Präsentation in der Öffentlichkeit. Volkswagen hat im Segment A00 ein ebenso kompaktes wie komfortables Auto auf die Räder gestellt. Der bis Mai noch in Wolfsburg gefertigte Seat Arosa wird nun in Spanien gebaut.

Blick ins Innere des Lupo GTI.

1999

Volkswagen führt mit dem 3L TDI das erste serienmäßig gebaute 3-Liter-Auto der Welt ein. Zudem erfüllt der Kompakte als erster Diesel die D4-Abgasnorm. Seit Januar gibt es auch den Seat Arosa mit voll verzinkter Karosserie und VW-üblicher 12-Jahre-Garantie gegen Durchrostung.

2000

Der Lupo FSI wird Wegbereiter einer neuen Generation besonders sparsamer und schadstoffarmer Ottomotoren. Sein Einsparpotenzial gegenüber konventionellen Benzinern der gleichen Leistungsklasse entspricht rund 30 Prozent. Der umweltfreundliche FSI fügt sich als siebentes Modell in die seit 1998 angebotene Baureihe ein. Zum Jahresende bekommt der Seat Arosa ein neues Styling – »nicht nur hübsche Verpackung – sondern auch Ausdruck seiner inneren Stärken«.

2001

Zum Modelljahr 2001 wird das Motorenangebot des Lupo noch vielfältiger. Der Lupo GTI markiert mit 92 kW (125 PS) das obere Ende der Leistungsskala im Motorenprogramm. Der 1,6 Liter große Vierventil-Motor beschleunigt den GTI auf eine Höchstgeschwindigkeit von 205 km/h.

Praxistipp

Die Fahrzeugerkennung

Typ, Motorisierung, Identifikationsnummern und andere Daten, die das Fahrzeug eindeutig bestimmen, sind an verschiedenen Stellen zu finden. Der Fahrzeugdatenträger ist in der Reserveradmulde rechts aufgeklebt. Er enthält

- Produktions-Steuerungsnummer
- Fahrzeug-Identifizierungsnummer
- Typ-Kennnummer
- Typerklärung/Motorleistung
- Motor- und Getriebekennbuchstaben
- Lacknummer/Innenausstattungs-Kennnummer
- Mehrausstattungskennnummer

Das Typschild befindet sich im Motorraum an der hinteren Querwand rechts.

Eine Fahrzeugnummer hat prinzipiell folgendes Aussehen:

WVWZZZ6XZXW000 279

Dabei bedeuten die Buchstaben und Zahlen im Einzelnen:

WVW Herstellerzeichen: Volkswagen AG (VSS=Seat)

ZZZ Füllzeichen

6X yp-Kurzbezeichnung (hier: Lupo; 6E=Lupo 3L; 6H=Seat Arosa)

Z Füllzeichen

X Modelljahr (hier: 1999; W=1998; Y=2000; 1=2001; 2=2002)

W Produktionsstätte im VW-Konzern (hier: Wolfsburg)

104329 Seriennummer des Fahrzeugs; jedes Modelljahr beginnt mit **000 001**

Die Motornummer ist in den Motorblock auf der linken Seite unterhalb der Trennstelle Zylinderkopf/Motorblock eingeschlagen. Sie ist ferner auf einem Aufkleber an der Zahnriemenabdeckung oder auf dem Zylinderkopfdeckel zu finden. Auch das Getriebe trägt eine Identifikationsnummer. Ein Fahrzeugdatenträger befindet sich auch immer auf der ersten Seite Ihres Service-Heftes.

Alle diese Nummern sind beim Bestellen von Ersatzteilen oder Austauschteilen unbedingt anzugeben. Denn viele Teile eignen sich einfach nur für speziell für den von Ihnen ausgewählten Typ, obwohl sie Ähnlichkeiten mit Teilen anderer Fahrzeuge in der VW-Baureihe haben.

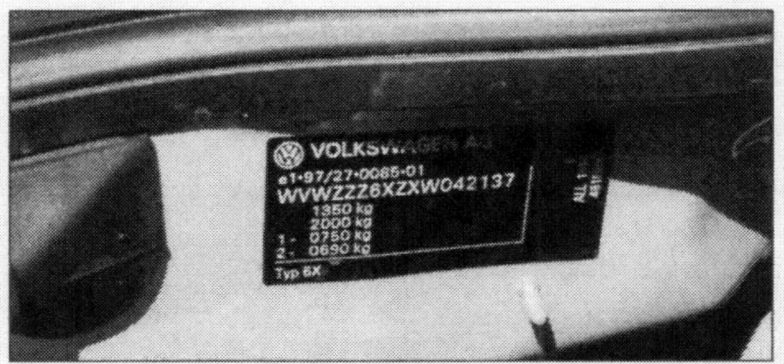

Das Typschild mit der Fahrzeug-Identifizierungsnummer befindet sich im Motorraum an der hinteren Querwand rechts.

DIE AUSRÜST

UNG

Wenn Sie nicht das geeignete Werkzeug besitzen, kommen Sie beim Schrauben an Ihrem Auto nicht weit. Das Bordwerkzeug reicht für kaum mehr als den Radwechsel.

Gute Organisation und umsichtige Vorbereitung sind beim Heimwerken – wie man so sagt – die halbe Miete. Nur wenn der Arbeitsplatz geeignet ist, die Ausrüstung stimmt und das benötigte Material bei Bedarf auch wirklich zur Verfügung steht, haben Sie Spaß beim Do it yourself. Und Spaß ist die Grundvoraussetzung für erfolgreiche Pflege und Wartung Ihres Autos.

Der Arbeitsplatz

Als Hobbymechaniker brauchen Sie einen geeigneten Arbeitsplatz, damit Sie sich ganz aufs Schrauben konzentrieren können. Am besten wäre natürlich eine Garage mit Stromanschluss, die ausreichend breit und gut beleuchtet ist. Sie können aber durchaus auch im Freien zum Werkzeug greifen. Zu Ihrer eigenen Sicherheit sollten Sie dann auf eine ebene und befestigte Fläche Wert legen.

Günstige Variante: Mietwerkstatt

Mietwerkstätten sind in aller Regel eine gute Empfehlung für Selbstschrauber. Dort gibt es neben Hebebühnen und umfangreicher Werkzeugausstattung oft auch kompetente Hilfestellung mit Praxistipps bei Problemen am Fahrzeug und mit der Technik. Die meisten Mietwerkstätten bieten mehrere Arbeitsplätze. Mit freien Plätzen ist unter der Woche eher zu rechnen als am Wochenende, wenn alle Autobastler zum Werkzeug greifen. Die Preise für eine Werkstattstunde bewegen sich zwischen 15 und 20 Mark, Werkzeug inbegriffen. Die Adressen finden Sie in den Gelben Seiten. Achten Sie auch auf entsprechende Anzeigen im Autoteil der Tageszeitung und in Anzeigenblättern oder fragen Sie bei einer Tankstelle nach.

Werkstattbesuch gut vorbereiten

Eigene Arbeit in der Mietwerkstatt lohnt sich nur, wenn die Reparatur flott von der Hand geht. Führen Sie eine umfangreiche Arbeit zum ersten Mal selbst aus, kann die Summe der angesammelten Mietwerkstattstunden leicht teurer werden als der Arbeitspreis in der Fach- oder Vertragswerkstatt. Dazu kommt: Wenn Sie erst einmal angefangen haben, müssen Sie die Arbeit meist auch direkt zu Ende führen. Das zwingt Sie zu akribischer Vorbereitung der geplanten Aktion. Schließlich wollen Sie ja nicht die Hälfte der gebuchten Zeit mit dem Beschaffen fehlender Teile oder Hilfsmittel verbummeln.

Der Ersatzteilkauf

Die für Wartungs- oder Reparaturarbeiten benötigten Ersatzteile sollten Sie spätestens am Tag der Arbeit parat haben. Stellen Sie sich eine Liste der Ersatzteile zusammen, die Sie für Ihre Arbeit brauchen. Denken Sie dabei nicht nur an die direkt betroffenen Teile, sondern auch an Zubehör wie Dichtungen, Sicherungsringe, Schlauchschellen, diverse Clipselemente oder selbst sichernde Muttern. Fragen Sie am besten den Fachmann im Ersatzteillager. Er ist mit diesem Problem vertraut und sucht Ihnen die erforderlichen Teile heraus.

Reparaturen, deren Umfang Sie nicht genau abschätzen können, sollten Sie auf einen Termin legen, der Ihnen auch einen außerplanmäßigen Besuch beim Zubehör- oder Stützpunkthändler erlaubt. Rechnen Sie damit, dass selbst eine Werkstatt nicht immer alle Teile auf Lager hat und diese dann erst bestellen muss.

Die Fahrzeug-Identifizierungsnummer (Fahrgestellnummer) ist durch ein Fenster in der Wasserkastenabdeckung sichtbar.

Praxistipp

So arbeiten Sie effektiv

- Säubern Sie zuerst den Arbeitsplatz. Schrauben und Teile von früheren Zerlegearbeiten sollten unbedingt weggeräumt werden, damit Sie nichts Falsches wieder einbauen.
- Abgenommene Teile legt man in der Ausbaureihenfolge ab. Das erleichtert den Zusammenbau.
- Kleinteile packen Sie am besten in kleine Schachteln oder Gläser. Oder Sie drehen nach dem Ausbau die Schrauben gleich wieder in das zugehörige Gewinde. So werden ganz sicher keine Schrauben verwechselt.
- Falls sich ein Wasserablauf in der Nähe befindet, sollten Sie ihn während der Arbeit abdecken, sonst verschwinden garantiert Kleinteile darin.
- Lesen Sie mitgelieferte Reparatur- oder Montageunterlagen vor Beginn der eigentlichen Arbeit durch. Und zwar konzentriert und gründlich. Deponieren Sie diese Unterlagen während der Arbeit in Reichweite.
- Bei umfangreichen Arbeiten sollten Sie eine Skizze anfertigen und sich zusätzlich die Reihenfolge der ausgebauten Teile aufschreiben. Das erleichtert bei Bedarf die Fehlersuche ganz erheblich.
- Zum Hinlegen, etwa bei Arbeiten in den Radkästen oder an den Stoßfängern, empfiehlt sich als Unterlage eine alte Decke gegen die Bodenkälte und darauf eine Plastikfolie, die gegen Öl und Feuchtigkeit unempfindlich ist.
- Bleiben nach der Arbeit Ölspuren auf dem Boden zurück, helfen fürs erste ein scharfer Haushaltsreiniger oder Geschirrspülmittel. Besser sind spezielle Ölfleckentferner, wie sie der Autozubehörhandel anbietet.

Das richtige Ersatzteil

Im Laufe der Produktionszeit ändern sich manche Details an so gut wie jedem Fahrzeug. Deshalb entscheidet oft das Baujahr, welches Ersatzteil für Ihr Auto das richtige ist. Sie erleichtern sich und dem Verkäufer die Arbeit, wenn Sie den Fahrzeugschein mitnehmen und die Daten des Typenschilds auf einem Zettel notiert haben. Mit diesen Informationen kann ein geschulter Ersatzteilverkäufer das für Ihr Fahrzeug passende Teil mühelos aus dem Katalog oder von der vom Hersteller zusammengestellten CD-ROM ermitteln. Wenn Sie auf Nummer Sicher gehen wollen: Bringen Sie das ausgebaute Altteil gleich mit zum Händler!

Originalteile oder Fremdteile?

Alle Ersatzteile, die Sie im Reparaturfall benötigen, erhalten Sie bei einem Vertrags-Händler. Aber Sie müssen nicht ausschließlich dort einkaufen. Der Zubehörhandel hält ebenfalls ein breites Angebot bereit, darunter Teile von denselben Herstellern, die das Volkswagen-Werk oder Seat beliefern. Vergleichen Sie die Preise, wenn Service und Lieferfähigkeit gleich sind. Fachzeitschriften verweisen immer wieder darauf, dass Preisunterschiede bis zu 35 Prozent nicht Ausnahmen, sondern die Regel sind. Bei Serviceketten,

die nicht an Marken gebunden sind, kann der Kunde manchmal bis zu 60 Prozent sparen, 20 Prozent sind jedenfalls immer drin – und zwar für die selbe Qualität, meist sogar für die exakt gleichen Ersatzteile.
Auf No-name-Produkte sollten Sie beim Ersatzteilkauf allerdings verzichten. Sonst könnte der Billigkauf teuer zu stehen kommen. Erstens macht er die eventuell fehlende Beratung beim Kauf von Verschleißteilen nicht wett, und zweitens könnte die Garantie (zumindest auf das betreffende Teil und von ihm in Mitleidenschaft gezogene Teile) in Gefahr geraten. Andererseits: Als erfahrener Autofahrer lassen Sie Ihren Wagen während der Garantiefrist ohnehin in der Vertragswerkstatt warten.

Safety first

Denn bei sicherheitsrelevanten Ersatzteilen ist Sparsamkeit fehl am Platz. Bremsbeläge, Bremsscheiben, Radlager, Antriebswellen und Gelenke sollten Sie grundsätzlich in Erstausrüster- oder Originalqualität kaufen. Die meisten Billig-Produkte entsprechen bei weitem nicht der vom Hersteller geforderten Mindestqualität. Was nutzen Ihnen preiswerte Bremsscheiben aus Osteuropa oder Asien, wenn sie nach dem Einbau eine Unruhe in der Vorderachse verursachen, die nur für viel Geld in der Werkstatt behoben werden kann?
Die Volkswagen AG sieht eine spezielle Mischung des Bremsbelagmaterials vor. Die Kennnummer dafür steht in der »Allgemeinen Betriebserlaubnis« (ABE). Falls Ihr Fahrzeug nach einem ernsteren Unfall begutachtet wird und sich dabei eine nicht freigegebene Belagsmischung herausstellt, kann sich dies zu Ihren Ungunsten auswirken. Ihre Sicherheit und die Sicherheit anderer Verkehrsteilnehmer müssen Ihnen daher ein paar Mark extra wert sein.

Austauschteile

Second hand lohnt sich bei einer Reihe von Ersatzteilen. Austauschteile von Volkswagen haben die gleiche Qualität wie ein Neuteil, sind deutlich billiger und werden mit gleicher Garantie geliefert. Auch der Zubehörhandel bietet zahlreiche neuwertige Austauschteile an. Erneuerte Elektrik-Bauteile vertreibt die Firma Bosch über ihre Autoelektrik-Werkstätten. Aber auch der Autoverwerter ist in vielen Fällen eine gute Adresse, wenn Sie eine Reparatur besonders billig ausführen wollen und auf Äußerlichkeiten keinen großen Wert legen. Das gilt etwa für Karosserie-Bauteile wie Türen, Stoßfänger und Motorhauben. Gebrauchte Verschleißteile lohnen sich jedoch nur dann, wenn sie deutlich besser sind als die bisher im Wagen eingebauten.
Bisweilen müssen Sie das gewünschte Ersatzteil selbst ausbauen. Fragen Sie auf jeden Fall nach dem Preis: Das gebrauchte Teil darf höchstens halb so teuer sein wie das Neuteil. Ein Verschleißteil darf nicht mehr als ein Viertel des Neupreises kosten.

Teilmotor oder Austauschmotor?

Bei Schäden an Kurbeltrieb, Kolben und Ölwanne lohnt sich der Kauf eines Teilmotors. Das ist eine wirtschaftliche Alternative, weil man beim Einbau Zylinderkopf und Nebenaggregate vom alten Motor übernimmt. Ein kompletter Austauschmotor macht dagegen nur bei einem jüngeren und gut erhaltenen Fahrzeug Sinn. Fragen Sie in Ihrer Werkstatt nach. Außerdem gibt's eine Reihe von Firmen, die auf Komplett- und Teilüberholung von Motoren spezialisiert sind und Reparaturen nach Qualitätsrichtlinien garantieren. Ein Anschriftenverzeichnis dieser Betriebe erhalten Sie beim Verband der Motorinstandsetzungsbetriebe e.V., Christinenstraße 3, 40880 Ratingen (Tel. 02102/44 72 22). Sie können sich die Anschriftenverzeichnisse, nach Firmen oder Postleitzahlen geordnet, auch aus dem Internet (www.vmi-ev.de) herunterladen .

Teile-Einkauf

Original-/Fremdteile	Austauschteile
Anlasser	Anlasser
Ölfilter	Kupplungsdruckplatte
Lichtmaschine	Schwungrad
Glühlampen	Antriebswellen
Scheinwerfer	Kurbelwelle mit Lagern
Keilriemen	Zylinderkopf
Stoßdämpfer	Lichtmaschine
Radbremszylinder	Scheibenbremssättel
Bremsschläuche	Kupplungs-Mitnehmerscheibe
Lack	Getriebe
Motordichtungen	Zylinderblock mit Kolben
Zündkabel	Teilmotor
Zündkerzen	
Zündkerzenstecker	
Gelenkwellen	
Hauptbremszylinder	
Bremsleitungen	
Kupplung	
Reparaturbleche	

Werkzeug-Grundausstattung

Nur vollständiges und gutes Werkzeug garantiert Ihnen das gewünschte Ergebnis. Überprüfen Sie daher Ihre Ausrüstung, bevor Sie mit der Arbeit beginnen.

- Schlechtes Werkzeug, das sich schon bei der ersten verrosteten Schraube verbiegt oder ausbricht, bringt Probleme und verdirbt den Spaß an der Bastelei.
- Achten Sie beim Kauf auf Qualität – gute Werkzeuge werden aus einwandfreiem Material hergestellt und arbeiten stets maßgenau.
- Wer nur gelegentlich schrauben möchte, dem genügt die folgende Grundausstattung:

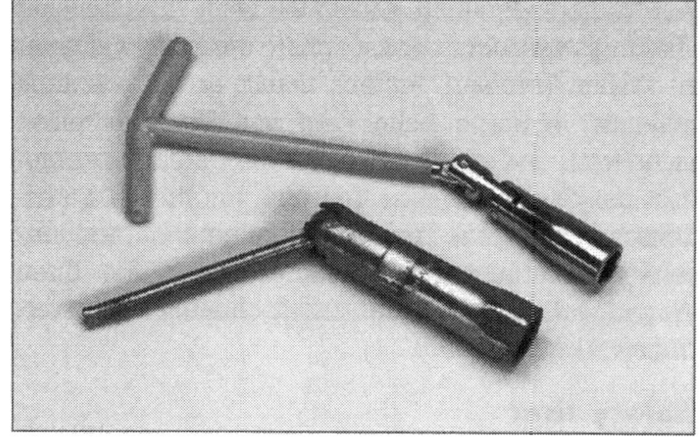

Zündkerzenschlüssel SW 16, ein spezieller Steckschlüssel mit Gummieinsatz.

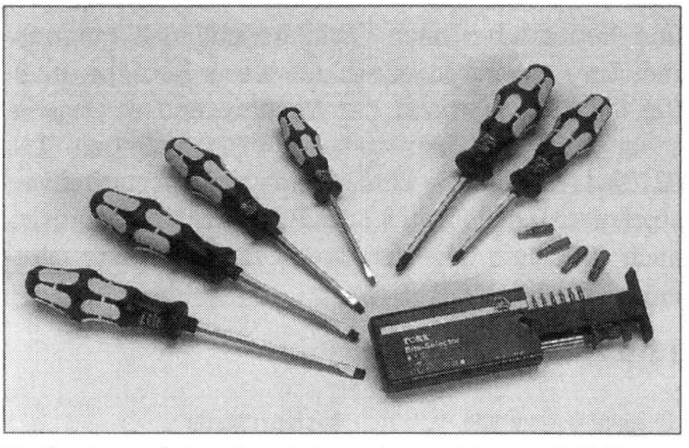

Ein Sortiment Schraubendreher mit rutschfestem Griff für Schlitz-, Kreuzschlitz- und Torxschrauben.

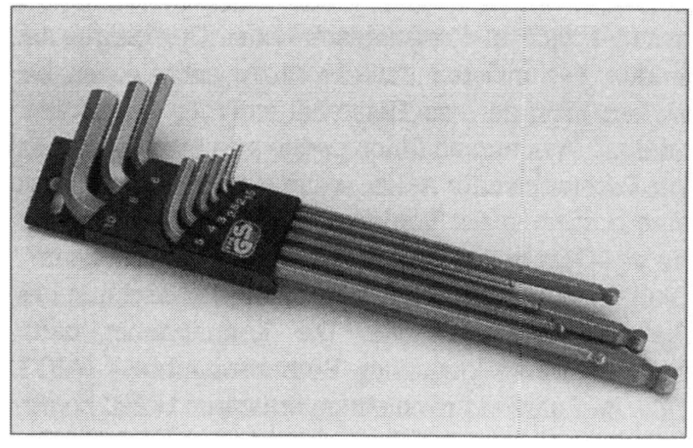

Innensechskantschlüssel (Inbusschlüssel) in den Größen 2-8 Millimeter.

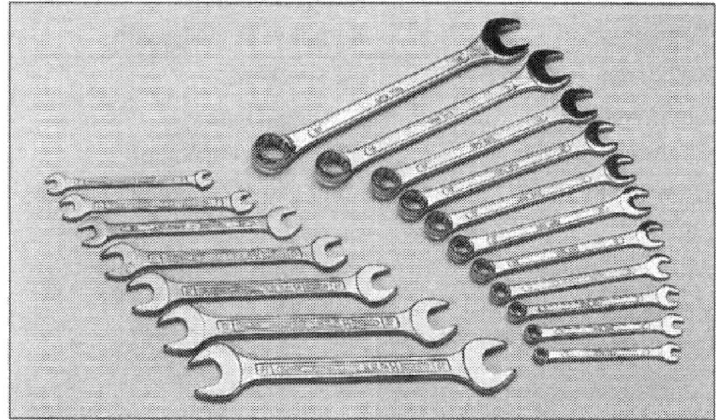

Ein Satz Gabel- und Ringschlüssel. Sinnvoll sind Doppelgabelschlüssel mit Maulweiten zwischen sechs und 19 Millimetern. Ring-/Gabelschlüssel mit den Schlüsselweiten 10, 13, 17 und 19 Millimeter sollten Sie für gekonterte Schraubverbindungen in doppelter Ausführung anschaffen.

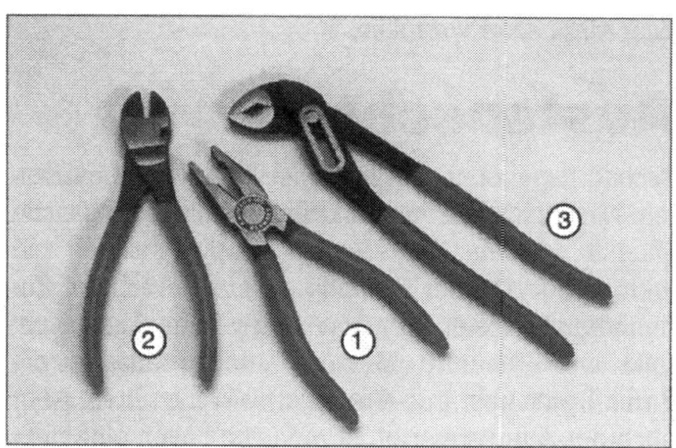

Kombizange ❶, Wasserpumpenzange ❸ (Länge mindestens 240 mm) und Seitenschneider ❷ biegen, halten, drehen und trennen so ziemlich alle Materialien an Ihrem Fahrzeug.

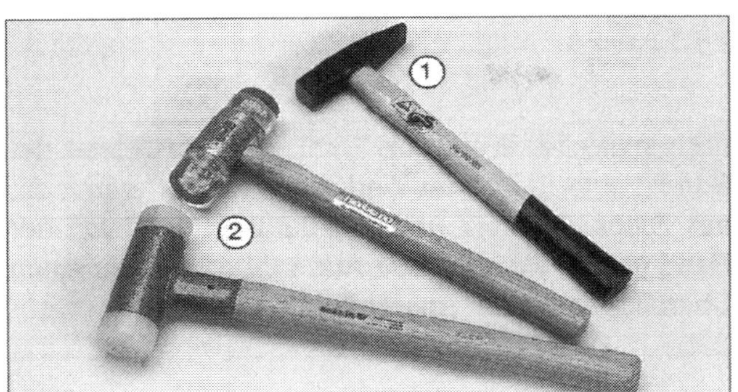

Der Schlosserhammer ❶ (empfohlenes Gewicht ca. 300 g) wird als Schlagwerkzeug benutzt, um beispielsweise mit einem Durchschlag festsitzende Bolzen aus Verbindungen zu lösen. Empfindliche Bauteile wie Lager, gegossene oder gehärtete Teile sollten dagegen nur mit einem Kunststoff- oder Gummihammer ❷ bearbeitet werden. Bei Richtarbeiten an der Blechstruktur hilft ein Ausbeulhammer.

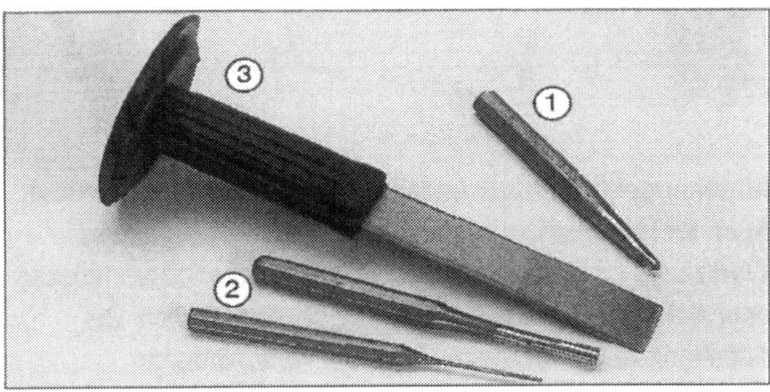

Ein Körner ❶ hilft bei Bohrarbeiten an Metallen. Ein Durchschlag ❷ (Durchmesser 3 und 6 mm) ist bei Montage- und Demontagearbeiten an Fahrwerk, Motor und Bremsen universell einsetzbar. Mit einem Flachmeißel ❸ (gehärtete Schneide) werden Sie zur Not auch mit deformierten oder festgerosteten Schraubverbindungen fertig, indem sie die Mutter mitsamt dem Gewindebolzen abmeißeln.

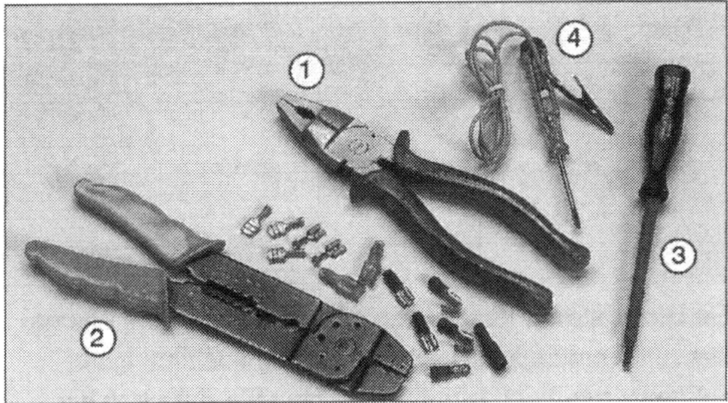

Für Arbeiten an der Elektrik sind zu empfehlen eine isolierte Kombizange ❶, eine Quetschzange ❷ für Steckeranschlüsse und Kabelverbindungen, ein isolierter Schraubendreher ❸ und eine Phasenprüflampe mit Nadelspitze und separatem Massekabel ❹.

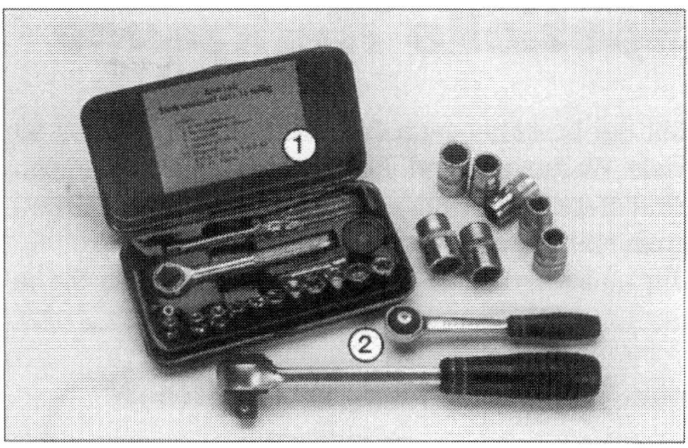

Für Arbeiten im Motorraum und unter dem Fahrzeug empfiehlt sich die Anschaffung eines Steckschlüsselsatzes ❶ mit den Einsätzen 10-32 Millimetern und einer Umschaltknarre ❷ mit 1/2-Zoll-Antrieb. Ein komplettes Set ist billiger als der Kauf der jeweils benötigten Einzeleinsätze. Für Arbeiten im Innenraum ist ebenfalls ein Steckschlüsselsatz sinnvoll, allerdings mit kleinerem 1/4-Zoll-Antrieb. Neben Kreuz-, Torx-, Schlitzschrauben und Kunststoffclips verbauen die Hersteller hier oft Schrauben mit SW 6 bis 13 Millimeter.

Praxistipp

Bordwerkzeug komplett?

Checken Sie das Bordwerkzeug Ihres Wagens. Die beste Grundausstattung in der Garage nützt Ihnen nichts, wenn Ihnen bei einer Panne unterwegs die Werkzeuge fehlen. Wagenheber und Schraubendreher sollten Sie stets an Bord haben. Dazu kommt ein Radkreuz ❶, bei einem Wackelkontakt oder einer gelösten Kabelverbindung helfen Kombizange ❷, Ersatzkabel ❸ und Isolierband ❹. Ebenfalls sinnvoll: ein Lampenset ❺ und Ersatzsicherungen ❻, Abschleppseil oder -stange ❼, Starthilfekabel ❽ und Taschenlampe ❾. Auch das vorliegende Reparaturhandbuch ist übrigens in Ihrem Fahrzeug sinnvoller aufgehoben als zu Hause im Bücherschrank.

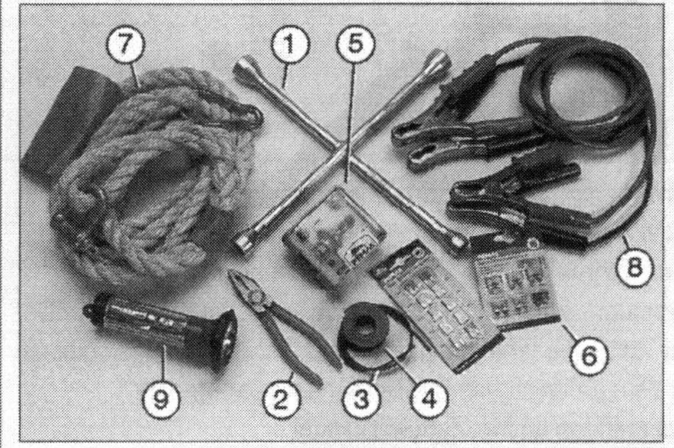

Spezielle Werkzeuge

Mit der beschriebenen Grundausstattung können Sie viele Wartungen und Reparaturen selbst erledigen. Sind diese Werkzeuge vorhanden, dann ist der Grundstein für eine vernünftige Ausstattung gelegt.
Für einige Arbeiten an Ihrem Auto brauchen Sie jedoch spezielles Werkzeug. Darüber hinaus bietet der Handel eine Reihe von Werkzeugen und Geräten an, mit denen Wartung und Reparatur leichter von der Hand gehen. Die folgende Auswahl gibt Ihnen einen Überblick sinnvoller Anschaffungen.

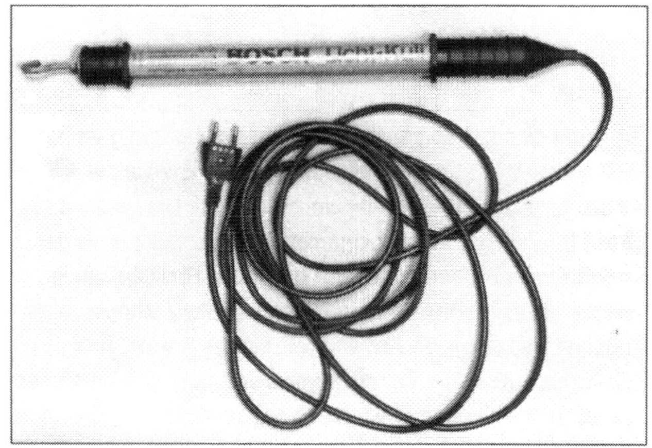

Eine Handstablampe ist fürs Schrauben unter dem Auto oder im Motorraum eine große Sichthilfe. Ebenso im Innenraum und in der oft nur spärlich beleuchteten Garage.Vorteile einer Handstablampe: Sie hat einen Blendschutz, das Anschlusskabel ist resistent gegen Öl, der Leuchtkörper ist mit schlagsicherem Kunststoffgehäuse geschützt. Außerdem ist die Handstablampe wasserdicht abgeschlossen.

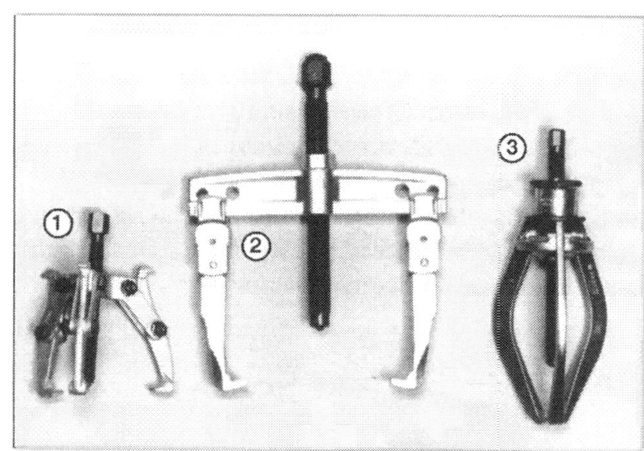

Abzieher gehören zur Grundausstattung jeder Autowerkstatt. Auch für Heimwerker lohnt sich die Anschaffung dieses Werkzeugs - zum Beispiel wenn Sie Radnaben lösen müssen oder Achsgelenke aus der Führung pressen wollen. Die Abbildung zeigt eine kleine Auswahl verschiedener Abziehertypen: ❶ Dreiklauen-Abzieher, ❷ Zweiklauenabzieher (gebräuchlichste Ausführung), ❸ Innenabzieher.

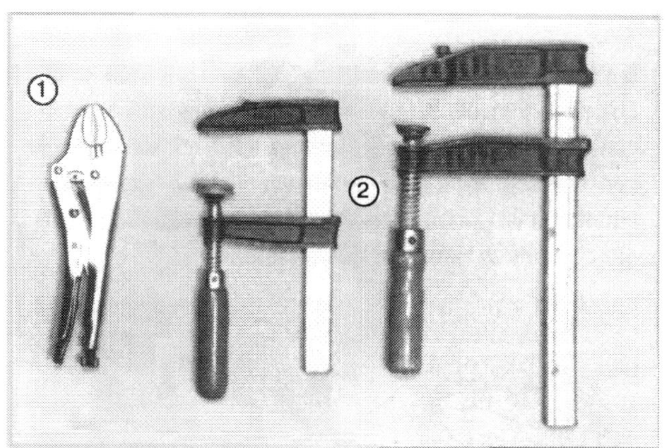

Eine Klemm- oder Gripzange ❶ kann in ihrer Maulweite mit einer Einstellschraube am Griffteil exakt eingestellt werde. Eine Schraubzwinge ❷ ersetzt Ihnen bei einer Reihe von Arbeiten - zum Beispiel beim provisorischen Fixieren größerer Teile - die fehlende dritte Hand. Schraubzwingen gibt es in allen erdenklichen Größen für ein paar Mark in Baumärkten und im Zubehörhandel.

Ein kurzer, kleiner Rangierwagenheber ist eine gute Alternative zum Bordwagenheber. Ideal ist eine Ausführung mit Fußpedal zum Hochpumpen. Beachten Sie, dass sich ein Heber mit zu kleinen Rädern unter Last nicht mehr bewegen lässt. Wichtiges Zubehör beim Anheben sind ein Hartgummiaufsatz ❶ gegen Schaden am Wagenboden und eine lastverteilende Quertraverse ❷.

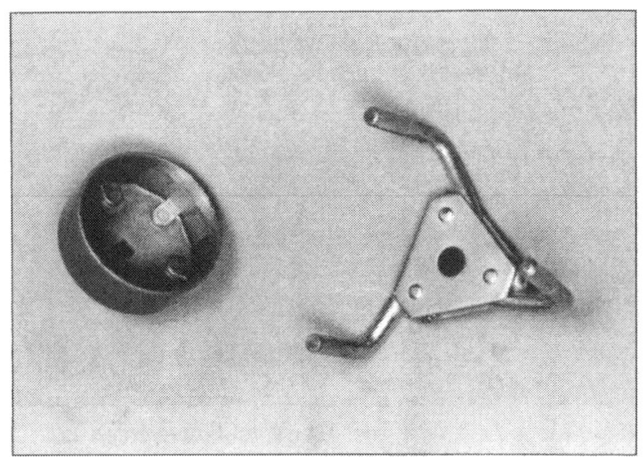

Für den Ölwechsel brauchen Sie einen Ölfilterschlüssel, den es je nach Preis in den verschiedensten Ausführungen gibt. Im Bild ein fahrzeugspezifischer Schlüssel (links) und ein Universalschlüssel (rechts).

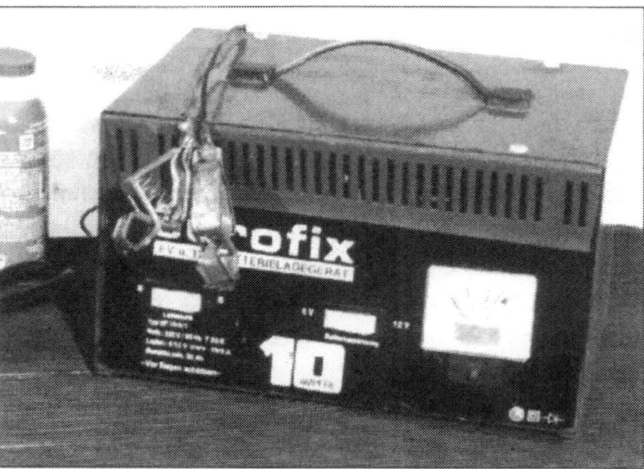

Ein Batterie-Ladegerät mit automatischer Ladestromanpassung ist besonders im Winter bei Kurzstreckenfahrzeugen wichtig, weil die stark beanspruchte Batterie von der Lichtmaschine nicht mehr voll geladen werden kann.

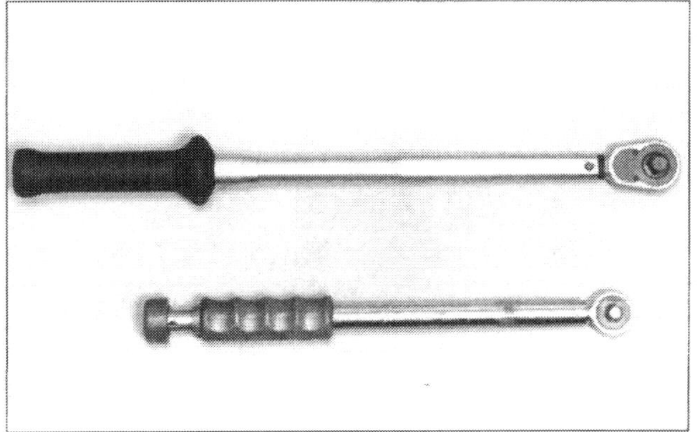

Ein präziser Drehmomentschlüssel ist für fortgeschrittene Hobbymechaniker unentbehrlich. Ein Automatikschlüssel löst bei Erreichen des vorher eingestellten Drehmoments vernehmlich aus.

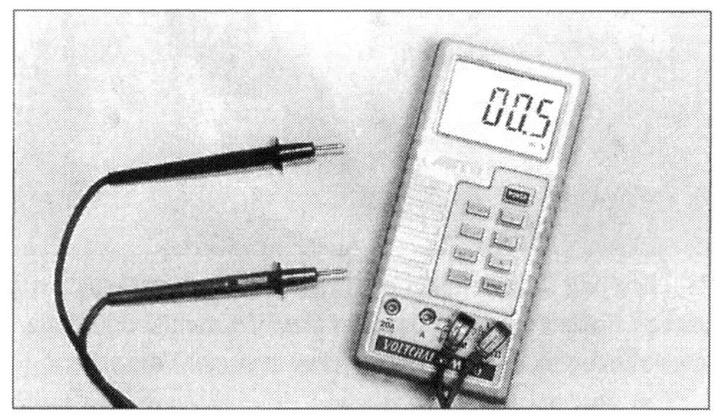

Für exakte Messwerte bei elektronischen Bauteilen ist das Multimeter zuständig. Ambitionierte Schrauber kommen ohne diese speziell für die Autoelektrik abgestimmten Geräte nicht aus.

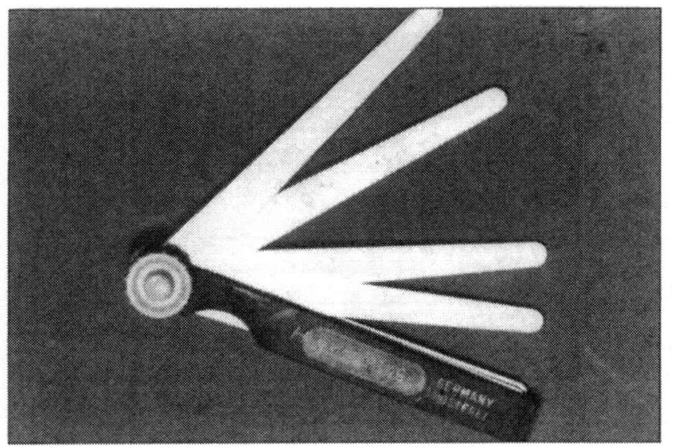

Eine Fühlerblattlehre brauchen Sie, wenn Sie das Ventilspiel prüfen oder etwa das Spaltmaß von Zündsystem-Drehzahlgeber oder ABS-Radsensoren messen wollen.

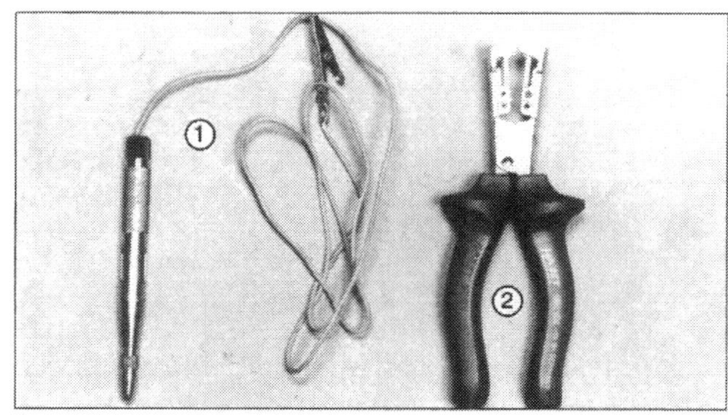

Durchgangsprüfer (Autoelektrik-Prüflampe) mit Krokodilklemme und Kontaktspitze ❶ benötigt man für fast alle Arbeiten an der Autoelektrik. Die Lampe im Prüfgerät liefert eine zuverlässige Aussage, ob Spannung an den Prüfspitzen anliegt. Mit einer Abisolierzange ❷ ziehen Sie die Isolierung der Kabel ab.

Sicherheit geht vor

Es ist eine Selbstverständlichkeit, doch wir möchten es an dieser Stelle noch einmal ausdrücklich unterstreichen: Sicherheit hat beim Heimwerken absolute Priorität. Wagen Sie sich nur an Arbeiten, die Sie sich wirklich zutrauen können. Nehmen Sie handwerkliche Aufgaben, mit denen Sie in der Praxis bislang wenig oder gar keine Erfahrung haben, nicht auf die leichte Schulter. Fatale Folgen können mangelhaft ausgeführte Arbeiten natürlich auch im Straßenverkehr haben – übrigens nicht nur für Sie, sondern auch für Dritte.

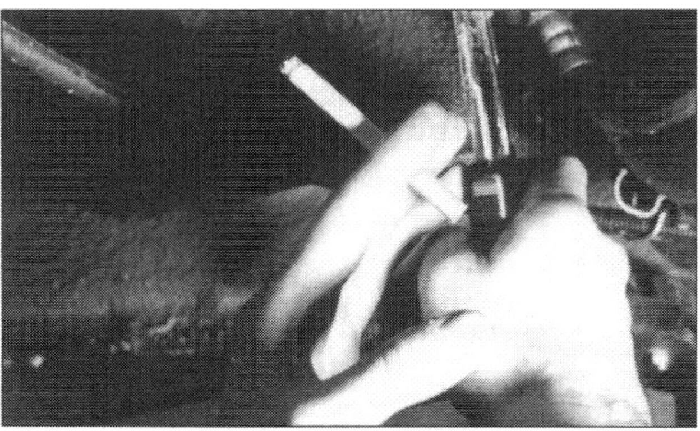

Rauchen und Kraftstofffilter ersetzen - warum nicht gleich russisches Roulett spielen? Also: Bei allen Wartungs- und Reparaturarbeiten bleibt der Glimmstengel in seiner Verpackung.

Tragen Sie beim Bohren, Schleifen und Meißeln immer eine Schutzbrille. Der Augenschutz ist auch dann empfehlenswert, wenn Sie unter dem Fahrzeug an der Kraftstoffanlage arbeiten oder den Unterboden säubern. Bei Schweißarbeiten sollten Sie eine spezielle Schutzbrille aufsetzen.

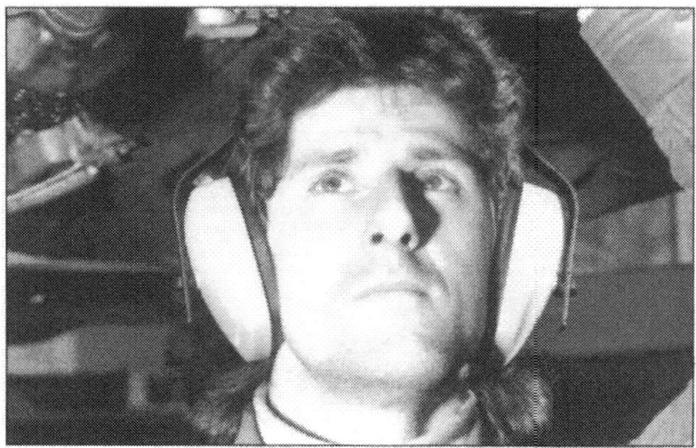

Micky-Maus sieht lustig aus. Aber Ihre Ohren werden es Ihnen danken, wenn Sie beim Blechtrennen oder bei Arbeiten bei laufendem Motor einen Ohrenschützer tragen.

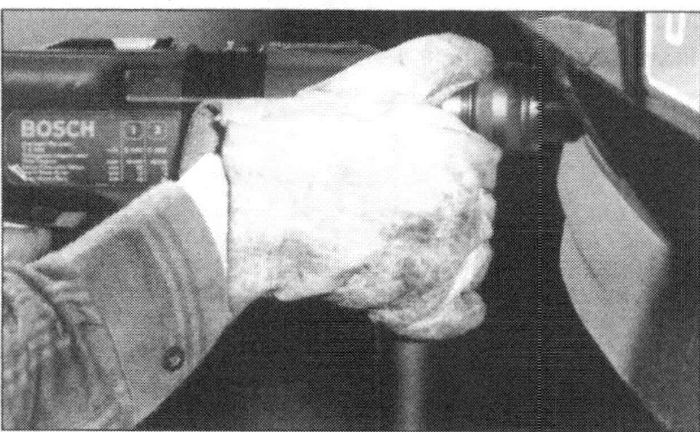

Arbeitshandschuhe schützen zwar vor Schmutz oder Schürfwunden am scharfen Blech. An der Bohrmaschine sind sie jedoch eher gefährlich. Wenn das Bohrfutter Ihren Handschuh zu fassen bekommt, gibt zuerst die Hand nach, was ihr meistens schlecht bekommt.

Vorsicht bei der Arbeit in einer schlecht belüfteten Montagegrube. Hier können sich Benzindämpfe und Auspuffgase sammeln. Bei laufendem Motor herrscht Lebensgefahr durch Vergiftung.

Wenn Sie größere Flächen an Ihrem Fahrzeug lackieren, sollten Sie eine spezielle Lackierschutzmaske tragen. Sorgen Sie außerdem dafür, dass der Lackierraum ausreichend belüftet wird.

Sprühdosen, Altöl, Bremsflüssigkeit, Farbdosen oder alte Bremsbeläge geben Sie sauber getrennt an den Sondermüll-Annahmestellen Ihrer Stadt ab. Gebrauchte (Starter-)Batterien übernimmt der Händler.

Vorsicht bei allen Arbeiten an der Zündanlage! Bei laufendem Motor steht die Anlage hochspannungsseitig (Primärstromkreis) mit bis zu 30 000 Volt unter Spannung. Führen Sie Prüfungen an der Zündung deshalb nur bei Motorstillstand durch. Oder richten Sie den Prüfaufbau so aus, dass Sie während des Motorlaufs nicht die Hand anlegen müssen.

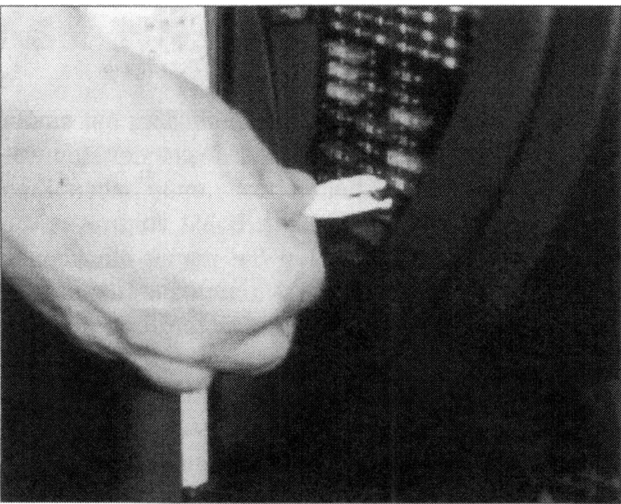

Durchgebrannte Sicherungen müssen Sie immer durch neue Sicherungen desselben Typs und identischer Stromstärke (A = Ampere) ersetzen. Niemals Draht oder Büroklammern zum Überbrücken verwenden. Die Beschädigung der nachfolgenden Bauteile oder - viel schlimmer - ein Kabelbrand können die Folge sein.

Praxistipp

Sicherheits- und Warnhinweise

Aus Sicherheitsgründen dürfen keine Reparaturen oder Instandsetzungsarbeiten an folgenden Einrichtungen in Ihrem Fahrzeug vorgenommen werden:
Vordersitze, Sicherheitsgurte, Lenkrad und Armaturenbrett! Diese Bauteile sind mit Sicherheits-Rückhalte-Systemen (SRS) ausgestattet. Die Vordersitze können mit Seiten-Airbags versehen sein. In dem Aufroll-Mechanismus der Sicherheitsgurte befinden sich Gurtstraffer. Das Lenkrad und das Armaturenbrett auf der Beifahrerseite sind mit Airbags bestückt. Hier kann es bei unsachgemäßer Handhabung zu schweren Unfällen kommen. Bitte vermeiden Sie deshalb unbedingt jeden Schraub- sowie Reparaturversuch an diesen Baugruppen!
Für Instandsetzungsarbeiten sollten Sie Ihr Fahrzeug auf jeden Fall in eine Vertragswerkstatt bringen. Zumal diese Werkstätten spezielle Daten-Auslese-Geräte (Fehler-Auslese-Geräte, Selbstdiagnose-Auswertung) und bestens geschultes Personal besitzen, womit sich innerhalb kürzester Zeit ein Fehler lokalisieren läßt. Mechaniker, die an Rückhaltesystemen arbeiten, haben spezielle Schulungen nachzuweisen und müssen bei den zuständigen Behörden gemeldet sein, weil diese Bauteile unter das Sprengstoffgesetz fallen. Deshalb nochmals die Bitte: "Hände weg!" von diesen Baugruppen.

So bocken Sie Ihr Fahrzeug richtig auf

Volkswagen stattet den Lupo serienmäßig mit einem Spindelwagenheber aus. Damit lässt sich der Kleinwagen für die meisten Arbeiten hoch genug heben. Eine am Boden dazwischen gelegte Bohle vergrößert die Hubhöhe. Im übrigen sollten Sie immer ein kleines Brett (30 x 30 cm, 2 cm stark) unterlegen, damit sich der Wagenheberfuß nicht in den Untergrund drücken kann.
Ein Wagenheber ist jedoch nur dazu da, das Fahrzeug anzuheben. Er ist keinesfalls eine ausreichende Abstützung für Arbeiten an der Wagenunterseite.

Mit Unterstellböcken auf Nummer Sicher

Wer an seinem Fahrzeug reparieren möchte, braucht Unterstellböcke. Selbst bei kleineren Arbeiten, z.B. dem Wechseln der Bremsbeläge, soll das angehobene Fahrzeug immer mit Unterstellböcken gesichert sein.

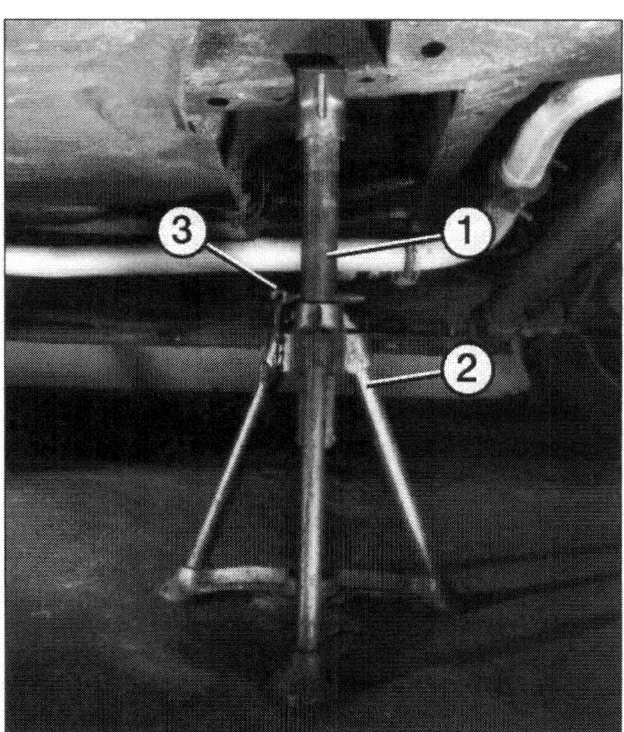

Ist der Unterstellbock ❷ unter dem Wagen richtig platziert, wird der Säulenauszug ❶ auf die richtige Höhe gezogen und im nächst erreichbaren Loch mit dem Sicherungsbolzen ❸ arretiert. Dann den Wagen vorsichtig mit Gefühl so absenken, dass die Aufnahme richtig am Fahrzeug zu sitzen kommt.

Begeben Sie sich niemals unter das angehobene Fahrzeug, ohne die Sicherung mit Unterstellböcken! Achtung: Lebensgefahr!

Lassen Sie es daher auch in der größten Eile nie an der Abstützung des aufgebockten Fahrzeugs fehlen.

Unterstellböcke bietet der Zubehörhandel in verschiedenen Größen und Ausführungen an. Ein Paar reicht für die meisten Reparaturen völlig aus. Besonders praktisch sind Dreibeinböcke mit klappbaren Füßen. Beachten Sie beim Kauf, dass die Unterstellböcke keine zu kleine Standfläche haben.

Fahrzeug aufbocken

Arbeitsschritte  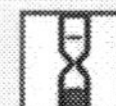

① Der Wagen muss auf festem, ebenem Untergrund stehen. Räumen Sie vor Arbeitsbeginn ggf. erst den Kofferraum aus.

② Handbremse anziehen und zumindest eines der Räder gegenüber der Anhebestelle mit Holzkeilen, notfalls mit geeigneten Steinen gegen Vor- und Zurückrollen sichern. Nur auf die angezogene Handbremse dürfen Sie sich nicht verlassen, da sie bei manchen Arbeiten gelöst werden muss.

③ Der Bordwagenheber ist zusammen mit anderem Bordwerkzeug leicht zugänglich unter der Abdeckung in der Reserveradmulde zu finden. Schwenken Sie die Kurbel durch Verdrehen heraus und öffnen Sie den Heber um etwa fünf Umdrehungen.

Nun den Wagenheber senkrecht zum gekennzeichneten Aufnahmepunkt am Schweller heben. Der Schlitz des Wagenheberkopfes muss waagerecht in den Schwelleraufnahmepunkt greifen (Bilder).

Achtung! Fahrzeug nur an diesen vorgesehenen Aufnahmepunkten anheben! Die Schweller sind in diesem Bereich extra hierfür verstärkt!

Wagenheberkopf mit der linken Hand gegen den Aufnahmepunkt drücken, während man mit der rechten Hand die Kurbel im Uhrzeigersinn dreht und den Wagenheberfuß gegen den Boden drückt. Immer darauf achten, dass der

Wagenheber senkrecht steht und nicht nach einer Seite abkippt!

Übrigens: Sollte ein Rangierwagenheber benutzt werden, dann nur mit lastenverteilendem Kantholz bzw. einer Traverse etwa mittig am Türschweller angesetzt verwenden.

④ Bevor der Wagenheber auf die Arbeitshöhe hochgekurbelt ist, nochmals vergewissern, dass ein Wegkippen des Hebers ausgeschlossen ist. Ist der senkrechte Stand nicht gewährleistet, den Wagenheber nochmals neu ansetzen. Ansonsten nun auf nötige Höhe kurbeln.

⑤ Der Unterstellbock darf nur an den Bodenverstärkungen angesetzt werden. Zwischen der Auflage des Bocks und den Fahrzeugboden sollten Sie einen Gummi oder Hartholzklotz legen, der die Last verteilt. Kontrollieren Sie vor dem Ansetzen des Bockes, ob eventuell ein Blechfalz im Weg ist, der eingedrückt oder deformiert werden könnte, oder gar die Bremsleitung eingeklemmt werden kann.

⑥ Der Dreibein-Unterstellbock steht am sichersten, wenn eines seiner Beine nach außen und zwei zur Wagenmitte hin zeigen. Achten Sie auf diese Stellung, wenn Sie das Fahrzeug aufbocken. Sonst kann es passieren, dass beim Anheben des Wagens der auf der anderen Seite bereits angesetzte Unterstellbock seitlich weggedrückt wird.

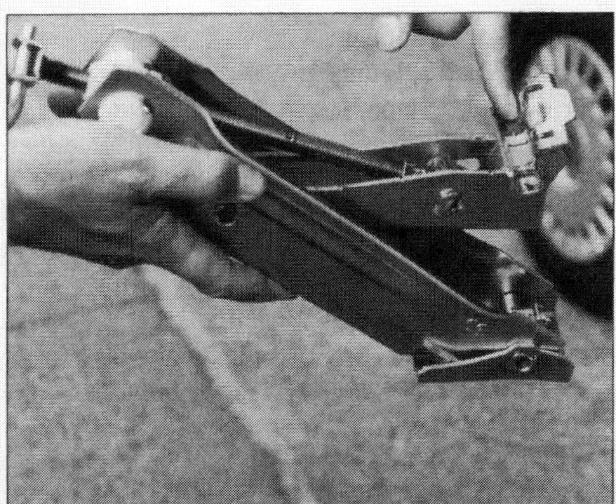

Drehen Sie den Wagenheberarm zunächst so weit nach oben, dass der Heber gerade noch unter das Auto passt. Setzen Sie den Wagenheberarm so am Unterholm an, dass der Steg in der Aussparung von der Klaue des Wagenheberarms umfasst wird und die bewegliche Grundplatte des Wagenhebers plan auf dem Boden aufliegt. Bei weichem Untergrund sollten Sie eine stabile, großflächige Unterlage, etwa ein Brett, unterlegen.

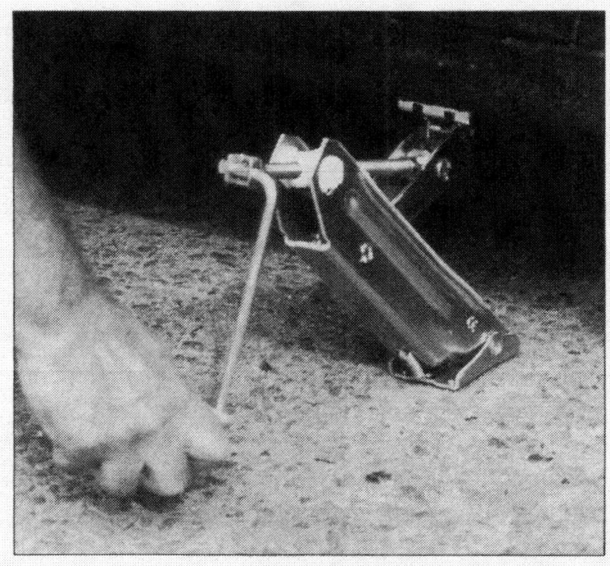

Wird der Wagenheber nicht an den markierten Stellen angesetzt, kann das zu Schäden am Fahrzeug führen. Außerdem besteht Verletzungsgefahr, weil der Wagenheber bei nicht ausreichendem Halt abrutschen kann.

Tipps für Schrauber

Eine unlösbare Verschraubung oder eine abgerissene Schraube haben schon manchen Hobbyschrauber von seinem Reparaturvorhaben wieder abgebracht. Die folgenden Arbeitstipps sollen dem Einsteiger helfen, ungewohnte Arbeiten durchzuführen.

Verrostete Verschraubungen lösen

Bevor der Schraubenschlüssel an einer festgerosteten Mutter bzw. Schraube angesetzt wird, sollten Sie die freiliegenden Gewindegänge des Gewindebolzens von Schmutz und Rost befreien. Andernfalls wird der Gewindebolzen beim Loswuchten abgedreht.

- Gewinde mit einer Drahtbürste säubern und anschließend mit Rostlöser besprühen.
- Bei Schnell-Rostlösern die Mutter sofort losdrehen.
- Bei anderen Rostlösern einige Zeit warten.

Beschädigte Muttern lösen

Wenn Sie die Kanten einer Mutter bereits rund gedreht haben oder wenn Rost die Anlageflächen für den Schraubenschlüssel deformiert hat, hilft nur noch Gewalt.

- Als erste Möglichkeit kommt eine Gripzange in Betracht. Damit lässt sich die Mutter fest greifen und oft auch losdrehen.
- Hilft das nicht weiter, wird ein scharfer Meißel angesetzt und die Mutter aufgemeißelt.
- Eine gut zugängliche Mutter kann auch entlang des Gewindes mit einer Metallsäge aufgesägt werden. Werkstätten benutzen zum Lösen solcher Muttern einen so genannten Mutternsprenger.

Innensechskant- und Innenvielzahnschrauben lösen

Bei beiden Schraubenarten muss das Schraubenloch von jeglichem Schmutz gesäubert sein, ehe Sie das entsprechende Werkzeug ansetzen.

- Am besten eignen sich zum Lösen solcher Schrauben Steckeinsätze mit langem Sechskant bzw. Vielzahn.
- Im Gegensatz zu den gebräuchlichen Winkelschlüsseln (bei denen die Kraft immer schräg ansetzt) vertragen die Steckeinsätze auch einen Hammerschlag auf der Adapterseite mit dem Vierkant. Der Schlag mit dem Hammer auf das Werkzeug – oder im Notfall auch direkt auf den Schraubenkopf – lockert den Sitz der Schraube ein wenig und erleichtert das Lösen.

Schlitz- und Kreuzschlitzschrauben lösen

Schon nach relativ kurzer Zeit können Schrauben so fest sitzen, dass sie sich nicht mehr einfach mit einem Schraubendreher herausdrehen lassen. Bei Kreuzschlitzschrauben kommt erschwerend hinzu, dass sich der Schraubendreher auch bei starkem Druck auf den Griff aus dem Kreuzschlitz herausdreht. Nach wenigen erfolglosen Versuchen ist der Kreuzschlitz vermurkst die Schraube ist praktisch unlösbar.

- Wenn sich eine Schraube nicht gleich losdrehen läßt, sollten Sie einen passenden, stabilen Schraubendreher ansetzen und mit einem kräftigen Hammerschlag auf das Griffende versuchen, die Schraubverbindung zu lösen.
- Meistens bricht die oft nur mit dem Kopf festkorrodierte Schraube los. Sie lässt sich dann in der Regel normal herausdrehen.
- Hilft das nichts, brauchen Sie einen Schlagschrauber. Bei jedem Hammerschlag auf die Griffoberseite des Schlagschraubers dreht dieser den Schraubendrehereinsatz unter Druck ein wenig weiter. Das löst praktisch jede Schraube.

Blechschrauben ausbohren

Lässt sich in einem Schraubenkopf kein Werkzeug mehr ansetzen, hilft nur noch Ausbohren.

Praxistipp

Umgang mit selbstsichernden Muttern

Selbstsichernde Muttern klemmen satt auf dem Gewinde und können sich auch durch Vibrationen nicht lösen. Dazu besitzen sie eine Einlage aus Kunststoff oder ein enger geschnittenes Gewinde. Derartige Muttern sollten Sie grundsätzlich nur einmal verwenden, sonst ist die selbstsichernde Wirkung dahin.

Praxistipp

Schraube fällt vom Werkzeug

Wollen Sie eine Schraube an einer schwer zugänglichen Stelle wieder eindrehen, verhindern Sie mit folgendem Trick, dass sie immer wieder vom Werkzeug abfällt: In den Schraubenschlitz etwas Kaugummi ankleben oder die Schraube mit einem Klebebandstreifen am Werkzeug anheften.

- Erst entfernt man mit einem entsprechend großen Bohrer den Schraubenkopf. Eventuell mit einem kleineren Bohrer vorbohren.
- Das Gewindeteil einer Blechschraube lässt sich jetzt entweder durchstoßen oder mit einer Zange von der Rückseite her abnehmen.
- Andernfalls mit einem dünnen Bohrer das Gewindeteil ausbohren. Wenn Sie hierfür einen zu großen Bohrerdurchmesser wählen, wird das Loch für die Schraube so vergrößert, dass später nur eine dickere Blechschraube hält.

Lösen und Festdrehen von Stehbolzen

Da ein Stehbolzen (auch Gewindestange genannt) keine Anlagefläche für einen Schraubenschlüssel besitzt, müssen Sie diese erst schaffen.

- Auf dem freien Gewindeteil des Bolzens zwei Muttern fest gegeneinander festdrehen (kontern). An den so blockierten Muttern den Schraubenschlüssel ansetzen und den Bolzen lösen bzw. anziehen.

Abgerissene Schrauben ausbohren

Das Gegengewinde, in dem die abgerissene Schraube steckt, sollte möglichst wenig Schaden nehmen.

- Den Schraubenrest genau in der Mitte mit einem Körnerschlag versehen.
- Jetzt kann gebohrt werden: Bis zur Schraubengröße M 8 geht dies gleich mit dem so genannten Kernlochbohrer. Das ist der Durchmesser einer »rasierten« Schraube, also ohne Gewindeflanken. Bis zur Schraubengröße M 6 gilt die Faustregel: Gewindedurchmesser multipliziert mit 0,8. Beispiel: Verschraubung M 6 x 0,8 = Kernlochdurchmesser 4,8. Ab Schrauben der Größe M 8 sollten Sie mit einem dünneren Bohrer vorbohren.
- Die in den Gewindegängen verbliebenen Metallreste lassen sich bisweilen mit einer Reißnadel entfernen. Meistens muss jedoch das Gewinde nachgeschnitten werden.

Gewinde schneiden

In Leichtmetall eingeschnittene Gewinde reißen besonders leicht aus, da das Material eine wesentlich geringere Festigkeit hat als etwa Stahl. Hat das Metall noch genug Substanz, können Sie ein größeres Gewinde einschneiden. Andernfalls muß eine Gewindebuchse eingesetzt werden – eine Angelegenheit für die Werkstatt. Das Nach- oder Neuschneiden von Gewinden geht in drei Stufen vor sich. Die entsprechenden Gewindeschneider heißen daher Vorschneider (ein Ring am Schaft), Mittelschneider (zwei Ringe am Schaft) und Fertigschneider (ohne bzw. drei Ringe am Schaft).

- Die drei Gewindeschneider werden nacheinander unter ständigem Ölen in das vorgebohrte Kernloch hinein- und wieder herausgedreht.
- Um ein Abreißen des Gewindeschneiders zu vermeiden, muss beim Hineindrehen immer wieder abgesetzt und ein Stück zurückgedreht werden. Sonst werden die Metallspäne zu lang und klemmen.

Technik-lexikon

Schraubengröße und Drehmoment

Schrauben und Muttern, die keinen speziellen Belastungen ausgesetzt sind, werden mit Standard-Drehmomenten angezogen. Die meisten Hobbymechaniker ziehen einfache Verschraubungen meist mit »Gefühl« an. Falls Sie Ihr Schraubgefühl einmal mit einem Drehmomentschlüssel kontrollieren wollen – für die gebräuchlichsten Schraubverbindungen gelten folgende Drehmomente:

Gewindedurchmesser (mm)	6	8	10	12	14
Drehmoment (Nm)*	10	25	49	85	135

*Die angegebenen Drehmomente gelten nicht für Sonderschrauben und für Schrauben, die in Leichtmetall eingedreht sind.

Tipps für den Werkstatt-Besuch

Auch Ihr Lupo oder Arosa muss manchmal in die Werkstatt. Zur regelmäßigen Wartung zum Beispiel, wenn er noch mit einer Garantie ausgestattet ist. Auch eine Reparatur in der Werkstatt ist immer mal drin, wenn Ihnen die Zeit, die nötige Erfahrung oder Spezialwerkzeug fürs Do it yourself fehlen. Macht sich ein Mechaniker bei Ihrem Auto ans Werk, können Sie trotzdem dazu beitragen, dass Wartung oder Reparatur zu Ihrer Zufriedenheit ausfallen. Unsere Übersicht stellt eine Reihe von Tipps und Spielregeln zusammen, die Sie bei Ihrem Werkstatt-Besuch beachten sollten.

Vertragswerkstatt und freie Werkstatt

- Es steht Ihnen grundsätzlich frei, welche Werkstatt Sie mit Ihrem Fahrzeug aufsuchen. Neben der Vertragswerkstatt ist auch die freie Werkstatt meist eine gute Adresse. Dort ist man bei vielen Reparaturen ebenso kompetent, und Ölwechsel, neue Bremsbeläge, Bremsscheiben, Reifen und Stoßdämpfer sind oft billiger. In jedem Fall sollte die Werkstatt ein Meisterbetrieb sein und der Kfz-Innung angehören.

- Ein Wagen mit Garantie gehört zur Inspektion stets in die Vertragswerkstatt. Das gilt auch für die meisten Reparaturen. Einen Blech- oder Lackschaden etwa können Sie trotz Garantie zwar in Eigenregie beheben oder von einer freien Werkstatt erledigen lassen. Gibt's später jedoch Probleme mit der reparierten Stelle, sind Sie in diesem Fall eventuelle Garantie-Ansprüche los.

Reparaturauftrag nur schriftlich

- Stellen Sie eine Liste mit den Symptomen und Mängeln zusammen, die Ihnen am Fahrzeug aufgefallen sind. Sprechen Sie diese Liste in der Werkstatt mit dem Meister oder Kundendienstberater durch. Fragen Sie nach, wenn Ihnen in dem Gespräch etwas unklar ist. Demonstrieren Sie die Mängel direkt am Fahrzeug.

- Geben Sie präzise Reparaturaufträge. Bei Pauschalaufträgen wie »TÜV-fertig machen« oder «für den Urlaub herrichten« sind Unstimmigkeiten programmiert – etwa wenn Sie für Arbeiten bezahlen sollen, die nicht nötig gewesen wären.

- Erteilen Sie einen Reparaturauftrag stets schriftlich. Der Auftrag sollte die auszuführenden Arbeiten möglichst genau bezeichnen. Lassen Sie sich eine Auftragsbestätigung geben.

Nach den Kosten fragen

- Fragen Sie nach den voraussichtlichen Kosten für Arbeitslohn und Material, bevor Sie einen Reparaturauftrag erteilen. Setzen Sie für eventuell erforderliche Zusatzarbeiten eine Preisgrenze fest. Lassen sich Umfang und Aufwand einer Reparatur nicht genau bestimmen, sollten Sie eine Höchstgrenze für die Kosten festlegen.

- Fragen Sie nach den Kosten für die Fehlersuche. Wenn Ihr Auto zum Beispiel zuviel Sprit verbraucht oder schlecht anspringt, wenn der Motor stottert oder Sie merkwürdige Geräusche an den Rädern hören, ist die Suche nach den Ursachen dieser Symptome manchmal teurer als die eigentliche Reparatur. Legen Sie daher für die Fehler-Suche ebenfalls ein Preislimit fest.

- Geben Sie der Werkstatt Ihre Telefonnummer, damit man Sie für Rückfragen erreichen kann, wenn die Reparatur umfangreicher oder teurer wird als ausgemacht. Halten Sie auch zusätzliche Absprachen schriftlich fest.

- Bitten Sie die Werkstatt bei umfangreichen Reparaturen um einen schriftlichen Kostenvoranschlag, der Ihnen zeigt, mit welchen Kosten Sie rechnen müssen. Den Kostenvoranschlag wird man Ihnen in der Regel nur dann berechnen, wenn Sie der Werkstatt anschließend keinen Reparaturauftrag erteilen. Die Werkstatt-Rechnung darf den Kostenvoranschlag bei unvorhergesehenen Arbeiten maximal 15 bis 20 Prozent überschreiten.

Billigere Teile bei älterem Fahrzeug

- Bei einem älteren Fahrzeug lohnt es sich, nach speziellen Teile- und Service-Angeboten zu fragen. Vertragswerkstätten bieten oft im Preis reduzierte Originalteile an. Sie können hier – wie schon eingangs erwähnt – bis zu 30 Prozent sparen.

- Ist der Tausch eines ganzen Aggregats fällig, muss nicht das Neuteil erste Wahl sein. Fragen Sie nach aufbereiteten und geprüften Austauschteilen – die sind billiger und bieten die gleiche Qualität. In Frage kommen Austauschteile wie Motor, Kupplung, Lichtmaschine, Anlasser und Wasserpumpe.

- Ein Ölwechsel in Werkstatt oder Tankstelle geht mitunter ins Geld, wenn man dort Ihrem Auto das teuerste Öl aus dem Angebot spendiert. Fragen Sie nach billigeren Ölsorten mit der gleichen Spezifikation – die eignen sich in der Regel ebenso gut.

Rechnung prüfen

- Gehen Sie nach der Reparatur zusammen mit dem Meister oder Kundendienstberater Ihre Werkstatt-Rechnung durch. Lassen Sie sich unverständliche Abkürzungen und Fachbegriffe erklären.

- Auf der Rechnung sollten Posten wie Arbeitslohn, Material und Mehrwertsteuer separat aufgeschlüsselt sein. Fehler in der Rechnung können Sie innerhalb sechs Wochen nach ihrer Ausstellung reklamieren.

Rechtzeitig reklamieren

- Mangelhafte Reparaturen sollten Sie so bald wie möglich reklamieren. Die Werkstatt muss für Ihre Arbeit sechs Monate geradestehen (Gewährleistung). Treten durch eine unsachgemäße Reparatur Schäden an Ihrem Fahrzeug auf, können Sie von der Werkstatt Schadenersatz verlangen.

- Wenn Sie bereits bei der Abholung Ihres Fahrzeugs Grund für eine Reklamation haben, kann die Werkstatt trotzdem darauf bestehen, dass Sie die Reparatur erst in voller Höhe bezahlen, bevor sie den Wagen herausgibt. Vermerken Sie in diesem Fall auf der Rechnung, dass Ihre Zahlung nur unter Vorbehalt erfolgt.

- Reklamationen sollten Sie in einem sachlichen Gespräch mit der Werkstatt vortragen. Lassen sich Unstimmigkeiten nicht ausräumen, helfen die Schiedstellen der Kfz-Innung kostenlos weiter – vorausgesetzt, Ihre Werkstatt ist Mitglied der Innung. Adressen erhalten Sie zum Beispiel bei Ihrem Automobil-Club.

Praxistipp

Inspektion und Garantie

Bei der Inspektion werden in erster Linie Zustand und Funktion von Baugruppen geprüft und, falls nötig, ersetzt, die für die Zuverlässigkeit und Sicherheit Ihres Fahrzeugs wichtig sind. Mit einer schonenden Fahrweise und bei entsprechenden Einsatzbedingungen lässt sich die von Volkswagen festgelegte Wartungsintervalldauer von 30.000 km beziehungsweise 12 Monaten voll ausschöpfen.

Halten Sie die empfohlenen Wartungsintervalle aber unbedingt ein und verzichten Sie aufs Do it yourself. Der Hersteller erfüllt berechtigte Garantieansprüche nur dann, wenn die Wartungsarbeiten rechtzeitig in einer Vertragswerkstatt erledigt wurden. Schon nach einer Laufzeit von 30.000 Kilometern kann an Baugruppen wie Bremsanlage, Radaufhängung, Reifen und Lenkung Verschleiß auftreten, der vom Fahrer unbemerkt bleibt. Die vorgeschriebene regelmäßige Wartung hält also nicht nur Ihren Wagen in Schuss, sie dient vor allem auch Ihrer eigenen Sicherheit.

DIE WAGEN-PFLEGE

Am SB-Waschplatz sparen Sie nicht nur etwas Geld. Diese Wagenpflege ist schonender als die schnelle Nummer in manch automatischer Waschanlage.

Wartung

Reparatur

Ein gepflegtes Auto macht mehr Spaß als ein ungepflegtes. Es behält länger seinen Wert und bringt Ihnen beim Verkauf ein gutes Stück Geld zusätzlich ein. Außerdem hat ein gepflegt aussehendes Fahrzeug bei den Prüfern von TÜV und DEKRA von vornherein die besseren Chancen.
Wenn die Wagenwäsche die Kür ist, die unter klarem Wasser den Lack in altem Glanz zurück zaubert, dann ist die Pflege des Innenraums die Pflicht. Die sollten Sie allerdings zuerst in Angriff nehmen. Heben Sie sich diese Arbeit bis zuletzt auf, verschmutzen die Staubwolken aus Polstern und Fußmatten die frisch gewaschene Außenseite.

Innenreinigung

Für die Innenraumpflege verwenden Sie am besten spezielle Autopflegemittel. Vergessen Sie Seifenlauge und Haushaltsreiniger: Scheiben, Polster und Kunststoffoberflächen sind durch Witterung, Staub, Schmutz und Feuchtigkeit extremen Belastungen ausgesetzt, denen spezielle Pflegesubstanzen einfach besser gewachsen sind. Diese Spezialreiniger sind nicht billig, aber in aller Regel ihr Geld wert.

Zur gründlichen Innenreinigung Ihres Fahrzeugs brauchen Sie:

- Lappen, möglichst nicht flusend, zum feuchten und trockenen Ab- und Auswischen.
- Kleider- oder Polsterbürste.
- Staubsauger mit verschiedenen Düsen (Handfeger und Kehrschaufel).
- Fensterleder.
- Feinporigen Kunststoffschwamm für die Kunststoffteile.

Pflegemittel für den Innenraum

Plastikreiniger. Für Kunststoffflächen. Reinigt und frischt die Farben auf, sorgt für Glanz und wirkt antistatisch, so dass die Flächen gegen Schmutz- und Staubbefall lange Zeit geschützt sind.
Textilreiniger. Für Polster, Teppiche, Tür- und Innenverkleidungen. Lösen zuverlässig Staub und Schmutz. Dadurch werden die Polsterfarben aufgefrischt. Viele Reiniger entfernen zudem auch hartnäckige Flecken.
Glasreiniger (auch als Schaumreiniger). Geeignet für alle Glasflächen, lösen sie auch hartnäckige Verschmutzungen, zum Beispiel Insektenreste, Nikotin, Kunststoffausdünstungen und Ölablagerungen.
Gummipflegemittel (silikonhaltig). Für Tür-, Fenster- und Kofferraumdichtungen sowie Fußmatten. Halten das Gummi geschmeidig, verhindern Festfrieren und frischen die Farben auf.
Antibeschlagspray. Konserviert die Glasreinigung für einige Tage oder Wochen (je nach Wetterlage). Auf die Scheibe gesprüht, bildet sich nach kurzer Zeit ein Schaumbelag, den Sie mit einem trockenen Küchenpapier abreiben können. Antibeschlagtücher oder Fensterschwämme sind nur ein Notbehelf.

Rauchen im Auto?

Zu diesem Reizthema soll hier kein Pro oder Kontra abgegeben werden. Doch einmal abgesehen von dem in Analysen festgestellten höheren Unfallrisiko bei Nikotin am Steuer, muss vor dem blauen Dunst im Innenraum des Autos wegen einer damit verbundenen gefährlichen Giftkonzentration gewarnt werden. »Passivrauchen erhöht bei Kindern das Risiko von Bronchitis, Asthma und Allergien«, stellte eine Gesundheitswissenschaftlerin der Barmer Ersatzkasse fest (mehr Infos zum Passivrauchen sind unter www.barmer.de zu finden).
Besonders nachts und bei tief stehender Sonne verhindert Nikotinbelag auf der Windschutzscheibe gute Sicht. Glasreiniger und ein Tuch verschaffen Abhilfe. Duftbäumchen helfen nicht sehr viel. Besser auch gegen den Mief in den Polstern sind Fébrèze, Rauchfrei-Spray oder Smoke-Ex, die es in Tankstellenshops gibt. Vor dem Verkauf eines Raucher-Autos wird eine Behandlung mit neutralisierendem Ozon empfohlen, die allerdings zwei Tage dauern und an die 100 Euro kosten kann.
Übrigens: Auch wenn Sie eine Klimaanlage in Ihrem Auto haben, sollten Sie bei Umluftbetrieb lieber nicht rauchen. Der aus dem Innenraum angesaugte Rauch setzt sich auf dem Verdampfer ab und verursacht dauerhafte Geruchsbelästigung.

Arbeitsschritte   

① Räumen Sie Ihren Wagen aus. Bei dieser Gelegenheit gleich Ascher leeren und auswischen.

② Die Fußmatten nach innen zusammenschlagen und herausnehmen, ausschütteln, ausklopfen und bei Bedarf staubsaugen.

③ Gummimatten feucht abwischen. Vorsicht: Die Unterseite trocknet im Fahrzeug nur schlecht. Eine feuchte Matte kann üblen Geruch und Stockflecken im Textilbelag verursachen. Daher Trockenzeit einkalkulieren.

④ Grobschmutz im Innenraum mit Staubsauger entfernen. Verwenden Sie für weiche Textilbeläge starre Düsenaufsätze, für harte Kunststoffe Borstenaufsätze. Bei glattem Gummibelag den Wagenboden feucht auswischen.

⑤ Sitzpolster abbürsten oder staubsaugen, die anderen Kunststoffoberflächen staubwischen. Das Heizungsgebläse pustet den Staub vor allem in die Ecken – hier leistet ein Pinsel gute Dienste.

⑥ Sicherheitsgurte trocken abbürsten. Bei starker Verschmutzung mit milder Seifenlauge abwaschen. Sie dürfen nicht chemisch gereinigt werden, da chemische Reinigungsmittel das Gewebe zerstören können. Die Gurte dürfen auch nicht mit ätzenden Flüssigkeiten in Berührung kommen.

⑦ Kunststoffteile, Kunstledersitze, Himmel, Leuchtengläser, mattschwarz gespritzte Teile und Armaturenbrett mit einem feuchten Leder abledern. Bei Grundreinigung: Auf keinen Fall mit Benzin oder anderen Lösungsmitteln arbeiten! Kunststoff kann Flecken bekommen, die nicht mehr entfernt werden können. Verwenden Sie Kunststoffreiniger. Die besprühten Stellen mit klarem Wasser nachwischen und mit einem Tuch trockenreiben. Empfehlenswert ist auch Cockpitpflege-Spray. Das duftet überdies und ist antistatisch.

Reinigen Sie den Dachhimmel stets komplett

⑧ Den Dachhimmel, meist ein mit Textilgewebe versehenes Formteil, nur bei starker Verschmutzung reinigen und auf keinen Fall durchfeuchten. Himmel mit Textilreiniger großflächig einsprühen. Mit Schwamm und Frottierhandtuch nachwischen.

⑨ Diese Behandlung bei Bedarf wiederholen. Vorsicht: Wenn Sie sich auf die verschmutzten Stellen beschränken, können hässliche Platten mit Rändern entstehen. Deshalb Dachhimmel immer komplett reinigen.

⑩ Sitzpolster und Textileinsätze in Seitenteilen und Innenverkleidungen mit Polsterschaumreiniger behandeln. Für Ledersitze nur spezielle Lederpflegemittel verwenden, die auch die Nähte flexibel und geschmeidig halten. Die Polster gründlich absaugen, solange sie noch etwas feucht vom Reiniger sind. Der Schmutz löst sich so am besten.

⑪ Die Türdichtungen mit silikonhaltigem Gummipflegemittel einsprühen oder die Dicht- und Gleitflächen mit Talkum geschmeidig halten. So werden auch Quietschen und Knarren beim Türenschließen vermieden. Solche Geräusche vermeiden Sie übrigens auch durch Einreiben der betreffenden Flächen mit Schmierseife.

⑫ Die Innenseiten der Fenster rundum mit feuchtem Waschleder oder sauberem weichem Lappen reinigen. Bei starker Verschmutzung mit Spiritus oder Salmiakgeist und warmem Wasser oder mit speziellem Glasreiniger behandeln. Mit trockenem Krepppapier polieren.

Polsterreiniger beseitigt Feinschmutz, Staub und frische Flecken. Reinigungsschaum aufsprühen und mit feuchtem Schwamm verteilen. Reiben Sie nicht zu fest. Sie pressen sonst die Schmutzpartikel wieder ins Gewebe. Tipp: Preiswerter Teppichschaumreiniger tut es auch.

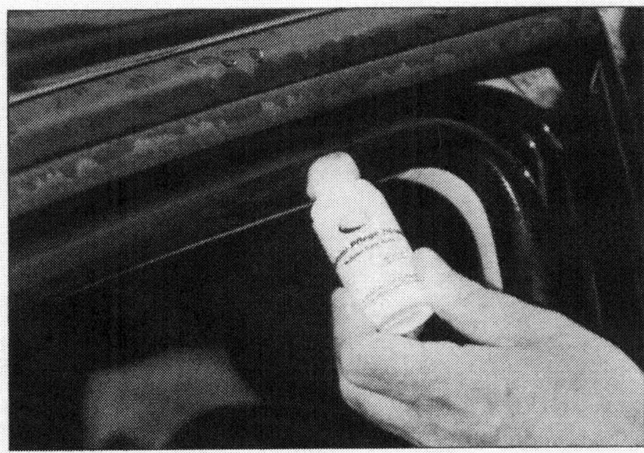

Nach den Dichtgummis der Türen sollten Sie nicht erst schauen, wenn die Türen im Winter schon zugefroren sind. Regelmäßige Pflege mit Silikon verlängert die Lebensdauer. Der Ersatz solcher Dichtungen kann teuer werden.

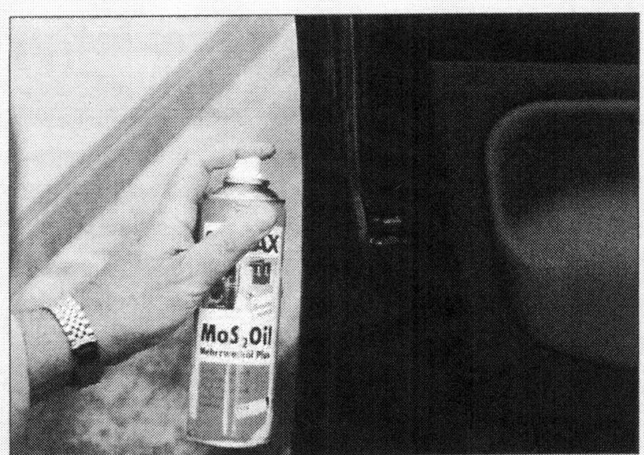

Nach der Wagenwäsche ist knapp dosierter Einsatz von Mehrzwecköl für das Türschloss zu empfehlen.

Die Lederausstattung

Teuren Ledersitzen sollten Sie besondere Aufmerksamkeit schenken. Bei Leder handelt es sich um ein Naturprodukt, das empfindlich auf Öle, Fette und Verschmutzungen reagiert. Staub und Schmutzpartikel in Poren, Falten und Nähten können scheuern und die Lederoberfläche beschädigen. Saugen Sie also regelmäßig die Sitze ab.

Außerdem ist das Leder empfindlich bei starker Sonneneinstrahlung. Wenn Sie Ihr Auto im Falle der Ausstattung mit Ledersitzen länger in praller Sonnen stehen lassen, sollten Sie die Sitze abdecken. Andernfalls könnten sie ausbleichen.

Zum Reinigen der Lederausstattung feuchten Sie einen Baumwoll- oder Wolllappen mit Wasser leicht an und wischen die verschmutzten Stellen. Bei stärkerer Verschmutzung können Sie eine milde Seifenlösung verwenden. Es empfiehlt sich eine Seifenlösung mit zwei Esslöffel Neutralseife oder mildem Feinwaschmittel auf einen Liter Wasser. Achten Sie beim Reinigen darauf, dass das Leder nicht durchfeuchtet wird und kein Wasser durch die Nahtstellen sickert. Fett- und Ölflecke vorsichtig ohne Reiben mit Reinigungsbenzin behandeln. Anschließend mit einem weichen, trockenen Tuch nachwischen.

Zur regelmäßigen Pflege gehört die Behandlung mit einem Lederpflegemittel alle sechs Monate. Für gehobene Ansprüche gibt es eine Anti-Faltencreme mit Jojobaöl, »C1 Lederpflege«. Im »Open Air« kann ausgeblichenes Leder durch C1 wieder Farbglanz bekommen: Auftragen, einwirken lassen, trocken nachreiben. Mehr dazu ist unter www.wackchem.com nachzulesen.

Für die Lederausstattung haben Sie eine Menge Geld bezahlt. Damit das natürliche Material seinen Wert behält, sollten Sie es regelmäßig reinigen und pflegen

Außenwäsche

Die Wagenwäsche auf der Straße ist heute in vielen Städten und Gemeinden verboten. Das hat gute Gründe: Mit dem Schmutzwasser gelangen oft Ölrückstände und andere die Umwelt schädigende Substanzen in die Kanalisation. Eine saubere Sache ist dagegen die Wagenwäsche in einer automatischen Waschanlage. Die verwendeten Wassermengen sind in der Regel großzügig, die Wäsche ist also relativ schonend. Ölabscheider und Wasseraufbereitungsanlagen sorgen für den Umweltschutz. Sie können meist zwischen mehreren Reinigungs- und Pflegeprogrammen wählen.

Fahrzeug auf Sauberkeit prüfen

Trotzdem sollten Sie nach dem Waschgang Ihr Fahrzeug auf Sauberkeit prüfen. Die Bürsten behandeln Radhäuser, Radläufe und die Unterkanten der Türschweller oft nachlässig. Auch bei Türrahmen und Ritzen ist bisweilen nachträgliche Handarbeit mit Schwamm und Putztuch angesagt. Im Winter, wenn streusalzhaltiges Wasser sich am Lack, an den Innenseiten der Kotflügel und am Unterboden festsetzt, sollten Sie öfter in der Waschanlage vorfahren. Ihr Auto ist zwar nach kurzer Zeit wieder schmutzig, der Rost hat jedoch keine Chance, sich an kritischen Stellen einzunisten. Seien Sie trotz verzinkter Karosserie nicht zu sorglos!

Waschplatz und Selbstwaschanlage

Wenn Sie Ihren Wagen lieber selbst waschen, was durchaus empfehlenswert ist, weil zu häufiges Benutzen der automatischen Waschanlage mit ihren rotierenden Bürsten Schleifspuren im Lack hinterlässt, bietet sich ein Waschplatz an der Tankstelle an. Selbstwaschanlagen sind eine gute Alternative. Dort stehen Ihnen vom Hochdruckreiniger bis zum Staubsauger alle Hilfsmittel zur Verfügung. Kontrollieren Sie jedoch vor Arbeitsbeginn den Zustand der Bürsten. Möglicherweise hat Ihr Vorgänger nach einer Fahrt über einen verschlammten Feldweg gerade seinen Unterboden oder seine Radkästen gereinigt und die Bürste mit grobem Dreck verschmutzt – ärgerliche Kratzer im Lack wären die Folge. Sie sollten Ihr Fahrzeug auch nicht in der prallen Sonne waschen. Das schadet dem Lack, da die kleinen Wassertropfen wie Linsen wirken und den Einbrenneffekt von Staubteilchen und Kalk beim Trocknen noch verstärken.

Die Reinigung in der automatischen Waschanlage geht am schnellsten und ist kaum teurer als die SB-Wäsche. Allerdings gehen rotierende Bürsten in mancher Anlage nicht immer sehr sorgsam mit dem Lack um. Das Waschergebnis braucht in jedem Fall etwas Nacharbeit.

In SB-Waschanlagen stehen Ihnen verschiedene Gerätschaften zur Verfügung. Die Waschbürste ermöglicht eine gründliche Reinigung der Felgen.

Praxistipp

Bremsen trockenfahren

Machen Sie nach jeder Wagenwäsche eine kurze Bremsprobe. Dabei verdampft die Feuchtigkeit, die während der Reinigung zwischen Bremsscheiben und Bremsklötze gelangt ist. Nach Fahrten durch Regen oder Streusalz haltiges Tauwasser sollten Sie die Bremsen trocken fahren, bevor Sie Ihr Fahrzeug für mehrere Tage abstellen. Es genügt, die letzten hundert Meter Wegstrecke öfter leicht zu bremsen. Mit der Bremsprobe vermeiden Sie, dass aufgrund der Feuchtigkeit oder einer Salzschicht auf den Bremsscheiben die Bremswirkung im Notfall etwas verzögert einsetzt.

Praxistipp: So gehen Sie mit dem Hochdruckreiniger richtig um

- Wassertemperatur maximal 60 Grad. Zu heißes Wasser greift Gummi und Unterbodenschutz an.
- Druckregler auf maximal 30 bar einstellen. Abstand zum Auto 60 bis 80 Zentimeter Bei geringerem Abstand und zu großem Druck Gefahr für den Lack Ihres Autos.
- Bei der Motorwäsche kann Wasser die Motorelektronik lahmlegen oder über den Ansaugtrakt in den Motor gelangen. Ein kapitaler Schaden wäre die Folge.
- Reifen niemals mit Rundstrahldüsen reinigen. Gefahr für die Reifenflanken! Selbst bei relativ großem Spritzabstand und nur kurzer Einwirkzeit können Schäden auftreten, die auf den ersten Blick nicht erkennbar sind.

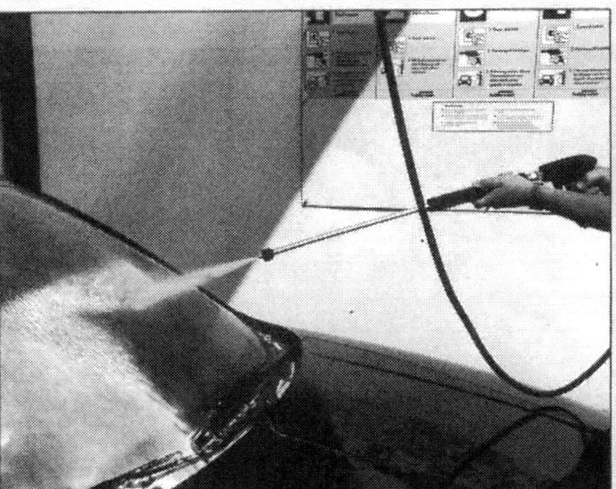

Mit dem Hochdruckreiniger ist vorsichtig umzugehen. Hinweise in der SB-Waschanlage beachten!

Wenn Sie Ihr Auto selbst waschen, brauchen Sie:

- Jede Menge Wasser. Wird der Schmutz mit wenig Wasser abgewischt, schmirgeln feine Staub- und Sandkörnchen im Schwamm über den Lack und zerkratzen ihn mit mikroskopisch kleinen, spinnwebartigen Kratzern.
- Schlauch, wenn möglich mit Sprühdüse aus Kunststoff. Steht kein Wasserschlauch zur Verfügung, brauchen Sie mindestens zwei Eimer für den Wassernachschub.
- Eine Schlauchbüste, bei der das durchfließende Wasser den Schmutz wegschwemmt. Arbeiten Sie mit Waschhandschuh oder Schwamm, sollten Sie die Schlauchmündung dicht an der bearbeiteten Fläche halten, damit sie gut mit Wasser versorgt wird.
- Waschhandschuh oder Schwamm sollten nach jedem zweiten oder dritten Waschstrich in den vollen Wassereimer getaucht und ausgedrückt werden, damit sich kein schmirgelnder Schmutz in den Schwammporen oder im Haarbesatz des Waschhandschuhs festsetzen kann.
- Eine langstielige Waschbürste, die sich besonders für die Felgen und Radkästen eignet.
- Einen großporigen Viskoseschwamm.
- Fliegenschwamm für Insektenrückstände.
- Großflächiges echtes Leder zum Trocknen des Wagens.
- Wassereimer für eine eventuelle Shampoowäsche oder um das Fensterleder auszuwaschen.

Pflegemittel für die Außenwäsche

Autoshampoo. Hilft, ölige Rückstände auf dem Lack leichter zu entfernen.

Waschwachs. Hat ähnliche Eigenschaften wie Autoshampoo, schützt jedoch nach dem Trocknen den Lack gegen Umwelteinflüsse und verlängert so die Zeit bis zur nächsten Politur.

Felgenreiniger. Löst festgebackenen Bremsstaub.

Kunststoffpfleger. Speziell für Stoßfänger, die schon ausgebleicht sind. Enthält neben Pflegesubstanzen auch **Farbstoffe.** Wird mit sauberem Schwamm aufgetragen und verteilt. Nach kurzer Einwirkzeit überschüssige Flüssigkeit mit feuchtem Lappen abwischen.

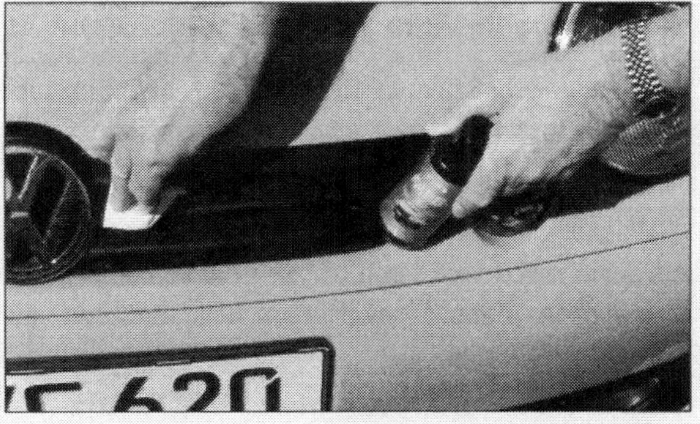

Gepflegte Kunststoffteile wie hier am Kühlergrill machen Eindruck. Kratzer vom Einparken lassen sich mitunter durch ein Kunststoffpflegemittel beseitigen.

Außenwäsche

① Schließen Sie alle Türen und Fenster. Nassgespritzte Polster sind kein Vergnügen.

② Säubern Sie zuletzt Radhaus, Felgen und Türschweller. Sie müssen sonst den Restschmutz zweimal wegspülen.

③ Spritzen Sie den Unterboden gelegentlich mit Dampfstrahler oder Wasserschlauch ab. Im Winter sollten Sie die Unterseite bei jeder Wagenwäsche reinigen. Lassen Sie Ihr Fahrzeug ein oder zweimal im Jahr auf einer Hebebühne hochnehmen (Werkstatt oder Tankstelle) und prüfen Sie den Zustand des Unterbodenschutzes per Augenschein.

④ Die Felgen haben eine Reinigung oft bitter nötig, weil sich dort der Bremsstaub festsetzt. Stahlfelgen mit Felgenreiniger für Leichtmetallfelgen einsprühen. Die Einwirkzeit hängt ab von Verschmutzung und Produkt. Beachten Sie die Gebrauchsanweisung. Mit kleinem Schwamm den angelösten Schmutz wegwischen. Felgen mit kräftigem Wasserstrahl nachspülen.

⑤ Leichtmetallfelgen sollten regelmäßig mit Wasser und etwas Spülmittel gereinigt werden. Alufelgen sind sehr empfindlich gegen starke Reinigungsmittel. Putzen Sie lieber zweimal im Monat, dann haben Sie länger Freude daran.

⑥ Zur Pflege filigraner Felgen lohnt sich die Anschaffung einiger Zahnbürsten. Ebenfalls sinnvoll: Sprühwachs zum Versiegeln. Bremsstaub und Schmutz können sich nicht durch die Wachsschicht fressen. Vorsicht: Das Wachs darf nicht auf Bremsscheiben oder -beläge gelangen.

Weichen Sie Ihr Auto gut ein

⑦ Wagen mit mäßigem Wasserdruck aus dem Schlauch abspritzen. In der Selbstwaschanlage mit Hochdruckreiniger: Programm »Spülen« wählen.

⑧ Wagen mit Schlauchbürste, Waschhandschuh oder Schwamm zuerst vom Dach bis zur Unterkante der Fenster waschen. Dann bewegt man sich rund um den Wagen.

⑨ Reinigungsschaum mit kreisenden Bewegungen und wenig Druck verteilen. Den Schaum kurz einwirken lassen.

⑩ Schmutzbrühe abspülen. In der Selbstwaschanlage: Programm »Spülen« wählen.

⑪ Im letzten Waschgang reinigen Sie die Räder mit Waschbürste und Schlauch.

⑫ Nach der Wäsche den Wagen sofort abledern. Getrocknetes Waschwasser bildet einen grauen Kalkbelag auf dem Lack.

⑬ Leder vor Gebrauch ins Wasser tauchen, gut auswringen. Flächig auf dem Lack ausbreiten und breit gespannt zu sich herziehen.

⑭ Vor jedem neuen Durchgang Leder ausspülen und auswringen. Schlecht zugängliche Ecken (etwa am Radkasten) mit Baumwollappen oder altem Trockenleder trocknen. Schonen Sie Ihr gutes Leder, Schmutzrückstände würden es ruinieren.

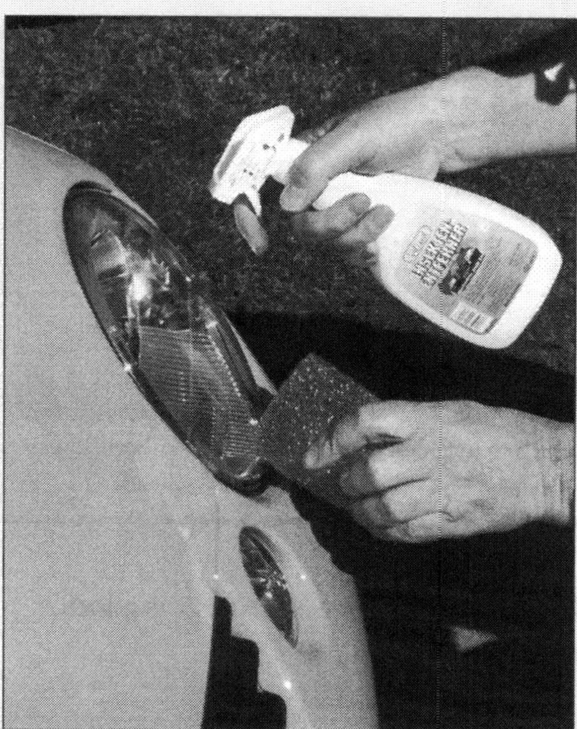

Insektenreste beseitigen Sie am besten mit speziellem Insektenentferner. Verschmutzte Stellen einsprühen, einige Minuten wirken lassen (nicht in der Sonne), dann mit Wasser abspülen. Bleibt noch ein Rest, eingeweichtes Zeitungspapier darauf legen und über Nacht wirken lassen. Am nächsten Morgen kleben die Insektenreste an der Zeitung. Auf Glasflächen können Sie einen speziellen Insektenschwamm benutzen, wie ihn viele Tankstellenshops anbieten.

Sorgen Sie für Durchblick

⑮ Zum Schluss sind die Außenseiten der Fensterscheiben an der Reihe. Gehen Sie vor wie bei der Reinigung der Innenseiten. Kontrollieren Sie dabei die Frontscheibe auf Steinschläge, Kratzer und Risse.

⑯ Die Wischlippe des Scheibenwischers mit Schwamm oder Trockenleder reinigen.

⑰ Kontrollieren Sie nach der Wäsche Lack, Scheinwergläser und Frontstoßfänger gründlich auf hartnäckigen Schmutz, der sich nicht gelöst hat. Insektenreste, Vogelkot, Blütenpollenrückstände und Teerspritzer wirken aggressiv und sollten umgehend mit Spezialreiniger entfernt werden.

⑱ Teerentferner sollten Sie nicht auf frischen oder frisch ausgebesserten Lacken anwenden – die enthaltenen Lösungsmittel können die Lackschichten angreifen.

Praxistipp: Scheinwerfer reinigen

Die Scheinwerfer sollten Sie häufiger waschen als die Karosserie Ihres Lupo. Schmutzpartikel auf dem Glas sorgen für Ablenkung und Absorption der Lichtstrahlen. Die Folgen: geringere Sichtweite, starke Blendung. Schon nach einer halben Stunde Fahrt auf feuchter Straße sind die Scheinwerfer zu über 60 Prozent verschmutzt. Dadurch reduziert sich die Leuchtweite um etwa 35 Meter – eine Strecke, die Ihnen im Notfall bei einer Vollbremsung fehlt.

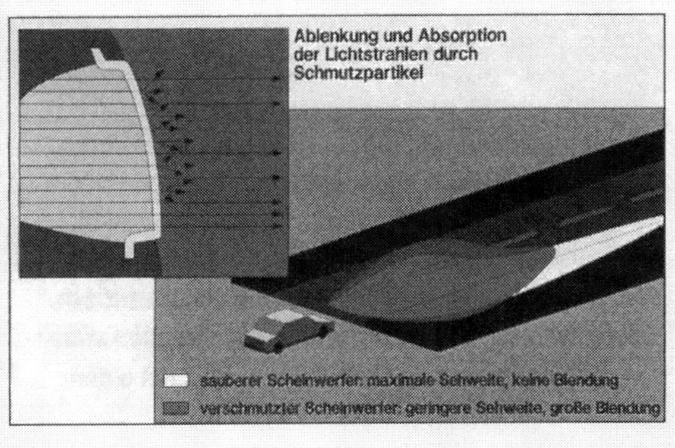

Praxistipp: Alufelgen richtig pflegen

Alufelgen werden durch eine Lackierung vor Umwelteinflüssen geschützt. Wenn Sie gegen Bordsteine schrammen oder Rollsplit die Außenseiten der Räder malträtiert, hilft der beste Lack nichts mehr. Schrammen und Kratzer an den Felgen sollten Sie umgehend ausbessern, da sie vor allem aggressiven Staub der Bremsbeläge ideale Angriffsflächen bieten - der grau-schwarze Abrieb frisst kleine Löcher ins Leichtmetall. Kleine Schrammen und Blindstellen lassen sich mit Alupolitur ausbessern.

Schön und sensibel: die Alufelge. Diese Räder sind mit einer Klarlackschicht geschützt, die Sie bei Beschädigung schnellstens ausbessern sollten.

Service-Intervallanzeige zurückstellen

Die Service-Intervallanzeige erinnert Sie an demnächst erforderlichen Ölwechsel oder eine Inspektion. Wird der Fälligkeitstermin erreicht, erscheint nach Einschalten der Zündung im Kombiinstrument blinkend das fällige Service-Ereignis. Es blinkt auch nach dem Anlassen des Motors für etwa 60 Sekunden weiter. Folgende Anzeigen sind möglich: »serviceOEL« oder »serviceINSP«. Sie werden also aufgefordert, einen Ölwechsel und/oder eine Inspektion durchführen zu lassen. Die Volkswagen-Werkstatt benutzt ihr Fehlerauslesegerät, um die Anzeige wieder auf Null zu stellen. Wenn Sie die Arbeiten selbst durchgeführt haben, können Sie die Anzeige auch mit der Rückstelltaste für den Tageskilometerzähler im Kombiinstrument zurückstellen. Es wird immer die zuletzt angezeigte Service-Anzeige zurückgesetzt.

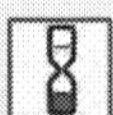

① Schalten Sie die Zündung aus. Der Zündschlüssel steht in Nullstellung.

② Taste ❶ unter dem Tachometer drücken und festhalten.

③ Schalten Sie bei gedrückter Taste die Zündung ein. Die Taste so lange gedrückt halten (mindestens 10 Sekunden), bis drei Striche (---) beziehungsweise die nächste Service-Anzeige im Display des Tageskilometerzählers erscheint.

④ Zum Schluss schalten Sie die Zündung aus. Es erscheint wieder der Tageskilometerstand.

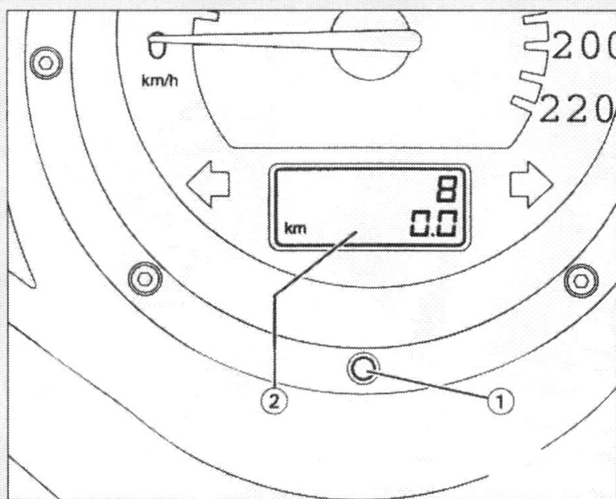

Die Service-Intervallanzeige meldet sich im Tageskilometerzähler, wenn eine Inspektion oder ein Ölwechsel fällig wird. ❶ Rückstellknopf, ❷ Display des Tageskilometerzählers im Kombiinstrument.

Motorwäsche

Im Motorraum Ihres Autos verbinden sich Öl und Staub mit der Zeit zu einem unansehnlichen Schmutzfilm, der sich über den Motor und andere Teile legt. Das ist in erster Linie ein ästhetisches Problem, das Sie mit Hilfe spezieller Reiniger lösen können. Wichtiger als die Schönheitspflege des Motors ist die Motorraumwäsche im Frühjahr.

Salzkrusten begünstigen Rost

Das im Winter auf die Straßen gestreute Salz dringt durch Ritzen und Schächte tief in den Motorraum und lagert sich an Kühler, Kanten und Kabeln ab. Diese Salzkrusten binden Feuchtigkeit und erleichtern die Rostbildung. Die Motorwäsche dürfen Sie nur dort vornehmen, wo es einen Ölabscheider gibt. Am besten machen Sie sich in einer Selbstwaschanlage oder auf einem Waschplatz ans Werk.
Kontrollieren Sie nach der Motorwäsche, ob noch genug Schmierfett an Drosselklappengestänge, Gas- und Kupplungszug vorhanden ist. Bei Bedarf sollten Sie maßvoll nachfetten.

① Der Motor sollte möglichst kalt sein – auf einem warmen Motor verdampft der Motorreiniger rasch, kann also nicht einwirken und den Schmutz lösen.

② Motor abstellen und Zündung ausschalten.

③ Schützen Sie empfindliche Bauteile wie Zündung, Lichtmaschine und Kraftstoffsystem mit Lappen oder Plastiktüten. Bei unbedachtem Ausspritzen des Motorraums sind Störungen an Zündung und Bordelektrik programmiert.

④ Nehmen Sie sich zuerst die Innenseite der Motorhaube vor. Mit viel Wasser einweichen, dann mit Schwamm und Shampoo reinigen und wieder abspritzen. Vergessen Sie nicht die Kanten, dort befinden sich echte Schmutznester.

⑤ Den Kühler mit der Waschlanze und reichlich Wasser reinigen. Insektenreste mit einem Eiweiß lösenden Mittel (Geschirrspülmittel) einsprühen, einwirken lassen und von der Rückseite des Kühlers her abspülen. Vorsicht: Harte Bürsten können die weichen Kühlerlamellen beschädigen.

⑥ Den Motorraum an allen Falzen, Trägern und ungeschützten Stellen abduschen.

Sprühen Sie den Motorreiniger auf die verschmutzten Stellen und lassen ihn dann ein bis zwei Minuten einwirken. Der eingeweichte Schmutz kann dann mit einem scharfen Wasserstrahl abgespült werden.

⑦ Stärker verschmutzte Teile an Motor und Motorraum mit einem Kaltreiniger einsprühen. Nach einer kurzen Einwirkzeit mit scharfem Wasserstrahl nachspülen.

⑧ Um das Wasser wieder aus dem Motorraum herauszubekommen, benutzen Sie eine der an Selbstwaschanlagen meist vorhandenen Druckluftpistolen. Nicht zu nah an die zu trocknende Fläche herangehen.

Motorschutzlack

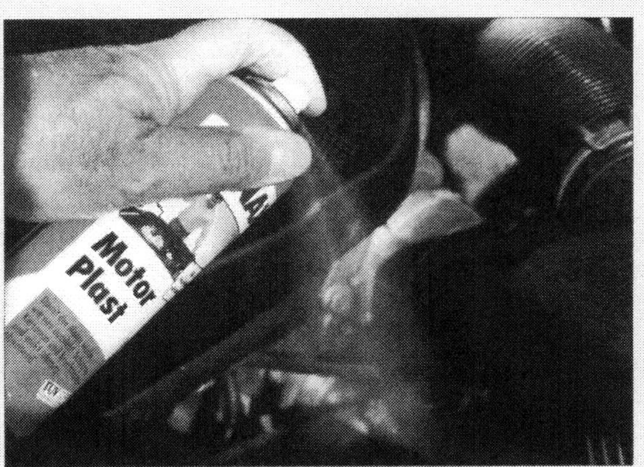

Damit sich der Schmutz im Motorraum nicht schnell wieder festsetzt, können Sie Motorblock und Peripherie mit einem besonders hitzefesten Motorschutzlack versiegeln. Für den restlichen Motorraum reicht ein Konservierungsspray oder Konservierungswachs.

Schmierdienst

Eine gelegentliche Schmierration hält manches auf Dauer leichtgängig, was sonst quietscht, klemmt, reißt oder rostet. Halten Sie sich an folgende Faustregel: An Scharnieren und Gelenken mit engen Durchgängen, in die kein Fett eindringen kann, ist Öl oder Schmierspray günstiger. Gegeneinander reibende Flächen werden besser gefettet oder mit einer Schmierpaste behandelt, da diese Gleitstoffe besser haften.

- Die Scharniere an **Türen und Heckklappe** sind gelegentlich für einen Spritzer Öl dankbar.
- Die **Türfeststeller** am unteren Türscharnier erhalten etwas Mehrzweckfett.
- Die **Schlossfallen an Türen, Kofferraumdeckel und Heckklappe** können mit Sprühfett behandelt werden.
- In den **Schlüsselschlitz der Schließzylinder** sollten Sie spätestens zu Beginn der kalten Jahreszeit etwas Rostlöser-Isolierspray sprühen. Es schmiert, verdrängt Feuchtigkeit und schützt vor Rost sowie Einfrieren im Winter. Am besten, aber etwas teurer ist ein spezielles Schlossöl, mit dem man zugefrorene Schlösser auftauen und lange Zeit vor den Zufrieren schützen kann.
- An der Stelle des **Motorhaubenschlosses**, wo der **Seilzug** aus der Umhüllung kommt, etwas Fett aufstreichen und durch mehrmalige Hebelbewegung in die Zugumhüllung ziehen.
- Den **Schließbügel der Motorhaube** und die **Schlossfalle am Querblech der Karosserie** dünn mit Fett bestreichen oder Schmierspray auftragen.
- Die **Motorhaubenscharniere** erhalten etwas Öl oder Schmierspray.
- Die **Gleitschienen des Schiebedachs** werden hauchdünn mit Silikonspray behandelt.

Die Scheibenwaschanlage

Saubere Scheiben sind eine wichtige Voraussetzung für Ihre Sicherheit beim Fahren. Damit Sie unterwegs auch bei Regen und Schnee den Durchblick behalten, ist Ihr Auto mit einer Scheibenwaschanlage ausgestattet. Auf der Frontscheibe läuft der Scheibenwischer in zwei Geschwindigkeiten. Dazu kommt eine Intervalleinrichtung, die etwa alle vier Sekunden eine Wischerbewegung auslöst. An der Heckscheibe sorgt ein zusätzlicher Wischer (auch mit Intervallschaltung) für freie Sicht. Gute Wischresultate erhalten Sie, wenn die Spritzdüsen das Waschwasser zielgenau auf die Scheiben spritzen. Im Winter zahlt sich die Sonderausstattung mit beheizbaren Scheibenwaschdüsen aus.

Wischergummi nutzt ab

Die Wischerblätter müssen sich fest auf die Scheiben pressen. Die Lebensdauer der Wischergummis ist jedoch begrenzt. Sie werden mit der Zeit durch die Bewegungen der Wischer abgerubbelt, Ozon und UV-Strahlen machen das Material zusätzlich spröde. In der Frontscheibe verursachen zudem winzige Kratzer Scharten im Gummi, was die Waschwirkung auf Dauer beeinträchtigt. Das Wischergummi sollten Sie daher

stets im Frühjahr und Herbst ersetzen. Die meisten Arbeiten an der Scheibenwaschanlage können Sie selbst in die Hand nehmen – meist genügt dazu ein Schraubenzieher. Ein Wischblattwechsel kann für Ungeübte allerdings zur Geduldsprobe werden – für manchen Autofahrer ein Puzzlespiel. Schnell und unkompliziert geht es mit dem Universal-Adapter Quick-Clip von Bosch, der im Fachhandel und meist auch an Tankstellen erhältlich ist.
Wenn Sie feststellen, dass Leitungen oder Sicherungen an einem der beiden Wischermotoren defekt sind, sollten Sie vor der Reparatur das Kapitel »Die Fahrzeugelektrik« lesen.

Scheibenwaschwasser auffüllen

Arbeitsschritte    ständige Wartung

① Im Sommer Wascherbehälter mit Leitungswasser auffüllen. Ein Anteil Reinigungsmittel verbessert die Waschwirkung. Im Winter sollten Sie zusätzlich Gefrierschutz zugeben.

② Erst Zusatzmittel und dann Wasser einfüllen, damit sich die Flüssigkeiten im Behälter gut vermischen.

③ Bei starkem Frost können die Wascherdüsen einfrieren. Zur Vorbeugung ein Drittel Brennspiritus beimischen (riecht aufdringlich). Damit die lange Zuleitung zur Heckscheibe nicht einfriert, vor dem Abstellen des Fahrzeugs einige Male die Heckscheiben-Waschanlage betätigen.

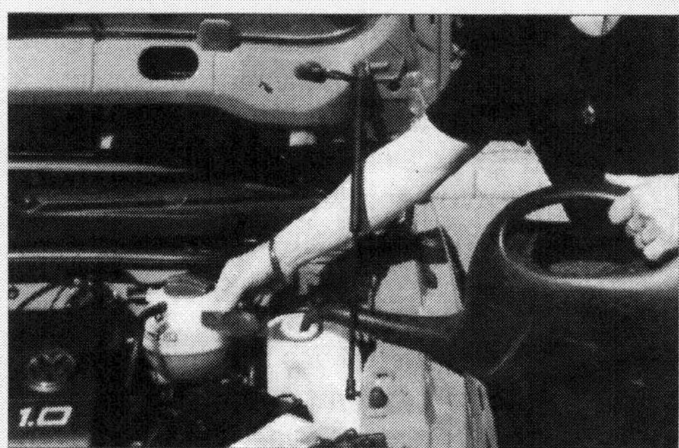

Vor Reiseantritt sollten Sie die Füllung der Scheibenwaschanlage überprüfen. Bei Frost verhindert die Beimischung von einem Drittel Brennspiritus das Einfrieren der Wascherdüsen.

Scheibenwischer und Waschanlage prüfen

Arbeitsschritte    ständige Wartung

① Zündung einschalten, Wischerhebel betätigen.

② Läuft der Scheibenwischer in allen Geschwindigkeiten? Geht er beim Ausschalten in die Parkstellung zurück?

③ Funktioniert die Wischer-Intervallschaltung?

④ Spritzt Wasser aus den Wascherdüsen?

⑤ Arbeiten Heckwischer und -wascher?

Wischergummi wechseln

Arbeitsschritte   

① Wischerarm abklappen.

② Arretierungsfeder des Wischerblatts zusammendrücken, bis die Kerbe aus der Öffnung des Wischerarms austritt.

③ Wischerblatt nach unten drücken und aus dem Arm herausschwenken.

④ Der Wischergummi besitzt an einer Seite Aussparungen zum Einhängen der Wischerarm-Halteklammern. Die Erhebungen im Gummi mit dem Fingernagel oder einem kleinen Schraubendreher zurückdrücken, damit die Halteklammern ausgerastet werden können.

Wechsel des Wischerblatts: Erst den Wischerarm abklappen, dann das Gelenk des Wischerblattes an der kleinen Zunge (Pfeil) entsichern. Das Blatt kann aus dem "U" des Wischerarms gezogen werden.

⑤ Wischergummi mit den seitlichen Metall-Federstreifen herausziehen.

⑥ Neues Wischergummi in die unteren Halteklammern des Wischerarms einhängen.

⑦ Metall-Federstreifen rechts und links in den Nut des Wischergummis einschieben und die Halteaussparungen der Streifen in die entsprechenden Erhebungen im Gummi einsetzen.

⑧ Gummierhebungen zum Einrasten der Halteklammern wieder zurückdrücken.

⑨ Beim Einsetzen des Wischerblatts darauf achten, dass die Kerbe in der Arretierungsfeder der Aussparung im Wischerarm gegenübersteht und dort einrasten kann.

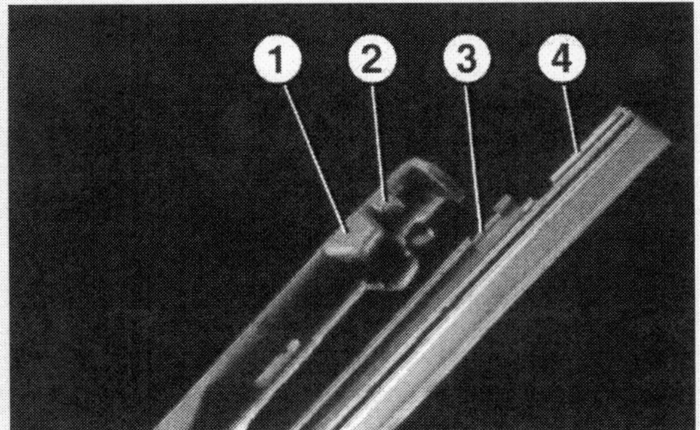

Wechsel des Wischergummis: ❶ Führungsnase der Wischerblattschiene, ❷ Arretierungsklammern für das Wischergummi, ❸ Führungsprofil des Gummis, ❹ Nuten des Federstreifens.

Wascherdüse einstellen

Vorn:

① Die Düsen sollten für klare Sicht nicht zu tief eingestellt sein. Sonst verschmiert bei höherem Tempo erst die Scheibe, bevor das Wasser die gesamte Fensterfläche bestreicht.

② Die Düsen sind voreingestellt und können nicht auf herkömmliche Weise mit einem Dorn eingestellt werden. Kleinere Korrekturen können mit einem Schraubendreher am Exzenter der Spritzdüse vorgenommen werden.

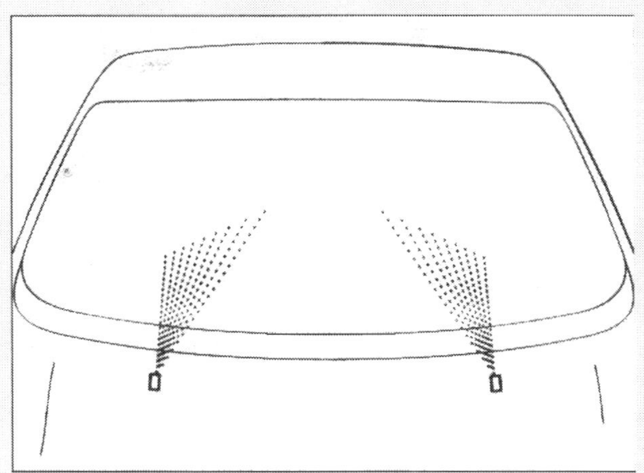

Liegen die Spritzfelder nicht auf gleicher Höhe, sind die Wascherdüsen zu korrigieren. Lassen sich die Düsen nicht einstellen, müssen sie ersetzt werden.

Hinten:

① Entfernen Sie die Abdeckkappe.

② Zeichnen Sie mit einem wasserlöslichen Stift einen Punkt auf die Heckscheibe und markieren so die Mitte des Wischerfeldes.

③ Die Spritzrichtung der Scheibenwaschdüse kann mit einem Dorn (Durchmesser 0,8 mm) eingestellt werden. Die Fachwerkstatt verwendet dazu ein Spezialwerkzeug (3125A). Auf keinen Fall sollte eine Nadel oder dergleichen verwendet werden, da Sie sonst den Wasserkanal in der Spritzdüse beschädigen könnten.

Wascherdüse ausbauen

Mit einer verstopften Scheibenwaschdüse werden Sie am besten fertig, indem Sie die Düse ausbauen und sie mit Druckluft durchblasen. Hilft das nichts, muss die Düse ausgewechselt werden. Verstopfungen der Wascherdüsen vermeiden Sie, wenn Sie in die Waschwasserleitung einen handelsüblichen Benzinfilter einbauen. Achten Sie darauf, die Düsen nicht entgegen der Spritzrichtung durchzublasen.

Arbeitsschritte  

① Motorhaube öffnen. An der hinteren Motorhaubenkante den jeweiligen Schlauch der Wascherdüse abziehen.

② Wascherdüse ❶ in Pfeilrichtung ❷ drücken. So drücken Sie die Kunststofffeder ❸ zusammen und können die Düse dann nach unten in Pfeilrichtung ❹ herausnehmen, wie es in der folgenden Abbildung gezeigt wird.

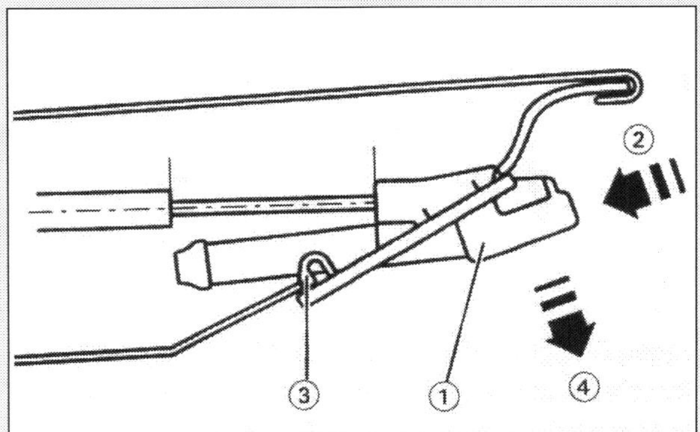

③ Achten sie beim Eindrücken der Wascherdüse darauf, dass sie richtig einrastet, sonst gibt es Probleme bei der Einstellung der Düse.

Scheibenwischerarm ausbauen

Frontwischer

① Bevor Sie die Wischerarme abbauen, stellen Sie sicher, dass sich der Wischermotor in Endstellung befindet.

② Abdeckkappe von Wischerarmachse mit einem Schraubendreher abhebeln.

③ Sechskant-Haltemutter zwei Umdrehungen lösen.

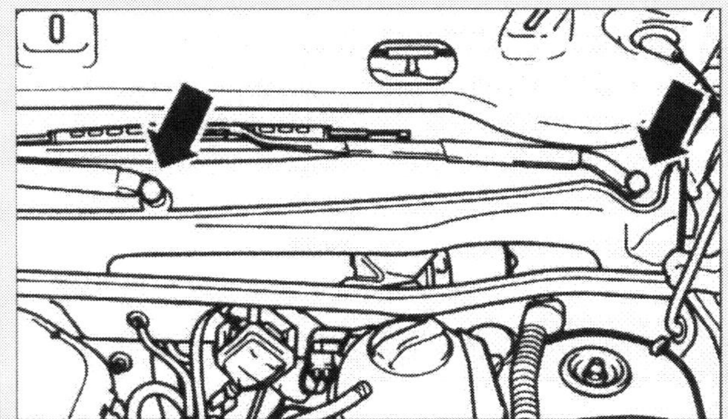

Die Abdeckkappen an den Wischerarmen (Pfeile) können Sie mit einem Schraubendreher leicht abhebeln.

④ Wischerarm seitlich gefühlvoll etwas hin- und herbewegen, damit er sich vom Konus der Wischerachse löst. Sitzt er fest, auf beiden Seiten Schraubendreher flach ansetzen und Wischerarm auf der Welle lösen. Um die Umgebung der Achse nicht zu beschädigen, am besten rechts und links einen großen Lappen unterlegen.

⑤ Beide Muttern ganz abschrauben und Wischerarme abnehmen.

⑥ Den Wischerarm beim Einbau so montieren, dass das Wischerblatt annähernd parallel zum Wasserabweiser an der Scheibenunterkante steht. Der Abstand soll auf Fahrer- und Beifahrerseite 20 mm betragen. Kontrollieren Sie nach der Montage den korrekten Lauf des Wischers. Das Blatt darf nicht an die Scheiben-Dichtungen stoßen.

Heckwischer

① Abdeckkappe vorsichtig mit einem kleinen Schraubendreher abhebeln.

② Lösen Sie die Befestigungsmutter des Scheibenwischerarms.

③ Nehmen Sie den Wischerarm ab.

④ Beim Einbau achten Sie darauf, dass das Wischerblatt in Endstellung in 25 mm Abstand zur Glasunterkante steht.

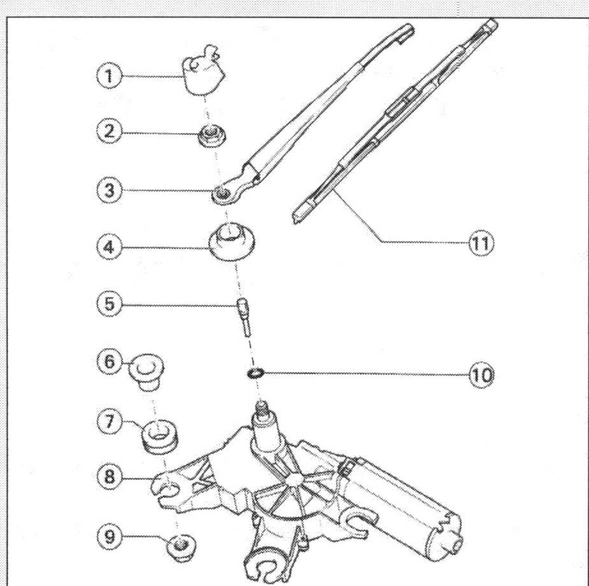

Der Heckscheibenwischer (Montageübersicht): ❶ Abdeckkappe, ❷ Sechskantmuttter 15 Nm, ❸ Wischerarm, ❹ Abdichtung, ❺ Wascherdüse, ❻ Distanzstück, ❼ Gummiring, ❽ Wischermotor, ❾ Sechskantmutter 8 Nm, ❿ Dichtring, ⓫ Wischerblatt.

Frontwischermotor ausbauen

Arbeits-schritte  

① Wischerarme abbauen und Batterie-Massekabel bei ausgeschalteter Zündung abklemmen.

② Windlaufgrill aus der Kunststoffleiste an der Unterkante der Frontscheibe ausclipsen und Kreuzschlitzschrauben herausdrehen. Windlaufgrill nach oben herausdrücken, gegebenenfalls Abdeckung des Pollenfilters herausnehmen.

③ M6-Schrauben (Pfeile) herausdrehen und Unterlegscheiben abnehmen.

④ Stecker am Wischermotor abziehen und Wischerrahmen komplett herausnehmen.

⑤ Um den Wischermotor weiter zu demontieren, müssen Sie die Stangen ❶ mit einem großen Schraubendreher von der Kurbel ❸ abhebeln, die M8-Mutter ❹ abschrauben, die Kurbel ❸ vom Motor abnehmen und die drei M6-Schrauben ❷ herausdrehen.

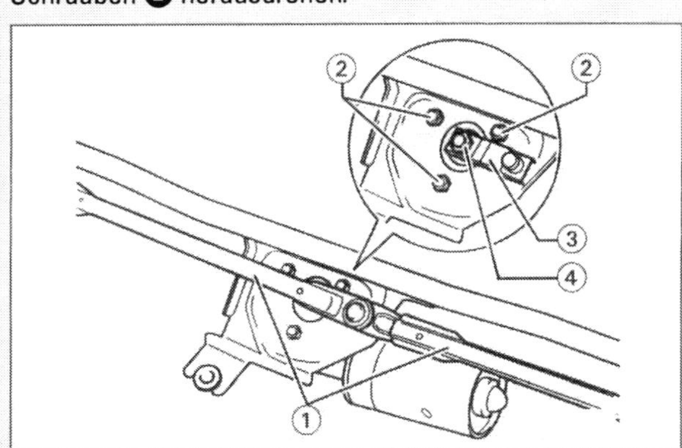

⑥ Beim Einbau in umgekehrter Reihenfolge Unterlegscheiben nicht vergessen, wenn Sie den Wischerrahmen samt Motor anschrauben.

Heckwischermotor aus- und einbauen

Arbeits-schritte  

① Bauen Sie den Heckwischer aus.

② Bauen Sie die Innenverkleidung der Heckklappe aus, wie es im Kapitel "Der Innenraum" beschrieben wird.

③ Ziehen Sie die elektrische Steckverbindung ❶ und den Wasserschlauch ❷ vorsichtig ab.

④ Sechskantmuttern (Pfeile) lösen und Wischermotor abnehmen.

⑤ Beim Einbau ist es wichtig, dass die Dichtung richtig in der Heckscheibenbohrung sitzt und der Wischermotor mit 8 Nm angeschraubt wird.

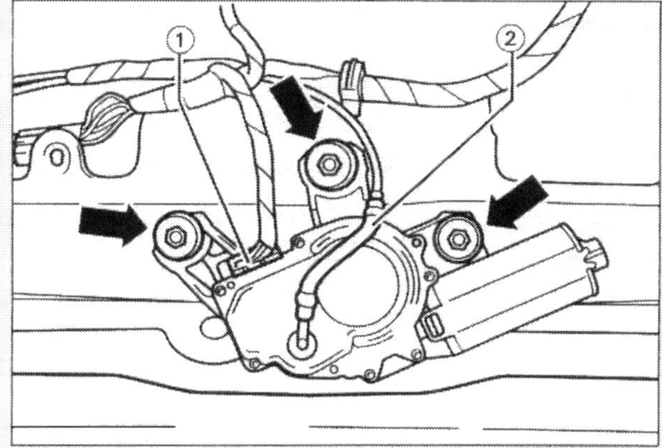

Stecker ❶ und Wasserschlauch ❷ sind abzuziehen, ehe der Wischermotor abgeschraubt werden kann.

Die Lackpflege

Jeder Quadratzentimeter glänzender Lack schlägt der Fahrzeugalterung ein Schnippchen. Die Pflege des Lacks ist daher eine lohnende Arbeit. Der Lack eines neuen Autos braucht zunächst nicht viel Aufmerksamkeit. Eine regelmäßige gründliche Wäsche und die Beseitigung von Steinschlägen, Teerflecken und Insektenresten reichen als Pflege völlig aus. Doch nach zwei, drei Jahren haben Sonne, Regen, Schmutz und häufige Wagenwäschen dem Lack so zugesetzt, dass er eine sanfte Grundreinigung nötig hat. Machen Sie die Tropfenprobe: Wenn die Wassertropfen auf dem

Scheibenwischer

Störungsbeistand

Störung	Ursache	Abhilfe
A Frontscheibenwischer läuft nicht	**1** Sicherung defekt	Austauschen
	2 Intervallmodul defekt	Motor austauschen
	3 Wischerantriebskurbel lose	Festziehen
	4 Kabel zum Wischerschalter unterbrochen	Steckverbindungen und Leitungen überprüfen
	5 Kabel zum Wischermotor unterbrochen	Steckverbindungen und Leitungen überprüfen
	6 Wischermotor durchgebrannt bzw. defekt	Austauschen
B Heckscheibenwischer läuft nicht	**1** Siehe A1	
	2 Siehe A4 und 5	
	3 Siehe A6	
C Scheibenwischer laufen nicht in Stufe I	**1** Klemme B1 am Wischermotor defekt	Motor austauschen
	2 Klemmen A3 oder A5 im Wischerschalter unterbrochen	Schalter austauschen
D Scheibenwischer laufen nicht in Stufe II	**1** Leitung Klemme A2 vom Wischerschalter zum Motor unterbrochen	Leitung überprüfen
	2 Klemmen A2 oder A5 im Wischerschalter unterbrochen	Schalter austauschen
	3 Klemme A1 am Wischermotor defekt	Motor austauschen
E Keine Wischerrückstellung	**1** Leitung Klemme B3 vom Intervallmodul zum Motor unterbrochen	Leitung kontrollieren
	2 Wischermotor defekt	Mit Prüflampe kontrollieren: Bei eingeschaltetem Wischer muss die Lampe bei Kontakt zwischen Klemme B1 (Stufe 1) bzw. A1 (Stufe 2) und B2 dauernd brennen. Zwischen Klemme B2 und Masse muss die Lampe kurz vor Erreichen der Parkstellung verlöschen. Wenn nicht, Motor austauschen
F Scheibenwischer laufen nicht im Intervallbetrieb	**1** Intervallmodul defekt	Austauschen
	2 Leitung Klemme A6 zwischen Wischerschalter und Modul unterbrochen	Leitung überprüfen (violettes Kabel)
	3 Kontakt A6 im Wischerschalter defekt	Schalter austauschen
	4 Verbindung Klemme 5 (gelb/rot) von der Sicherung zum Intervallmodul oder Klemme 4 (grau) vom Modul zum Wischermotor unterbrochen	Leitung und Steckverbindung prüfen
G Intervallbetrieb lässt sich nicht ausschalten.	**1** Siehe E1	
	2 Siehe F1	
	3 Kontakte im Wischerschalter öffnen nicht	Schalter austauschen
H Scheibenwischer bleiben nach dem Abschalten nicht oder nur kurz in Parkstellung	Mangelhafter Kontakt am Schleifkontakt im Wischermotor	Motorabdeckung abschrauben, Kontakte blankschleifen. Ggf. Motor austauschen

Wischerblatt

Störungs-beistand

Störung	Ursache	Abhilfe
A Wasser und Schmutz werden gleichmäßig über das Wischfeld verteilt	**1** Scheibe durch Lackpflegemittel, ölhaltige Rückstände oder Insektenreste verschmutzt	Auf der Scheibe »Sidol«-Messingputzmittel auftragen, antrocknen lassen, dann mit einem sauberen Lappen abreiben
	2 Wischergummi verschlissen	Austauschen
	3 Wischerarm am Anlenkpunkt des Wischerblattes verdreht und nicht parallel zur Windschutzscheibe	Wischerarmende nachbiegen (in sich verdrehen)
B Im Wischfeld bleiben feine Wasserstreifen stehen	Siehe A2	
C Im Wischfeld bleiben feine Wassertropfen zurück	Neigungswinkel des Wischergummis zur Windschutzscheibe zu flach	Wischergummi austauschen
D Im Wischfeld bleibt ein breiter Wasserfilm zurück	Ungleiche Druckverteilung durch verbogene oder defekte Anpressfeder im Wischergummi	Wischerblatt austauschen
E Im Wischfeld bleiben einige Wasserfelder zurück	**1** Anpressdruck des Wischerarms zu gering	Anpressdruck überprüfen. Feder leicht einölen, ggf. Wischerarm ersetzen
	2 Scheibenwischerantrieb verschlissen	Kontrollieren, defekte Teile ersetzen
	3 Wischerarm lose auf seiner Achse	Festschrauben
	4 Wischerarm verbogen	Nachbiegen
	5 Wischerblatt verbogen	Austauschen
F Im Wischfeld bleiben am Rand Wasserfelder zurück	**1** Siehe E1	
	2 Siehe D	
G Wischerblatt rattert	**1** Zuviel Spiel in der Verbindung von Wischerarm und Wischerblatt bzw. dem Kunststoffverbindungsteil	Wischerblatt oder -arm auswechseln
	2 Wischerarm in sich verdreht	Wischerarm zurecht biegen

sauberen Lack mit unscharfen Rändern zerfließen, ist es Zeit für die Lackpflege.

Wundermittel Lackreiniger

Welches Pflegemittel für Ihr Fahrzeug das Richtige ist, hängt vom Zustand des Lacks ab. Für einen neuen und gut erhaltenen Lack genügt eine milde Politur. Sie glättet die durch Umwelteinflüsse und mechanische Einwirkungen aufgerauhte Lackschicht, indem sie die mikroskopisch kleinen Furchen in der oberen Lackschicht behutsam abschmirgelt. Außerdem enthält eine Politur Wachskomponenten, die das Blechkleid konservieren. Ein Lackreiniger ist für neue Lacke reines Gift – für alte und verwitterte Lacke jedoch genau das Richtige.

Für Lackpflege ist es nie zu spät

Ein Lackreiniger funktioniert wie eine Politur, enthält jedoch gröbere Schleifmittel, die auch mit stärkeren Verschmutzungen fertig werden. Tatsächlich ist es für die Lackpflege fast nie zu spät. Bevor Sie Ihrem gealterten Wagen eine Neulackierung spendieren, sollten Sie es mit einem Lackreiniger versuchen. Allerdings enthalten diese Wundermittel in der Regel keine konservierenden Komponenten. Sie müssen daher den aufbereiteten Lack in einem neuen Arbeitsgang mit einem Autowachs versiegeln.

Konservierung für den Lack

Es empfiehlt sich übrigens, die Konservierung bei neuen und aufbereiteten Lacken zwei- oder dreimal im Jahr zu erneuern. Das erhält den Glanz länger und verbessert den Langzeitschutz. Die meisten Polituren und Lackreiniger wirken ziemlich aggressiv. Arbeiten Sie deshalb nie unter direkter Sonneneinstrahlung. Die chemischen Verbindungen in der Politur können sonst förmlich in den Lack einbrennen.

Lack pflegen und konservieren

① Vor der Lackpolitur das Fahrzeug gründlich waschen und trocknen.

② Prüfen Sie zuerst an einer unauffälligen Stelle, ob der Autolack Ihre Politur verträgt. Vorsicht bei Lackreinigern: Tragen Sie nur eine dünne Schicht auf, zuviel Reiniger nimmt mehr Decklack ab als nötig. Gehen Sie lieber in mehreren Durchgängen vor.

③ Politur oder Lackreiniger mit Baumwoll- oder Synthesewatte (handballengroße Stücke) oder weichem Tuch (kein Kunstfaserlappen) auftragen. Mit sanftem Druck in kreisförmigen Bewegungen einreiben. Nehmen Sie sich immer nur eine kleine Fläche vor.

④ Nach kurzer Einwirkzeit bildet sich ein trockener weißer Belag, der mit einem Watteballen in kreisenden Bewegungen auspoliert wird. Vorsicht an Kanten bei verwittertem Lack: Nicht zu lange dieselbe Stelle bearbeiten, da man sonst schnell auf die Grundierung stößt.

⑤ Nach einiger Zeit geht das Polieren schwerer, weil Wachs- und Pflegemittelpartikel die Bewegungen einbremsen. Dann Watteballen wenden oder erneuern.

⑥ Zum Abschluss den Lack mit sauberem Baumwolllappen abreiben, um noch vorhandenes Poliermittel und Watteflusen zu entfernen.

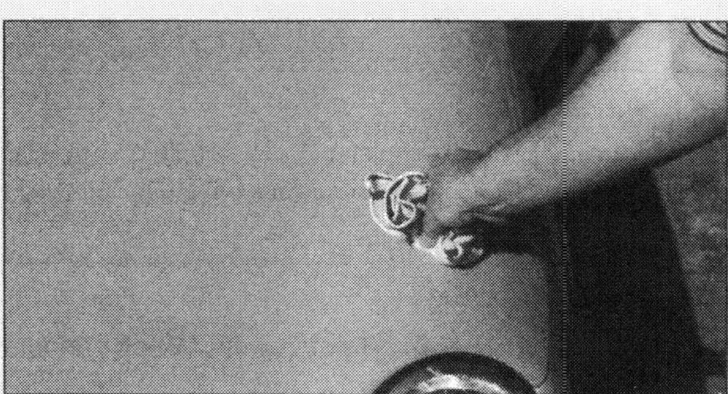

Reiben Sie die polierte Lackfläche zum Schluss noch mit einem sauberen Baumwolllappen ab. Damit entfernen Sie eventuell noch vorhandenen Belag und natürlich auch die Watteflusen.

So konservieren Sie richtig

⑦ Autowachs mit Watte auftragen. Die Größe der zu bearbeitenden Fläche hängt vom verwendeten Produkt ab. Vorsicht: Konservierer haben einen hohen Lösemittelanteil. Sorgen Sie daher für ausreichende Belüftung.

⑧ Die Flüssigkeit mit Watteballen in kreisenden Bewegungen einreiben. Gleichmäßiges druckvolles Kreisen erzeugt bei guten Konservierern Tiefenglanz.

⑨ Die Watte darf nur mit wenig Widerstand über den Lack gleiten. Deshalb häufig die Watte wenden und rechtzeitig wechseln.

⑩ Weist der Lack nach dem Konservieren Streifen oder Wolken auf, liegt das meist an verschmierten Farbpartikeln, die eine vorhergehende Politur hinterlassen hat. An diesen Stellen nochmals mit einer Politur beginnen.

Lackschäden

Während der Fahrt verüben aufwirbelnde Steine immer wieder Anschläge auf die Karosserie Ihres Fahrzeugs. Bei hohem Tempo werden selbst winzige Sandkörner zu Geschossen, die wie Meteoriten im Lack einschlagen. Im Winter sind vor allem Frontpartie und Motorhaube gefährdet, wenn der Rollsplitt gegen das Blech prasselt. Steinschlagschäden sind jedoch kein Drama. Auch ein Parkrempler mit Kratzern und Schrammen bietet keinen Anlass zur Panik. Solche Stellen lassen sich ebenso wie Fremdlack mit Lackreiniger oder Schleifpolitur oft einfach auspolieren.

Reparaturset bei Steinschlag

Viele Hersteller bieten für Lackschäden durch Steinschlag (etwa in der Größe eines Stecknadelkopfes) Reparatursets an, die sich so leicht handhaben lassen wie eine Flasche Nagellack. Eine Alternative ist Tupflack, bei dem der Krater mit einem Pinsel in mehreren Lackschichten aufgefüllt wird. Bei normalen Lacken helfen auch Wachsstifte in Wagenfarbe – der aufgetragene Wachsfilm hält freilich nur einige Wagenwäschen lang und muß dann erneuert werden. Die Lackbezeichnung und den Code für die Farbe Ihres Wagens finden Sie in Ihren Fahrzeugpapieren.

Lackschäden rechtzeitig beseitigen

Macken im Lack sollten Sie nicht ignorieren. Der Rost kann den angrenzenden Lack unterwandern – bei ungünstigen Bedingungen wie Nässe und Wärme schon in wenigen Tagen. Deshalb gilt: Lackschäden möglichst schnell ausbessern. Hat sich der Rost über Monate oder Jahre ungehindert ausgebreitet, erkennen Sie das meist an unschönen Kratern oder Löchern im Karosserieblech. In diesem Fall helfen nur noch aufwendige Restaurierungsarbeiten, die Erfahrung mit dem Werkstoff und dessen Bearbeitung voraussetzen. Die können wir Ihnen hier ebenso wenig vorstellen wie die Behebung eines Blechschadens. Für solche Arbeiten empfehlen wir den Band 175 aus der Reihe »Jetzt helfe ich mir selbst«. Er informiert umfassend über alle Arbeiten rund um die Autokarosserie.

Mit dieser Grundausstattung bessern Sie Lackschäden aus:

- Abklebeband (Profimaterial verwenden).
- Zeitungen oder Folie zum Abkleben.
- Schleifklotz aus Holz oder Kork für flächiges Schleifen.
- Nass- und Trockenschleifpapier in verschiedenen Körnungen.
- Spachtel und Spachtelmasse, Härter. Spritzspachtel zum Ausgleich kleinerer Unebenheiten.
- Haftgrund, als Grundlage für den Lackaufbau.
- Decklack in der Farbe Ihres Fahrzeugs.
- Lackreiniger, Konservierer, Politur.

Steinschlagschäden ausbessern

Arbeits-schritte  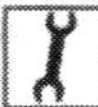 

① Stehen rund um den Lackkrater Ränder ab: Mit einer feinen Nadel abheben.

② Hat sich Rost gebildet, kratzen Sie ihn mit einem spitzen Taschenmesser vorsichtig heraus. Einen Tropfen Rostumwandler auf die Stelle tupfen und etwa eine Stunde einwirken lassen.

③ Die Schadstelle mit Waschbenzin oder Verdünnung reinigen, gründlich trocknen.

④ Etwas Haftgrund in den Sprühdosendeckel spritzen und mit Tupfpinsel oder Fingerkuppe dünn auftragen. Warten Sie, bis der Haftgrund getrocknet ist.

⑤ Mit Fingerkuppe oder kleinem Kunststoffmesser ein wenig Spachtel bündig zur umgebenden Lackfläche in den Krater drücken und trocknen lassen. Halten Sie Lappen und Verdünnung bereit, um Spachtelflecken auf dem Lack sofort abzuwischen.

⑥ Wenn Sie zuviel Spachtel eingebracht haben: Spannen Sie um ein Bleistiftende einen schmalen Streifen feines Schleifpapier, schleifen Sie den überschüssigen Spachtel bleistiftdrehend vorsichtig ab.

⑦ Ein wenig Lack in den Dosendeckel sprühen und eine Minute ablüften lassen. Den Lack sehr dünn mit Fingerkuppe oder spitzem Pinsel auftragen.

⑧ Wenn der Lack vollständig getrocknet ist (im Sommer nach etwa zwei, im Winter nach fünf Tagen): die ausgebesserte Stelle mit Politur, die Übergänge bei Bedarf mit Lackreiniger bearbeiten.

Kleinere Schrammen auspolieren

① Die Schadstelle mit Waschbenzin oder Verdünner reinigen.

② Polieren Sie die Fremdfarbe (falls vorhanden) mit Polierwatte, Schleifpolitur oder Lackreiniger in mehreren Arbeitsgängen aus dem Decklack. Halten Sie die Polierfläche möglichst klein.

③ Wenn die Ränder der Schramme noch rauh sind: Schleifen Sie diese Stellen mit einem kleinen Streifen feinstem Nassschleifpapier (mindestens Körnung 600) behutsam glatt. Dabei Schleifpapier immer wieder anfeuchten. Vorsicht: Schleifen Sie nicht die Decklackschicht durch.

④ Die Schadstelle mit einer milden Politur nachpolieren. Dabei werden Farbpartikel aus der unmittelbaren Lackumgebung in die Schramme hinein verteilt.

⑤ Zuletzt die bearbeitete Stelle mit Konservierer behandeln.

⑥ Wenn Sie auf gleichmäßigen Glanz Wert legen, anschließend das ganze Fahrzeug polieren.

Stärkere Schrammen ausbessern

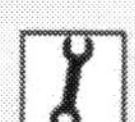

① Bei tiefen Schrammen an Stoßfänger, Kotflügel oder Tür: Bauen Sie das Karosserieteil vor der Lackreparatur aus. Die Ausbesserung geht so leichter von der Hand.

② Schadensfläche mit Schleifpapier (Körnung 80 oder 100) eben schleifen. Ist Rost vorhanden, bis aufs blanke Blech schleifen, Rostumwandler auftragen und eine Stunde einwirken lassen.

③ Die Stelle mit Waschbenzin oder Verdünnung reinigen und entfetten, trocknen lassen.

④ Spachtel und Härter mischen. Die Spachtelmasse macht die Schadstelle zu dem angrenzenden Lack bündig. Vorsicht: Der Spachtel lässt sich nur einige Minuten verarbeiten, weil der Härter schnell abbindet. Deshalb nur kleine Mengen vorbereiten. Bei geringen Unebenheiten können Sie auch Spritzspachtel aufsprühen.

⑤ Die Spachtelmasse gleichmäßig und zügig in mehreren dünnen Schichten auftragen. Nach etwa einer Stunde ist die Schicht ausgehärtet.

⑥ Unebenheiten mit Trockenschleifpapier (Körnung 240) vorsichtig abschmirgeln. Für den Feinschliff Nassschleifpapier (Körnung 400) verwenden und Fläche mit wenig Druck beischleifen.

⑦ Sind dann noch Riefen vorhanden – mit Spritzspachtel ausgleichen, aushärten lassen und mit Nassschleifpapier (Körnung 600) nachschleifen.

⑧ Vor dem Lackieren Schleifstaub sorgfältig abwischen.

Lackieren wie die Profis

⑨ Die Schadstelle mit wasserfestem und dehnbarem Lackierer-Klebeband, einer Folie oder alten Zeitungen abkleben. Billiges Klebeband weicht schnell durch und lässt bald auch Farbe passieren. Vorsicht: Beim Lackieren entstehen giftige Dämpfe. Sorgen Sie deshalb für eine gute Belüftung des Arbeitsplatzes.

⑩ Haftgrund (Füller) als feinporige Grundlage für den Decklack sprühen. Sauber arbeiten – Unebenheiten und Lacknasen verschwinden nicht mit zunehmenden Lackauftrag, sondern vergrößern sich. Haftgrund trocknen lassen, mit Nassschleifpapier (Körnung 600) planschleifen. Schleifrückstände abwischen.

⑪ Decklack aus der Sprühdose gleichmäßig und zügig in mehreren Schichten auftragen. Der Abstand vom Sprühkopf zur Lackierfläche sollte etwa 20 bis 30 Zentimeter betragen. Erwärmen Sie die Sprühdose vor dem Lackieren kurz in heißem Wasser. Der Sprühstrahl entweicht dann unter höherem Druck, ist feiner und erzielt eine glattere Oberfläche.

⑫ Die Ränder des Klebebands an der Reparaturstelle lösen, umknicken und diese Stellen nachsprühen. Das macht den Übergang zum Originallack unscharf.

⑬ Wenn der Lack vollständig getrocknet ist (im Sommer nach etwa zwei, im Winter nach fünf Tagen): die ausgebesserte Stelle mit Politur, die Übergänge mit Lackreiniger bearbeiten. Wenn Sie auf gleichmäßigen Glanz Wert legen, anschließend das ganze Fahrzeug polieren.

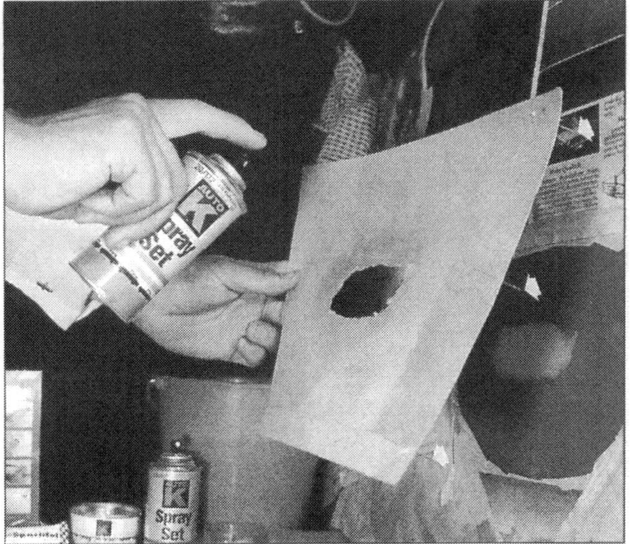

Wenn Sie mit der Spraydose lackieren: Schneiden Sie in ein großes Stück Pappe ein Loch in Größe der Schadensstelle. Der Sprühstrahl deckt dann nur die vorgesehene Fläche ab.

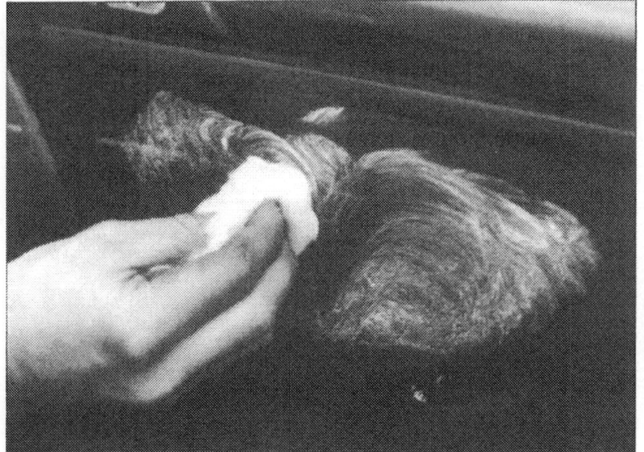
Kratzer oder Schrammen lassen sich mit Schleifpolitur oder Lackreiniger beseitigen, wenn noch ein Hauch Decklack vorhanden ist. Verwenden Sie nur hochwertiges Arbeitsmaterial aus dem Zubehörhandel.

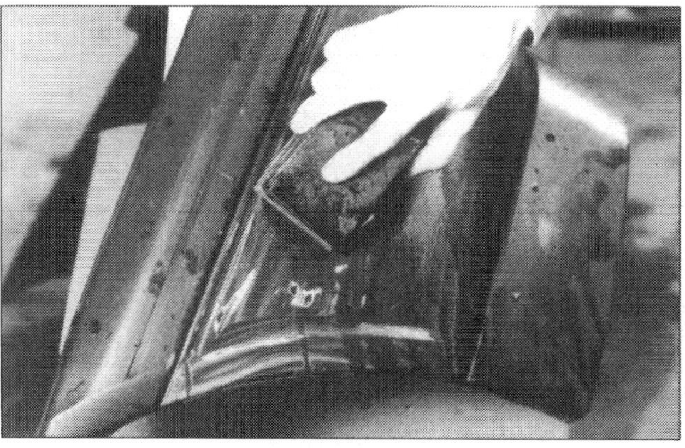
Schleifpapier um einen Schleifklotz wickeln, die Schadensfläche durch gleichmäßige Bewegungen in eine Richtung glatt schleifen. Den Klotz immer wieder in Wasser tauchen, damit der Schleifstaub herausgeschwemmt wird.

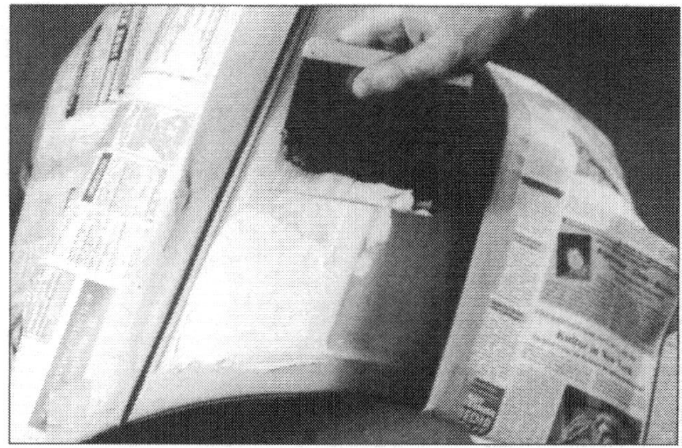
Wenn Sie zum ersten Mal mit dem Spachtel umgehen, sollten Sie erst üben, bevor Sie ernst machen. Machen Sie auf einem alten Stück Autoblech einen Probedurchlauf. Das bringt das nötige Gefühl und Sicherheit im Umgang mit dem Material.

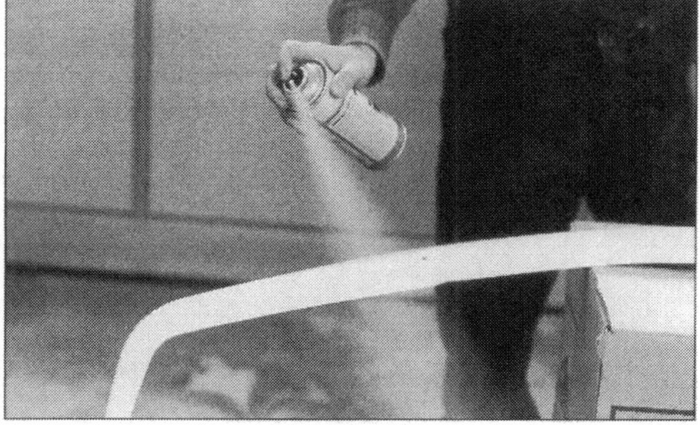
Halten Sie die Spraydose möglichst ruhig über der Lackierfläche. Führen Sie den Sprühstrahl am Lackierobjekt vorbei, nicht absetzen oder im Oval zurückführen – das vermeidet Lacknasen.

DER MOTOR

Wartung

Reparatur

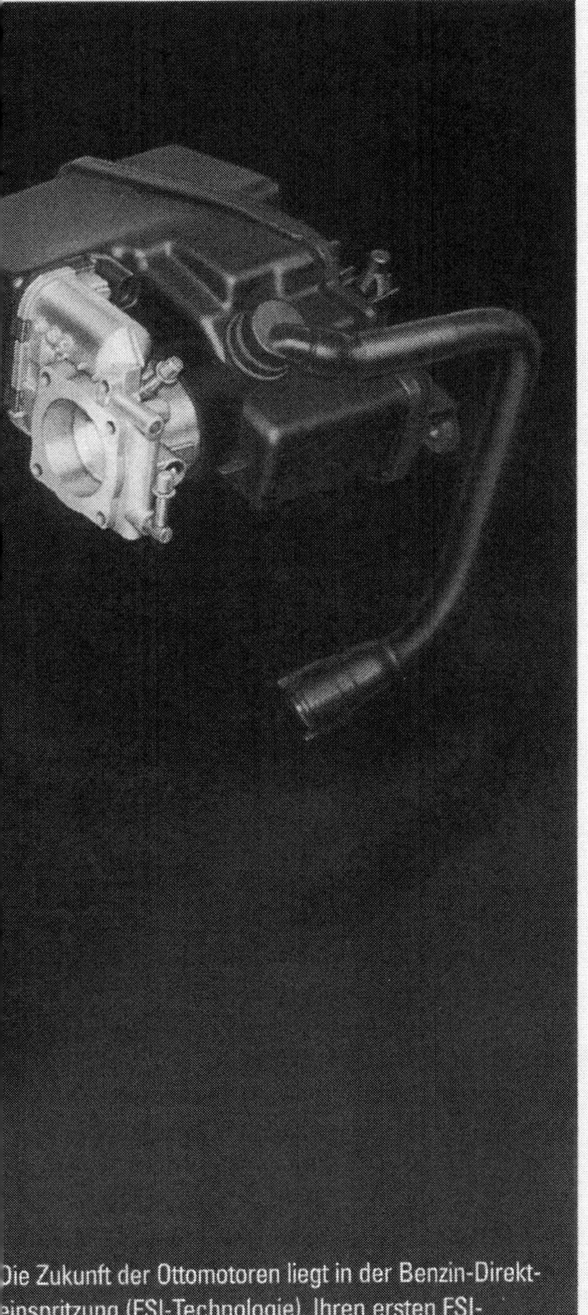

Die Zukunft der Ottomotoren liegt in der Benzin-Direkteinspritzung (FSI-Technologie). Ihren ersten FSI-Motor setzt die Volkswagen AG im Lupo ein. Gegenüber herkömmlichen Ottomotoren erreicht der Direkteinspritzer eine Verbrauchseinsparung von 15 Prozent.

Der Lupo wartet mit einer kleinen, aber überaus feinen Palette von Motoren auf. Die mit der Einführung des Lupo weiter perfektionierte Philosophie der Volkswagen-Gruppe ist es ja, dem Kunden ein genau auf seine Wünsche und Ansprüche zugeschnittenes Triebwerk zur Verfügung zu stellen – von hoch ökonomisch bis ausgesprochen sportlich.

Die verschiedenen Aggregate sind leistungsstark, dynamisch und effizient. Sie reichen vom 1,0 Liter Benziner (50 PS) und dem 1,7 Liter Diesel SDI (60 PS) bis hin zum Top-Modell, dem Lupo GTI mit 125 PS. Dazwischen liegen noch mehrere Leistungsstufen: 75, 100 und 105 PS.

Dass die gebotene Leistung keineswegs unvernünftig sein muss, gewährleisten moderne Technologien wie TDI und FSI. Der 3L TDI-Lupo bringt seine dynamischen Fahrleistungen (61 PS) bei dem extrem niedrigen Verbrauch von durchschnittlich nur 2,99 Liter Dieselkraftstoff (nach EG-Richtlinie 93/116/EG).

Der 1,2 Liter-TDI-Motor für das erste serienmäßig gefertigte Drei-Liter-Auto wurde aus der bewährten Technologie der Turbodiesel-Direkteinspritzer entwickelt. Auch als Herzstück des auf Sparsamkeit getrimmten Audi A2 bewährt sich übrigens dieser 61-PS-Dreizylinder, der im Eco-Modus des sequenziellen Getriebes die Leistung noch sparsamer auf 41 PS begrenzt.

Die drei Pumpe-Düse-Einheiten des besonders sparsamen 3L TDI veranschaulicht das Schnittbild dieses Triebwerks. Das Aggregat entspricht weitgehend dem 1,4 Liter-TDI-Motor. Durch Zylinderbohrungen geringeren Durchmessers wurde es auf einen effektiven Hubraum von nur 1.191 Kubikzentimeter gebracht.

Der 3L TDI findet sich auch im Seat Arosa.

Alle Motoren sind flüssigkeitsgekühlt und im Motorraum quer zur Fahrtrichtung eingebaut. Sie sind oben links und rechts in Gummi-Metall-Lagern aufgehängt. Dadurch können sie wie ein Pendel schwingen. Die Drehmomentkräfte werden von einer weit unten angeordneten Stütze abgefangen. Schwingungen werden durch den Fahrschemel an der Vorderachse nur geringfügig auf die Karosserie übertragen, wodurch sich der Fahrkomfort erhöht.

Beim 1,0 Liter Benziner sind Motorblock und Zylinderkopf aus Aluminiumguss gefertigt. Der Alu-Motorblock besitzt eingegossene Zylinderlaufbuchsen aus Grauguss. Unten am Motorblock ist die Kurbelwelle angeschraubt. Diese Verschraubungen dürfen nicht gelöst werden, sonst muss der Motorblock komplett mit der Kurbelwelle ersetzt werden. Der 1,4-Liter-Benzinmotor (60 PS) entspricht weitgehend dem 1,0 Liter, allerdings besteht der Motorblock aus Grauguss. Bei den 1,4-Liter-Benzinmotoren mit 75 und 100 PS sind Motorblock und Zylinderkopf wiederum in Aluminiumguss gefertigt.

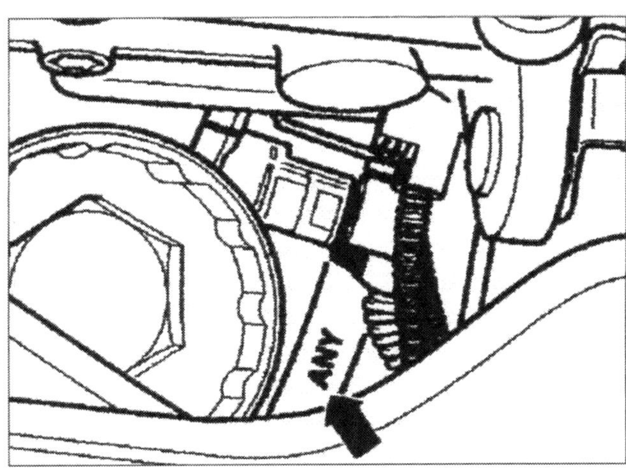

Beispiel 1,2 Liter-TDI: Motorkennbuchstaben (und laufende Nummer) an der Trennfuge Motor/Getriebe.

Der Zylinderkopf für die Benzinmotoren funktioniert nach dem Querstromprinzip: Das frische Kraftstoff-Luft-Gemisch strömt auf der einen Seite ein, die verbrannten Gase werden auf der anderen Seite ausgestoßen. Ein schneller Gaswechsel über die Ein- und Auslassventile ist auf diese Art sicher gestellt. Hydraulische Ausgleicher halten automatisch das Ventilspiel konstant. Entsprechende Einstellungen etwa im Rahmen der Wartung sind damit überflüssig. Rollenschlepphebel im Zylinderkopf tragen zur Reduzierung der inneren Reibung bei und wirken sich positiv auf den Benzinverbrauch aus.

Für Aufbereitung und Zündung des Kraftstoff-Luft-Gemischs sorgen bei allen Motoren wartungsfreie Motormanagement-Systeme. Das Einstellen des Zündzeitpunktes oder Leerlaufs im Rahmen der Wartung ist nicht erforderlich. Nur die Zündkerzen und der Luftfiltereinsatz müssen regelmäßig erneuert werden.

Mit welchem Motor aus der umfangreichen Palette Ihr Fahrzeug ausgestattet ist, können Sie dem Fahrzeug-

Motoren des Lupo/Arosa

Modell		Hubraum (cm³)	Leistung (kW/PS)
Benziner / 4 Zylinder			
AER/ALL	1,0	999	37/50
ALD/ANV/AHT	1,0	999	37/50
AEX	1,4	1390	44/60
AHW/AKQ/APE	1,4	1390	55/75 (nur Lupo)
AFK/AQQ	1,4	1390	74/100
ARR	1,4	1390	77/105 (nur Lupo) FSI
AVY	1,6	1598	92/125 (nur Lupo) GTI
Diesel / 4 Zylinder SDI			
AKU	1,7	1716	44/60
Diesel / 3 Zylinder TDI			
ANY	1,2	1191	45/61
AMF	1,4	1422	55/75

datenträger im Serviceplan oder natürlich den amtlichen Fahrzeugpapieren entnehmen. Ein Fahrzeugdatenträger ist ferner auf dem Bodenblech rechts neben der Reserveradmulde im Gepäckraum aufgeklebt. Auch er enthält die 6 im Serviceplan verzeichneten Daten plus der Produktions-Steuerungsnummer. Volkswagen kennzeichnet jeden Motortyp mit drei »Kennbuchstaben« und einer sechsstelligen »laufenden Nummer«. Wurden von einem Motortyp mehr als 999.999 Triebwerke hergestellt, wird die erste der sechs Stellen durch einen Buchstaben ersetzt.

Die Benziner

Ein Wort vorab zur FSI-Technik

Unter seiner kleinen Haube hat sich der Lupo als Innovationsträger von Volkswagen entpuppt. Die FSI-Technik markiert den Startpunkt für eine neue Phase im Ottomotorenbau. Für den ersten deutschen Benzindirekteinspritzer wählte VW einen Motor, der auch in den Baureihen Polo und Golf zu finden ist: den 1,4-Liter-Vierzylinder der Motorenserie EA 111. So muss die neue Technik der ***F**uel **S**tratified **I**njection* (»Geschichtete Benzindirekteinspritzung«) nicht auf den Lupo beschränkt bleiben. Sie kann für die zwei nächstgrößeren Fahrzeugklassen mit hohen Stückzahlen adaptiert werden.

Im Vergleich zwischen der Saugrohr- und der Direkteinspritzung wird schnell klar, weshalb FSI dem konventionellen System überlegen ist: Bislang befindet sich das Einspritzventil der Benziner üblicherweise im Saugrohr (Saugrohreinspritzung). Der Kraftstoff wird entweder vor das geschlossene oder auf das geöffnete Einlassventil gespritzt und bereits im Saugrohr nahezu vollständig mit der angesaugten Luft vermischt. Dieses Gemisch ist nur in einem eng gesteckten Rahmen spezifisch festgelegter Luftverhältnisse zündfähig.

Das Problem dabei: Wird vom Fahrer nur wenig Leistung angefordert, also im eigentlich sparsameren Teillastbereich, muss analog zur Kraftstoffmenge die Luftzufuhr stark gedrosselt werden. Stellen Sie sich eine brennende Kerze in einem Glas vor, das von oben langsam geschlossen wird: die Flamme wird kleiner, die Verbrennung schlechter. Bei Ottomotoren führt dies zu einem schlechten Teillastverbrauch.

Hier schlägt die Stunde der Benzindirekteinspritzung. Statt im Saugrohr befindet sich das Einspritzventil seitlich versetzt über dem Brennraum. Durch die direkte Einspritzung können die Intervalle der Kraftstoffzufuhr und auch die benötigte Zeit zur Mischung mit der Luft exakt definiert werden. Im sparsamen Teillastbetrieb des FSI-Motors, in diesem Fall Schichtladebetrieb (»stratified«) genannt, wird der Kraftstoff erst gegen Ende des Verdichtungstaktes in die Aufwärtsbewegung des Kolbens eingespritzt und über einen »Tumble«-Effekt direkt an die Zündkerze geführt. Die konzentrierte Gemischladung verbrennt selbst dann, wenn der Motor in dieser Phase mit einem hohen Luftüberschuss (FSI = 12,4) betrieben wird. Der Wirkungsgrad steigt. Im Vergleich zur Saugrohreinspritzung ergibt sich ein erheblicher Verbrauchsvorteil. Im Schichtladebetrieb laufen Zündung und Verbrennung zentral im Brennraum ab. In den Außenbereichen der Kammer befindet sich durch den hohen Luftüberschuss ein isolierender Luftgürtel, der die Wärmeabfuhr an die Zylinderwand reduziert und somit den Wirkungsgrad nochmals verbessert.

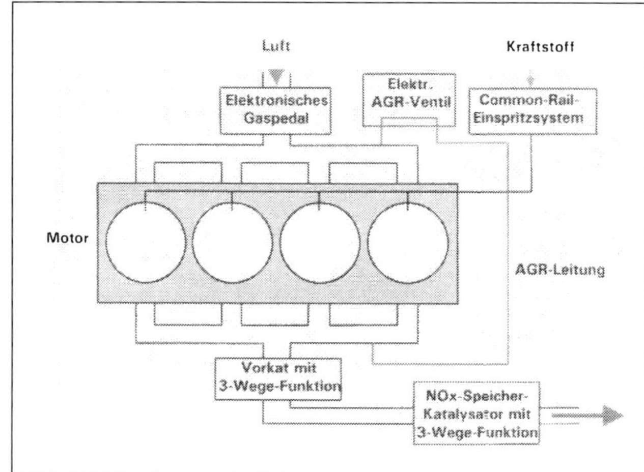

Das Motorkonzept des Ottomotors mit Benzindirekteinspritzung.

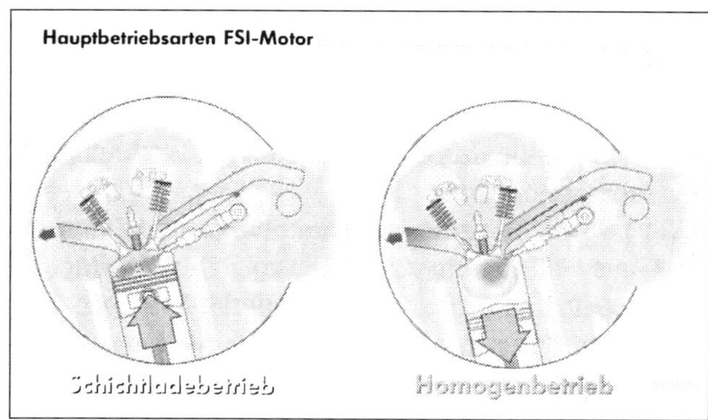

Der 1,0 Liter-Motor AER, ALL, ALD, ANV und AHT

Der 1,0 Liter-Motor mit 37 kW/50 PS hat sich seit 1997 im Arosa und später im Lupo bewährt. Beim Motor AER/ALL/ALD/ANV sind Motorblock und Zylinderkopf aus Aluminiumguss. Die Nockenwelle im Zylinderkopf betätigt beim AER/ALL die zwei Ventile pro Zylinder über hydraulische Tassenstößel, die dabei jegliches Ventilspiel ausgleichen. Beim ALD/ANV drückt die Nockenwelle gegen Rollenschlepphebel, die den Nockenhub infolge der nadelgelagerten Rollen in den Schlepphebeln reibungsarm auf den Ventilschaft übertragen. Beim AHT erfolgt der Ventiltrieb durch eine unten liegende Nockenwelle über hydraulische Ventil-

stößel, Stößelstangen und Kipphebel.
Das Motormanagement wird bei fast allen diesen Motoren von der Bosch-Steuerungsautomatik Motronic (9.0, 7.5.10) übernommen. Der in erster Linie für den Export gebaute AHT wird von der Siemenssteuerung Simos gemanagt.

Der 1,4 Liter-Motor AEX

Der 1,4 Liter-Motor AEX hat sich als Triebwerk für die Basisausstattung bewährt. Er entspricht technisch weitgehend dem 1,0 Liter AER, allerdings mit einem Motorblock aus Grauguss. Gefertigt wird auch eine 60-PS-Maschine mit Zylinderkopf/Motorblock aus Aluminium-Legierung. Eine oben im Zylinderkopf liegende Nockenwelle steuert bei dieser Ausführung über Rollenschlepphebel die zwei Ventile pro Zylinder. Das Motormanagement besorgt die Motronic 9.0.

Der 1,4 Liter-16V-Motor AHW, AKQ, APE, AFK und AQQ

Den 1,4 Liter-Motor mit 16 Ventilen gab es zunächst mit einer Leistung von 75 PS (AHW/AKQ/APE) und 100 PS (AFK/AQQ). Diese Triebwerke hatten sich zumeist schon in der Golf-Baureihe bewährt. Die Motoren verfügen über zwei oben liegende Nockenwellen, die mittels Zahnriemen von der Kurbelwelle angetrieben werden. Über Rollenschlepphebel werden die Ventile betätigt. Motormanagement: 4AV/CV bzw. 4CV/4LV von Marelli.
Der Aluminium-Motorblock hat eingegossene Zylinderlaufbuchsen aus Grauguss. Unten am Motorblock ist die Kurbelwelle über 5 Kurbelwellenlager angeschraubt. Diese Verschraubungen dürfen nicht gelöst werden, weil sonst der Motorblock komplett mit der Kurbelwelle ersetzt werden muss. Die Kühlmittelpumpe wird durch Zahnriemen angetrieben, die Ölpumpe durch einen Mitnehmerzapfen der Kurbelwelle.

Der 1,4 Liter-16-Ventiler wird als 75- und als 100-PS-Motor gebaut.

Der 1,4 Liter-16V-FSI-Motor ARR

Für sparsamsten Verbrauch optimiert ist der Sechzehnventiler mit der Direkteinspritzung FSI, wobei der Motor mit 105 PS unter 5 Liter auf 100 km verbraucht. Neben den FSI-spezifischen Merkmalen weist der umfangreich modifizierte Motor erstmals plasmabeschichtete Zylinderlaufbahnen im Aluminium-Kurbelgehäuse auf. Gegenüber den bekannten Graugussbuchsen zeichnen sie stark minimierte Reibungsverluste und eine deutliche Gewichtsreduzierung aus. Bei ihrer Herstellung wird über einen 10.000 Grad heißen Plasmalichtbogen ein aus Stahl und Molybdän bestehendes Pulver aufgetragen. Die neue Zylinderbeschichtung wirkt sich positiv auf den

Der FSI-Motor ist ein technisches Highlight, das VW zuerst bei seinem kleinsten Fahrzeug-Modell realisierte. Der Benzin-Direkteinspritzer leistet 105 PS bei 6200 U/min und entwickelt sein maximales Drehmoment von 130 Nm bei 4250 U/min.

Wirkungsgrad des Motors sowie auf Verbrauchswerte und Abgasemissionen aus.
Doch obwohl der Lupo FSI die sparsamste Benziner-Version innerhalb der Baureihe ist, wird er sich gleich unterhalb des ebenfalls neuen Lupo GTI als starker Dynamiker in dieser VW-Klasse etablieren. Immerhin erreicht er mit seinen 77 kW (105 PS) eine Höchstgeschwindigkeit von 199 km/h.

Zahlreiche Untersuchungsergebnisse des Volkswagen-Konzerns ergaben, dass die Direkteinspritzung als Einzelmaßnahme bei Benzinern das größte nutzbare Potenzial zur Verbrauchs- und Emissionsreduzierung bietet. Andere Wege, wie die variable Ventilsteuerung, das variable Verdichtungsverhältnis, der homogene Magerbetrieb oder die Zylinderabschaltung ergeben im Vergleich zur FSI-Technik nicht die gewünschten Erfolge (siehe auch Kapitel »Die Benzineinspritzung«).

Ansaugsystem beim FSI

Zum FSI-Motor gehört ein stürmisches Ansaugsystem: Das angesaugte Sauerstoffvolumen wird über einen Heißluftmassenmesser analysiert. Das elektronische Gaspedal steuert »by wire« die wasserbeheizte Drosselklappe. Noch bevor die Luft in den Sammelbehälter des Saugrohrs eintritt, wird, je nach Betriebszustand des Motors, eine Abgasrückführrate (AGR) von bis zu 35 Prozent erreicht. Die Abgase selbst spendet der Auslasskanal des vierten Zylinders. Für die Regelung dieses Vorgangs ist ein neuartiges Abgasrückführventil zuständig.
Durch die Abgasrückführung werden bereits motorseitig die Stickoxide erheblich reduziert. Dieser Effekt wird durch eine bis 20 Grad variierbare Einlassnockenwellen-Verstellung unterstützt.
Wesentliche Hardware im Ansaugtrakt ist ein neues Multifunktionsbauteil. Es umfasst eine Hochdruckverteilerleiste (Common Rail), spezielle Tumble-Klappen sowie deren Steuerungsmechanik bzw. –sensorik für die individuelle Ansaugluftsteuerung während der zwei bei FSI typischen Betriebsphasen (Schichtlade-/Homogenbetrieb) und einen Drucksensor samt Drucksteuerventil. Ohne das Multifunktionsmodul wären weder der über das Common-Rail-System erzeugte Einspritzdruck von 100 bar noch der Wechsel zwischen dem sparsamen Schichtladebetrieb und dem Homogenbetrieb realisierbar.

Der 1,6 Liter 16V-GTI AVY

Als Triebwerk für den Lupo GTI leistet der 1,6 Liter-Vierzylinder 125 PS und ermöglicht eine Spitzengeschwindigkeit von 205 km/h. Mit dem kräftigen Motor, gefertigt aus Aluminium und Grauguss, erfüllt der Kraft-Zwerg von VW die Abgasnorm Euro 4. Die 16 Ventile werden von Rollenschlepphebeln betätigt. Zwei Nockenwellen oben im Zylinderkopf und der Antrieb über Zahnriemen entsprechen der bei VW bewährten Motorenbauweise. Ebenso die fünffach gelagerte Kurbelwelle.

Blick in den Motorraum des stärksten Lupo-Triebwerks, des 1,6 Liter GTI.

Die Diesel

Die Dieselmotoren im Lupo/Arosa sind von dem bekannten 1,9 Liter-VW-Triebwerk abgeleitet. Beim 1,7-l-SDI wurde der Hubraum von 1,9 auf 1,7 Liter reduziert, indem eine Kurbelwelle mit einem geringeren Hub eingesetzt wurde. Der 1,4-l-TDI weist die gleichen Maße wie der 1,9 Liter-Diesel bei Bohrung, Hub und Zylinderabstand auf. Er verfügt jedoch nur über drei Zylinder und bietet somit Vorteile bei Platzbedarf, Wirkungsgrad und Verbrauch. Komforteinbußen wegen der ungeraden Zylinderzahl gibt es nicht. Eine Ausgleichswelle dreht sich gegenläufig zur Kurbelwelle. Die so ausgelösten gegenläufigen Schwingungen eliminieren die durch die Konstruktion bedingten Vibrationen eines Dreizylindermotors. Der Dreizylinder läuft so ruhig wie ein Vierzylinder.

Der 1,7 Liter-SDI-Motor AKU

In der Diesel-Baureihe gibt es seit 1997 auch den SDI-Motor. SDI ist die Abkürzung für Saugdiesel-Direkt-Injection. Dies ist ein natürlich ansaugender Motor mit Dieseldirekteinspritzung ohne Turbolader mit einem

Der Turbolader

Grundsätzlich geht es bei der Aufladung darum, die Füllung des Zylinders mit Frischluft für die Verbrennung zu verbessern, also die Motorleistung zu steigern. Das Mittel zum Zweck kann ein mechanisch angetriebener Kompressor sein, der aber Leistung kostet. Populärer ist daher der Turbolader, der die mit Überschallgeschwindigkeit durch den Auspuffkrümmer jagenden Abgase als Antriebsenergie nutzt.
Er besteht im Kern aus zwei auf einer gemeinsamen Welle sitzenden Schaufelrädern.
Die Gase passieren das Turbinengehäuse, wo sie den Läufer (das erste Rad) auf über 100.000 U/min beschleunigen. Der Läufer treibt über die Welle das zweite Schaufelrad, das Verdichterrad, an. Es saugt Frischluft in das Verdichtergehäuse und presst sie in die Verbrennungskammern.
Bei Ottomotoren muss im Falle von Turboaufladung wegen der großen in die Brennräume gepumpten Luftmenge die Verdichtung im Vergleich zum Sauger reduziert werden, damit der Motor bei voller Drehzahl nicht zum Klopfen neigt. Dadurch sinkt der Wirkungsgrad. Beim Diesel ist die Situation etwas anders als bei Benzinern: Ein Klopfproblem gibt es nicht. Und ihm fehlt die Drosselklappe – der Luftdurchsatz und damit die Abgasmenge hängen nur von der Drehzahl und nicht von der Gaspedalstellung ab. Die Leistung wird ausschließlich über die Einspritzmenge geregelt. So bleibt die Abgasmenge relativ konstant, der Lader braucht beim Beschleunigen nicht so große Drehzahlsprünge mitzumachen. Der Diesel-Turbo spricht also besser an.
Das gilt im besonderen Maße für den Lupo-Turbodiesel. Um die einströmende Luftmenge bei hoher Drehzahl zu begrenzen und um zu vermeiden, dass sich der Druck im Ladesystem unzulässig erhöht, arbeitet er mit einem Ladedruckregler. Ein Ventil im Ladedruckregler sorgt dafür, dass nur ein Teil der Abgase an das Schaufelrad des Turboladers gelangen kann. Der Ladedruck wird verringert; es wird gewährleistet, dass er nur den konstruktiv festgelegten Wert erreicht.
Überschreitet der Druck doch die Sicherheitstoleranz, oder ist der Ladedruckregler überlastet oder außer Betrieb, ermöglicht ein Sicherheitsventil im Ansaugkanal (Ablassventil) das Zurückströmen der Luft in den Luftfilter.
Durch eine Ladedruckanreicherung in der Einspritzpumpe wird die zusätzlich einströmende Ansaugluft auch kraftstoffseitig reguliert. In Abhängigkeit vom Ladedruck wird mehr oder weniger Kraftstoff zugeordnet.

Drehmoment von 115 Nm bei 2.200 U/min. Der Antrieb von Nockenwelle, Einspritzpumpe und Zwischenwelle erfolgt durch die Kurbelwelle über einen Zahnriemen. Eine elektronisch geregelte Hochdruck-Einspritzpumpe versorgt den Motor mit Kraftstoff.

Der 1,2 Liter-TDI-Motor ANY

VW darf für sich das Recht in Anspruch nehmen, der Diesel-Entwicklung entscheidende Impulse gegeben zu haben. Mit der Einführung des TDI zeigt sich der Diesel so kräftig und sparsam wie nie zuvor. Im Lupo demonstriert der TDI noch weiter als bisher reichende Spartugenden: Der Durchschnittsverbrauch Stadt/-Landstraße des 3L TDI mit der Fünfgang-Halbautomatik liegt bei nur 2,99 Liter auf 100 Kilometer. Damit ist endlich ein wirkliches 3-Liter-Auto auf den Markt gebracht worden. Und der Drei-Liter-Diesel entwickelt ein durchaus bemerkenswertes Temperament. Mit seinen 61 PS beschleunigt er in 14,5 Sekunden auf 100 km/h und erreicht eine Spitzengeschwindigkeit von 165 km/h.
Mit den 3-Zylinder-TDI-Motoren führt Volkswagen die seit 2000 eingeführte neuartige Hochdruck-Einspritzung für den direkteinspritzenden Dieselmotor weiter: das Pumpe-Düse-Prinzip. Erstes Modell dieser neuen Motorengeneration mit einem Einspritzdruck über 2000 bar und Bestwerten in Leistung, Drehmoment und Sparsamkeit war der für den Golf eingesetzte Vierzylinder TDI PDE mit 85 KW (115 PS) Leistung bei 4000 U/min.
Auch bei den TDI befinden sich wie beim SDI Kennbuchstaben und laufende Nummer auf der Trennfuge Motor/Getriebe. Zusätzlich wird auf dem Zahnriemenschutz ein Aufkleber mit der Motornummer ange-

Kompakt und leistungsstark: Der 1,2 Liter-TDI-Motor.

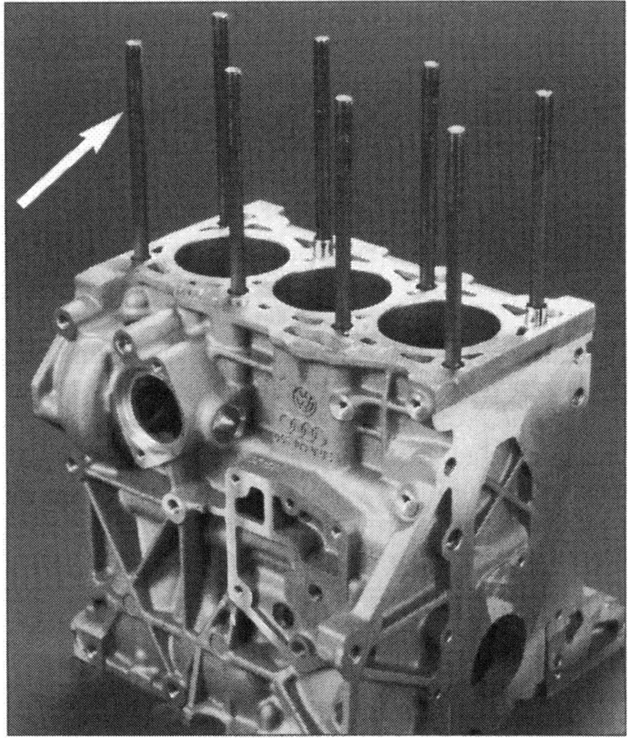
Alu-Motorblock und Zylinderkopf des auch von Audi im A2 eingesetzten Triebwerks werden nicht mit Zylinderkopfschrauben, sondern mit Zugankern (Pfeil) und Zylinderkopfmuttern zusammengehalten.

bracht. Die Kennbuchstaben finden sich ferner im Fahrzeugdatenträger.

Der 1,4 Liter-TDI-Motor AMF

Der Motorblock des 1,4 Liter-TDI-Motors entspricht in Bohrung, Hub und Zylinderabstand dem bewährten 1,9 Liter, hat allerdings nur drei Zylinder. Deswegen zündet der Motor nur alle 240 Grad Kurbelwinkel und

Der 1,4 Liter-TDI-Motor im Lupo.

Der 1,4 Liter-TDI-Motor als Triebwerk des Seat Arosa.

nicht wie der Vierzylinder nach je 180 Grad. Die dadurch entstehenden Vibrationen werden durch Schwingungstilger an der Kurbelwelle sowie eine Ausgleichswelle verringert, die sich entgegen der Motordrehrichtung dreht. Im Aluminium-Zylinderkopf sind je zwei Ventile pro Zylinder und die Pumpe-Düse-Einheiten untergebracht, die jeweils Einspritzpumpe und –düse umfassen. Eine oben liegende gemeinsame Nockenwelle steuert die Ventile und betätigt die Pumpe-Düse-Einheiten. Angetrieben wird die Nockenwelle durch einen mit der Kurbelwelle verbundenen Zahnriemen.

Praxistipp

Do it yourself oder Werkstatt?

Bei den Lupo-Motoren handelt es sich um aufwendige Konstruktionen, an denen Heimwerker kaum noch etwas selbst reparieren können. Reparaturen und Einstellarbeiten am Motor sind fast immer eine Sache für die Werkstatt. Dafür braucht man Fachwissen, Erfahrung und meist auch Spezialwerkzeuge, Prüf- und Messgeräte und andere Hilfsmittel.
Schon ein falsch ausgetauschter Zahnriemen kann schwere Schäden an Kolben und Ventilen verursachen. Wenn Sie nicht sicher sind, ob Sie eine Arbeit an den Innereien des Motors fachgerecht durchzuführen vermögen: Verzichten Sie aufs Do it yourself! Überlassen Sie Reparaturen an Zylinderkopfdichtung und Ventilen lieber der Werkstatt, ebenso die Beseitigung eines Lagerschadens. Es bleiben Ihnen trotzdem noch eine Reihe von Prüf- und Wartungsarbeiten, die Sie in Eigenregie durchführen können.

Die Bauteile des Motors

Motorblock. Hier sind die beweglichen Teile gelagert. Der Motorblock trägt auch Aggregate wie Lichtmaschine, Anlasser und Zündanlage.

Zylinderkopf. Schließt den Zylinderraum nach oben ab. Er enthält Ansaug- und Abgaskanäle, Wasserkanäle, die Ventilsitze, Lager und Führungen für Teile der Ventilsteuerung sowie die Zündkerzengewinde und den Brennraum. Die Zylinderkopfdichtung zwischen den Metallflächen von Zylinderkopf und Zylinderblock verhindert, dass an dieser Stelle Luft und Kühlwasser in den Zylinder gelangen.

Zylinder. Bilden zusammen mit dem Zylinderkopf den Verbrennungsraum (Hubraum). Sie sind glatt ausgeschliffen (gehont) und exakt auf den Kolbendurchmesser abgestimmt. Für die Kühlung sorgt Wasser, das durch Kanäle in der Zylinderwand fließt.

Kolben. Nehmen den Verbrennungsdruck auf und geben ihn über die Pleuel an die Kurbelwelle weiter. Die Hauptbestandteile sind Kolbenboden, Ringzone mit Kolbenringen und Bolzenaugen für die Kolbenbolzen. Die beiden oberen Kolbenringe (Verdichtungsringe) verhindern, dass Gas aus dem Verbrennungsraum ins Kurbelgehäuse entweicht. Der untere Ring (Ölabstreifring) führt überschüssiges Schmieröl von der Zylinderwand in die Ölwanne zurück.

Pleuel. Verbinden den Kolben mit der Kurbelwelle. Ihre Bestandteile: Pleuelkopf (umschließt den Kolbenbolzen), Pleuelschaft, Pleuelfuß und Pleuellagerdeckel (umschließen den Kurbelzapfen).

Kurbelwelle. Wandelt das Auf und Ab der Kolben in eine Drehbewegung um. Ihre Teile: Wellenzapfen (für Lagerung im Kurbelgehäuse), Kurbelzapfen, Kurbelwangen (verbinden Kurbelzapfen und Wellenzapfen).

Ventile. Die Einlassventile lassen Frischgas in den Zylinder strömen, durch die Auslassventile gelangen die Abgase in den Auspuff. Je nach Typ haben die Lupo-Motoren ein oder zwei Einlass- sowie ein oder zwei Auslassventile pro Zylinder. Sämtliche Teile, die am Öffnen und Schließen der Ventile beteiligt sind, bezeichnet man zusammenfassend als Ventiltrieb.

Nockenwelle. Öffnet und schließt die Ventile zum richtigen Zeitpunkt. Jedes Ventil wird über Tassenstößel oder Rollenschlepphebel von einem Nocken betätigt. Die Nockenwelle wird über einen Zahnriemen von der Kurbelwelle angetrieben.

Die Lupo-Motoren sind der Bauart nach OHC-Motoren: Over Head Camshaft = Über-Kopf-Nockenwelle. Antrieb per Zahnriemen von der Kurbelwelle.

Die Motorverkleidungen

Die Triebwerke von Lupo und Arosa sind mit Kunststoff-Teilen verkleidet. Bei den Benzinern haben die oberen Abdeckungen vor allem eine optische Funktion, bei den Dieseln sollen Sie auch die Geräusche dämmen. Bei manchen Arbeiten am Motor kommen Sie nicht darum herum, die untere Motorabdeckung auszubauen. Das ist bei allen Motorisierungen sehr ähnlich. Je nach Modell haben Sie es jedoch mit Schrauben, Muttern oder/und Klammern zu tun.

Motorabdeckung unten aus-/einbauen

Wenn Sie beispielsweise Kühlflüssigkeit oder Öl wechseln wollen, müssen Sie zuvor die Abdeckung an der Motorunterseite abbauen. Sie ist nur zu entfernen, wenn das Fahrzeug aufgebockt wird. Dies muss in der vorher beschriebenen Art und Weise erfolgen, um Unfälle zu vermeiden.

Arbeitsschritte

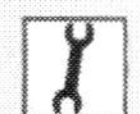

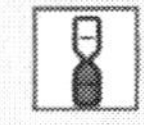

① Bocken Sie unter Beachtung der Sicherheitshinweise das Fahrzeug auf.

② Drehen Sie Schrauben oder Muttern an den durch die Pfeile gekennzeichneten Einbauorten heraus. Im Bereich von Befestigungsklammern müssen Sie die Abdeckung kräftig nach unten ziehen und aus den Haltestiften ausclipsen.

1,0- / 1,4- / 1,7 Liter Motor.

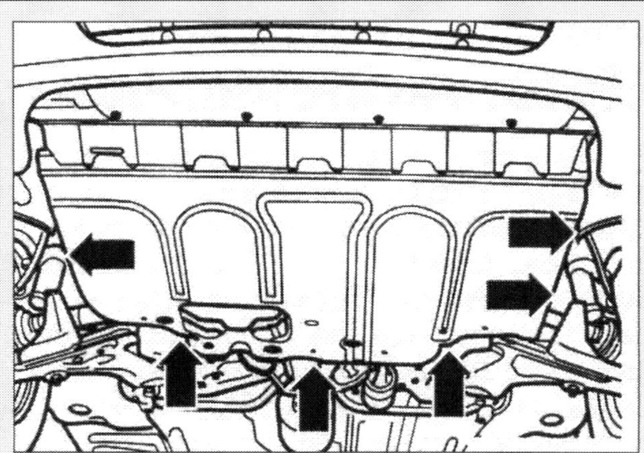
1,2 Liter Lupo 3L.

③ Schwenken Sie die Abdeckung hinten herunter und hängen Sie sie vorn aus.

④ Zum Wiedereinbau müssen Sie die Abdeckung an den Haltestiften ansetzen und mit den Klammern etwas aufdrücken. Beschädigte Befestigungsklammern ersetzen Sie bitte vorher, indem Sie die neuen seitlich in die Führungen der Abdeckung einschieben.

⑤ Drücken Sie nun die Klammern mit einem Hilfswerkzeug (das könnte eine Stecknuss mit Verlängerung sein) kräftig an.

⑥ Schrauben Sie die Motorabdeckung fest und lassen Sie das Fahrzeug ab.

Motor durchdrehen

Bei einer Reihe von Arbeiten an Motor und Zündung kommt es darauf an, dass sich die Kolben am oberen Punkt der Zylinderlaufbahn befinden (OT = Oberer Totpunkt). Beim Viertaktmotor kommt der Kolben während der vier Arbeitstakte zweimal in den OT: Einmal beim Zünden des Gemisches (Kompressionstakt; "Zünd-OT") und zum zweiten Mal beim Ausstoßen der verbrannten Gase (Auspufftakt). Üblicherweise wird bei verschiedenen Einstellarbeiten der OT während des Zündzeitpunktes von Zylinder 1 gebraucht. Die Zylinder werden in der Reihenfolge von 1 bis 4 gezählt. Der Zylinder 1 befindet sich auf der Keilrippenriemenseite des Motors.

Den Motor können Sie auf verschiedene Art und Weise durchdrehen. Bei der **ersten** Möglichkeit muss das Fahrzeug seitlich vorn aufgebockt werden. Dann fünften Gang einlegen und Handbremse anziehen und das angehobene Vorderrad durchdrehen. Auf diese Weise können Sie mit einem Helfer die Kurbelwelle des Motors langsam und gleichmäßig drehen. Steht das Fahrzeug auf ebener Fläche, kann der Motor – **zweite** Möglichkeit – nach Einlegen des fünften Ganges auch durch Vor- oder Zurückschieben des Wagens durchgedreht werden. Schließlich (**dritte** Möglichkeit) können Sie das Getriebe in Leerlaufstellung schalten, die Handbremse anziehen und die Kurbelwelle an der Zentralschraube der Riemenscheibe mit einem Ringschlüssel SW 19 im Uhrzeigersinn durchdrehen.

Der Motor darf nicht an der Befestigungsschraube des Nockenwellenrades durchgedreht werden. Der Zahnriemen würde sonst zu sehr beansprucht.

Motor im OT:

Vierzylinder (Benziner): Der Kolben im Zylinder 1 (und 4) steht im oberen Totpunkt (Zünd-OT), wenn die OT-Markierung am Nockenwellen-Zahnriemenrad – Pfeil A im linken Teil der Abbildung unten – mit der Bezugsmarke auf der Zahnriemen-Abdeckung – Pfeil B im rechten Teil der Abbildung unten – übereinstimmt.

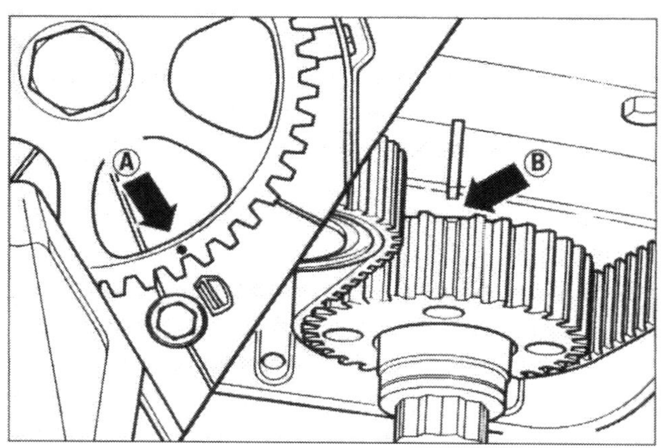

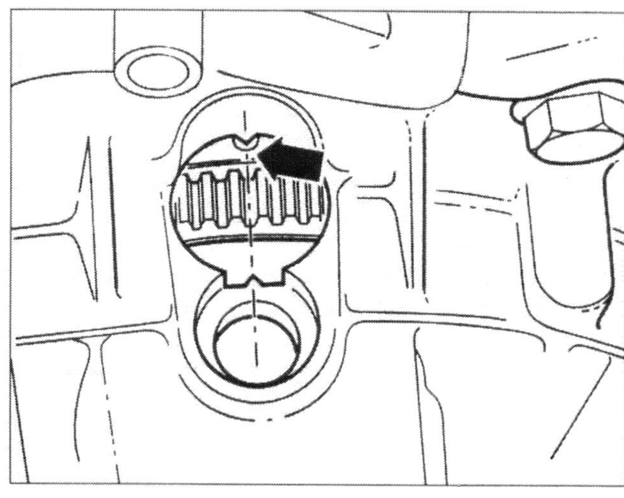

1,7 Liter-Diesel (SDI): Ziehen Sie zunächst die Kunststoff-Abdeckkappe aus der Bohrung in der Kupplungsglocke heraus. Auf dem Schwungrad befindet sich eine OT-Markierung. Diese ist durch die Öffnung in der Kupplungsglocke zu sehen (Abbildung Seite 60, rechte Spalte unten). Drehen Sie den Motor durch, bis die Markierung genau unterhalb vom Anguss an der Kupplungsglocke steht (Pfeil). Dann befindet sich der Kolben von Zylinder 1 im oberen Totpunkt.

Dreizylinder (TDI): Um beim TDI Kurbelwelle und Nockenwelle im oberen Totpunkt zu fixieren, muss die Kurbelwelle an der Zentralschraube in Motordrehrichtung so weit gedreht werden, bis die Markierung auf dem Zahnriemenrad der Kurbelwelle oben steht. Gleichzeitig muss der Pfeil an der hinteren Zahnriemenabdeckung den Nasen vom Geberrad der Nabe gegenüberstehen (in der Abbildung unten Pfeile in der Bildausschnittvergrößerung). Die Nabe muss mit dem Absteckstift V.A.G 3359 arretiert werden. Wie in der unteren Bildausschnittvergrößerung zu sehen, müs-

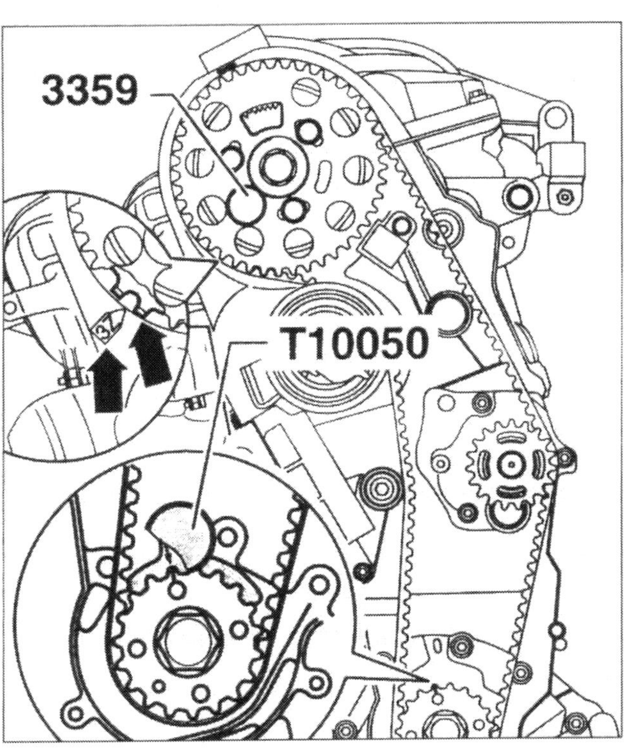

sen Sie nun das Zahnriemenrad der Kurbelwelle mit dem Arretierwerkzeug T10050 (V.A.G.) fixieren.
Die Markierungen auf dem Zahnriemenrad und auf dem Arretierwerkzeug müssen sich gegenüber stehen. Der Zapfen des Werkzeugs greift dabei in die Dichtflansch-Bohrung ein.

Grundbegriffe zur Motortechnik

Viertaktprinzip. Die vier Arbeitstakte des Kolbens.
Ansaugen (1. Takt): Kolben geht nach unten zum Unteren Totpunkt (UT). Einlassventil öffnet, das Kraftstoff/Luft-Gemisch strömt in den Zylinder.
Verdichten (2. Takt): Kolben bewegt sich vom UT zum Oberen Totpunkt (OT). Einlassventil schließt. Der Kolben verdichtet das eingeströmte Gemisch.
Verbrennen (3. Takt): Kurz vor dem OT springt an der Zündkerze der Funke über. Das Gemisch verbrennt und drückt den Kolben zum UT. Über das Pleuel wird die Kurbelwelle in Umdrehung versetzt.
Ausstoßen (4. Takt): Kolben bewegt sich wieder nach oben. Auslassventil öffnet, die verbrannten Gase werden ins Auspuffsystem geschoben.

Hubraum. Der Raum, den die Kolben bei ihrer Bewegung vom UT zum OT durchmessen. Wenn der Kolben seinen höchsten Punkt erreicht hat, bleibt noch der Brennraum, in dem sich das Kraftstoff-Luft-Gemisch befindet. Hubraum und Brennraum bilden zusammen den Zylinderraum.

Verdichtungsverhältnis. Das Verhältnis des Zylinderraums zum Brennraum. Es gibt an, auf den wievielten Teil des Zylinderraums das Kraftstoff-Luft-Gemisch verdichtet wird. Bei Benzinern beträgt es in der Regel etwa 10:1, bei Dieseln rund 20:1.

Überdrehzahlen und Motorlebensdauer

Überdrehzahlen verkürzen die Lebensdauer Ihres Motors. Drehen Sie das Triebwerk zu hoch, gibt es ein unüberhörbares Brummen von sich, das durch Schwingungen der Kurbelwelle oder flatternde Teile des Ventiltriebs verursacht wird. Werden die Schwingungen zu stark, kann ein Ventilstößel brechen. Das Ventil fällt aus, der Zylinder gibt keine Leistung mehr ab. Sie merken das an der nachlassenden Motorleistung. Im schlimmsten Fall brechen die Ventilfedern – das Ventil kann auf den auf- und abrasenden Kolben fallen. In der Regel bedeutet dies den Totalschaden des Motors.

Kompressionsdruck

Wenn Sie wissen wollen, ob sich der Motor Ihres Lupo noch in einem guten mechanischen Zustand befindet, sollten sie den Kompressionsdruck in den einzelnen Zylindern prüfen. Bei der Verbrennung des Kraftstoff-Luft-Gemischs entstehen in den Brennräumen der Zylinder enorme Drücke: bei Benzinern bis zu 60 bar. Für Kolben und Kolbenringe, Zylinderwände sowie Ventilsitze und Ventilschaftdichtungen bedeutet das hohe Belastungen.

Schadhafte Brennraumdichtungen führen zu erhöhtem Öl- und Kraftstoffverbrauch, schlechteren Abgaswerten, schwächerer Leistung und mangelhaftem Kaltstartverhalten des Motors. Wenn diese Symptome bereits auftreten, hilft Ihnen die Kontrolle des Kompressionsdrucks bei der Ursachenforschung. Die Prüfwerte zeigen an, ob der Motor austauschreif ist oder zumindest komplett überholt werden muss.

Bei den Benzinern darf der Druckunterschied zwischen den einzelnen Zylindern maximal 3,0 bar betragen, bei den Dieseln maximal 5,0 bar. Falls ein oder mehrere Zylinder gegenüber den anderen einen höheren Druckunterschied aufweisen, ist dies ein Zeichen für eine ganze Reihe möglicher Verschleißerscheinungen.

Richtwerte für den Kompressionsdruck

Die Werte für den Kompressionsdruck (Verdichtungsdruck) unterscheiden sich vor allem zwischen Benzinern und Diesel. Die Richtwerte in der Tabelle gelten für einen Motor in einwandfreiem Zustand. Allerdings kommt es bei der Beurteilung des Motorzustands nicht allein auf die absolute Höhe des Kompressionsdrucks an. Die Werte sollten vielmehr in allen Zylindern gleich sein und nicht mehr als zwei bar voneinander abweichen.

Bei einem älteren Motor sinkt der Kompressionsdruck. Gleichmäßig niedrigerer Druck in allen Zylindern ist dann normal. Erst wenn die Werte die Verschleißgrenze erreichen, sollten Sie sich auf Überholung oder Austausch Ihres Motors einstellen. Wenn zwischen den einzelnen Messwerten für die Zylinder Unterschiede von mehr als drei bar bei den Benzinmotoren und mehr als fünf bar bei den Dieseltriebwerken bestehen, deutet das in der Regel auf eine der folgenden Ursachen hin:

- Verschleiß von Kolben oder Kolbenringen.
- Festsitzende Kolbenringe durch Verbrennungsrückstände im Zylinder.
- Unrunde Zylinder; sie sind oft die Folge von Kolbenklemmern.
- Verbrennungs- oder Schmierölrückstände an Ventilschäften oder Ventilsitzen.
- Eingeschlagene Ventile.
- Verbrannte Ventile (bei zu kleinem Ventilspiel).

Diesel: Sehr hohe Verdichtung

Ein Dieselmotor hat eine wesentlich höhere Verdichtung als ein Benzinmotor. Im Falle des TDI sind es 19,5 : 1 im Gegensatz zu 10,2 bis 10,8 : 1 beim Benziner. Der Diesel benötigt die hohe Verdichtung für die Zündung des Gemisches. Wenn der Kolben beim Verdichtungstakt den oberen Totpunkt erreicht hat, wird die Luft allein aufgrund der starken Kompression auf rund 900°C erhitzt. Diese Temperatur reicht aus, um den kurz vor dem oberen Totpunkt eingespritzten Kraftstoff zur Selbstentzündung zu bringen. Diese innere Gemischbildung ist übrigens ein grundsätzlicher Unterschied zwischen Diesel und Benziner, bei dem ja eine äußere Gemischbildung (Ausnahme FSI) erfolgt: Das heißt, Kraftstoff und Luft vermischen sich außerhalb des Zylinders im Bereich des Saugrohrs. Beim Diesel vermischen sich Kraftstoff und Luft erst im Brennraum.
Eine Spezialität, die VW-Diesel berühmt gemacht hat, ist die Direkteinspritzung. Der Kraftstoff wird direkt in den Brennraum gespritzt. Zuvor war es bei PKW-Motoren üblich, den Diesel in eine Vor- oder Wirbelkammer einzuspritzen. Das machte die Verbrennung zwar langsamer und damit weicher und leiser, aber auch weniger effizient. Weitere Details zur Direkteinspritzung finden Sie in den drei Kapiteln zum »Motormanagement«.

Richtwerte für den Kompressionsdruck

Motor	Normaler Verdichtungsdruck in bar Überdruck	Verschleiß-Grenze in bar Überdruck
Benziner	10 – 15	7
Diesel	25 – 31	19

Sie können den Kompressionsdruck in Eigenregie kontrollieren, wenn Sie einen Kompressionsdruckprüfer besitzen. Für die Benzinmotoren wird ein solcher recht preiswert in Fachgeschäften angeboten. Volkswagen empfiehlt für alle Motoren, vor allem aber für die Diesel, ein spezielles Gerät, den Kompressionsdruckprüfer V.A.G. 1763 oder V.A.G. 1381. Nur mit diesem Prü-

fer hat der angegebene Druckwert Gültigkeit. Mit anderen Messgeräten kann lediglich die Abweichung der einzelnen Zylinder untereinander geprüft werden. Empfehlenswert für diese Arbeit ist ferner ein 3122 B Zündkerzenschlüssel und der Drehmomentschlüssel V.A.G. 1331 (5 – 50 Nm) für die Benzinmotoren sowie ein Gelenkschlüssel 3220 für die Glühkerzen.
In jedem Fall brauchen Sie beim Prüfen einen Helfer, der den Anlasser betätigt und das Gaspedal tritt, während Sie das Messgerät bedienen.
Zur exakten Ermittlung des Kompressionsdrucks sollten Sie sicherstellen, dass die Hydrostößel einwandfrei funktionieren. Auch der Anlasser Ihres Fahrzeugs muss in Ordnung sein. In der Mietwerkstatt ist oft auch ein Druckverlusttester verfügbar, mit dem das für den Druckabfall verantwortliche Bauteil ausfindig gemacht werden kann.

So kommen Sie Fehlern auf die Spur

- Wenn der Kompressionsdruck zu niedrig ist: Träufeln Sie mit einer Spritzkanne etwas Motoröl ins Zündkerzenloch. Das dichtet den Raum zwischen Kolben und Zylinderwand besser ab. Messen Sie dann wieder den Kompressionsdruck.
- Bleibt der Wert zu niedrig, können Ventile, Ventilsitze, Ventilführungen, Zylinderkopf oder Zylinderkopfdichtung beschädigt sein.
- Erhalten Sie höhere Druckwerte, deutet dies auf Verschleiß an Kolbenringen oder Zylinderwand hin.

Kompressionsdruck messen

① Fahren Sie den Motor vor Arbeitsbeginn warm, die Öltemperatur soll mindestens 30°C betragen (Ölfilter gut handwarm). Die Kolbenringe dichten bei warmem Öl besser ab. Andererseits darf die Motortemperatur nicht zu hoch sein, da sonst beim Herausschrauben der Zündkerzen das Gewinde im Zylinderkopf beschädigt werden könnte.

② Schalten Sie die Zündung ab.

③ **Benziner:** Motoren **AER, ALL, ALD, ANV, AEX:** Bauen Sie den Luftfilter aus. Ziehen Sie den Stecker vom Hallgeber am Zündverteiler ab (AER, ALL, AEX), ziehen Sie den Vierfachstecker vom Zündtrafo sowie alle Anschlussstecker von den Einspritzventilen ab (ALD, ANV).

④ Ziehen Sie sämtliche Zündkerzenstecker ab (Spezialwerkzeug!). **Motoren AHW, AKQ, APE, AFK, AQQ:** Abdeckung für Nockenwellengehäuse (vier Schrauben) abschrauben. Zündleitungsführung mit den Zündkerzensteckern abnehmen und Vierfachstecker vom Zündtrafo abziehen.

⑤ Ziehen Sie die Sicherung für die Kraftstoffpumpe (beim Lupo 39 oder 40, beim Arosa 32) ab.

⑥ Blasen Sie die Zündkerzennischen im Zylinderkopf mit Pressluft aus und bauen Sie alle Zündkerzen aus. Schalten Sie das Getriebe in die Leerlaufstellung und ziehen Sie die Handbremse an. Drehen Sie den Motor mit dem Anlasser durch, damit Rückstände und Ruß herausgeschleudert werden. Vorsicht! Dabei nicht über den Motor beugen!

⑦ Lassen Sie von einem Helfer das Gaspedal voll durchtreten, damit die Drosselklappe während des gesamten Prüfvorgangs ganz geöffnet ist.

⑧ **Speziell bei den Dieselmotoren:** Ziehen Sie beim Motor AKU die Steckverbindung zum Mengenstellwerk an der Einspritzpumpe ab. Bei den TDI-Motoren **ANY, AYZ und AMF** ziehen Sie den Zentralstecker für die Pumpe-Düse-Einheiten ab. Bauen Sie alle Glühkerzen aus.

⑨ Drücken oder schrauben Sie jetzt gemäß der Bedienungsanleitung den Kompressionsdruckprüfer in die Zündkerzenöffnung (Benzinmotoren) oder mittels eines flexiblen Schlauches an die Stelle der Glühkerzen (Diesel). Prüfen Sie den Druck nacheinander für jeden Zylinder und vergleichen Sie das Ergebnis mit dem Sollwert. Dabei muss der Anlasser so lange betätigt werden (etwa fünf Sekunden oder acht Motorumdrehungen), bis vom Prüfgerät kein Druckanstieg mehr angezeigt wird.

⑩ Bauen Sie die Zündkerzen wieder ein (Benziner) und ziehen sie mit 30 Nm fest. Schrauben Sie die Glühkerzen mit 15 Nm fest und schließen Sie die Leitungen an (Diesel). Bauen Sie in den zutreffenden Fällen die Abdeckung für Nockenwellengehäuse und Zündleitungsführung mit Zündkerzensteckern wieder ein.

⑪ Stecken Sie die Stecker für Hallgeber, Zündtrafo, Einspritzventile, Einspritzpumpe oder Pumpe-Düse-Einheiten wieder auf.

⑫ Infolge des Abziehens der Stecker werden Fehler im Motor-Steuergerät abgespeichert. Der Fehlerspeicher muss daher baldmöglichst in einer VW-Werkstatt gelöscht werden.

Praxistipp

Kompressions-druckluft strömt aus

Wenn Kompressionsdruckluft an einer der folgenden Stellen ausströmt, hat das meist die dazu angegebenen Ursachen:

- Ansaugkrümmer oder -geräuschdämpfer: defektes Einlassventil.
- Geöffneter Kühler oder Kühlmittel-Ausgleichsbehälter: defekte Zylinderkopfdichtung oder Riss im Zylinderkopf.
- Geöffneter Öleinfüllstutzen oder Rohr für den Ölpeilstab: verschlissene Zylinderwände, Kolbenlaufbahnen oder Kolbenringe.
- Blasgeräusche am Auspuff: undichtes Auslassventil.

Die Hydrostößel

Durch die Erwärmung des Motors dehnen sich die einzelnen Teile des Ventiltriebes. Deshalb muss Spiel zwischen Nockenwelle und Tassenstößeln vorhanden sein. Andernfalls würden die Ventile wegen der etwas länger gewordenen Schäfte bei heißem Motor nicht mehr korrekt abdichten. Dieses Ventilspiel muss bei älteren Motor-Konstruktionen regelmäßig justiert werden, bei den Motoren des Lupo übernehmen den Ventilspielausgleich die hydraulischen Tassenstößel (Hydrostößel, Tassenstößel) oder die an hydraulischen Abstützelementen befestigten Rollenschlepphebel. Der Ventilspielausgleich ist somit wartungsfrei.
Ein defekter Stößel macht sich durch Klappergeräusche bemerkbar. Auch intakte Hydrostößel können klappern, wenn

- sich kurz nach dem Start noch nicht genügend Öl im System befindet. Das kann vor allem nach längerer Standzeit geschehen;
- der Wagen zuvor bei hohen Außentemperaturen voll belastet wurde;
- bei extrem niedrigem Ölstand die Ölpumpe manchmal Luft ansaugt.

Wenn die Ventilgeräusche nach längerer Fahrt verschwinden und im Kurzstreckenverkehr immer wieder auftreten, müssen die Ölrückhalteventile ersetzt werden.
Um einen defekten Stößel auszutauschen, was immer durch komplettes Ersetzen zu erfolgen hat, muss die Nockenwelle ausgebaut werden. Das ist Werkstatt-Arbeit. Die Prüfung eines Hydrostößels können Sie dagegen ohne weiteres selber vornehmen. Benötigt werden eine Fühlerblattlehre sowie ein Holz- oder Kunststoffkeil.

Hydrostößel prüfen

Arbeits-schritte  

① Starten Sie den Motor und lassen Sie ihn so lange laufen, bis bei den **Benzinern** der Lüfter für den Kühler einmal eingeschaltet und bei den **Dieselmotoren** die Motoröltemperatur mindestens 80°C erreicht hat.

② Erhöhen Sie die Drehzahl für zwei Minuten auf 2.500 U/min. Machen die Stößel jetzt immer noch ungewöhnliche, laute Geräusche, gehen Sie wie folgt vor:

③ Bauen Sie bei den in Frage kommenden Motoren das Saugrohr-Oberteil aus und bei allen Motoren die Zylinderkopfhaube ab. In einigen Fällen müssen die Zündspulen ausgebaut werden (Massekabel nicht vergessen). Dann sind die Luftführung zum Luftfiltergehäuse und der Zahnriemenschutz oben an der Reihe.

④ Drehen Sie den Motor durch, d.h. drehen Sie die Kurbelwelle im Uhrzeigersinn, bis die Nocken der zu prüfenden Tassenstößel nach oben stehen. Den Motor können Sie durchdrehen, indem sie das Auto bei eingelegtem vierten Gang verschieben oder auf die Riemenscheibe der Kurbelwelle eine Knarre aufsetzen.

⑤ Ermitteln Sie das Spiel zwischen Nocken und Tassenstößel. Ist das Spiel größer als 0,20 mm (beim Diesel größer als 0,10 mm), muss der Stößel ersetzt werden.

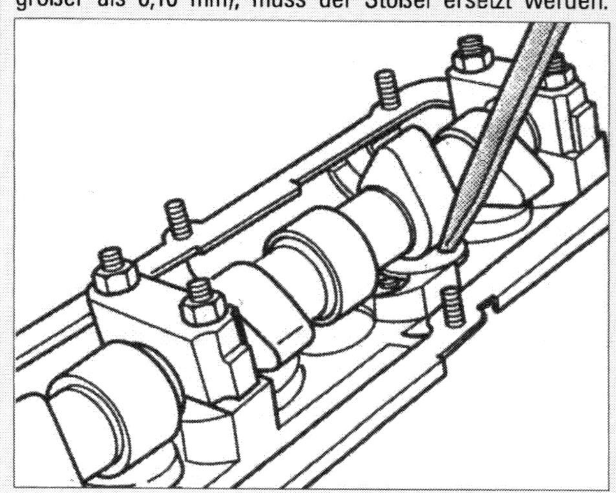

Wird ein geringeres Spiel als 0,10 mm oder kein Spiel ermittelt, muss der Tassenstößel mit dem Holz- oder Kunststoffkeil nach unten gedrückt werden (siehe Bild). Lässt sich jetzt eine Fühlerblattlehre mit 0,20 mm zwischen Nocke und Stößel schieben, ist der Hydrostößel zu ersetzen. Beim Diesel muss der Stößel ersetzt werden, wenn beim Herunterdrücken ein Leerweg von mehr als 0,10 mm bis zum Öffnen des Ventils spürbar wird. Nach dem Einbau von neuen Tassenstößeln darf der Motor etwa 30 Minuten nicht gestartet werden. Hydraulische Ausgleichelemente müssen sich setzen (Ventile setzen sonst auf den Kolben auf).

⑥ Beim Einbauen der Zylinderkopfhaube prüfen Sie die Dichtung. Bei Beschädigung nehmen Sie eine neue. Beim Vierzylinder brauchen folgende Punkte etwas Dichtmittel: die beiden Kanten an den Dichtflächen Doppellager/Zylinderkopf und die beiden Kanten an den Dichtflächen Nockenwellenversteller/Zylinderkopf. Dichtmittel mit einem kleinen Schraubenzieher vorsichtig auftragen.

⑦ Die Muttern der Zylinderkopfhaube müssen bei allen Motoren vorsichtig über Kreuz festgezogen werden.

So funktioniert der Hydrostößel

Der Hydrostößel ist an den Ölkreislauf des Motors angeschlossen. Die Ölmenge in der unteren Ölkammer, auf der sich der Kolben abstützt, ist variabel. Dadurch kann unterschiedliches Ventilspiel ausgeglichen werden.
Bei geschlossenem Ventil ist der Druck zwischen beiden Ölkammern ausgeglichen. Die Kolbenfeder drückt den Kolben nach oben, zwischen Nocken und Schlepphebel ist kein Spiel. Wenn der Nocken auf den Schlepphebel aufläuft, drückt er den Kolben nach unten. Dadurch entsteht in der unteren Ölkammer ein hoher Öldruck. Durch diesen hohen Druck und die Kraft der Kugelfeder wird die Kugel nach oben gepresst, sie verschließt den Weg zwischen der oberen und unteren Ölkammer. Der Kolben stützt sich also auf dem entstandenen Hydraulikpolster der unteren Ölkammer ab. Das Ventilspielausgleichselement wirkt so wie ein starres Bauteil, auf dem sich der Schlepphebel abstützt. Die Kraft des Nockens kann nun auf das Ventil übertragen werden, es öffnet sich. Wenn der Nocken vom Schlepphebel abläuft, öffnet die Kugel den Weg zwischen beiden Ölkammern wieder, der Druck ist ausgeglichen.

Der Keilrippenriemen

Aus dem ehemals simplen Bauteil Keilriemen ist ein meterlanger Keilrippenriemen geworden, breiter als der herkömmliche Keilriemen und mit mehreren längslaufenden Rippen versehen. Statt ehedem mehrere Keilriemen, die oft genug den Eindruck eines wilden Geschlängels erweckten, treibt dieser eine Keilrippenriemen heute alle wichtigen Nebenaggregate wie Generator, Ölpumpe für die Servolenkung, Kühlmittelpumpe und Klimakompressor.

Auf den ersten Blick ist der deshalb recht kompliziert geführte Keilrippenriemen unentwirrbar mit dem Motor verwoben. Je nach Motorversion Ihres Lupo finden sich unterschiedliche Riemenvarianten. Es wäre ein Super-Gau für den Motor, wenn der Riemen reißen würde. Deshalb ist er außerordentlich stabil. Die Prüfung des Riemens ist nicht vorgeschrieben. Es kann jedoch nicht schaden, ab und zu einen Blick auf ihn zu werfen.

Denn der Riemen mit dem keilförmigen Querschnitt wird ziemlich belastet. Er läuft über Keilriemenscheiben, Räder mit einer tiefen umlaufenden Rille. Die Flanken der Rille nehmen Kontakt mit den Riemenseiten auf. Dadurch wird die Kraft übertragen, wozu der Riemen Spannung benötigt. Diese darf nicht zu stark sein, sonst werden die Lager des angetriebenen Teils zerstört. Sie darf aber auch nicht zu gering sein, sonst rutscht der Riemen grässlich quietschend durch. Mit der Zeit nutzt der Keilrippenriemen an den Flanken ab, er rutscht tiefer in die Rille und verliert etwas von seiner Spannung. Diese Abweichung wird von einer automatischen Spannvorrichtung korrigiert. Dennoch ist Prüfung nicht verkehrt.

Riemenoberfläche prüfen

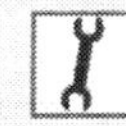

① Drehen Sie den Motor einige Male ganz durch. Nur so können Sie wirklich alle Flächen des Keilriemens sehen. Oft hat der Riemen nur einen einzigen, aber tiefen Riss, der bei der Kontrolle möglicherweise genau auf der Riemenscheibe liegt.

② Wenn Sie bei der Kontrolle des Keilriemens folgende Schäden feststellen, muss er gegen ein neues oder neuwertiges Teil ausgetauscht werden:

- Unregelmäßige Schleifspuren an den Riemenflanken.
- Poröse oder fransige Oberfläche.
- Risse im Riemen.

Riemenspannung prüfen

Arbeitsschritte  

① Drücken Sie kräftig, mit etwa fünf Kilogramm, mit dem Daumen auf den gespannten Riemen mittig zwischen zwei Scheiben. Mehr als 1,5 Zentimeter sollte er nicht nachgeben.

② Nun drücken Sie stärker. Der Riemen soll unter Widerstand nachgeben. Die Spannrolle muss zur Seite auslenken. Beim Loslassen schwenkt die Rolle zurück und strafft den Riemen. Hängt der Riemen lose über den Rädern, ist die Spannrolle defekt. Oder es wurde vergessen, den Blockierstift aus der Spannvorrichtung zu ziehen

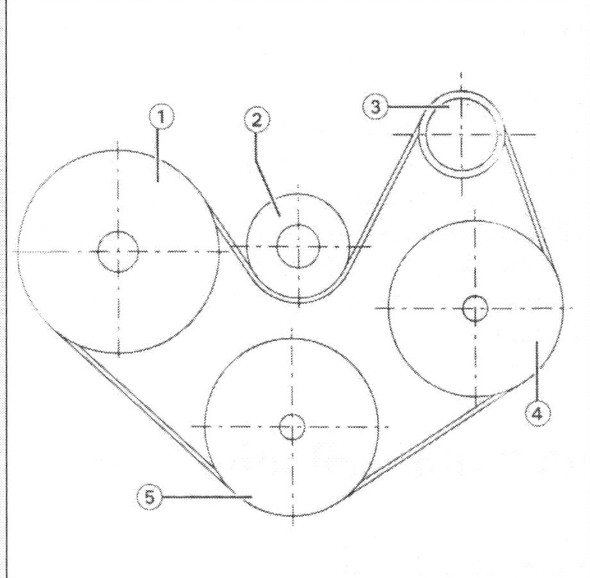

Prinzipbeispiel Benzinmotoren: Der Keilrippenriemen läuft über ❶ Riemenscheibe der Kurbelwelle, ❷ Spannrolle, ❸ Riemenscheibe des Drehstromgenerators (Lichtmaschine), ❹ Klimakompressor, ❺ Riemenscheibe der Flügelpumpe für Servolenkung.

Keilrippenriemen wechseln/spannen

Arbeitsschritte  

① **Ausbau:** Mit Filz- oder Fettstift auf dem Riemen einen Pfeil in Laufrichtung zeichnen. Von der Riemenseite gesehen dreht der Motor rechtsherum, also im Uhrzeigersinn. Das Markieren der Laufrichtung ist für den etwaigen Wiedereinbau desselben Keilrippenriemens wichtig. Einbau entgegen bisheriger Laufrichtung erhöht den Verschleiß.

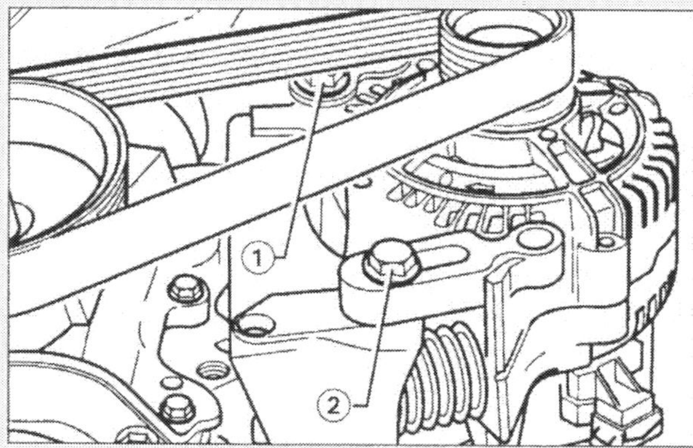

② **Bei 1,0 und 1,4 Liter-Benzinmotoren ohne Servolenkung** Befestigungsschrauben ❶ für Generatorlagerung und ❷ für Spannbügel um mindestens eine Umdrehung lösen.

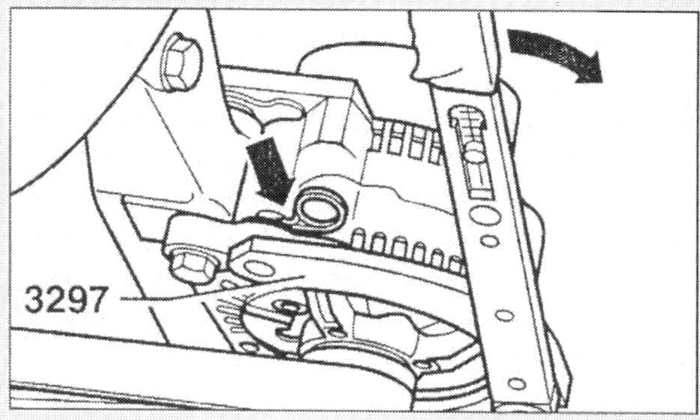

③ Keilrippenriemen entspannen. Schwenken Sie dazu den Generator mit dem Spezialwerkzeug V.A.G. 3297 und einem Drehmomentschlüssel in Pfeilrichtung. Sichern Sie das Spezialwerkzeug mit einem Absteckstift (Pfeil). Wenn das Spezialwerkzeug nicht verfügbar ist, drücken Sie den Generator mit einem Montierhebel gegen die Kraft der Spannfeder nach unten und halten Sie ihn so.

④ Nehmen Sie jetzt den Keilrippenriemen ab.

② - ④ Bei **1,0 und 1,4 Liter-Benzinmotoren und 1,7 Liter-SDI mit Servolenkung** bauen Sie die Abdeckung für Keilrippenriemen (Benziner) bzw. die untere Motorabdeckung (Diesel) aus.

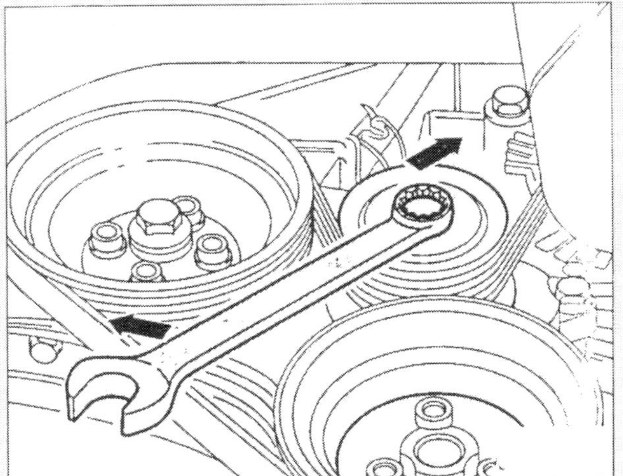

Bei den **Benzinmotoren** schwenken Sie die Spannrolle an der Befestigungsschraube im Uhrzeigersinn (Pfeilrichtung). Beim **Dieselmotor** schwenken Sie die Spannrolle mit einem Schraubenschlüssel an der Befestigungsschraube gegen den Uhrzeigersinn. Dann nehmen Sie den Riemen ab.

② - ④ Bei den **1,2 und 1,4 Liter-TDI-Motoren** bauen Sie die untere Motorabdeckung, dann das Verbindungsrohr Saugstutzen/Ladeluftkühler und den Luftmassenmesser aus.

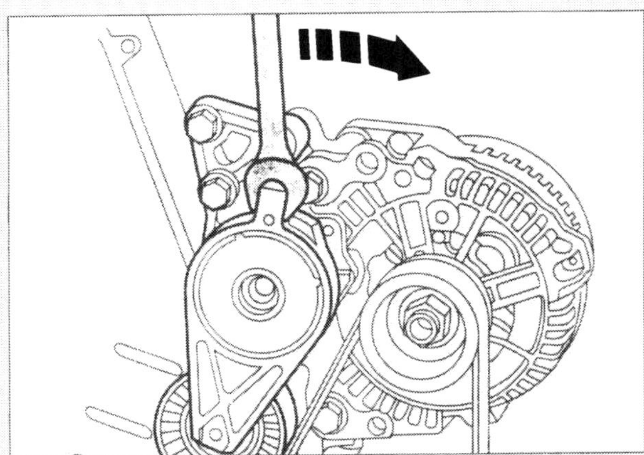

Entspannen Sie den Keilrippenriemen. Dazu den Maulschlüssel an der oberen Nase des Spannelements ansetzen und in Pfeilrichtung schwenken.

Drehen Sie das Spannelement so weit, bis sich das VW-Spezialwerkzeug Dorn T 10060 einsetzen lässt. Damit müssen Sie das Spannelement arretieren. Jetzt können Sie den Keilrippenriemen abnehmen.

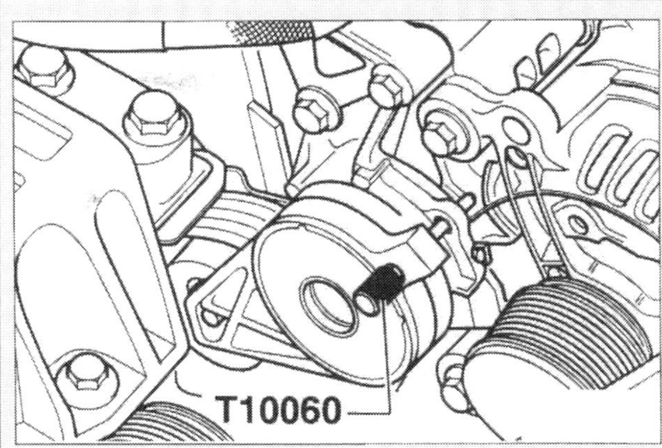

⑤ Prüfen Sie den Zustand des Keilrippenriemens. Ein schadhafter Riemen muss unbedingt ersetzt werden. Wenn der alte Riemen wieder eingebaut wird, beachten Sie die beim Ausbau markierte Laufrichtung.

⑥ **Einbau:** Gehen Sie in den verschiedenen Fällen in umgekehrter Ausbaureihenfolge vor. Bei den **Benzinern ohne Servolenkung** drücken Sie die Lichtmaschine mindestens drei Mal bis zum Anschlag nach unten, um die Leichtgängigkeit zu gewährleisten. Legen Sie den Riemen auf die Riemenscheibe der Kurbelwelle, drücken Sie den Generator herunter und legen Sie den Riemen über die Riemenscheibe der Lichtmaschine. Nehmen Sie die Werkzeuge ab, drehen Sie den Motor etwa 10 Mal durch und betätigen dazu kurz den Anlasser. Der Keilrippenriemen wird nun durch die Feder gespannt. Ziehen Sie die Befestigungsschrauben erst für Spannbügel und dann für Generator mit 25 Nm fest. **Bei den Motoren mit Servolenkung** legen Sie den Keilrippenriemen an der Kurbelwellen-Riemenscheibe beginnend auf, schwenken die Spannrolle mit Schraubenschlüssel entgegen der Richtung beim Ausbau und legen den Riemen über die Rolle. Bei den **TDI-Motoren** legen Sie den Riemen ebenfalls an der Kurbelwellen-Riemenscheibe beginnend auf und zuletzt an Generator oder Klimakompressor. Drehen Sie das Spannelement ein wenig im Uhrzeigersinn, nehmen Sie den Arretierstift heraus und drehen Sie das Spannelement zurück.

⑦ Keilrippenriemen auf richtige Lage prüfen. Sicherstellen, dass er in allen Riemenscheiben bündig sitzt. Wenn bei ausgebautem Keilrippenriemen Nebenaggregate abgebaut wurden, muss nach Wiedereinbau und Auflegen des Riemens der feste Sitz der Aggregate überprüft werden.

⑧ Starten Sie den Motor und kontrollieren Sie den Riemenlauf.

Der Zahnriemen

Der Zahnriemen ist ein wichtiges Übertragungsteil der Ventilsteuerung. Seine Aufgabe ist der Antrieb der Nockenwelle. Der Zahnriemen sitzt außerhalb des Kurbelgehäuses auf Zahnrädern an Nockenwelle und Kurbelwelle, die im Verhältnis 2:1 übersetzt sind. Die Nockenwelle läuft also mit der halben Drehzahl der Kurbelwelle.
Der Zahnriemen besteht aus Kunststoff, der mit Stahldrahteinlagen verstärkt ist. Er muss nicht geschmiert und nicht nachgespannt werden. VW schreibt den turnusmäßigen Wechsel nur beim TDI (alle 90.000 Kilometer) vor.

Wie bereits an den Zeichnungen zum Aufbau des Zahnriementriebs deutlich wird, ist der Wechsel des Zahnriemens eine außerordentlich aufwendige, je nach Motortyp auch recht unterschiedliche Arbeit. Es ist eine ganze Reihe Spezialwerkzeuge (Einstellvor-

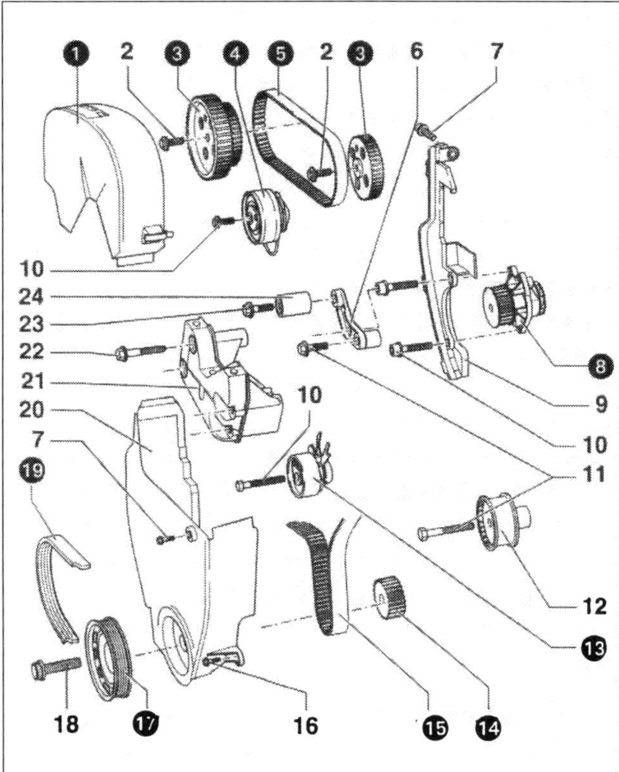

Bauteile des Zahnriementriebs beim 1,4 Liter Benzinmotor (Auswahl): 1 Zahnriemenabdeckung oben, 3 Nockenwellenrad, 4 Koppeltrieb-Spannrolle, 5 Koppeltrieb-Zahnriemen, 8 Kühlmittelpumpe, 13 Haupttrieb-Spannrolle, 14 Kurbelwellen-Zahnriemenrad, 15 Haupttrieb-Zahnriemen, 17 Riemenscheibe, 19 Keilrippenriemen.

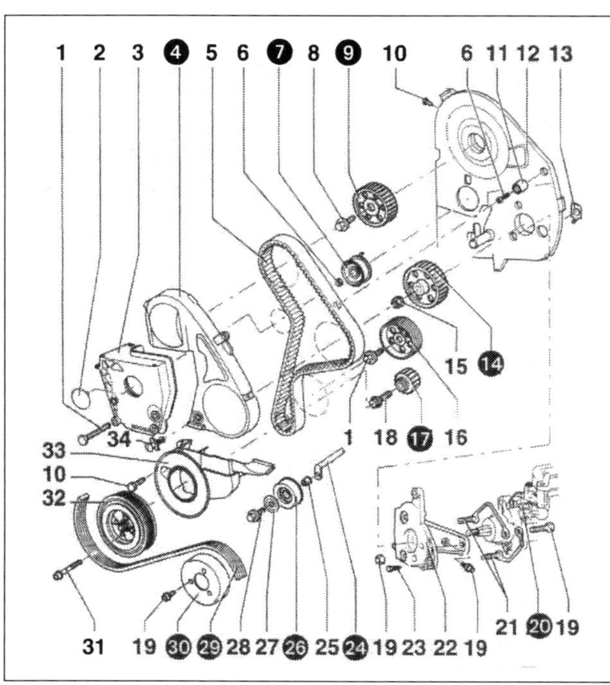

Bauteile des Zahnriementriebs beim 1,7 Liter SDI-Diesel (Auswahl): 4 Zahnriemenabdeckung oben, 7 Spannrolle, 9 Nockenwellenrad, 14 Einspritzpumpenrad, 17 Zahnriemenrad Kurbelwelle, 20 Einspritzpumpe, 24 Spannhebel, 26 Spannrolle, 29 Keilrippenriemen, 30 Riemenscheibe.

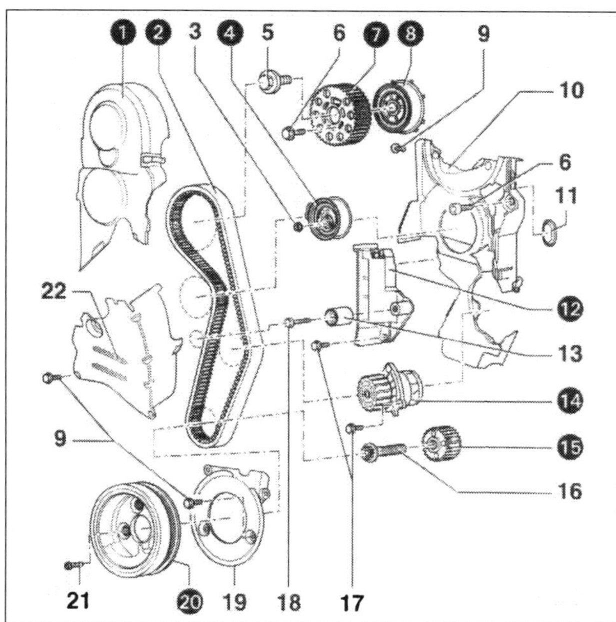

Bauteile des Zahnriementriebs beim 1,2 und 1,4 Liter TDI-Diesel (Auswahl): 1 Zahnriemenabdeckung oben, 2 Zahnriemen, 4 Spannrolle, 7 Nockenwellenrad, 8 Nabe mit Geberrad, 12 Zahnriemen-Spannvorrichtung, 14 Kühlmittelpumpe, 15 Kurbelwellen-Zahnriemenrad, 20 Kurbelwellen-Riemenscheibe.

Zahnriemen — **Gefahrenhinweis**

Bei Arbeiten am Zahnriemen darf dieser keinesfalls geknickt werden! Ein auch nur ein einziges Mal geknickter Zahnriemen muss auf jeden Fall ersetzt werden. Der Riemen könnte beim späteren Betrieb reißen, was zu schweren Motorschäden führen kann.
Ebenso wichtig ist, dass kein Kolben auf OT stehen darf, wenn bei abgenommenem Zahnriemen die Nockenwelle gedreht wird. Schwer wiegende Schäden an Kolben oder Ventilen könnten die Folge sein.

richtung für OT-Punkt, Absteckstift und Einstelllineal, Motor-Abfangvorrichtung mit Füßen oder Kran, Winkelmessscheibe HAZET 6690, Gegenhalter VW 1590 und VW 3099 etc.) erforderlich. Macht man beim Justieren einen Fehler, riskiert man schwerste Motorschäden.
Der Riemenwechsel ist auch eine sehr diffizile Angelegenheit, weil der Umgang mit den Spannelementen und deren Wiedereinbau Kenntnis und Erfahrung verlangen. Ferner müssen die Steuerzeiten bei der Montage neu eingestellt werden. Beim Diesel muss der Spritzbeginn der Einspritzpumpe eingestellt werden, weil der Zahnriemen auch sie antreibt. Wir sehen hier also von Aus- und Einbauhinweisen ab und raten unbedingt dazu, den Wechsel des Zahnriemens in der Werkstatt erledigen zu lassen.

Klopfgeräusche aus dem Motorraum

Klopfgeräusche aus dem Motorraum sind bei einem kalten Motor kein Grund zur Sorge. Bei einem betriebswarmen Motor dagegen deuten sie fast immer auf einen Lagerschaden hin. Die häufigsten Defekte treten an den Gleitlagern der Pleuel auf. Die Hauptlager der Kurbelwelle sind viel seltener betroffen.
Ein Lagerschaden macht in der Regel eine umfangreiche Motorreparatur notwendig. Wenn Sie ein defektes Pleuellager allerdings schon früh erkennen, genügt oft der Austausch der Lagerschalen.

So erkennen Sie einen Lagerschaden

- Motor im Stand auf mittlere Drehzahlen bringen, Gas zurücknehmen. Taucht mit abfallender Drehzahl ein leichtes Klopfgeräusch auf, etwa »nack-nack-nack-nack«? Hören Sie dieses leichte Klopfen auch bei zügigem Beschleunigen?
- Dann möglichst nicht mehr weiterfahren. Der Schaden kann sich verschlimmern und ist dann mit einfachen Mitteln nicht mehr zu beheben.
- Hartes »klack-klack-klack-klack« beim Hochdrehen des Motors, das bei zurückgenommenem Gaspedal leiser oder unhörbar wird, weist auf einen kapitalen Lagerschaden hin.

Die Motorlagerung

Bei einigen Arbeiten am Motor oder im Motorraum muss die Motorlagerung gelöst oder sogar ganz abgebaut werden. Das ist auf relativ einfache Weise durch Herausdrehen der wenigen Halteschrauben möglich. Unbedingt berücksichtigt werden muss aber, dass die Motorlagerung mit Dehnschrauben angeschraubt ist. Diese müssen nach jedem Lösen ersetzt werden.
Beim **Einbau** müssen Sie darauf achten, dass die Zapfen des Gummimetalllagers in die Bohrungen am Motorhalter einrasten. Richten Sie die Motorlagerung spannungsfrei aus, indem Sie den Motor bei gelösten Befestigungsschrauben hin und her schütteln.
Beachten Sie für den Einbau folgende **Anzugsdrehmomente** für die Aggregatlagerung Motor und für die Motor-Pendelstütze:

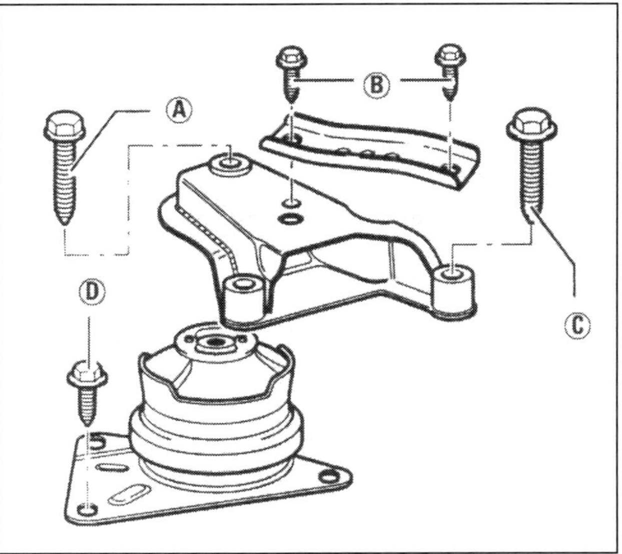

Drehmomente bei Motoren AER, ALL, ALD, ANV, AEX:
A = 50 Nm, **B** = 25 Nm, **C** = 25 Nm + 1/8 Umdrehung (45°) weiter, **D** = 20 Nm + 1/8 Umdrehung (45°) weiter.

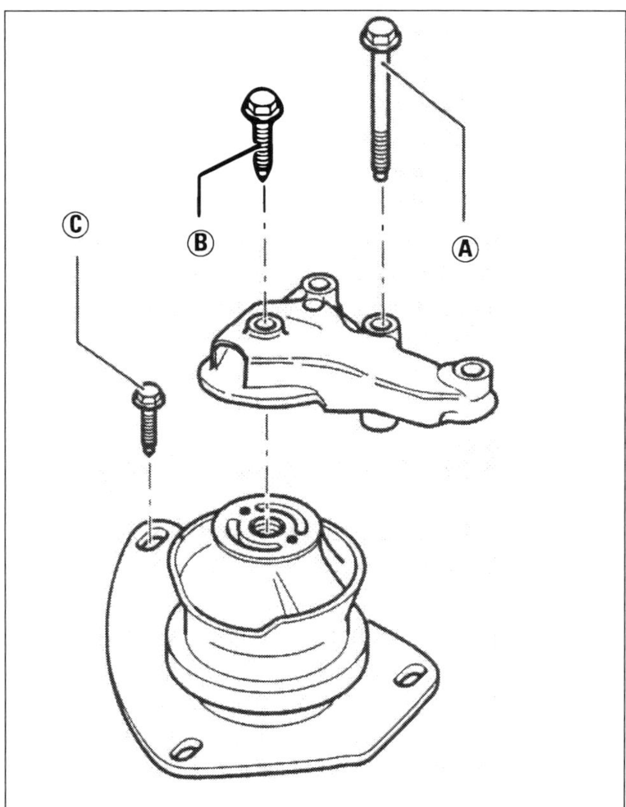

Drehmomente bei Motoren AHW, AKQ, APE, AFK, AQQ: **A** = 40 Nm + 1/4 Umdrehung (90°) weiter, **B** = 50 Nm, **C** = 20 Nm + 1/8 Umdrehung (45°) weiter.

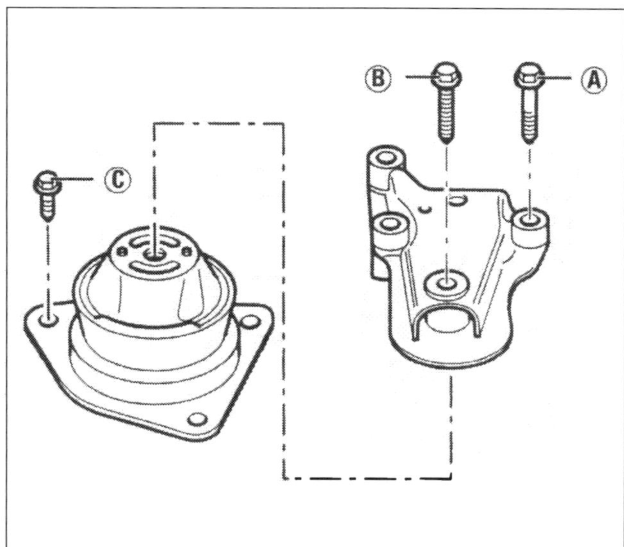

Drehmomente beim Dieselmotor AKU: **A** = 40 Nm + 1/4 Umdrehung (90°) weiter, **B** = 50 Nm, **C** = 20 Nm + 1/8 Umdrehung (45°) weiter. (Ersetzt werden müssen nur die Schrauben A und C.)

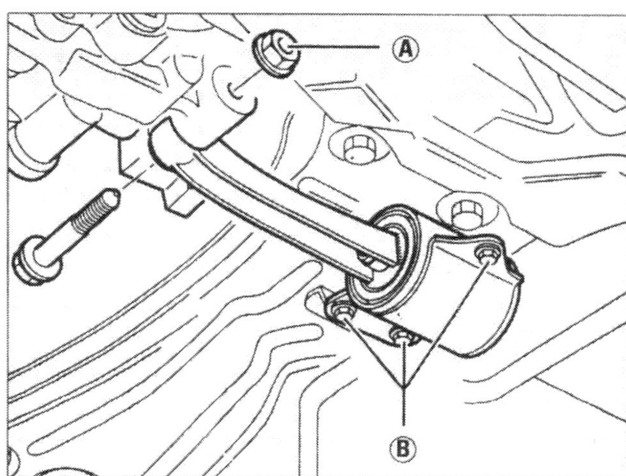

Drehmomente für Pendelstütze bei Motoren AER, ALL, ALD, ANV, AEX, AHW, AKQ, APE, AFK, AQQ, AKU: Für Lupo und Arosa **A** = 50 Nm, an der Mutter festziehen. **B** = 20 Nm + 1/4 Umdrehung (90°) weiter (Lupo), 35 Nm (Arosa).
Beim Diesel SDI (AKU) müssen nur die Schrauben **B** ersetzt werden.

Die Zylinderkopfdichtung

Leistungsverlust, Kühlflüssigkeits- und Ölverlust, keine Kompression auf zwei benachbarten Zylindern und Kühlflüssigkeit im Motoröl bzw. Öl in der Kühlflüssigkeit deuten mit ziemlicher Sicherheit auf eine defekte Zylinderkopfdichtung hin. Der Motor muss ausgebaut, der Zylinderkopf abgebaut werden. Diese Arbeiten mit Spezialwerkzeugen wie Gegenhaltern VW-3036, Führungsbolzen VW-3450 oder HAZET 2571, Federbandschellen-Zange HAZET 798-5 sowie Abfangvorrichtung oder Werkstattkran V.A.G. 1202 A gehören in die Fachwerkstatt. Es sind Aggregate auszubauen, Leitungen zu trennen, Kühlmittel abzulassen, Unterdruckschläuche abzuziehen, vorderes Abgasrohr vom Krümmer abzuschrauben, Keilrippenriemen und Zahnriemen auszubauen, der Motor anzuheben und – je nach Motor – weitere anspruchsvolle Arbeitsschritte nötig, bis der Zylinderkopfdeckel abgeschraubt werden kann.

Die folgenden Zeichnungen zeigen das Umfeld und die Einzelteile beim Aus-/Einbau des Zylinderkopfes der verschiedenen Lupo-Motoren. Aus der Fülle der Bauteile werden nur Kopf, Deckel und Dichtung benannt:

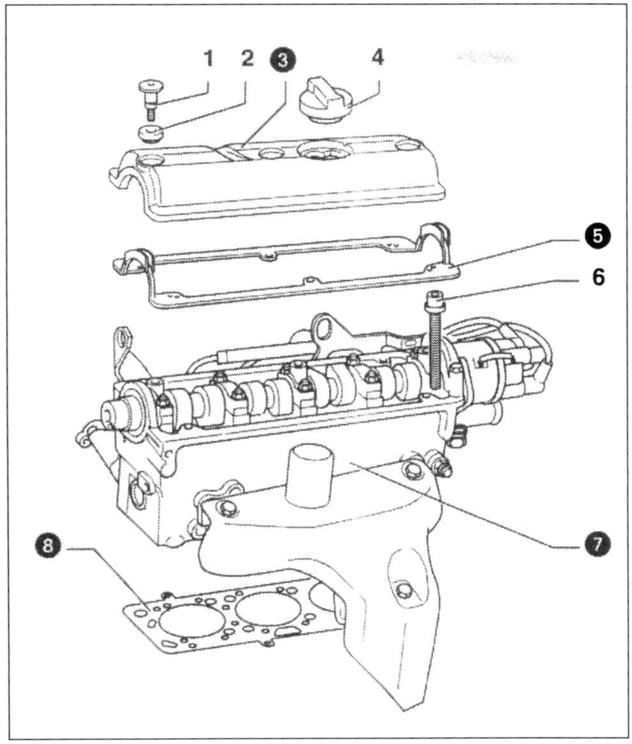

Benzinmotoren AER, ALL, AEX:
❸ Zylinderkopfdeckel, ❺ Dichtung für Zylinderkopfdeckel, ❼ Zylinderkopf, ❽ Zylinderkopfdichtung.

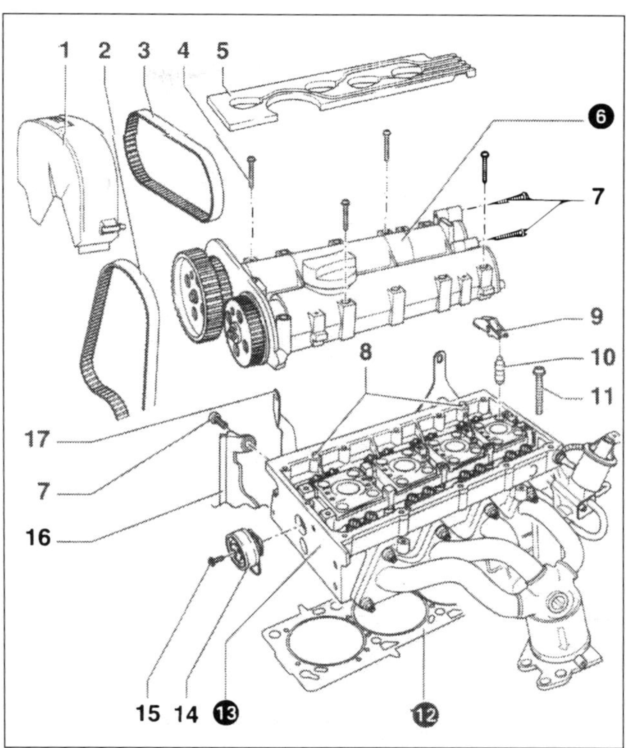

Benzinmotoren AHW, AKQ, APE, AFK, AQQ:
❻ Nockenwellengehäuse (mit Dichtmittel VW-D188003A1 bestreichen), ⓬ Zylinderkopfdichtung, ⓭ Zylinderkopf.

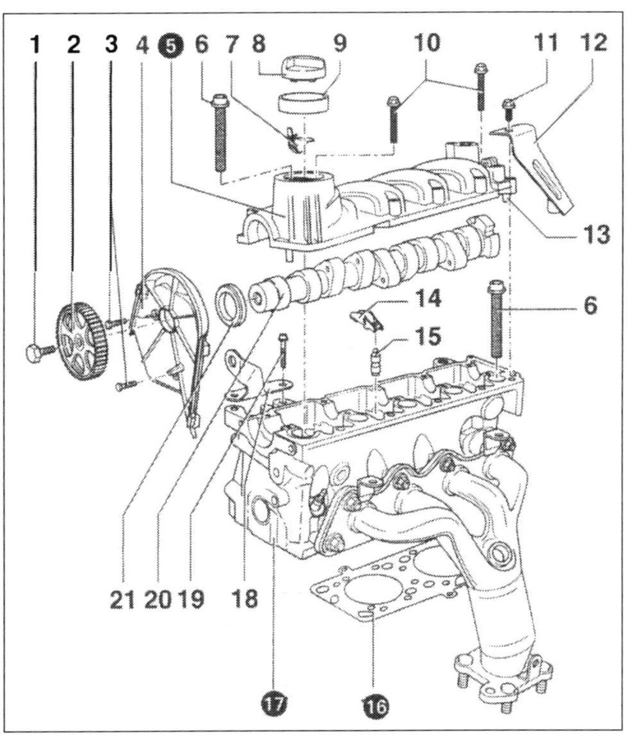

Benzinmotoren ALD, ANV:
❺ Zylinderkopfdeckel (mit Dichtmittel VW-AMV 154 103 einbauen), ⓰ Zylinderkopfdichtung, ⓱ Zylinderkopf.

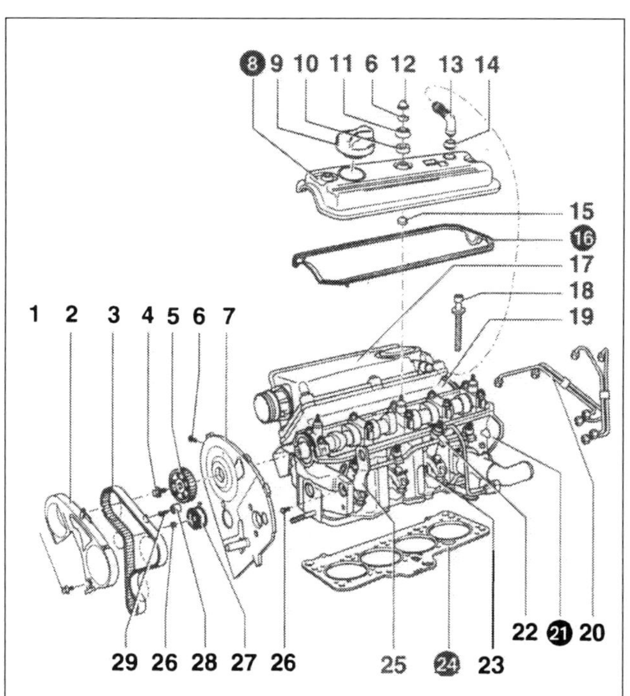

Dieselmotoren AKU (SDI): ❽ Zylinderkopfdeckel, ⓰ Dichtung für Zylinderkopfdeckel, ㉑ Zylinderkopf, ㉔ Zylinderkopfdichtung.

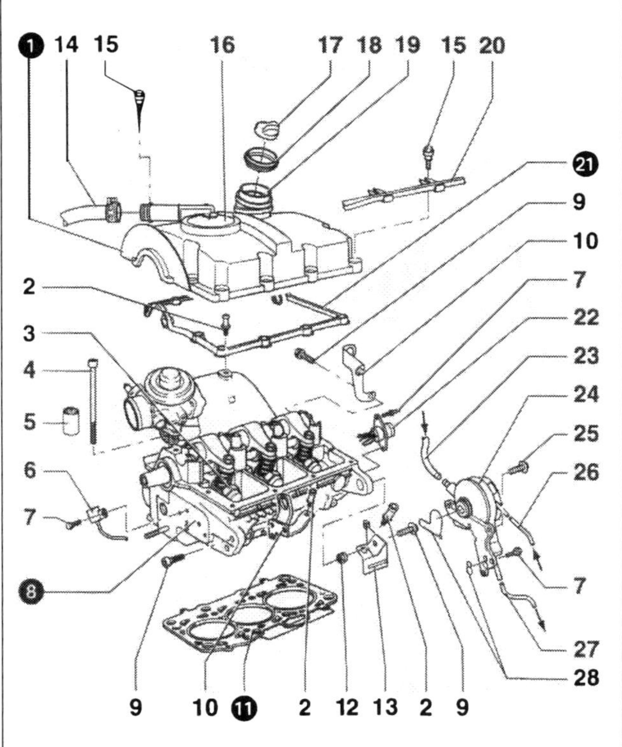

Dieselmotoren AMF (TDI):

❶ Zylinderkopfdeckel, ❽ Zylinderkopf, ⓫ Zylinderkopfdichtung, ㉑ Dichtung für Zylinderkopfdeckel.

Bei eventuellem Ersetzen der Zylinderkopfdichtung gelten stets einige allgemeine Regeln:

- Die Zylinderkopfschrauben sind in einer vorgegebenen Reihenfolge herauszuschrauben. Sie müssen immer ersetzt werden.
- Die neue Zylinderkopfdichtung darf erst unmittelbar vor dem Einbau aus der Verpackung genommen werden. Sie muss äußerst vorsichtig behandelt und darf nicht beschädigt werden.
- In die Zylinder müssen saubere Putzlappen gestopft werden, damit kein Schmutz und keine Schmirgelreste zwischen Zylinderlaufbahn und Kolben gelangen können. Solche Partikel dürfen auch nicht ins Kühlmittel gelangen.
- Die Bohrungen für die Zylinderkopfschrauben müssen frei von Öl- und Kühlmittelresten sein (Schraubendreher mit Lappen einführen).
- Die Dichtflächen von Zylinderkopf und Zylinderblock sind sorgfältig zu säubern. Keine Riefen oder Kratzer erzeugen! Wird Schleifpapier verwendet, dann Körnung nicht unter 100.
- Der Zylinderkopf muss zentriert werden: Mit speziellen Zentrierstiften oder abgesägten alten Zylinderkopfschrauben, die z.B. wie im demonstrierten Fall der meisten Benzinmotoren in die hinteren äußeren Bohrungen für die Zylinderkopfschrauben einzudrehen sind:

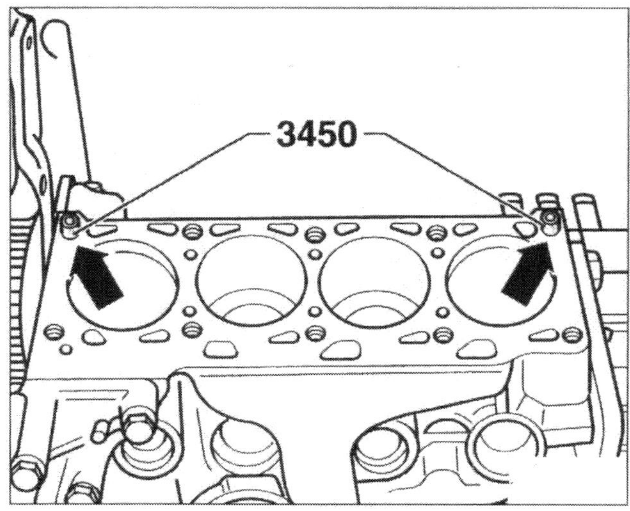

Zentrieren des Zylinderkopfes von 1,0 und 1,4 Liter-Benzinmotoren mit Führungsbolzen VW-3450.

- Die neue Dichtung muss die gleiche Kennzeichnung wie die frühere aufweisen. Je nach Kolbenüberstand werden unterschiedlich dicke Zylinderkopfdichtungen eingebaut, daher ist das Beachten dieser Kennzeichnung sehr wichtig. In der folgenden Zeichnung (Beispiel 1,7 Liter Dieselmotor) verwei-

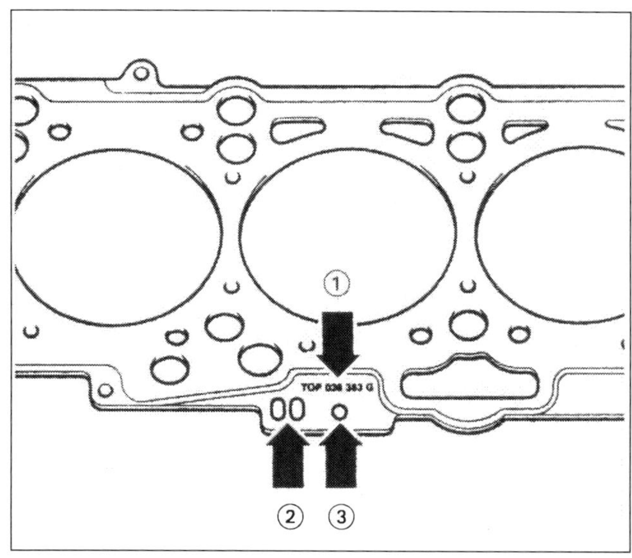

Beim Einbau der Zylinderkopfdichtung muss die Kennzeichnung lesbar sein.

sen Pfeil ❶ auf die Ersatzteilnummer, Pfeil ❷ auf den Steuercode und Pfeil ❸ auf bestimmte Löcher, deren Zahl die Dicke der Dichtung angibt:

- Die neue Zylinderkopfdichtung wird so auf die Zentrierstifte aufgelegt, dass die Beschriftung lesbar ist. Dann den Zylinderkopf aufsetzen, die Schrauben einsetzen und handfest anziehen. Nach Entfernung der Führungsbolzen werden die restlichen beiden Zylinderkopfschrauben eingedreht. Die Schrauben werden dann in festgelegter Reihenfolge (gegenüber liegende Paare erst Mitte, dann rechts, dann links, dann wieder rechts, wieder links) mit 30 Nm festgezogen. Andere Motoren verlangen andere Anzugsdrehmomente!
- Wenn der Zylinderkopf ersetzt wird, muss auch das gesamte Kühlmittel erneuert werden.

Zylinderkopfdichtung

Störungsbeistand

Erkennungsmerkmal	Ursache/Besonderheiten
A Kühlflüssigkeitsstand nimmt laufend ab.	Kühlmittel gelangt in sehr geringer Menge in die Brennräume. Die Erscheinung kann sich ohne Merkmale über längere Zeit hinziehen.
B Beträchtlicher Kühlmittelverlust. Der Wagen zieht bei warmgefahrenem Motor einen weißen Abgasschleier hinter sich her.	Kühlmittel dringt in erheblicher Menge in einen Verbrennungsraum, verdampft dort und entweicht als weiße Schwaden zum Auspuff hinaus.
C Aus dem geöffneten Ausgleichsbehälter steigen Luftblasen auf oder beim Öffnen des Verschlussdeckels sprudelt eine größere Menge Kühlmittel heraus.	Verbrennungsgase werden ins Kühlsystem gedrückt. Aus der Einfüllöffnung riecht es nach Abgasen.
D Buntschillernde Verfärbung an der Oberfläche des Kühlmittels.	Öl aus dem Schmierkreislauf gelangt ins Kühlsystem.
E Gräulich aussehende Emulsion am herausgezogenen Ölpeilstab oder Öl von Wasserbläschen durchsetzt.	Kühlflüssigkeit ist ins Schmieröl geraten. Achtung: Wasser im Motoröl kann einen Lagerschaden verursachen. Zylinderkopfdichtung sofort wechseln lassen. Wagen zur Reparatur abschleppen.

DAS SCHMIER-SYSTEM

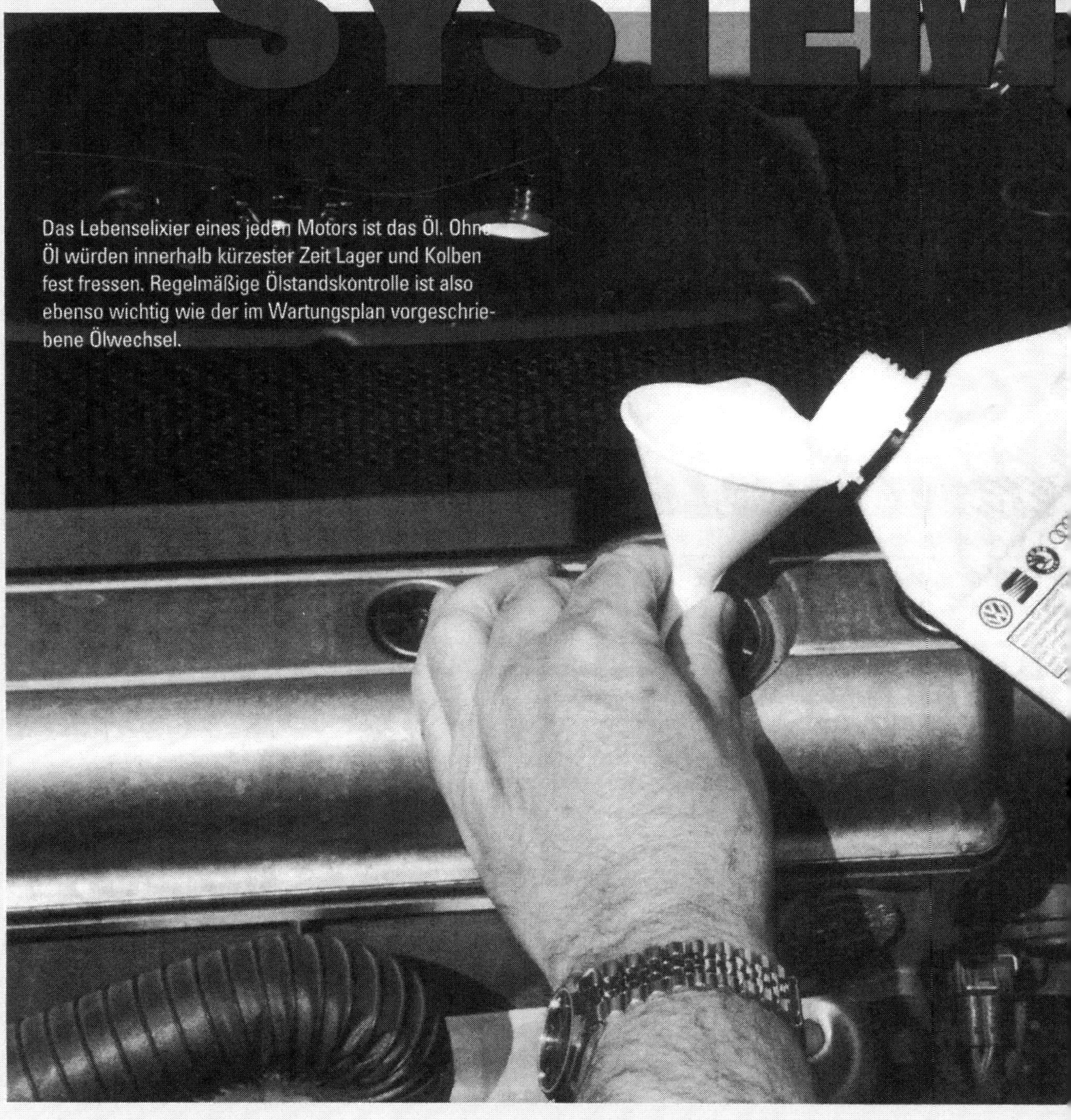

Das Lebenselixier eines jeden Motors ist das Öl. Ohne Öl würden innerhalb kürzester Zeit Lager und Kolben fest fressen. Regelmäßige Ölstandskontrolle ist also ebenso wichtig wie der im Wartungsplan vorgeschriebene Ölwechsel.

Wartung

Reparatur

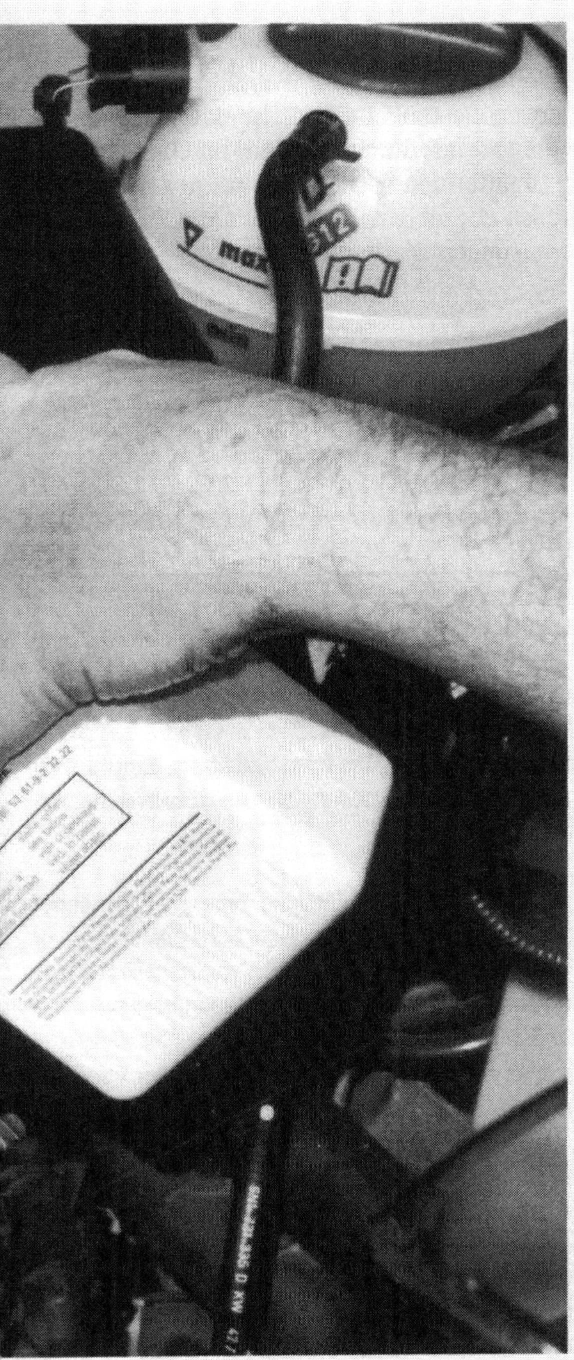

Alle Stellen im Motor, an denen Metalle aufeinander gleiten, müssen ständig mit Öl versorgt werden. Das sind zum Beispiel Kolben, Zylinderlaufbahnen sowie die Lager von Kurbelwelle und Nockenwelle. Ohne Schmierung wäre das Triebwerk schon nach wenigen Minuten ruiniert.

Damit das Öl seine Aufgabe erfüllen kann, strömt es im Motorblock durch ein System von Leitungen und feinen Bohrungen an die richtige Adresse.

Eine wichtige Rolle im Ölkreislauf spielt die Ölpumpe. Sie saugt über das Ölsaugrohr das Motoröl aus der Wanne und drückt es in die Leitungen. Zuvor muss das Öl den im Hauptstrom des Schmiersystems sitzenden Ölfilter passieren. Dort werden Verunreinigungen wie Ruß, Metallabrieb und Staub herausgefiltert.

An der Druckseite der Ölpumpe befindet sich ein Überdruckventil. Es öffnet bei zu hohem Öldruck, so dass ein Teil des Öls in die Ölwanne zurückfließen kann.

Durch die Mittelachse der Filterpatrone gelangt das gefilterte Öl direkt in den Hauptölkanal. Dort sitzt auch der Öldruckschalter, der über die Öldruckkontrolllampe im Schalttafeleinsatz dem Fahrer einen zu niedrigen Öldruck anzeigt (siehe Technik-Lexikon »Der Öldruckschalter«).

Ölfilter rechtzeitig wechseln

Der Ölfilter verrichtet seine Aufgabe nur so lange, bis er vom Schmutz zugesetzt ist. Deshalb sollte er bei jedem Ölwechsel ausgetauscht werden. Wenn der Filter nicht rechtzeitig gewechselt wurde, tritt ein Überdruckventil in Aktion. Es öffnet und das Motoröl umgeht den Filter. Damit ist zwar die Ölversorgung sichergestellt, doch ungefiltertes Motoröl bewirkt einen höheren Verschleiß an den Lagerstellen.

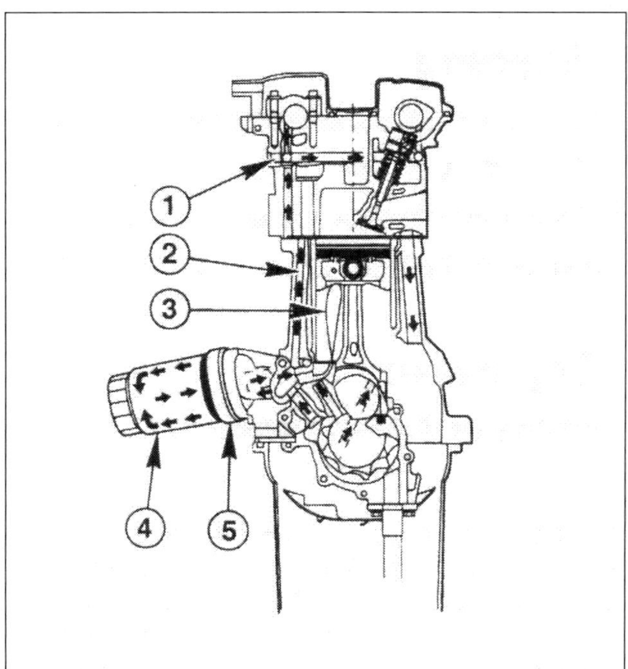

Am Beispiel des Ölkreislaufs sieht man besonders deutlich, dass das Öl weitaus mehr Teile schmieren muss als nur die Kurbelwellenlager. ❶ Ölkanal Zylinderkopf, ❷ Hauptölkanal, ❸ Spritzöl für Kolbenkühlung, ❹ Hauptstrom-Ölfilter, ❺ Ölkühler.

Vom Filter aus gelangt das Motoröl über Bohrungen im Zylinderblock zu den Schmierstellen der Kurbelwelle und den Pleueln. Von den Gleitlagern der Kurbelwelle wird das Öl in den Zylinderkopf und zu den Lagerstellen der Nockenwelle sowie zur Kipphebelbrücke gedrückt. Von dort fließt das Öl durch Rücklaufkanäle zurück in die Ölwanne, wo es wieder von der Ölpumpe angesaugt wird.

Der Öldruck

Damit die Schmierung bei jeder Belastung des Motors sicher gestellt ist, muss der Öldruck stimmen. Bei zu kaltem und sehr zähflüssigem Öl kann ein zu hoher Druck entstehen. Dann öffnet ein Überdruckventil eine Umgehungsleitung (Bypass) und leitet das Öl direkt auf die Saugseite der Ölpumpe zurück. Der Ölkreislauf bleibt in diesem Fall erhalten. Informationen über den aktuellen Öldruck erhalten Sie freilich nur, wenn Sie einen Öldruckmesser als Zusatzinstrument eingebaut haben. Ansonsten müssen Sie sich auf die Öldruck-Kontrollleuchte verlassen.

Kontrollleuchte brennt?

Die Kontrollleuchte leuchtet allerdings nur bei zu geringem Öldruck auf. In diesem Fall werden unter Umständen die Motorteile nicht mehr richtig geschmiert. Das kommt zum Beispiel vor, wenn Sie Ihren Wagen bei zu geringem Ölstand mit hohem Tempo durch eine Kurve fahren. Die Ölpumpe saugt dann Luft anstatt Öl aus der Ölwanne. Der Öldruck fällt abrupt ab, was zu schweren Lagerschäden führen kann. Wenn nach schnellen Autobahn- oder Passfahrten die Öldruckleuchte im Leerlauf flackert, ist das ein Indiz dafür, dass der Öldruck durch zu heißes und damit dünnflüssiges Öl unter den normalen Druck gesunken ist. Das ist jedoch unproblematisch, wenn die Kontrollleuchte beim Gasgeben wieder verlischt.

Der Öldruckschalter

Eines der Bauteile an der Ölfiltereinheit Ihres Fahrzeugs ist der Öldruckschalter. Er ist drucklos geöffnet und wird bei Erreichen des Schaltdruckes geschlossen. Die Öldruckwarnung wird 10 Sekunden nach dem Einschalten der Zündung aktiviert. Die Einschaltverzögerung der Warnung beträgt 3 Sekunden, die Ausschaltverzögerung etwa 5 Sekunden.

Nach Einschalten der Zündung muss bei stehendem Motor die Öldruckkontrolllampe im Schalttafeleinsatz ca. 3 Sekunden leuchten und danach verlöschen. Warnung durch Blinken der Leuchte erfolgt, wenn bei eingeschalteter Zündung und stehendem Motor der Öldruckschalter geschlossen oder wenn er bei Drehzahlen über 1500 U/min geöffnet ist.

Die Funktion des Öldruckschalters und der Öldruck können mit einem Öldruck-Prüfgerät und einer Diodenprüflampe geprüft werden (Öldruckschalter ausbauen und ins Prüfgerät schrauben, Prüfgerät anstelle Öldruckschalter in den Zylinderkopf einschrauben).

Praxistipp

Öldruck-Kontroll-leuchte leuchtet ständig auf

- Halten Sie sofort an, stellen Sie den Motor ab.
- Kontrollieren Sie zuerst den Ölstand.
- Fehlt Öl, langsam eine Tankstelle in der Nähe anfahren und auffüllen. Prüfen Sie, ob danach die Leuchte wirklich ausgeht.
- In allen anderen Fällen: Wagen in die nächste Werkstatt schleppen und Ursache feststellen lassen. So riskieren Sie keinen schweren Motorschaden.

Öldruck und Öldruck-schalter prüfen

Das Manometer für die Druckprüfung (für Lupo und Arosa zweckmäßig: V.A.G. 1342) muss eine Einschraubmöglichkeit für den zur Prüfung auszubauenden Öldruckschalter haben. Der Öldruckschalter befindet sich beim 1,0 Liter-Motor und beim 1,4 Liter Benziner des Arosa hinten rechts am Zylinderkopf; beim 1,4 Liter-Motor des Lupo an der linken Stirnseite des Zylinderkopfes; beim 1,7 Liter Saugdiesel oben am Ölfilterhalter und bei den TDI-Motoren links am Ölfilter. Vor der Prüfung ist der Ölstand zu kontrollieren und richtig zu stellen. Der Motor muss auf Betriebstemperatur mit 80°C Öltemperatur gefahren werden. Die Kühlmittel-Temperaturanzeige steht dann auf normal.

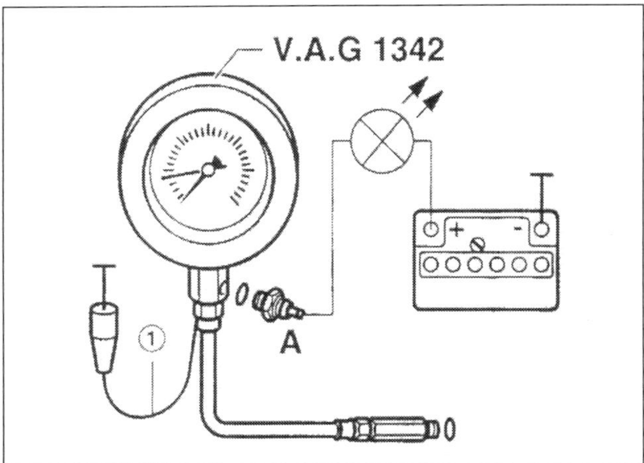

Um Öldruck und Öldruckschalter zu prüfen, brauchen Sie ein Manometer mit Einschraubmöglichkeit für den Öldruckschalter A. Eine Diodenprüflampe mit Hilfsleitungen wird an den Batterie-Pluspol und den Öldruckschalter angeschlossen. Die braune Leitung ❶ des VW-Prüfgeräts (V.A.G. 1342) wird an Masse (-) gelegt.

Arbeitsschritte   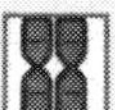

① Schrauben Sie den Öldruckschalter heraus und in das Manometer ein. Das Manometer wird anstelle des Öldruckschalters am entsprechenden Einbauort im Zylinderkopf eingeschraubt.

② Die braune Leitung ❶ des Prüfgeräts wird an Masse gelegt (siehe Zeichnung).

③ Mit Hilfsleitungen wird die Diodenprüflampe (z.B. V.A.G. 1527 B) an den Batteriepluspol und an das Manometer angeschlossen (Zeichnung). Falls die Leuchtdiode jetzt aufleuchtet, muss der Öldruckschalter ersetzt werden.

④ Leuchtet die Diode nicht, Motor anlassen und Drehzahl langsam erhöhen. Wenn der Öldruck den Sollwert erreicht hat, muss die Leuchtdiode aufleuchten – wenn nicht: Öldruckschalter ersetzen.

Die Sollwerte sind:

1,0 Liter Lupo: 0,3 bis 0,6 bar;

1,4 Liter Lupo: 0,3 bis 0,7 bar;

1,0 und 1,4 Liter Arosa: 0,75 bis 1,05 bar;

1,7 Liter Diesel: 0,75 bis 1,05 bar;

1,2 und 1,4 Liter Diesel TDI: 0,55 bis 0,85 bar.

⑤ Erhöhen Sie die Drehzahl weiter. Bei 2000 U/min und 80°C Öltemperatur soll der Öldruck mindestens 2,0 bar betragen. Ist der Druck geringer, können Öldruckregelventil oder Ölpumpe defekt oder das Kurbelwellenlager verschlissen sein.

⑥ Bei höherer Drehzahl darf der Öldruck folgende Werte nicht überschreiten:

Beim 1,0 und 1,4 Liter Lupo: 7,0 bar;

beim 1,0 und 1,4 Liter Arosa: 4,0 bis 5,0 bar;

beim 1,7 Liter Diesel: 5,6 bis 6,7 bar;

beim 1,2 und 1,4 Liter Diesel: 11,5 bar.

Steigt der Druck höher, muss das Öldruckregelventil erneuert werden (Werkstattarbeit).

⑦ Nach Abschluss der Prüfung den Öldruckschalter wieder aus dem Manometer heraus- und in seinen Einbauort einschrauben. Mit 25 Nm festziehen. Bei Undichtigkeit muss der Dichtring ersetzt werden (den alten mit Seitenschneider aufkneifen).

Das Motoröl

Öl ist das Lebenselixier des Motors. Es vermindert die Reibung und den Verschleiß bei Kolben und Zylindern, Lagern und Ventiltrieb. Es dichtet die engen Räume zwischen Kolben, Kolbenringen und Zylinderwand so fein ab, dass der hohe Druck, der bei der Verbrennung entsteht, fast ohne Verluste auf die Kurbelwelle übertragen wird. Öl kühlt auch den Motor – zum Beispiel die Kolben in den Zylindern und die Lager von Kurbelwelle und Nockenwelle. Außerdem schützt es vor Rost, bindet Schmutzpartikel und einen Teil der Verbrennungsrückstände.

Multitalent Mehrbereichsöl

Die meisten Motoröle sind heute Mehrbereichsöle, die aus Rohöl hergestellt werden. Damit ein Mineralöl als Motoröl Karriere machen kann, braucht es Additive, spezielle Zusätze, die bis zu 20 Prozent seiner Chemie ausmachen. Sie schützen das Öl auch vor Oxidation und verhindern das Aufschäumen bei hohen Drehzahlen.

Wichtige Additive sind die VI-Verbesserer (VI = Viskositätsindex) – lange Molekülketten, die beim Erhitzen quellen und beim Abkühlen wieder schrumpfen. Sie bewirken, dass sich das Öl den Temperaturen im Motor anpasst und mehrere Viskositätsklassen überspannt. Diese VI-Verbesserer verschleißen jedoch bei hohen Temperaturen und verlieren ihre Wirkung. Außerdem setzen Wasser, Kraftstoff und Verbrennungsrückstände der Lebensdauer des Motoröls Grenzen. Ein dünnes Mineralöl hält die Drücke und Temperaturen im Triebwerk nicht gut aus. Ein rechtzeitiger Ölwechsel ist daher kein Luxus, sondern reine Notwendigkeit, wenn Ihr Motor reibungslos funktionieren soll.

Leichtlauföle

Auch Leichtlauföl (Synthetiköl) kommt nicht ohne Erdöl aus. Allerdings wird der Molekülaufbau des Rohöls in einem aufwendigen Verfahren (Cracken) aufgelöst und nach neuer Rezeptur mit speziellen Additiven neu zusammengesetzt.

Synthetiköl ist im Prinzip nicht künstlicher als Mineralöl, aber durchweg teurer. Dafür versprechen die Hersteller einen geringeren Öl- und Kraftstoffverbrauch, eine größere Beständigkeit und langsamere Alterung. Das bedeutet theoretisch auch längere Ölwechselintervalle. Allerdings sieht Ihre Vertragswerkstatt für Leichtlauföle keine längeren Ölwechselintervalle vor. Wenn Sie sich den Luxus dieses Spitzenöls leisten, sollten Sie sich trotzdem an die vorgesehenen Intervalle halten.

Begriffe und Normen rund ums Öl — Technik-lexikon

Viskosität. Das Maß für die Fließfähigkeit des Schmieröls. Im Winter muss ein Motoröl so dünnflüssig sein, dass es nach dem Kaltstart sofort alle Schmierstellen versorgt. Im Sommer dagegen ist dickflüssiges Öl gefragt, das auch bei hohen Temperaturen den Schmierfilm nicht abreißen lässt.

SAE-Klasse (Society of Automotive Engineers). Bezeichnet die Klasse der Viskosität, zum Beispiel SAE 15W-40. Je kleiner die erste Zahl, um so dünner fließt das Öl bei Kälte (W = Winter). Ein Öl mit 0W schmiert noch bei minus 30 Grad, bei 5W steigt dieser Wert auf minus 25 Grad, bei 15W auf minus 15 Grad. Je höher die zweite Zahl, um so besser widersteht das Öl hohen Temperaturen.

ACEA (Association des Constructeurs Européen d'Automobiles). 1996 eingeführte europäische Ölnorm. Löst die CCMC-Norm ab. Für Benziner gibt's die Gruppen A1 (spritsparendes Öl), A2 (gering belastetes Öl), A3 (Hochleistungs-Öl). Für Diesel gilt die Einteilung B1, B2 und B3.

CCMC (Comittée des Constructeurs d'Automobiles du Marché Commun). Die Spezifikation besteht aus den Buchstaben G (Benziner) und PD (Diesel) sowie einer Zahl. Je höher diese ist, um so besser ist die Qualität des Öls.

API (American Petroleum Institute). Die Spezifikation besteht aus den Buchstaben S (Benziner) und C (Diesel) sowie einem weiteren Buchstaben. Je höher dieser im Alphabet steht, um so besser ist die Qualität des Öls.

Welches Öl für Lupo und Arosa?

Für den Motor Ihres Lupo oder Arosa sollten Öle nach VW Norm verwendet werden: Für die Benzinmotoren Öl nach VW-Norm 500 00, 501 01 oder 502 00. Für die seit September 1999 gebauten Wagen wird auch VW-Norm 503 00 empfohlen.

Für die 1,7-l-Dieselmotoren soll Öl nach VW-Norm 505 00 oder 505 01 verwendet werden, ab 9/99 auch 506 00. Für den 1,4-l-Diesel ist die Spezifikation 505 01 vorgesehen. Für den 3L TDI darf nur ein Öl der VW-Norm 506 00 und der Viskosität SAE 0W-30 verwendet werden.

Für Benzinmotoren kann vorübergehend auch ein Öl wie ACEA A2/A3 oder API-SF/-SG nachgefüllt werden, für die Diesel ACEA-B2/B3 oder API-CD. Mehrbereichsöle bauen auf einem dünnflüssigen Einbereichsöl auf und werden durch so genannte Viskositätsindexverbesserer im heißen Zustand stabilisiert. Dadurch ist sowohl für den kalten wie auch für den heißen Motor die richtige Schmierfähigkeit gegeben. Über die Eignung eines Öles entscheiden die Ölspezifikation und richtige Viskositäts-Klasse. Wenn Sie Öl nachfüllen, können Sie übrigens ohne Probleme die Sorten verschiedener Hersteller mischen. Sie müssen dann jedoch damit rechnen, dass die Eigenschaften des Motoröls leicht beeinträchtigt werden. Jede Marke hat nämlich eine spezielle Kombination von Additiven, die ihre Wirksamkeit beim Mix mit einem anderen Öl verlieren können. Aus diesem Grund macht die Kombination von Mineralöl und Synthetiköl keinen Sinn.

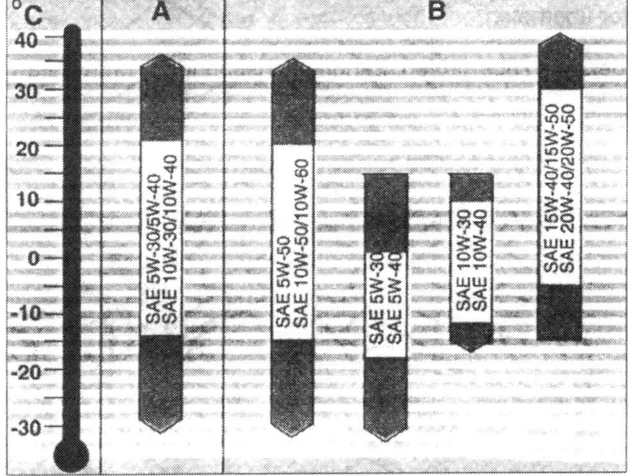

Die Ölviskositätsempfehlungen von VW:
In mitteleuropäischen Breitengraden genügt das ganze Jahr über ein Öl der Viskositätsklasse 15W-40.
A: Mehrbereichs-Leichtlauföle nach VW-Norm 500 00; für Benzinmotoren, nicht für Turbo-Diesel.
B: Mehrbereichsöle nach VW-Norm 505 00 (alle Motoren) oder nach VW-Norm 501 01 bzw. API-SF oder SG; für Benzinmotoren, nicht für Turbo-Diesel.

Vorsicht: Dieselöle, die ausschließlich für Dieselmotoren zugelassen sind, sollten Sie mit Ölen für Benzinmotoren nicht mischen. Sie riskieren sonst einen Motorschaden.

Ölverbrauch

Wenn Ihr Motor technisch in Ordnung ist, verbraucht er so wenig Öl, dass zwischen den einzelnen Ölwechselintervallen kein Öl oder nur eine geringe Menge nachgefüllt werden muss. Das gilt jedoch nur, wenn Sie regelmäßig das Öl wechseln und den Motor nicht durch zu scharfe Fahrweise übermäßig belasten.
Ihr Motor verbraucht Öl, weil es teilweise in den Verbrennungsraum gelangt und dort verbrennt. Ein undichter Motor, defekte Ventilschaftabdichtungen, falsch eingebaute Kolbenringe oder zu viel Spiel zwischen Ventilführung und Ventilschaft treiben den Verbrauch jedoch in die Höhe. Wenn der Ölstand zwischen den Messungen nicht abnimmt, ist dies freilich kein Grund zur Freude. Dann ist das Motoröl durch Kraftstoff und Kondenswasser verdünnt, was seine Schmiereigenschaft verschlechtert. Das kann vor allem im Winter vorkommen, wenn Sie das Fahrzeug nur auf kurzen Strecken bewegen. In diesem Fall sollten Sie das Öl vor den üblichen Intervallen wechseln, etwa schon nach 3.000 Kilometern oder vier Monaten.

Motorölstand prüfen

Zum Ölpeilstab sollten Sie nach jedem zweiten Tanken greifen. In der Einfahrzeit oder bei einem älteren Motor mit erhöhtem Ölverbrauch ist es sinnvoll, das Öl bei jedem Volltanken zu kontrollieren. Der Peilstab fällt mit seinem Kunststoffgriff in Gelb bei allen Motoren sofort ins Auge.

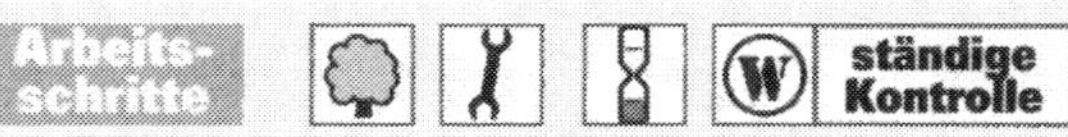

① Die Ölstandskontrolle sollte bei einer Öltemperatur von 60°C vorgenommen werden. Das entspricht einer Fahrt von etwa 10 Minuten nach dem Kaltstart: Nach dem Abstellen des Motors fünf Minuten warten, damit alles Öl in die Ölwanne abtropfen kann.

② Peilstab ziehen. Vorsicht bei betriebswarmem Motor: die umliegenden Motorteile sind sehr heiß. Ölstab mit sauberem, flusenfreiem Lappen oder Papiertuch abwischen, bis zum Anschlag wieder in das Führungsrohr oder die Öffnung im Motorblock stecken, kurz warten und wieder herausziehen.

③ Lesen Sie den Ölstand ab. Liegt er im Bereich **A** zwischen Rasterung und MAX-Markierung, darf kein Öl nachgefüllt werden. Bewegt sich der Ölstand im gerasterten Bereich **B**, darf Öl nachgefüllt werden. Bei Ölstand zwischen MIN-Markierung und gerastertem Feld bis maximal 0,5 l Motoröl nachfüllen.

Dunkles Öl bedeutet übrigens nicht unbedingt, dass das Öl gewechselt werden müsste. Diese Färbung entsteht bei

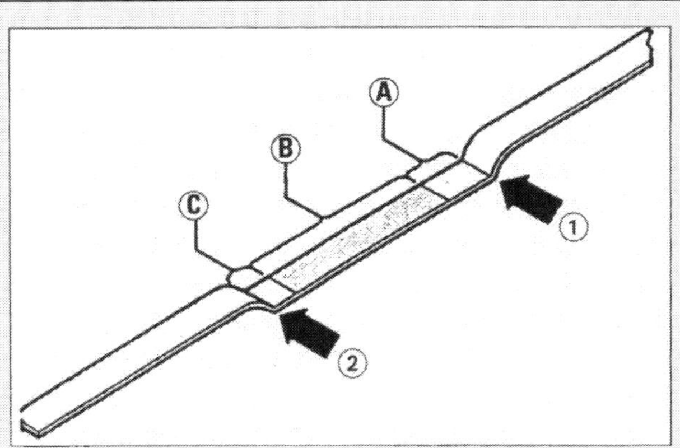

Der Pfeil ❶ weist auf die MAX-Markierung hin, der Pfeil ❷ auf die MIN-Markierung. **A** = Bereich über dem gerasterten Feld bis zur MAX-Markierung: Kein Öl nachfüllen! **B** = Ölstand im gerasterten Bereich: Öl kann nachgefüllt werden. **C** = Bereich von der MIN-Markierung bis zum gerasterten Feld: max. 0,5 l Öl nachfüllen! Es genügt, wenn danach der Ölstand im Bereich **B** steht.

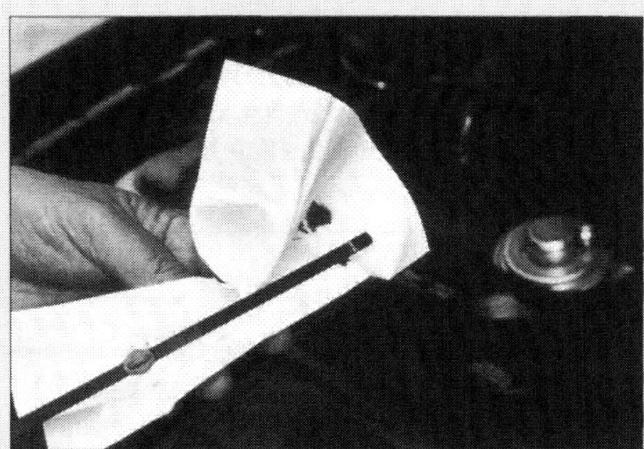

Ölpeilstab zur Kontrolle des Ölstandes mit sauberem und flusenfreiem Lappen oder Papiertuch abwischen. Bei der Ölstandskontrolle unterwegs: Vorsicht, der Motor ist heiß!

Marken-Motoröl schon nach kurzer Laufzeit durch angesammelte Schmutzpartikel.

④ Die Nachfüllmenge zwischen den Markierungen ❶ und ❷ beträgt 1,0 l. Ein halber Liter genügt, wenn der Ölstand die MIN-Marke (untere Markierung) nicht unterschreitet. Füllen Sie niemals zu viel Öl nach! Überschüssiges Motoröl muss wieder abgesaugt werden. Es wird unter Umständen über die Kurbelgehäuseentlüftung angesaugt und verschmutzt den Luftfilter. Zu viel Öl kann die Motordichtungen beschädigen und sogar – wenn es über den Brennraum in den Auspuff gelangt – den Katalysator.

⑤ Benutzen Sie zum Nachfüllen einen sauberen Trichter.

Motoröl und Ölfilter wechseln

Bei allen Motoren ist der Ölwechsel alle 15.000 Kilometer oder alle 12 Monate fällig. Wenn Sie oft lange Strecken fahren, brauchen Sie das Intervall nicht auf den Kilometer genau einzuhalten. Sind Sie dagegen ausschließlich in der Stadt unterwegs, macht ein früherer Wechsel Sinn. Im Winter sind dann bereits vier Monate genug für das Motoröl.

Ölwechsel in Eigenregie?

Das Do it yourself lohnt sich nur, wenn Sie ein preiswertes Öl aus Zubehörhandel, Warenhaus oder Tankstelle verwenden. Ein konventioneller Ölwechsel, bei dem Sie das Öl ablassen und den Filter wechseln, erfordert Zeit, weil Sie das Fahrzeug dazu aufbocken müssen. Schneller und sauberer geht's bei einem SB-Ölwechsel mit einem Absauggerät an der Tankstelle. Diese Methode hat jedoch Nachteile: Der Schlamm bleibt in der Ölwanne, und ohne einen Filtertausch ist der Ölwechsel nur eine halbe Sache. In der Werkstatt kostet der Ölwechsel am meisten, weil man dort in der Regel nur teure Ölsorten verwendet. Lassen Sie die Arbeit von der Tankstelle erledigen, müssen Sie das Öl zwar dort kaufen, können sich jedoch die Marke selbst aussuchen.

Soviel Öl brauchen Sie für den Ölwechsel (mit Ölfilter)

Motor	Füllmenge (mit Ölfilter)
1,0 Liter	3,5 l
1,4 Liter	3,5 l
1,4 Liter FSI	3,3 l
1,6 Liter GTI	3,5 l
1,7 Liter SDI	4,7 l
1,2 Liter TDI	4,5 l
1,4 Liter TDI	4,3 l

Der Ölfilter ist auf den jeweiligen Motortyp abgestimmt. Fragen Sie beim Kauf nach dem richtigen Ersatzteil für Ihr Fahrzeug.

Arbeitsschritte    

① Fahrzeug warmfahren. Nur dann werden die Schmutzpartikel beim Auslaufen ausgeschwemmt.

② Das Auto waagrecht stellen oder rüttelsicher aufbocken.

③ Bauen Sie die Geräuschdämmung ab (siehe Kapitel »Der Motor«).

④ Flache Wanne, Schüssel oder einen aufgeschnittenen Plastik-Ölkanister mit entsprechendem Fassungsvermögen unterstellen.

⑤ Ölablassschraube mit Stecknuss öffnen, Öl ins Gefäß laufen lassen. Vorsicht, es ist heiß.

⑥ Haben Sie den Wagen nur vorn aufgebockt: Fahrzeug ablassen, damit das Altöl ganz ausläuft. Achten Sie darauf, dass das Auffanggefäß nicht umkippt.

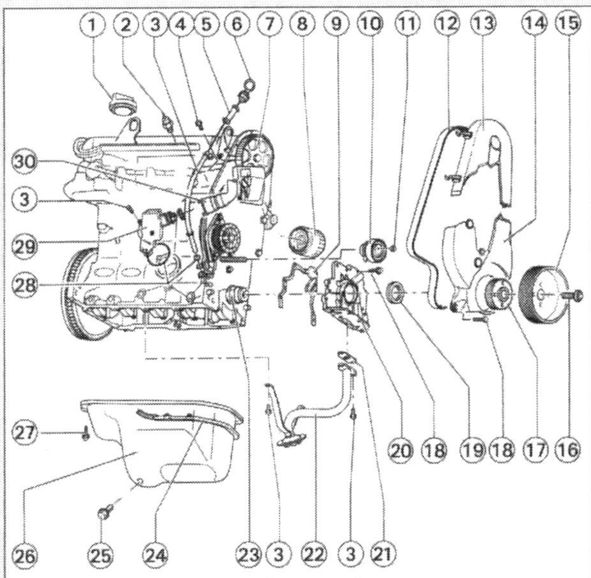

Ölwanne/Ölpumpe/Ölfilter beim 1,0 Liter-Motor: ❶ Verschlussdeckel, ❷ Öldruckschalter 25 Nm, ❸ Führungsrohr, ❹ Schraube 10 Nm, ❺ Trichter, ❻ Ölmessstab, ❼ Nockenwellenrad, ❽ Ölfilter, ❾ ⓳, (21), (28) Dichtungen (immer ersetzen), ❿ Spannrolle, ⓫ Mutter 20 Nm, ⓬ Zahnriemen, ⓭ und ⓮ Zahnriemen-Abdeckung, ⓯ Kurbelwellen-Riemenscheibe, ⓰ Zentralschraube 90 Nm + 90° (immer ersetzen, geölt einsetzen), ⓱ Kurbelwellen-Zahnriemenrad, ⓲ Schraube 12 Nm, ⓴ Ölpumpe, (22) Saugleitung, (23) Mitnehmer, (24) Kabelführung, (25) Ölablassschraube 30 Nm, (26) Ölwanne, (27) Schraube 15 Nm, (29) Ölabscheider, (30) zum Luftfilter.

⑦ Ölfilter mit dem Ölfilterschlüssel (Benziner Spannbandschlüssel, Diesel VW-Schlüssel 3417) lösen. Wenn er sich nicht löst: Treiben Sie einen Schraubendreher durchs Blechgehäuse (Vorsicht: heißes Öl läuft aus) und drehen ihn damit los. Filter über Ölauffanggefäß entleeren, als Sondermüll entsorgen.

⑧ Dichtring am neuen Ölfilter mit Fett einreiben, Filter von Hand festdrehen.

⑨ Ölablassschraube säubern und mit neuem Dichtring eindrehen. Nicht anknallen (40 Nm beim Benziner, 30 Nm beim Diesel), sonst wird das abdichtende Gewinde in der Ölwanne beschädigt.

⑩ Öl einfüllen. Dann Motor kurz laufen lassen. Bis die Ölpumpe den Ölfilter gefüllt hat, brennt die Öldruckkontrolle, da sich der Öldruck erst aufbauen muss. Achtung bei Turbomotoren: Solange die Ölkontrolle leuchtet, darf der Motor nur im Leerlauf laufen. Bei Gasstößen kann der Lader beschädigt werden oder sogar total ausfallen.

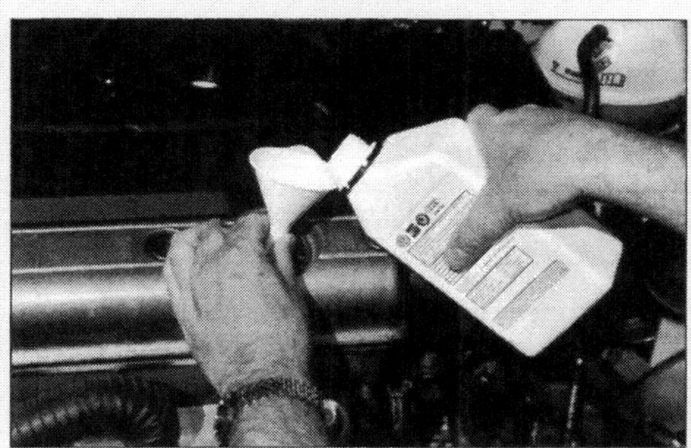

Das Öl-Nachfüllen wird aber zu einer ganz sauberen Sache, wenn Sie einen Trichter verwenden.

⑪ Öldichtheit an Ölfilter und Ablassschraube kontrollieren.

Altöl richtig entsorgen

Sie können die Altölentsorgung dem Händler überlassen, bei dem Sie das Motoröl gekauft haben. Er muß das Altöl kostenlos zurücknehmen. Zum Nachweis die Quittung im Handschuhfach aufbewahren. Sie können das Altöl auch zusammen mit Ölfilter und verschmutzten Lappen bei der Altölsammelstelle abgeben. Adressen erfahren Sie bei der Gemeindeverwaltung oder bei Automobilclubs.

Dichtung für Ölwanne ersetzen

Wenn die Dichtung für die Ölwanne zu ersetzen ist, brauchen Sie Spezialwerkzeug zum Ausbau der Ölwanne, einen Flachschaber, einen Kunststoffbürsten-Einsatz für die Handbohrmaschine und das bei VW übliche Silikon-Dichtmittel D 176404 A2. Die vor dem Ölwannenausbau erforderlichen Arbeiten unterscheiden sich bei Lupo und Arosa.

  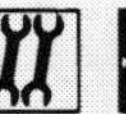 

① Nach dem Aufbocken des Fahrzeugs lassen Sie das Motoröl ab und gewährleisten eine umweltfreundliche Entsorgung des Altöls.

② Die untere Motorabdeckung ist auszubauen und die Ölablassschraube mit neuem Dichtring einzuschrauben.

③ Beim Arosa müssen die Abdeckung für den Keilrippenriemen und das vordere Abgasrohr vom Abgaskrümmer abgeschraubt werden.

④ Bauen Sie die Kabelführung an der Ölwanne aus und schrauben Sie die Gelenkwelle rechts am Getriebe ab.

⑤ Beim Lupo ist jetzt noch die Schraube für das vordere Lager des rechten Achslenkers herauszuschrauben.

⑥ Schrauben Sie das Abdeckblech für das Schwungrad ab. Jetzt können Sie die mit Flüssigdichtung abgedichtete Ölwanne losschrauben.

⑦ Gegebenenfalls müssen Sie die Ölwanne durch leichte Schläge mit einem Gummihammer lösen, um die Ölwanne abnehmen zu können.

⑧ Entfernen Sie die Dichtmittelreste am Zylinderblock mit einem Flachschaber. Die Dichtmittelreste an der Ölwanne entfernen Sie mittels einer rotierenden Bürste. Reinigen Sie die Dichtflächen. Sie müssen öl- und fettfrei sein.

⑨ Überprüfen Sie vor dem Auftragen der neuen Dichtung das Haltbarkeitsdatum des Dichtmittels. Schneiden Sie dann die Tubendüse an der vorderen Markierung so ab, dass der Durchmesser der Öffnung ca. 3 mm beträgt.

⑩ Tragen Sie das Silikon-Dichtmittel wie gezeigt auf die saubere Dichtfläche der Ölwanne auf. Die Dichtmittelraupe darf nicht dicker als 2 bis 3 mm sein, da sonst überschüssiges Dichtmittel in die Ölwanne gelangt und das Sieb am Ölansaugrohr verstopfen kann.

⑪ Die Ölwanne muss nach dem Auftragen des Dichtmittels innerhalb 5 Minuten eingebaut werden. Die Ölwanne lässt sich leichter und sicherer ansetzen, wenn Sie zur Führung an zwei Stellen am Flansch des Zylinderblocks M6-Gewindestifte einsetzen.

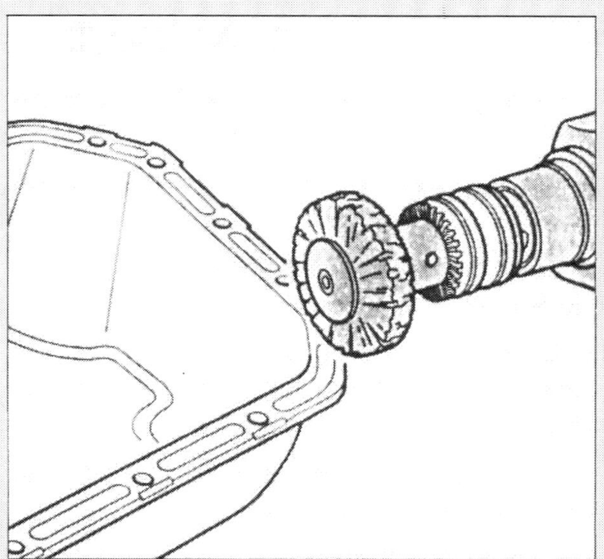

Eine Handbohrmaschine mit Kunststoffbürsten-Einsatz hilft beim Entfernen der Dichtmittelreste an der Ölwanne. Bei dieser Arbeit sollten Sie eine Schutzbrille tragen.

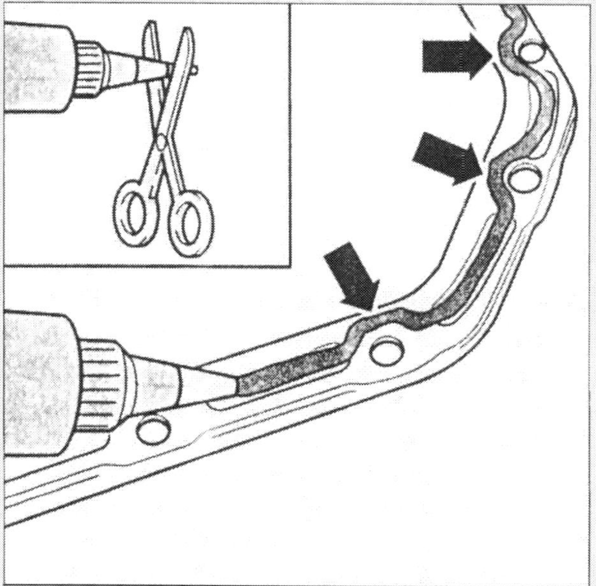

Im Bereich der Schraubenbohrungen (Pfeile) muss die Dichtmittelraupe vorbeilaufen, wenn Sie das neue Silikon-Dichtmittel an der Ölwanne auftragen.

⑫ Schrauben Sie die Ölwannenschrauben mit 15 Nm fest. Nach der Montage der Ölwanne muss das Dichtmittel ca. 30 Minuten trocknen. Erst danach darf Motoröl eingefüllt werden.

Ölfeuchte Stellen?

Ölschwitzflecken am Motor sind kein Grund zur Sorge. Motoröl kann sich bei starken Temperaturschwankungen durch die Poren von Dichtungen und Gehäusen arbeiten. Diese Form der Transpiration ist normal.

Anders sieht die Sache aus, wenn Sie im Motorraum starke Ölspuren oder unter dem geparkten Wagen Ölflecken feststellen. Solchen Symptomen sollten Sie rasch nachgehen: Ein undichter Motor ist ein Indiz für einen technischen Mangel, der sich schnell verschlimmern kann. Am besten nehmen Sie Ihren Motor nach einer Motorwäsche und einer anschließenden Probefahrt in Augenschein.

Kontrollieren Sie folgende Punkte:

- Dichtung des Öleinfülldeckels
- Belüftungsschlauch der Kurbelgehäuse-Entlüftung (vom Ventildeckel zum Luftansaugschlauch)
- Ventildeckel-Dichtung
- Zylinderkopfdichtung
- Ölablassschraube
- Ölfilter
- Ölwannendichtung
- Simmeringe an Nockenwelle und Kurbelwelle.

Schmiersystem — Störungsbeistand

Störung	Ursache	Abhilfe
A Bei Einschalten der Zündung bleibt Öldruck-Kontrollleuchte dunkel	1 Kontrollleuchte defekt	Auswechseln
	2 Steckverbindung korrodiert bzw. Kabelverbindung unterbrochen	Überprüfen und reinigen, ggf. Kabel reparieren
	3 Öldruckschalter defekt	Kontrollieren, ggf. auswechseln
B Öldruck-Kontrollleuchte brennt nach Anspringen des warmen Motors im Leerlauf weiter, geht aber beim Gasgeben aus	Heißes und damit dünnflüssiges Öl	
C Öldruck-Kontrollleuchte geht erst bei höheren Drehzahlen aus	Bypassventil in der Ölfilterhauptstromleitung klemmt	Öldruck überprüfen lassen, Ventil ggf. auswechseln lassen
D Öldruck-Kontrollleuchte brennt nach Anspringen des Motors und geht auch beim Gasgeben nicht aus	1 Zu wenig Öl im Motor	Ölstand prüfen, ggf. Öl nachfüllen
	2 Ölansaugsieb in der Ölwanne zugesetzt bzw. Ölpumpe verschlissen	Überprüfen bzw. ersetzen lassen
	3 Siehe A2 und 3	Nur weiterfahren, wenn Ursache klar ist

DAS KÜHL-SYSTEM

Ohne Wasser stirbt der Motor schnell den Hitzetod. Gehen Sie regelmäßig an die Box, um den Kühlwasserstand zu kontrollieren.

Wartung

Reparatur

Das Kühlsystem sorgt für die richtige Betriebstemperatur des Motors. Es besteht aus einer Reihe von Aggregaten wie Kühler und Thermostat, Wasserleitungen und einem Netz aus kleinen, genau bemessenen Kanälen in Motorblock und Zylinder, in denen die Kühlflüssigkeit zirkuliert. So entsteht ein Wassermantel, der die Verbrennungswärme über die Schläuche des Kühlsystems an den Kühler abführt. Welche Wege das Kühlmittel im Kühlsystem nimmt, hängt von der Temperatur des Motors ab.

Der Kurzschlusskreislauf

Nach dem Kaltstart zirkuliert das Kühlmittel zunächst im kleinen Kühlkreislauf, der sich auf Motor und Heizung beschränkt. In diesem so genannten Kurzschlusskreislauf hält der Thermostat den Durchfluss zum Kühler geschlossen. Das Kühlmittel gelangt auf direktem Weg zurück in den Motor. So erhitzt sich die Kühlflüssigkeit schneller und der Motor wird schneller warm. Der Kühler tritt erst in Aktion, wenn die Kühlflüssigkeit eine bestimmte Temperatur erreicht hat. Der Thermostat öffnet, dabei wird kaltes Wasser aus dem Kühler mit bereits erwärmtem Wasser aus dem kleinen Kühlkreislauf vorgemischt. Diese allmähliche Kaltwasserbeimischung verhindert den so genannten Kälteschock für den Motor.

Kühlung bei Betriebstemperatur

Solange die Wassertemperatur steigt, öffnet der Thermostat den Kaltwasserzufluss aus dem Kühler immer weiter und schließt gleichzeitig den Kurzschlusskreislauf. Bei Betriebstemperatur zirkuliert die Kühlflüssigkeit vom unteren Kühlwasserschlauch zur Wasserpumpe, die sie in Motorblock und Zylinderkopf drückt.

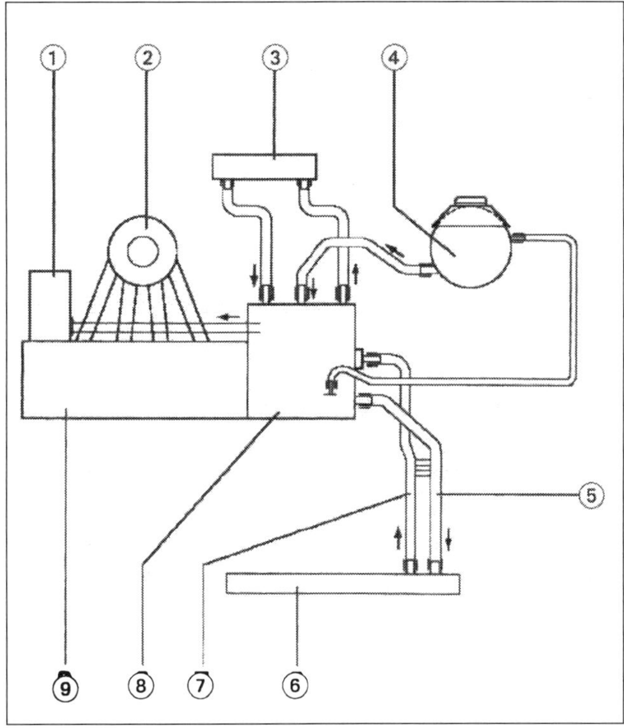

Der Kühlmittelkreislauf bei den Benzinmotoren: ❶ Kühlmittelpumpe, ❷ Ansaugrohr, ❸ Wärmetauscher für Heizung, ❹ Ausgleichsbehälter, ❺ Kühlmittelschlauch oben, ❻ Kühler, ❼ Kühlmittelschlauch unten, ❽ Kühlmittelregler-Gehäuse, ❾ Zylinderblock.

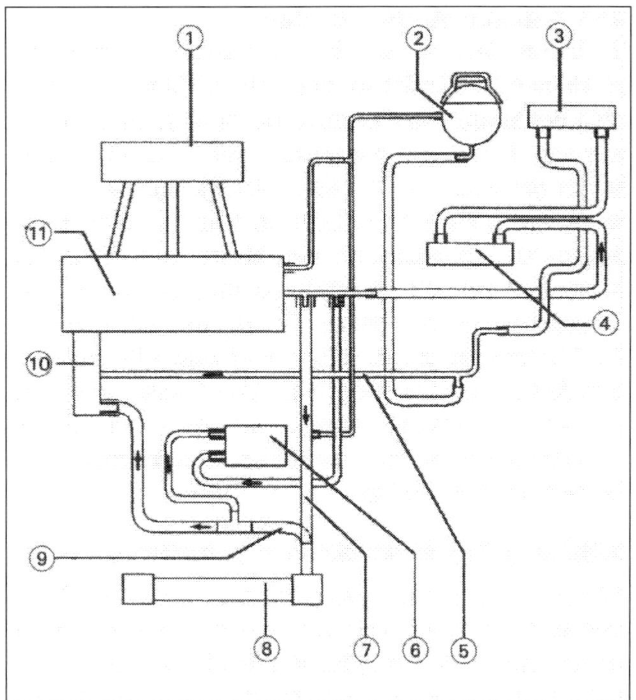

Der Kühlmittelkreislauf beim Dieselmotor TDI:
❶ Ansaugrohr, ❷ Ausgleichsbehälter, ❸ Wärmetauscher für Heizung, ❹ Kühler für Abgasrückführung, ❺ Kühlmittelrohr, ❻ Ölkühler, ❼ Kühlmittelschlauch oben, ❽ Kühler, ❾ Kühlmittelschlauch unten, ❿ Kühlmittelpumpe/Kühlmittelregler, ⓫ Zylinderblock/Zylinderkopf.

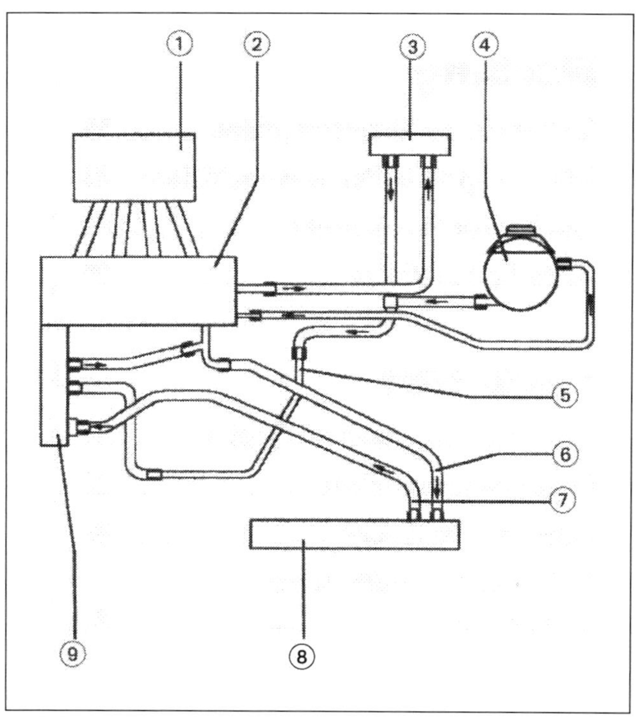

Der Kühlmittelkreislauf beim Dieselmotor SDI:
❶ Saugstutzen, ❷ Zylinderblock/Zylinderkopf, ❸ Wärmetauscher für Heizung, ❹ Ausgleichsbehälter, ❺ Kühlmittelrohr, ❻ Kühlmittelschlauch oben, ❼ Kühlmittelschlauch unten, ❽ Kühler, ❾ Kühlmittelpumpe/Kühlmittelregler.

Der größte Teil der Flüssigkeit läuft dann über den geöffneten Thermostat zum Kühler, während der Rest zum Wärmetauscher der Heizung fließt. Das im Kühler unten abfließende kalte Wasser zieht heißes Kühlmittel oben in den Kühler nach. Dort wird es beim Zug durch die Kühlerlamellen abgekühlt. Sinkt während der Fahrt die Wassertemperatur unter die vorgeschriebene Betriebstemperatur, sperrt der Thermostat den Kühlerdurchfluss erneut, bis sich das Kühlmittel wieder genügend erwärmt hat.

Überdruck und Kühlerventilator

Das Kühlsystem steht unter einem Überdruck von etwa 1,4 bis 1,6 bar bei Betriebstemperatur. Dadurch und durch den Einsatz von Kühlmittelzusätzen erhöht sich der Siedepunkt der Kühlflüssigkeit von 100°C auf rund 120°C. Die höhere Temperatur ermöglicht einen wirtschaftlicheren und damit Kraftstoff sparenden Motorbetrieb. Wenn bei einem heißen Motor der Kühlmittel-Druck 1,5 bar übersteigt, tritt das Überdruckventil am Ausgleichsbehälter in Aktion. Es öffnet und lässt zum Druckausgleich etwas Wasserdampf entweichen. Trotzdem kann es zum Beispiel bei Fahrten in der Stadt vorkommen, dass das Kühlmittel im System überhitzt wird. Dann muss der Kühlerventilator den Kühler zusätzlich kühlen. Der Lüfter wird über einen zweistufigen Thermoschalter gesteuert, der links am Wasserkasten des Kühlers eingeschraubt ist. Bei einer Kühlmitteltemperatur von 92 bis 97°C wird die erste Stufe (halbe Drehzahl) geschaltet. Steigt die Kühlmitteltemperatur auf 99 bis 105°C schaltet der Thermoschalter in der zweiten Stufe auf volle Drehzahl. Durch den nicht ständig mitlaufenden Lüfter und die thermostatische Regelung des Kühlmittelstroms wird die Betriebstemperatur schneller erreicht und der Kraftstoffverbrauch reduziert.

Die Teile des Kühlsystems

Wasserpumpe. Eine so genannte Schleuderpumpe, die für den stetigen Kreislauf des Kühlmittels sorgt. Sie wird je nach Motorversion vom Zahnriemen oder Keilrippenriemen angetrieben.
Kühler. Besteht auf der linken und rechten Seite jeweils aus einem Kunststoff-Wasserkasten. Dazwischen befinden sich dünnwandige Röhrchen, die durch ein Gerüst von Lamellen miteinander verbunden sind. Die vom Luftstrom bestrichene Fläche ist viele Quadratmeter groß. Der Kühler ist an zwei Befestigungspunkten oben und unten am Schlossträger der Karosserie montiert.
Thermostat. Hält die Wassertemperatur konstant. Er öffnet bei etwa 87 Grad Celsius und lässt das Wasser zum Kühler oder zurück in den Motor strömen. Im Inneren des Thermostats befinden sich eine mit Spezialwachs gefüllte Büchse und ein Ventilteller. Je mehr sich das Kühlmittel erwärmt, desto mehr verflüssigt sich das Wachs. Es dehnt sich zunehmend aus und öffnet so immer weiter das Ventil, das den Kaltwasserzufluss aus dem Kühler kontrolliert. Bei Betriebstemperatur ist das Ventil ganz geöffnet, der Kurzschlusskreislauf komplett geschlossen. Kühlt das Wasser ab, drückt eine Feder auf den Ventilteller und sperrt den Kühlerdurchfluss so lange, bis sich das Kühlmittel wieder genügend erwärmt hat.
Ausgleichsbehälter. Lässt bei zu hohem Druck durch ein Überdruckventil im Deckel Wasserdampf entweichen. Bei allen Motoren wird ein getrennter Ausgleichsbehälter verwendet, der an der Außenseite eine Anzeige des Kühlmittelstandes hat. Er sitzt im Motorraum links (in Fahrtrichtung gesehen).
Kühlungsventilator. Der Kühler ist mit einem Kühlungsventilator (Kühlerlüfter) versehen.

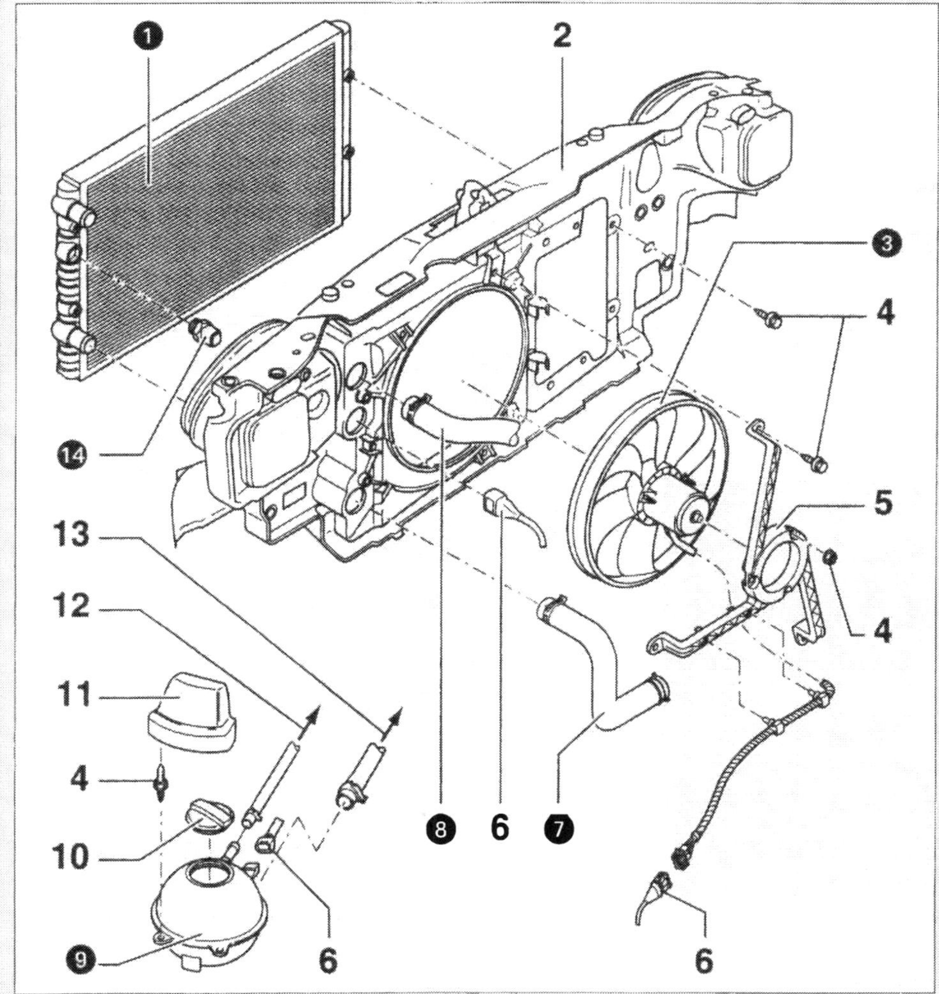

Teile des Kühlsystems des 1,0 Liter-Motors (Auswahl):

1 Kühler
3 Lüfter für Kühler
7 Kühlmittelschlauch unten
8 Kühlmittelschlauch oben
9 Ausgleichsbehälter
14 Thermoschalter.

Das Kühlmittel

Kühlflüssigkeit (Kühlmittel) besteht aus einer Mischung von Frost- und Korrosionsschutzmittel und Wasser. Der Korrosionsschutz im Kühlmittel verhindert, dass sich im Kühlsystem Kesselstein, Rost und andere aggressive Korrosionsstoffe bilden. Er verliert seine Wirksamkeit nach etwa vier Jahren und sollte dann erneuert werden. Die Hersteller schreiben einen turnusmäßigen Wechsel jedoch nicht mehr vor. Der Wasseranteil des Kühlmittels beträgt je nach gewähltem Frostschutz bis zu 60 Prozent. Weniger als 40 Prozent dürfen es aber auch im Sommer nicht sein.
Alle Motoren sind mit dem neuen Mittel G 12 nach TL VW 774 D befüllt, das eine rote Färbung hat. Dieses Mittel darf auf keinen Fall mit dem früher eingesetzten Kühlmittelzusatz G 011 A8 C gemischt werden. Andernfalls kann es zu schwerwiegenden Motorschäden kommen. Eine braune Färbung des Kühlmittels deutet auf eine Vermischung der beiden Sorten hin. Dann muss das Kühlmittel abgelassen werden. Den Motor mit Wasser durchspülen (Motor zwei Minuten laufen lassen) und mit neuem Kühlmittel befüllen!

Kühlsystem auf Dichtheit prüfen

Arbeitsschritte   

① Sind die Wasserschläuche am Kühler, Motor und zur Heizanlage dicht?

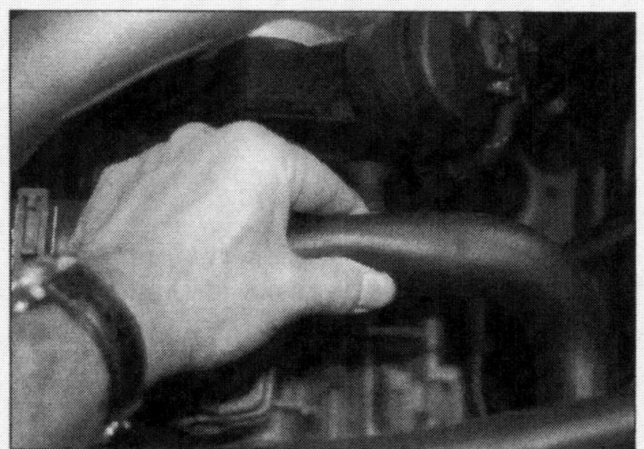

Bei Betriebstemperatur des Motors entdecken Sie nur durch kräftiges Kneten der Schläuche Verschleißspuren (oder Marderschäden) an den Kühlwasserschläuchen.

② Den Zustand der Schläuche stellen Sie durch Kneten fest. Harte, spröde oder rissige Teile sollten Sie sofort austauschen.

③ Sitzen die Schlauch-Enden satt auf ihren Stutzen?

④ Sind die Spannschrauben der Schlauchschellen fest gezogen? Sie können während der Fahrt und bei vollem Betriebsdruck im Kühlsystem nachgeben. Verrostete Schlauchschellen auswechseln.

Kühlflüssigkeit prüfen und nachfüllen

Arbeitsschritte    

① Stand des Kühlmittels am besten nur bei kaltem Motor kontrollieren – das Kühlsystem ist dann praktisch drucklos.

② Bei kaltem Motor soll der Pegel zwischen den max- und min-Markierungen am Ausgleichsbehälter stehen. Vorsicht: Bei warmem Motor steht das Kühlmittel immer höher. Lassen Sie sich dann nicht durch einen zu hohen Stand täuschen!

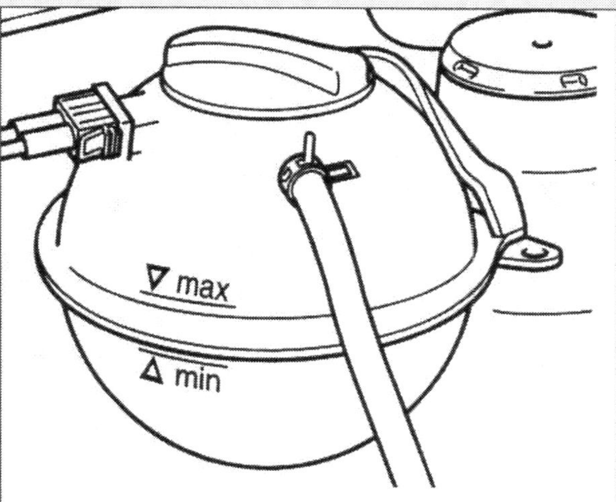

Der Kühlmittelstand soll sich zwischen den Marken min und max bewegen. Extremes Über- oder Unterschreiten verlangt nach Ursachenforschung. Bei Betriebstemperatur des Motors darf der Schraubdeckel erst vorsichtig um eine Umdrehung geöffnet werden. Verbrühungsgefahr! Zur Sicherheit ist es besser, zum Öffnen einen Lappen zu benutzen.

③ Zum Nachfüllen den Verschlussdeckel öffnen. Legen Sie bei heißem Motor einen dicken Lappen über den Deckel und drehen Sie ihn langsam auf. Das baut den Druck im System allmählich ab. Wenn Sie den Deckel zu schnell öffnen, steht das Wasser nicht mehr unter Druck und sprudelt brühend heiß aus dem Behälter.

④ Ausgleichsbehälter nicht über die obere Markierung nachfüllen. Das Kühlmittel dehnt sich bei Erwärmung aus, der Überschuss entweicht aus dem System.

⑤ Kleinere Mengen können Sie bei warmem ebenso wie bei kaltem Motor einfüllen.

Kühlflüssigkeit wechseln

Arbeitsschritte   

① Am Verschlussdeckel des Ausgleichsbehälters den Druck aus dem Kühlsystem entweichen lassen und Deckel abnehmen. Vorsicht bei heißem Motor: Verbrühungsgefahr.

② Geräuschdämmung an der Motor-Unterseite abbauen. Auffangbehälter bereitstellen. Auf keinen Fall Kühlflüssigkeit in den Boden laufen lassen.

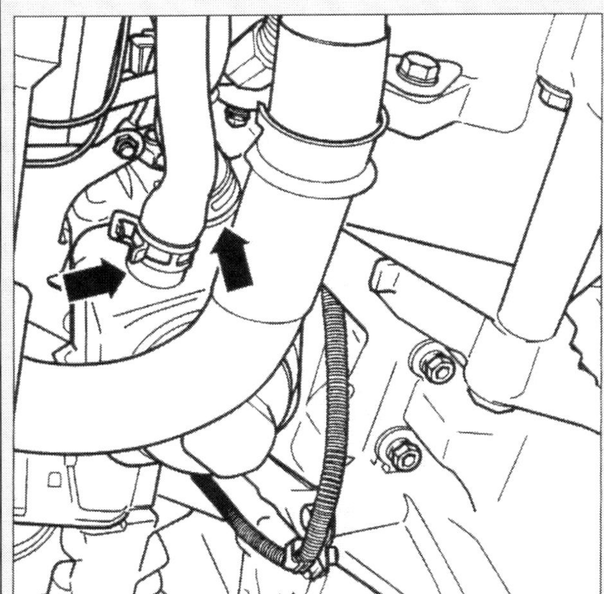

Beim 1,2/1,4 Liter-Dieselmotor müssen die Kühlmittelschläuche (Pfeile) am Ölkühler abgezogen werden, um das Kühlmittel aus dem Motor abzulassen.

③ Ziehen Sie den unteren Kühlmittelschlauch vom Kühler ab, um das Kühlmittel abzulassen. Dazu müssen Sie die Federbandschelle öffnen und ganz zurückschieben.

④ Entsorgen Sie die aufgefangene Kühlflüssigkeit in umweltfreundlicher Weise.

⑤ Vor dem Auffüllen des Kühlmittels ist der untere Kühlmittelschlauch (beim 1,2-/1,4-l-Dieselmotor Kühlmittelschläuche am Ölkühler) am Kühler aufzuschieben und mit Schelle zu sichern.

⑥ Dann Kühlmittel auffüllen, bis keine Luftblasen mehr hochsteigen.

⑦ Ausgleichsbehälter schließen. Beim 1,7-l-SDI Heizungsbetätigung auf volle Leistung, beim 1,2-/1,4-l-TDI auf »kalt« stellen.

⑧ Motor starten und etwa drei Minuten bei 2.000U/min Motor mit Leerlaufdrehzahl laufen lassen, bis sich der Elektrolüfter einschaltet.

⑨ Motor abstellen und abkühlen lassen.

⑩ Prüfen Sie den Kühlmittelstand. Bei betriebswarmem Motor muss der Stand an der max-Markierung, bei kaltem Motor zwischen max- und min-Markierung liegen.

Frostschutz auffüllen

Auf Nummer Sicher gehen Sie beim Frostschutz, wenn Sie auch im Sommer mindestens eine 40%-ige Mischung verwenden. Haben Sie jedoch öfter nur Wasser nachgefüllt, reicht die Konzentration des Frostschutzmittels für kältere Temperaturen nicht mehr aus. Außerdem sinkt der Siedepunkt des Kühlmittels. In diesem Fall muss der Kühlmittelzusatz G 12 nachgefüllt werden. Dazu ist zunächst Kühlmittel abzulassen, wie viel hängt vom vorhandenen und gewünschten Frostschutz ab.

Ist aus klimatischen Gründen ein stärkerer Frostschutz erforderlich, kann der Anteil von G 12 erhöht werden, aber nur bis zu 60% (Frostschutz bis etwa minus 40 Grad), da sich sonst der Frostschutz wieder verringert.

Bei Ihrer VW-Werkstatt können Sie die empfohlenen Mischungsverhältnisse erfahren. Bei den Benzinern brauchen Sie für den Frostschutz bis –25°C einen Frostschutzanteil von 40% (2,25 l G 12; 3,35 l Wasser), für einen Frostschutz bis –35° einen Frostschutzanteil von 50% (2,8 l G12; 2,8 l Wasser). Beim 1,7 Liter SDI werden für den Frostschutz bis –25° / –35° ein Frostschutzanteil von 40% / 50% (2,6 l / 3,25 l G12 und 3,9 l / 3,25 l Wasser) empfohlen. Bei den 1,2-/1,4-l-TDI sind es bei Frostschutz bis –25° / –35° ein Frostschutzanteil von 40% / 50% (2,0 l / 2,5 l G 12 und 3,0 l / 2,5 l Wasser).

Arbeitsschritte   

① Geräuschdämmung an der Motor-Unterseite abbauen und sauberes Auffanggefäß unter den Kühler bzw. Motor stellen.

② Erforderliche Menge Kühlmittel ablassen (siehe »Kühlflüssigkeit wechseln«)

③ Kühlerschlauch montieren, Ablassschraube schließen.

④ Die benötigte Menge Frostschutzmittel in den Ausgleichsbehälter gießen. Bei Bedarf die aufgefangene Kühlflüssigkeit nachfüllen.

Thermostat ausbauen und prüfen

Überhitzt sich der Motor während der Fahrt wegen eines defekten Kühlmittelreglers (Thermostaten), muss das Fahrzeug abgeschleppt werden – oder man baut den Thermostaten aus. Natürlich muss man dazu die ausreichende Abkühlung des Motors abwarten.
Der Thermostat befindet sich je nach Motortyp an verschiedenen Stellen. In den meisten Fällen sitzt er an der Seite des Motors unter dem Kühlerschlauchstutzen am Motorblock. Beim SDI befindet sich der Thermostat hinten im Kompakthalter der Kühlmittelpumpe, beim TDI hinter der Kühlmittelpumpe im Motorblock.
Soll die Arbeit erfolgreich sein, ist eventuell ein neuer Regler erforderlich. Repariert werden kann ein Thermostat nicht. Auch wenn der alte Temperaturregler wieder eingebaut werden kann, sollte dazu unbedingt der Dichtring erneuert werden, auf dem der Thermostat im Gehäuse sitzt. Die Dichtung des Thermostatgehäuses sollten Sie ebenfalls erneuern. Außerdem brauchen Sie ein Gefäß zum Auffangen des Kühlmittels.
Sie können übrigens prüfen, ob das ausgebaute Bauteil wirklich defekt ist – allerdings lässt sich das auf diese Weise kaum unterwegs machen: Thermostat an

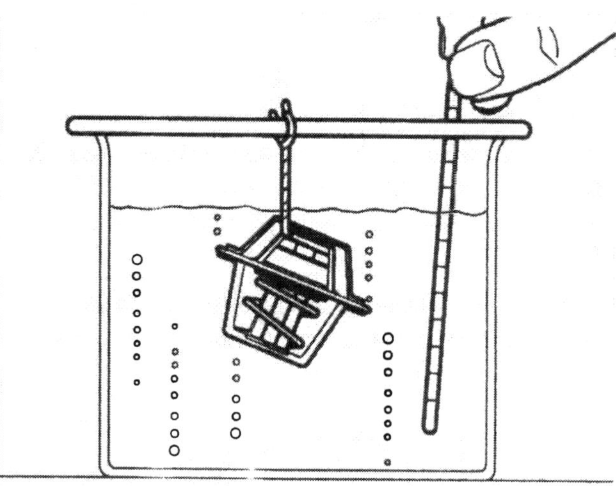

Beim Erwärmen des Thermostaten im Wasserbad darf der Thermostat die Wände des Behälters nicht berühren.

Praxistipp

Motor verliert Kühlmittel

Wenn Ihr Motor während der Fahrt viel Kühlmittel verliert, dürfen Sie auf keinen Fall kaltes Wasser nachfüllen. Der heiße Motor erhält dann einen Kälteschock, bei dem sich der Zylinderkopf verziehen kann. Die Zylinderkopfdichtung schließt nicht mehr richtig und Kühlmittel kann in den Schmierkreislauf des Motors gelangen. Im schlimmsten Fall reißt durch einen Kälteschock der Motorblock. Warten Sie, bis der Motor abgekühlt ist, füllen Sie Wasser nach und lassen Sie in der nächsten Werkstatt die Ursache für den Kühlmittelverlust feststellen.

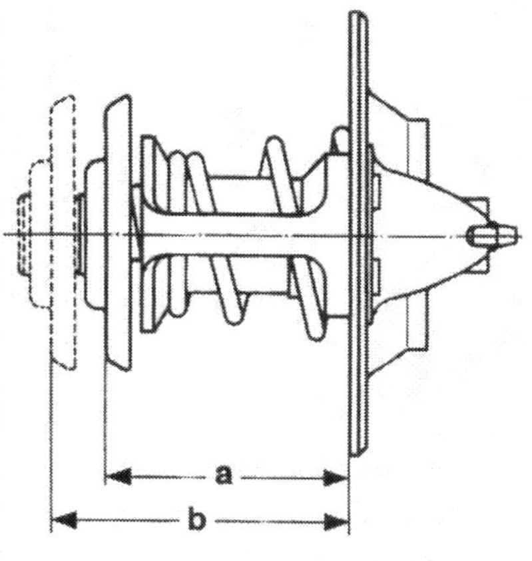

Nach Erwärmen des Thermostaten auf ca. 100 °C muss b um ca. 7 mm größer sein als a.

einem Draht in ein Gefäß mit kaltem Wasser hängen. Geeignetes Thermometer (z.B. Einmachthermometer) auf gleiche Weise hineinhängen. Wasser allmählich erhitzen und kontrollieren, ob sich der Thermostat bei ca. 84°C (Benzinmotor) bzw. ca. 85°C (Dieselmotor) zu öffnen beginnt. Nach Erhitzen auf ca. 100°C muss der Stift des Thermoelementes mindestens 7 mm aus dem Thermostaten heraustreten.

Vorsicht: Ein klemmender Thermostat kann schwere Hitzeschäden am Motor Ihres Autos verursachen. Das Kühlmittel fängt an zu kochen, die Kühlwirkung lässt rapide nach. Deshalb dürfen Sie auf keinen Fall weiter fahren, wenn der Defekt während der Fahrt auftritt. Am sichersten ist es, wenn Sie den Wagen zur Reparatur abschleppen lassen.

Arbeits-schritte

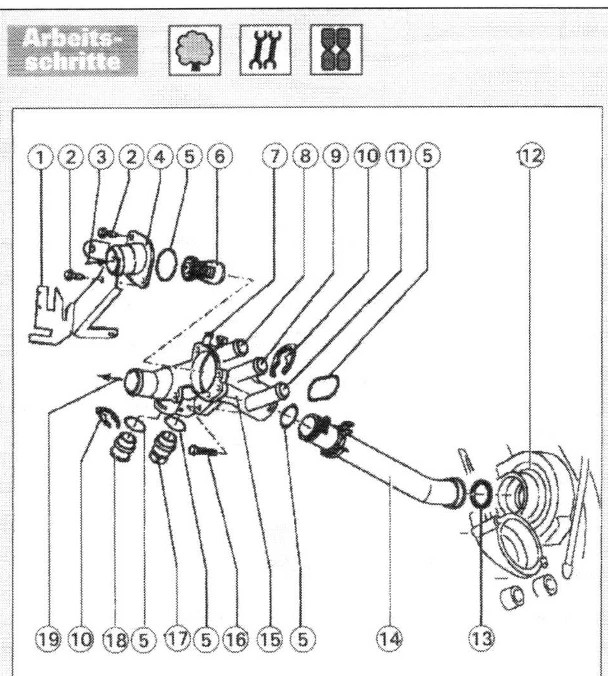

Teile des Kühlsystems motorseitig (1,0 Liter-Benzinmotor): ❶ Halter für Steckverbindungen, ❷ Schneidschraube, ❸ vom Kühler unten, ❹ Anschlussstutzen, ❺ O-Ring (ersetzen), ❻ Kühlmittelregler, ❼ zum Ausgleichsbehälter, ❽ zum Wärmeaustauscher, ❾ vom Ausgleichsbehälter, ❿ Halteklammer, ⓫ vom Wärmeaustauscher, ⓬ Kühlmittelpumpengehäuse am Zylinderblock, ⓭ Dichtring (ersetzen), ⓮ Kühlmittelrohr, ⓯ Kühlmittelregler-Gehäuse, ⓰ Schraube 10 Nm, ⓱ Geber für Kühlmitteltemperaturanzeige, ⓲ Verschlussstopfen, ⓳ zum Kühler oben.

① Zum **Ausbau** Verschluss des Ausgleichsbehälters öffnen, um Druck im Kühlsystem abzubauen. Vorsicht bei warmem Motor: Verbrühungsgefahr. Kühlflüssigkeit ablassen (siehe »Kühlmittel wechseln«).

② Anschlussstutzen ❹ mit Halter ❶ vom Thermostatgehäuse ⓯ abschrauben und mit angeschlossenem Kühlmittelschlauch zur Seite legen.

③ O-Ring ❺ ersetzen und Kühlmittelregler ❻ herausnehmen und prüfen (siehe Seite 90 rechts).

④ Bitte beachten Sie beim **Einbau** Folgendes: Verwenden Sie neue Dichtungen, die Dichtflächen müssen gereinigt bzw. geglättet werden. Benetzen Sie den O-Ring mit dem Kühlmittel.

⑤ Wenn Sie den Thermostaten einsetzen, muss sein Bügel senkrecht stehen.

⑥ Wenn Sie vorher das ausgebaute oder neue Bauteil prüfen wollen: Thermostat in einen Topf mit Wasser hängen und erhitzen. Das Ventil muss bei den vorgeschriebenen Temperaturen öffnen.

⑦ Kühlmittel auffüllen.

⑧ Geräuschdämmung einbauen.

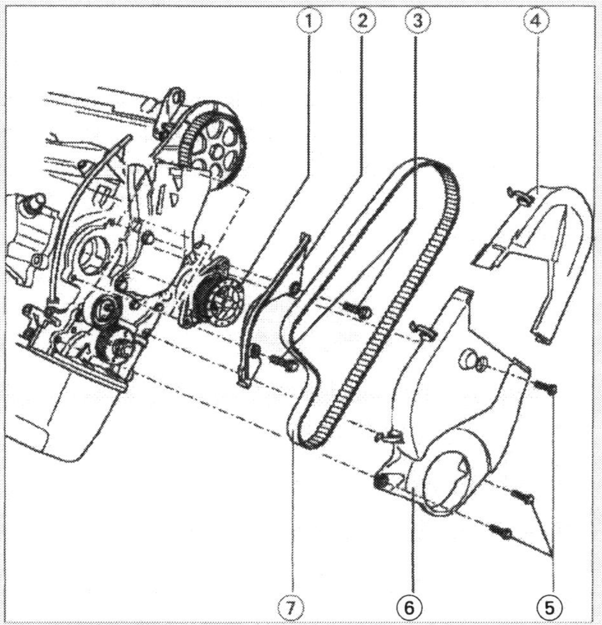

Teile des Kühlsystems pumpenseitig:
❶ Kühlmittelpumpe, ❷ Zahnriemenschutz für Kühlmittelpumpe, ❸ Schrauben 20 Nm, ❹ Zahnriemenschutz-Oberteil, ❺ Schrauben 12 Nm (ersetzen), ❻ Zahnriemenschutz-Unterteil, ❼ Zahnriemen.

Kühlerventilator defekt?

Die Kühlerventilatoren werden nur bei hoher Belastung zugeschaltet. Wenn einer defekt ist, müssen Sie Ihre Fahrt deshalb nicht zwangsläufig beenden. Lassen Sie den Motor abkühlen und fahren Sie mit zügigem Tempo in die nächste Werkstatt. Leerlauf und Schleichfahrt sollten Sie vermeiden, weil dabei kaum kühlende Luft durch die Lamellen des Kühlers strömt. Behalten Sie die Temperaturanzeige und die Warnleuchte im Auge.

Vorsicht: Bei gerade abgestelltem und heiß gefahrenem Motor niemals mit den Händen in die Nähe des Lüfters kommen! Der Ventilator kann auch bei ausgeschalteter Zündung unvermittelt loslaufen.

Kühler aus- und einbauen

Ehe ein Kühler ausgewechselt wird, sollte man ihn in einer Werkstatt abdrücken lassen. Kühlerwerkstätten sind in der Lage, kleinere Leckstellen zu flicken. So können Sie eine Erneuerung des Kühlers möglicherweise noch vermeiden.

Hinweis: Wenn Sie einen Lupo mit Automatikgetriebe fahren, sollten Sie den Ausbau des Kühlers der Werkstatt überlassen. In den Kühler ist der ATF-Ölkühler integriert, dessen Zuleitungen getrennt werden müssen. Das Wiederbefüllen des Getriebes mit ATF-Öl ist problematisch.

Arbeitsschritte   

① Kühlergrill mit Blendrahmen und Stoßfänger vorn sowie Stoßfängerträger ausbauen.

② Kühlmittel ablassen.

③ Kühlmittelschläuche vom Kühler abziehen.

④ Anschlussstecker vom Thermoschalter abziehen.

⑤ Befestigungsschrauben des Kühlers herausschrauben und Kühler nach unten herausnehmen.

⑥ Bei Fahrzeugen mit Klimaanlage müssen die Halteschellen der Kältemittelleitungen abgeschraubt werden. Der Kondensator am Kühler ist abzuschrauben und am Schlossträger zu befestigen. Der Flüssigkeitsbehälter für die Klimaanlage wird abgeschraubt und frei hängen gelassen. Um Beschädigungen am Kondensator sowie an den Kältemittelleitungen und -schläuchen zu vermeiden, ist darauf zu achten, dass die Leitungen und Schläuche nicht überdehnt, geknickt oder verbogen werden.

ACHTUNG! DER KÄLTEMITTELKREISLAUF DER KLIMAANLAGE DARF NICHT GEÖFFNET WERDEN!

⑦ Den Kondensapparat soweit wie möglich nach vorn ziehen und den Kühler vorsichtig nach unten herausziehen.

⑧ Der Einbau erfolgt in umgekehrter Reihenfolge.

Schläuche des Kühlsystems auswechseln

Reißt während der Fahrt der Kühlwasserschlauch, können Sie die Leckstelle provisorisch mit Klebeband abdichten. Lösen Sie zur Sicherheit den Verschlussdeckel des Ausgleichsbehälters eine Umdrehung. Dann baut sich nicht der volle Betriebsdruck auf und das Klebeband platzt nicht ab. Achten Sie während der Fahrt stets auf die Kühlmitteltemperatur-Warnlampe. Den schadhaften Schlauch sollten Sie schnell ersetzen. Kaufen Sie nur Originalschläuche in der richtigen Bogenform und dazu neue Schlauchschellen.

Arbeitsschritte  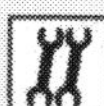 

① Kühlmittel ablassen und in Gefäß auffangen.

② Schlauchschellen lösen, Schläuche abziehen.

③ Festsitzende Schlauch-Enden mit einem Schraubendreher lockern. Das Werkzeug zwischen Schlauch und Stutzen schieben und vorsichtig ringsum vom jeweiligen Anschlussstutzen hebeln.

④ Neue Schläuche weit genug auf die Stutzen schieben, damit sie nicht wieder abrutschen können.

⑤ Schraubschellen nicht mit Gewalt anziehen. Das Gewinde wird sonst überdreht und die nächste Undichtigkeit ist programmiert.

Thermostat

Störungs-beistand

Erkennungsmerkmal	Ursache/Auswirkungen
A Motorbetriebstemperatur wird nur langsam erreicht, Heizwirkung ungenügend.	Thermostat-Ventilteller ist in »Offen«-Stellung blockiert (etwa durch Ablagerungen); der Zufluss zum Kühler bleibt ständig offen. Motor bleibt zu lange im Kaltlaufbetrieb. Es kommt jedoch kurzfristig zu keinen Schäden. Trotzdem Thermostat so bald wie möglich wechseln.
B Temperatur-Warnlampe brennt trotz richtigem Kühlmittelstand. Kühler und unterer Schlauch zum Kühler sind kalt.	Thermostat-Ventilteller ist in »Geschlossen«-Stellung blockiert (etwa durch eine defekte oder undichte Thermostatbüchse). Auf keinen Fall weiterfahren, sonst entstehen schwere Hitzeschäden am Motor.

Kühlsystem

Störungs-beistand

Störung	Ursache	Abhilfe
A Temperatur-Warnleuchte brennt	**1** Keilriemen bzw. Keilrippenriemen zu schwach gespannt oder gerissen	Riemenspannung kontrollieren oder Riemen ersetzen
	2 Zu wenig Flüssigkeit im Kühlsystem	Auffüllen, notfalls aus der Scheibenwaschanlage
	3 Kabel zur Warnlampe hat Masseschluss	Kabel am Temperaturgeber abziehen, Warnlampe muss verlöschen, sonst Masseschluss; Kabelverlauf kontrollieren
	4 Thermostat öffnet den Kaltwasserzufluss aus dem Kühler nicht (Kühler kalt)	Thermostat ausbauen und ohne ihn weiterfahren oder Wagen abschleppen lassen
	5 Elektrischer Kühlerventilator schaltet nicht ein	Stecker am Termoschalter und am Lüftermotor prüfen. Thermoschalter prüfen, Lüftermotor prüfen (lassen)
	6 Überdruckventil im Verschlussdeckel des Ausgleichsbehälters defekt	Ventil prüfen (lassen), Deckeldichtung kontrollieren, ggf. Verschlussdeckel ersetzen
	7 Geber der Temperaturanzeige hat Kurzschluss	Austauschen
	8 Kühler verstopft oder Lamellen zugesetzt	Kühler reinigen
B Schwache Heizleistung	Thermostat schließt nicht völlig, aufgeheizte Kühlflüssigkeit strömt zu früh durch den Kühler	Thermostat säubern, ggf. ersetzen

DAS MOTORMANAGE

MENT

Kraftstoffzufuhr und -dosierung, Zündung und Abgaskontrolle sind beim Lupo Stand der Technik und darüber hinaus bahnbrechend. Diese Aufgabe übernehmen hochentwickelte computergeregelte Systeme im Zusammenspiel mit der modernen Einspritztechnik. Solche Systeme haben mit der guten alten Vergaseranlage oder der noch vor wenigen Jahren üblichen Dieseltechnik nicht mehr viel zu tun. Das ist gut für Effizienz, Umweltfreundlichkeit und Sicherheit. Für Enthusiasten des Do it yourself, auch für den geübten Schrauber ist diese Entwicklung eher etwas frustrierend. Selbst Hand anlegen kann man kaum noch.
Vollgepackt mit Elektronik, errechnet das Motorsteuergerät, das im Wasserkasten des Lupo untergebracht ist, aus einer Unmenge von Informationen Einspritzmenge und -zeitpunkt für jede einzelne Verbrennung neu. Aus recht überschaubarer elektromechanischer Gerätetechnik ist hochkompliziertes computerbasiertes Motormanagement geworden, das mit Kennfeldern vorprogrammiert ist, sich auf Fehlerspeicher stützt und mittels Selbstdiagnosesystem den Fehlfunktionen auf die Spur kommt.
Weil zahlreiche Informationen für die Benzineinspritzanlage auch für die Berechnung des Zündzeitpunktes von großem Wert sind, übernimmt das Steuergerät die Zündzeitpunkt-Regelung gleich mit. Eine Trennung von Einspritz- und Zündanlage ist beim Motormanagement per Marelli 4AV und 4LV, Simos (Siemens) oder Motronic (von Bosch) nicht mehr möglich. Wegen der besseren Übersichtlichkeit stellen wir jedoch die Zünd-Komponenten trotzdem in einem gesonderten Kapitel vor.

Was man dem kompakten Kraftpaket nicht ansehen kann, ist seine raffinierte Steuerung. Wird schon der Motor aller Lupo-Modelle von ausgeklügelter Elektronik gemanagt, so trifft das für den FSI in besonderem Maße zu.

Mit dem komplexen System des elektronischen Motormanagements lassen sich niedrige Verbräuche und die Einhaltung strenger Abgasgrenzwerte optimal realisieren. Dafür muss das Steuergerät genau über den jeweiligen Motorzustand informiert sein. Beim Vergaser gab es keine andere Regelgröße als den Unterdruck im Saugrohr. Bei der zentralen Motorelektronik liefern Sensoren am, auf und um den Motor Informationen über Motor- und Kühlmitteltemperatur, An-

sauglufttemperatur, Luftdichte, Abgaszusammensetzung, Motorbelastung und Drehzahl.
Weil der Computer also gut Bescheid weiß, werden ihm gleich noch weitere Aufgaben aufgebürdet: Er ist auch zuständig für

- die Leerlaufdrehzahlregelung,
- die Lambda-Regelung,
- die Steuerung des Kraftstoffrückhaltesystems,
- die Klopfregelung,
- die Abgasrückführung,
- die Steuerung des Turboladers und – sofern mit diesen Techniken gearbeitet wird,
- die Steuerung der Saugrohrumschaltung und die Regelung der Nockenwellenverstellung.

Ständige Weiterentwicklung

Darüber hinaus arbeitet die Motorelektronik mit anderen Fahrzeugsystemen zusammen. In Kooperation mit dem Steuergerät des Automatikgetriebes beispielsweise ermöglicht das elektronische Motormanagement, das unablässig weiter entwickelt wird und neue Möglichkeiten bietet, sanftere Schaltvorgänge, indem es beim Schalten das Drehmoment etwas zurücknimmt. Die Motronik steht auch in Verbindung mit dem ABS und der Antriebsschlupfregelung.
Der jüngste Schritt auf dem Entwicklungsweg des Motormanagements ist die »innere Gemischbildung«, also die Einspritzung des Kraftstoffs direkt in den Brennraum. Heute werden ja noch überwiegend Systeme eingesetzt, bei denen die Gemischbildung außerhalb des Brennraums erfolgt. Aber der Lupo FSI ist mit »BDE«, mit Anlagen zur Benzindirekteinspritzung (Englisch: Fuel Stratified Injection = FSI, etwa soviel wie »Geschichtete Benzindirekteinspritzung«) ausgestattet, deren Hauptkomponenten so aussehen:

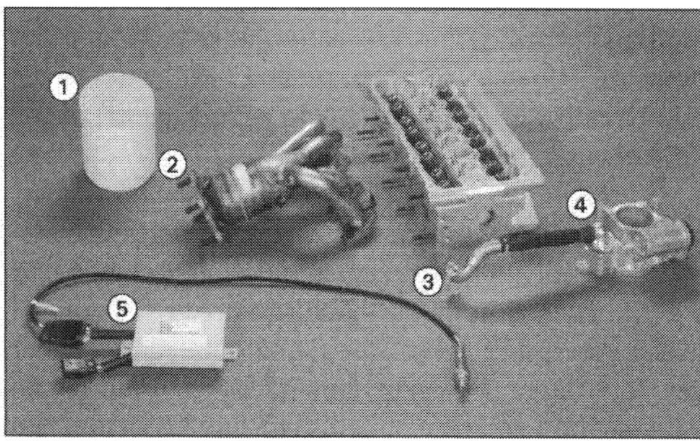

Bauteile des FSI-Motors: ❶ NOx-Speicherkat, ❷ Krümmervorkat, ❸ EGR-Leitung, ❹ elektrisches EGR für Hoch-EGR, ❺ NOx-Sensor mit Controller...

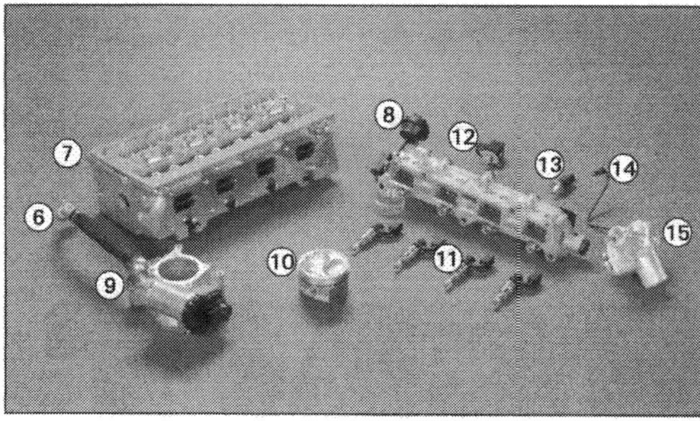

... ❻ EGR-Leitung, ❼ Zylinderkopf mit in den Einlasskanal eingebauten Tumbleblechen, ❽ Saugrohrunterteil mit Ladungsbewegungsklappen und integriertem Rail, ❾ elektrisches EGR für Hoch-EGR, ❿ Otto FSI Kolben, ⓫ Hochdruckeinspritzventil, ⓬ Drucksteuerventil (Kraftstoff), ⓭ Drucksensor (Kraftstoff), ⓮ Hochdruckleitung (Kraftstoff), ⓯ Hochdruckpumpe.

Die wirtschaftliche und ökologische Funktion des Motormanagements, Einfluss zu nehmen auf sparsamen Kraftstoffverbrauch, möglichst schadstoffarme Abgase und hohe Laufkultur, kommt wohl am augenfälligsten beim Dieselmotor zur Geltung. Die elektronische Dieselregelung über technisch ausgereifte Einspritzpumpen macht es möglich, für jeden Betriebszustand des Motors die richtige Einspritzmenge zuzumessen und den richtigen Spritzbeginn einzustellen.

Den augenblicklichen Höchststand auf dem wesentlich von Volkswagen und Bosch vorangetriebenen Einsatzfeld der Dieselmotoren für Pkw repräsentiert die Pumpe-Düse-Technik. Bei der Pumpe-Düse-Einheit (PDE, kurz Pumpedüse) bilden Einspritzpumpe und Einspritzdüse eine Einheit. Pro Motorzylinder wird eine Einheit in den Zylinderkopf eingebaut und entweder direkt über einen Stößel oder indirekt über Kipphebel von der Motornockenwelle angetrieben.
Diese Bauweise ermöglicht sehr hohen Einspritzdruck, durch den – kombiniert mit elektronischer Regelung von Einspritzbeginn und Einspritzdauer – eine deutliche Reduzierung der Schadstoffemissionen erreicht wird. In der Lupo-Familie ist der PDE TDI 3L dafür das Paradepferd.

Das elektronische Steuergerät

Das Rechen- und Schaltzentrum des Motorsteuerungssystems berechnet aus den Signalen der Sensoren die Ansteuersignale für die Stellglieder, also für Zündspule, Einspritzventile usw. Das Steuergerät (Systeme von Magneti Marelli für Motoren AHW, AKQ, APE, AQQ, AUA, AUB; von Siemens für Motoren AVY, AHT; von Bosch für Motoren ARR und andere, vor allem für die Direkteinspritz- und Vorglühanlagen mit PDE bei den Motoren AMF und ANY oder mit Verteilerpumpe bei den AKU-Motoren) befindet sich in einem Metallgehäuse, das eine Leiterplatte mit den elektronischen

Gefahrenhinweis

Sicherheitsmaßnahmen bei Arbeiten im Motormanagement

Wird an Einrichtungen des Motormanagements gearbeitet, gilt ganz allgemein: Das Kraftstoffsystem steht unter Druck! Vor dem Lösen von Schlauchverbindungen oder Öffnen des Prüfanschlusses Putzlappen um die Verbindungsstelle legen! Dann durch vorsichtiges Abziehen des Schlauches beziehungsweise der Verschlusskappe Druck abbauen.
Um Verletzungen zu vermeiden und/oder eine Zerstörung der Einspritz- und Zündanlage zu verhindern, ist Folgendes zu beachten:

- Zündleitungen bei laufendem Motor nicht berühren oder abziehen.

- Leitungen der Einspritz- und Zündanlage, auch Messgeräteleitungen, nur bei ausgeschalteter Zündung an- und abklemmen.

- Wenn der Motor mit Anlassdrehzahl betrieben werden soll, ohne dass der Motor anspringt (z.B. bei der Kompressionsprüfung), Stecker von den Leistungsendstufen für Zündspulen und Stecker von den Einspritzventilen abziehen. Nach Durchführung der Arbeit Fehlerspeicher abfragen lassen.

- Das Ab- und Anklemmen der Batterie darf nur bei ausgeschalteter Zündung erfolgen, um Beschädigungen am Steuergerät zu vermeiden.

- Beim Abschleppen eines Fahrzeugs aufgrund von Zündungsschäden müssen die Kabel des elektronischen Steuerungsgerätes abgeklemmt sein.

- Achten Sie bei allen Arbeiten an der Kraftstoffversorgung und Einspritzung unbedingt auf Sauberkeit!

Bauelementen enthält. Die kleine unauffällige Baugruppe sitzt am Rande des Motorraums im Wasserkasten.

Das über einen Spannungsregler konstant mit 5 V für die digitalen Schaltungen versorgte Gerät enthält Endstufen, die genügend Leistung für den direkten Anschluss der Stellglieder liefern. Diese Endstufen sind vor Kurzschlüssen gegen Masse oder Batteriespannung und vor Zerstörung durch elektrische Überlastung geschützt.

Die schon genannte Diagnosefunktion erkennt mögliche Fehler an einigen Endstufen und schaltet bei Bedarf den fehlerhaften Ausgang ab. Im RAM wird der Fehlereintrag gespeichert. Der Eintrag kann in der Fachwerkstatt mit einem Tester abgerufen werden. Die Fehler sind als Zahlencodes in Listen erfasst, die in den Fachwerkstätten abgearbeitet werden. Beim Lupo gibt es 32 Fehlerkennzahlen für die Benziner und 70 für die Diesel.

Die Datensammelschiene CAN

Die konventionelle Kommunikation im Kraftfahrzeug ist dadurch gekennzeichnet, dass jedem Signal eine Einzelleitung zugeordnet ist. Die gewaltige Zunahme des Datenaustauschs zwischen den elektronischen Komponenten beim modernen Motormanagement kann so nicht mehr sinnvoll bewältigt werden. Schon seit einiger Zeit ist die Komplexität konventioneller Kabelbäume nur noch mit großem Aufwand beherrschbar.

Die Lösung bietet das speziell für Kraftfahrzeuge konzipierte Bussystem CAN. Die elektronischen Steuergeräte brauchen eine serielle Schnittstelle CAN, dann sind sie über die entsprechende Datensammelschiene miteinander zu verbinden.

Für CAN gibt es im Kraftfahrzeug drei wesentliche Einsatzgebiete:
- die Steuergerätekopplung,
- die Karosserie- und Komfortelektronik (Multiplex),
- die mobile Kommunikation.

CAN ist bei der internationalen Normenorganisation ISO als Standard für den Einsatz im Kfz vorgesehen. Der Standard gilt für Datenreihen über 125 kBit/s und zusammen mit zwei weiteren Protokollen für Datenraten bis zu 125 kBit/s.

Die wichtigsten Komponenten des Systems

Die wichtigsten Motordaten erhält das Steuergerät von folgenden Gebern:

Luftmassen-Messer: Sitzt zwischen Luftfilter und Drosselklappe und registriert nicht nur, wieviel Luft in den Motor strömt, sondern auch deren Dichte. Von der Luftdichte hängt ja der Anteil der für die Verbrennung entscheidenden Sauerstoffteilchen ab. Die Luftfüllung wird zu einem Berechnungsfaktor für Einspritzmenge, Zündwinkel und aktuell abgegebenes Motor-Drehmoment.

Beim Lupo kommt ein Heißfilm-Luftmassenmesser zum Einsatz. Die elektrisch beheizte Sensorplatte sitzt im Ansaugluftstrom und wird durch die strömende Luft abgekühlt. Eine Regelschaltung führt den Heizstrom so nach, dass die Sensorplatte eine konstante Übertemperatur gegenüber der Ansauglufttemperatur annimmt. Der Heizstrom ist für das Steuergerät dann ein Maß für den Luftmassenstrom.

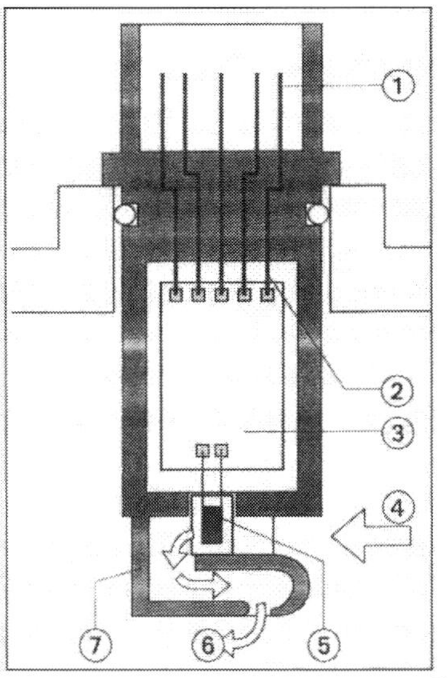

Im Luftmassenmesser informiert ein 70 Mikrometer dünner Platindraht das Steuergerät über die in den Motor strömende Luftmenge und -masse. Das Bauelement sitzt direkt am Luftfilter-Gehäuse. ❶ Elektrische Anschlüsse, ❷ elektrische Verbindungen, ❸ Auswerteelektronik, ❹ Lufteinlass, ❺ Sensorelement im Heißfilm-Luftmassen-Messer, ❻ Luftauslass, ❼ Gehäuse.

Saugrohrdruck-Sensor: Ist pneumatisch mit dem Saugrohr verbunden und nimmt den Saugrohr-Absolutdruck auf. Entweder ist er als Element in das Steuergerät eingebaut, oder er ist in Saugrohrnähe, wenn nicht direkt am Saugrohr, befestigt.

Drosselklappen-Geber: Erfasst den Winkel der Drosselklappe, sagt also, wieviel Gas der Fahrer gibt. Wenn der Luftmassen-Messer ausfällt, greift das Steuergerät zur Ermittlung der Motorlast auf Signale dieses Gebers zurück.

Drehzahlsensor: Informiert nicht nur, wie der Name sagt, über die Motordrehzahl. Seine Position an der Kurbelwelle gibt dem Steuergerät Anhaltspunkte über die Stellung der Kurbelwelle und damit über die Stellung jedes einzelnen Zylinders. Wichtig ist auch die Stellung der Nockenwelle, über die der **Hall-Sensor** Auskunft gibt. Das Steuergerät kann durch ihn erkennen, welche Zylinder sich gerade im Verdichtungstakt befinden, und so jeder einzelnen Zündspule das Zündsignal geben.

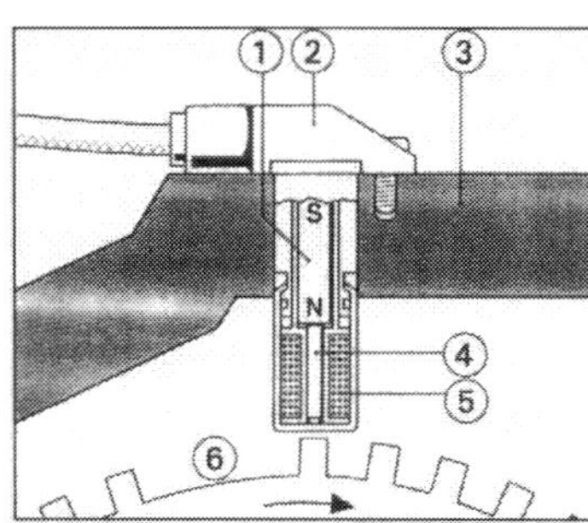

Der induktive Drehzahlsensor sitzt über einem ferromagnetischen Zahnkranz auf der Kurbelwelle. Dreht sie sich, ändert sich der magnetische Fluss im Dauermagneten des Sensors. S = Südpol, N = Nordpol des Permanentmagneten (Dauermagneten) im Sensor, der mit dem Elektromagneten (Weicheisenkern mit Kupferwicklung) zusammenwirkt. An einer Stelle des Geberrades fehlen zwei Zähne, die Zahnlücke ist einer definierten Kurbelwellenstellung des Zylinders 1 zugeordnet. ❶ Dauermagnet, ❷ Gehäuse, ❸ Motorgehäuse, ❹ Weicheisenkern, ❺ Wicklung, ❻ Zahnscheibe mit Bezugsmarke (Zahnlücke).

Umgebungsdrucksensor/Höhenmesser: Sitzt direkt im Steuergerät. Der Sensor erlaubt eine exakte Bestimmung der Dichte der Umgebungsluft. Diese Information findet in zahlreichen Diagnosefunktionen Anwendung.

Beim Turbomotor kommt noch ein **Ladedrucksensor** zum Einsatz.

Lambda-Sonde: Sitzt im Auspuff-Krümmer. Sie misst anhand der Abgaszusammensetzung das Luftverhältnis Lambda. Lambda ist die Maßzahl für das Luft-Kraftstoff-Verhältnis des Frisch-Gemisches. Die vollständige Verbrennung von einem Kilogramm Benzin erfordert etwa 14,5 Kilogramm Luft, das entspricht einem Lambda-Wert von 1. Ein Wert größer als 1 bedeutet ein mageres Gemisch mit mehr Luft, ein Wert kleiner als 1 ein fettes Gemisch.

Nur bei Lambda = 1 arbeitet der Katalysator optimal. Stimmt das Verhältnis nicht, muss die Motorelektronik

Die wichtigsten Komponenten des Systems

Technik-lexikon

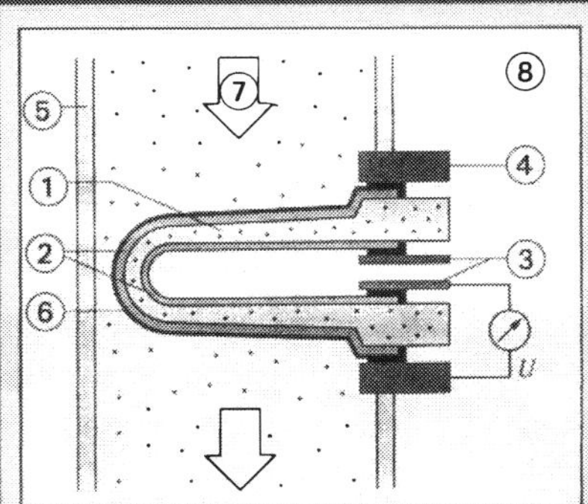

Anordnung der Lambda-Sonde im Abgasrohr (schematisch): ❶ Sondenkeramik, ❷ Elektroden, ❸ Kontakt, ❹ Gehäusekontaktierung, ❺ Abgasrohr, ❻ keramische Schutzschicht (porös), ❼ Abgas, ❽ Außenluft, **U** Spannung.

das Gemischverhältnis über die Einspritzmenge entsprechend ändern. Die Lambda-Sonde funktioniert erst ab 350°C, deshalb findet kurz nach dem Kaltstart noch keine Regelung statt. Um diese Phase zu verkürzen, wird eine beheizte Lambda-Sonde eingesetzt.

Klopfsensor: Eingebaut in den Zylinderblock, registriert er unregelmäßige (»klopfende«) Verbrennung und reguliert danach den Zündzeitpunkt.

Motortemperatur-Sensor: Sitzt im Kühlmittel-Kreislauf und gibt dessen Temperatur an das Steuergerät weiter.

Ansauglufttemperatur-Fühler: Befindet sich im Ansaugkanal.

E-Gas

Technik-lexikon

Viele Lupo-Modelle haben ein **e**lektronisches **Gas**pedal. Die Drosselklappe wird nicht mehr durch einen Seilzug betätigt. Zwischen den beiden Teilen besteht keine mechanische Verbindung mehr. Am Gaspedal sitzen stattdessen zwei Geber (veränderbare Widerstände in einem Gehäuse), die das Steuergerät über die Gaspedalstellung informieren. Die Stellung des Gaspedals (»Fahrerwunsch«) ist eine Haupteingangsgröße für das Motorsteuergerät. Die Betätigung der Drosselklappe erfolgt durch einen Elektromotor (Drosselklappensteller) in der Drosselklappen-Steuereinheit, und zwar über den gesamten Drehzahl- und Lastbereich. Die Drosselklappe wird vom Drosselklappensteller nach den Vorgaben des Motorsteuergerätes betätigt.

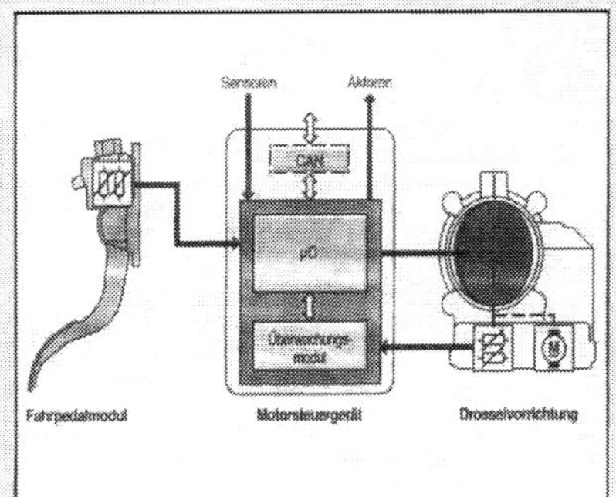

Beim E-Gas-System teilt der Fahrer dem Steuergerät über das Gaspedal mit, wie weit es die Drosselklappe öffnen soll. Der Gaszug entfällt.

Bei stehendem Motor und eingeschalteter Zündung steuert die Elektronik des Motorsteuergerätes die Drosselklappenstellung genau nach den Vorgaben des Gebers für Gaspedalstellung. Ist das Gaspedal dann halb durchgetreten, wird auch die Drosselklappe in etwa zur Hälfte geöffnet. Bei laufendem Motor aber, also unter Last, kann das Motorsteuergerät die Drosselklappe unabhängig vom Geber für Gaspedalstellung öffnen und schließen. Es erfolgt Anpassung an den jeweiligen Betriebszustand. So kann beim Beschleunigen die Drosselklappe schon ganz geöffnet sein, obwohl das Gaspedal erst halb durchgetreten ist. Dies hat den Vorteil, dass Drosselverluste an der Klappe vermieden werden.

Dadurch ergeben sich in bestimmten Lastzuständen deutlich bessere Werte in Bezug auf Schadstoffausstoß und Verbrauch. Das erforderliche Drehmoment des Motors kann vom Motorsteuergerät über die optimale Kombination von Drosselklappenquerschnitt und Ladedruck hergestellt werden.

Das E-Gas greift auch bei der Antriebsschlupfregelung ein: Wenn der Fahrer zuviel Gas gibt, kann das Steuergerät das Gas so weit zurücknehmen, bis kein Rad mehr durchdreht. Bei dem E-Gas-System ist auch keine zusätzliche Leerlauf-Stabilisierung nötig. Die Leerlauf-Drehzahl wird automatisch über die Drosselklappe geregelt. Selbst reparieren, das haben Sie wahrscheinlich schon vermutet, kann man am elektronischen Gaspedal ohne spezielle Diagnosegeräte nichts. Denn es ja nicht mehr nur eine Baugruppe aus ein oder zwei Teilen. Die elektronische Motorleistungsregelung ist ein System, das alle Bauteile enthält, die dazu beitragen, die Stellung der Drosselklappe zu bestimmen, zu regeln und zu überwachen.

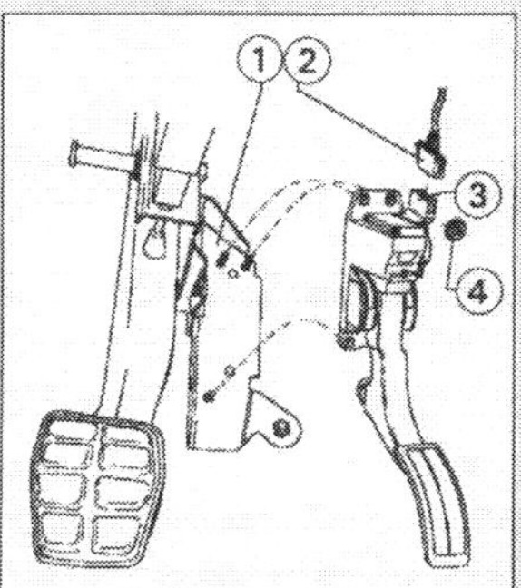

E-Gas bei 1,0 Liter-Motoren ALD, ANV: ❶ Lagerbock, ❷ Anschlussstecker (schwarz, sechspolig), ❸ Geber für Gaspedalstellung (G79), ❹ Mutter (mit 10 Nm festzuziehen). Zum Ausbau des Gebers muss die Abdeckung im Fahrerfußraum entfernt werden.

DIE BENZIN-EINSPRI

Zukunft unter der Motorhaube: Die Benzin-Direkteinspritzung beim Lupo FSI signalisiert die allgemeine Entwicklungsrichtung der Ottomotoren.

ZUNG

Reparaturr

Grundsätzlich gibt es zwei Versionen von Einspritzanlagen: Die Zentraleinspritzung mit einer einzigen Einspritzdüse für alle Zylinder, und die Einzeleinspritzung, die bei Ihrem Lupo zum Einsatz kommt. Die Ottomotoren der Lupo-Benziner sind mit der zur Zeit

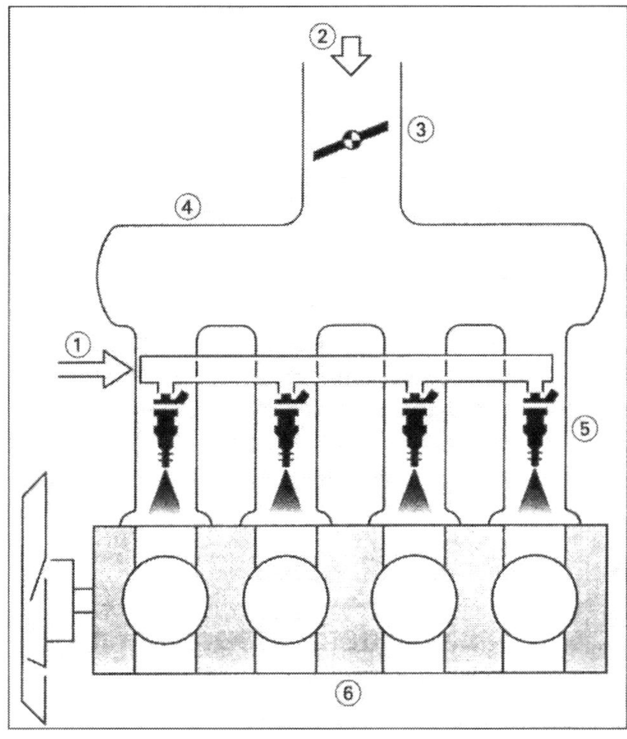

Prinzip der Einzeleinspritzung: ❶ Kraftstoff, ❷ Luft, ❸ Drosselklappe, ❹ Saugrohr, ❺ Einspritzventile, ❻ Motor.

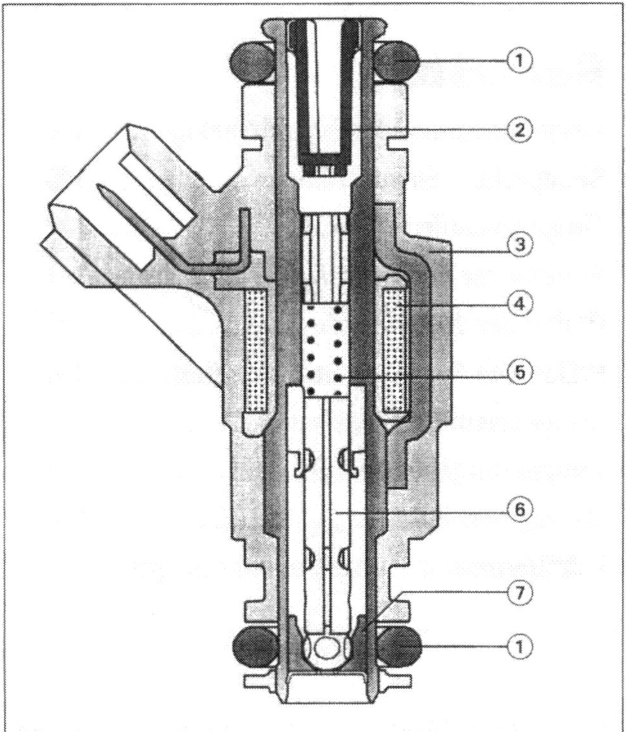

Das Einspritzventil EV6 von Bosch (im Schnitt): ❶ O-Ringe, ❷ Filtersieb, ❸ Ventilgehäuse mit elektrischem Anschluss, ❹ Stromspule, ❺ Feder, ❻ Ventilnadel mit Magnetanker, ❼ Ventilsitz mit Spitzlochscheibe. Für die Motronic-Systeme stehen inzwischen vier Ventilbauarten zur Verfügung. Die modernste Entwicklung ist das EV12.

weltweit modernsten Version der vollelektronischen Benzineinspritzung ausgestattet. Dies ist ein integriertes System zur Steuerung von Einzelzylinder-Einspritzung und Zündanlage, die »Motronik mit sequenzieller Einspritzung«.

Die Einzeleinspritzung bietet die idealen Voraussetzungen für ein hochleistungsfähiges Gemischaufbereitungssystem. Jedem Zylinder ist ein Einspritzventil zugeordnet, das den Kraftstoff direkt vor das Einlassventil spritzt. Elektronisch gesteuert, arbeiten die elektromagnetisch betätigten Einspritzventile intermittierend.

Die äußere Gemischbildung

Bei diesen »normalen« Benziner-Versionen des Lupo findet noch »äußere Gemischbildung« statt: Der Kraftstoff wird vor das Einlassventil gespritzt. Das von diesem in den Zylinder eingebrachte Luft-Kraftstoff-Gemisch liegt dann im gesamten Brennraum in der Regel homogen vor.

Schon bei dieser indirekten Einzeleinspritzung muss das Gemisch infolge der dicht zusammen liegenden Einspritz- und Einlassventile keinen langen Weg im Saugrohr mehr zurücklegen. Die Gefahr, dass sich besonders bei kaltem Motor Benzin an der Saugrohrwand niederschlägt, ist verringert.

Hersteller und Typen der Elektronik (das allgemein »Motronik« genannte System ist bei den Bosch-Steuerungen Markenname: Motronic) sind beim Lupo je nach Motortyp verschieden. Für die 1,4 Liter-Motoren kommen Einspritzsysteme von Magneti Marelli (4AV, 4CV und 4LV) sowie für den AEX-Motor die Bosch-Motronic MP 9.0 zum Einsatz. Die 1,0 Liter-Motoren werden von Motronic MP 9.0 bzw. Motronic 7.5.10 gesteuert. In einigen Fällen (AHT-Motoren) werden Simos-Anlagen verwendet.

Die Funktionsweise ist prinzipiell bei allen gleich. Unterschiedlich sind die Konstruktion im Einzelnen, die Parameter und die Einbauorte. Die folgenden Bilder veranschaulichen dies an zwei Beispielen der gängigsten Vierzylindermotoren.

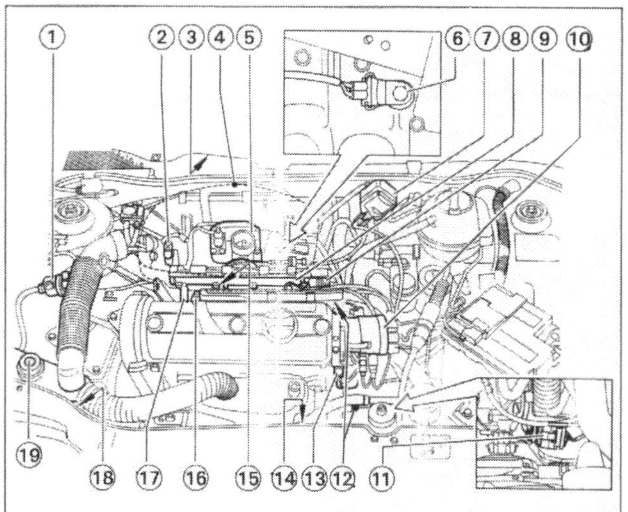

Einbauorte der Motronik-Elemente für AER- und ALL-Motoren (1,0 Liter): ❶ Magnetventil für Aktivkohlebehälter, ❷ Geber für Saugrohrdruck/Ansauglufttemperatur, ❸ Motorsteuergerät, ❹ Luftfilter, ❺ Drosselklappen-Steuereinheit, ❻ Klopfsensor, ❼ Zündtrafo, ❽ Kraftstoffverteiler, ❾ Kraftstoff-Druckregler, ❿ Zündverteiler, ⓫ Vierfachsteckverbindung, ⓬ Masseanschluss, ⓭ Geber für Kühlmitteltemperatur, ⓮ Lambda-Sonde (50 Nm; im Abgaskrümmer), ⓯ Einspritzventil, ⓰ Zündkerze (25 Nm), ⓱ Öldruckschalter, ⓲ Aktivkohlebehälter, ⓳ Ansaugluftstutzen mit Regelklappe.

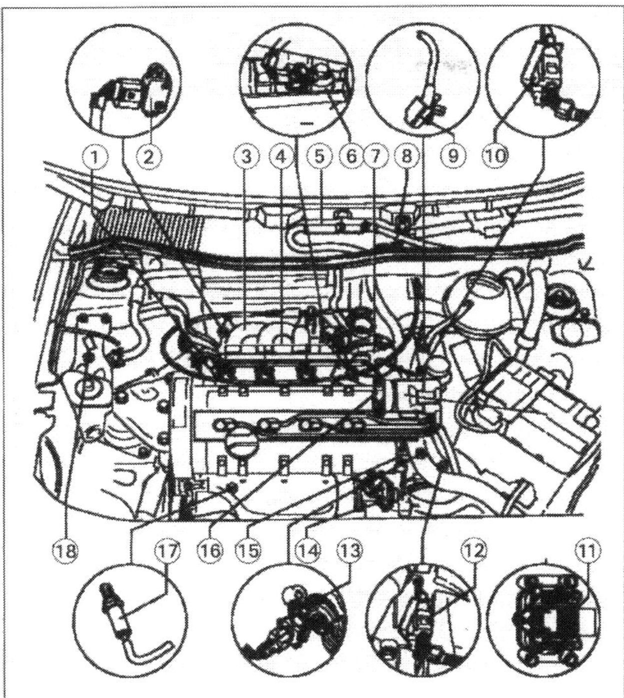

Einbauorte der Motronik-Elemente für AHW- und AKQ-Motoren (1,4 Liter): ❶ Kraftstoff-Druckregler, ❷ Geber für Saugrohrdruck (G71) mit Geber für Ansauglufttemperatur (G42), ❸ Saugrohr, ❹ Einspritzventil (N30 – 33), ❺ Motorsteuergerät (J448), ❻ Klopfsensor (G61), ❼ Drosselklappen-Steuereinheit (J338), ❽ Masseanschluss, ❾ Geber für Motordrehzahl (G28), ❿ Dreifachsteckverbindung, ⓫ Zündtrafo (N152), ⓬ Vierfachsteckverbindung (schwarz), ⓭ Geber für Kühlmitteltemperatur (G62), ⓮ Abgasrückführungsventil, ⓯ Ventil für Abgasrückführung (N18), ⓰ Hallgeber (G40), ⓱ Lambda-Sonde (G39; 50 Nm), ⓲ Magnetventil für Aktivkohlebehälter.

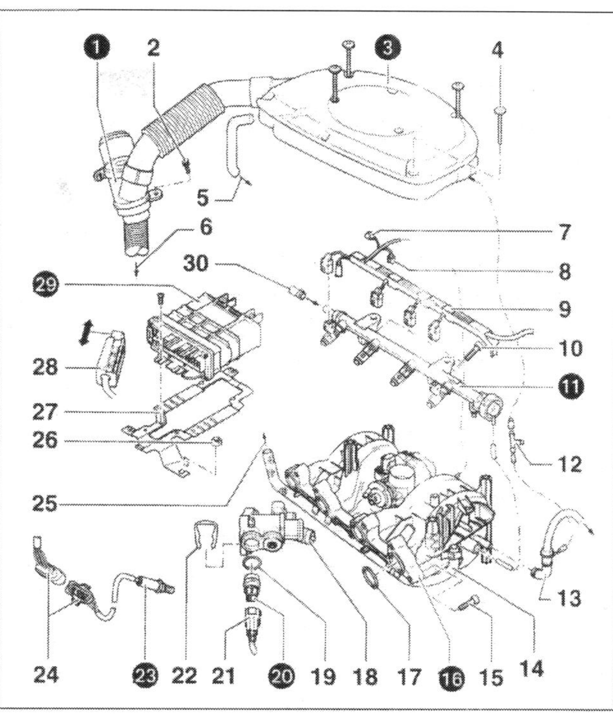

Die Bauteile der Einspritzanlage für AER, ALL (Auswahl): ❶ Ansaugluftstutzen mit Regelklappe, ❸ Luftfilter, ⓫ Kraftstoffverteiler mit Einspritzventilen, ⓰ Saugrohr, ⓴ Geber für Kühlmitteltemperatur, ㉓ Lambda-Sonde (50 Nm), ㉙ Motorsteuergerät.

Die in den Übersichten zu den Einbauorten im Einzelnen nicht deutlich erkennbaren Hauptbauteile sind in den nebenstehenden Explosionszeichnungen dargestellt:

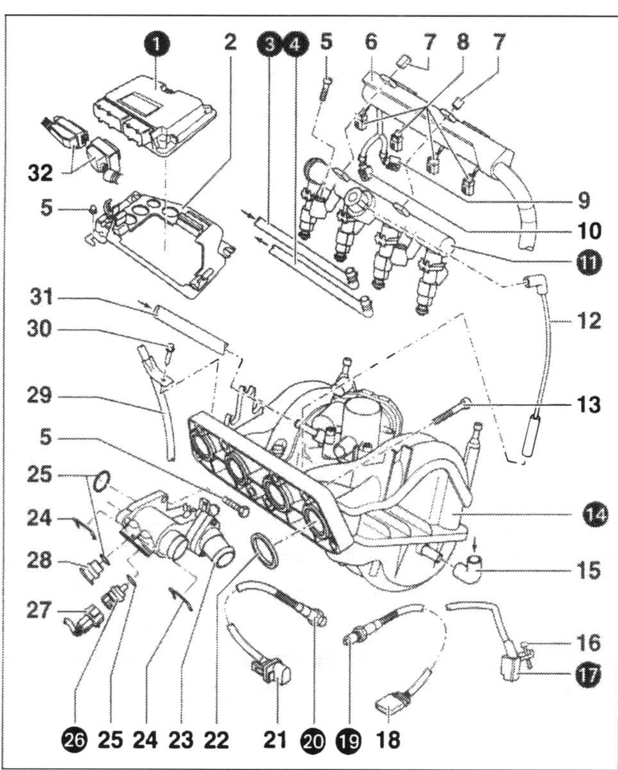

Die Bauteile der Einspritzanlage für AHW, AKQ (Auswahl): ❶ Motorsteuergerät, ❸ Vorlaufschlauch, ❹ Rücklaufschlauch, ⓫ Kraftstoffverteiler mit Einspritzventilen, ⓮ Saugrohr, ⓱ Geber für Motordrehzahl, ⓳ Lambda-Sonde 2, ⓴ Lambda-Sonde 1 (beide 50 Nm), ㉖ Geber für Kühlmitteltemperatur.

Teile des Kraftstoff-Einspritzsystems

Die elektrische **Kraftstoffpumpe** pumpt den Kraftstoff über das **Verteilrohr** zu den **Einspritzventilen**, der **Druckregler** hält den Druck im System konstant und schickt nicht verbrauchtes Benzin zurück in den Tank. Ein weiteres wichtiges Element ist die **Drosselklappen-Steuereinheit**. In ihr sitzt die Drosselklappe, die über einen Gaszug mit dem Gaspedal verbunden ist. Je stärker das Gaspedal getreten wird, desto weiter öffnet sich die Drosselklappe. Bei Vollgas ist sie ganz geöffnet. Der bereits erwähnte Drosselklappengeber ist hier montiert, ebenso das Ventil für **Leerlaufstabilisierung**. Bei hoher Motorbelastung im Leerlauf, also etwa bei laufender Klimaanlage oder voll eingeschlagener Servolenkung, lässt dieses Ventil zusätzlich Luft einströmen. Das Steuergerät erkennt über den **Luftmassenmesser** den erhöhten Luftstrom und lässt etwas mehr Kraftstoff einspritzen – der Leerlauf ist stabilisiert.
Beim **E-Gas-System** mit elektronischem Gaspedal funktioniert es etwas anders. Das entsprechende Technik-Lexikon im vorangegangenen Kapitel zum Motormanagement gibt dazu Informationen.

Die Benzindirekteinspritzung

Für einen Teil der Lupo-Modelle mit Ottomotor ist die Kraftstoffdirekteinspritzung bereits erfolgreich realisierte Technologie: Beim Lupo FSI. Die Direkteinspritzung ist der Weg, mit dem Volkswagen in den letzten Jahren der Dieseltechnik zu einem enormen Entwicklungsschub verholfen hat. Nur auf diese Weise sind immer weniger oder gleichbleibender Kraftstoffverbrauch bei zunehmender Leistung sowie die Erfüllung der immer strengeren Abgasnormen erreichbar.
Beim Ottomotor bringt die Direkteinspritzung einen völlig anderen Verbrennungsprozess als bei konventionellen Benzinmotoren mit sich. Im Teillastbereich

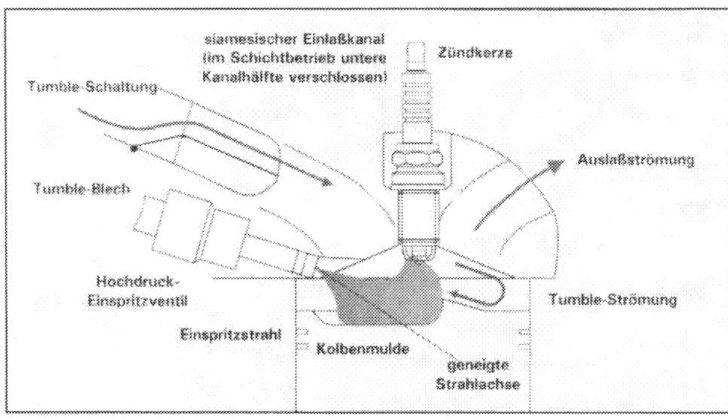

Verbrennung beim FSI: Der FSI-Motor basiert auf der Motorenfamilie EA 111, die in Lupo, Polo und Golf zum Einsatz kommt. Der Vierventiler mit 1,4 Liter Hubraum ist mit zahlreichen Veränderungen zum Direkteinspritzer fort entwickelt worden. Für den nötigen Druck von 100 bar wird eine Hochdruckpumpe eingesetzt. Über eine Verteilerleiste (Common Rail) gelangt der Kraftstoff zu den elektromagnetisch betätigten Hochdruck-Einspritzventilen.

So arbeitet die Motronic

Beim Kaltstart lässt die Drosselklappen-Steuereinheit zusätzlich zur Ansaugluft weitere Luft einströmen. Über den Kühlmitteltemperatur-Sensor erkennt das Steuergerät die niedrige Temperatur des Motors und errechnet eine längere Öffnungsdauer für die Einspritzventile. Meldet der Temperatur-Sensor zunehmende Erwärmung des Kühlmittels, wird die Leerlaufstabilisierung geschlossen und die Einspritzdauer der Einspritzventile Richtung Normalwert zurückgenommen.
Die Einspritzdauer im Normalbetrieb hängt dann in erster Linie von der Drosselklappenstellung und von den Informationen des Luftmassenmessers ab. Im Leerlauf verändert das Steuergerät den Zündzeitpunkt, wenn die Drehzahl unter den erlaubten Wert absinkt. Zusätzlich kann die Drosselklappen-Steuereinheit den Luftdurchsatz und damit die Einspritzmenge erhöhen.
Gibt der Fahrer kräftig Gas, weil er zum Beispiel überholen will, erkennt dies das Steuergerät an der ruckartigen Bewegung am Drosselklappen-Geber. Die Einspritzzeit wird kurzfristig verlängert. Für volle Leistung bei ganz durchgetretenem Gaspedal braucht der Motor noch mehr Kraftstoff. Entsprechend den Signalen vom Drosselklappen-Geber und dem Luftmassenmesser regelt das Steuergerät die Volllast-Einspritzdauer. Wird die erlaubte Maximal-Drehzahl überschritten, schaltet das Steuergerät die Einspritzventile ab.
Beim gegenteiligen Fall, beim Gaswegnehmen, bleiben die Ventile ganz geschlossen. Das Steuergerät aktiviert die so genannte Schubabschaltung aber nur, wenn der Motor betriebswarm ist und der Hall-Geber eine Motordrehzahl von über 1500 U/min meldet. Die Schubabschaltung spart Kraftstoff.
Damit das Auto nicht gleich stehen bleibt, wenn ein Sensor ausfällt beziehungsweise unwahrscheinliche Werte liefert, sind Notlauffunktionen programmiert. Je nach Defekt muss der Fahrer das nicht einmal bemerken. Leistungsmangel oder schlechte Starteigenschaften sind aber auch möglich.

wird der FSI-Motor mit einem sehr hohen Luftüberschuss betrieben. In homogenem Zustand wäre dieses Gemisch gar nicht mehr zündfähig. Dieser Luftüberschuss wirkt sich jedoch positiv auf den Verbrauch aus. Aber der Motor muss dazu im sogenannten Schichtlademodus betrieben werden. Dabei wird das Gemisch um die zentral im Brennraum positionierte Zündkerze konzentriert. In den Randbereichen des Brennraums befindet sich dagegen reine Luft. Die somit zentral im Brennraum ablaufende Verbrennung mit einer umgebenden isolierenden Lufthülle minimiert die Wärmeverluste, was sich wiederum günstig für niedrigen Verbrauch auswirkt.

Erstmalig und bisher exklusiv setzt VW im FSI das PCV-System ein, die »Positive Crankcase Ventilation«. Dies ist eine neuartige Kurbelgehäuse-Entlüftung mit integriertem Ölfeinabscheider.

Zur Steuerung des FSI-Motors mit Benzin-Direkteinspritzung wird eine spezielle Bosch-Motronic, die MED, eingesetzt. An der jüngsten Entwicklung Motronic MED7 wird der unmittelbare Zusammenhang mit der Kraftstoffqualität (siehe auch Techniklexikon im Unterkapitel: »Die Auspuffanlage«) deutlich. Nur mit schwefelfreiem Kraftstoff lassen sich das Sparpotenzial und die Stickoxidreduzierung der Benzindirekteinspritzung mit Schichtladung voll ausnutzen.

Prinzip der Benzin-Direkteinspritzung: ❶ Kraftstoff, ❷ Luft, ❸ Drosselklappe (EGAS), ❹ Saugrohr, ❺ Einspritzventile, ❻ Motor.

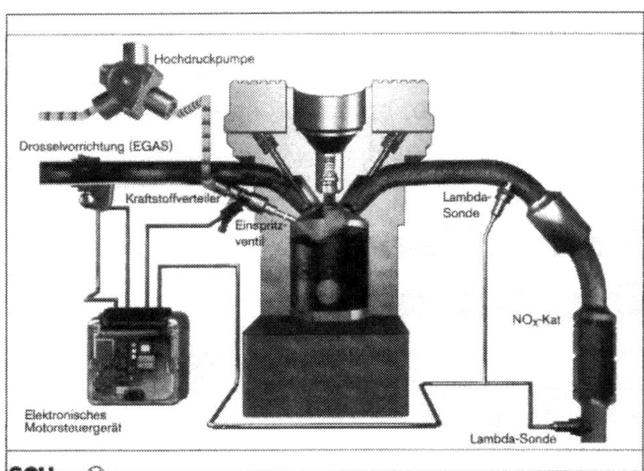

Benzin-Direkeinspritzung Motronic MED7 (Systembild).

Das Tumble-System — Techniklexikon

Um Schichtladung möglich zu machen, müssen Einspritzung, Zylinder-Innenströmung und Brennraumgeometrie optimal aufeinander abgestimmt werden. Zur Steuerung der Luftströme wird im Ansaugtrakt ein Tumble-System eingesetzt. Das so genannte Tumble-Blech teilt den Lufteinlasskanal in eine obere und eine untere Hälfte. Die Ansaugkanäle befinden sich im Zylinderkopf, die Tumble-Klappen seitlich davon in einem angeflanschten Multifunktionsmodul. Eine vorgeschaltete Klappe steuert die Luftzuführung entweder nur über den oberen Teil oder über den gesamten Querschnitt.

Im Schichtlademodus wird die Tumble-Klappe und damit einer der beiden Kanäle geschlossen, um im Brennraum eine intensive walzenförmige Strömung zu erzeugen. Der Kraftstoff wird in diesem Modus erst im letzten Drittel der Kolben-Aufwärtsbewegung, also während des Verdichtens, eingespritzt. Durch die Kombination von gezielter Luftströmung und spezieller Geometrie des Kolbens, der über eine ausgeprägte Kraftstoff- und Strömungsmulde verfügt, wird der besonders fein zerstäubte Kraftstoff in einem regelrechten Gemischballen optimal um die Zündkerze konzentriert und sicher entflammt.

Dieses Tumblesystem erlaubt erstmals die Kombination des verbrauchsgünstigen Schichtlademodus mit sehr guten Leistungs- und Drehmomentwerten. Bei sehr hohen Drehzahlen arbeitet der FSI-Motor analog zu einem konventionellen Motor mit Saugrohreinspritzung, wegen der höheren Verdichtung liegt der Wirkungsgrad aber höher.

Selbsthilfe bei der Einspritzanlage

Die Motronik bietet nur wenig Spielraum für's Do it yourself. Nicht einmal die Leerlaufdrehzahl kann man einstellen, sie wird ja über die Leeraufstabilisierung geregelt. Das Steuergerät kann zwar viele Fehler an elektrischen Teilen der Zünd- und Einspritzanlage erkennen und diese in einem Datenspeicher ablegen (Benziner 32, Diesel 70 Positionen). Dabei wird auch eine Entscheidung getroffen, ob es sich um permanente Fehler oder um sporadische Mängel handelt. Das Steuergerät verrät diese Erkenntnisse aber nur jenen, die mit speziellen Motor-Diagnose-Geräten den Fehlerspeicher auslesen können.

Bei Fehlern im elektronischen Motormanagement muss zudem eine Reihe von Tests in bestimmter Reihenfolge durchgeführt werden, um einen Defekt einwandfrei zu bestimmen. Bei falscher Vorgehensweise sind Schäden an elektronischen Bauteilen nicht ausgeschlossen, die teure Reparaturen nach sich ziehen. Das Steuergerät kann mit Heimwerkermitteln schon gar nicht kontrolliert werden. In der Praxis ist bei diesen wartungsfreien Baugruppen auch nur sehr selten mit Störungen zu rechnen. Geber, Schalter und Kabelverbindungen geben jedoch gelegentlich Anlass zu Beanstandung, und nach den Ursachen hierfür kann man durchaus selbst suchen.

Umgang mit der Einspritzung

- Vor Reparaturen und zur Fehlersuche sollte zunächst der Fehlerspeicher des Motorsteuergeräts abgefragt werden. Das geschieht mit dem Fehlerauslesegerät V.A.G. 1551 oder dem Fahrzeugsystemtester V.A.G. 1552 (Werkstatt). Die Eigendiagnose des Steuergerätes weist den richtigen Weg.
- Alle Unterdruckschläuche und Anschlüsse sollten auf Falschluft geprüft werden.
- Kraftstoffschläuche im Motorraum dürfen nur mit Federbandschellen gesichert werden. Die Verwendung von Klemm- oder Schlauchschellen ist nicht zulässig.

Das Ab- und Anklemmen der Batterie darf nur bei ausgeschalteter Zündung erfolgen. Das Motorsteuergerät könnte beschädigt werden.

- Zur einwandfreien Funktion der elektrischen Bauteile ist eine Spannung von mindestens 11,5 Volt erforderlich.
- Es sollten keine silikonhaltigen Dichtmittel verwendet werden. Vom Motor angesaugte Spuren von Silikonbestandteilen werden im Motor nicht verbrannt und schädigen die Lambdasonde.
- Bei einigen Prüfungen kann es vorkommen, dass vom Steuergerät ein Fehler erkannt und gespeichert wird. Es ist daher immer angeraten, den Fehlerspeicher abzufragen und ggf. zu löschen.

Programmierung der Einspritzanlage

Wenn Sie die Batterie abklemmen oder die Stecker am Steuergerät abziehen, werden im Steuergerät alle so genannten Lernwerte gelöscht. Dazu gehören die Werte für Leerlauf, Teillast, Volllast sowie Verzögerung. Beim Wiederanklemmen der Batterie kann es daher zu Stottern, Aussetzern beim Beschleunigen und zu unrundem Leerlauf kommen. Deshalb vor dem Motorstart zehn Sekunden die Zündung einschalten! Spätestens bei einer kurzen Probefahrt »lernt« das Steuergerät die Anpassung an die Motorgegebenheiten wieder.

Der Lernvorgang kann allerdings gesperrt sein, wenn ein permanenter Fehler im Fehlerspeicher eingetragen ist. Dann muss erst der Speicher ausgelesen und gelöscht werden (Werkstatt). Ein sporadischer (nicht permanenter) Fehler wird übrigens automatisch aus dem Fehlerspeicher gelöscht, wenn er innerhalb von 40 Warmlaufphasen (Motorstart unter 50°C Kühlmitteltemperatur, Abstellen über 72°C) nicht mehr auftritt. Springt der Motor nach Fehlersuche, Reparatur oder Bauteilprüfung nur kurz an und geht dann aus, kann das auch daran liegen, dass die Wegfahrsicherung das Motorsteuergerät sperrt. Auch dann muss (nach Fehlerabfrage) ggf. das Steuergerät neu angepasst werden.

Sichtprüfung Einspritzanlage

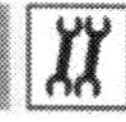

Wenn Sie Probleme mit dem Motorlauf und das Motormanagement in Verdacht haben, überprüfen Sie zunächst folgende Teile auf Risse und Dichtigkeit:

- Unterdruckschlauch des Bremskraftverstärkers,
- Kraftstoffleitungen,
- Druckregler,
- Kraftstoffrücklaufleitung vom Druckregler.

Der nächste Check:

Wurden die Kabelstecker öfter auseinandergezogen und wieder zusammengesteckt, kann das mangelnden Kontakt zur Folge haben. Kontakte mit Kontaktspray behandeln. Nur im Notfall die Kontaktzungen mit viel Gefühl ein wenig nachbiegen.

Wenn Sie kontrollieren wollen, ob der Motor Nebenluft zieht (bei Leerlaufproblemen oft der Fall), gehen Sie wie folgt vor:

① Unterdruckschläuche auf Risse und festen Sitz prüfen. Alle Schläuche, die am Ansaugkrümmer angeschlossen sind, kontrollieren. Dazu zählen Schläuche zum Bremskraftverstärker, Kraftstoffdruckregler und Magnetventil der Kraftstoffverdunstungs-Anlage.

② Fahren Sie den Motor warm und lassen Sie ihn im Leerlauf laufen, Motorhaube öffnen.

③ Mit einer Startkraftstoff-Spraydose (z.B. Startpilot) Drosselklappenstutzen, die Flanschdichtungen der Ansaugkanäle und Leitungen zu den unterdruckgesteuerten Aggregaten einsprühen. Dazu die Steckverbindung zur Lambda-Sonde trennen.

④ Verändert sich beim Besprühen einer bestimmten Stelle die Motor-Drehzahl, haben Sie die Undichtigkeit gefunden.

Einspritzventile prüfen

(Beispiel: Motoren AHW und AKQ)

Benötigt werden für die folgenden Prüfungen Handmultimeter, Diodenprüflampe und Stromlaufplan. Die Sicherung SB 3 und die Masseanschlüsse zwischen Motor und Karosserie sowie im Wasserkasten, der Geber für Motordrehzahl, der Hallgeber und das Kraftstoffpumpenrelais müssen in Ordnung sein. Die Batteriespannung muss mindestens 11,5 V betragen.
Die Abdeckung über dem Nockenwellengehäuse muss abgebaut und der Vierfach-Stecker vom Zündtrafo abgezogen werden.

Prüfen der Ansteuerung

Arbeitsschritte 

① Ziehen Sie die Stecker an den Einspritzventilen ab (Pfeile).

② Schließen Sie die Diodenprüflampe (V.A.G. 1527) mit Hilfsleitungen (aus V.A.G. 1594) an die Kontakte ❶ und ❷ des Steckers vom Zylinder 1 an.

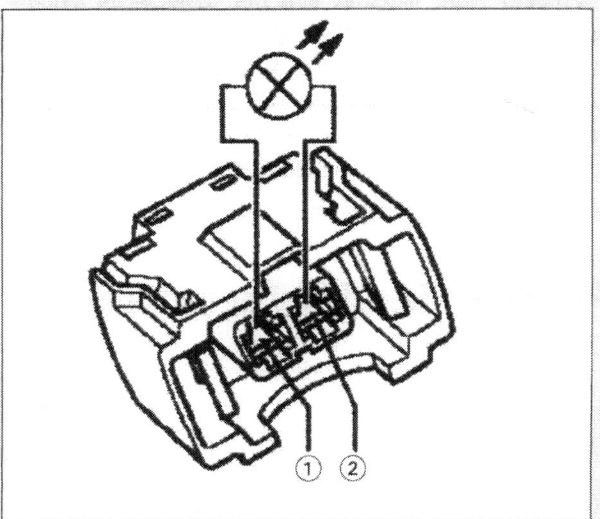

③ Motor von einem Helfer mit dem Anlasser durchdrehen lassen. Die Spannungsversorgung für das Einspritzventil Zylinder 1 wird geprüft. Diese Prüfung wird an den Steckern der Einspritzventile für die Zylinder 1 bis 4 wiederholt. Schalten Sie die Zündung aus.

④ Die Leuchtdiode des Spannungsprüfers muss bei diesen Prüfungen aufleuchten. Tut sie das nicht, schließen Sie ⑤ ... die Diodenprüflampe an Kontakt ❶ des Steckers von Zylinder 1 und Masse an.

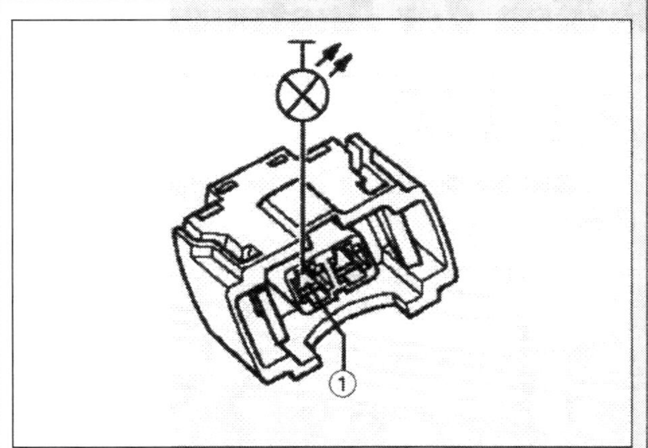

⑥ Lassen Sie wieder den Anlasser betätigen. Die Prüfung wird für die Zylinder 2 bis 4 wiederholt. Die Leuchtdiode muss aufleuchten. Wenn das nicht der Fall ist, schalten Sie die Zündung aus und prüfen Sie die Leitung zwischen Kontakt ❶ des Zweifachsteckers und Kraftstoffpumpenrelais (J17) auf Unterbrechung. Der Leitungswiderstand darf maximal 1,5 Ohm betragen.

⑦ Wenn die Leuchtdiode an einem oder mehreren Zylindern nicht leuchtet und der gemessene Widerstandswert erheblich höher liegt, ist die Leitungszuführung zu den Einspritzventilen oder das Steuergerät selbst defekt. Auch dies kann detailliert weiter untersucht werden, aber dazu ist die Prüfbox V.A.G. 1598/22 erforderlich. Deshalb sollten Sie die Arbeit ab hier der Werkstatt überlassen.

Prüfen der Widerstände

① Ziehen Sie wie bei der vorangegangenen Prüfung alle Stecker an den Einspritzventilen ab.

② Schließen Sie an den beiden Steckkontakten des zu prüfenden Ventils ein Ohmmeter (Handmultimeter) an. Die Prüfung der Reihe nach von Zylinder 1 bis 4 vornehmen. Ein Widerstandswert zwischen 14 und 17 Ohm muss angezeigt werden.

③ Die Widerstandswerte gelten für 20°C. Bei warmem Motor kann der Wert noch 4 bis 6 Ohm höher liegen. Wenn der Sollwert nicht erreicht wird, muss das betreffende Einspritzventil erneuert werden.

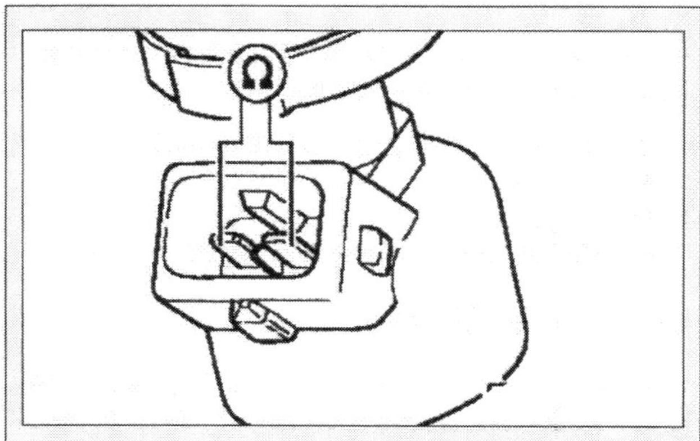

Prüfen von Strahlbild und Dichtheit

Für die Prüfung muss der Kraftstoffdruck in Ordnung sein. Ggf. sind Druckregler und Haltedruck zu kontrollieren.

① Bauen Sie die Abdeckung über dem Nockenwellengehäuse ab und dann den Luftfilter aus.

② Ziehen Sie den Vierfachstecker vom Geber für Kühlmitteltemperatur (G62) und Geber für Kühlmitteltemperaturanzeige (G2) ab.

③ Schließen Sie ein Digital-Potentiometer (V.A.G. 1630) mit Hilfsleitungen an die Kontakte 1 und 3 des Steckers an und stellen sie die angeschlossene Seite auf 15 Kiloohm ein.

④ Clipsen Sie den Leitungsstrang der Einspritzventile am Saugrohr und am Kühlmittelregler-Gehäuse aus.

⑤ Ziehen Sie den Unterdruckschlauch vom Kraftstoff-Druckregler ab.

⑥ Bauen Sie den Kraftstoffverteiler komplett mit allen Einspritzventilen aus dem Saugrohr aus. Die Kraftstoffschläuche bleiben angeschlossen.

⑦ Halten Sie ein kleines Gefäß unter das zu prüfende Einspritzventil (siehe Bild oben rechts) und ziehen Sie die Stecker von den übrigen Ventilen ab.

⑧ Lassen Sie den Anlasser von einem Helfer betätigen, um das **Strahlbild** zu überprüfen. Das Einspritzventil muss pulsierend abspritzen.

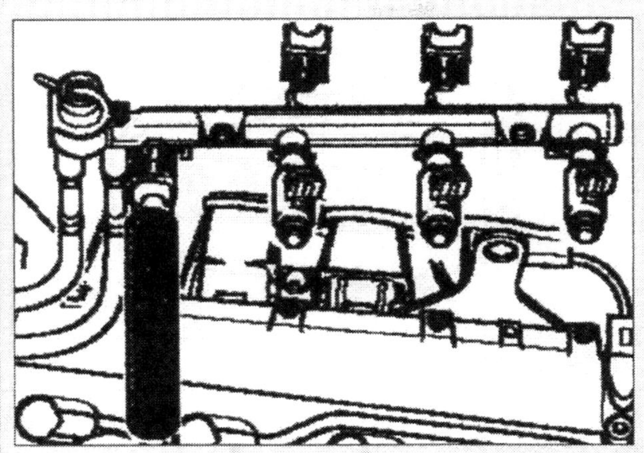

⑨ Wiederholen Sie die Prüfung an den anderen Einspritzventilen. Es darf immer nur das jeweils in Prüfung befindliche Ventil angeschlossen sein.

⑩ Prüfen Sie nun die **Dichtheit** der Einspritzventile. Es dürfen höchstens 2 Tropfen pro Minute austreten. Wenn der Kraftstoffverlust größer ist, schalten Sie die Zündung aus und ersetzen Sie das defekte Einspritzventil.

⑪ Zum Einbau setzen Sie den Kraftstoffverteiler mit den gesicherten Einspritzventilen am Saugrohr an und schrauben ihn gleichmäßig fest.

Einspritzventile ausbauen

(Beispiel: Motoren AHW, AKQ, APE, AFK, AQQ)

Achtung! Das Kraftstoffsystem steht unter Druck. Beachten Sie die Sicherheitshinweise.

① **Ausbau:** Bauen Sie die Abdeckung über dem Nockenwellengehäuse und den Luftfilter aus.

② Öffnen Sie kurzzeitig den Tankverschluss, um Druck abzubauen.

③ Clipsen Sie den Leitungsstrang Einspritzventile an Saugrohr und Kühlmittelreglergehäuse aus.

④ Ziehen Sie den Unterdruckschlauch vom Kraftstoffdruckregler ab und lösen Sie die Vorlaufleitung durch Abnehmen der Federbandschellen vom Kraftstoffverteiler; Putzlappen!

⑤ Ziehen Sie die Stecker von den Einspritzventilen und vom Hallsensor ab.

Leitungen der Einspritz- und Zündanlage – auch Messgeräteleitungen – nur bei ausgeschalteter Zündung ab- und anklemmen!

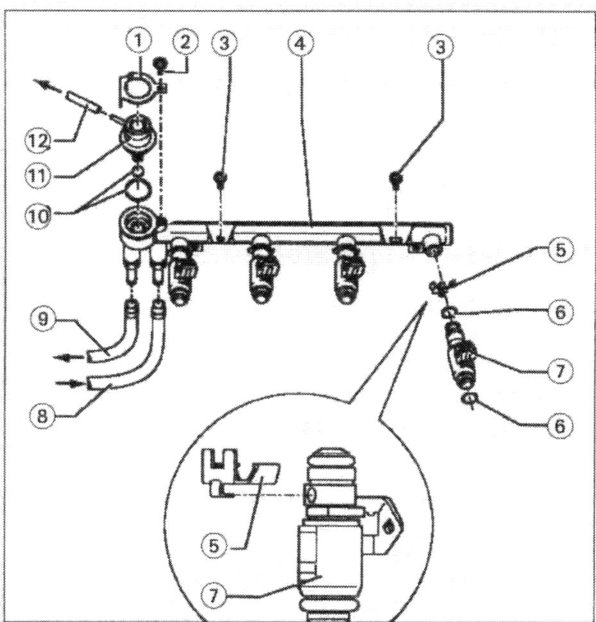

Kraftstoffverteiler mit Einspritzventilen: ❶ Halteblech, ❷ Schraube 5 Nm, ❸ Schrauben 10 Nm, ❹ Kraftstoffverteiler, ❺ Halteklammer, ❻ und ❿ O-Ringe, ❼ Einspritzventil (N30 bis N33), ❽ Vorlaufschlauch (schwarz mit weißer Markierung), ❾ Rücklaufschlauch (blau; zur Kraftstofffördereinheit im Kraftstoffbehälter), ⓫ Kraftstoffdruckregler, ⓬ Unterdruckschlauch zum Saugrohr.

⑥ Schrauben Sie den Kraftstoffverteiler vom Saugrohr ab und ziehen Sie ihn komplett mit den Einspritzventilen nach oben aus dem Ansaugkrümmer.

⑦ Ziehen Sie die Halteklammern an der Verbindung von Einspritzventilen und Kraftstoffverteiler ab und sodann die (lediglich eingesteckten) Einspritzventile aus dem Verteiler heraus.

⑧ Beim **Einbau** müssen Sie die O-Ringe ersetzen und vor dem Einbau leicht mit sauberem Motoröl benetzen.

⑨ Einspritzventile bis zum Anschlag senkrecht in den Kraftstoffverteiler schieben und mit den Halteklammern sichern. Prüfen Sie den einwandfreien Sitz der Halteklammern an Kraftstoffverteiler und Einspritzventilen.

⑩ Setzen Sie den Kraftstoffverteiler mit den gesicherten Ventilen am Saugrohr ein und drücken Sie ihn gleichmäßig bis zum Anschlag ein.

⑪ Der weitere Einbau erfolgt sinngemäß in umgekehrter Reihenfolge des Ausbaus.

Temperaturgeber prüfen

(Beispiel: Motoren AHW, AKQ, APE, AFK, AQQ)

Kühlmittel-Temperaturgeber

① Ziehen Sie den Stecker am Geber G62 im Kühlmittelrohr ab.

② An den zwei zusammengehörigen Steckkontakten des Gebers ❶ (Masse) und ❸ (Signal) ein Ohmmeter anschließen.

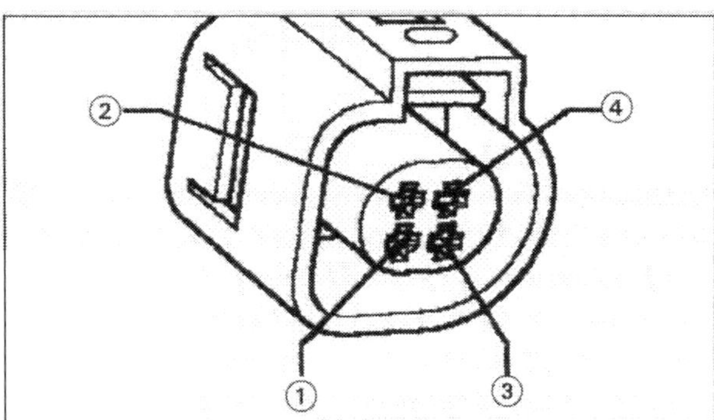

Stecker für G62.

③ Der Widerstandswert bei abgekühltem Motor und Raumtemperatur (20°C) soll 1,5 bis 4,0 Kiloohm betragen. Bei 80°C bewegt sich der Widerstandswert zwischen 300 und 380 Ohm. Werden diese Sollwerte nicht erreicht, muss der Geber ersetzt werden.

Temperaturgeber Ansaugluft

① Ziehen Sie den Vierfach-Stecker vom Geber für Ansauglufttemperatur (G42) mit Geber für Saugrohrdruck (G71) ab.

② An den Steckkontakten ❶ und ❷ des Gebers Ohmmeter anschließen.

③ Der Widerstandswert bei abgekühltem Motor und Raumtemperatur (20°C) soll 2,3 bis 2,6 Kiloohm betragen. Bei einer Temperatur von 80°C muss der Widerstandswert zwischen 290 und 330 Ohm liegen. Werden diese Sollwerte nicht erreicht, muss der Geber ersetzt werden.

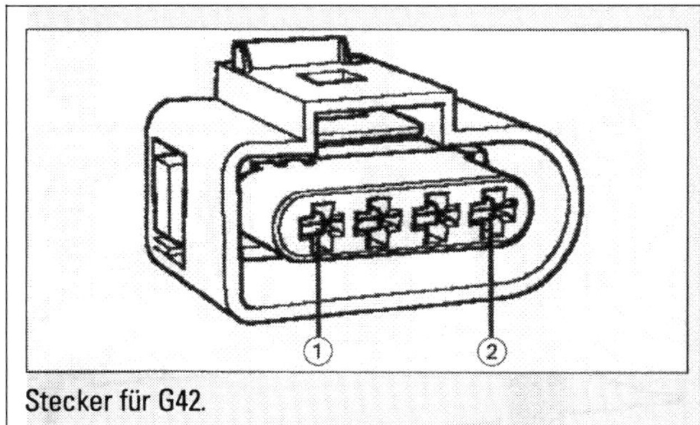

Stecker für G42.

Gaszug austauschen

Die Lupo-Modelle mit Dieselmotor und auch einige Benziner haben keinen Gaszug, sie sind mit E-Gas ausgestattet. Bei ihnen übermittelt ein Geber am Gaspedal die Pedalstellung ans Motorsteuergerät (siehe Kapitel »Das Motormanagement«). Der Gaszug ist sehr knickempfindlich. Er muss äußerst sorgsam behandelt werden. Schon ein leichter Knick kann beim späteren Fahrbetrieb zum Bruch führen.

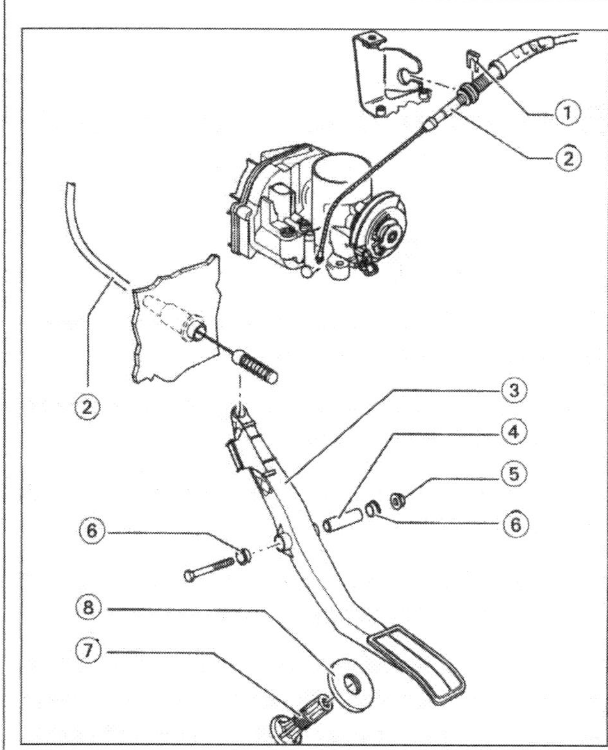

Gasbetätigung mit Seilzug: ❶ Halteklammer, ❷ Gaszug, ❸ Gaspedal, ❹ Distanzhülse, ❺ Sicherungsmutter 20 Nm, ❻ Lagerbuchse, ❼ Anschlagschraube, ❽ Scheibe.

① Drücken Sie das Gaspedal in Vollgasstellung und lassen Sie es von einem Helfer so halten oder klemmen Sie es in dieser Stellung fest.

② Prüfen Sie, ob der Drosselklappenhebel am Volllastanschlag anliegt. Wenn nicht, müssen Sie den Gaszug einstellen.

③ Dazu muss die Steckraste am Seilzug herausgezogen werden.

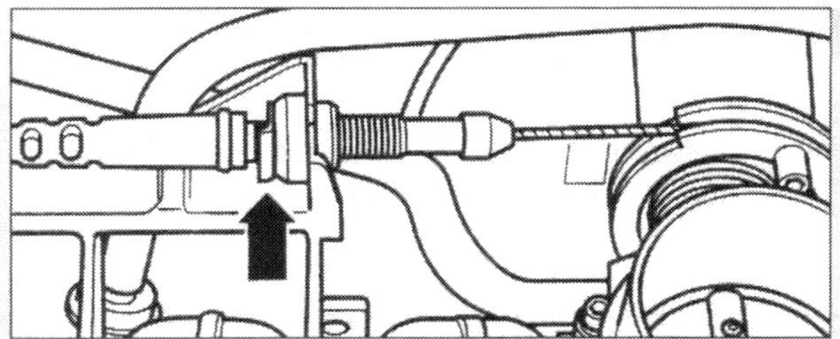

Beim Einstellen ist die Steckraste (Pfeil) herauszuziehen.

④ Ziehen Sie den Gaszug am Widerlager heraus, bis der Drosselklappenhebel am Volllastanschlag anliegt.

⑤ Stecken Sie die Raste wieder auf.

⑥ Bei Automatikgetriebe lassen Sie das Gaspedal los und bewegen es wieder langsam in Richtung Vollgas. Kurz vor Erreichen des Anschlags muss der Kickdown-Schalter, der sich im Motorraum vorn an der Spritzwand befindet, hörbar klicken.

⑦ Wenn dieses Klicken nicht zu hören ist, ziehen Sie den Stecker vom Schalter ab und messen Sie mit dem Ohmmeter/Multimeter den Widerstand zwischen den beiden Kontakten. Er muss gegen unendlich gehen. Kurz nach dem Kickdown-Druckpunkt muss er null Ohm betragen.

Der Luftfilter

Der Motor braucht saubere Luft zur Verbrennung. Schmutzpartikel und Staubteilchen auf den Zylinderlaufbahnen würden nach kurzer Zeit Motorschäden verursachen. Die angesaugte Luft muss deshalb erst den Luftfilter im so genannten Ansauggeräuschdämpfer passieren. Auch dieses Bauteil spielt eine wichtige Rolle im Ansaugsystem, weil es Ansauggeräusche unterdrückt und den wirbelnden Luftstrom beruhigt. Der Luftfilter besteht aus einem Filtergehäuse und einem Filtereinsatz, der wie eine Ziehharmonika gefaltet ist.

Luftfilter braucht regelmäßige Wartung

Eine Gummidichtung dichtet ihn zum Gehäuse hin ab. Auf ihrem Weg durch den Filter lagern sich die unerwünschten Schmutzpartikel im feinporigen Filterpapier ab, größere Staubteilchen fallen ins Filtergehäuse. Der Filter kann seine Aufgabe nur erfüllen, wenn er regelmäßig gewartet wird. Ein verschmutzter Filtereinsatz lässt nicht mehr genügend Ansaugluft in den Motor. Das Gemisch wird fetter, die Leistung sinkt und der Kraftstoffverbrauch steigt.

Luftfiltereinsatz wechseln und reinigen

Das Filterelement sollten Sie mindestens einmal im Jahr reinigen, nach zwei Jahren wechseln. Filtereinsätze für Ihren Wagen erhalten Sie beim Vertragshändler oder im Zubehörhandel. Sie brauchen übrigens nicht unbedingt ein Original-Ersatzteil. Auch andere Hersteller bieten geeignete Einsätze an.

① **Ausbau** bei Motoren AER, ALL (1,0 Liter) und AEX (1,4 Liter):

Vier Schrauben am Luftfilteroberteil lösen. Ansaugluftschlauch vom Luftfiltergehäuse abziehen.

② Ziehen Sie den Unterdruckschlauch von der Unterdruckdose für die Regelklappe ab.

③ Heben Sie den Luftfilter etwas hoch und ziehen Sie von der Unterseite den Schlauch für Kurbelgehäuse-Entlüftung sowie den Unterdruckschlauch für Bremskraftverstärker ab.

④ Nehmen Sie den Luftfilter ab. Nehmen Sie die Dichtung für Luftfilter/Ansaugstutzen heraus und überprüfen Sie diese auf Beschädigung. Wenn nötig: ersetzen.

① – ④ **Ausbau** bei Motoren ALD, ANV (1,0 Liter):

Ziehen Sie den Ansaugluftschlauch vom Luftfilteroberteil ab. Drücken Sie den Verschlussstopfen heraus und lösen Sie die darunter befindliche Schraube. Ziehen Sie den Schlauch für Kurbelgehäuse-Entlüftung ab.
Clipsen Sie die Zündleitungen aus dem Luftfilteroberteil aus. Nehmen Sie den Filter heraus. Dichtung und Anschlagpuffer sind auf Beschädigungen und festen Sitz zu prüfen. Wenn nötig: ersetzen.

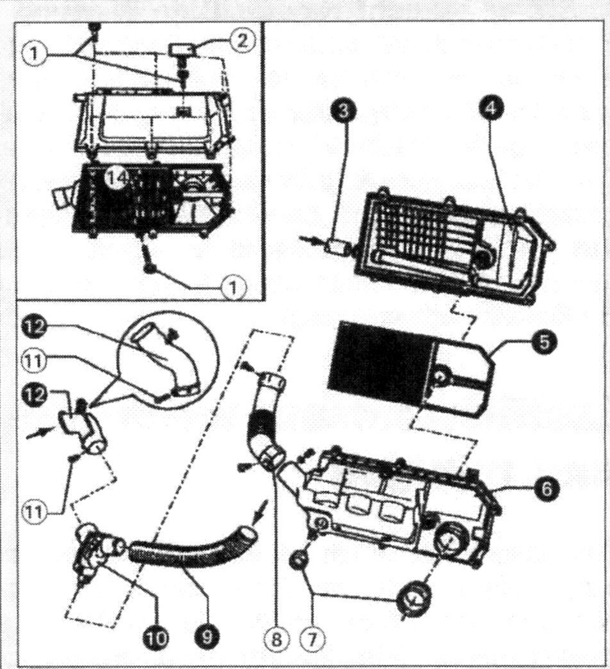

Luftfilter der 1,4 Liter-Motoren (Auswahl): ❸ Schlauch für Kurbelgehäuse-Entlüftung, ❹ Luftfilteroberteil, ❺ Filtereinsatz, ❻ Luftfilterunterteil, ❾ Schlauch für Warmluftansaugung vom Abgassystem, ❿ Ansaugluftstutzen mit Regelklappe, ⓬ Anschlussstutzen für Kaltluftansaugung.

① – ④ **Ausbau** bei Motoren AHW, AKQ, AFK, APE, AQQ (1,4 Liter):

Bauen Sie die Abdeckung über dem Nockenwellengehäuse ab. Drücken Sie den Verschlussstopfen heraus und clipsen Sie den Gaszug aus dem Luftfilteroberteil aus. Ziehen Sie den Schlauch für Kurbelgehäuse-Entlüftung ab.

Schrauben Sie den Luftfilter ab, ziehen Sie ihn vom Ansaugluftschlauch ab und nehmen Sie ihn heraus. Dichtungen sind auf festen Sitz und Beschädigung zu prüfen. Wenn nötig: ersetzen.

⑤ Der **Einbau** erfolgt für alle Motoren in umgekehrter Ausbaureihenfolge.

Reinigung des Luftfilters

① Papierfilter auf harter Unterlage ausklopfen. So entfernen Sie die gröberen Staubteilchen.

② Den feinen Staub mit Druckluft ausblasen. Luftstrahl seitlich an den Filterlamellen vorbeistreichen lassen.

- Nicht von außen nach innen blasen, sonst wird der Staub noch fester in die Filterporen gedrückt.
- Nie den Papierfilter in Flüssigkeiten reinigen. Das verstopft die Filterporen hoffnungslos, die Leistung des Motors lässt nach und die Abgaswerte verschlechtern sich dramatisch.

③ Wenn Sie den Filter tauschen: Achten Sie beim Einsetzen des neuen Filterelements darauf, dass die Dichtung sauber im Gehäuse-Unterteil sitzt.

Einspritzanlage

Störungsbeistand

Störung	Ursache	Abhilfe
A Kalter Motor springt nicht oder schlecht an	**1** Spannungsversorgungsrelais defekt	Überprüfen lassen
	2 Kraftstoffpumpe fördert nicht oder ungenügend	Benzin im Tank? Pumpe kontrollieren, Fördermenge messen lassen
	3 Druckregler defekt	Systemdruck messen lassen
	4 Unterdrucksystem undicht	Sämtliche Schlauchleitungen überprüfen
	5 Kühlmittel-Temperatursensor defekt	Prüfen lassen
	6 Drosselklappen-Steuerteil defekt	Prüfen lassen
	7 Zündanlage defekt	Zündsystem überprüfen lassen
	8 Drehzahlgeber defekt, oder Kabelverbindung unterbrochen	Überprüfen, ggf. auswechseln lassen
	9 Steuergerät defekt	Kontrollieren lassen

Einspritzanlage

Störungs-beistand

Störung	Ursache	Abhilfe
	10 Ansaugsystem undicht (Nebenluft)	Sämtliche Schlauchleitungen überprüfen
	11 Sicherung defekt	Auswechseln
	12 Kabelstrang zwischen Hallgeber uns Steuergerät defekt	Kabelverlauf kontrollieren
B Warmer Motor springt nicht oder schlecht an	**1** Siehe A1 – 10	
	2 Unterdruckleitung zum Kraftstoff-Druckregler defekt	Prüfen lassen. Ventil(e) überprüfen (lassen)
	3 Einspritzventil(e) undicht	Ventil(e) überprüfen (lassen)
C Motor springt an, stirbt aber wieder ab	**1** Drosselklappen-Steuerteil nicht abgeglichen (nur nach Tausch oder Ausbau)	Grundstellung überprüfen (lassen)
	2 Siehe A6	
	3 Lambda-Sonde defekt	Funktion prüfen, ggf. ersetzen lassen
	4 Siehe B2	
D Kalter Motor schüttelt im Leerlauf	**1** Siehe A1 und A5	
	2 Siehe C1	
E Warmer Motor schüttelt im Leerlauf	Siehe C1 und A6	
F Leerlauf fällt beim Einschalten starker Stromverbraucher bzw. bei vollem Einschlag der Servolenkung ab	Siehe A6 und C1	
G Motor hat Aussetzer	**1** Kraftstofffilter verstopft	Filter auswechseln
	2 Siehe A2	
	3 Siehe B3	
	4 Siehe C3	
H Schwankende Drehzahlen bei 2000-4000/min	Siehe A9	
I Motor stottert, setzt aus	Siehe A2	
J Motorleistung ungenügend	**1** Siehe A2, 4 und 10	
	2 Drosselklappe geht nicht in Vollgasstellung	Gaszug einstellen
K Motor patscht ins Saugrohr	Siehe A3	

DIE ZÜND-ANLAGE

Wartung

Reparatur

Modern wie das ganze Auto: Neuzeitliche Zündkerzen haben trotz härtester Belastungen eine hohe Lebensdauer. Ihr Konzept ist der jeweils neuesten Motortechnik angepasst, um aussetzerfreien Motorbetrieb über die gesamte Laufzeit zu gewährleisten.

Die Zündanlage hat beim Benzinmotor die Aufgabe, das Kraftstoff-Luft-Gemisch in den Brennräumen der Zylinder zu entflammen. Damit wird die Verbrennung eingeleitet. Gezündet wird mit einem elektrischen Funken, also einer kurzzeitigen Lichtbogenentladung zwischen den Elektroden der Zündkerze. Das Gemisch kann seine optimale Wirkung nur entwickeln, wenn es exakt zum richtigen Zeitpunkt gezündet wird. Zudem ist eine unter allen Umständen sicher arbeitende Zündung die Voraussetzung für den einwandfreien Betrieb des Katalysators. Kommt es zu Zündaussetzern, kann der Katalysator wegen Überhitzung bei der Nachverbrennung des unverbrannten Gemischs geschädigt oder gar ganz zerstört werden.

Dabei ist der Zündvorgang eine komplizierte Angelegenheit. Läuft der Motor Ihres Lupo zum Beispiel mit 3000 Umdrehungen pro Minute, müssen rund 50 Zündfunken in der Sekunde punktgenau an die einzelnen Zylinder verteilt werden. Nicht nur die Zeit, auch die Zündenergie muss stimmen: Wenigstens 0,2 mJ pro Einzelzündung bei im günstigsten Verhältnis zusammengesetzten Gemisch, über 3 mJ bei fettem oder magerem Gemisch sind nötig. Reicht die Zündenergie nicht, kommt die Verbrennung nicht zustande, es gibt die fatalen Verbrennungsaussetzer.

Steuerung der Zündung

Von der Gemischentflammung bis zur vollständigen Verbrennung vergehen zwei Millisekunden. Bei gleicher Gemischzusammensetzung bleibt diese Zeit konstant. Der Zündfunke muss deshalb so frühzeitig überspringen, dass der Verbrennungsdruck in jedem Betriebszustand des Motors optimal ist.
Für den genauen Zündzeitpunkt ist das Steuergerät zuständig, das auch das Einspritzsystem kontrolliert. Der Prozessor ist mit den Zündzeitpunkten für die verschiedenen Lastzustände des Motors programmiert. Um aus dem Speicher den richtigen Zündzeitpunkt auszuwählen, erhält das Steuergerät Informationen über den jeweiligen Belastungszustand des Motors. Dazu wertet es die von den einzelnen Sensoren übermittelten Daten wie Temperatur und Drehzahl des Motors sowie Stellung der Drosselklappe und Stellung der Nockenwelle aus (siehe auch Kapitel »Das Motormanagement«).

Der optimale Zündzeitpunkt

Der Zündzeitpunkt soll so gewählt sein, dass folgende vier Forderungen erfüllt werden können:

- maximale Motorleistung,
- sparsamer Kraftstoffverbrauch,
- Vermeidung des Motorklopfens und möglichst sauberes Abgas.

Wenn Sie das Gaspedal zum Beispiel nur gering treten (Teillast), verbrennt das Gemisch in den Brennräumen langsamer. Um die Energie des Kraftstoffs trotzdem vollständig zu nutzen, löst das Steuergerät in diesem Fall die Zündung früher aus. Die besten Werte stellen sich ein, wenn das Kraftstoff-Luft-Gemisch im Moment der höchsten Verdichtung gezündet wird. Das ist beim Viertaktmotor der Augenblick, in dem der Kolben von der Aufwärtsbewegung des Kompressionshubs in die Abwärtsbewegung des Arbeitstaktes übergehen will.

Zündung und Verbrennung

Allerdings liegt der Zündzeitpunkt nicht exakt auf dem oberen Totpunkt (OT). Denn die Kraftstoffteilchen brauchen rund eine dreitausendstel Sekunde, bis sie sich entzünden. Der Startschuss für den Funken erfolgt deshalb noch während der Aufwärtsbewegung des Kolbens (»Frühzündung«). Der Verbrennungsdruck dagegen setzt ein, wenn der Kolben den OT gerade überschritten hat. Da das Kraftstoff-Luft-Gemisch stets die gleiche Zeit zum Entflammen benötigt, wird es mit steigender Motordrehzahl früher gezündet.

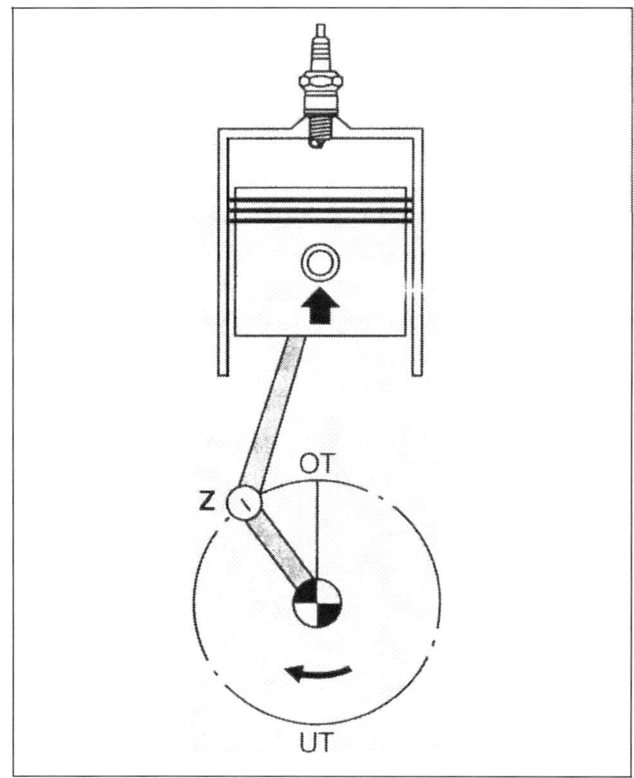

Stellung von Kurbelwelle und Kolben im Zündzeitpunkt **Z** bei Frühzündung.

Der Zündtrafo

Damit an der Zündkerze ein Funke überspringt, muss an den Zündkerzenelektroden eine Hochspannung anliegen. Sie beträgt je nach Zündanlage bis zu 30.000 Volt. Um diesen Wert zu erreichen, muss die bescheidene Bordspannung von 12 Volt erst einmal transformiert werden.
Diese Aufgabe übernimmt die induktive Zündanlage mit ihrem Kernstück Zündspule (Zündtrafo).
Die vom Zündtrafo produzierte Zündspannung muss zu den einzelnen Zündkerzen gelangen. Bei den Lupo-Motoren AER, ALL und AEX (1,0 und 1,4 Liter) geschieht das über den Zündverteilerläufer und das Zündkabel. Bei den anderen Benzinmotoren von Lupo und Arosa wird der Zündfunken per Direktzündung erzeugt. Elektronische Bauteile ersetzen hierbei den mechanisch arbeitenden Verteiler mit Verteilerläufer.

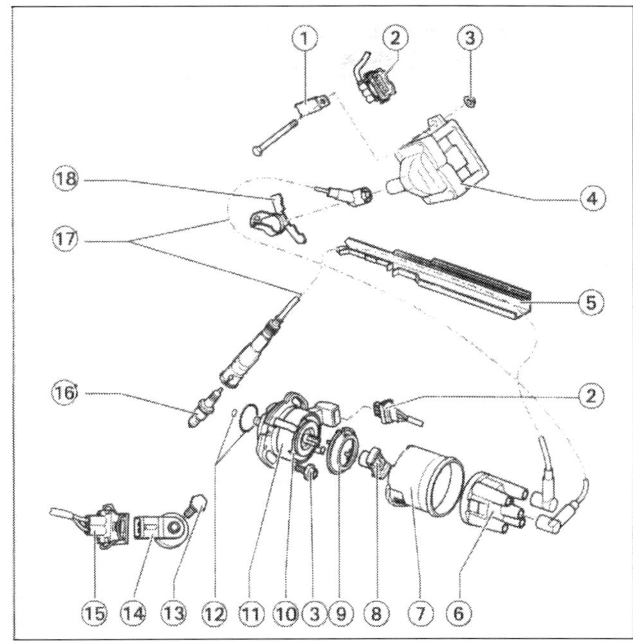

Verteilerzündung bei Motoren AER, ALL, AEX:
❶ Masseband, ❷ Dreifachstecker (schwarz), ❸ Mutter (10 Nm), ❹ Zündtrafo, ❺ Zündleitungsführung, ❻ Verteilerkappe, ❼ Abschirmkappe, ❽ Zündverteilerläufer R1, ❾ Staubschutzkappe, ❿ Markierung für Zylinder 1, ⓫ Zündverteiler mit Hallgeber, ⓬ O-Ring, ⓭ Schraube (20 Nm), ⓮ Klopfsensor, ⓯ Zweifachstecker (schwarz), ⓰ Zündkerze (25 Nm), ⓱ Zündleitung, ⓲ Verdrehsicherung.

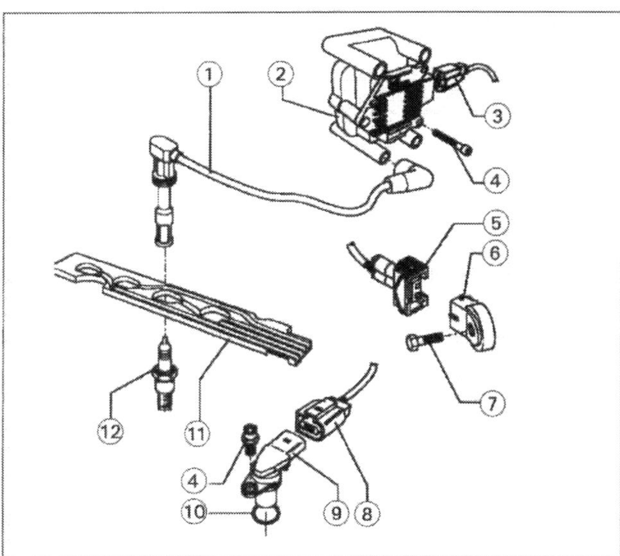

Direktzündung bei Motoren AHW, AKQ, APE, AQQ, AUA, AUB:
❶ Zündleitung, ❷ Zündtrafo, ❸ Vierfachstecker (schwarz) für Zündtrafo, ❹ Schraube (10 Nm), ❺ Zweifachstecker (schwarz) für Klopfsensor, ❻ Klopfsensor, ❼ Schraube (20 Nm), ❽ Achtfachstecker (schwarz) für Hallgeber, ❾ Hallgeber G40, ❿ O-Ring, ⓫ Zündleitungsführung, ⓬ Zündkerze (30 Nm).

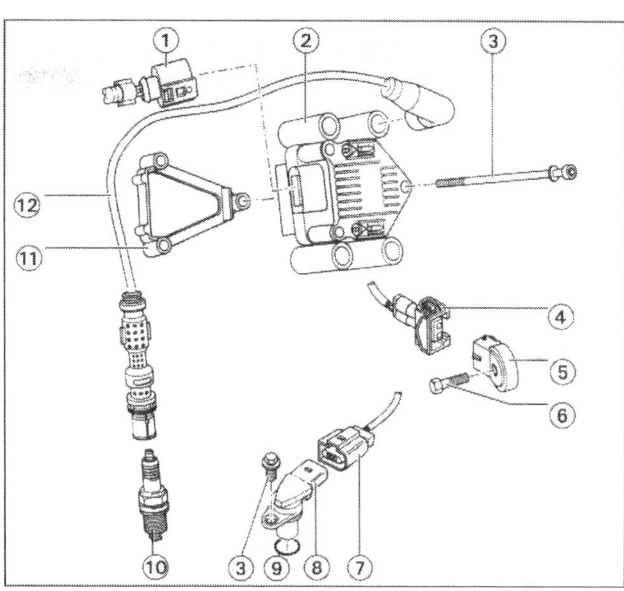

Direktzündung bei Motoren ALD, ANV: ❶ Vierfach-Anschlussstecker (schwarz) für Zündtrafo, ❷ Zündtrafo, ❸ Schraube (10 Nm), ❹ Zweifachstecker (schwarz) für Klopfsensor, ❺ Klopfsensor, ❻ Schraube (20 Nm), ❼ Dreifachstecker (schwarz) für Hallgeber, ❽ Hallgeber, ❾ O-Ring, ❿ Zündkerze (30 Nm), ⓫ Halter für Zündtrafo, ⓬ Zündleitung.

So funktioniert der Zündtrafo

Der Trafo – meist Zündspule genannt – besteht aus einer Primärwicklung mit relativ wenigen Windungen aus dickem Kupferdraht und der Sekundärwicklung mit einigen Tausend Windungen aus dünnem Draht. Ein typisches Windungsverhältnis ist 1 : 100. Beide Wicklungen umschließen einen lamellierten Eisenkern – die Sekundärwicklung innen auf dem Kern, die Primärwicklung darüber in einer vom magnetischen Mantelblech umhüllten Vergussmasse (Asphalt; möglich ist auch Öl).

Vom Steuergerät über die Endstufe gesteuert, erhält die Primärwicklung über die Klemmen 15 und 1 Strom von der Batterie (Niederspannung). Dadurch baut sich ein Magnetfeld auf, das durch den Eisenkern verstärkt wird. Unterbricht das Steuergerät diesen Stromkreis, bricht das Magnetfeld für Bruchteile von Sekunden schlagartig zusammen. Dabei entsteht eine Spannung bis zu 400 Volt. Diese erzeugt in der Sekundärwicklung einen Hochspannungs-Stromstoß (Induktion), der über den so genannten Mitteldom der Spule (Klemme 4) in den Zündverteiler eingespeist wird. Ein Verteilerläufer leitet die Zündenergie auf die Außenelektrode in den so genannten Außendomen, die jeweils einer Zündkerze zugeordnet sind, wo sich die Zündenergie in der Funkenstrecke entlädt.

Klopfende Verbrennung

Technik-lexikon

In Ottomotoren können unter bestimmten Bedingungen anormale Verbrennungsvorgänge auftreten. Sie begrenzen die Steigerung von Leistung und Wirkungsgrad. Dieser unerwünschte Verbrennungsvorgang wird als »Klopfen« bezeichnet. Er spielt sich als stoßartige Verbrennung von Gemischteilen ab, die noch nicht von der Flammenfront erfasst sind. Der Zündzeitpunkt liegt dann zu weit in Richtung »früh«.

Dabei können Flammgeschwindigkeiten von 2000 Meter pro Sekunde auftreten – bei normalen Verbrennungen treten nur Geschwindigkeiten von 30 Meter pro Sekunde auf. Dauert die schlagartige Verbrennung mit zu starkem Druckanstieg länger an, können Zylinderkopf und Zylinderkopfdichtung, Kolben, Lager und Zündkerzen beschädigt werden.

Die Klopfsensoren nehmen die Schwingungen der unregelmäßigen Verbrennung auf und veranlassen das Steuergerät, die Zündung etwas zurückzunehmen. Dank der Klopfregelung ist es beispielsweise auch möglich, einen für Superbenzin ausgelegten Motor vorübergehend mit Normalbenzin zu fahren.

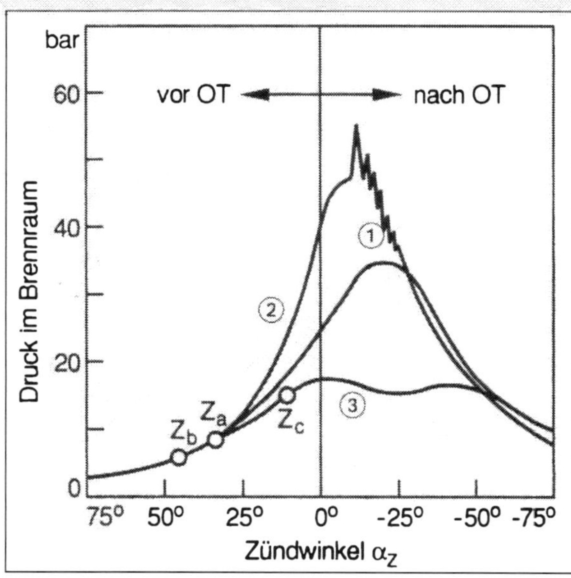

Auf diesem Diagramm erkennt man den Druckverlauf im Brennraum bei verschiedenen Zündzeitpunkten. ❶ Zündung Za im richtigen Zeitpunkt, ❷ Zündung Zb zu früh (klopfende Verbrennung), ❸ Zündung Zc zu spät.

Elektrodenabstand

Technik-lexikon

Neben dem richtigen Wärmewert müssen die Zündkerzen einen speziellen Abstand zwischen den Elektroden aufweisen. Er beträgt bei den Lupo/Arosa-Motoren meist 0,9 bis 1,1 Millimeter (in wenigen Fällen 0,7 bis 0,9 mm). Dieser Abstand kann sich jedoch mit zunehmender Laufzeit der Zündkerzen verändern. Durch die hohe Spannung beim Funkenüberschlag werden nämlich immer wieder kleine Metallpartikel von den Elektroden abgesprengt. Dadurch vergrößert sich der Funkenspalt, was eine höhere Zündspannung erforderlich macht. Wird der Abstand zu groß, kann es zu Zündaussetzern kommen, eventuell springt dann der Motor überhaupt nicht mehr an.

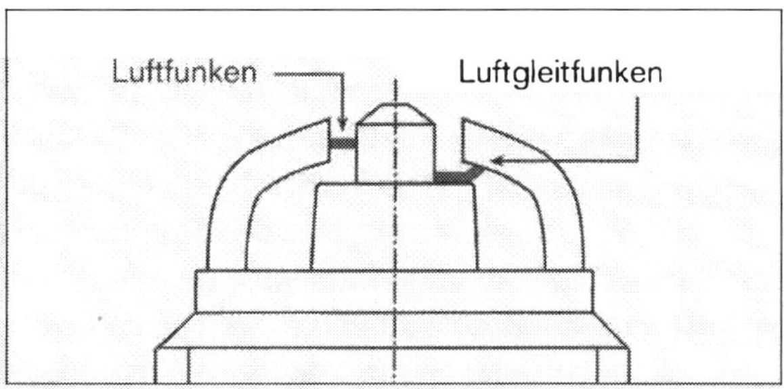

Neues Konzept für neue Motoren: Die Zündkerzen mit Luftfunken werden von solchen mit Luftgleitfunken abgelöst.

Um den Abstand zwischen Masseelektrode ❶ und Mittelelektrode ❷ zu messen, benötigen Sie eine Fühlerlehre. Der Abstand soll 1,0 Millimeter betragen, eine Toleranz von +- 0,1 Millimeter ist zulässig. Bei den Drei-Elektroden-Zündkerzen des VW ist die Korrektur des Abstandes nicht mehr möglich. Liegt der gemessene Wert jenseits der Toleranz, müssen die Zündkerzen ausgetauscht werden.

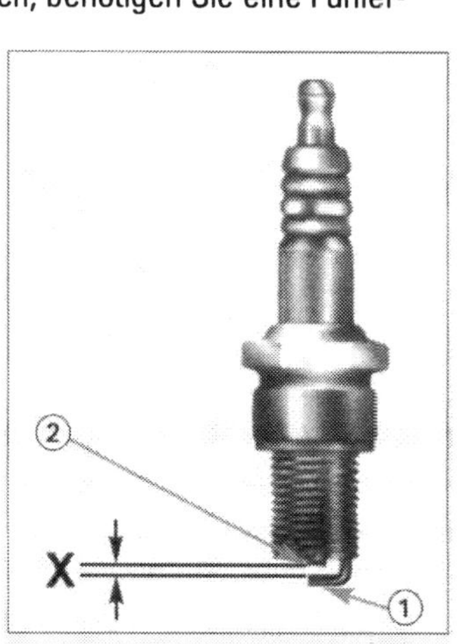

Zündkerzen für Lupomotoren

Motor	Kennbuchstaben	BERU	Bosch	NGK	Elektroden-abstand mm	Anzugs-moment
1,0 Liter	AER, ALL	-	W 7 LTCR	BUR 6 ET	0,7 – 0,9	25 Nm
		14GH- 7DTUR			0,9 – 1,1	
1,0 Liter	ALD, ANV	--	---	PZFR 5D-11	1,0 – 1,1	30 Nm
1.4-Liter	AHW, AKQ, APE, AFK, AQQ	--	---	BKUR 6 ET-10	0,9 – 1,1	30 Nm

Die Zündfolge für die Kerzen ist jeweils 1-3-4-2. VW und Audi bezeichnen intern die Kerzen für die Motoren AER und ALL mit 101 000 036AA, 101 000 050AC und 101 000 040AD; für die Motoren AHW, AKQ, APE, AFK, AQQ mit 101 000 033AA.

Die Zündkerzen

Die Zündkerzen haben die Aufgabe, das Kraftstoff-Luft-Gemisch im Brennraum zu entzünden. Dabei entstehen Temperaturen von rund 2.500 Grad und Drücke bis 60 bar. Damit der Funke trotzdem zuverlässig zwischen den Elektroden überspringt, ist der Anschlussbolzen der Kerze von einem keramischen Isolator umgeben. Mittelelektrode und Anschlussbolzen stecken außerdem in einer elektrisch leitenden Glasschmelze, die für die Verankerung dieser Teile und die Abdichtung gegenüber dem Brennraum sorgt. Ist die erforderliche Zündspannung erreicht, springt der elektrische Funke von der Mittelelektrode zur Masseelektrode über und entzündet dabei die Kraftstoffteilchen im Brennraum.

Die wichtigsten Teile der Zündkerze.
❶ und ❷ Zündkabel-Anschlussmutter mit Gewinde, ❸ Keramikisolator mit Kriechstrombarriere, ❹ Anschlussbolzen, ❺ Stauch- und Warmschrumpfzone, ❻ Dichtring, ❼ Zündkerzenkörper, ❽ Isolatorfuß, ❾ Mittelelektrode, ❿ Masseelektrode.

Während das Zündsystem verschleiß- und wartungsfrei arbeitet, müssen die Zündkerzen regelmäßig erneuert werden. Allerdings kann das Intervall dafür sehr unterschiedlich sein. Es liegt zwischen 20.000 und 100.000 km (Lupo/Arosa: 60.000 km). Ausschlaggebend hierfür ist vor allem der Elektrodenwerkstoff.

Der Wärmewert

Damit eine Zündkerze exakt arbeitet, muss sie nach dem Motorstart schnell ihre Selbstreinigungstemperatur von etwa 400 Grad erreichen. Sonst setzen sich Verbrennungsrückstände am Isolatorfuß fest. Bei Volllast darf die Temperatur etwa 800 Grad nicht überschreiten. Allerdings sind die Arbeitsbedingungen für die Zündkerzen nicht in allen Motoren gleich. Erst der so genannte Wärmewert entscheidet, ob Zündkerze und Triebwerk zueinander passen. Verwenden Sie zum Beispiel eine Zündkerze mit zu hohem Wärmewert, kann sich der Isolatorfuß stark erhitzen. Das hätte unkontrollierte Glühzündungen zur Folge, die den Motor sogar zerstören können. Wählen Sie dagegen eine Zündkerze mit zu niedrigem Wärmewert, erreicht diese nicht die nötige Temperatur zur Selbstreinigung und der Isolatorfuß verschmutzt. Der richtige Zündkerzen-Wärmewert wird vom Automobilhersteller festgelegt.

Was sagt das Kerzengesicht?

Technik-lexikon

Am Zustand der Kerzenelektroden (»Kerzengesicht«) können Sie erkennen, ob der Motor optimal arbeitet. Die Zündkerzen sind gewissermaßen Zeugen der Verbrennung im Zylinder. Achten Sie bei der Kontrolle der ausgebauten Zündkerzen auf diese Punkte:

Isolatorspitze hellgrau bis grau gefärbt. Gute Einstellung der Einspritzanlage, der Motor läuft wirtschaftlich.

Isolatorspitze weißlich gefärbt. Zündzeitpunkt stimmt nicht, automatische Zündzeitpunktverstellung im Steuergerät defekt.

Schwarze rußartige Ablagerungen. Zündkerze erreicht ihre Selbstreinigungs-Temperatur nicht (häufiger Kurzstreckenverkehr), falscher Wärmewert, CO-Gehalt zu hoch.

Ölschicht über Elektroden. Kolbenringe, Ventilführungen oder Abdichtungen der Ventilschäfte schadhaft. Möglicherweise haben Sie auch Motoröl oder Kraftstoff mit Zusätzen verwendet. Tauschen Sie die Zündkerzen aus, wechseln Sie Öl und Kraftstoffmarke und prüfen Sie erneut den Zustand der Kerzen.

Geringerer Verschleiß nach 90.000 km Straßenlauf: Die neue Nickel-Yttrium-Legierung (oben) hält sichtbar besser durch als Standard-Nickel (rechts).

Arbeiten an der Zündanlage

Die Zündanlage gilt nach gesetzlichen Richtlinien als gefährliche Anlage. Für alle Arbeiten an diesem System sind besondere Sicherheitsmaßnahmen zu beachten. Überlassen Sie die Arbeit an der elektronischen Zündanlage daher der Werkstatt. Aber auch bei Wartungsarbeiten ist besondere Vorsicht angesagt.

- Berühren Sie bei eingeschalteter Zündung auf keinen Fall die spannungsführenden Teile von Primär- und Sekundärstromkreis – das bedeutet Lebensgefahr.
- Schalten Sie bei allen Wartungsarbeiten und Reparaturen stets die Zündung aus. Das gilt zum Beispiel für den Wechsel der Zündkerzen ebenso wie für das An- bzw. Abklemmen elektrischer Leitungen und den Anschluss von Prüfgeräten.
- Bei eingeschalteter Zündung genügt eine Erschütterung des Fahrzeugs, um an einer Zündkerze einen Hochspannungsimpuls auszulösen. Bei Arbeiten im Motorraum bedeutet dies Lebensgefahr. Außerdem können Bauteile der Zündanlage zerstört werden.
- Wenn Sie elektrische Schweißarbeiten am Fahrzeug durchführen, müssen Sie beide Kabel an der Batterie abklemmen.
- Wenn der Motor mit Anlassdrehzahl betrieben werden soll, ohne dass er anspringen soll, beispielsweise bei der Kompressions-Prüfung, Stecker von der Leistungsendstufe für Zündspulen und Stecker von den Einspritzventilen abziehen.
- Zum Schutz des Steuergerätes müssen sie die Zündung ausschalten, wenn die Batterie an- oder abgeklemmt werden soll.

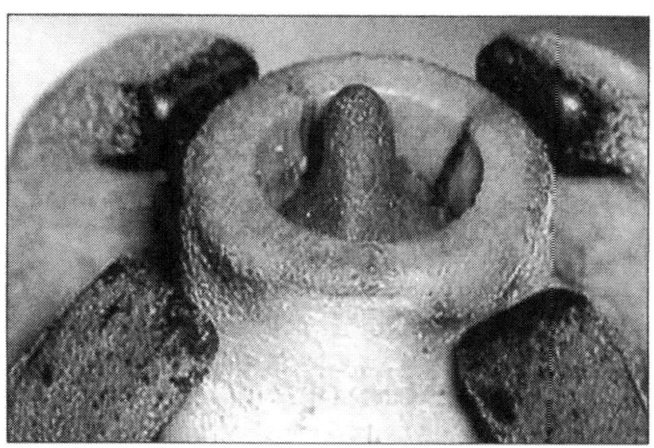

Zündkerzen ausbauen, prüfen und wechseln

Volkswagen schreibt im Wartungsplan einen Wechsel erst nach 60.000 Kilometern vor. In der Regel stehen die Kerzen dieses Intervall ohne Probleme durch. Springt der Motor nur unwillig an oder ruckelt er nach dem Start, kann dies freilich auch an den Zündkerzen liegen. Unsichtbare Risse im Keramikisolator füllen sich beim Kaltstart mit kondensierendem Kraftstoff, wodurch der Zündfunke abgeleitet wird. Wenn Sie glauben, dass die Kerzen nicht richtig arbeiten, sollten Sie diese Teile zur Sicherheit austauschen.
Die Kerzen sollen bei kaltem Motor gewechselt werden. Wenn die Kerzen bei heißem Motor ausgebaut werden, könnte das Kerzengewinde des Leichtmetall-Zylinderkopfes ausreißen. Zum Ausbau benötigen Sie einen Zündkerzen-Steckschlüssel 16 mm (HAZET 900AKF; HAZET 2506 oder 4766-1; VW-Werkstätten verwenden den Kerzenschlüssel 3122B). Günstig ist auch der Einsatz der Spezialzange HAZET 1849 (VW: 3277A) zum Abziehen der Kerzenstecker.

Arbeitsschritte   

① Bei den Motoren **AER, ALL und AEX** ziehen Sie den Schlauch für Ansaugluftvorwärmung vom Abgaskrümmer ab.

② Bauen Sie den Luftfilter aus und nehmen ihn komplett heraus.

① – ② **Für Motoren AHW, AKQ, AFK, APE, AQQ:** Nehmen Sie den Verschlussdeckel auf der Abdeckung ab. Ziehen Sie die vier Zündleitungen aus der Abdeckung heraus und die Abdeckung etwas nach oben.

③ Ziehen Sie die Zündkerzenstecker ab und schrauben Sie die Zündkerzen mit dem geeigneten Schlüssel heraus. Legen Sie diese in der Reihenfolge der Zylinder ab. Wenden Sie bei einer festsitzenden Zündkerze keine Gewalt an, damit das Kerzengewinde im Zylinderkopf nicht ausreißt.

Lässt sich die Zündkerze nicht herausschrauben, bringen Sie ausnahmsweise den Motor doch auf Betriebstemperatur. Versuchen Sie nun, die Kerze vorsichtig auszubau-

Motor und Zündanlage – Störungsbeistand

Störung	Ursache	Abhilfe
A Motor springt schlecht oder gar nicht an	**1** Zündspule oder Zündkerzen feucht bzw. verschmutzt, daher kein Zündfunke	Trocknen bzw. reinigen, ggf. mit Zündspray behandeln
	2 Steckverbindungen locker bzw. oxidiert	Kontrollieren, ggf. erneuern (lassen)
	3 Zündkerzen nass (nach häufigen Startversuchen)	Ausbauen und trocknen
	4 Drehzahl-/Positionssensor lose – zu großer Abstand zu Schwungscheibe	Festziehen
	5 Drehzahl-/Positionssensor defekt; Kabel hat Masse oder ist unterbrochen	Erneuern lassen; Kabel kontrollieren bzw. erneuern
	6 Zündspule(n) defekt	Austauschen
	7 Leistungsendstufe oder Steuergerät defekt	Kontrollieren lassen und ggf. austauschen
B Motor läuft unrund, hat Zündaussetzer	**1** Zündkerze defekt	Austauschen
	2 Zündkabel unterbrochen	Leitung ersetzen
	3 Siehe A1 – 7	
C Motor hat keine Leistung	**1** Luftmassenmesser defekt oder Steckverbindung sitzt nicht korrekt	Kontrollieren (lassen), ersetzen
	2 Kühlmittel, Ansaugluft-Temperatursensor defekt oder Stecker sitzt nicht korrekt	Steckverbindungen kontrollieren, Sensor ggf. ersetzen lassen
	3 Siehe A4 – 7	

Dieser Störungsbeistand setzt voraus, dass der Motor mechanisch in Ordnung ist und die Kraftstoffversorgung einwandfrei arbeitet.

en. Verbrennen Sie sich nicht die Hände am heißen Motor! Warten Sie mit dem Einbauen neuer Kerzen, bis der Motor abgekühlt ist. Dreht man eine kalte Kerze ins warme Triebwerk, sitzt sie später fest wie eingeschweißt.

④ Zum **Einbau** die neuen Zündkerzen vorsichtig handfest eindrehen. Dann mit dem Zündkerzenschlüssel wie jeweils gefordert mit Anzugsmoment von 30 oder 25 Newtonmeter festziehen. Den Zündkerzenschlüssel nicht verkanten, damit der Keramikisolator der Kerze nicht beschädigt wird!

⑤ Dann weiter in umgekehrter Ausbaureihenfolge.

Zündung lahmlegen

Das Steuergerät erleidet unweigerlich Schaden, wenn der Motor bei abgezogenem Hauptzündkabel vom Anlasser durchgedreht wird. Deshalb muss zu bestimmten Arbeiten die Zündung lahmgelegt werden: Dafür montieren Sie zunächst die Motorabdeckung ab. Bei abgeschalteter Zündung ziehen Sie die Stecker der Leistungsendstufen ab.

Sichtprüfung: Zündtrafo und Kabel

Arbeitsschritte  

① Sitzen die Kabelanschlüsse und Mehrfachstecker an Zündtrafo (Zündspule) und Steuergerät fest? Die Zündkabel müssen fest in den Buchsen stecken. Sie können durch Erwärmung der eingeschlossenen Luft in den Buchsen etwas abheben und dadurch Stottern des Motors verursachen. Wenn die Kabel an den Kerzen nicht fest sitzen, kann es aufgrund der hohen Spannungen zu Kriechströmen und Funkenüberschlägen kommen.

② Kontrollieren Sie das Zündtrafogehäuse. Es darf keine Risse oder Brandspuren aufweisen (von überschlagenden Funken).

③ Prüfen Sie den Zustand der Zündkabel. Sie dürfen an keiner Stelle durchgescheuert sein. Kabel mit Scheuer- oder Schmorstellen oder mit den berüchtigten Marderbissen sollten Sie umgehend ersetzen. Bei einem defekten Kabel kann der Zündfunke schon vor der Zündkerze zur Masse überspringen. Sie hören das an Knack- oder Knattergeräuschen im Motorraum.

④ Streusalzschichten auf dem Zündkabel sollten Sie entfernen.

Zündstrom prüfen

Arbeitsschritte   

① Einen Kerzenstecker abziehen, Zündkerze herausschrauben. Vorher den Zündtrafo abschrauben.

② Stecker wieder auf die Zündkerze stecken. Dann die Kerze so auf dem Motorblock ablegen, dass sie einwandfrei Massekontakt hat und nicht vom Motor abgeschüttelt werden kann.

③ Ziehen Sie von allen Einspritzventilen die Stecker ab. Tun Sie das nicht, kann unverbrannter Kraftstoff in den Auspuff gelangen und den Katalysator beschädigen.

④ Motor von einem Helfer starten lassen.

⑤ Springen kräftige Funken am Kabelende bzw. an der Kerzenelektrode über, ist Zündstrom vorhanden.

⑥ Springen keine Funken über, sollten Sie zunächst eine Sichtprüfung der Zündanlage vornehmen. Wenn Sie keine Unregelmäßigkeit feststellen, sollten Sie die Stromversorgung der Zündanlage prüfen.

Zündtrafo (mit Endstufe) und Geber prüfen

Lassen Probleme mit der Zündung eine Funktionsstörung der Zündspule vermuten, muss der Trafo geprüft werden. Sie benötigen dazu ein Handmultimeter (V.A.G. 1526), Hilfsleitungen (Messhilfsmittel-Set V.A.G. 1594), eine Diodenprüflampe (z. B. V.A.G. 1527) und den Stromlaufplan. In den folgenden Arbeitsschritten demonstrieren wir die Prüfung der unterschiedlich aufgebauten Zündtrafos in den Einspritz- und Zündanlagen Motronic (1,0 Liter-Motoren AER, ALL; Trafo: Position 4 in Zeichnung auf Seite 117) sowie 4AV (1,4 Liter-Motoren AHW, AKQ; Trafo: Position 2 in der Zeichnung auf Seite 117 unten). Die Ar-

Praxistipp

Zündkerzengewinde erneuern

Die Zündkerze lässt sich beim nächsten Wechsel besser herausdrehen, wenn Sie hochtemperaturfestes Kupferfett sparsam auf die Gewindegänge streichen.
Wenn das Zündkerzengewinde im Zylinderkopf aus welchem Grunde auch immer doch defekt sein sollte, muss es erneuert werden. Es gibt dafür (z.B. von BERU) einen Werkzeug- und Reparatursatz. Mit einem Spezialbohrer wird das alte Gewinde herausgeschält. Dazu muss der Zylinderkopf nicht ausgebaut werden. Anschließend wird ein neues Gewinde in den Zylinderkopf geschnitten. Die Zündkerze muss dann aber mit einem speziellen Gewindeeinsatz eingedreht werden. Diese Einsätze sitzen sicher und sind auch kompressionsdicht.

beitsabläufe sind im Prinzip übertragbar.
Für die Prüfung müssen einige Voraussetzungen erfüllt sein. Die Batteriespannung muss mindestens 11,5 Volt betragen, der Hallgeber im Zündverteiler muss in Ordnung sein (Position 11 bzw. 9), und für den Fall 4AV muss auch der Geber für Motordrehzahl einwandfrei funktionieren. Aus diesem Grund sind der Trafo-Prüfung zunächst die Prüfungen der Geber voran gestellt.

Hallgeber prüfen

Für diese Prüfung ist die Prüfbox V.A.G. 1598 (Ausführung 18 bzw. 22) erforderlich. Werkstatt!

① Ziehen Sie den Dreifachstecker vom Hallgeber ab. Die Einbauorte (Zeichnungen Seite 117) und die Bauformen der Stecker sind für beide Zündanlagen verschieden.

② Schließen Sie das Multimeter mit Hilfsleitungen an die beiden äußeren der in einer Reihe liegenden Kontakte (1 und 3, Plus und Masse) des Steckers an.

③ Schalten Sie die Zündung ein. Im Falle der Motronic/Motoren AER, ALL müssen Sie mindestens 9,0 Volt, im Falle der 4 AV/Motoren AHW, AKQ mindestens 4,5 Volt messen.

④ Schalten Sie die Zündung aus. Wenn keine Spannung anlag, ist entweder der Hallgeber oder das Motorsteuergerät defekt. Dann müssen Sie Wischerarme und Windlauf ausbauen, um an den Leitungsstrang Steuergerät heranzukommen. Die Prüfbox 1598 ist anzuschließen (.../18 für Motronic, .../22 für 4AV) – wahrscheinlich ein Fall für die Werkstatt.

⑤ Entsprechend dem jeweiligen Stromlaufplan müssen die Leitungen zwischen Dreifachstecker und Prüfbox auf Unterbrechung geprüft werden. Im Fall Motronic (AER, ALL): Kontakt 1 und Buchse 17, Kontakt 2 und Buchse 13, Kontakt 3 und Buchse 8; im Fall 4 AV (AHW, AKQ): Kontakt 1 und Buchse 64, Kontakt 2 und Buchse 76, Kontakt 3 und Buchse 67. Der Leitungswiderstand darf höchstens 1,5 Ohm betragen.

⑥ Prüfen Sie zusätzlich die Leitungen auf Kurzschluss untereinander. Widerstands-Sollwert: unendlich.

⑦ Wird kein Fehler in den Leitungen festgestellt und war zwischen den Kontakten 1 und 3 Spannung vorhanden, muss der Hallgeber (G40) ersetzt werden. War bei intakten Leitungen keine Spannung zwischen 1 und 3 messbar, muss das Motorsteuergerät ersetzt werden.

Praxistipp

Defekter Hallgeber

Der Hallgeber liefert dem Steuergerät Informationen über die Zündposition des ersten Zylinders. Obwohl der Geber für die Zündung von elementarer Bedeutung ist, kann sogar der Vierzylinder mit Einzelfunken-Zündung bei defektem Hallgeber mit einem Notlaufprogramm weiterlaufen. Bei einem Ausfall wird die Klopfregelung ausgeschaltet und der Zündwinkel etwas zurückgenommen, weil eine Zylinderzuordnung nicht mehr möglich ist. Es wird nun bei jeder Kurbelwellen-Umdrehung gezündet. Die Einspritzung stellt sich auf die geänderte Situation ein, indem sie statt bei geöffnetem Einlassventil schon bei noch geschlossenem Ventil einspritzt. Die Güte der Gemischaufbereitung wird kaum beeinträchtigt.

Geber für Motordrehzahl prüfen

Der Geber für Motordrehzahl (G28) ist Drehzahl- und Bezugsmarkengeber. Fällt bei laufendem Motor das Drehzahlsignal aus, kann dies zum Motorstillstand führen. Der Prüfablauf (4AV; AHW, AKQ) ist ähnlich dem beim Hallgeber. Sie benötigen dieselben Messwerkzeuge und in der Konsequenz auch wieder die Prüfbox 1598/22.

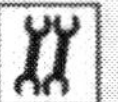

① Trennen Sie die (schwarze) Dreifach-Steckverbindung zum Geber G28 am Kühlmittelregler-Gehäuse.

② Schließen Sie das Multimeter an die Kontakte 1 (Plus) und 3 (Masse) des Steckers für den Motordrehzahl-Geber an. Schalten Sie die Zündung ein: Es müssen mindestens 4,5 Volt gemessen werden.

③ Schalten Sie die Zündung aus. War keine Spannung vorhanden, müssen Wischerarme und Windlauf ausgebaut und die Prüfbox am Leitungsstrang Steuergerät angeschlossen werden.

④ Nach Stromlaufplan haben Sie die Leitungen zwischen Prüfbox und Stecker (Kontakt 1 und Buchse 56, Kontakt 2 und Buchse 63, Kontakt 3 und Buchse 67) auf Unterbrechung zu prüfen. Maximaler Leitungswiderstand: 1,5 Ohm.

⑤ Prüfen Sie zusätzlich auch wieder die Leitungen auf Kurzschluss untereinander. Widerstandssollwert: unendlich.

⑥ Wenn kein Leitungsfehler festgestellt wird und wenn Spannung zwischen 1 und 3 vorhanden war, muss der Geber für Motordrehzahl ersetzt werden. Gibt es keinen Leitungsfehler und wurde keine Spannung gemessen, ist das Motorsteuergerät zu ersetzen.

Zündtrafo prüfen

① Ziehen Sie im Fall Motronic/AER, ALL den dreipoligen Anschlussstecker und die Zündleitung, im Fall 4AV/AHW, AKQ (hier muss die Sicherung SB 34 in Ordnung sein) den Vierfachstecker vom jeweiligen Zündtrafo ab.

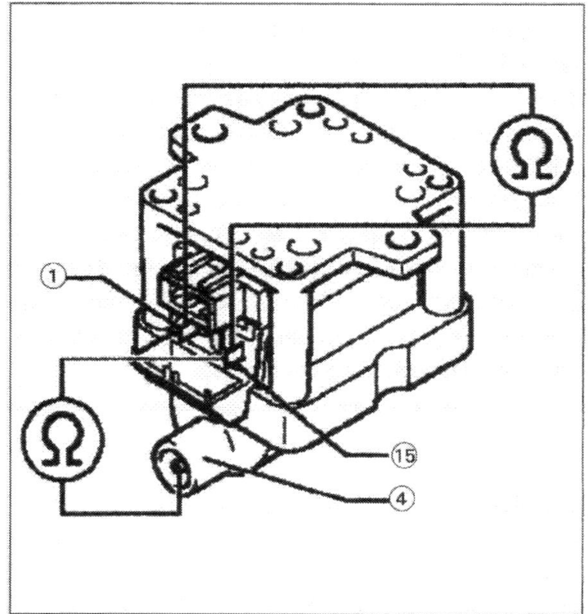

Messstellen an den Klemmen des Zündtrafos bei Motoren AER und ALL.

② Für **AER, ALL:** Prüfen Sie den Primärwiderstand zwischen den Klemmen ❶ und ⓯ (vergleiche Abschnitt »So funktioniert der Zündtrafo«). Sollwert: 0,5 bis 1,5 Ohm.

Prüfen Sie den Sekundärwiderstand zwischen den Klemmen ❹ und ⓯ (vergleiche Abschnitt »So funktioniert der Zündtrafo«). Sollwert: 2,5 bis 4,0 Kiloohm. Wenn die Sollwerte nicht erreicht werden, **wechseln Sie den Zündtrafo (N152).**

③ Beide Zündanlagen-Fälle: Schließen Sie das Multimeter mit Hilfsleitungen zur Spannungsmessung am abgezogenen Stecker an. AER, ALL: Kontakte 1 und 3. AHW, AKQ: Kontakte 2 und 4.

④ Schalten Sie die Zündung ein. Es muss eine Spannung von mindestens 11,5 Volt gemessen werden. Wenn keine Spannung vorhanden ist, schalten Sie die Zündung aus.

⑤ Prüfen Sie beim Dreifachstecker die Leitung zwischen Kontakt 1 und Masse (nach Stromlaufplan) auf Unterbrechung. Maximaler Widerstand: 1,5 Ohm. Prüfen Sie beim Vierfachstecker die Leitung zwischen Kontakt 2 und Relaisplatte auf Unterbrechung. Maximaler Widerstand: 1,5 Ohm.

⑥ Prüfen Sie beim Dreifachstecker die Leitung zwischen Kontakt 3 und der Relaisplatte auf Unterbrechung. Widerstand: max. 1,5 Ohm. Prüfen Sie beim Vierfachstecker die Leitung zwischen Kontakt 4 und Masse auf Unterbrechung. Widerstand: max. 1,5 Ohm.

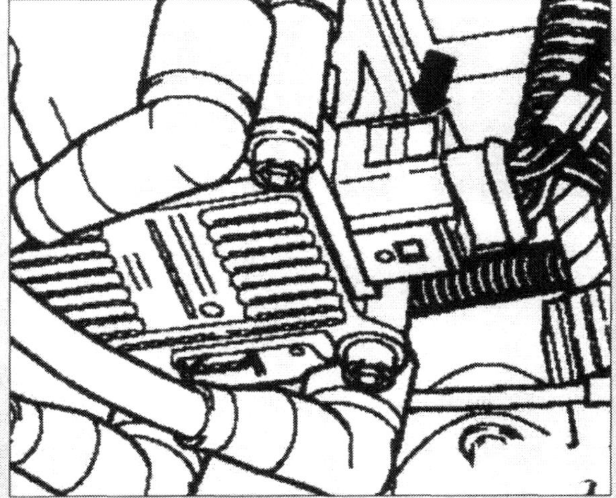

Lage des Steckers (Pfeil) am Zündtrafo bei Motoren AHW und AKQ.

⑦ Sie müssen nun die **Ansteuerung** (Funktion der Endstufe) prüfen. Dazu ziehen Sie die Anschlussstecker der Einspritzventile ab. (Beim 1,4 Liter-Motor die Abdeckung über dem Nockenwellengehäuse abbauen.)

⑧ Im Fall **AER, ALL** schließen Sie die Diodenprüflampe (1527) mit Hilfsleitungen (1594) und Zwischenstücken (1594/15) an den Kontakten 2 und 3 des Dreifachsteckers an. Betätigen Sie den Anlasser und prüfen Sie das Zündsignal vom Motorsteuergerät. Die Leuchtdiode muss flackern.

Im Fall **AHW, AKQ** schließen Sie die Diodenprüflampe mit den Hilfsleitungen an den Kontakten 1 und 4 (Zündausgang 1) sowie 3 und 4 (Zündausgang 2) des abgezogenen Vierfachsteckers an. Betätigen Sie den Anlasser und prüfen Sie das Zündsignal vom Motorsteuergerät. Die Leuchtdiode muss flackern. Schalten Sie die Zündung aus. Wenn die Leuchtdiode flackert und Spannung zwischen den Kontakten 2 und 4 vorhanden ist, müssen Sie den **Zündtrafo (N152) ersetzen.**

⑨ **Beide Fälle:** Wenn die Leuchtdiode nicht flackert, müssen Sie nach dem Muster der Prüfungen des Hallgebers und des Gebers für Motordrehzahl mittels Prüfbox die Leitungen zum Motorsteuergerät prüfen. Zum Anschluss der Prüfbox (1598) an den Leitungsstrang Steuergerät sind Wischerarme und Windlauf auszubauen.

⑩ Beim Dreifachstecker (AER, ALL) prüfen Sie die Leitung zwischen Kontakt 2 und Prüfboxbuchse 24. Der Leitungswiderstand darf max. 1,5 Ohm betragen. Beim Vierfachstecker (AHW, AKQ) prüfen Sie die Leitungen zwischen Kontakt 1 und Buchse 71 sowie Kontakt 3 und Buchse 78 auf Unterbrechung. Der Widerstand darf jeweils nur max. 1,5 Ohm betragen. Prüfen Sie ferner in beiden Fällen die Leitungen auf Kurzschluss untereinander. Widerstandssollwerte: unendlich.

⑪ Wenn Sie keinen Leitungsfehler festgestellt haben und im Fall AER/ALL Spannung zwischen Kontakt 1 und 3, im Fall AHW/AKQ zwischen Kontakt 2 und 4 vorhanden war: **Ersetzen Sie das Motorsteuergerät.**

⑫ Wenn im Fall **AER/ALL** Spannungsversorgung und Ansteuerung in Ordnung sind, stecken Sie den Dreifachstecker und die Zündleitung wieder am Zündtrafo auf. Wenn Sie jetzt die Diodenprüflampe mit Hilfsleitungen und Klemmen an die Kontakte ❶ und ⓯ am Zündtrafo anschließen und Sie den Anlasser betätigen, muss die Leuchtdiode flackern.

Im Fall **AHW/AKQ** sind noch die Sekundärwiderstände des Zündtrafos zu prüfen. Mit dem Multimeter (Widerstandsmessung) prüfen Sie an Klemme ❹ die Widerstände zwischen Zylinder 1 und Zylinder 4 (paarig oben am Trafo) und zwischen Zylinder 2 und 3 (unten paarig am Trafo). Der Sollwert bei 20°C beträgt 4,0 bis 6,0 Kiloohm. Wenn diese Sollwerte nicht erreicht werden, **ersetzen Sie den Zündtrafo (N152).**

DIE DIESELEINSPRITZ-TECHNIK

Das Drei-Liter-Auto auf dem Prüfstand:
Den Diesel-Direkteinspritzer 3L TDI trimmte Volkswagen auf sparsamsten Verbrauch.

Wartung

Reparatur

PKW-Diesel sind heute ebenso aufwendig und kompliziert gebaut wie die modernsten Benzinmotoren. Die Zeiten, in denen Dieselmotoren rußten und »nagelten«, weil sie mit grobschlächtiger Technik ausgestattet waren, sind endgültig vorbei. An elektronischen Komponenten, so wurde schon im übergreifenden Kapitel »Das Motormanagement« dargelegt, mangelt es nicht. Selbst die Einspritzpumpe, vor nicht allzu langer Zeit ein Wunderwerk ausschließlich der Mechanik, verspritzt heute ohne Bits und Bytes keinen Tropfen Diesel.

Dank der fortschrittlichen Technologien ist der Diesel heute anderen Großserienmotoren in puncto Verbrauch meist überlegen. Die Dynamik- und Komfort-Eigenschaften der Selbstzünder haben ein Niveau erreicht, das noch vor wenigen Jahren undenkbar war. Gegen die sich hartnäckig haltende These, die Abgase der Diesel könnten schädlicher sein als die der Benziner, spricht ebenfalls der gewaltige Entwicklungsschub der letzten Jahre. Mit dem 3L TDI kam der bisher einzige Diesel auf den Markt, der die strengen Grenzwerte der Abgasnorm D4 erfüllt.

Die Einspritzung

Das Prinzip: Reine Luft wird in die Zylinder gesaugt und dort hoch verdichtet. Dadurch steigt die Temperatur über die Zündtemperatur des Dieselkraftstoffs auf etwa 600°C an. Steht der Kolben kurz vor dem Oberen Totpunkt, wird Dieselöl in den Zylinder eingespritzt. Der Kraftstoff zündet von selbst, Zündkerzen sind nicht erforderlich. Bei sehr kaltem Motor kann es sein, dass die Zündtemperatur nicht erreicht wird. Deshalb wird »vorgeglüht«. In jedem Brennraum steckt dazu eine Glühkerze. Die Vorglühdauer ist abhängig von der Umgebungstemperatur und wird durch das Motor-Steuergerät über ein Vorglührelais gesteuert.

Für die Dieseleinspritzung gibt es die drei Verfahren Vorkammer-, Wirbelkammer- und Direkteinspritzung. Bei den Kammer-Einspritzungen wird der Diesel-Kraftstoff in vom Hauptverbrennungsraum des Zylinders abgeteilte Kammern eingespritzt. Noch bis vor kurzem galt der Wirbelkammer-Motor aus Komfortgründen als für den Pkw am besten geeignet. Direkteinspritzmotoren aber haben einen höheren Wirkungsgrad und arbeiten um 20 Prozent wirtschaftlicher. Auf der Basis der Hochdruck-Einspritzpumpe (Bosch) hat Volkswa-

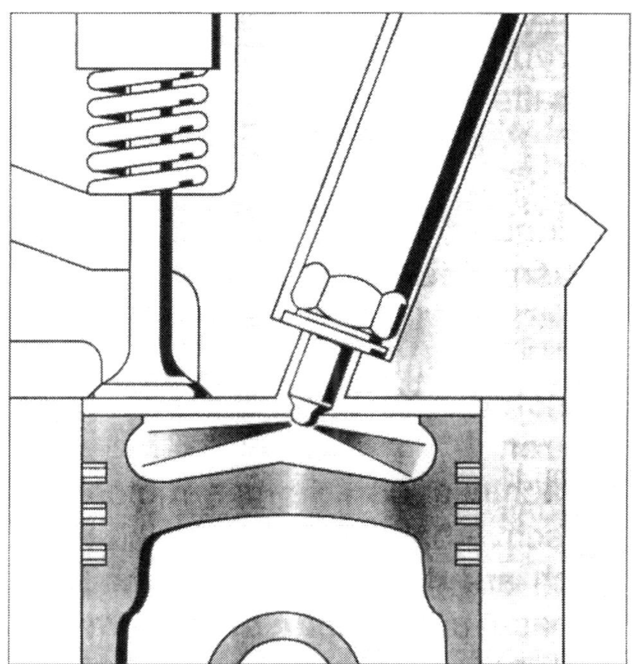

Aufwendig wie die Benziner-Motronik: Auch die elektronisch geregelte Diesel-Direkteinspritzung verlangt für sachgerechte Arbeiten spezielle Diagnosegeräte. Viel kann man nicht mehr selbst reparieren. Das Prinzipbild zeigt die Kraftstoffeinspritzung direkt in den Brennraum, nämlich in die Brennmulde des Kolbens.

gen daher die Direkteinspritzung »salonfähig« gemacht. Der Kraftstoff wird von der Pumpe über die Einspritzventile direkt in den Brennraum eingespritzt, und zwar in die Brennmulde im Kolben. Der Lupo wird mit drei Typen direkteinspritzender Dieselmotoren ausgestattet: Mit dem 1,7 Liter SDI sowie den 1,2 und 1,4 Liter TDI.

Direkteinspritzung beim 1,7 Liter SDI

Eine Verteiler-Einspritzpumpe saugt den Kraftstoff aus dem Tank (»Saugdiesel«). Die Pumpe baut den nötigen hohen Druck auf (900 bar) und verteilt den Kraftstoff gemäß der Zündfolge auf die einzelnen Zylinder. Die Einspritzpumpe spritzt den Kraftstoff in zwei Stufen ein. Über die Mehrstrahl-Einspritzdüsen und durch den Zwei-Federn-Düsenhalter wird zunächst eine geringe Menge Kraftstoff voreingespritzt. Dadurch werden die Zündbedingungen für die Hauptkraftstoffmenge verbessert. Die Verbrennung wird weicher und leiser, ähnlich wie bei der Wirbelkammereinspritzung. Die Einspritzmenge wird durch das Motorsteuergerät vollelektronisch geregelt.

Alle beweglichen Teile der Einspritzpumpe werden mit Dieselöl geschmiert, so dass sie wartungsfrei ist. Angetrieben wird die Pumpe per Zahnriemen von der Kurbelwelle.

Direkteinspritzung beim 1,2 und 1,4 Liter TDI

Beim Turbodiesel erfolgt die Direkteinspritzung durch Pumpe-Düse-Einheiten (PDE), die für jeden der drei Zylinder eine eigene Einspritzpumpe haben. Der Kraftstoff wird durch eine mechanische Kraftstoffpumpe zu den Pumpe-Düse-Einheiten (kurz auch: Pumpedüse) geführt, in denen Einspritzpumpe, Steuerventil und Einspritzdüse jeweils integriert sind. Die PDE kann Einspritzdrücke von 400 bis 2.050 bar erzeugen. Bei diesem hohen Druck wird der Kraftstoff sehr fein zerstäubt, wodurch die Verbrennung noch effizienter erfolgen kann. Die Kraftstoffpumpe ist am Zylinderkopf angeflanscht und wird direkt von der Nockenwelle angetrieben. Die Einspritzpumpen in den PDE werden durch zusätzliche Nocken an der Nockenwelle über Rollenkipphebel betätigt.

Die Kraftstoffmenge für jeden Zylinder wird vom Motor-Steuergerät über Magnetventile geregelt. Durch eine genau dosierte Kraftstoffmenge in jedem Betriebszustand des Motors ergibt sich bei guten Fahr-

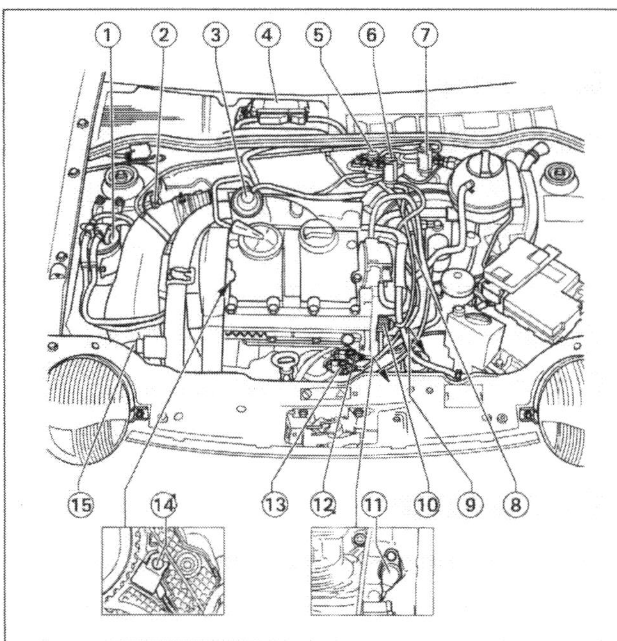

Bauteile der Diesel-Einspritz-Anlage für Motoren AMF, ANY, AYZ (1,2/1,4 Liter): ❶ Kraftstofffilter, ❷ Luftmassenmesser (G70), ❸ Abgasrückführungsventil, ❹ Steuergerät für Diesel-Direkteinspritzanlage (J248), ❺ Umschaltventil für Saugrohrklappe (N239), ❻ Ventil für Abgasrückführung (N18), ❼ Magnetventil für Ladedruckbegrenzung (N75), ❽ Geber für Kühlmitteltemperatur (G62), ❾ Geber für Kraftstofftemperatur (G81), ❿ Steckverbindung für Pumpe-Düse-Einheit (N240-242), ⓫ Geber für Motordrehzahl (G28), ⓬ Steckverbindung für Hallgeber (G40) für Nockenwellenposition, ⓭ Steckverbindung für Geber Motordrehzahl, ⓮ Hallgeber für Nockenwellenposition, ⓯ Geber für Saugrohrdruck (G71) mit Geber für Saugrohrtemperatur (G72).

Wie sparsam Ihr Diesel-Direkteinspritzer ist, haben Sie immer im Blick. Die Anzeige des 3L beweist: Der Durchschnittsverbrauch liegt bei nur 2,9 Litern.

leistungen ein geringer Verbrauch. Für das weltweit erste echte Drei-Liter-Auto (1,2 Liter 3L TDI) wurde diese Pumpe-Düse-Technologie noch weiter optimiert, so dass der Verbrauch tatsächlich knapp unter drei Liter pro 100 km liegt.

Durch den hohen Druck in den PDE erwärmt sich der Kraftstoff so stark, dass die Funktion des Tankgebers beeinträchtigt wird. Deshalb befindet sich im Kraftstoff-Rücklauf am Unterboden des Lupo ein Kraftstoffkühler.
Bevor der Kraftstoff in die Einspritzpumpe oder in die PDE gelangt, durchfließt er den Kraftstofffilter. Dort werden Verunreinigungen und Wasser zurückgehalten, was den vorzeitigen Verschleiß der empfindlichen Bauteile verhindert. Es ist sehr wichtig, diesen Filter entsprechend Wartungsvorschrift zu entwässern (alle zwölf Monate) oder zu wechseln (alle 30.000 Kilometer).

Die Elektronik

Die gesamte Einspritzanlage wird durch ein elektronisches Steuergerät mit einem Fehleraufzeichnungssystem reguliert. Falls eine Störung in einem der Sensoren oder in anderen Bauteilen auftreten sollte, wird sie im Fehlerspeicher festgehalten. Nach Auslesen des Fehlers in der Werkstatt lässt sich präzise sagen, welche Gründe der Ausfall hat.
Der Dieseleinspritzung steht eine Armee von Sensoren zur Verfügung, die das Steuergerät mit verschiedensten Informationen speisen. Von diesen Daten hängt es ab, wie das Steuergerät Einspritzmenge- und -zeitpunkt regelt.
Wie viele moderne Konstruktionen schmückt sich auch die elektronische Steuerung für den Dieselmotor mit einem prägnanten Kürzel: Sie nennt sich **EDC**, **E**lectronic **D**iesel **C**ontrol. Die Steuerung gliedert sich in drei wesentliche Systemblöcke: Die Sensoren (Fühler), das Steuergerät und die Aktoren (Stellglieder), die die Befehle des Steuergerätes in die Tat umsetzen. Hinzu kommen natürlich noch die Einspritzventile und die Einspritzpumpe.

Die Sensoren

Besonders wichtig für die präzise Regelung sind Informationen über Temperaturen. Die **Temperaturgeber** sitzen im Kühlmittelkreislauf, im Ansaugkanal, im Motoröl und in der Einspritzpumpe. Der Sensor in der Einspritzpumpe registriert die Temperatur des Kraftstoffes.
Entscheidend für die Regelung des richtigen Einspritzzeitpunktes ist der **Kurbelwellen-Drehzahlsensor**. Er funktioniert so ähnlich wie der Drehzahlsensor der Motronik. Auf der Kurbelwelle sitzt ein ferromagnetisches Geberrad, das allerdings nur einen Zahn pro Zylinder hat. Der Drehzahlsensor tastet die Zahnfolge des Geberrades ab und sagt dem Steuergerät, in welcher Stellung sich die Kurbelwelle befindet. Daraus kann das Steuergerät dann auch schließen, wo gerade jeder einzelne Kolben steht.
Sollte an dem Drehzahlsensor ein Defekt vorliegen, übernimmt seine Aufgabe der **Drehwinkelsensor** an der Antriebswelle der Einspritzpumpe. Hauptaufgabe dieses Sensors ist es zu bestimmen, in welcher Position sich gerade der Spritzversteller befindet und wie schnell sich die vom Zahnriemen angetriebene Einspritzpumpe dreht.
Wie bei der Motronik kommt auch beim EDC ein **Luftmassenmesser** zum Einsatz. Er misst nicht nur die Menge der angesaugten Luft, sondern auch deren Dichte. Zur Bestimmung der Ansaugluft-Temperatur kann auch der Temperatursensor integriert sein.
Zu den mechanischen Elementen, die durch dieses elektronische Regelsystem abgelöst wurden, gehört der Gaszug. Den Beschleunigungswunsch des Fahrers registriert der **Fahrpedalsensor**, der das Signal an das Steuergerät weitergibt (elektronisches Gaspedal, EGAS).
Beim Turbolader gibt es noch einen **Ladedrucksensor**. Für die Ladedruckbegrenzung sorgt ein Magnetventil.

Die Steuergeräte

Die EDC hat zwei elektronische Steuergeräte: Ein Motorsteuergerät und ein Pumpensteuergerät. Diese Aufteilung ist notwendig, um eine Überhitzung bestimmter elektronischer Bauelemente und den Einfluss von Störsignalen zu vermeiden. Die teilweise sehr hohen Ströme in der Einspritzpumpe könnten die Elektronik durcheinander bringen.
Das **Motorsteuergerät** sitzt relativ geschützt im Wasserkasten. Es wertet die Signale der externen Sensoren aus und berechnet daraus die Ansteuersignale für die Stellglieder. Es übermittelt an das Pumpensteuergerät die aktuelle Kurbelwellen-Drehzahl, den Förderbeginn und die Nockenwellenstellung. Das Steuergerät überwacht die gesamte Einspritzanlage und legt Defekte und Unregelmäßigkeiten im Fehlerspeicher ab. Das Gerät unterscheidet nach Auswertung aller In-

formationen zwischen mehr als 70 unterschiedlichen Fehlern (Fehlertabelle) und speichert diese bis zum Löschen des nur in der Werkstatt auszulesenden Fehlerspeicherinhalts.
Das **Pumpensteuergerät** erfasst pumpeninterne Signale wie die Kraftstofftemperatur und regelt zusammen mit dem Motorsteuergerät Einspritzmenge und -zeitpunkt. Dieses »intelligente« Mengenstellwerk steuert direkt den Spritzversteller an. Mehr noch als das Motorsteuergerät muss es starken Temperaturschwankungen und mechanischen Beanspruchungen widerstehen. Verschiedene Betriebsstoffe wie Öl oder Diesel und auch Feuchtigkeit dürfen dem elektronischen Bauteil ebenfalls nichts anhaben.

So funktioniert die EDC

Damit der Motor in jedem Betriebszustand mit einer optimalen Verbrennung arbeitet, wird die jeweils passende Einspritzmenge im Steuergerät berechnet. Beim Starten hängt die Einspritzmenge von der Temperatur und der Drehzahl ab. Um sicher starten zu können, benötigt der Motor bei Kälte eine sehr viel größere Einspritzmenge als in warmem Zustand. Bei niedrigen Temperaturen schlägt sich ein Teil des Kraftstoffs an den Zylinderwänden nieder und wird nicht verbrannt. Der Fahrer hat auf die Startmenge keinen Einfluss.
Im normalen Fahrbetrieb regelt das Steuergerät die Einspritzmenge nach der Drehzahl und der Stellung des Gaspedals. Dafür ist ein Kennfeld programmiert. Das Steuergerät ist dem Fahrer aber nicht immer ein williger Diener. Es gibt nämlich eine »Regelung der Begrenzungsmenge«, weil nicht immer die physikalisch mögliche oder vom Fahrer gewünschte Kraftstoffmenge eingespritzt werden darf. Andernfalls könnten die Schadstoffemissionen zu hoch werden, könnte der Motor zum Rußen neigen oder mechanisch überlastet werden. Auch eine thermische Überbeanspruchung von Turbolader, Kühlmittel oder Öl kann das Steuergerät verhindern.
Das Steuergerät regelt auch den Leerlauf, indem es den einprogrammierten Sollwert mit dem Istwert vergleicht. Die Einspritzmenge wird so geregelt, dass die beiden Werte übereinstimmen. Das funktioniert auch, wenn etwa die Klimaanlage eingeschaltet oder ein Gang eingelegt ist. Damit der Leerlauf über die gesamte Motorlebensdauer gleich bleibt, ermittelt ein Laufruheregler die Drehzahländerungen nach jeder Verbrennung und vergleicht sie miteinander. Die Einspritzmenge wird dann für jeden Zylinder so eingestellt, dass alle Zylinder einen gleichen Anteil zur Drehmoment-Erzeugung liefern.

Die Stellglieder

Für die Mengenzumessung ist in den Hochdruckteil der Einspritzpumpe ein **Hochdruckmagnetventil** integriert. Zu Beginn eines Einspritzvorganges fließt Strom durch die Spule des Magneten, und der Magnetanker wird mitsamt der Ventilnadel in Richtung Ventilsitz gedrückt. Wenn der Ventilsitz von der Nadel vollständig verschlossen ist, kann kein Kraftstoff mehr abfließen. Dadurch steigt der Druck im Hochdruckteil stark an und öffnet die jeweils angesteuerte Einspritzdüse. Ist die gewünschte Einspritzmenge erreicht, wird die Stromzufuhr zum Magneten unterbrochen, das Magnetventil öffnet und der Druck im Hochdruckteil bricht zusammen. Die Einspritzdüse schließt wieder, der Einspritzvorgang ist beendet.
Weitere Stellglieder sind das Magnetventil im Spritzversteller, das **Glühzeitsteuergerät** und die sogenannten **elektropneumatischen Wandler**. Die **Drosselklappenregelung** hat beim Diesel eine ganz andere Aufgabe als beim Ottomotor. Die Drosselklappe dient hier nur zur Erhöhung der Abgasrückführrate, sie reduziert den Überdruck im Ansaugrohr. Die Drosselklappenregelung arbeitet nur im unteren Drehzahlbereich.

Die Einspritzpumpe

Die Einspritzpumpe besteht aus dem Niederdruck- und dem Hochdruckteil. Das Niederdrucksystem fördert den Kraftstoff vom Tank in den Hochdruckteil der Pumpe, das Drücke von über 1000 bar zur Einspritzung zur Verfügung stellen muss. Zum nicht in die Pumpe integrierten Teil des Niederdrucksystems gehört der **Kraftstofffilter**.

In der Einspritzpumpe sitzt die **Flügelzellen-Förderpumpe**, die den Kraftstoff aus dem Tank ansaugt. Für konstanten Druck sorgt das **Druckregelventil**. Es öffnet, wenn der Kraftstoffdruck zu stark ansteigt, und schließt, wenn er zu stark sinkt. Das **Überstromdrosselventil** lässt beim Erreichen eines voreingestellten Öffnungsdruckes eine definierte Kraftstoffmenge zum Tank zurückfließen und erleichtert eine selbsttätige Entlüftung der Pumpe.

In den Hochdruckteil der Einspritzpumpe gelangt der

Kraftstoff bei geöffnetem **Hochdruckmagnetventil**. Es ist ein kleines Wunderwerk an Präzisionsarbeit, weil der Rundlauf der Nadel und der Planschlag des Ventilsitzes kleiner als 1/1000 Millimeter sein müssen. Das ist produktionstechnisch eine große Herausforderung. Das Magnetventil wird vom Pumpensteuergerät geregelt und reguliert den Zulauf zur **Radialkolben-Hochdruckpumpe**, die den Diesel zu den jeweiligen Einspritzdüsen presst. Damit bestimmt das Ventil auch Einspritzmenge und -zeitpunkt. Damit kein Zylinder zu kurz kommt, verteilt die **Verteilerwelle** den Diesel so, dass pro Umdrehung jede Einspritzdüse einmal über den Druckrohranschluß mit Kraftstoff versorgt wird. Beim Schließen der Düsen würden rücklaufende Druckwellen entstehen, wenn **Rückstromdrosselventile** das nicht verhinderten.

Ein wesentliches Element der Einspritzpumpe ist der **Spritzversteller** an der Pumpenunterseite. Er verdreht hydraulisch den Nockenring der Hochdruckpumpe. Der Kolben der Pumpe hebt dann früher oder später ab, es wird entsprechend früher oder später eingespritzt. Wichtigste Regelgröße für den Spritzversteller ist die Motordrehzahl. Je höher die Drehzahl, desto früher muss eingespritzt werden. Weitere Größen sind die Last und die Motortemperatur. Das Steuergerät regelt das Spritzversteller-Magnetventil entsprechend.

Zu guter Letzt die **Einspritzdüse**: VW setzt so genannte Zweifeder-Düsenhalter ein, die wesentlich zum kultivierten Geräuschverhalten beitragen. Wenn sich in der Düse Druck aufbaut, öffnet die Düsennadel zunächst nur eine erste Hubstufe. Dadurch ergibt sich eine gezielte, angelagerte Voreinspritzung. Bei weiterem Druckanstieg im Düsenhalter wird dann die Hauptmenge eingespritzt. Dieser zweistufige Einspritzverlauf führt zu einer weicheren Verbrennung. Der relativ sanfte Verbrennungs-Druckanstieg ergibt ein reduziertes Verbrennungs-Geräusch, ein stabiles Leerlaufverhalten und eine Absenkung der Emissionen.

Arbeiten an der Anlage – Die Sauberkeitsregeln

An der elektronisch geregelten Einspritzanlage können Sie nicht mehr viel selbst machen. Vor allen Prüf- und Einstellarbeiten, vor Reparaturen und zur Fehlersuche muss der Fehlerspeicher des Steuergeräts abgefragt werden, was wohl nur der Werkstatt möglich ist. Außerdem ist die Stellglieddiagnose durchzuführen. Nach Beendigung aller Prüf- und Einstellarbeiten, bei denen das Steuergerät möglicherweise Fehler erkennt und abspeichert, muss der Fehlerspeicher unbedingt gelöscht werden.

An regelmäßigen Wartungsarbeiten fallen eigentlich nur der Austausch und das Entwässern des Kraftstofffilters und der Wechsel des Luftfilters an. Wir beschreiben hier aber auch weitere, Ihnen mögliche Wartungs- und kleinere Reparaturarbeiten. Hierzu sollten Sie unbedingt die folgenden Regeln beachten:

Sauberkeitsregeln:

- Verbindungsstellen und deren Umgebung vor dem Lösen gründlich reinigen.
- Ausgebaute Teile auf einer sauberen Unterlage ablegen und abdecken. Verwenden Sie keine fasernden Lappen.
- Geöffnete Teile sorgfältig abdecken, wenn die Reparatur nicht sofort ausgeführt wird.
- Bauen Sie nur saubere Teile ein. Nehmen Sie die Teile erst unmittelbar vor dem Einbau aus der Verpackung. Verwenden Sie keine Teile, die unverpackt (in Werkzeugkästen) aufbewahrt wurden.
- Vermeiden Sie bei geöffneter Anlage das Arbeiten mit Druckluft und das Bewegen des Fahrzeugs.
- Die Kühlmittelschläuche dürfen nicht mit Diesel in Berührung kommen. Geschieht es doch, reinigen Sie die Schläuche sofort. Angegriffene Schläuche sind zu ersetzen.

Kraftstofffilter entwässern

Dieselkraftstoff ist ein problematischer Stoff, der auf gar keinen Fall einfach weggeschüttet oder in den Hausmüll gegeben werden darf. Üblicher Weise informieren Gemeinde- und Stadtverwaltungen darüber, wo sich die für Sie nächste Problemstoff-Sammelstelle befindet.

Halten Sie ein geeignetes Auffanggefäß für den Wassersatz und einen kraftstoffresistenten Hilfsschlauch zum Ableiten des Wassersatzes bereit.

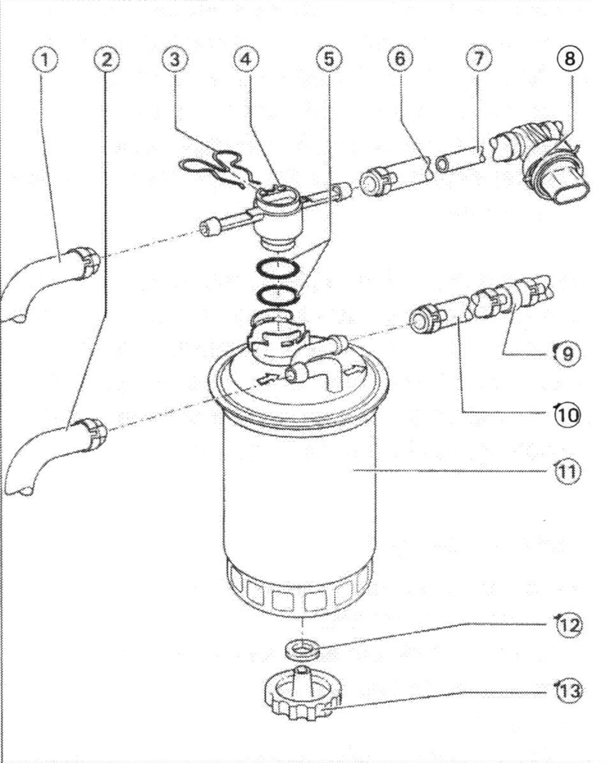

Die Bauteile des Kraftstofffilters:
❶ Rücklaufleitung (blau bzw. blau markiert), ❷ Vorlaufleitung (weiß bzw. weiß markiert; vom Kraftstoffvorratsbehälter), ❸ Halteklammer, ❹ Regelventil (Pfeilrichtung zeigt zum Kraftstofftank), ❺ O-Ring (immer ersetzen), ❻ Rücklaufleitung (blau bzw. blau markiert; von der Vakuumpumpe), ❼ Kraftstoffleitung, ❽ Geber für Kraftstofftemperatur (nur bei TDI-Motoren), ❾ Rückschlagventil (nur bei TDI-Motoren), ❿ Vorlaufleitung (weiß bzw. weiß markiert; zur Vakuumpumpe), ⓫ Krafstofffilter (Durchflussrichtung mit Pfeilen gekennzeichnet), ⓬ Dichtung (bei Beschädigung ersetzen), ⓭ Entwässerungsschraube.

Arbeitsschritte     

① Ziehen Sie die Halteklammer ❸ ab und nehmen Sie das Regelventil ❹ mit angeschlossenen Kraftstoffleitungen ab. (Dieses Ventil leitet in Abhängigkeit von der Filtertemperatur den erwärmten Kraftstoff um: unter +15°C von der Einspritzpumpe in den Filter, über +31°C direkt in den Tank.)

② Stecken Sie den Hilfsschlauch auf den Anschlussstutzen der Entwässerungsschraube ⓭. (Bei den TDI-Motoren sind dazu vorher eine Schraube und zwei Muttern am Halteblech zu lösen und der Filter etwas nach oben zu ziehen.)

③ Öffnen Sie die Entwässerungsschraube und lassen Sie etwa 0,1 Liter Flüssigkeit ablaufen. Zur Orientierung: Das ist etwa der Inhalt einer (kleinen) Kaffeetasse.

④ Ziehen Sie die Entwässerungsschraube fest und nehmen Sie den Schlauch ab.

⑤ Setzen Sie einen (bei manchen Motoren zwei) neuen O-Ring für die Abdichtung des Regelventils auf.

⑥ Stecken Sie das Regelventil ❹ auf und sichern Sie es mit der Halteklammer ❸.

⑦ Starten Sie den Motor und lassen Sie ihn im Leerlauf drehen. Unterziehen Sie alle Leitungen und Anschlüsse des Kraftstoffsystems einer Sichtprüfung auf Dichtheit.

⑧ Geben Sie mehrmals Gas, um die Kraftstoffanlage zu entlüften.

Kraftstofffilter ersetzen

Arbeitsschritte     

① **Ausbau:** Denken Sie wieder daran, dass Dieselkraftstoff ein Problemstoff ist. Halten Sie auch wieder neue O-Ringe für das Regelventil bereit und den für den jeweiligen Motortyp passenden Kraftstofffilter.

② Ziehen Sie die Halteklammer ❸ ab und nehmen Sie das Regelventil ❹ mit angeschlossenen Kraftstoffleitungen ab.

③ Ziehen Sie die Kraftstoff-Vorlaufleitungen ❷ und ❿ ab, nachdem Sie die Schellen geöffnet und zurückgeschoben haben. Kneifen Sie die Klemmschellen durch; Federbandschellen öffnen Sie mit der Spezialzange HAZET 798-5.

④ Lösen Sie die Kreuzschlitzschraube an der um das Filter gelegten Klemmschelle. (Bei den TDI-Motoren müssen Sie zuvor am Halteblech eine Schraube und zwei Muttern abschrauben und den Filter etwas nach oben ziehen.)

⑤ Ziehen Sie den Filter nach oben heraus. Denken Sie daran, dass der Filter vollständig mit Dieselkraftstoff gefüllt ist!

⑥ **Einbau:** Füllen Sie den neuen Filter mit (sauberem) Dieselkraftstoff, damit der Motor schneller gestartet werden kann.

⑦ Setzen Sie den Filter in den Halter ein und ziehen Sie die

Klemmschraube fest.

⑧ Setzen Sie einen neuen O-Ring für die Abdichtung des Regelventils auf.

⑨ Stecken Sie das Regelventil ❹ ein und sichern Sie es mit der Halteklammer ❸.

⑩ Schieben Sie die Kraftstoffschläuche wieder auf und sichern Sie sie mit Schellen. Die Anschlüsse dürfen nicht vertauscht werden; die Durchflussrichtung ist oben auf dem Filter mit Pfeilen gekennzeichnet. (Beim Filter an den TDI-Motoren sind wieder Schraube und Muttern festzuziehen.)

⑪ Starten Sie den Motor und lassen Sie ihn im Leerlauf drehen. Unterziehen Sie alle Leitungen und Anschlüsse des Kraftstoffsystems einer Sichtprüfung auf Dichtheit.

⑫ Geben Sie mehrmals Gas, um die Kraftstoffanlage zu entlüften.

Luftfilter-Einsatz erneuern

① **Ausbau:** Bocken Sie das Fahrzeug auf. Dabei sind unbedingt die vorn in diesem Ratgeber angeführten Hinweise zur Unfallgefahr beim Aufbocken und zum sicheren Aufbocken zu beachten.

② Schrauben Sie die rechte untere Abdeckung vom Radhaus her ab und klappen Sie diese nach unten.

③ Lösen Sie bei Fahrzeugen mit SDI-Motor die drei Halteklammern und bei den TDI-Motoren die vier Torxschrauben und nehmen Sie den Filterdeckel nach unten ab.

④ Nehmen Sie den Filtereinsatz nach unten heraus.

⑤ Wischen Sie das Filtergehäuse mit einem Lappen aus.

⑥ **Einbau:** Setzen Sie einen neuen Filtereinsatz in das Gehäuse ein.

⑦ Setzen Sie den Filterdeckel auf und befestigen Sie ihn mit den Klammern oder den Torxschrauben.

⑧ Schrauben Sie die Abdeckung an und lassen Sie das Fahrzeug ab.

Vorglühanlage prüfen

Arbeits-
schritte

① Stellen Sie sicher, dass die Batteriespannung mindestens 11,5 Volt beträgt. Das Steuergerät für die Diesel-Direkteinspritzanlage und die Glühkerzensicherungen SA3 und SA4 in der Hauptsicherungsbox auf der Batterie müssen in Ordnung sein.

② Schalten Sie die Zündung aus.

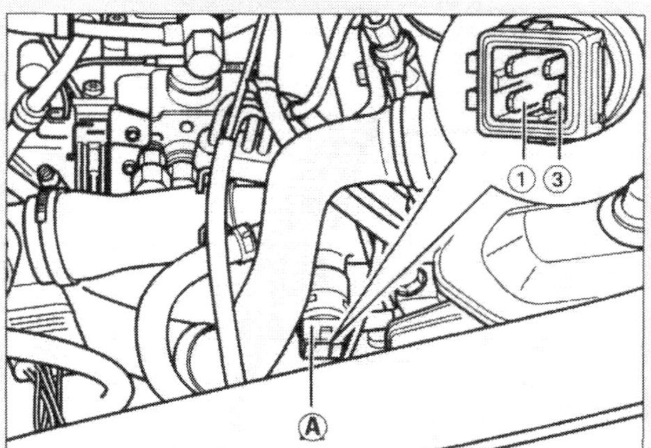

③ Ziehen Sie den Anschlussstecker vom Geber für Kühlmitteltemperatur **A** ab. Es geht um die Steckkontakte ❶ und ❸. (Durch dieses Abziehen wird der Motorzustand »kalt« simuliert, weshalb beim Einschalten der Zündung ein Vorglühvorgang erfolgt.)

④ Ziehen Sie die Stecker von den Glühkerzen ab.

⑤ Schließen Sie ein Voltmeter zwischen einen Glühkerzenstecker und Fahrzeugmasse an.

⑥ Wenn Sie jetzt die Zündung einschalten, muss für 20 Sekunden Batteriespannung am Voltmeter angezeigt werden.

⑦ Wenn das nicht der Fall ist, gibt es eine Leitungsunterbrechung. Diese müssen Sie suchen und beseitigen.

Glühkerzen aus-/einbauen

Arbeits-
schritte

① Stellen Sie sicher, dass die Batteriespannung mindestens 11,5 Volt beträgt. Das Steuergerät für die Diesel-Direkteinspritzanlage und die Glühkerzensicherungen SA3 und SA4 in der Hauptsicherungsbox auf der Batterie müssen in Ordnung sein.

② Schalten Sie die Zündung aus.

③ Ziehen Sie die Stecker von den Glühkerzen ab.

④ Schließen Sie die Leitung einer Diodenprüflampe (z.B. V.A.G. 1527) mit den Hilfsklemmen (Messhilfsmittelset V.A.G. 1594 A) an den Pluspol der Batterie (+) an.

⑤ Legen Sie die Prüfspitze nacheinander an jede Glühkerze an. Die Lampe muss aufleuchten. Wenn die Prüflampe nicht leuchtet, muss die betreffende Glühkerze ersetzt werden.

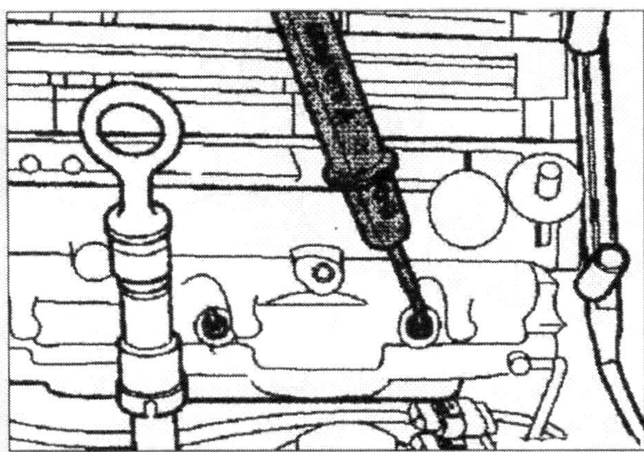

⑥ Zum Ausbau schrauben Sie die elektrischen Leitungen an den Glühkerzen ab.

⑦ Schrauben Sie die Kerzen mit einem Gelenkschlüssel (VW-3220 oder HAZET-2530) heraus.

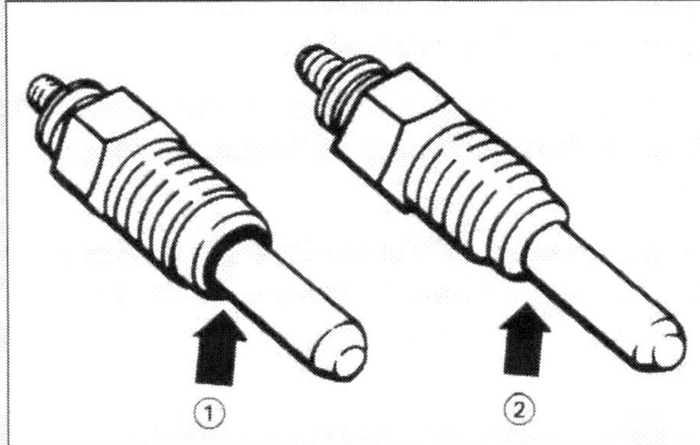

⑧ Einbau: Glühkerze einschrauben und mit 15 Nm festziehen.

Dabei müssen Sie beachten, dass Sie das Anzugsdrehmoment nicht überschreiten. Sonst wird der Ringspalt ❶ zwischen Glühstab und Gewindeteil der Kerze zugezogen ❷.

Normalerweise beträgt die Breite des Ringspalts etwa 0,5 mm. Ein zugezogener Ringspalt führt meist dazu, dass die Kerze vorzeitig ausfällt.

⑨ Schrauben Sie die elektrischen Leitungen wieder an.

Drosselklappenstutzen aus- und einbauen

(1,7 Liter SDI)

① Zum Ausbau ziehen Sie den Ansaugschlauch ❶ ab, nachdem Sie die Federbandschellen (z. B. Zange HAZET 798-5) geöffnet und zurückgeschoben haben.

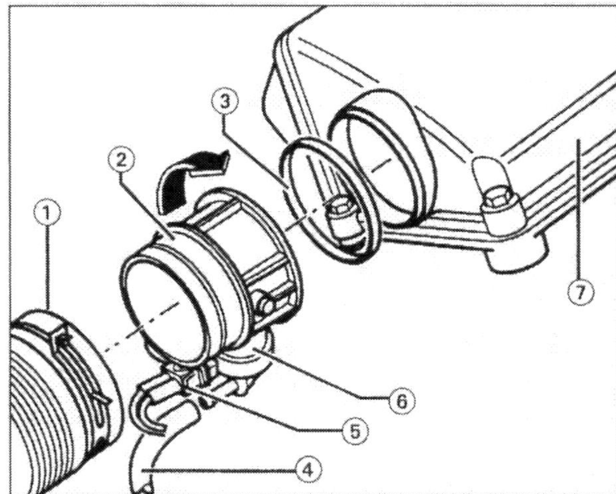

② Ziehen Sie den Unterdruckschlauch ❹ von der Unterdruckdose ❻ ab.

③ Ziehen Sie den Zweifachstecker ❺ ab.

④ Drehen Sie den Drosselklappenstutzen ❷ in Pfeilrichtung (nach rechts). Lösen Sie ihn dadurch aus dem Bajonettverschluss.

⑤ Nehmen Sie den Drosselklappenstutzen heraus und den Dichtring ❸ von der Abdeckung des Saugstutzens ❼ ab.

⑥ Einbau: Prüfen Sie den Dichtring ❸ auf Beschädigung und ersetzen Sie ihn, wenn erforderlich.

⑦ Der weitere Einbau geschieht in umgekehrter Ausbaureihenfolge.

Pumpe-Düse-Einheit aus- und einbauen

Arbeitsschritte  

Für diese Arbeit benötigen Sie einige Spezialwerkzeuge, die kaum zu umgehen sind: Universal-Messuhrhalter VW 387, Steckeinsatz 3410, Steckeinsatz T10054, Abziehvorrichtung T10055, Drehmomentschlüssel (5-50 Nm), z. B. V.A.G. 1331.

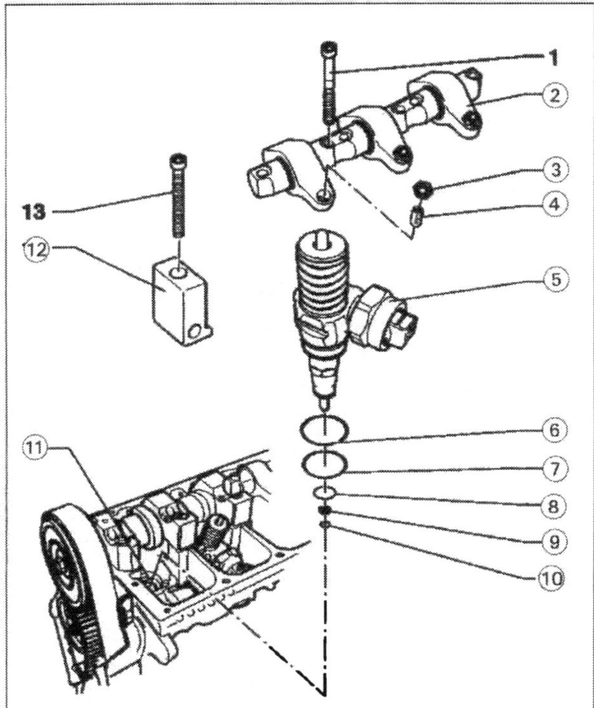

Pumpe-Düse-Einheit mit Umfeld (Auswahl): ❷ Schwinghebelachse mit Schwinghebeln für jede PDE, ❹ Einstellschraube mit ❸ Kontermutter, ❺ Pumpe-Düse-Einheit, ❻, ❼, ❽ O-Ringe, ❾ Wärmeschutzdichtung, ❿ Sicherungsring, ⓫ Zylinderkopf, ⓬ Spannklotz.

① **Ausbau:** Bauen Sie den oberen Zahnriemenschutz und den Zylinderkopfdeckel aus.

② Drehen Sie die Kurbelwelle, bis das Nockenpaar der jeweils aus- und einzubauenden Pumpe-Düse-Einheit gleichmäßig nach oben zeigt.

③ Lösen Sie die Kontermuttern ❸ der Einstellschrauben ❹ und schrauben Sie die Einstellschrauben so weit heraus, bis der jeweilige Schwinghebel der Achse ❷ auf den Stößelfedern der PDE aufliegt.

④ Lösen Sie die Befestigungsschrauben für die Schwinghebelachse ❷ von außen nach innen mit dem Steckeinsatz 3410 und nehmen Sie die Schwinghebelachse ab.

⑤ Lösen Sie die Befestigungsschraube ⓭ für den Spannklotz ⓬ mit dem Steckeinsatz T10054 und nehmen Sie den Spannklotz heraus.

⑥ Hebeln Sie den Stecker von der Pumpe-Düse-Einheit mit einem Schraubendreher ab. Vermeiden Sie ein Verkanten! Unterstützen Sie die Gegenseite des Steckers mit leichtem Fingerdruck.

⑦ Beachten Sie die Zylinderzuordnung der Pumpe-Düse-Einheiten. Setzen Sie die Abziehvorrichtung T10055 anstelle des Spannklotzes in den seitlichen Schlitz der PDE ein.

⑧ Ziehen Sie die Pumpedüse durch vorsichtige Klopfbewegungen nach oben aus ihrem Zylinderkopfsitz.

⑨ Beim **Einbau** beachten Sie, dass für neue Pumpe-Düse-Einheiten auch die dazu gehörenden Einstellschrauben für den Schwinghebel erneuert werden müssen. Bei jeder Arbeit, die eine Einstellung der PDE erfordert, müssen Einstellschraube im Schwinghebel und Kugelbolzen in der PDE gesäubert und auf Verschleißspuren begutachtet werden. Wenn nötig: ersetzen!

⑩ Fetten Sie bei älteren Versionen des PDE-Antriebs (Motoren ohne Wartungsintervall-Verlängerung) die Berührungsflächen zwischen Kugelbolzen und Einstellschraube mit G 000 100 ein.

⑪ Neue PDE werden mit O-Ringen und Wärmeschutzdichtung geliefert. Wenn Sie die alte PDE wieder einbauen, müssen Sie die O-Ringe und die Wärmeschutzdichtung ersetzen.

⑫ Überprüfen Sie den ordnungsgemäßen, nicht verdrehten Sitz der drei O-Dichtringe, der Wärmeschutzdichtung und des Sicherungsringes. Ölen Sie die Dichtringe ein und setzen Sie die Pumpe-Düse-Einheit mit größter Vorsicht in den Zylinderkopfsitz ein.

⑬ Schieben Sie die PDE durch gleichmäßiges Drücken bis auf Anschlag in den Zylinderkopfsitz ein.

⑭ Setzen Sie den Spannklotz in den seitlichen Schlitz der PDE ein.

⑮ Die PDE muss unbedingt rechtwinklig zum Spannklotz stehen. Deshalb schrauben Sie die neue Befestigungsschraube so weit in den Spannklotz ein, dass sich die PDE noch leicht verdrehen lässt. Richten Sie dann die Pumpedüse rechtwinklig zu den Lagerstühlen der Nockenwelle aus.

⑯ Überprüfen Sie mit einem Messschieber (min. 400 mm Messbereich) das Maß von der Zylinderkopfaußenkante zur runden Fläche der PDE. Mit einer Toleranz von +/- 0,8 mm muss dieses Maß für Zylinder 1 bei PDE mit alter Magnetventilmutter 244,2 mm, bei PDE mit neuer Magnetventilmutter 245,0 mm betragen. Für Zylinder 2 sind diese Werte 156,2 mm / 157,0 mm. Für Zylinder 3 gilt das Maß 64,8 mm / 65,6 mm (Toleranz stets 0,8 mm).

⑰ Wenn nötig, richten Sie die PDE diesen Maßen entsprechend nach. Dann ziehen Sie die Befestigungsschraube fest: 12 Nm und – evtl. in Schritten – 270° (3/4 Umdrehung) weiterdrehen.

⑱ Setzen Sie die Schwinghebelachse auf und ziehen Sie zunächst die inneren, dann die beiden äußeren der neuen Befestigungsschrauben gleichmäßig handfest. In gleicher Reihenfolge mit 20 Nm und 90° (1/4 Drehung) gleichmäßig weiterdrehen.

⑲ Setzen Sie eine Messuhr (mit Halter VW 387) auf die Einstellschraube der PDE. Drehen Sie die Kurbelwelle in Motordrehrichtung, bis die Rolle des Schwinghebels auf der Antriebsnockenspitze steht. Die Rollenseite steht auf dem höchsten, die Messuhr auf dem tiefsten Punkt

⑳ Nehmen Sie die Messuhr ab und drehen Sie die Einstellschraube in den Schwinghebeln, bis Sie einen deutlichen Widerstand spüren. Das Pumpe-Düse-Element steht dann auf Anschlag.

㉑ Drehen Sie die Einstellschraube vom Anschlag um 225° zurück. Halten Sie die Schraube in dieser Position und ziehen Sie die Kontermutter mit 30 Nm fest.

㉒ Stecken Sie den Stecker der Pumpe-Düse-Einheit auf und bauen Sie den Zylinderkopfdeckel und den Zahnriemenschutz ein.

O-Ringe für Pumpe-Düse-Einheit aus- und einbauen

Wenn Sie die O-Ringe an den Pumpe-Düse-Einheiten auswechseln müssen, verwenden Sie unbedingt die Montagehülsen. Ohne diese Hilfsmittel besteht die Gefahr, dass Sie die O-Ringe beschädigen. Der Montagehülsensatz T10056 besteht aus drei verschieden großen und verschieden geformten Hülsen entsprechend der zur Einspritzdüse hin abnehmenden Ringstärke. Achten Sie dabei auf die richtige Zuordnung der O-Ringe zu den Nuten.
Vermeiden Sie beim Aufschieben der O-Ringe eine Rollbewegung. Die Ringe dürfen im Sitz der Pumpedüse nicht in sich verdreht sein.

Arbeitsschritte  

① **Ausbau:** Hebeln Sie die alten O-Ringe äußerst vorsichtig von der Pumpe-Düse-Einheit ab.

② Achten Sie beim Ausbau darauf, dass kein Grat am Sitz der O-Ringe entsteht.

③ Zum **Einbau** ziehen Sie die Wärmeschutzdichtung (Position ❾ in der Übersicht PDE und Umfeld) zusammen mit dem Sicherungsring (Position ❿) ab.

④ Reinigen Sie die Sitzflächen für die O-Ringe an der Pumpe-Düse-Einheit sehr sorgfältig.

⑤ Stecken Sie die Montagehülse **T10056/1** bis zum Anschlag auf die Pumpedüse. Schieben Sie den oberen, dickeren Ring vorsichtig auf die Hülse und in den Sitz der PDE. Entfernen Sie die Montagehülse.

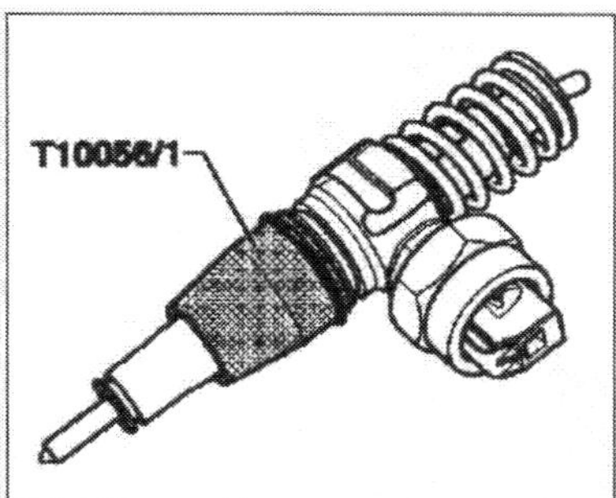

⑥ Stecken Sie die Montagehülse **T10056/2** bis zum Anschlag auf die Pumpedüse. Schieben Sie den dünneren, mittleren O-Ring vorsichtig auf die Hülse und in den Sitz der PDE. Entfernen Sie die Montagehülse.

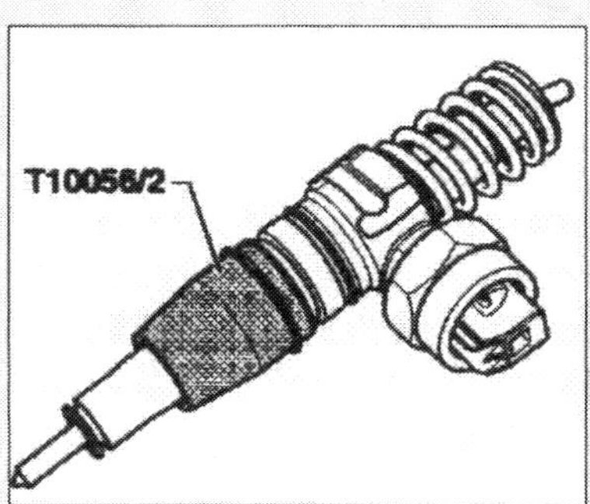

⑦ Stecken Sie die Montagehülse **T10056/3** bis zum Anschlag auf die Pumpedüse. Schieben Sie den unteren O-Ring vorsichtig auf die Hülse und in den Sitz der PDE. Entfernen Sie die Montagehülse.

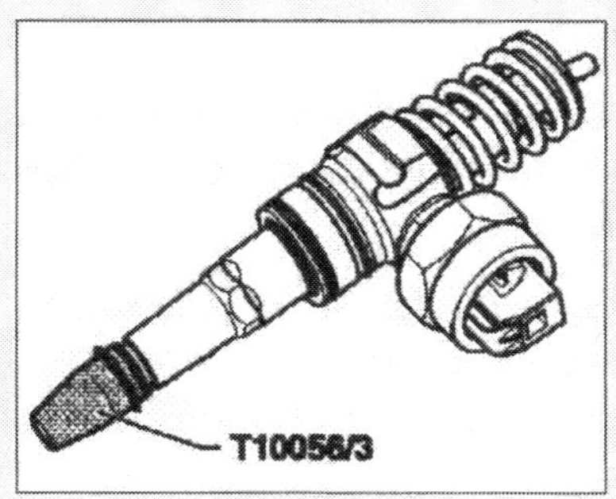

⑧ Schieben Sie eine neue Wärmeschutzdichtung zusammen mit dem Sicherungsring auf.

Diesel-Einspritzung

Störungsbeistand

Störung	Ursache	Abhilfe
A Motor springt nicht an	**1** Geber für Motordrehzahl defekt oder Leitung unterbrochen	Leitung und Geber prüfen lassen
	2 Steuergerät defekt oder bei eingeschalteter Zündung aufgesteckt	Steuergerät prüfen lassen
	3 Versorgungsspannung der Einspritzung unterbrochen	Spannungsversorgung prüfen
	4 Kraftstoffleitungen undicht, verstopft oder geknickt	Prüfen, ob Kraftstoff gefördert wird. Leitungen prüfen und reinigen
	5 Kraftstofffilter verstopft	Filter ersetzen
	6 Eis oder Wachs in Filter und Leitungen, Filterheizung defekt	Fahrzeug in beheizte Garage schieben, Filterheizung prüfen
	7 Tankbelüftung zu, Kraftstoffsieb im Tank verstopft	Belüftung reinigen
	8 Einspritzdüsen defekt	Düsen prüfen lassen
B Leistungsmangel	**1** Geber für Saugrohrdruck oder Zuleitung undicht	Geber und Leitung prüfen lassen
	2 Geber für Kraftstofftemperatur oder Zuleitung defekt	Geber und Leitung prüfen lassen
	3 Einspritzdüsen defekt	Einspritzdüsen prüfen lassen
	4 Luftfilter verstopft	Luftfilter reinigen/ersetzen
	5 Kraftstoffleitung oder -filter verstopft	Teile reinigen
	6 Magnetventil für Ladedruckbegrenzung oder Zuleitung defekt	Geber und Leitung prüfen lassen
C Schwarzrauch (nach dem Start)	**1** Geber für Kühlmitteltemperatur oder Zuleitung defekt	Geber und Leitung prüfen lassen
	2 Einspritzdüsen defekt	Einspritzdüsen prüfen lassen
	3 Luftmassenmesser defekt	Luftmassenmesser prüfen lassen
D Kraftstoffverbrauch zu hoch	**1** Luftfilter verschmutzt	Filtereinsatz ersetzen
	2 Kraftstoffanlage undicht	Sichtprüfung durchführen
	3 Rücklaufleitung verstopft	Leitung von der Einspritzpumpe bis zum Tank durchblasen
	4 Leerlauf- oder Höchstdrehzahl zu hoch	Prüfen lassen
	5 Motor ist defekt	Kompression prüfen
	6 Einspritzdüsen defekt	Düsen prüfen lassen

DIE KRAFTST VERSOR

Wasser

schstraße

Ein 34-Liter-Tank reicht aus: Lupo und Arosa sind vergleichsweise sparsam im Verbrauch. Die richtige Fahrweise und ein paar Tricks helfen, noch darüber hinaus Kraftstoff zu sparen.

Wartung

Reparatur

Fünf Baugruppen bilden die Kraftstoffanlage Ihres Autos: Der Kraftstoffbehälter, die entsprechenden Leitungen, der Kraftstofffilter (beim Diesel auch Luftfilter), die Kraftstoffpumpe (beim Diesel die Einspritzpumpe) und die Einspritzanlage – die in den vorangegangenen Kapiteln bereits ausführlich besprochen wurde. Der Kraftstofftank fasst 34 Liter. An der Oberseite des Kraftstofftanks ist der Geber für die Kraftstoff-Vorratsanzeige (im Instrumenteneinsatz) zusammen mit der Kraftstoffvor- und -rücklaufleitung angebracht. Diese Leitungen müssen einem hohen Betriebsdruck bis zu 3 bar widerstehen. Sie sind daher aus besonders druckfestem Material gefertigt und werkseitig mit Federband- oder Klemmschellen gesichert. Aus Sicherheitsgründen sollten bei einem Tausch immer originale Federbandschellen benutzt werden. Schraubschellen sind nicht erlaubt!

Ausgeklügeltes Belüftungssystem

Die Pumpe befördert den Kraftstoff über das Leitungssystem vom Tank zum Motor. In die Vorlaufleitung ist ein Kraftstofffilter eingeschaltet. In den Einfüllstutzen aus Gummi münden auch die Tank-Be- und -Entlüftung. Durch dieses ausgeklügelte Belüftungssystem entweicht die Luft, wenn der Tank mit Kraftstoff ge-

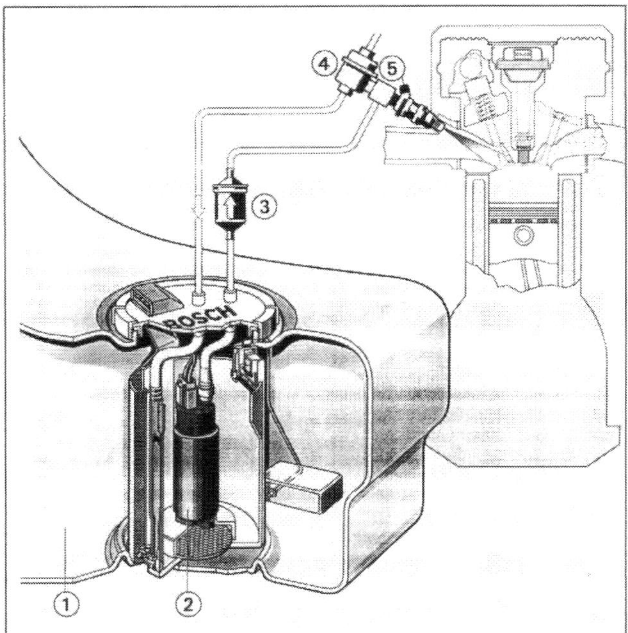

Das Kraftstoffversorgungssystem mit Rücklauf: ❶ Kraftstoffbehälter, ❷ Elektrokraftstoffpumpe, ❸ Kraftstofffilter, ❹ Kraftstoffdruckregler, ❺ Einspritzventil.

füllt wird. Während der Fahrt strömt durch diese Leitung entsprechend der verbrauchten Kraftstoffmenge von außen Luft in den Tank hinein, so dass sich kein Unterdruck bilden kann.

Die Entlüftungsleitung des Kraftstofftanks führt natürlich nicht einfach ins Freie. Ein spezielles Entlüftungssystem sorgt für die richtige Behandlung der schädlichen Kraftstoffdämpfe. Beim Benziner werden sie zu einem Aktivkohlebehälter geleitet und von diesem dem Motor wieder zur kontrollierten Verbrennung zugeführt.

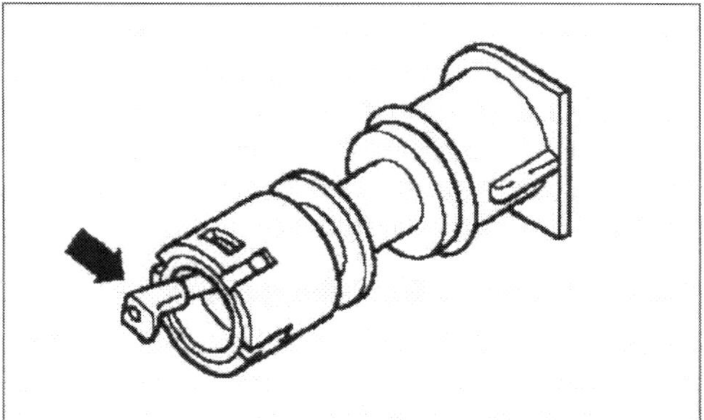

Tankentlüftungsventil des 1,0 Liter-Motors: Befindet sich der Hebel in der Ruhelage, ist das Ventil geschlossen. Wird er in Pfeilrichtung gedrückt, öffnet das Ventil.

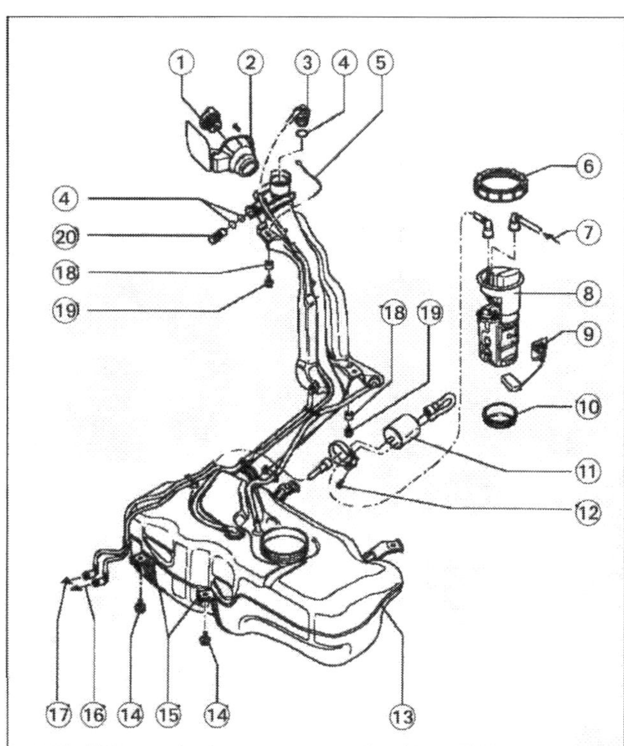

Tank und Kraftstofffilter des 1,0 Liter-Motors: ❶ Verschlussdeckel, ❷ Tankklappeneinheit, ❸ Schwerkraft-/Überlaufventil, ❹ und ❿ Dichtringe, ❺ Masseverbindung, ❻ Überwurfmutter (80 Nm), ❼ (blaue) Rücklaufleitung vom Kraftstoffverteiler, ❽ Kraftstofffördereinheit, ❾ Geber für Kraftstoff-Vorratsanzeige, ⓫ Kraftstofffilter (Pfeil zeigt in Durchflussrichtung), ⓬ mit 3 Nm, ⓮ mit 25 Nm, ⓳ mit 12 Nm anziehen, ⓭ Kraftstoffbehälter, ⓯ Spannband, ⓰ Entlüftungsleitung, ⓱ (schwarze) Vorlaufleitung zum Kraftstoffverteiler, ⓲ Distanzbuchse, ⓴ Entlüftungsventil.

Die wichtigsten Bauteile des Systems

Kraftstoffpumpe: Eine elastisch aufgehängte Tauchpumpe, direkt im Tank eingebaut (Intank-Kraftstoffpumpe). Umgeben von einem Behälter mit Sieb, der auch bei stark schwappendem Kraftstoff (z.B. in Kurven) die Versorgung ermöglicht. Die Pumpe wird elek-

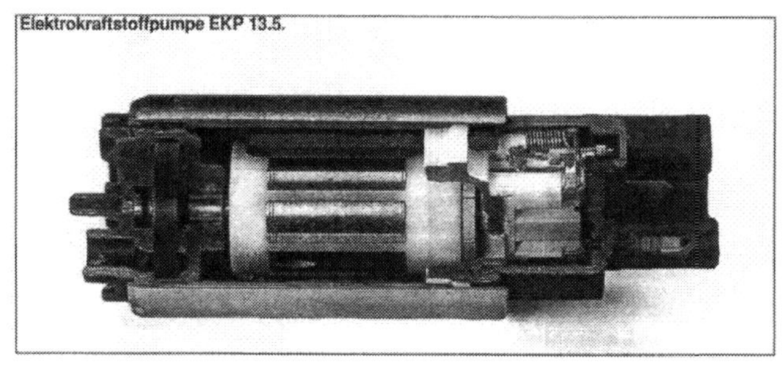
Elektrokraftstoffpumpe EKP 13.5.

Prinzipbild einer Elektrokraftstoffpumpe.

trisch betrieben und ist (beim Benziner) mit dem Geber der Kraftstoffanzeige in einem Bauteil zusammengefasst.

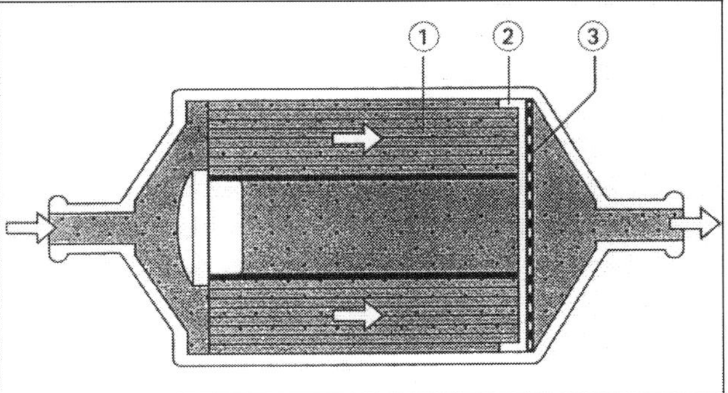

Schnittbild eines Kraftstofffilters:
❶ Papiereinsatz, ❷ Sieb, ❸ Stützplatte.

Kraftstofffilter: Filtert flüssige und feste Fremdstoffe aus dem Kraftstoff. Er befindet sich am Unterboden vor dem Tank, in Fahrtrichtung gesehen, und ist in die Kraftstoffvorlaufleitung eingebaut. Enthält zwei Filterelemente, an denen Verunreinigungen abgeschieden werden.

Tankgeber: Besteht aus Schwimmer und Potentiometer. Mit sinkendem Kraftstoffspiegel sinkt auch der Schwimmer des Gebers und bewegt das Potentiometer so, dass sich der Widerstand erhöht. Dadurch sinkt die Spannung am Anzeigeinstrument, der Zeiger geht in Richtung »leer«.
Ein Überdruckventil lässt zuviel geförderten Kraftstoff und Gase direkt in den Kraftstofftank entweichen und hält den Systemdruck auch bei ausgeschalteter Zündung aufrecht.
Beim Diesel wird der Kraftstoff von der Einspritzpumpe im Motorraum angesaugt. Im Tank sitzt also nur der Geber für die Tankanzeige, der allerdings auch so funktioniert wie beim Benziner.

Aktivkohlebehälter: Die über der Oberfläche des Kraftstoffs sich ständig im Tank bildenden Dämpfe gelangen über ein Schwerkraft- und ein Entlüftungsventil in den Aktivkohlebehälter. Die Aktivkohle speichert diese Gase wie ein Schwamm. Je nach Lastzustand und Drehzahl des Motors öffnet das Steuergerät über ein als Regenerierventil bezeichnetes Magnetventil (zweites Tankentlüftungsventil, Bauteil N80) einen Unterdruckschlauch zum Ansaugkrümmer. Die Kraftstoffdämpfe werden aus dem Aktivkohlebehälter abgesaugt und der Verbrennung zugeführt.

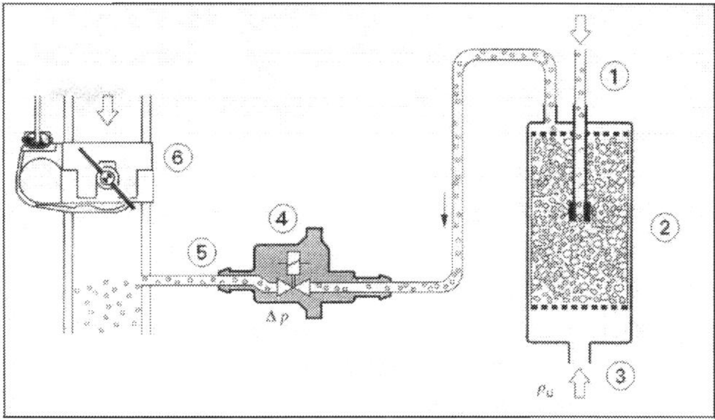

Der **Aktivkohlebehälter** verhindert, dass Kraftstoffdämpfe aus dem Tank ins Freie gelangen. In regelmäßigen Abständen öffnet das Steuergerät das Regenerierventil, und der Motor saugt den im Aktivkohlebehälter niedergeschlagenen Kraftstoff ab. ❶ Leitung vom Tank zum Aktivkohlebehälter. ❷ Aktivkohlebehälter. ❸ Frischluft. ❹ Regenerierventil. ❺ Leitung zum Saugrohr. ❻ Drosselvorrichtung mit Drosselklappe.

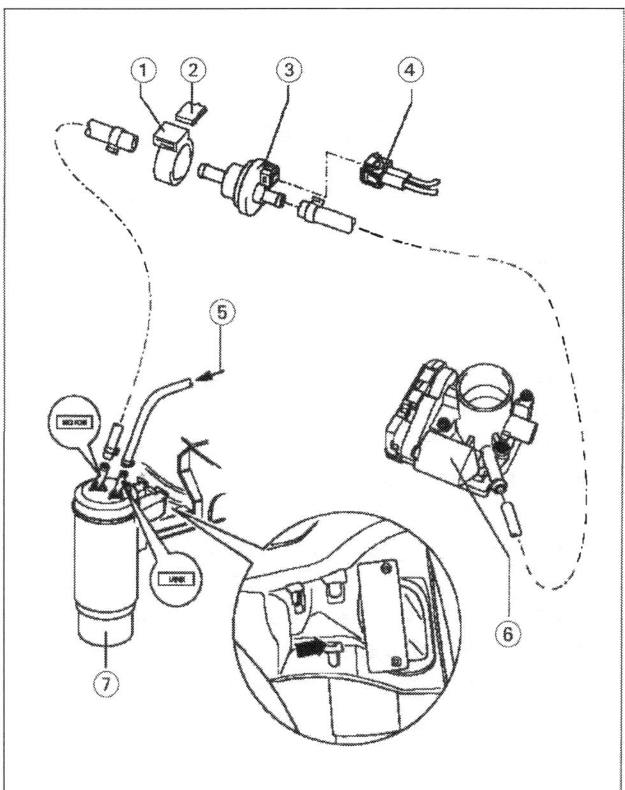

Bauteile der Aktivkohlebehälter-Anlage des 1,0 Liter-Motors: ❶ Haltering, ❷ Halter, ❸ Tankentlüftungsventil (N80) für Aktivkohlebehälter, ❹ Anschlussstecker, ❺ Entlüftungsleitung, ❻ Drosselklappen-Steuereinheit, ❼ Aktivkohlebehälter. Der Behälter ist im Radhaus vorn rechts eingebaut.

So funktioniert die Aktivkohlebehälter-Anlage

Während des so genannten Spülvorganges wird die voll Kraftstoffdampf gesaugte Aktivkohle regeneriert. Dazu wird durch den Saugrohrunterdruck Frischluft durch die Belüftungsöffnung an der Unterseite des Aktivkohlebehälters angesaugt. Die zwischengespeicherten Kraftstoffdämpfe werden zusammen mit Frischluft dosiert der Verbrennung zugeführt.
Das Entlüftungsventil N80 verhindert, dass bei geöffnetem Tankentlüftungsventil und anliegendem Saugrohrunterdruck weitere Kraftstoffdämpfe aus dem Tank gesaugt werden. Es stellt die vorrangige Entleerung des Aktivkohlebehälters sicher. Falls das Tankentlüftungsventil N80 z. B. infolge Leitungsunterbrechung stromlos wird, bleibt es geschlossen. Der Aktivkohlebehälter wird dann nicht entleert.

Der Kraftstoff

Die Benzinmotoren benötigen alle den bleifreien Kraftstoff Euro Super (ROZ 95), können aber auch Normal (ROZ 91) tanken. Beide Kraftstoffarten sind von durchaus gleicher Qualität. Wesentlich ist, dass der bleifreie Kraftstoff der DIN EN 228 entspricht. Das bestimmende Unterschiedsmerkmal ist die Klopffestigkeit. Sie wird durch die Oktanzahl (ROZ) gekennzeichnet und liegt bei Super höher als bei Normalbenzin. Bei der Verwendung von Normalbenzin ist nur mit einer geringen Leistungsminderung des Motors zu rechnen.
Hat der verfügbare Kraftstoff eine niedrigere Oktanzahl als der Motor benötigt, darf nur mit mittleren Drehzahlen und geringer Motorbelastung gefahren werden. Starke Motorbelastung (Vollgas) oder hohe Drehzahlen könnten sonst zu Motorschäden führen.
Der Kraftstoff für die Dieselmotoren muss der DIN EN 590 entsprechen. Seine Cetan-Zahl (CZ) darf nicht niedriger sein als 49. Alle Dieselmotoren von Lupo und Arosa sind für Pflanzenöl-Methylester (PME-Kraftstoff) nach DIN E 51 606 zugelassen. Biodieseltauglich bedeutet, dass Tank sowie alle Kraftstoff führenden Leitungen und Dichtungen aus Metall oder einem speziellen Kunststoff bestehen.

Unterwegs mit regenerativer Energie

Seit Einführung der Ökosteuer in Deutschland und dem Anstieg des Ölpreises ist die Suche nach Alternativen zum herkömmlichen Kraftstoff aus Mineralöl lohnend geworden. Mit Biodiesel waren zum Zeitpunkt des Erscheinens dieses Handbuches zwischen fünf und zehn Pfennige pro Liter zu sparen. Eine Vision von Rudolf Diesel wurde Wirklichkeit: »Der Gebrauch von Pflanzenöl als Kraftstoff mag heute unbedeutend sein. Aber derartige Produkte können im Laufe der Zeit ebenso wichtig werden wie Petroleum und diese Kohle-Teer-Produkte von heute«, schrieb Diesel im Jahre 1912, als über Energiekrisen, Klimaveränderungen und Ozonloch noch nicht diskutiert wurde, in seiner Patentschrift.
Der VW-Konzern hat sich früh auf den Biodiesel eingestellt und für alle seine Selbstzünder die Voraussetzung geschaffen, die auf den Rapsfeldern nachwachsende regenerative Energie zu nutzen. So sind auch in Lupo und Arosa umweltbewusste – und dazu noch sparsame – Leute mit Biodiesel unterwegs.

So sparen Sie Kraftstoff

Nach dem Motorstart gleich losfahren, auch bei Frost. Beschleunigen Sie stets zügig, schalten Sie jedoch möglichst früh in den nächst höheren Gang. Ist die gewünschte Geschwindigkeit erreicht, wählen Sie den höchstmöglichen Gang und lassen den Wagen mit wenig Gas rollen. Der Motor soll nur beim Überholen oder beim Einspuren in den fließenden Verkehr hochdrehen. Außerdem sollten Sie auch beim kurzen Halt vor einer Eisenbahnschranke oder Baustellenampel und im Stau den Motor abstellen – bereits bei fünf bis sieben Sekunden Wartezeit sparen Sie Kraftstoff. Immer vorausschauend fahren und nicht unnötig bremsen. Der Reifendruck kann um 0,1 bar erhöht werden, was den Rollwiderstand verringert und Kraftstoff spart. Mit einem Mehrverbrauch muss hingegen rechnen, wer überflüssige Kilogramm im Kofferraum hin- herfährt oder andere unnötige Zuladung (Dachgepäckträger) mit sich führt.

Sparklicks im Internet

Schließlich können Sie die Spritkasse aufbessern, wenn Sie die richtigen Tricks und Klicks im Internet kennen. Vor einer größeren Reise ist unbedingt die Konsultation eines guten Routenplaners zu empfehlen. Für Clubmitglieder gibt es diesen Service unter www.adac.de.

Begriffe und Normen rund um den Kraftstoff

Technik-lexikon

Normalbenzin/Superbenzin. Fast identisch hinsichtlich Reinheitsgrad, Verhalten bei Verdampfung (wichtig für Entzündbarkeit) und Energiebilanz (Heizwert je Kilogramm Kraftstoff). Entscheidender Unterschied: die Klopffestigkeit. Sie ist bei Super höher als bei Normalbenzin.
Klopffestigkeit. Je höher das Kompressionsverhältnis ist, um so leichter kommt es zu Selbstentzündungen im Zylinder, wenn der Kraftstoff nicht klopffest genug ist. Superkraftstoff hält höhere Drücke aus als Normalbenzin, entzündet sich daher schwerer. Haben Sie Ihren Lupo mit Normalbenzin betankt, ist das nicht schlimm: Der Klopfsensor des Motormanagements regelt die Zündung entsprechend. Es ist allerdings mit geringerer Motorleistung zur rechnen.
Oktanzahl. Steht für die Klopffestigkeit eines Kraftstoffs. An der Zapfsäule findet man in der Regel die Bezeichnung »ROZ« (Research-Oktanzahl), seltener die Spezifikation »MOZ« (Motor-Oktanzahl). Die Oktanwerte für die Mindestanforderungen an bleifreien Kraftstoff wurden in Deutschland früher vom Deutschen Institut für Normung (DIN) nach DIN 51 607 festgeschrieben. Heute gilt die Euro-Norm EN 228.
Dieselkraftstoff. Ist perfekt auf den Dieselmotor zugeschnitten. Durch seine hohe Zündwilligkeit läuft die Selbstzündung kontrolliert im Bruchteil einer Sekunde ab. Für den Benzinmotor ist Dieselkraftstoff Gift. Er würde nicht auf den Funken der Zündkerze warten, sondern sich bereits während der Aufwärtsbewegung des Kolbens entzünden. Folgen: hoher Druckanstieg im Zylinder, der Kolben erhält einen Schlag auf den Boden und leitet ihn über den Pleuel auf die Lager der Kurbelwelle weiter. Außerdem entsteht eine enorme Hitze, bei der die Kolbenböden schmelzen können.
PME-Kraftstoff. Der »Biodiesel« wird aus Pflanzenöl, meist Rapsöl, in einem chemischen Prozess hergestellt, bei dem das Pflanzenöl mit Methanol mittels eines Katalysators in Pflanzenöl-Methylester umgewandelt wird. Vorzug: nahezu frei von Schwefel. Das Abgas wird »sauberer«. Allerdings ist PME nur bis minus 10 Grad wintertauglich. Bei tieferen Temperaturen muss normaler Dieselkraftstoff im Verhältnis 1:1 nachgetankt werden, um ein Ausflocken zu verhindern. Liegt der PME-Anteil über 50 Prozent, kann es zu starker Rauchentwicklung kommen. In der warmen Jahreszeit dagegen kann PME in jedem beliebigen Verhältnis mit Dieselkraftstoff gemischt werden.

Begriffe und Normen rund um den Kraftstoff

Cetanzahl. Steht für die Zündwilligkeit eines Kraftstoffes. Eine reine Verhältniszahl, die im Labor ermittelt wird. Dem sehr zündwilligen Kraftstoff Cetan wird die Zahl 100 zugeordnet, dem extrem zündträgen Vergleichskraftstoff (Methylnaphtalin) die Ziffer 0. Die Cetanzahl gibt an, wieviel Volumenprozent Cetan sich in einem Gemisch mit diesem Vergleichskraftstoff befinden müssen, das die gleiche Zündwilligkeit besitzt wie der zu messende Kraftstoff. Beim Diesel soll sie 45 betragen.

Biodiesel (PME-Kraftstoff)

Biodiesel (PME-Kraftstoff – Pflanzenöl-Methylester) wird aus Raps gewonnen. Nach dem Pressen und der Zugabe von Methylalkohol kommt es zu einem chemischen Prozess (Umesterung), bei dem Glycerin entzogen und der Treibstoff fließfähiger wird.

Die regenerative Energie aus Rapsöl gibt es in Deutschland an etwa 900 Zapfsäulen – ohne Mineralöl- oder Ökosteuer. Ein weiterer Vorzug: Die Umwelt wird geschont, weil Biodiesel keinen Schwefel enthält und mit einem Anteil von elf Prozent Sauerstoff sauberer verbrennt. Biodiesel braucht sich, was die Zündwilligkeit angeht, nicht hinter Diesel aus Mineralöl zu verstecken. Der Kraftstoff erreicht von Natur aus eine Cetanzahl von 53 bis 58, erfüllt also ohne Zusatz von Additiven die Forderung der Motorenhersteller nach hochwertigen Treibstoffen.

Weil Biodiesel Gummidichtungen und Leitungen angreift, müssen alle Kraftstoff führenden Teile aus Metall oder resistentem Kunststoff sein. PME-Kraftstoff ist nur bis minus 10 Grad wintertauglich. Bei tieferen Temperaturen muss herkömmlicher Diesel im Verhältnis 1:1 nachgetankt werden, um ein Ausflocken zu verhindern. Durch Zugabe von Additiven kann aber auch Biodiesel winterfest gemacht werden. Der spezielle Grenzwert der Filtrierbarkeit CFPP (Cold Filter Plugging Point) wird auf minus 20 Grad gebracht.
Mehr Infos (auch zum Tankstellennetz) sind unter www.biodiesel.de zu finden.

Kostenlose Routenplaner sind auch unter_www.telein-fo.de, www.aral.de oder www.shell.de zu finden. Noch ein heißer Tipp: Preisvergleich der Tankstellen in unmittelbarer Nachbarschaft ihrer Postleitzahl. Ganz aktuelle Infos bieten zum Beispiel www.clever-tanken.de und www.nice-prices.de/tanken.htm.

Umgang mit Kraftstoff

Der Umgang mit Kraftstoff ist gefährlich. Nehmen Sie daher Wartungsarbeiten und Reparaturen an Teilen der Kraftstoffanlage nicht auf die leichte Schulter. Vor allem beim Entleeren des Kraftstoffbehälters müssen Sie mit äußerster Vorsicht vorgehen. Grundsätzlich müssen Sie beim Umgang mit Kraftstoff folgende Vorsichtsmaßnahmen beachten:

- Zuerst die Batterie abklemmen, Kabel gegen Berühren mit den Polen der Batterie sichern.
- Kraftstoffbehälter nur im Freien entleeren. Dazu brauchen Sie ein entsprechendes Abpumpgerät (z. B. kraftstofffeste Balgen-Schlauchpumpe). Auf keinen Fall den Kraftstoff durch die Öffnung des Gebers der Kraftstoff-Vorratsanzeige auskippen oder durch Ansaugen an einem Schlauch mit dem Mund entleeren – Vergiftungsgefahr durch die hochgiftigen Kraftstoffzusätze!
- CO_2-Pulver- oder Schaumlöscher der Brandklasse B muss in greifbarer Nähe sein.
- Den Kraftstoffbehälter nie über einer Grube entleeren. Die entweichenden Gase sind schwerer als Luft, würden für mehrere Stunden in der Grube bleiben. Folge: Gesundheitsschädigung durch Einatmen, akute Explosionsgefahr.
- Stellen Sie sicher, dass sich während der Arbeit mit Kraftstoff keine eingeschalteten elektrischen Geräte, offenen Flammen, Wärme- und Funkenquellen im Raum befinden.
- Kraftstoff darf nur in einen verschließbaren, klar beschrifteten Behälter umgefüllt werden. Dazu gibt's spezielle Behälter mit Flammschutz und Druckausgleichs-Verschluss.
- Im entleerten Kraftstofftank befinden sich Restgase. Auch die sind gefährlich. Alle Arbeiten deshalb mit besonderer Vorsicht ausführen!

Kraftstoff ablassen

Der Tank besitzt keine Ablassschraube. Da die Kraftstoffsaugleitung und der Rücklauf an der Tankoberseite sitzen, kann man nicht einfach eine Leitung abziehen und den Kraftstoff auslaufen lassen.

Arbeitsschritte   

① Ist der Tank noch gut gefüllt, durch den Einfüllstutzen einen Schlauch so tief wie möglich in den Tank schieben.

② Obere Schlauchöffnung mit dem Finger dicht verschließen. Das Auffanggefäß muss unterhalb des Tankbodenniveaus stehen. Schlauch wieder ein Stück herausziehen und ins Gefäß halten. Reicht der Schlauch weit genug in den Kraftstoff, fließt er jetzt durch das Gefälle heraus. Ansaugen von Kraftstoff mit dem Mund gefährdet die Gesundheit.

③ Befindet sich zu wenig Kraftstoff im Tank, hilft diese Methode meist nicht mehr. Dann müssen Sie den Kraftstoff mit einer kraftstofffesten Handpumpe (Schlauch-Balgenpumpe) abpumpen.

Sicherheitsmaßnahmen bei Arbeiten mit gefülltem Tank

Praxistipp

Beim Aus- und Einbau des Gebers für Kraftstoffvorratsanzeige oder der Kraftstoffpumpe (Kraftstofffördereinheit) aus gefüllten oder teilweise gefüllten Kraftstoffbehältern muss stets beachtet werden, dass die Kraftstoffvorlaufleitung unter Druck steht. Legen Sie deshalb vor dem Lösen von Schlauchverbindungen Putzlappen um die Verbindungsstelle. Sorgen Sie dann durch vorsichtiges Abziehen des Schlauches für Druckabbau.

Schon vor Beginn der Arbeiten sollte in die Nähe der Montageöffnung des Kraftstoffbehälters zum Absaugen der freiwerdenden Kraftstoffgase der Abgasschlauch einer eingeschalteten Abgas-Absauganlage gelegt werden. Wenn eine solche spezielle Anlage nicht zur Verfügung steht, kann ein Radiallüfter mit außerhalb des Luftstroms liegendem Motor verwendet werden. Er soll ein Fördervolumen größer als 15 m³/h aufweisen.

Kraftstofffilter ersetzen

Der Kraftstofffilter ist so dimensioniert, dass er nicht gewechselt werden muss. Trotzdem kann es bei Falschbetankung oder ähnlichen ungewöhnlichen Vorkommnissen erforderlich sein, ihn auszubauen. Wegen seines Einbauortes am Unterboden hinter dem Tank ist die Erneuerung des Kraftstofffilters eigentlich Sache der Werkstatt. Wer eine Hebebühne zur Verfügung hat oder bei sicher aufgebocktem Wagen unter das Auto kriechen möchte, kann das auch selber machen. Achten Sie darauf, dass der Arbeitsraum gut belüftet ist. Beim Ausbau des Filters kann etwas Kraftstoff austreten. Kraftsstoffdämpfe sind giftig und feuergefährlich. Wie Sie den Filter bei Benziner-Modellen tauschen, lesen Sie hier. Wie die regelmäßigen Wartungsarbeiten zum Filterwechsel beim Diesel zu machen sind, lesen Sie im Kapitel »Die Dieseleinspritztechnik«.

① Fahrzeug hinten aufbocken.

② Auffangbehälter unter den Kraftstofffilter ❶ auf den Boden stellen.

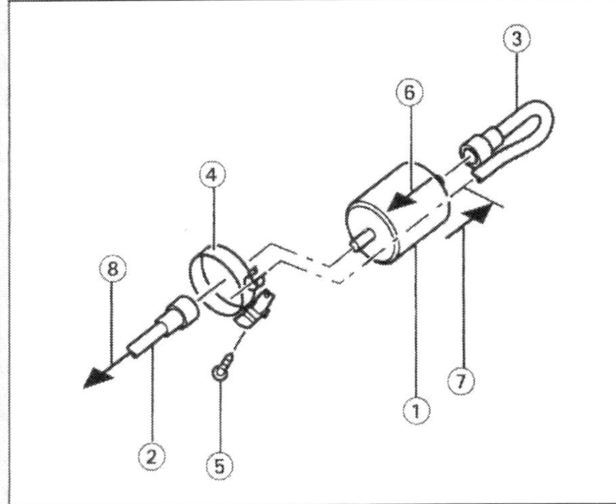

③ Druck beachten, Lappen um die Leitungen legen.

④ Klemmen Sie die Benzinschläuche ❷ und ❸ mit geeigneten Abklemmzangen ab.

⑤ Drücken Sie die Tasten an den Schlauchkupplungen zusammen und ziehen Sie die Kraftstoffschläuche vorsichtig vom Filter ab.

⑥ Lösen Sie die Schraube ❺ am Filterhalter ❹ und nehmen Sie den Filter heraus.

⑦ Beim Einbau müssen Sie den neuen Kraftstofffilter so einsetzen, dass die Pfeilmarkierung ❻ auf dem Filter in Durchflussrichtung vom Tank ❼ zum Motor ❽ zeigt.

⑧ Schieben Sie die Schläuche auf und lassen Sie die Schnellkupplungen einrasten.

⑨ Nachdem der Halter ❹ wieder angeschraubt ist, können Sie die Abklemmzangen entfernen.

⑩ Nach einer Probefahrt sollten sie überprüfen, ob die Schlauchanschlüsse dicht sind.

Leitungen und Schläuche ausbauen

Auch längere Zeit nach dem Abschalten des Motors steht das Kraftstoffsystem noch unter Druck. Beim Losschrauben einer Kraftstoffleitung daher stets einen Lappen bereithalten, damit kein Kraftstoff herausspritzen kann.

Arbeitsschritte

① Bei Quetschklemmen mit einem feinen Schraubendreher unter die Schelle fahren und diese durch seitliches Hebeln lockern.

② Schlauch unter Drehbewegungen abziehen. Ist dies nicht möglich, kleinen Gabelschlüssel hinter dem Schlauchende ansetzen und Schlauch damit abdrücken.

③ Zum Wiederanschluss der Schläuche nur Federbandschellen verwenden. Klemm- oder Schraubschellen sind nicht erlaubt!

Fehler an der Kraftstoffpumpe suchen

Die elektrische Kraftstoffpumpe wird über ein Relais mit Spannung versorgt. Die Kraftstoffpumpe ist nur in Betrieb, wenn der Motor läuft oder wenn Sie den Zündschlüssel zum Anlassen des Motors drehen. Ein zweites Relais tritt in Aktion, wenn der Motor bei eingeschalteter Zündung stillsteht (Steuergerät empfängt keine Drehzahlimpulse mehr). Das Relais unterbricht über eine Sicherheitsschaltung im Motor-Steuergerät die Stromzufuhr. So kann zum Beispiel nach einem Unfall kein Benzin auslaufen.

Die Prüfung und vor allem der Ausbau der Kraftstoffpumpe sind wegen des benötigten Spezialwerkzeugs (Schlüssel für Überwurfmutter u.a.) Arbeiten für die Werkstatt. Wenn Sie einen Defekt an diesem Bauteil vermuten, sollten Sie sich auf folgende Fehlersuche beschränken. Beachten Sie, dass die Pumpe auch dann nicht oder nicht richtig fördert, wenn der Kraftstofffilter verstopft ist oder ein Relais in der Zentralelektrik versagt.

Arbeits-schritte   

① Kontrollieren Sie als erstes die Sicherung für die Kraftstoffpumpe (Sicherung 40).

② Wenn Sie genau hinhören, müssten Sie die Laufgeräusche der Pumpe vernehmen. Lauschen Sie hinten in Höhe des Tanks, während ein Helfer die Zündung einschaltet.

③ Wenn Sie etwas hören, ist die Pumpe wahrscheinlich in Ordnung. Wenn nicht, ist zu prüfen, ob Kraftstoff gefördert wird.

④ Dazu bauen Sie die Zuleitung oder Rücklaufleitung der Einspritzung ab. Achtung, es kann sein, dass die Leitungen unter Druck stehen. Halten Sie die Leitung in ein Gefäß.

⑤ Schon bei nicht laufendem Motor muss etwas Benzin austreten, da im Kraftstoffsystem etwas Restdruck vorhanden ist.

⑥ Kommt kein Benzin, lassen Sie einen Helfer den Anlasser betätigen. Die Pumpe muss jetzt fördern.

⑦ Kommt nichts, muss am Tank-Anschlussflansch geprüft werden, ob die Pumpe mit Strom versorgt wird.

⑧ Schrauben Sie dazu die Abdeckung für den Verschlussflansch unter der Auskleidung im Kofferraumboden ab. Vorher Rücksitzbank nach vorn klappen.

⑨ Ziehen Sie den Vierfachstecker ab. Er muss vorsichtig mit dem Schraubendreher entriegelt werden.

⑩ Schließen Sie zur Spannungsmessung ein Multimeter an die beiden äußersten Kontakte an. Ein Helfer soll den Anlasser betätigen. Während der Anlasser läuft, muss etwa die Batteriespannung anliegen.

⑪ Wird der Sollwert nicht erreicht, könnte das zuständige Relais defekt sein. Siehe hierzu Kapitel »Die Fahrzeugelektrik«.

⑫ Wird der Sollwert erreicht und kein Laufgeräusch vernommen, muss man einen genauen Blick auf die Kraftstoffpumpe werfen. Dazu muss die Kraftstofffördereinheit ausgebaut werden (siehe entsprechende Arbeitsschritte).

⑬ Prüfen Sie, ob die elektrischen Leitungen zwischen Flansch und Kraftstoffpumpe angeschlossen sind und Durchgang haben. Ist kein Defekt feststellbar, muss die Pumpe erneuert werden.

Kraftstofffördereinheit ausbauen

Die Kraftstoffpumpe sitzt in der Kraftstofffördereinheit. Beim Benzinmotor befinden sich Pumpe und Tankgeber im Kraftstofftank. Beim Dieselmotor ist an dieser Stelle nur der Tankgeber eingebaut. Die Aus- und Einbauarbeit ist – wie gesagt – eher eine Aufgabe für die Werkstatt. Benötigt wird das Spezialwerkzeug V.A.G. 3217.

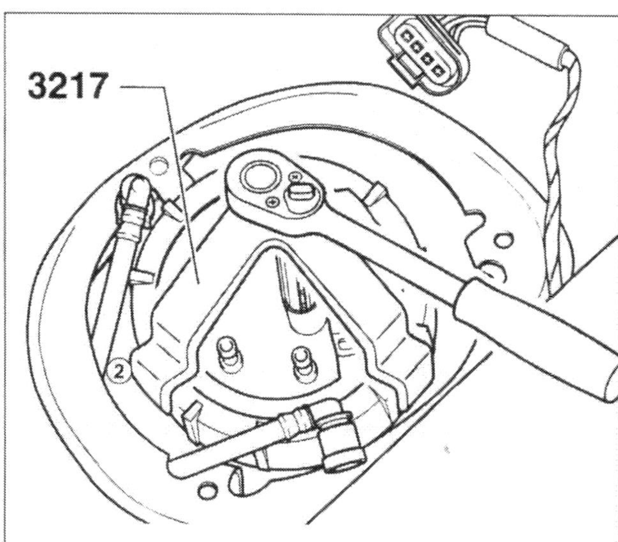

Für den Ausbau der Kraftstofffördereinheit benötigen Sie das VW-Spezialwerkzeug 3217.

Ausgebaute Teile auf sauberer Unterlage ablegen und abdecken! Keine fasernden Lappen verwenden. Geöffnete Bauteile ebenfalls sorgfältig abdecken. Nur saubere Teile einbauen. Keine unverpackten Ersatzteile verwenden und Teile erst unmittelbar vor dem Einbau aus der Verpackung nehmen. Aus Sicherheitsgründen muss vor dem Öffnen des Kraftstoffsystems die Sicherung Nr. 40 aus dem Sicherungshalter entfernt werden, da die Kraftstoffpumpe durch den Türkontaktschalter der Fahrertür aktiviert werden kann.
Falls Sie in der Lage sind, sich das Spezialwerkzeug auszuleihen und die Arbeit selbst auszuführen (zur Not kann die Überwurfmutter mit einer Holzstange und leichten Hammerschlägen gelöst werden), gehen Sie folgendermaßen vor.

Arbeitsschritte   

① Beachten Sie, dass der Tank maximal zu einem Drittel gefüllt ist.

② Klemmen Sie das Batteriemassekabel ab. Beachten Sie dabei die Hinweise unter »Batterie ausbauen« im Kapitel »Die Fahrzeugelektrik« (vor allem: Zündung ausgeschaltet lassen!).

③ Öffnen Sie kurz den Verschlussdeckel für den Tank, um Druck auszugleichen.

④ Klappen Sie die Rücksitzbank nach vorn und bauen Sie den Kofferraumbodendeckel aus.

⑤ Kennzeichnen Sie gegebenenfalls die Anschlüsse der Kraftstoffleitungen analog den Einbaumarkierungen ❹.

⑥ Ziehen Sie den Anschlussstecker ❶ (Tankanzeige) sowie die Vor- und die Rücklaufleitung ❷ und ❸ vom Flansch ab.

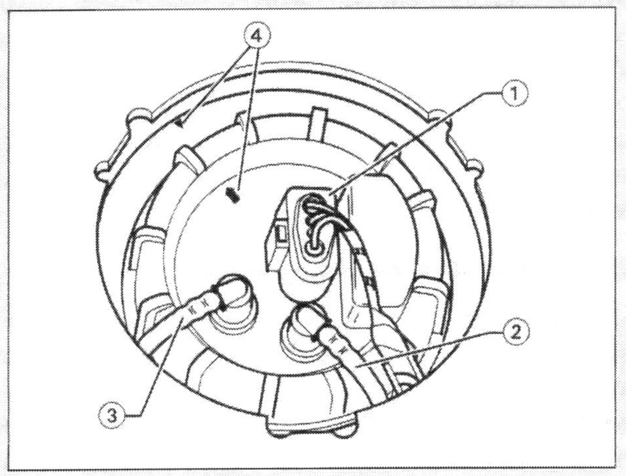

⑦ Setzen Sie den Schlüssel 3217 auf die drei abgerundeten Zapfen der Überwurfmutter und schrauben Sie diese vom Flansch ab. Falls das Spezialwerkzeug nicht verfügbar ist: Holzstange und leichte Hammerschläge!

⑧ Jetzt können Sie die Fördereinheit (Pumpe und Tankgeber) mit dem Dichtring aus der Öffnung des Kraftstoffbehälters ziehen.

⑨ Wenn Sie die Fördereinheit ersetzen wollen, müssen Sie diese vor dem Entsorgen in einen geeigneten Behälter entleeren.

⑩ Beim Einbau darauf achten, dass der Geber für die Kraftstoffvorratsanzeige nicht verbogen wird.

⑪ Verwenden Sie grundsätzlich neue Dichtungen. Der Dichtring des Flansches muss zur Montage mit Kraftstoff benetzt werden.

⑫ Die Markierungen auf dem Verschlussflansch und dem Tank müssen übereinstimmen.

⑬ Verwenden Sie neue Federband-Schlauchschellen!

Kraftstoffpumpen-Relais prüfen

Fahrzeuge mit Airbag verfügen über eine **Crash-Kraftstoffabschaltung**. Sie soll die Gefahr eines Fahrzeugbrandes nach einem Crash reduzieren, indem die Kraftstoffpumpe durch das Kraftstoffpumpen-Relais abgeschaltet wird. Diese Einrichtung bewirkt übrigens auch eine Komfortverbesserung des Startverhaltens beim Motor. Beim Öffnen der Tür wird die Kraftstoffpumpe zwei Sekunden lang angesteuert, damit sich im Kraftstoffsystem Druck aufbaut.
Wenn die Kraftstoffpumpe nicht anläuft, ist das Kraftstoffpumpen-Relais zu prüfen. Es befindet sich beim Lupo mit Benzinmotor im Relaisträger hinter der linken Fußraumabdeckung unterhalb des Armaturenbretts auf dem Relaisplatz 2.

Arbeitsschritte   

① Ziehen Sie die Sicherung für die Kraftstoffpumpe (SB 40) aus dem Halter heraus. Dieser befindet sich im Sicherungskasten im Ablagefach des Fahrerfußraums.

② Schließen Sie eine Diodenprüflampe zwischen Masse und einem der beiden Kontakte der Sicherung an.

③ Betätigen Sie den Anlasser. Das Kraftstoffpumpen-Relais muss hörbar und fühlbar anziehen. Außerdem muss die Diodenprüflampe aufleuchten.

④ Leuchtet die Prüflampe nicht, obwohl das Relais anzieht, wiederholen Sie die Prüfung mit dem anderen Kontakt der Sicherung.

⑤ Leuchtet die Lampe wieder nicht, müssen die Leitungen zwischen Klemme 87F/Kontakt 8 am Relaisplatz 2 und der Sicherung SB 40 nach Stromlaufplan überprüft werden. Gegebenenfalls ist eine Leitungsunterbrechung zu beseitigen.

⑥ Sind die Leitungen und auch die Ansteuerung sowie die Spannungsversorgung in Ordnung, muss das Relais ausgetauscht werden.

Die Auspuffanlage

Die Auspuffanlage hat die Aufgabe, Verbrennungsabgase abzuleiten und dabei die Schadstoffe im Abgas möglichst gering zu halten (Katalysatorbetrieb). Außerdem werden durch das Auspuffsystem die Geräusche, die bei der Verbrennung entstehen, auf ein Minimum reduziert. Der Aufbau der Auspuffanlage hängt von der Motorversion Ihres Fahrzeugs ab. Bei den Turbomodellen TDI sitzt im Abgaskrümmer ein Turbolader. In allen Fällen folgen nach dem Krümmer der Katalysator, das vordere Abgasrohr und der Mittel- und Nachschalldämpfer. Die Teile der Abgasanlage sind miteinander verschraubt beziehungsweise mit Klemmschellen verbunden und lassen sich einzeln auswechseln. Mittel- und Nachschalldämpfer sind in der Erstausstattung in einem durchgehenden Abgasrohr gefertigt. Bei einer Reparatur können die Schalldämpfer einzeln erneuert werden. Dazu muss das Verbindungsrohr an der markierten Stelle durchgesägt werden.

Hitzeschutzbleche im Rohrverlauf verhindern zu starke Hitze-Abstrahlung auf die Bodengruppe. Selbstsichernde Muttern und Dichtungen sollten nach dem Ausbau ersetzt werden. Halteringe und Gummipuffer sind gegebenenfalls auszuwechseln.

Lebensdauer des Auspuffs

Der Auspuff Ihres Autos ist für etwa 60.000 Kilometer gut. Die Lebensdauer hängt natürlich auch von den Einsatzbedingungen Ihres Fahrzeugs ab. Sind Sie überwiegend auf kurzen Strecken unterwegs, fallen wesentlich mehr Kondensat, Ruß und aggressive Säuren im Innern der Anlage an als beim Langstreckenbetrieb mit voll durchgewärmtem Motor.

- Das Auspuffrohr mit angebautem Kat ist seltener als die anderen Teile vom Rost bedroht, weil dort die Verbrennungsgase noch mit Temperaturen zwischen 800 und 1000°C einströmen.
- Im Auspuffrohr und dem Nachschalldämpfer kühlen die Abgase zunehmend ab; am Endrohr sind sie nur noch 150–300°C heiß. Im letzten Nachschalldämpfer tritt daher das meiste Kondenswasser aus. Es vermischt sich mit Verbrennungsrückständen zu aggressiven Säuren und lässt das Auspuffblech von innen nach außen durchrosten.
- Die vorderen Teile der Auspuffanlage können bei Langstreckenfahrten unter Temperaturspannungen leiden, wenn bei Regen das heiße Blech ständig kalten Duschen ausgesetzt ist. Dann kann das Material reißen oder brechen.
- Spritz- und Salzwasser fördern den Rostfraß von außen. Steinschlag oder Aufsetzen auf hartem Untergrund wirken ebenso lebensverkürzend wie Schwingungen, die bei defekten oder fehlenden Aufhängegummis entstehen.

Die Abgasentgiftung

Kraftstoff besteht im wesentlichen aus den Elementen Kohlenstoff und Wasserstoff. Bei der Verbrennung im Motor verbindet sich der Kohlenstoff mit dem Sauerstoff der Luft zu Kohlendioxid (CO_2), der Wasserstoff (H) vereinigt sich mit Sauerstoff (O_2) zu Wasser (H_2O). Aus einem Liter Kraftstoff entstehen rund 0,9 Liter Wasser, das durch die Verbrennungswärme unsichtbar aus dem Auspuff entweicht. Im Winter können Sie nach dem Kaltstart eines Fahrzeugs oft weiße Auspuffwolken beobachten – ein Hinweis auf kondensierendes Wasser.

Der geregelte Dreiwege-Kat

Die in Deutschland angebotenen Benziner-Modelle sind alle mit einem geregelten Dreiwege-Katalysator ausgerüstet. Die Diesel haben einen Oxidations-Katalysator. Der Benziner-Katalysator verringert in seinem Arbeitsleben den Anteil des Kohlenmonoxids durchschnittlich um etwa 85 Prozent, der Kohlenwasserstof-

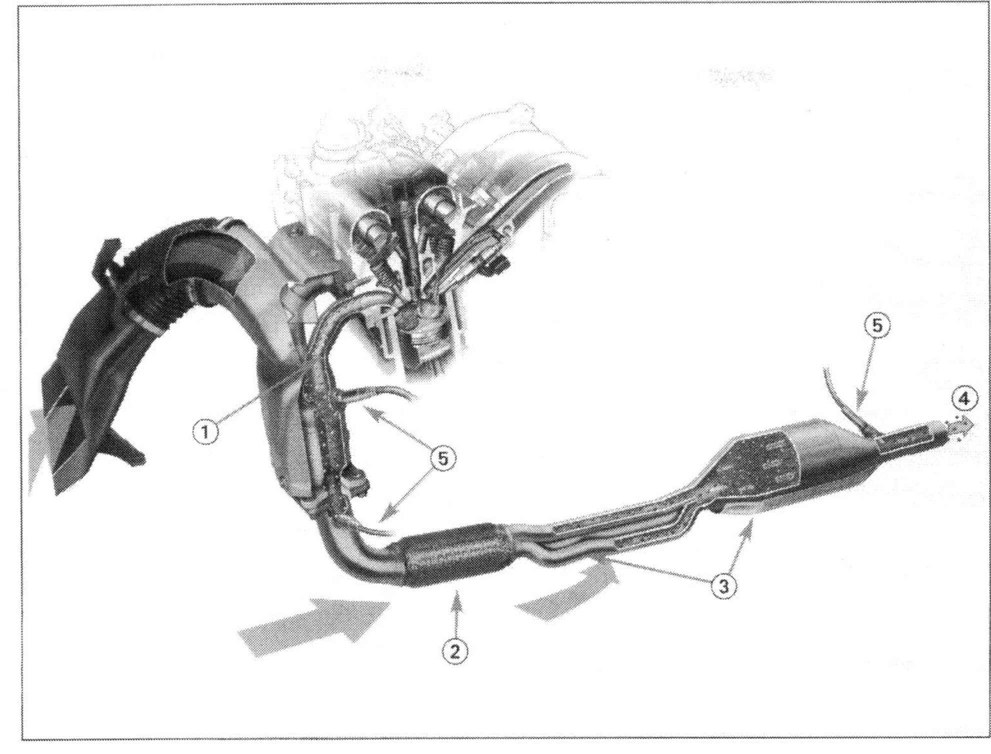

Abgasanlage beim 1,4 Liter FSI:
❶ Abgaskrümmer mit Vorkatalysator, ❷ Micro-Katalysator, ❸ Abgasrohr vorn mit Katalysator, ❹ zum Vorschalldämpfer, ❺ Lambda-Sonden.

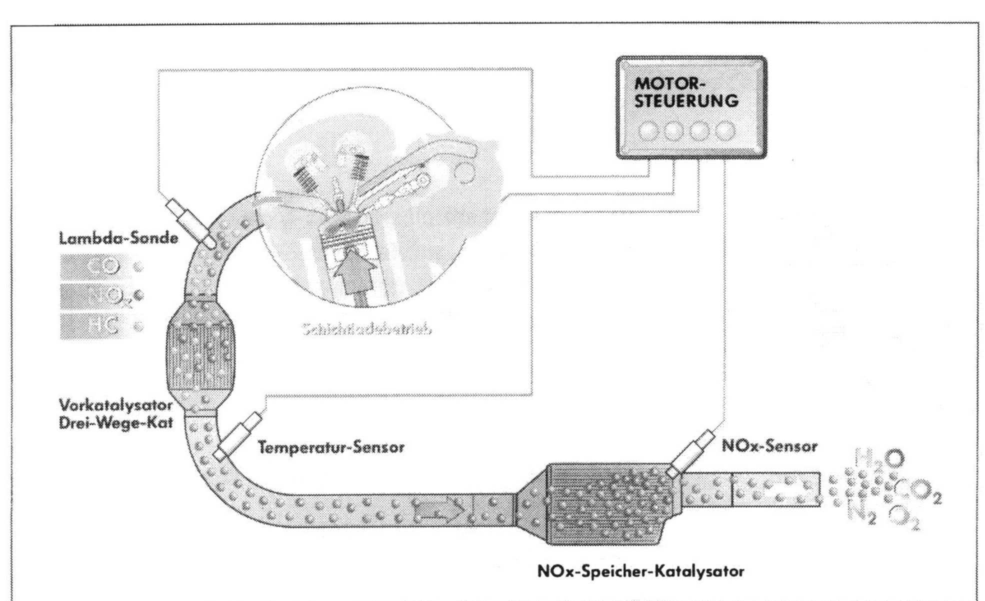

Abgasnachbehandlung beim FSI-Motor.

fe um 80 und der Stickoxide um 70 Prozent. Mit zunehmender Laufleistung des Fahrzeugs verliert er jedoch einen Teil seiner Wirkung. Die Bezeichnung »geregelt« weist darauf hin, dass die Verminderung der Schadstoffe durch die Zusammensetzung des Kraftstoff-Luft-Gemisches geregelt wird.

Lambda-Sonde misst Sauerstoff

Dazu sitzt am Einlassrohr des Katalysators die Lambda-Sonde, die den Sauerstoffanteil im Abgas ständig misst. Nach diesen Messwerten gibt das Steuergerät den Befehl zum Anreichern oder Abmagern des Kraftstoff-Luft-Gemisches. Das geschieht in rasch wech-

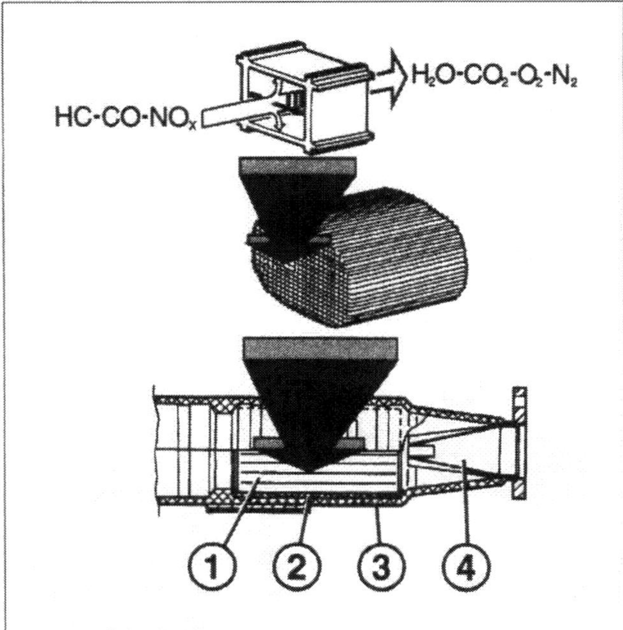

Oxidationsvorgang im Katalysator (Schema):
Der Kat besteht aus der Wabenstruktur des Keramikträgers ❶, der in einem elastischen, schwingungsdämpfenden Metallgewebe ❷ eingebettet ist. Dieses Paket ist von einem hochtemperaturfesten Edelstahlgehäuse ❸ umgeben. Damit die einströmenden Auspuffgase die Katalysatorwaben gleichmäßig durchströmen, ist davor ein Trichtersieb ❹ angeordnet.

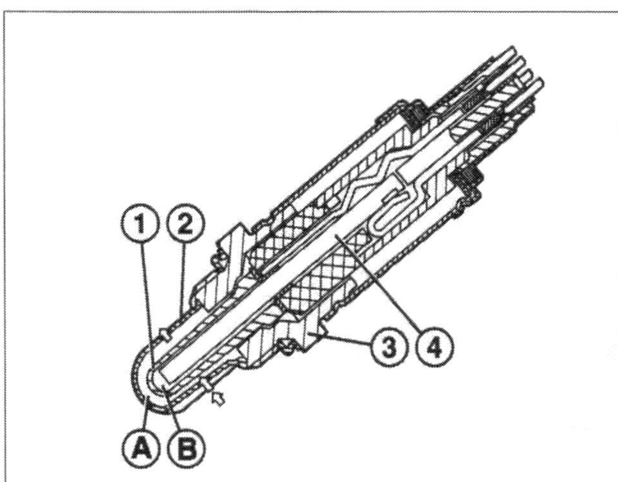

Die Lambda-Sonde (Schnitt):
Die Außenseite **B** der Sonde steht mit der Außenluft in Verbindung, die Innenseite **A** ragt in den Abgasstrom. Durch den unterschiedlichen Sauerstoffanteil entsteht eine unterschiedliche elektrische Spannung. Diese Werte werden an das Steuergerät gemeldet, das die Einspritzmenge entsprechend verändert. ❶ Keramisches Stützrohr. ❷ Schutzmantel. ❸ Sondengehäuse. ❹ elektrischer Widerstand.

selnder Folge: Luftüberschuss zur Verbrennung der Kohlenwasserstoffe, Luftmangel zur Verringerung der Stickoxide. Die aus dieser Mischung entstehenden Abgase gelangen in den Katalysator, der sie nahezu vollständig in Stoffe wie Kohlendioxid, Wasserdampf und Stickstoff umwandelt. Damit die Lambda-Sonde nach dem Kaltstart schneller ihre Arbeitstemperatur erreicht, ist sie mit einer elektrischen Heizung ausgestattet.

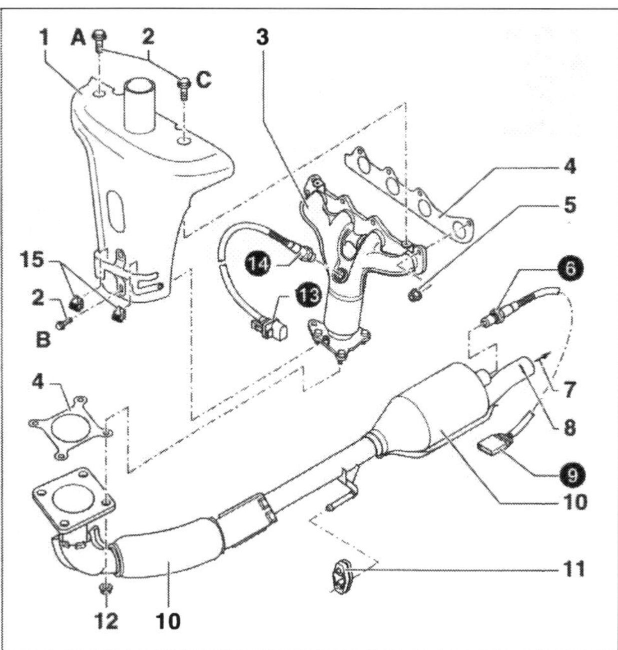

Der extrem schadstoffarme ANV-Motor arbeitet mit zwei Lambda-Sonden: Lambda-Sonde (G39), vor dem Katalysator: ⓮ Sonde, ⓭ Anschlussstecker. Lambda-Sonde (G130), nach dem Katalysator: ❻ Sonde, ❾ Anschlussstecker.

Arbeitstemperaturen des Katalysators

Damit Katalysator und Lambda-Sonde ihre Arbeit aufnehmen können, müssen sie erst einmal kräftig angeheizt werden (Katalysator: ca. 300°C.). Das dauert in der Regel 25 – 80 Sekunden. Beide Bauteile reagieren jedoch auf zu große Hitze sehr empfindlich. Wenn sich zum Beispiel unverbranntes Gemisch im heißen Katalysator entzündet, lässt dies die Temperaturen in gefährliche Höhen ansteigen. Steigen die Temperaturen im Katalysator über 900°C, altert er rapide, ab 1200°C wird er zerstört. Bei Temperaturen ab 1400°C schmilzt der Keramikkörper der Lambda-Sonde. Das Auspuffsystem verstopft und der Motor verliert Leistung.

Kraftstoff sparen durch Lambda-Sonde

Praxistipp

Bei richtiger Funktion der Lambda-Sonde spart Ihr Fahrzeug im Vergleich zum Fehlen der Lambda-Regelung bis zu 15% Kraftstoff. Normalerweise kann mit einer Lebensdauer der Sonde bis zu 100.000 km gerechnet werden. Wird sie allerdings durch Überhitzung geschädigt oder gar zerstört, ist Auswechseln ratsam. Es ist durchaus empfehlenswert, nach 30.000 km Fahrt die Lambda-Sonde bei der Durchsicht checken zu lassen. Lambda-Sonden sind als Ersatzteile zu kaufen und können verhältnismäßig leicht von jedem erfahrenen Schrauber gewechselt werden: Sie sitzen ja wie eine Schraube im Abgaskrümmer.
Übrigens: Ein sehr abgasarmer Motor wie der ANV arbeitet sogar mit zwei Lambda-Sonden: Eine vor, eine nach dem Katalysator!

Umgang mit dem Benziner-Kat

Praxistipp

- Auch wenn der Motor nur wegen einer leeren Batterie nicht startet: Verzichten Sie aufs Anrollenlassen, Anschieben oder Anschleppen. Dabei kann unverbrannter Kraftstoff in den Katalysator gelangen, was ihn auf Dauer schädigt.
- Zündaussetzer oder Fehlzündungen deuten auf einen Defekt an der Zündanlage hin. Lassen Sie dies sofort überprüfen.
- Wenn Sie Unterbodenschutz auftragen: Das Mittel darf nicht an den Katalysator kommen.
- Kontrollieren Sie gelegentlich bei aufgebocktem Fahrzeug, ob der Hitzeschutz über dem Katalysator nicht beschädigt ist.
- Durch einen Riss im Auspuffrohr vor der Lambda-Sonde ermittelt die Sonde einen erhöhten Sauerstoffanteil im Abgas – das Gemisch wird angefettet, der Kraftstoffverbrauch steigt.

Aufwendiges Abgassystem beim FSI

Um mit dem effizient und sauber arbeitenden Benzin-Direkteinspritzer die strenge Euro 4-Abgasnorm zu erreichen und noch zu übertreffen, muss ein aufwendiges System zur Abgasnachbehandlung ins Fahrzeugkonzept integriert werden. Denn während des mager gefahrenen Schichtladebetriebes (siehe Kapitel »Das Motormanagement« und »Die Benzineinspritzung«) entstehen große Mengen Stickoxide, die auf dem Weg zum Auspuff in harmlosen Stickstoff umgewandelt werden müssen.

Der Lupo FSI hat deshalb außer einem kleinen, nahe am Motor und deshalb nach dem Kaltstart schnell ansprechenden Dreiwege-Kat noch einen zusätzlichen NOx-Speicherkatalysator und einen – weltweit erstmalig – NOx-Sensor. Während des Schichtladebetriebes werden die Stickoxide von Bariummolekülen im Speicherkat festgehalten. Der Sensor erkennt, wenn deren Kapazitäten erschöpft sind und der NOx-Kat »überzulaufen« droht. Das ist etwa alle 60 Sekunden der Fall. Dann gibt der Sensor einen Impuls an das zentrale Motormanagement, damit für etwa zwei Sekunden auf den fetteren Regenerationsbetrieb mit höheren Abgastemperaturen umgeschaltet wird.

Der Diesel-Kat

Auch beim Diesel sorgt ein Katalysator für sauberere Abgase. Es handelt sich hierbei um einen ungeregelten Oxidationskatalysator. Dieser Kat wandelt Kohlenmonoxide und Kohlenwasserstoffe in Kohlendioxid und Wasser um.

Für die Reduzierung der Stickoxide sorgt ein Abgas-

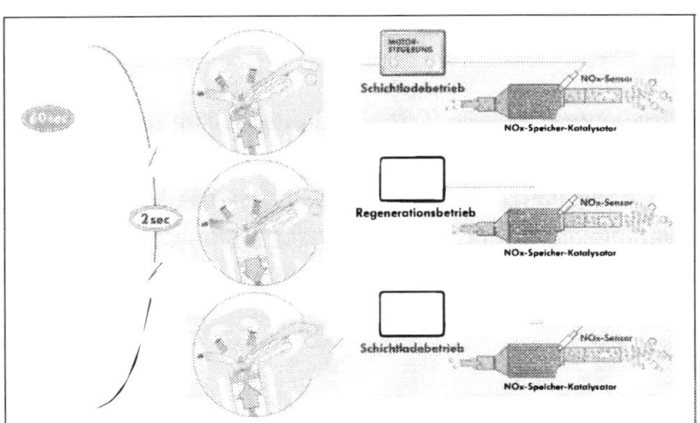

Katalysatorregeneration FSI-Motor.

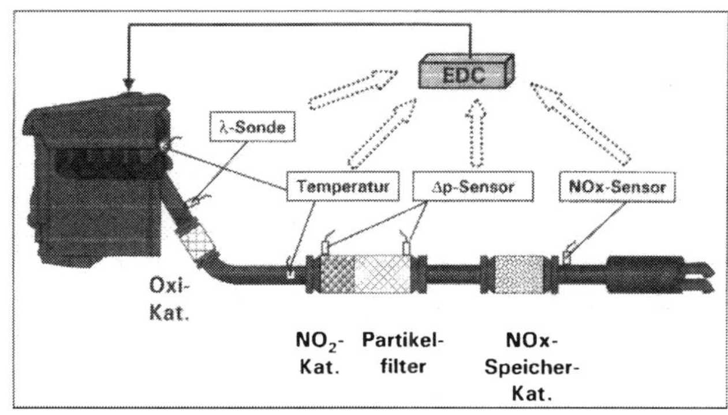

Abgasbehandlungssysteme: Partikelsystem und NO_x-Speicherkatalysator beim Diesel.

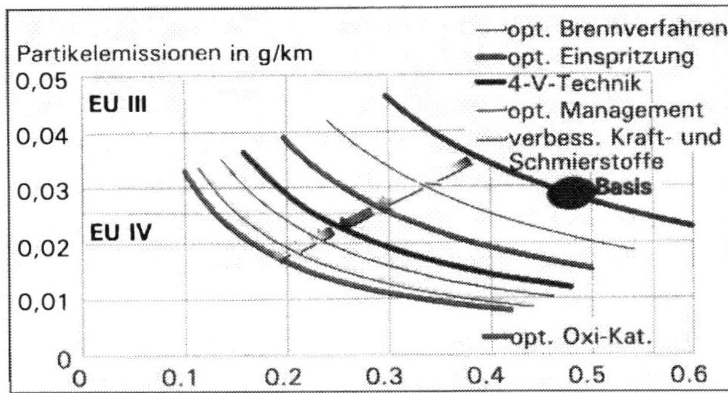

Potenzialabschätzung für den Diesel: Mit verbesserten Kraft- und Schmierstoffen ist bei Einsatz modernster Technik die Euro-4-Norm zu erreichen.

rückführungssystem: Dazu gehört ein Abgasrückführungsventil, dass am Ansaugkrümmer sitzt und über Unterdruck angesteuert wird. Das Ventil führt bei heißem Motor einen Teil der Abgase zurück in den Brennraum. Das reduziert die Verbrennungstemperatur und damit den Schadstoffanteil im Abgas.

Tipps für die Arbeit an der Auspuffanlage

Auf rostigem Blech können Sie nicht mehr richtig schweißen. Der Erfolg von Reparaturen an einer durchgerosteten Auspuffanlage ist daher meist nur von kurzer Dauer. Auspuffkitt und Bandagen halten zwar einigermaßen, aber das Blech bricht dann bald neben der Reparaturstelle aus. Bei Auspuffanlagen mit mehr als einem Schalldämpfer kommt es häufig vor, dass nach dem Austausch des ersten wenige Monate später auch der zweite den Geist aufgibt. Werkstätten wechseln deshalb die Auspuffanlage in der Regel komplett aus. Das muss jedoch nicht immer sein. Prüfen Sie den Zustand der Anlage genau und entscheiden Sie erst dann, ob Sie einzelne Teile oder das ganze System austauschen.

① Der Wagen muss absolut rüttelsicher aufgebockt sein. Er soll schließlich nicht kippen, wenn Sie heftig an den Rohren drehen oder zerren.

② Wenn sich beim Demontieren eine Verschraubung nicht lösen lässt, sollten Sie diese durch Überdrehen abreißen. Beim Einbau grundsätzlich neue Schrauben und Muttern verwenden.

③ Haltegummis zur Sicherheit ebenfalls gleich austauschen.

④ Ist schon einmal ein Teil der Auspuffanlage ersetzt worden, lassen sich die Steckverbindungen der Rohrenden am besten in erhitztem Zustand trennen. Die Werkstatt nimmt dafür einen Schweißbrenner. Sie können aber auch einen Propangasbrenner für Heimwerker verwenden. Halten Sie bei dieser Arbeit unbedingt einen Feuerlöscher bereit. Wenn Sie das Gerät nicht haben: Versuchen Sie es mit Rostlösemitteln.

⑤ Die Rohre werden durch kräftige Drehbewegungen oder Hammerschläge getrennt.

⑥ Hilft das nicht, sägen Sie die Rohrverbindung des defekten Schalldämpfers knapp 10 Zentimeter hinter der Verbindungsstelle ab. Den Rest des Rohres mit der Metallsäge in Längsrichtung aufsägen und mit einem kräftigen Schraubendreher aufhebeln.

⑦ Die Verschraubungen der Auspuffanlage lassen sich beim nächsten Mal leichter lösen, wenn Sie die Gewinde beim Einbau mit hochhitzefestem Kupferfett bestreichen. Das gilt auch für die Rohrverbindungen.

Begriffe rund ums Abgas

Technik-lexikon

Kohlenmonoxid (CO): Wird bei der Abgasuntersuchung gemessen. Exakte Steuerung der Einspritzmenge und der Zündverstellwerte sowie gleichmäßige Gemischverwirbelung im Verbrennungsraum sind Voraussetzung für einen niedrigen CO-Anteil. In geschlossenen Räumen giftig, verbindet sich in der Luft mit Sauerstoff zum ungiftigen Kohlendioxid, das indes wesentlich am Treibhauseffekt beteiligt ist.

Kohlenwasserstoffe (CH): Werden an kalten Stellen und engen Winkeln im Brennraum teilweise nicht verbrannt. Ihr Anteil hängt ab von der Konstruktion des Motors (unveränderliche Größe); zu fettes oder zu mageres Gemisch erhöhen jedoch den Ausstoß. Zusammen mit Stickoxiden für Smog (schwer auflösbare Abgasnebelwolken) verantwortlich.

Stickoxide (NO_x): Ihr Anteil steigt bei hohen Verbren-

Begriffe rund ums Abgas **Technik-lexikon**

nungstemperaturen. Das ist z. B. bei Motoren der Fall, die für geringen CO- und HC-Ausstoß ausgelegt sind (reduziert Kraftstoffverbrauch). Können bei starker Konzentration Atmungsorgane reizen. In Verbindung mit Wasser bildet sich Salpetersäure (saurer Regen).

Schwefeldioxid (SO_2): Bildet sich in geringen Mengen nur bei Dieselmotoren. Ursache sind die im Dieselkraftstoff enthaltenen Schwefelanteile. Unter Einwirkung von Licht entsteht Schwefelsäure oder schwefelige Säure, die beide zum sauren Regen beitragen. Der Verkehr ist jedoch nur zu 3% für das Entstehen von schwefligen Säuren verantwortlich.

Schwefel: Die Wirksamkeit des NOx-Speicherkatalysators bei direkt einspritzenden Benzinmotoren und des Oxidationskatalysators beim Diesel wird erheblich vom Schwefelgehalt im Kraftstoff beeinträchtigt. Normalbenzin hat über 150 ppm (1 ppm = ein millionstel Teil) und üblicher Tankstellen-Diesel bis zu 350 ppm Schwefel. Volkswagen fordert für die Zukunft schwefelarme Kraftstoffe unter 10 ppm.

Abgassonderuntersuchung (ASU): Für Fahrzeuge mit geregeltem Kat seit Dezember 1993 Pflicht. Am Neuwagen ist die ASU-Plakette drei Jahre gültig, dann sind Kontrollen im Zweijahres-Rhythmus fällig. ASU führen markengebundene und freie Werkstätten, Tankstellen, DEKRA und TÜV durch. Die Auspuffanlage muss intakt sein, ins Ansaugsystem darf keine Nebenluft eintreten. Lassen Sie Ihr Fahrzeug stets in der Werkstatt warten, gehört die ASU zum Service dazu.

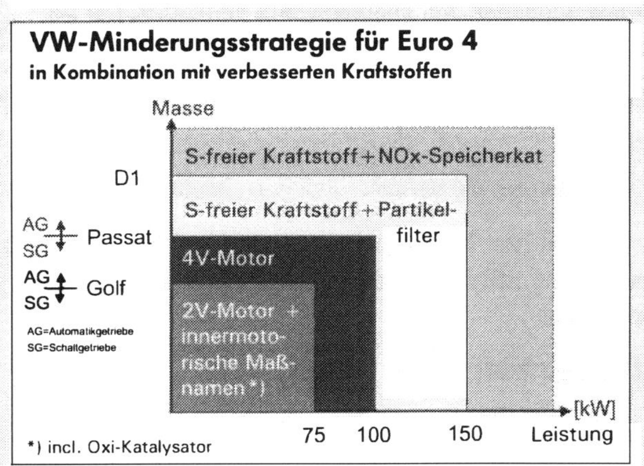

VW-Strategie zur Erreichung der Abgasnorm Euro4.

Zustand der Auspuffanlage kontrollieren

Die Auspuffanlage ist mit dem Auspuffkrümmer durch Bolzen und Muttern fest verbunden. Am Fahrzeugboden hängt sie freischwingend in Gummistegschlaufen.

Arbeitsschritte   (W) **12 Monate**

① Gummistegschlaufen auf Brüchigkeit, Einrisse oder sonstige Schäden überprüfen, bei Bedarf ersetzen. Zur Kontrolle den Auspuff an den Gummischlaufen etwas nach unten ziehen.

② Verschraubungen am Auspuffkrümmerflansch auf festen Sitz überprüfen.

③ Halten Sie mit einem Lappen in der Hand das Auspuffendrohr zu. Der Motor muß nach kurzer Zeit ausgehen. Hören Sie zischelnde Geräusche und läuft der Motor ungestört weiter, ist die Anlage an der Geräuschstelle undicht.

④ Ein sehr dumpfer Auspuffton und Knallen im Schiebebetrieb weisen auf einen durchgerosteten Auspuff hin.

⑤ Klopfen Sie den Schalldämpfer mit einem Hammer rundum gründlich ab, auch an den Stirnseiten. Dabei nicht zu zaghaft hämmern. Klingt es bei jedem Schlag hell, ist das Blech noch gesund. Wird das Klopfgeräusch an manchen Stellen dumpfer, ist die Außenhaut bereits geschwächt und wird bald durchbrechen.

Auspuffanlage wechseln und einrichten

Wie bereits erwähnt, haben die Fahrzeuge je nach Motorvariante unterschiedlich aufgebaute Abgasanlagen. Wenn Sie nur einzelne Teile auswechseln wollen, sollten sie dennoch die gesamte Anlage ab Krümmer bzw. Turbolader demontieren. Beachten Sie, dass das Abkoppelelement im Vorrohr am Katalysator nicht mehr als 10 Grad geknickt werden darf. Die Abgasanlage darf bei der Demontage keinesfalls herunterfallen. Der Keramikkörper im Katalysator könnte beschädigt werden, wodurch der Katalysator unbrauchbar würde.

Denken Sie grundsätzlich daran, beim Ersatzteilkauf neue selbst sichernde Muttern mitzunehmen. Auch Dichtungen und altersschwache Haltegummis sollten Sie ersetzen.

① Fahrzeug rüttelsicher aufbocken.

② Gegebenenfalls untere Motorabdeckung ausbauen. Sämtliche Verschraubungen der Abgasanlage mit Rostlöser einsprühen und einige Zeit einwirken lassen.

③ Auspuffanlage abstützen oder mit Draht am Unterboden aufhängen, damit sie nicht herunterfällt und den Katalysator beschädigt. Gegebenenfalls Steckverbindung für Lambda-Sonde trennen.

④ Vor- und Nachschalldämpfer werden serienmäßig als ein einziges Teil angebaut. Soll nur ein Dämpfer ersetzt werden, müssen Sie das Verbindungsrohr an der durch eine Eindrückung markierten Stelle rechtwinklig durchsägen (V.A.G.-Karosseriesäge 1523) oder -flexen. Vor- und Nachschalldämpfer werden für den Reparaturfall einzeln als Ersatzteile zusammen mit einer Reparatur-Doppelschelle (Hülse) geliefert.

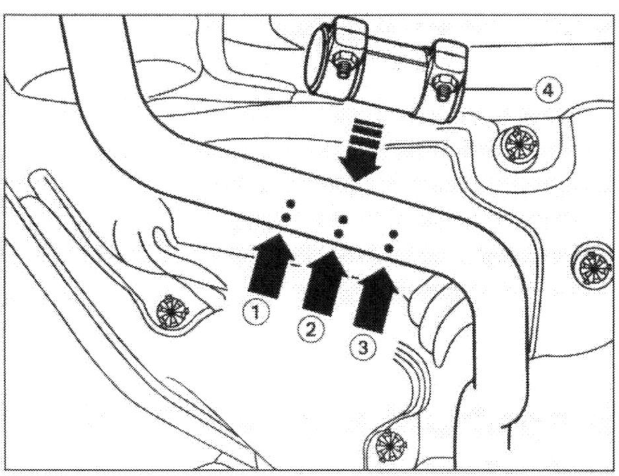

Trennstelle am Abgasrohr: Das Abgasrohr ist an der Trennstelle (Pfeil ❷) rechtwinklig zu trennen. Die Reparaturdoppelschelle ❹ wird beim Einbau an den seitlichen Markierungen (Pfeile ❶ und ❸) positioniert.

⑤ Bevor Sie die neue Reparaturhülse festziehen, müssen Sie die Abgasanlage spannungsfrei ausrichten. Die Hülse muss mittig zum Sägeschnitt positioniert werden. Die Schraubenköpfe sollen laut VW-Vorschrift zum Tank zeigen.

⑥ Beim Einbau alle Teile der Auspuffanlage am Fahrzeug erst einmal lose montieren, die Schraubverbindungen an Flanschen und Schellen handfest beidrehen. Die Verbindungsschelle so montieren, dass die Öffnung nicht auf einem Rohrschlitz sitzt

⑦ Das hintere Teil der Abgasanlage wird am Katalysator angesetzt und mit einer Doppelschelle verbunden. Dabei ist das vordere Abgasrohr so weit in die Schelle einzuschieben, bis ca. 5 mm Abstand zu den Markierungen auf dem Abgasrohr vorhanden sind. (Falls die Markierungen mit A und S gekennzeichnet sind, gilt S für Fahrzeuge mit Schaltgetriebe, A für Fahrzeuge mit Automatik.)

⑧ Auspuffanlage in ihren Gummistegschlaufen ausrichten. Die Gummistegschlaufen sollen unter gleichmäßigem Zug stehen und dürfen nicht verformt sein.

⑨ Die Auspuffanlage muss auch genügend Abstand zur Karosserie bzw. zu den einzelnen Hitzeschilden haben. Das Mindestmaß beträgt 25 Millimeter. Durch Drehen bzw. Verschieben in Längsrichtung die Anlage ausrichten.

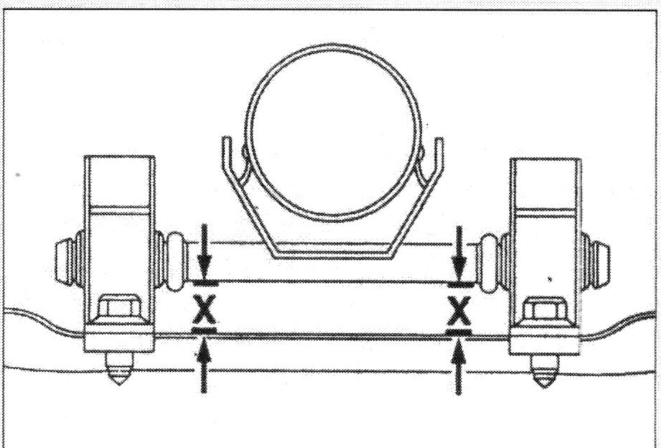

Mittelschalldämpfer spannungsfrei einrichten: Der Aufhängungsbolzen am Mittelschalldämpfer muss parallel zur Tunnelbrücke stehen (Maß x links und rechts gleich).

⑩ Ziehen Sie die Verschraubungen gleichmäßig fest.

⑪ Damit aller Verschraubungen später wieder leicht zu lösen sind, streichen Sie diese mit einer Hochtemperaturpaste ein.

Dieselmotoren

① Beim Ausbau der Abgasrohre ist zu beachten, dass der unten am Abgaskrümmer angeschraubte Abgasturbolader bei einem Defekt nur komplett zu ersetzen ist. Der

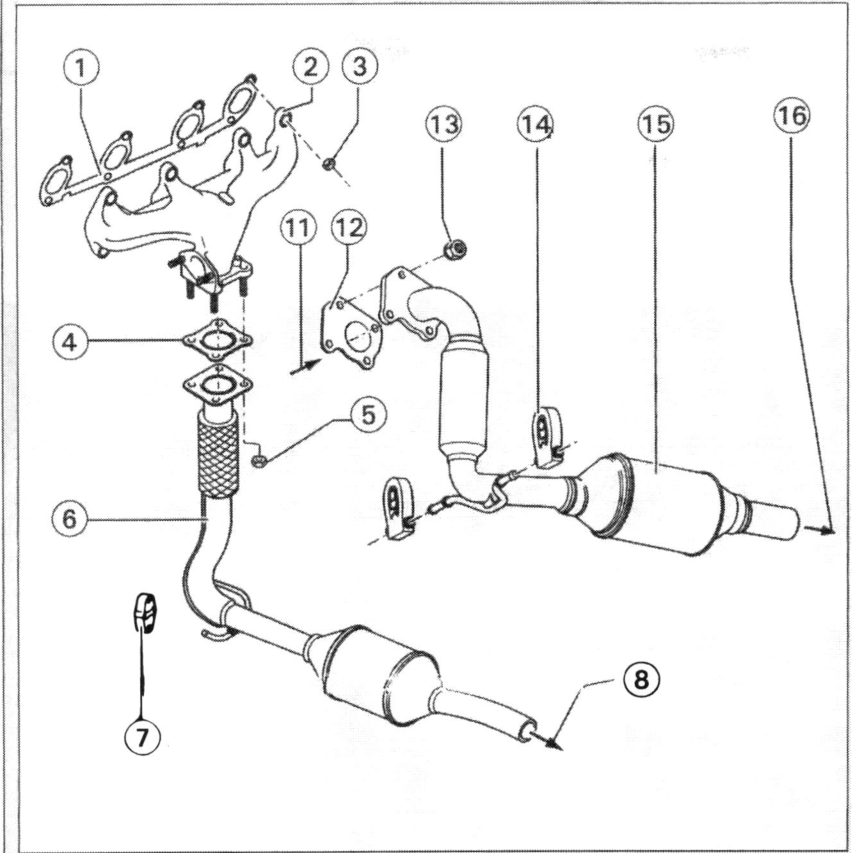

Abgasanlage vorn für 1,4-/1,7-l-Dieselmotoren:
1,7-l-Dieselmotor: ❶ Dichtung (immer ersetzen), ❷ Abgaskrümmer, ❸ Mutter 25 Nm, ❹ Dichtung (immer ersetzen), ❺ Mutter 40 Nm, ❻ Abgasrohr mit Katalysator, ❼ Haltering (bei Beschädigung ersetzen), ❽ zum Mittelschalldämpfer.
1,4-l-Dieselmotor: ⓫ vom Abgasturbolader, ⓬ Dichtung (immer ersetzen), ⓭ Mutter 25 Nm, ⓮ Haltering (bei Beschädigung ersetzen), ⓯ Abgasrohr mit Katalysator, ⓰ zum Mittelschalldämpfer.

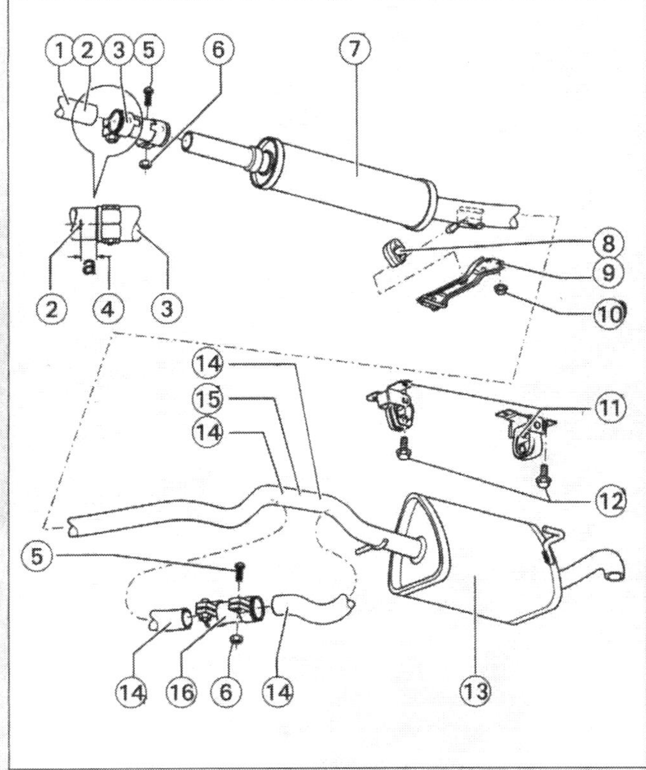

Turbolader ist ein in Präzisionsarbeit hergestelltes Bauteil. Zum Austausch empfiehlt sich eine Werkstatt.

② Zum einzelnen Ersetzen des Vor- oder Nachschalldämpfers ist wie bei den anderen Modellen eine Trennstelle vorgesehen. An dieser Stelle muss das Verbindungsrohr durchgesägt werden.

③ Beim 1,2 Liter entspricht der hintere Teil der Abgasanlage der beim 1,4 Liter. Allerdings ist statt des Vorschalldämpfers ein Verbindungsrohr eingebaut. Der vordere Teil der Abgasanlage besteht aus zwei über eine Flanschverbindung verschraubte Katalysatoren.

Abgasanlage hinten bei den Benzin-Motoren und beim 1,7-l-Dieselmotor (SDI): ❶ Abgasrohr vorn, ❷ Markierung, ❸ Doppelschelle, ❹ Maß a: 5 mm, ❺ Flachrundschraube, ❻ Mutter 23 Nm (bei Dieselmotor 40 Nm), ❼ Mittelschalldämpfer, ❽ Halteschlaufe (bei Beschädigung ersetzen), ❾ Verbindungsstrebe, ❿ Mutter 15 Nm, ⓫ Aufhängung, ⓬ Schrauben 20 Nm + 90°, ⓭ Nachschalldämpfer, ⓮ Markierung für Reparatur-Doppelschelle ⓰, ⓯ Trennstelle.

DIE KRAFTÜ- TRAGUN

Wartung

Reparatur

Getriebe, Kupplung und Achsantrieb gehören zum System der Kraftübertragung. Damit alle Akteure perfekt zusammenarbeiten und die vom Motor produzierte Leistung an die Antriebsräder übertragen, sind sie durch Gelenke, Wellen und Zahnrädern miteinander verbunden.
Welche Kraft tatsächlich an den Rädern benötigt wird, hängt davon ab, was Sie Ihrem Fahrzeug während der Fahrt abverlangen. Der Motor bietet jedoch nur in einem begrenzten Drehzahlbereich eine verwertbare Leistung an. Damit Ihr Auto beim Beschleunigen und Bergfahren trotzdem genügend Zugkraft entwickelt, ist das Getriebe nötig. Mit seinen verschiedenen Gängen gewährleistet es eine jeweils passende Übersetzung.

Der beste Motor vermag nichts ohne ein ausgeklügeltes System der Kraftübertragung. Der Dreiliter-Diesel arbeitet mit einem automatisierten Getriebe.

Übersetzungen für die Zugkraft

Beim Anfahren zum Beispiel wird an den Antriebsrädern ein großes Drehmoment benötigt, während der niedrig drehende Motor nur ein geringes Drehmoment zur Verfügung stellt. Legen Sie den ersten Gang ein, wird die Motordrehzahl durch die Übersetzung ins Langsamere vergrößert. Auf der schnellen Autobahnfahrt im fünften Gang verhält es sich genau umgekehrt. Dann ist eine Übersetzung ins Schnellere wirksam, die Motordrehzahl wird im Vergleich zur Drehzahl der Antriebsräder verkleinert. Das Getriebe passt die Umdrehungen des Motors der gewünschten Geschwindigkeit der Räder an.

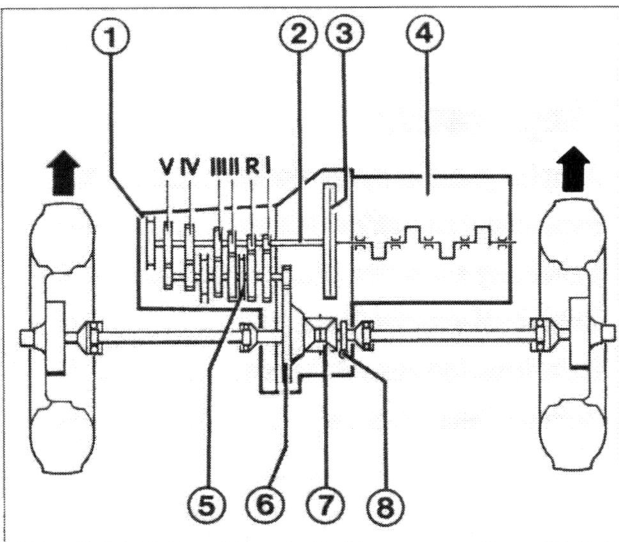

Kraftübertragung vom Motor auf die Antriebsräder (Schema): ❶ Getriebe, ❷ Getriebe-Antriebswelle, ❸ Kupplung, ❹ Motor. ❺ Getriebe-Abtriebswelle, ❻ Achsantrieb, ❼ Ausgleichsgetriebe (Differenzial) ❽ Tachoantrieb. Die Zahnräder der einzelnen Gänge sind mit I bis V und R markiert.

Kupplung unterbricht den Kraftfluss

Der direkte Kraftfluss vom Motor zum Getriebe muss auch unterbrochen werden können. Das ist erforderlich, wenn Sie das Fahrzeug starten, mit laufendem Motor an einer roten Ampel stehen oder die Gänge wechseln wollen.

Bei Fahrzeugen mit Schaltgetriebe übernimmt die Kupplung das Trennen. Sie ermöglicht auch ruckfreies Anfahren, indem sie die unterschiedlichen Drehzahlen von Kurbelwelle und Antriebswelle des Getriebes ausgleicht.

Komplizierter wird die Angelegenheit beim automatischen Getriebe. Ein elektronisches Steuergerät sorgt dafür, dass für jeden Betriebszustand des Fahrzeugs und für jeden Fahrerwunsch die sinnvollste Getriebeübersetzung ausgewählt wird. Das Steuergerät erkennt an der Geschwindigkeit, mit der das Gaspedal getreten wird, wie sportlich oder verbrauchsorientiert der Fahrer fahren möchte. In die Regelung der Schaltpunkte werden Fahrwiderstände wie Bergauf- und Bergabfahrten, Hängerbetrieb oder Gegenwind einbezogen.

Die Reparatur des komplizierten Getriebeautomaten ist nur in einer Fachwerkstatt möglich.

Aufgabe des Achsantriebs

Der Achsantrieb ist die letzte Zwischenstation, über die das vom Motor produzierte Drehmoment die Antriebsräder erreicht. Seine Aufgabe besteht darin, die vom Getriebe kommenden Drehzahlen ins Langsamere zu übersetzen, das Drehmoment zu vergrößern und gleichmäßig an die Antriebsräder zu übertragen.

Die Kupplung

Die Modelle mit Schaltgetriebe haben eine so genannte Einscheiben-Trockenkupplung, Fahrzeuge mit Automatik einen Wandler mit Überbrückungskupplung. Das sind einfache und zweckmäßige Konstruktionen. Für's Do it yourself gibt es allerdings den Nachteil, dass das Verschleißteil Mitnehmerscheibe nicht ohne weiteres zugänglich ist. Dazu muss das Getriebe vom Motor getrennt und nach unten ausgebaut werden. Diese Arbeit erfordert viel Know-how und Spezialwerkzeuge. Der Verschleiß der Mitnehmerscheibe, die gewöhnlich erst nach mehr als 100.000 Kilometern zu erneuern ist, hängt von der Belastung (zum Beispiel Anhängerbetrieb) und der Fahrweise ab. Den Austausch von Kupplungsteilen sollten Sie der Werkstatt überlassen. Die Kupplung wird beim TDI hydraulisch, beim SDI und bei den Benzinmotoren über Seilzug betätigt. Die Kupplung ist wartungsfrei und stellt sich selbst nach.

Die wichtigsten Teile der Kupplung

Motorschwungscheibe (Schwungrad). Ist fest mit der Kurbelwelle verbunden. Einige Motoren sind mit Zweimassenschwungrad ausgerüstet. Dessen Feder- und Dämpfersystem reduziert die Weitergabe von Motorschwingungen auf das Getriebe.

Kupplungsscheibe (Mitnehmerscheibe). Sitzt auf der Eingangswelle des Getriebes. Auf beiden Seiten sind Beläge aufgenietet. Die Seite mit dem Federkäfig zeigt zur Druckplatte.

Kupplungsdruckplatte. Ist mit dem Schwungrad fest verschraubt. Presst die Kupplungsscheibe mittels Tellerfeder (Membranfeder) gegen die Schwungscheibe.

Ausrücklager. Beim Tritt aufs Kupplungspedal wird über die Kupplungshydraulik der Ausrückhebel mit der Ausrückgabel betätigt. Die Ausrückgabel drückt das Ausrücklager auf der Ausrückwelle gegen die tortenförmig eingeschnittene Tellerfeder der Kupplungsdruckplatte.

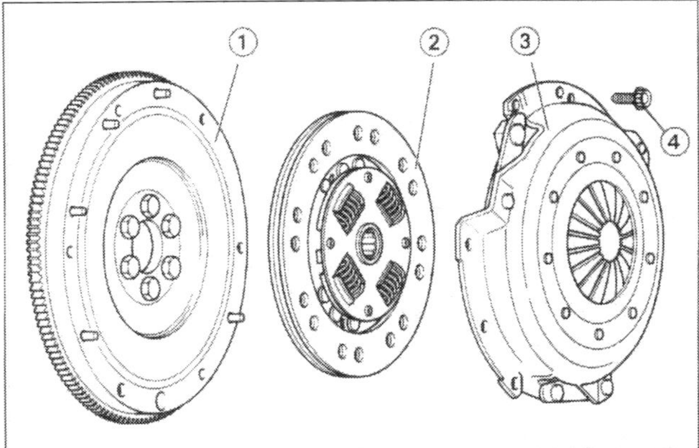

Kupplungsscheibe und Druckplatte:
❶ Schwungrad, ❷ Kupplungsscheibe, ❸ Druckplatte, ❹ Zwölfkantschraube 20 Nm.

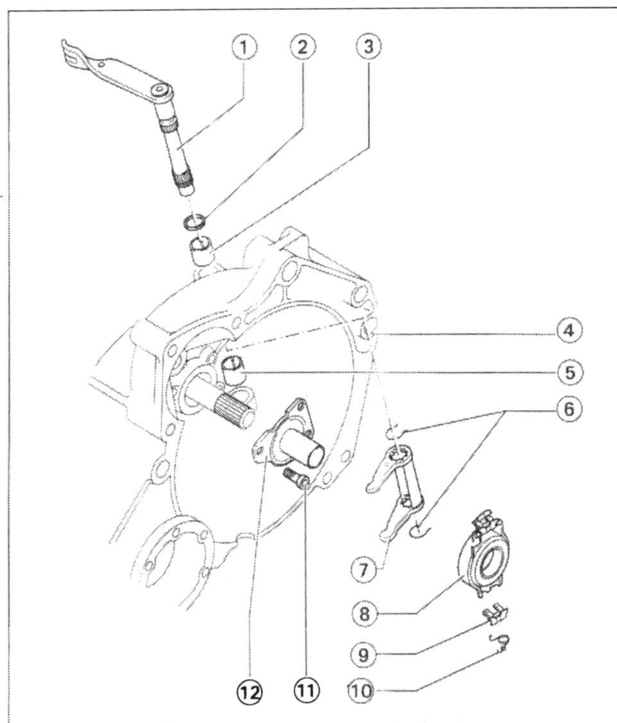

Kupplungsausrückung: ❶ Ausrückwelle, ❷ Dichtring, ❸ Lagerbuchse, ❹ Kupplungsgehäuse, ❺ Lagerbuchse, ❻ Sicherungsclip, ❼ Ausrückhebel, ❽ Ausrücklager, ❾ Halteklammer, ❿ Haltefeder, ⓫ Schraube 18 Nm, ⓬ Führungshülse.

Die Kupplungsmörder

Anfahren mit hoher Motordrehzahl (Kavalierstart) oder im 2. Gang bewirkt einen starken Verschleiß der Kupplungsbeläge. Wenn Sie während der Fahrt den Fuß nicht neben dem Kupplungspedal abstellen, sondern ihn darauf ausruhen lassen, schleift die Kupplung ständig leicht. Das halten die besten Beläge nicht lange aus, ebenso wenig die Unsitte, das Fahrzeug an einer Steigung mit Kupplungs- und Gaspedal in der Waage zu halten. Wenn Sie stets mit eingelegtem 1. Gang und durchgetretenem Kupplungspedal an der roten Ampel warten, ist dies ebenfalls ein Verschleißfaktor. In diesem Fall wird das Ausrücklager stark beansprucht. Kuppeln Sie lieber aus, solange die Ampel rot zeigt, und legen Sie den 1. Gang erst ein, wenn die Ampel auf Gelb schaltet.

So funktioniert die Kupplung

Kupplungsbetätigung. Der Ausrückhebel wird über ein hydraulisches System betätigt. Das System gleicht Kupplungsverschleiß selbsttätig aus, ist also wartungsfrei. Der Geberzylinder sitzt am Kupplungspedal, der Nehmerzylinder am Getriebe, beide Zylinder sind über eine hydraulische Leitung verbunden. In der Leitung fließt dieselbe Flüssigkeit wie im Bremssystem. Sinkender Pegel im Bremsflüssigkeitsbehälter kann also auch durch einen Defekt in der Kupplungsbetätigung verursacht werden. Für die Bremse besteht aber keine Gefahr: Der Entnahmestutzen zur Kupplungshydraulik ist relativ hoch am Bremsflüssigkeits-Behälter angebracht, so dass immer ein ausreichender Flüssigkeitsrest für die Bremse zurückbleibt.

Beim 1,4-l-Dieselmotor wird mit dem Bremspedal im Geberzylinder Druck aufgebaut und über eine Rohr-Schlauchleitung auf den Nehmerzylinder der Kupplung übertragen. Beim 1,2-l-Dieselmotor baut eine elektrische Hydraulikpumpe den erforderlichen Druck auf, der vom Getriebe-Steuergerät an den Kupplungs-Nehmerzylinder weiter gegeben wird.

Kupplungsspiel. Solange das Kupplungspedal nicht gedrückt wird, sorgt das Kupplungsspiel dafür, dass das Ausrücklager nicht ständig unter Druck steht. Das Kupplungsspiel verringert sich mit der Abnutzung der Beläge (Pedalspiel wird größer).

Die Druckplatte nähert sich dem Ausrücklager. Liegt das Lager ohne Spiel am Ausrückhebel an, stützt sich die Tel-

So funktioniert die Kupplung

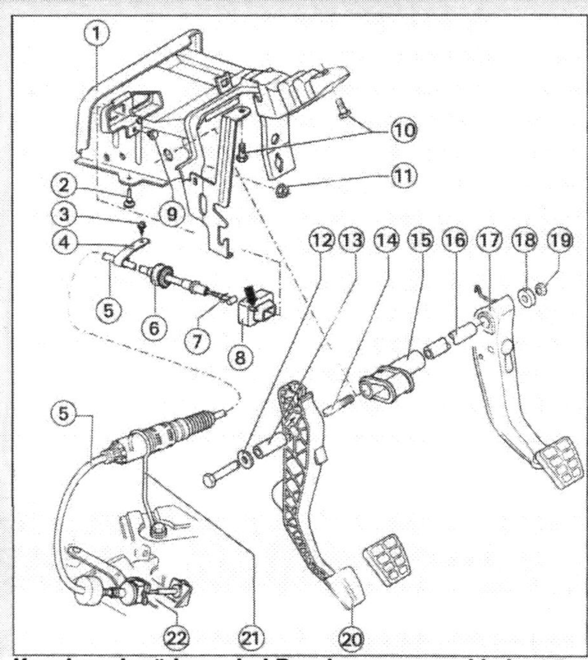

Kupplungsbetätigung bei Benzinmotoren und beim 1,7-l-Dieselmotor: ❶ Lagerbock, ❷ Gummipuffer, ❸ Schraube 2 Nm, ❹ Halter, ❺ Kupplungszug, ❻ Faltenbalg, ❼ Aufnahmeblech, ❽ Abstützung, ❾ Gummipuffer, ❿ Schraube 25 Nm, ⓫ Mutter 25 Nm (immer ersetzen), ⓬ Scheibe, ⓭ Lagerbuchse, ⓮ Pedalachse, ⓯ Lagerbuchse, ⓰ Lagerbuchse, ⓱ Bremspedal, ⓲ Scheibe, ⓳ Mutter 25 Nm, ⓴ Kupplungspedal, ㉑ Halter, ㉒ Getriebe.

lerfeder der Druckplatte gegen das Ausrücklager ab. Statt die Mitnehmerscheibe gegen die Anlageflächen von Schwungscheibe und Druckplatte zu pressen, wird die Feder entlastet und die Reibungskraft geringer – die Kupplung rutscht durch.

Auskuppeln. Wenn Sie das Kupplungspedal treten, überwindet das Ausrücklager die Federkraft der Tellerfeder. Die Druckplatte wird entlastet und bei völlig durchgetretenem Pedal zurückgezogen. Die Mitnehmerscheibe kann nun im Raum dazwischen frei umlaufen.

Einkuppeln. Die Tellerfeder der Druckplatte drückt die Mitnehmerscheibe langsam gegen das Motorschwungrad, bis sie sich mit der gleichen Drehzahl dreht. So werden die Kräfte sanft übertragen. Dabei schleifen die Anlageflächen eine kurze Zeit aufeinander, ehe die Reibung

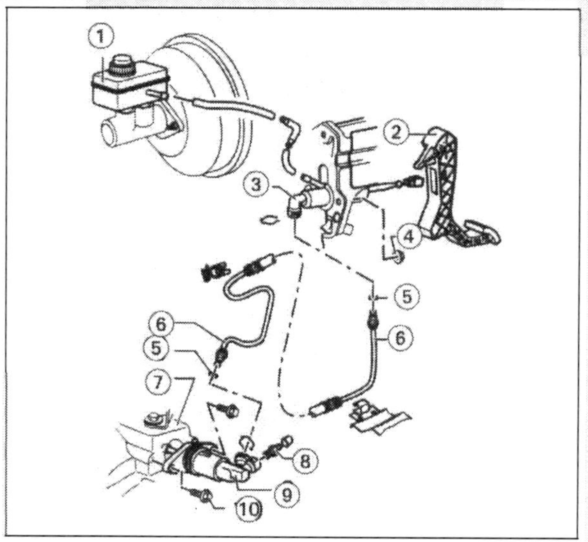

Kupplungsbetätigung beim 1,4-l-Dieselmotor: ❶ Bremsflüssigkeitsbehälter, ❷ Kupplungspedal, ❸ Geberzylinder, ❹ Mutter 25 Nm, ❺ Dichtring, ❻ Rohr-Schlauchleitung, ❼ Getriebe, ❽ Entlüftungsventil, ❾ Nehmerzylinder, ❿ Schraube 25 Nm.

wieder so groß ist, dass die Motorleistung vollständig auf das Getriebe übertragen wird.

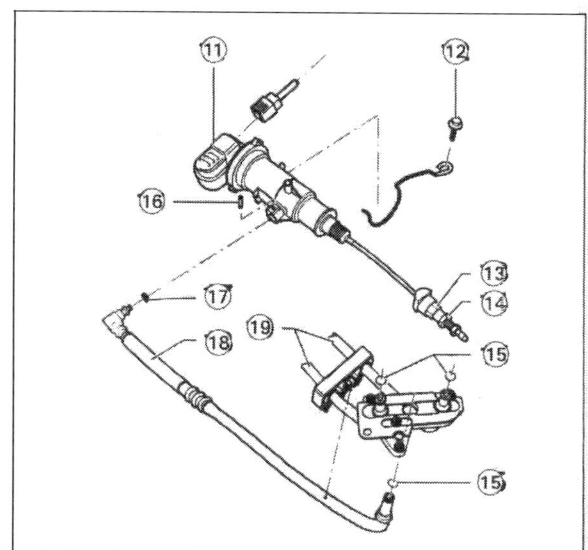

Kupplungsbetätigung beim 1,2-l-Dieselmotor: ⓫ Nehmerzylinder, ⓬ Schraube 10 Nm, ⓭ Einstellmutter, ⓮ Kontermutter 15 Nm, ⓯ Dichtring, ⓰ Spannhülse, ⓱ Dichtring, ⓲ Rohr-Schlauchleitung, ⓳ Rohr-Schlauchleitungen.

Praxistipp

Fahren mit gerissenem Kupplungszug

Wenn unterwegs die Kupplungsbetätigung ausfällt, muss das nicht unbedingt das Ende der Fahrt bedeuten. Ein nahes Ziel oder die nächste Werkstatt erreichen Sie auch ohne Betätigung der Kupplung. Bei feinfühligem Umgang mit Gaspedal und Schalthebel können Sie sogar hoch- und herunterschalten.

Anfahren. 1. Gang einlegen und Anlasser betätigen. Der Wagen ruckelt los und setzt sich mit anspringendem Motor in Bewegung. Wer während der Fahrt nicht schalten will, fährt auf diese Weise in der Ebene im 2. Gang an.

Hochschalten. 1. Gang nur knapp über Leerlaufdrehzahl hinausdrehen (ca. 1000/min). Gas etwas zurücknehmen, Schalthebel in Leerlauf-Stellung ziehen. Wenn der Gang klemmt, ein wenig Gas geben. Dann Gaspedal loslassen und den Schalthebel sachte in Richtung des 2. Gangs drücken. Bei richtiger Drehzahl von Motor und Getriebe rutscht der Gang fast von selbst hinein.

- Wenn Sie zu lange gewartet haben, müssen Sie ein wenig Gas geben, damit sich die Fahrstufe ohne knirschende Zahnräder einlegen lässt.
- Hat es nicht geklappt, halten Sie nochmals an und versuchen das Ganze von neuem.
- In die weiteren Gänge schalten Sie auf die gleiche Weise hoch. Am leichtesten geht das mit niedrigen Geschwindigkeiten: In den 3. Gang bei 30 km/h, in den 4. bei 40 km/h und in den 5. bei 50 km/h.

Herunterschalten. Geht am besten bei niedrigen Drehzahlen und Geschwindigkeiten.

- Zuerst mit dem Fuß vom Gas gehen und Gang herausnehmen.
- Dann behutsam Gas geben, um die Motordrehzahl anzuheben. Gleichzeitig den Schalthebel in Richtung des niedrigeren Gangs drücken. Bei richtiger Motordrehzahl rutscht der Gang fast ohne Nachdruck hinein.

Kupplung prüfen

Eine schleifende Kupplung macht sich zuerst bemerkbar, wenn Sie Ihr Fahrzeug im höchsten Gang beschleunigen. Der Motor dreht hoch, ohne dass die Fahrgeschwindigkeit zunimmt. Die folgende Prüfmethode zeigt Ihnen, ob die Kupplung noch gut funktioniert. Diesen Test sollten Sie jedoch nur gelegentlich durchführen. Außerdem muss dafür die Handbremse in Ordnung sein.

Arbeitsschritte 

① Handbremse anziehen und Motor starten.

② Legen Sie den 3. Gang ein; dann langsam einkuppeln und Gas geben.

③ Bei einwandfreier Kupplung wird der Motor abgewürgt.

④ Dreht der Motor weiter, ist ein Kupplungstausch fällig.

Trennt die Kupplung richtig?

Wenn kratzende oder krachende Geräusche den Schaltvorgang untermalen, trennt meistens die Kupplung nicht mehr richtig. Machen Sie folgende Probe mit dem nicht synchronisierten Rückwärtsgang – so schließen Sie eine mögliche Ursache dieser Geräusche durch ein defektes Getriebe aus.

Arbeitsschritte 

① Motor im Leerlauf drehen lassen.

② Kupplungspedal voll durchtreten, etwa drei Sekunden warten, dann Rückwärtsgang einlegen. Wenn Sie jetzt das kratzende Geräusch hören, läuft die Mitnehmerscheibe nicht ganz frei – die Kupplung trennt nicht sauber.

③ Kontrollieren Sie in diesem Fall die Funktion der hydraulischen Übertragungselemente. Eventuell muss die Kupplungsbetätigung entlüftet werden. Untersuchen Sie die Teile der Kupplungsbetätigung auf Undichtigkeiten.

Kupplungszug gangbar machen

Wenn der Nachstellmechanismus der Kupplung nicht ordnungsgemäß funktioniert (Kupplung schleift), kann bei Benzinmotoren und dem SDI Abhilfe geschaffen werden, indem der Kupplungszug gangbar gemacht wird. Bevor Sie allerdings gleich den Kupplungszug ausbauen, sollten Sie die Funktion vom Nachstellmechanismus genau prüfen. Der Kupplungszug muss ersetzt werden, wenn die folgenden Arbeitsschritte keinen Erfolg bringen.

Arbeitsschritte  

① Prüfen Sie die Funktion vom Nachstellmechanismus, indem Sie das Kupplungspedal mindestens 5-mal bis zum Anschlag durchtreten.

② Dann bewegen Sie den Ausrückhebel entgegen der Betätigungsrichtung **(Pfeil)** etwa 10 mm. Der Ausrückhebel muss sich dabei frei bewegen lassen (anderenfalls Prüfung wiederholen).

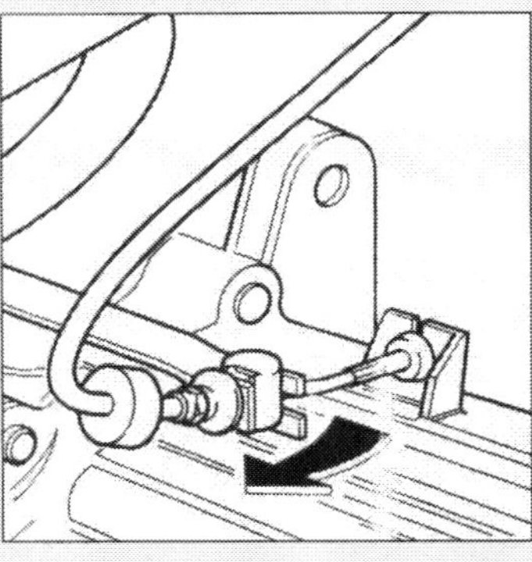

③ Kann der Ausrückhebel nicht in Pfeilrichtung bewegt werden, muss der Nachstellmechanismus gangbar gemacht werden.

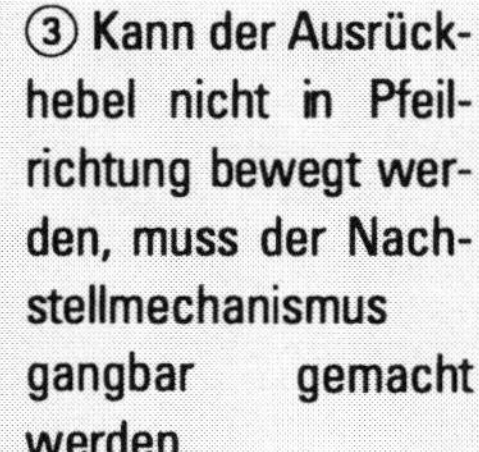

④ Nehmen Sie den Kupplungszug aus dem Ausrückhebel heraus, indem Sie das Teil kräftig in Pfeilrichtung ziehen.

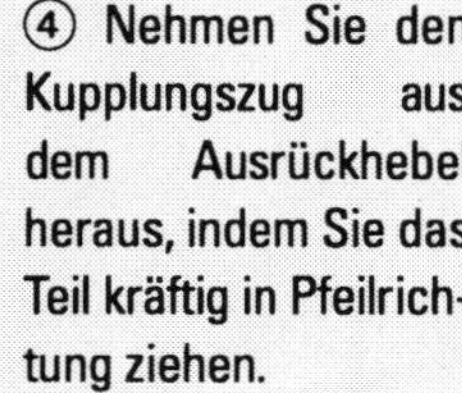

⑤ Um den Kupplungszug gangbar zu machen, müssen Sie die Gummipuffer aus der Abstützung am Getriebe ziehen.

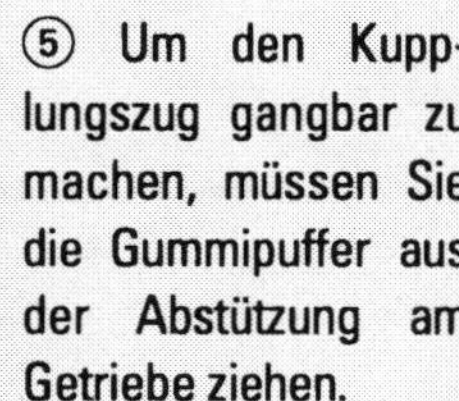

⑥ Ziehen Sie jetzt die Litze **A** des Kupplungszuges einige Male hin und her. Der Nachstellmechanismus **B** muss sich danach zusammendrücken lassen.

⑦ Mit einem Gummi-Halteband drücken Sie den Kupplungszug zusammen und bauen ihn in gespanntem Zustand wieder ein.

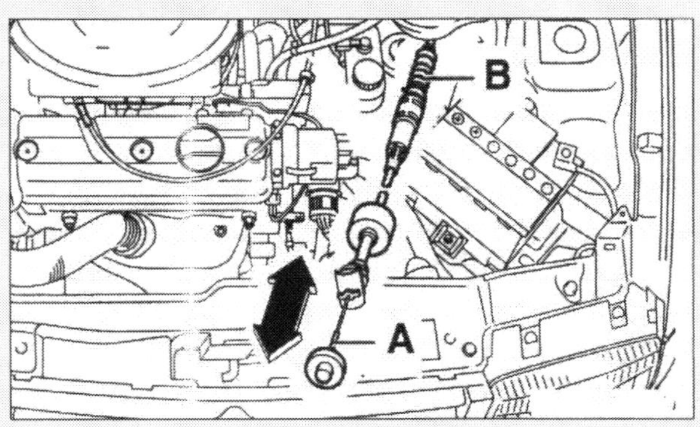

Kupplungshydraulik entlüften

In der Werkstatt wird die Kupplung mit einem Spezialgerät entlüftet. Mit etwas Geschick können Sie das Entlüften ohne großen Aufwand selbst machen. Es funktioniert in etwa ebenso wie das Entlüften der Bremsanlage. Beachten Sie auch hier auf jeden Fall die Sicherheitshinweise für den Umgang mit der giftigen Bremsflüssigkeit, die keinesfalls über einen Schlauch mit dem Mund abgesaugt werden darf. Die Arbeitsschritte werden am Beispiel des TDI beschrieben

Arbeitsschritte  

① Fahrzeug vorn aufbocken und untere Motorraumabdeckung abbauen.

② Der Bremsflüssigkeitsstand im gemeinsamen Vorratsbehälter ist zu prüfen und gegebenenfalls bis zur max-Markierung aufzufüllen.

③ Nehmen Sie die Schutzkappe vom Entlüftungsnippel am Nehmerzylinder und der linken Vorderradbremse ab, um die Entlüftungsventile vorsichtig gangbar zu machen.

④ Schieben Sie einen durchsichtigen Schlauch auf das Entlüfterventil am Bremssattel und füllen ihn mit Bremsflüssigkeit.

⑤ Öffnen Sie die Entlüfterschraube am Bremssattel und lassen Sie das Bremspedal von einem Helfer langsam durchtreten. Wenn das Pedal ganz durchgetreten ist, drehen Sie die Entlüfterschraube an der Bremse zu. Der Helfer kann das Pedal loslassen. Auf diese Weise pumpen Sie Bremsflüssigkeit von der Vorderradbremse durch die Kupplungshydraulik. Treten Sie nicht zu fest, andernfalls könnte der Schlauch abrutschen.

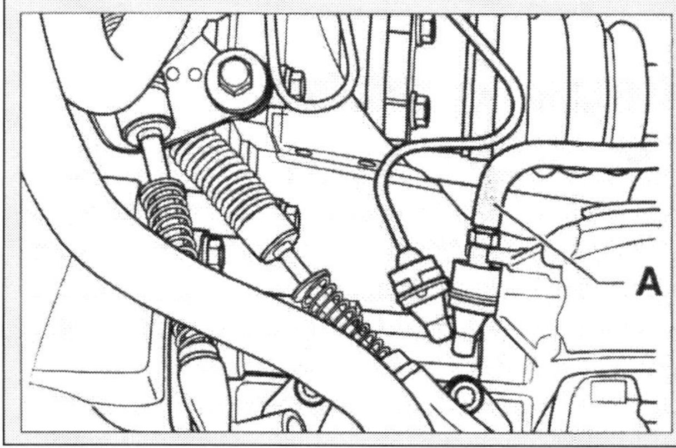

⑥ Behalten Sie den Flüssigkeitsstand im Bremsflüssigkeits-Behälter im Auge. Der Pegel darf nicht unter die min-Marke absinken.

⑦ Das freie Schlauchende **A** stecken Sie nun auf die Entlüfterschraube am Kupplungs-Nehmerzylinder und öffnen beide Entlüfterschrauben.

⑧ Bremspedal durchtreten, Entlüfterschraube am Bremssattel schließen und Bremspedal entlasten. Vorgang wiederholen, bis keine Luftblasen mehr herausgedrückt werden.

⑨ Wenn keine Luftbläschen mehr aus der Kupplungshydraulik im Bremsflüssigkeits-Behälter aufsteigen, können Sie beide Nippel zudrehen und den Schlauch abnehmen. Die Kupplungshydraulik ist entlüftet.

⑩ Kontrollieren Sie zum Schluss noch einmal den Pegel im Bremsflüssigkeits-Behälter.

Kupplung

Störungs-beistand

Störung	Ursache	Abhilfe
A Kupplung rutscht	**1** Kupplungsbeläge abgenutzt	Mitnehmerscheibe ersetzen lassen
	2 Anpressdruck der Kupplung zu gering	Kupplungsdruckplatte ersetzen lassen
	3 Kupplungsbelag verölt	Mitnehmerscheibe und defekte Getriebe- oder Kurbelwellendichtung ersetzen lassen
	4 Kupplung wurde überhitzt	Defekte Teile ersetzen lassen
B Kupplung trennt nicht	**1** Luft in der Kupplungshydraulik	Entlüften, defektes Teil ersetzen
	2 Mitnehmerscheibe klemmt auf Getriebewelle	Kerbverzahnung muß gereinigt und geschmiert werden
	3 Mitnehmerscheibe hat Schlag	Mitnehmerscheibe ersetzen lassen
	4 Mitnehmerscheibe verzogen oder Belag gebrochen	Mitnehmerscheibe ersetzen lassen
	5 Belag nach sehr langer Standzeit an Schwungrad festgerostet	Brutal anfahren: Kupplungspedal dauernd durchgetreten halten, Gaspedal ruckartig durchtreten und loslassen, um die Kupplung loszubrechen. Andernfalls wechseln lassen.
C Kupplung trennt nicht und rutscht gleichzeitig durch	**1** Kupplungsdruckplatte defekt	Auswechseln lassen
D Kupplung rupft	**1** Siehe A3	
	2 Motor- oder Getriebeaufhängung locker oder defekt	Motor- oder Getriebeaufhängung festziehen oder ersetzen
	3 Unebenheiten auf der Anlagefläche von Schwungscheibe oder Druckplatte	Defektes Teil ersetzen lassen
	4 Falsche Beläge	Mitnehmerscheibe ersetzen lassen
E Kupplungs-geräusche	**1** Unwucht der Kupplungsdruckplatte	Defektes Teil ersetzen lassen
	2 Torsions-Dämpferpaar defekt	Mitnehmerscheibe ersetzen lassen
	3 Ausrücklager defekt	Ausrücklager ersetzen lassen
	4 Nietverbindungen in der Kupplung locker	Kupplungsdruckplatte ersetzen lassen

Das Schaltgetriebe

Bei Lupo und Arosa kann man zwischen einem 5-Gang-Schaltgetriebe und einer 4-Stufen-Automatik für die Benziner wählen. Für die Dieselmotoren stehen nur die Schaltgetriebe zur Verfügung, beim 3L TDI ein automatisiertes Getriebe mit Tiptronic.
Die Vorwärtsgänge sind alle vollsynchronisiert, die Übersetzungsverhältnisse der einzelnen Gänge genau auf die jeweilige Motorleistung abgestimmt.
Die Zahnradsätze haben eine sehr hohe Lebenserwartung. Wenn das Getriebe trotzdem einmal defekt ist, müssen Sie die Reparatur der Werkstatt überlassen. Das Zerlegen der Wellen und Zahnräder erfordert Spezialwerkzeuge und viel Know-how. Selbst Fachwerkstätten schicken reparaturbedürftige Getriebe in der Regel zu einem Spezialbetrieb.

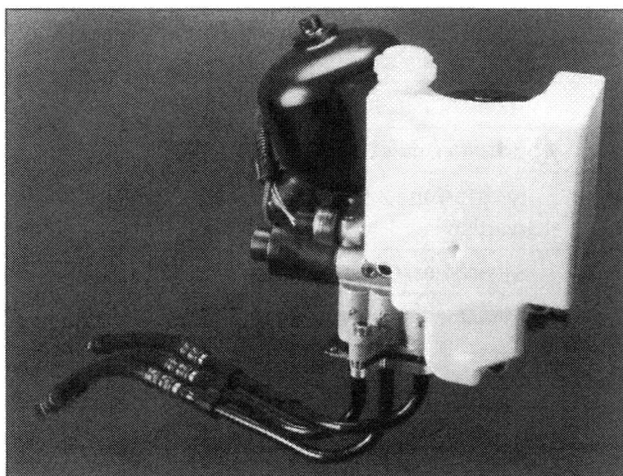

Gangsteller für Direktschaltgetriebe.

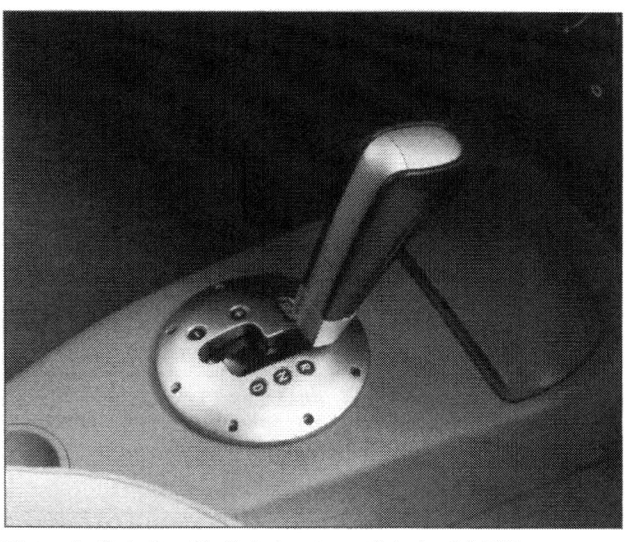

Tiptronic-Schalter für Schaltautomatik beim 3 L TDI.

Schaltung einstellen

Wenn die Schaltung Probleme bereitet, kann sie mit Hilfe einer bei VW genutzten Schalthebellehre eingestellt werden. Kontrollieren Sie vor Arbeitsbeginn, ob die Teile der Schaltbetätigung nicht verbogen und die Lagerbuchsen nicht verschlissen sind. Außerdem müssen die Schaltbetätigung leichtgängig und Getriebe, Kupplung und Kupplungsbetätigung in einwandfreiem Zustand sein. In den nachfolgenden Arbeitsschritten wird die Einstellung bei Benzinmotoren und dem SDI beschrieben.

Arbeitsschritte  

① Schalten Sie den Leerlauf ein und ziehen Sie die Handbremse an, nachdem das Fahrzeug aufgebockt und gegebenenfalls die untere Motorraumabdeckung ausgebaut wurde.

② Lösen Sie die Schraube **A** und die Mutter **B**, bis der Schaltseilzug und der Kugelkopf für den Umlenkhebel/-Wählseilzug in den Längslöchern freigängig sind.

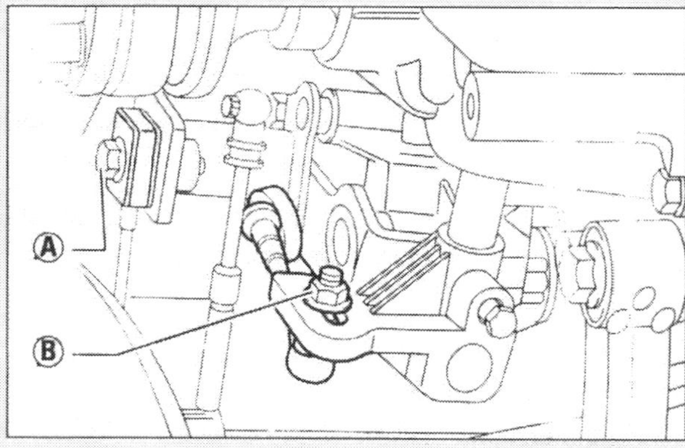

③ Schaltknopf mit Abdeckung müssen jetzt abgebaut werden. Dazu ziehen Sie die Abdeckung aus dem Rahmen der Mittelkonsole, kneifen die Klemmschellen auf und ziehen Schaltknopf mit Abdeckung ab.

④ Lösen Sie die Schraube **C** und setzen Sie die Schalthebellehre 3192 auf. Der Haken zur Befestigung der Lehre wird unter die Lagerplatte geschwenkt und mit der Mutter **D** angezogen.

⑤ Der Schalthebel wird in die linke Rastierung des Schiebestücks gedrückt. Dann Schalthebel mit Schiebestück in Pfeilrichtung nach links bis zum Anschlag drücken und Schiebestück mit Schraube **E** festziehen.

So funktioniert das Schaltgetriebe

Die Motorleistung wird über die Kupplung auf die Antriebswelle (Eingangswelle) des Schaltgetriebes geleitet. Auf dieser Welle sitzen fünf Zahnräder (plus eines für den Rückwärtsgang). Diese Zahnräder stehen mit den dazu passenden Zahnrädern auf der Abtriebswelle ständig im Eingriff. Die Zahnräder auf beiden Wellen sind auf stiftartigen Rollen (Nadeln) gelagert – es besteht keine starre Verbindung zwischen Welle und Rad.

Zahnräder und Wellen

Die Zahnräder laufen frei um, bis eines von ihnen durchs Schalten in einen Gang mit seinem Gegenpart auf der anderen Welle gekuppelt wird. Dazu wird zunächst auf jeder Welle über einen Synchronring eine starre Verbindung zwischen Zahnrad und Welle hergestellt – das Zahnrad sitzt jetzt fest auf der Welle und kann eine kraftübertragende Verbindung mit dem Gegenrad eingehen. Damit die Zahnräder ineinandergreifen können, müssen zuerst die Drehzahlen der Wellen übereinstimmen. Zu diesem Zweck schleift ein Teil einer Welle über Reibelemente gegen ein Teil der anderen Welle. Durch die Reibung wird die schnellere Welle abgebremst, bis beide Wellen gleich (synchron) drehen.

Das Fünfganggetriebe:
❶ 1. Gang, ❷ 2. Gang, ❸ 3. Gang, ❹ 4. Gang, ❺ 5. Gang, ❻ Rückwärtsgang, ❼ Getriebgehäuse, ❽ Getriebedeckel, ❾ Antriebswelle, ❿ Triebling, ⓫ Kugellager, ⓬ Ausgleichsgetriebe, ⓭ und ⓮ Kegelrollenlager.

Vorwärtsgänge und Rückwärtsgang

Die ersten drei Gänge übersetzen die Drehzahl ins Langsamere. Der vierte Gang ist der sogenannte direkte Gang, der die Motordrehzahl etwa im Verhältnis 1:1 überträgt. Im fünften Gang ist die Drehzahl der Abtriebswelle größer als die Motordrehzahl. Ein Auto muss natürlich auch rückwärts fahren können. Dazu sitzt auf jeder Antriebswelle ein zusätzliches Zahnrad, das den Drehsinn der Antriebsräder umkehrt. Mit dem Schalthebel wählen Sie den gewünschten Gang – eine Schaltstange überträgt die Bewegung des Schalthebels auf ein Schaltsegment am Getriebe.

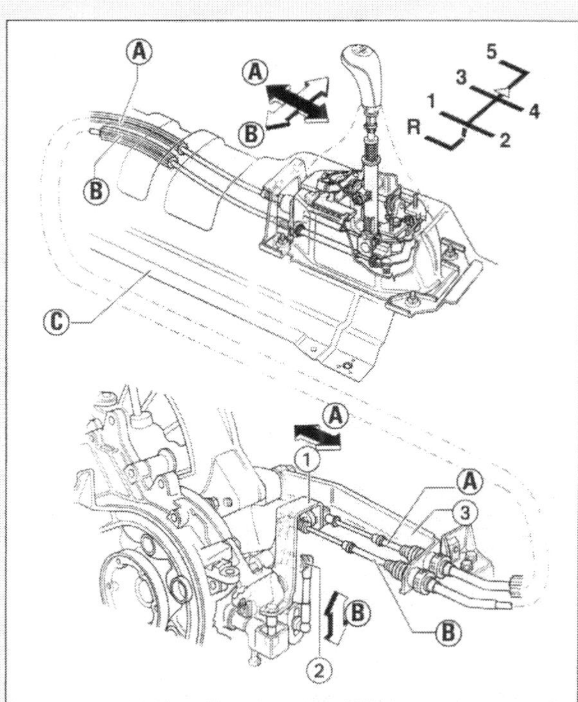

Funktionsprinzip am Beispiel der Benziner und des SDI:
A Schaltseilzug, Pfeil **A** Schaltbewegung, **B** Wählseilzug, Pfeil **B** Wählbewegung, **C** Wärmeschutzblech. ❶ Getriebeschalthebel, ❷ Umlenkhebel mit Wählstange, ❸ Widerlager.

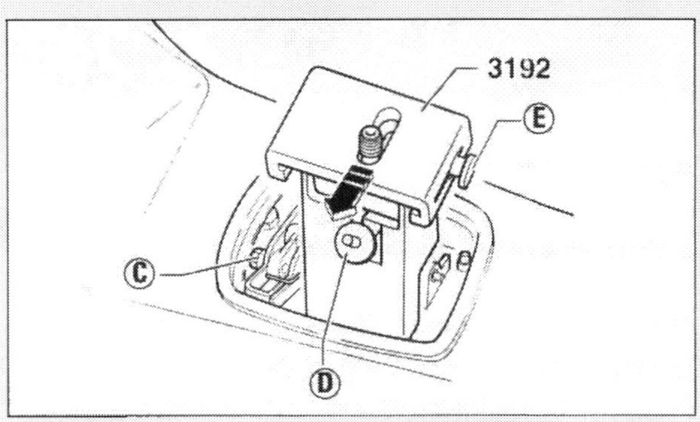

⑥ Jetzt Schalthebel in die rechte Rastierung, entgegen der Pfeilrichtung, drücken und Schraube **C** anziehen.

⑦ Wenn Schraube **A** und Mutter **B** angezogen werden, dürfen Schaltfinger und Kugelkopf nicht bewegt werden.

⑧ Prüfen Sie (ohne Lehre), ob die Einstellung korrekt ist: Steht der Schalthebel im Leerlauf in der Gasse für den 3. und 4. Gang? Lassen sich bei getretenem Kupplungspedal alle Gänge sauber durchschalten? Achten Sie dabei besonders auf die Funktion der Rückwärtsgang-Sperre. Der Schalthebel muss sich auch selbsttätig von der Gasse des 5. Ganges in die Gasse des 3. und 4. Ganges zurückstellen.

⑨ Falls die Schaltung nach wiederholtem Einlegen eines Ganges hakt, zurückgelegten Weg **A** der Schenkelfeder prüfen.

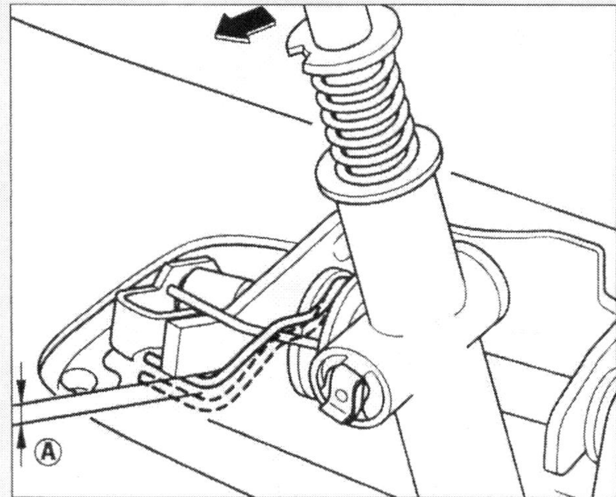

Bei der Funktionsprüfung der Schenkelfeder wird der Schalthebel im ersten Gang vorsichtig nach links gedrückt, bis etwas Widerstand spürbar wird. Dann den Schalthebel mit erhöhter Kraft bis zum Anschlag nach links drücken (Pfeil), wodurch das untere Ende der Schenkelfeder den Weg **A** zurücklegt. Er muss 1 bis 3 mm betragen.

⑩ Bei der Funktionsprüfung der Schenkelfeder wird das Spiel mit einer Schiebelehre gemessen. Dazu zuerst mit dem Tiefenmaß den Abstand der Feder zur Lagerplatte bei spürbarem Widerstand messen. Anschließend Schalthebel bis zum Anschlag nach links drücken und Abstand zur Lagerplatte erneut messen. Das Maß **A** ergibt sich, wenn Sie den zweiten Wert vom ersten abziehen.

⑪ Montieren Sie die Abdeckung und den Schaltknopf.

Getriebeölstand kontrollieren

Das Schaltgetriebe ist mit einer Dauerfüllung versehen. Denn im Getriebe wird – anders als im Motor – das Schmiermittel nicht verbraucht. Getriebeöl kann jedoch durch undichte Stellen ins Freie gelangen. Zeigt das Getriebegehäuse von außen keine öldurchtränkte Schmutzkruste, dürfte kaum Öl fehlen. Andernfalls muss der Ölstand geprüft werden. Getriebeöl muss nicht gewechselt werden, außer bei Fahrzeugen mit dem 1,0-l-Benzinmotor AHT. Bei Automatikgetrieben kann der Ölstand nur mit einem speziellen Diagnosegerät geprüft werden (Arbeit einer Fachwerkstatt).

Spezifikation des Herstellers

Wenn Sie Öl nachfüllen, muss das Schmiermittel den Anforderungen des Herstellers entsprechen: Synthetik-Getriebeöl SAE 75 W-90 der VW-Spezifikation »G 50«. Ein kompletter Ölwechsel ist nur nach Getriebereparaturen fällig. In diesem Fall brauchen Sie zwischen 2,0 Liter (1,4-l-Diesel) und 2,7 Liter (Benziner/1,7-l-Diesel) neues Getriebeöl. Der 3L TDI braucht Getriebeöl der VW-Spezifikation »G-002-000«. Der Ölwechsel im Schaltgetriebe wird für den 1,0-l-Benzinmotor AHT beschrieben.

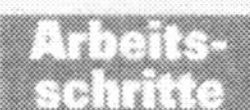

① Zur Ölstandsprüfung muss das Fahrzeug absolut waagerecht stehen. Am besten eignet sich hierzu eine Montagegrube oder eine Viersäulen-Hebebühne.

② Öleinfüllschraube aus dem Getriebegehäuse herausdrehen. Läuft bereits etwas Getriebeöl heraus, stimmt der Ölstand. Wollen Sie bei der Kontrolle ganz sicher gehen, biegen Sie ein Stück Draht rechtwinklig ab und prüfen Sie damit den Ölstand von der Unterkante der Einfüllöffnung aus. Bei den meisten Getrieben soll der Ölstand sieben Millimeter unterhalb der Einfüllöffnung sein.

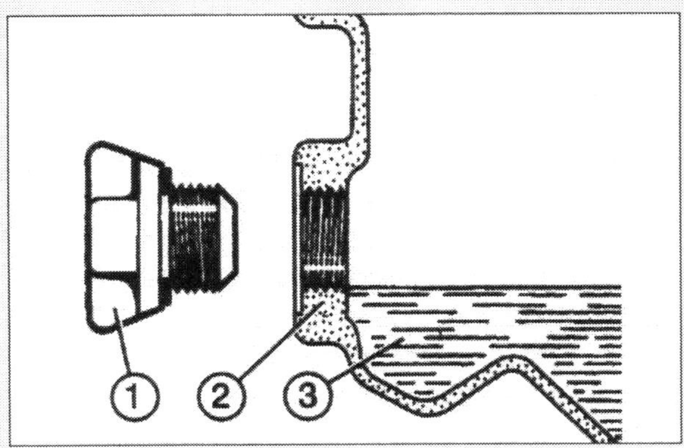

So muss bei einigen Getrieben ❷ nach Herausdrehen des Einfüllstopfens ❶ das Getriebeöl ❸ stehen. Bei den meisten Versionen muss der Ölstand niedriger sein, der Abstand zur Kante sieben Millimeter betragen.

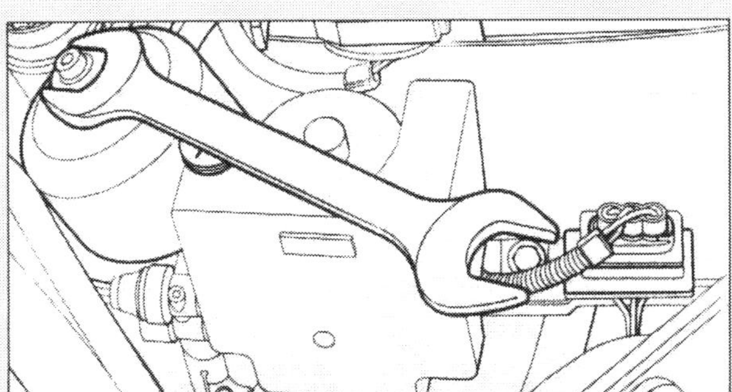

Beim 3L TDI müssen Sie den Druckspeicher mit einem Maulschlüssel SW 24 und etwa einer halben Umdrehung lösen, wodurch der Hydraulikölstand im Vorratsbehälter ansteigt.

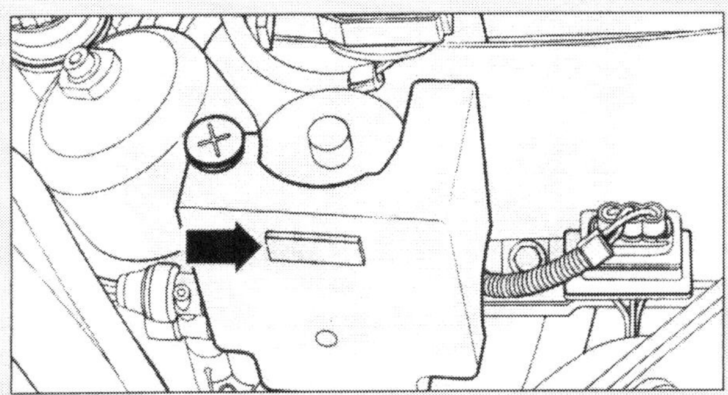

Der Ölstand muss sich im Rasterfeld (Pfeil) befinden. Gegebenenfalls öffnen Sie den Vorratsbehälter und füllen etwas Hydrauliköl der VW-Spezifikation G-002-000 nach, ehe Sie den Druckspeicher mit 40 Nm wieder festziehen.

③ Bei der Ölstandsprüfung im 3L TDI muss vorher das Batterie-Massekabel abgeklemmt werden, da auch bei ausgeschalteter Zündung die Hydraulikpumpe anläuft.

④ Stimmt der Ölstand, Einfüllschraube einschrauben und festziehen.,

Getriebeöl wechseln

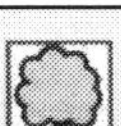

① Wenn Sie das Getriebeöl wechseln, gehen Sie zunächst wie bei der Kontrolle vor; stellen Sie dann eine Auffangwanne unter das Fahrzeug. Günstig ist es, den Motor vorher auf normale Betriebstemperatur gebracht zu haben, damit das warme und dünnflüssige Getriebeöl vollständig abläuft.

② Ölablassschraube (Pfeil) unten am Getriebe herausschrauben, Öl auslaufen und ganz abtropfen lassen. Ölablassschraube mit neuer Dichtung einschrauben und festziehen.

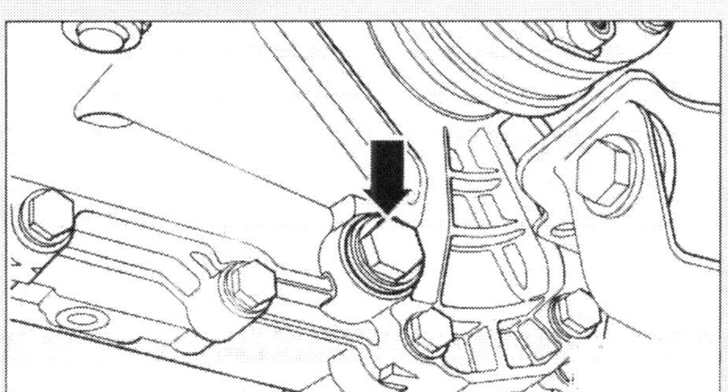

Die Ablassschraube (Pfeil) ist mit neuem Dichtring und 60 Nm festzuziehen.

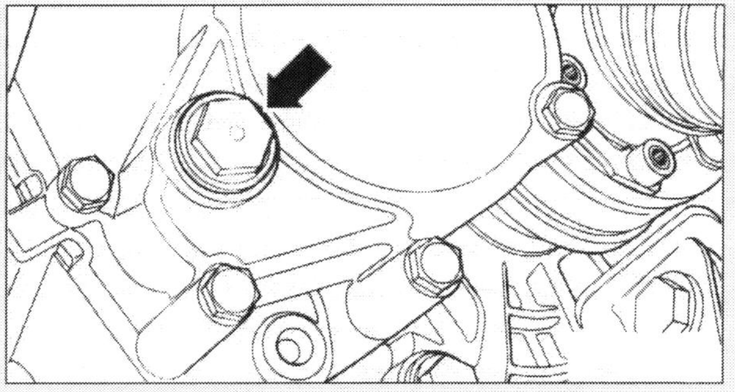

Nachdem die Öleinfüllschraube (Pfeil) herausgedreht ist, müssen Sie etwa 2,4 Liter Getriebeöl bis zur Unterkante der Einfüllöffnung einfüllen.

③ Für den Ölwechsel sind Trichter, Schlauch oder eine Ölspritzkanne hilfreich. Das Einfüllen des sehr zähflüssigen Getriebeöls durch die seitliche Getriebeöffnung ist allerdings eine Geduldsprobe.

④ Einige Zeit warten, bis sich der Ölstand beruhigt hat. Dichtflächen der gut gereinigten Einfüllschraube mit Dichtmittel bestreichen. Einfüllschraube einschrauben und mit 25 Nm festziehen. Fahrzeug wieder auf den Boden ablassen.

Getriebegeräusche

Geräusche aus dem Getriebe bedeuten fast immer einen Verschleiß von Zahnrädern oder Wellenlagern. Solche Geräusche treten meist nur bei Fahrzeugen auf, die schon eine hohe Laufleistung auf dem Buckel haben. Kontrollieren Sie in diesem Fall zunächst einmal den Ölstand im Getriebe.

- Ein heulendes Geräusch nur in einem Gang bedeutet, dass die Verzahnung des betreffenden Gangradpaares vermutlich verschlissen ist.
- Bei Geräuschen in allen Gängen liegt die Ursache am Achsantrieb oder an den Wellenlagern des Getriebes.
- Raue, mahlende Geräusche, die erst bei warmem Getriebe hörbar werden, deuten auf schlagende Synchronringe hin.

Das Automatikgetriebe

Anstelle des Fünfgang-Schaltgetriebes können Lupo und Arosa bei jeweils einer Version der Modellreihen mit Benzinmotoren mit einer Viergang-Automatik ausgestattet sein. Mit einer Fünfgang-Halbautomatik sind der Lupo FSI und der 3L TDI ausgestattet.

Das Automatikgetriebe übernimmt beim Anfahren die Aufgaben der herkömmlichen Kupplung. Während der Fahrt erledigt die Automatik die sonst übliche Schaltarbeit. Als Schmierstoff für das automatische Getriebe dient ATF (Automatic Transmission Fluid) der Spezifikation G 052 990 A2, für den eine Lebensdauerfüllung von 5,7 Liter vorgesehen ist

Die wesentlichen Baugruppen des Automatikgetriebes sind der Drehmomentwandler, Planetengetriebe und hydraulische und/oder elektronische Getriebesteuerung. Das Planetengetriebe ist der mechanische Teil des automatischen Getriebes und wird über Kupplungen und Bremsen ohne Kraftflussunterbrechung geschaltet. Die drehenden Teile im Getriebe werden durch eine Band- und eine Lamellenbremse festgehalten. Der Drehmomentwandler überträgt das Motordrehmoment auf das Getriebe und dient als hydraulische Anfahrkupplung.

Ein Automatikgetriebe ist ohne den Großeinsatz von Elektronik heute nicht mehr denkbar. Es verfügt über ein eigenes Steuergerät, das in ständigem Austausch mit dem Motorsteuergerät steht. Dieses liefert Informationen über Motordrehzahl, Kraftstoffverbrauch und Drosselklappenstellung. Andere wichtige Größen für die Automatik-Regelung kommen vom ABS-Steuergerät (für die Antischlupfregelung), dem Wählhebel und verschiedenen Sensoren im Getriebe.

Der Drehmomentwandler

Zwischen Planetengetriebe und Motor sitzt ein hydraulischer Drehmomentwandler, der mittels einer Wandlerflüssigkeit das eingeleitete Motor-Drehmoment ans Getriebe weitergibt. Dazu treibt der Motor im Drehmomentwandler ein Pumpenrad an – die ATF-Flüssigkeit wird über ein sogenanntes Leitrad gegen das mit dem Getriebe verbundene Turbinenrad gedrückt, das sich dann in Bewegung setzt.

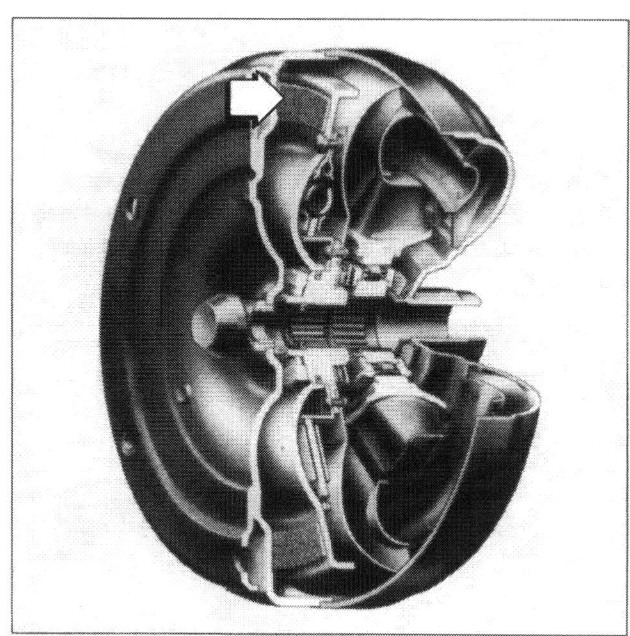

Das Schnittbild des Drehmomentwandlers zeigt deutlich die Schaufeln des Pumpenrades und des Leitrades. Der Pfeil deutet auf den Reibbelag der Wandlerkupplung, die – außer bei kalter ATF – ab höheren Geschwindigkeiten zur Vermeidung von Schlupf auf starren Durchtrieb schaltet.

Zwischen dem Pumpenrad und dem Turbinenrad besteht immer eine gewisse Drehzahldifferenz. Sie ist beim Anfahren am größten und nimmt mit zunehmender Geschwindigkeit immer mehr ab. Es herrscht also immer ein gewisser Schlupf. Bei hohen Drehzahlen werden nur noch 85 Prozent des Motordrehmoments weitergeleitet - ein Grund für den gegenüber handgeschalteten Getrieben höheren Verbrauch.
Um diesen Nachteil zu vermeiden, werden die Automatikgetriebe mit einer Wandlerüberbrückungskupplung ausgestattet. Sie ist einer Kupplungsscheibe nicht unähnlich: Bei geschlossener Überbrückungskupplung drückt ein Reibbelag auf den Wandlerdeckel, auf der anderen Seite ist die Kupplung über eine Verzahnung mit der Getriebeeingangswelle formschlüssig verbunden. Die Zahnradpumpe für das Getriebeöl ATF wird durch den Drehmomentwandler angetrieben.

Die Sensoren

- **Getriebeingangsdrehzahl:** Dieses Signal benötigt das Steuergerät, um die Schaltübergänge möglichst sanft regeln zu können. Fällt dieser Sensor aus, läuft das Getriebe im Notlaufprogramm.

- **Getriebedrehzahl:** Dieser Sensor informiert über die gefahrene Geschwindigkeit. Von ihr hängt ab, welcher Gang geschaltet wird und wie der Schaltdruck bei den Schaltübergängen eingestellt wird. Fällt der Sensor aus, kommt der Notlauf zum Einsatz.

- **Kickdown-Schalter:** Tritt der Fahrer das Gaspedal bis zum Anschlag, schaltet das Getriebe bis zu zwei Stufen direkt herunter, danach eine weitere. Nagelt der Fahrer das Gaspedal länger am Bodenblech fest, wird die Klimaanlage abgeschaltet, um mehr Motorleistung zur Verfügung zu stellen. Fällt dieser Schalter aus, holt sich das Steuergerät entsprechende Informationen vom **Drosselklappen-Geber.**

- **Bremslichtschalter:** Das Steuergerät löst die Wählhebelsperre bei stehendem Fahrzeug, wenn das Bremspedal getreten wird. Bei rollendem Fahrzeug und getretener Bremse nimmt der Computer Bergabfahrt an und schaltet herunter.

- **Getriebeöltemperatur:** Steigt die ATF-Öltemperatur auf über 120 Grad, wird die Wandlerüberbrückung früher geschlossen.

- **Signal vom ABS/ASR-Steuergerät:** Wenn die Antriebsschlupfregelung aktiviert wird, schaltet die Automatik weniger und verschiebt die Schaltzeitpunkte.

- **Signale vom Motorsteuergerät** über Motordrehzahl, Verbrauch und Drosselklappenstellung. All diese Informationen werden zur Berechnung des optimalen Schaltzeitpunktes gebraucht. Wird die Verbindung unterbrochen, arbeitet das Getriebe im Notlauf.

Das Notlaufprogramm

Fallen wichtige Sensoren aus, schaltet das Steuergerät auf ein Notlaufprogramm. Der Notlauf ist der Zustand des Steuergeräts, um bei erkannten Fehlern die Fahrsicherheit weiter zu gewährleisten, das Getriebe vor Schaden zu schützen und dabei das Fahrverhalten so wenig wie nötig zu beeinträchtigen. Ihr Fahrzeug bleibt weiterhin fahrtüchtig, muss aber natürlich so schnell wie möglich in die Werkstatt. In diesem Programm sind alle Magnetventile im Getriebe stromlos und werden von Federn in ihre Ruheposition gedrückt. Vorwärts fährt das Auto nur noch im vierten Gang. Der Rückwärtsgang funktioniert noch, die Wandlerüberbrückungskupplung wird jedoch nicht mehr geschlossen. Beachten Sie in solchen Situationen die Ganganzeige im Tacho: Wenn alle Segmente aufleuchten, ist das Steuergerät noch aktiv. Ist alles dunkel, funktioniert auch das Steuergerät nicht mehr. In diesem Fall ist die Wählhebelsperre nicht aktiviert.

Vorsicht beim Abschleppen

Springt Ihr Auto mit Automatikgetriebe einmal nicht an, hilft Anschieben oder Anschleppen nicht weiter. Der hydraulische Drehmomentwandler kann bei stehendem Motor keine Verbindung zum Motor herstellen. Versuchen Sie es daher zunächst mit Starthilfekabeln. Wollen Sie Ihr Fahrzeug abschleppen lassen, dann nur in Vorwärtsrichtung bei Wählhebelstellung »N«. Dabei nicht schneller als 50 km/h fahren und höchstens 50 km weit schleppen – sonst reicht die Getriebeschmierung wegen Überhitzung nicht aus. Lassen Sie im Zweifelsfall das Auto lieber verladen.
Mit dem Abschleppwagen darf das Fahrzeug nur vorn angehoben werden.

Stellungen des Wählhebels

Bei der Tiptronic-Version hat der Wählhebel eine zweite Wahlgasse. Tippt der Fahrer dort den Wählhebel nach vorn, schaltet das Getriebe einen Gang höher. Der Druck nach hinten schaltet einen niedrigeren Gang.

P (Parken): In dieser Position wird das Antriebsrad im Ausgleichsgetriebe des Getriebes blockiert. Dazu greift eine Klaue in ein mit Nocken versehenes Rad am Antriebsrad des Ausgleichsgetriebes. Die Räder lassen sich in dieser Stellung nicht drehen und bleiben blockiert. Wenn Sie Ihren Lupo parken, sollten Sie den Wählhebel auf »P« stellen – allerdings nur bei stehendem Fahrzeug. Zum Herausnehmen des Wählhebels aus dieser Stellung muss das Bremspedal getreten werden.

R (Rückwärtsgang): Um diesen Gang einzulegen, muss der Wagen stehen und der Motor im Leerlauf drehen. Wird während der Vorwärtsfahrt irrtümlich der Rückwärtsgang eingelegt, verhindert oberhalb einer bestimmten Geschwindigkeit ein Sicherheits-Steuerventil das Einrücken der Rückwärtsgang-Kupplung.

N (Neutral): In dieser Position besteht zwischen Motor und Antriebsrädern keine Verbindung. Im Gegensatz zur »P«Stellung sind die Antriebsräder nicht blockiert, da alle Kupplungen gelöst sind und kein Radsatz festgehalten wird. Zum Herausnehmen des Wählhebels aus dieser Stellung muss das Bremspedal getreten werden.

D (Drive): In dieser Stellung wird auf die Vorwärtskupplung ein hydraulischer Druck ausgeübt. Dadurch wird das Drehmoment des Motors auf die Antriebsräder gebracht. Bewegt sich der Wagen dabei mit »Kriech«-Geschwindigkeit vorwärts, kann das durch leichtes Bremsen verhindert werden. Beim Beschleunigen besteht normaler Fahrbetrieb mit allen Fahrstufen.

4 (4. Gang, nur Tiptronic): Diese Stellung sollten Sie wählen, wenn es zu einem häufigen Wechsel zwischen den Gängen 4 und 5 kommt.

3 (3. Gang): Diese Stellung wird empfohlen, wenn es unter bestimmten Bedingungen zu einem häufigen Wechsel zwischen dem 3. und 4. Gang kommt. Das kann bei hügeligen Fahrstrecken der Fall sein. Bei der Tiptronic ist dies die Stellung für Bergstrecken.

2 (2. Gang): Diese Stellung ist für Gefälle und Steigungen oder Anfahren bei Schnee und Eis vorbehalten. Das Getriebe bleibt beim Beschleunigen im 2.Gang. Nehmen Sie Gas weg, setzt der Motorbremseffekt ein. Bei der Tiptronic ist dies die Position für sehr steile Bergstrecken. Hier werden der erste und zweite Gang geschaltet. Der erste Gang lässt sich manuell nicht einlegen. Das macht das Steuergerät nur unter extremen Bedingungen.

1 (1. Gang, nur Viergang): Braucht nur bei extremem Gefälle oder Steigung eingelegt werden. Das Getriebe bleibt auch beim Beschleunigen im 1. Gang. Beim Gaswegnehmen setzt der volle Motorbremseffekt ein.

Wählhebelsperre: Zum Einlegen von »R«, »2« (außer von Stellung »1« in »2«) und »P« sowie zum Verlassen von »P« muss erst der seitliche Sperrknopf am Wählhebel gedrückt werden. Der Motor kann nur in Wählhebelstellung »P« oder »N« angelassen werden. Bei eingelegter »R«-, »D«-, »1«- oder »2«-Position verhindert ein Sicherheitsschalter am Getriebe den Startvorgang.

Zündschlüsselabzugssperre: Der Zündschlüssel lässt sich nur abziehen, wenn die Parkstellung P geschaltet ist.

Automatikgetriebe prüfen

Achten Sie während der Fahrt gelegentlich darauf, ob das Automatikgetriebe noch richtig funktioniert. Die Art, wie die Schaltvorgänge erfolgen, gibt Aufschluss über den Zustand des Automatikgetriebes.

Arbeitsschritte

Hochschalten. Bei teilweise durchgetretenem Gaspedal ist der Gangwechsel kaum wahrnehmbar; bei Vollgas oder Kickdown werden die Übergänge zwar etwas deutlicher, doch muss der höhere Gang stets geschmeidig fassen. Kurzes Hochdrehen des Motors beim Gangwechsel deutet auf Fehler hin, die genauer untersucht werden müssen.

Herunterschalten. Das Herunterschalten darf bei niederen Geschwindigkeiten (Fuß vom Gas) kaum spürbar sein. Ein Stoß ist beim Zurückschalten mit Teil- oder Vollgas normal. Das Zurückschalten ohne Gas mit dem Wählhebel dauert eine bis zwei Sekunden. Wird bei zwangsweisem Zurückschalten mit dem Wählhebel zugleich Gas gegeben, erfolgt der Gangwechsel ohne Verzögerung.

Automatikgetriebe

Störungs-beistand

Störung	Ursache	Abhilfe
A Verzögerter Einschaltstoß bei manueller Gangvorwahl	1 ATF-Stand stimmt nicht	Prüfen lassen
	2 Mehrfachstecker sitzen nicht korrekt oder sind oxidiert	Alle Steckverbindungen kontrollieren
	3 ATF verunreinigt	ATF wechseln lassen
	4 Gestörte Kupplungs- oder Bremsband-Funktion bzw. falscher Steuerdruck	Druckprüfung durchführen lassen
	5 Schaltzug beschädigt, klemmt oder falsch eingestellt	Einstellen (lassen)
B Harter Einschaltstoß bei Vorwärts- oder Rückwärtsgang-Vorwahl	1 Siehe A 1 – 4	
	2 Leerlaufdrehzahl zu hoch	Leerlaufdrehzahl einstellen (lassen)
	3 Unterdrucksystem undicht	»Falschluft«-Prüfung durchführen
	4 Achswellengelenke oder Motorlager ausgeschlagen	Kontrollieren und ggf. erneuern (lassen)
C Schaltzeitpunkte unkorrekt	1 Siehe A 1, 3 und 4	
	2 Steuergerät hat Defekt	Überprüfen und ggf. austauschen lassen
D Fahrzeug fährt in der 2. oder 3. Fahrstufe an	1 Siehe A 1, 4 und 5	
	2 Siehe C 2	
	3 Druckprobleme durch innere Undichtigkeiten	Druckprüfung durchführen und Getriebe überholen lassen
E Getriebe schaltet direkt von der 1. in die 3. Fahrstufe	1 Siehe A 1 und 4	
	2 Bremsband verschlissen	Erneuern lassen
F Kein Zurückschalten bei Kickdown	1 Siehe A 1, 4 und 5	
	2 Siehe C 2	
G Motor dreht beim Zurückschalten zwischen den Fahrstufen hoch	1 Siehe A 1, 4 und 5	
	2 Siehe C 2	
	3 Siehe E 2	
H Keine Motorbremswirkung	1 Siehe A 1 – 5	
	2 Siehe C 2	
	3 Siehe E 2	
I Parksperre hält nicht in Wählhebelposition »P«	1 Siehe A 5	
J Motor kann in »N« oder »P« nicht gestartet werden	1 Siehe A 2 und 5	
	2 Magnetschalter defekt	Kontrollieren und ggf. auswechseln lassen
	3 Bremsfunktionsschalter defekt	Kontrollieren und ggf. auswechseln

Störungsbeistand

Automatikgetriebe

Störung	Ursache	Abhilfe
K Motor kann in allen Wählhebelpositionen gestartet werden	**1** Siehe A5	
	2 Schalter der Startsperre defekt oder Kabel hat Masseschluss	Überprüfen und ggf. austauschen lassen
L Kein Antrieb in allen Wählhebelpositionen	**1** Siehe A 1 und 5	
	2 Innere Undichtigkeiten	Druckprüfung durchführen und Getriebe überholen lassen
	3 Kupplungen oder Bremsband verschlissen	Getriebe überholen lassen
	4 Drehmomentwandler defekt	Austauschen lassen
M Kein Antrieb im Rückwärtsgang bzw. Schlupf und Rattern (Vorwärtsgänge in Ordnung)	**1** Siehe A1, 4 und 5	
	2 Rückwärtsgang-Kupplung verschlissen	Überholen lassen
N Kein Antrieb in Wählhebelposition »D«, »1« und »2« (Rückwärtsgang in Ordnung)	**1** Siehe A1, 4 und 5	
	2 Siehe L 3	
O Kein Hochschalten in Wählhebelstellung »D«	**1** Siehe A1, und 3–5	
	2 Siehe C2	
P Schlürfgeräusche und plötzliche Kraftschlussunterbrechung beim Anfahren	**1** Siehe A1, 4 und 5	
Q Getriebe wird zu heiß	**1** Siehe A1, 3 und 4	
	2 Siehe B2	
	3 Zuglast (bei Hängerbetrieb) zu hoch	Siehe Kfz-Schein
	4 Ölkühler oder/und Ölleitungen verengt oder verstopft	Reinigen oder auswechseln lassen

Der Achsantrieb

Das Getriebe gibt das gewandelte Drehmoment über ein kleines und ein großes Zahnrad (Achsantriebsrad) an den Achsantrieb weiter. An das große Zahnrad ist das Gehäuse des Achsantriebs angeschraubt. Die Antriebswellen stellen die kraftschlüssige Verbindung zwischen Achsantrieb und Radnabe her.

Achsantrieb und Antriebswellen

Achsantrieb: Sitzt mit dem Ausgleichsgetriebe (Differenzial) und dem Schaltgetriebe beziehungsweise Automatikgetriebe in einem Gehäuse. Darin befinden sich auch vier ineinandergreifende Kegelräder, von denen zwei mit den Antriebswellen verbunden sind.

Geradeausfahrt: Beide Vorderräder rollen mit der Drehzahl des Achsantriebsrades. Das Ausgleichsgetriebe dreht im gleichen Tempo, die Kegelräder stehen still.

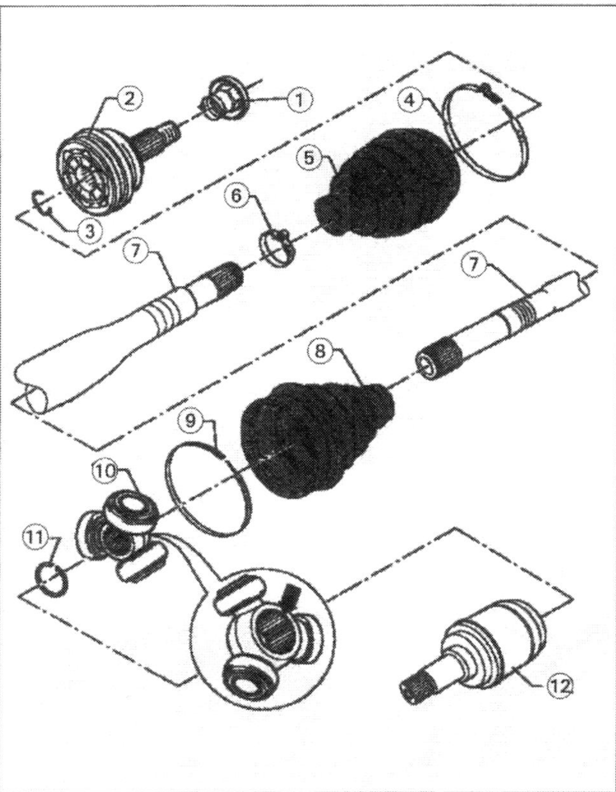

Bauteile des Achsantriebs:
❶ Blechmutter 50 Nm, ❷ Gleichlaufgelenk außen, ❸ und ⓫ Sicherheitsring, ❹ und ❻ Klemmschelle, ❺ und ❽ Faltenbalg, ❼ Gelenkwelle, ❾ Schlauchbinder, ❿ Tripodestern mit Rollen, ⓬ Flanschwelle für Tripodegelenk.

Kurvenfahrt: Das kurvenäußere Rad muss einen längeren Weg zurücklegen als das innere. Die unterschiedlichen Radumdrehungen müssen also ausgeglichen werden, da sonst der Wagen ruckartig mit durchdrehenden Vorderrädern durch die Kurven fahren würde. Jetzt treten die Kegelräder in Aktion: Die schnellere Drehung des äußeren Kegelrades wirkt über die beiden Übertragungskegelräder auf das Kegelrad auf der Kurveninnenseite ein. Dieses dreht sich dann langsamer.

Kraftübertragung auf Räder (vom Ausgleichsgetriebe): Erfolgt über zwei Antriebswellen (Gelenkwellen) auf die Vorderräder. Es kommen dabei zwei verschiedene Gelenk-Typen zum Einsatz: Eine Version sind die so genannten homokinetischen Gelenke oder Gleichlaufgelenke. Bei ihnen laufen beim Knicken des Gelenks sechs Kugeln in speziell geschliffenen Laufbahnen. So kann bei jedem Beugewinkel der Antriebswelle eine gleichmäßige Kraftübertragung gewährleistet werden. Die andere Version sind die Tripodegelenke. Statt der sechs Kugeln besitzt dieses Gelenk drei Rollen auf Nadellagern. Diese Technik überträgt weniger Schwingungen vom Antrieb zur Karosserie.

Wenn die Antriebswelle knackt — Praxistipp

Die Lebensdauer der Antriebswellen hängt auch von Ihrer Fahrweise ab. Vermeiden Sie Vollgasstarts mit eingeschlagenen Vorderrädern und Anfahren mit durchdrehenden Antriebsrädern. Geräusche, die auf einen Defekt hinweisen, können plötzlich auftreten, dann aber wieder für mehrere Tage aufhören.

- Rhythmische Schlag- oder Knack-knack-knack-Geräusche beim Gasgeben und im Schiebebetrieb (können sich beim Lenkeinschlag verändern) deuten auf einen Defekt am radseitigen Gelenk hin.
- Wenn bei eingeschlagenen Rädern das Lenkrad vibriert und zittert, ist vermutlich ebenfalls das äußere Gelenk beschädigt.
- Ein Knackgeräusch beim Anfahren mit eingeschlagenen Rädern kann einen Defekt an der Antriebswelle bedeuten. Achtung: Ein Schaden am Radlager äußert sich mit dem gleichen Symptom.

Manschetten der Antriebswellen prüfen

Arbeitsschritte   

① Wagen vorn mit frei hängenden Rädern aufbocken.

② Am Rad drehen und beide Gummimanschetten der Welle auf feine Risse und spröde Stellen kontrollieren. Dringen Schmutz und Feuchtigkeit ein, dauert es nur kurze Zeit, bis das Gelenk hinüber ist.

③ Sitz der Haltebänder prüfen.

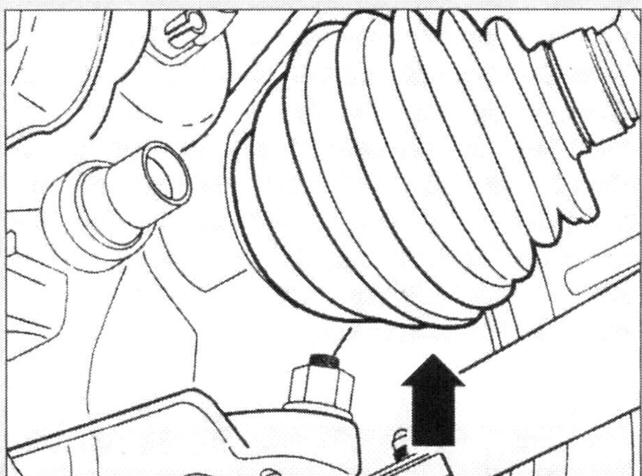

Von Zeit zu Zeit sollten Sie die Manschetten (Pfeil) des Achsantriebs mit einer Lampe anstrahlen und den Gummi auf Porosität und Risse untersuchen.

④ Fettspuren an der Manschette sind ein Alarmsignal – fehlt Schmiermittel, kann dies das Gelenk zerstören.

⑤ Beschädigte Manschetten sofort ersetzen. Dazu müssen Sie die Antriebswelle aus dem jeweiligen Antriebsgelenk ausbauen.

Gelenkwellen aus- und einbauen

Sollen Arbeiten an Gelenkwellen und Gelenken fachgerecht und erfolgreich ausgeführt werden, sind einige Spezialwerkzeuge und Betriebseinrichtungen erforderlich. Wir nennen hier die von Volkswagen empfohlenen und in den VW-Werkstätten verwendeten, für die es in vielen Fällen natürlich auch geeignete Entsprechungen gibt.

Gebraucht werden die Zange 3340 und der Ausdrücker 3283, der V.A.G.-Drehmomentschlüssel 1331 und der Kugelgelenkabzieher Kukko 129/1, die V.A.G.-Spannzange 1682 und der Dreiarmabzieher Kukko 45-2. Für Instandsetzungsarbeiten sind ferner Druckplatte, Druckstempel, Druckstück und Druckteller entsprechender VW-Norm nötig.

Arbeitsschritte   

① Fahrzeug so weit anheben, dass die Vorderachse entlastet ist.

② Blechmutter von Gelenkwelle mit Innensechskantschlüssel 19 mm (Hazet Nr. 985) abschrauben.

③ Geräuschdämmung ausbauen.

④ Einbaulage der Gelenkwelle zum Getriebe sicher kennzeichnen, damit problemloser Wiedereinbau möglich ist.

⑤ Mutter vom Achsgelenk abschrauben. Kugelgelenkabzieher ❶ ansetzen und Achsgelenk ausdrücken.

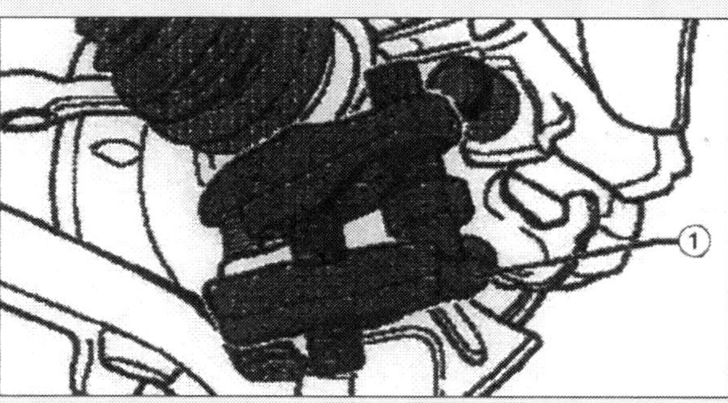

⑥ Gelenkwelle mit dem Ausdrücker 3283 ausdrücken. Während des Ausdrückens auf ausreichenden Freigang achten. Rad mit Federbein nach außen schwenken und abstützen.

⑦ Schlauchbinder mit der Zange 3340 öffnen und Gelenkwelle herausnehmen.

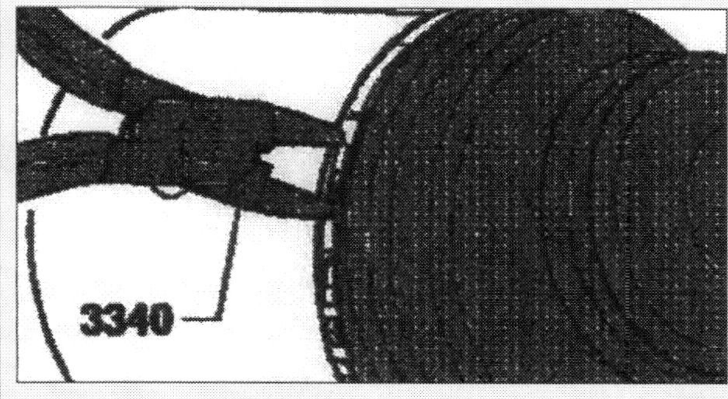

⑧ Zum Wiedereinbau müssen Reste des Sicherungsmittels aus der Verzahnung des Außengelenks und der Verzahnung der Radnabe entfernt werden. Die öl- und fettfreie Gelenkwelle in die Flanschwelle für das Tripodegelenk einsetzen.

⑨ Nun muss auf die Verzahnung wieder Sicherungsmittel der Spezifikation D 185 400 A2 als Raupe von 3 mm Durchmesser aufgetragen werden.

⑩ In die Verzahnung der Radnabe ist das Außengelenk einzuführen und mit neuer Blechmutter zu befestigen.

⑪ Schrauben Sie auf das Achsgelenk mit dem Ringeinsteckwerkzeug eine neue selbstsichernde Mutter. Halten Sie dabei mit dem Innensechskantschlüssel SW 5 gegen.

⑫ Beim Aufschieben des Faltenbalges auf die Flanschwelle für das Tripodegelenk müssen Sie darauf achten, dass der Faltenbalg nicht beschädigt oder verdrillt wird. Zum Schluss montieren Sie den Schlauchbinder.

Außengelenk ersetzen

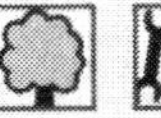

① Zum Ausbau treiben Sie durch einen kräftigen Schlag mit einem Leichtmetallhammer das Gleichlaufgelenk außen von der Gelenkwelle ab.

② Das Gelenk ist zum Austausch des Fettes bei starker Verschmutzung zu zerlegen. Das ist auch nötig, wenn die Laufflächen der Kugeln auf Verschleiß und Beschädigung geprüft werden sollen.

③ Kennzeichnen Sie vor dem Zerlegen die Lage der Kugelnabe zum Kugelkäfig und zum Gehäuse mit einem Elektroschreiber oder Abziehstein.

④ Schwenken Sie jetzt Kugelnabe und Kugelkäfig und nehmen die Kugeln nacheinander heraus.

⑤ Drehen Sie den Käfig, bis die zwei rechteckigen Fenster (Pfeil) am Gelenkkörper anliegen. Jetzt können Sie den Käfig mit Nabe herausheben.

⑥ Das Segment der Nabe müssen Sie in das rechteckige Fenster des Käfigs schwenken, um die Nabe aus dem Käfig heraus zu kippen.

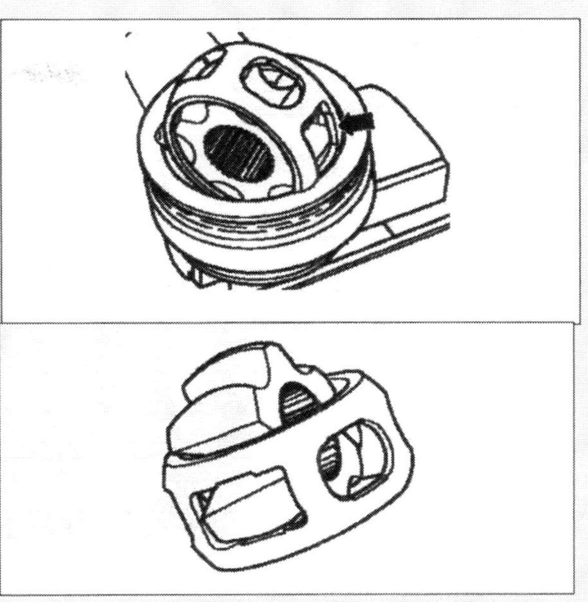

⑦ Achszapfen, Nabe, Käfig und die sechs Kugeln sind auf kleine Vertiefungen (Pittingbildung) und Fressspuren zu prüfen. Zu großes Verdrehspiel im Gelenk macht sich durch Lastwechselschlagen bemerkbar. Ist dies der Fall, muss das Gelenk ersetzt werden. Glättungen und Laufspuren der Kugeln sind noch kein Grund, das Gelenk zu wechseln.

⑧ Beim Einbauen müssen Sie die Hälfte der für Gleichlaufgelenke außen vorgegebenen Fettmenge von 90 Gramm der Spezifikation G 000 603 (also 45 Gramm) in den Gelenkkörper eindrücken.

⑨ Käfig mit Nabe in den Gelenkkörper einsetzen und die gegenüber liegenden Kugeln nacheinander eindrücken. Dabei muss die alte Lage der Kugelnabe zum Käfig und zum Gelenkkörper wieder hergestellt werden (Markierungen!).

⑩ Setzen Sie einen neuen Sicherungsring in die Nabe ein und verteilen Sie die Restfettmenge gleichmäßig in der Stulpe (Faltenbalg).

⑪ Als Klemmschelle muss eine solche aus Edelstahl verwendet werden, die sich nur mit der Zange V.A.G. 1682 spannen lässt.

⑫ Montieren Sie nun die Antriebswelle.

Falls am Tripodegelenk gearbeitet wird (Tripodestern abziehen und aufpressen), muss beim Einbau die Fettsorte G 052 161 A1 verwendet werden (120 Gramm). 60 Gramm Fett kommen in die Flanschwelle und 60 Gramm in den Faltenbalg.

DAS FAHR WERK

Wartung

Reparatur

Das Fahrwerk im Lupo/Arosa folgt bewährter VW-Technik aus anderen Baureihen. Beim Drei-Liter-Lupo führte die Leichtbauweise zu Innovationen in der Radaufhängung.

Wie von den großen Brüdern der Volkswagen-Gruppe gewohnt, erwartet man auch im Lupo oder Arosa ein Fahrwerk, das sich in seinem Grundaufbau schon seit Jahren bei VW bewährt hat. Eine ausgereifte Technik ist zuständig für Fahreigenschaften und Fahrkomfort Ihres Fahrzeugs. Das Fahrwerk hat vor allem die Aufgabe, die Räder bei ihrer Bewegung präzise zu führen. Nur dann bleibt das Auto sicher beherrschbar. Dieser Job ist nicht einfach. Denn die Räder müssen sich bei der Fahrt nicht nur drehen, sondern auch Auf- und Abwärtsbewegungen durchführen – schließlich ist keine Fahrbahn völlig eben.
Auch beim Bremsen, Beschleunigen und bei der Fahrt

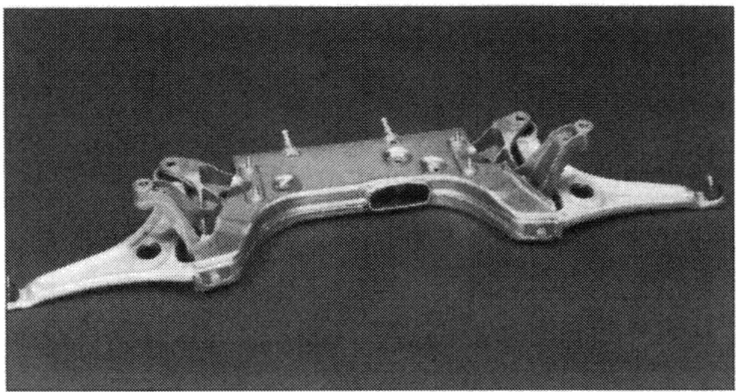

Der Alu-Hilfsrahmen beim Lupo 3L TDI ist mit geschmiedeten Querlenkern aus Aluminium verbunden.

durch eine Kurve entstehen erhebliche Kräfte, mit denen das Fahrwerk fertig werden muss. Das geht jedoch nur, wenn seine Komponenten optimal aufeinander abgestimmt sind. Die Lupo-Modelle FSI und GTI sind serienmäßig mit dem Elektronischen Stabilitätsprogramm (ESP) ausgestattet. Beim Drei-Liter-Diesel wurde die Leichtbauweise auch auf das Fahrwerk angewendet. Aggregateträger, Achslenker und Dämpfer der Vorderachse sind aus Aluminium.

Zum Fahrwerk gehören die Federung und Dämpfung, die Radaufhängung an Vorder- und Hinterachse, die Lenkung sowie die Räder und Reifen. Die Bremsen, ebenfalls Teil des Fahrwerks, stellen wir Ihnen in einem eigenen Kapitel vor.

Teile des Fahrwerks (vorn): ❶ Mutter 50 Nm, ❷ Pendelstütze, ❸ und ❽ Sechskantschrauben, ❹ und ❻ Gummilager, ❺ Aufnahme für Gummilager, ❼ Scheibe (Kragen zeigt vom Lager weg), ❾ Käfigmutter (bei Beschädigungen Haltebock ersetzen), ❿ und ⓲ Lager für Achslenker, ⓫ Blech mit Muttern, ⓬ Mutter 35 Nm, ⓭ Achsgelenk (Einbaulage kennzeichnen, bei Ersatz auf Langlochmitte stellen und Spur prüfen), ⓮ Schraube 20 Nm + 90° (bei jeder Demontage ersetzen), ⓯, ⓳ und ㉑ Schrauben 70 Nm + 180° (bei jeder Demontage ersetzen), ⓰ Spreizniet, ⓱ Luftleitteil, ⓴ Achslenker, ㉒ Aggregateträger.

Auslegung des Fahrwerks

Die richtige Radaufhängung ist eine Wissenschaft für sich. Fahren Sie mit Ihrem Wagen zum Beispiel über eine Bodenwelle oder mit hohem Tempo durch eine Kurve, verändert sich jedesmal die Geometrie der Räder, die in genau definierten Winkeln zur Fahrzeugachse stehen. Die Reifen dürfen nie den Kontakt

Grundbegriffe der Lenkgeometrie

Vorspur. Die Vorderräder stehen vorn enger zusammen als hinten (rollen aufeinander zu). Das gleicht die Reibung zwischen Rad und Straße aus, die das linke Rad nach links und das rechte nach rechts drücken will. Die Vorspur verhindert Flattern der Räder und Radieren der Reifen. Bei der Fahrt durch eine Kurve schwenkt das kurveninnere Rad zur Unterstützung der Lenkbewegung und der Lenkkräfte stärker ein als das kurvenäußere – die Vorspur geht in Nachspur über (Räder stehen hinten enger zusammen als vorn).

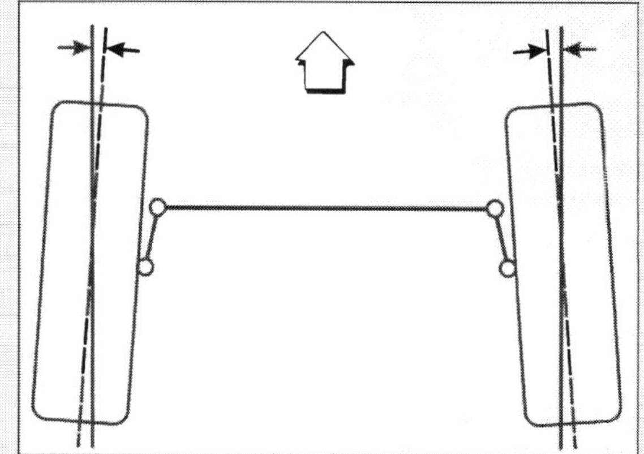

Das Schema der Vorspur.

Nachlauf. Abstand (in Fahrtrichtung) zwischen der gedachten Verlängerungslinie der Lenkdrehachse zum

Boden und dem Mittelpunkt der Reifenaufstandsfläche. Durch den Nachlauf werden die Räder gezogen (und nicht geschoben). Sie neigen deshalb dazu, sich von selbst geradeaus zu stellen und diese Stellung beizubehalten. Der Nachlauf kann zwar gemessen, aber nicht eingestellt werden.

Sturz. Die Neigung des Rades zu einer Senkrechten. Vermindert Fahrbahnstöße auf die Teile der Lenkung, reduziert Lenkkräfte und Reibung der Räder auf der Fahrbahn. Die Vorderräder des Golf haben positiven Sturz – sie stehen oben im Radkasten geringfügig weiter auseinander als unten am Boden.

Spreizung. Die Neigung der Lenkungsdrehachse zu einer Senkrechten. Denkt man sich eine Linie dieser Achse zum Boden und misst den Abstand zur Mittellinie durch das Rad (Mittelpunkt der Reifenaufstandsfläche), erhält man den Lenkrollradius. Dieser soll möglichst klein sein, um die Störkräfte in der Lenkung zu verringern. Die Spreizung bewirkt außerdem zusammen mit dem Nachlauf, dass sich bei eingeschlagenen Rädern das Fahrzeug etwas anhebt. Lässt man das Lenkrad los, stellen sich die Räder selbst in die Mittelstellung zurück (Rückstellmoment).

Spurdifferenzwinkel. Wird in der Werkstatt gemessen. Beide Räder kommen dabei auf Drehscheiben eines optischen Prüfinstruments. Ein Rad wird auf genau 20 Grad Einschlag eingestellt. Der Einschlag des anderen Rades wird dann an der Gradscheibe abgelesen. Beim Entwurf der Vorderradaufhängung wird der Wert für den Spurdifferenzwinkel festgelegt. Stellt die Werkstatt fest, dass die Winkelwerte nicht den Sollwerten entsprechen, bedeutet dies fast immer einen Defekt an Bauteilen, die zur korrekten Lenkgeometrie beitragen.

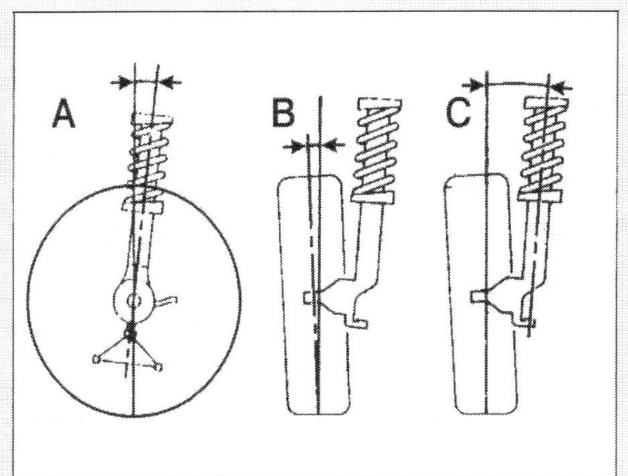

Die Radeinstellungen:
A: Nachlauf. **B**: Radsturz. **C**: Spreizung.

zur Fahrbahn verlieren, weil sie dann keine Brems- und Lenkkräfte mehr übertragen können. Damit die Räder auf dem Boden bleiben, tritt die Federung in Aktion. Sie nimmt Stöße auf und folgt den Unebenheiten der Straße. Unerwünschtes Nachschwingen des Aufbaus verhindern die Stoßdämpfer. Sie müssten eigentlich Schwingungsdämpfer heißen, da sie keine Stöße dämpfen, sondern durch Federn verursachte Schwingungen abschwächen.

Lenkung und Fahrsicherheit

Die Lenkung soll möglichst feinfühlig sein und zielgenaues Lenken ermöglichen. Sie ist genau auf die Achsen und die Lenkgeometrie abgestimmt. Wie bei fast allen Autos heutzutage kommt beim Lupo eine **Zahnstangenlenkung** zum Einsatz. Ab dem 44 kW Modell erleichtert die serienmäßige Servounterstützung die Lenkarbeit und sorgt für ein noch direkteres und feinfühligeres Ansprechen der Lenkung. Die Lenkung ist ein Bauteil, von dem die gesamte Fahrsicherheit in besonderem Maße abhängt. Defekte, falsche Einstellungen und fehlerhafte Reparaturarbeiten können fatale Auswirkungen haben.

Die Vorderachse

Vorderrad-Aufhängung: Bei der Mehrlenkerachse (vorn) des Lupo sind Schraubenfeder und Stoßdämpfer zu jeweils einem, Platz sparenden Federbein zusammen gefasst. Die McPherson-Federbeine sind mit der Karosserie und den Radlagergehäusen verschraubt. Geführt werden die beiden Radlagergehäuse von zwei Dreieckslenkern. Diese sind mit dem Aggregateträger verbunden. Der Aggregateträger ist mit der Bodengruppe des Fahrzeugs über Gummi-Metall-Lager verschraubt.

Die Übertragung der Motor-Antriebskraft erfolgt über zwei Gelenkwellen. Sie sind über jeweils zwei Gleichlaufgelenke mit den Rädern und dem Achsantrieb verbunden.

Optimale Fahreigenschaften und geringster Reifenverschleiß sind nur dann zu erreichen, wenn die Räder einwandfrei eingestellt sind. Bei unnormaler Reifenabnutzung und mangelhafter Straßenlage sollte eine Werkstatt zur optischen Vermessung aufgesucht werden.

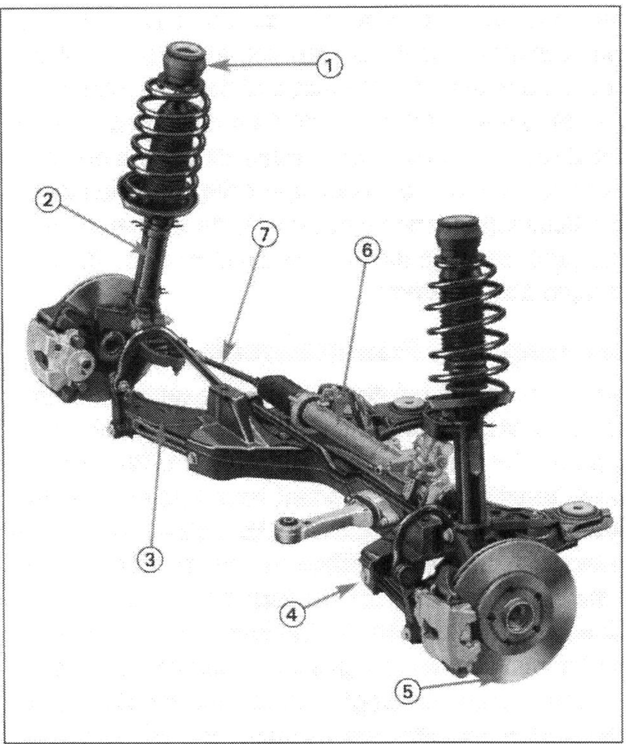

Die in der Golf-Baureihe bewährte Mehrlenker-Vorderachse kommt in modifizierten Ausmaßen auch in der Plattform A00 zum Einsatz.
❶ Federbeinlager, ❷ Federbein, ❸ Querlenker, ❹ Stabilisator, ❺ Bremsscheibe, ❻ Lenkgetriebe, ❼ Spurstange.

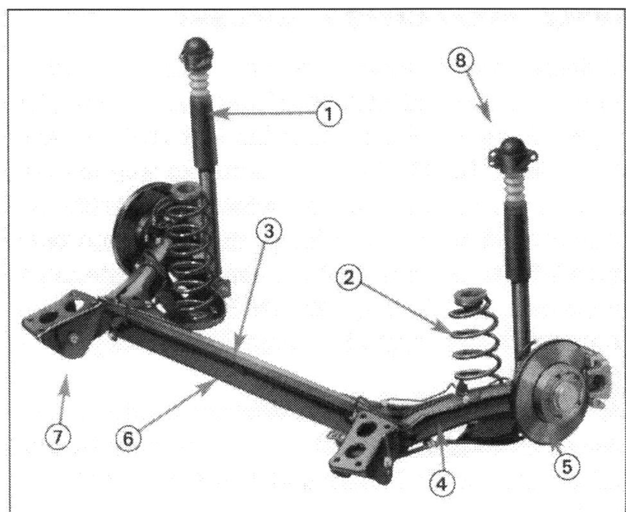

Eine Verbundlenkerachse oder – in höher motorisierten Versionen – die für die Golf-Baureihe entwickelte Koppellenkerachse kommt bei der hinteren Radaufhängung zum Einsatz.
❶ Stoßdämpfer, ❷ Schraubenfeder, ❸ Achskörper, ❹ Längslenker, ❺ Bremsscheibe, ❻ Stabilisator, ❼ Lagerblock, ❽ Dämpferlager.

Die Hinterachse

Hinterrad-Aufhängung: Zum Einsatz kommt eine Verbundlenkerachse oder eine Koppellenkerachse, deren Achskörper jeweils mit zwei Längslenkern verschweißt sind. Vor dem Achskörper befindet sich ein Stabilisator, der die Kurvenneigung des Fahrzeugs verringert und dadurch das Fahrverhalten stabilisiert. Die Hinterachse ist über Gummi-Metall-Lager mit dem Aufbau verbunden. Die Lager werden um 45° verdreht eingebaut. Die Übertragung von Fahrgeräuschen auf die Karosserie wird so reduziert. Durch die getrennte Anordnung von Schraubenfedern und Stoßdämpfern konnte der Ladeboden des Kofferraums sehr tief gelegt und die Durchladebreite erfreulich groß werden. Die Doppelkugellager der hinteren Radlagerung sind wartungs- und einstellfrei.

Radeinstellung prüfen

Die richtige Stellung der Vorderräder entscheidet darüber, ob Ihr Fahrzeug auf ebener Strecke und in Kurven ruhig und sicher auf der Straße liegt. Eine harte Berührung des Bordsteins kann die Geometrie der Vorderradaufhängung jedoch empfindlich stören. Auch verschlissene Gelenke und Gummilager oder unsachgemäße Reparaturen können sich negativ auf das Fahrverhalten auswirken. Die Vermessung der Radstellung ist Sache der Werkstatt, die dazu einen speziellen Achsmessstand verwendet. Einer fehlerhaften Lenkgeometrie können Sie beim Fahren aber selbst

Arbeitsschritte  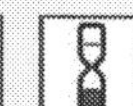

① Stehen die Lenkradspeichen bei Geradeausfahrt symmetrisch? Ein schief sitzendes Lenkrad ist ein Zeichen für falsche Einstellung der Spur.

② Stehen die Vorderräder in Geradeausstellung symmetrisch zueinander?

③ Läuft das Auto auf ebener Fahrbahn und bei losgelassenem Lenkrad geradeaus? Oder zieht es zur Seite?

④ Stellt sich die Lenkung nach Kurven von selbst geradeaus?

⑤ Ist das Reifenprofil gleichmäßig abgenutzt? Oder zeigen die Außenkanten stärkere Verschleißspuren als innen?

auf die Schliche kommen. Dazu müssen beide Vorderreifen dieselbe Reifensorte, Profiltiefe und den vorgeschriebenen Luftdruck aufweisen.

Do it yourself an Fahrwerk und Lenkung

Arbeiten an Fahrwerk und Lenkung setzen Erfahrung und oft auch spezielle Werkstattgeräte voraus. Wenn Sie sich nicht sicher sind, ob Sie die betreffende Reparatur selbst ausführen können, oder wenn Sie diese Werkzeuge nicht besitzen – überlassen Sie die Arbeit der Werkstatt. Mit fehlerhaften Reparaturen gefährden Sie sich und andere. Beschädigte Teile der Radaufhängung dürfen Sie nicht richten oder schweißen – sie müssen grundsätzlich erneuert werden.

Zustand der Stoßdämpfer prüfen

Nach zwei verschlissenen Reifensätzen besitzen die Stoßdämpfer in der Regel nur noch die Hälfte ihrer ursprünglichen Wirkung. Sie sind dann reif für den Austausch. Die nachlassende Wirkung der Dämpfer gleichen die meisten Fahrer unbewusst durch verändertes Fahrverhalten aus. Lassen Sie das Bauteil zur exakten Diagnose einmal im Jahr auf dem Prüfstand eines Automobilclubs oder von TÜV und DEKRA kontrollieren. Die Schaukelmethode, bei der man den Wagen am betreffenden Kotflügel aufschaukelt und plötzlich loslässt, ersetzt keine Prüfung. Damit können Sie nur einen total ausgefallenen Stoßdämpfer feststellen. Es gibt jedoch einige Anzeichen, die auf eine nachlassende Wirkung der Stoßdämpfer hinweisen. Achten Sie auf die folgenden Punkte:

Arbeitsschritte

① Flattert die Lenkung? In diesem Fall haben die Räder keinen ständigen Kontakt zum Boden.

② Schwingt die Karosserie bei der Fahrt über Fahrbahnunebenheiten nach?

③ Wirkt das Fahrzeug in Kurven schwammig? Dann werden die kurveninneren Räder nicht genügend auf den Boden gedrückt, die äußeren nicht stark genug entlastet.

④ Springen die Räder auch auf normaler Fahrbahn?

⑤ Nutzen sich die Reifen ungleichmäßig ab?

Das Elektronische Stabilitätsprogramm ESP

Stabil bis an die physikalische Grenze wird das Fahrzeug durch das elektronische Stabilitätsprogramm ESP. Das Auto braucht diese Elektronik nicht, um etwaige Fahrwerksschwächen zu kompensieren. Der Wagen erhält das ESP einzig und allein, um die aktive Fahrsicherheit weiter zu erhöhen. Er bleibt damit selbst in kritischen Situationen noch besser beherrschbar.

Das ESP überwacht ständig den Fahrzeugkurs und greift in fahrdynamisch kritischen Situationen ein, wenn das Fahrzeug beginnt, außer Kontrolle zu geraten.

Das ESP baut auf dem elektronischen Antiblockiersystem ABS auf und enthält zusätzlich eine Antriebsschlupf-Regelung ASR. Während ABS und ASR in Fahrzeug-Längsrichtung wirken, beeinflusst das ESP die Querdynamik. Diese Möglichkeit wurde durch den so genannten Gierraten-Sensor geschaffen. (Mit dem Begriff »Gieren« bezeichnen Fahrwerks-Spezialisten die Drehbewegung des Fahrzeugs um seine Hochachse.)

Wenn sich das Fahrzeug in der Kurve drehen will, bremst das ESP in Bruchteilen von Sekunden das kurvenäußere Rad ab, noch bevor das Heck nach außen drängen kann. Wenn der Wagen plötzlich untersteuert, weil die Vorderräder zuerst auf rutschige Fahrbahn kommen und aus der Kurve drängen, greift das ESP an der Hinterachse ein, bremst das kurveninnere Hinterrad und dreht das Auto auf den neutralen Kurs zurück.

Die Fahrfreude wird durch den elektronischen Fahrstabilisator nicht kaputt gemacht. Das ESP überwacht zwar permanent den Fahrzustand, bleibt aber im fahrdynamisch stabilen Bereich für den Fahrer unmerklich im Hintergrund.

Per Knopfdruck kann das ESP übrigens ausgeschaltet werden. Diese Möglichkeit wurde aber in erster Linie für das Abschalten des ASR in bestimmten Fahrsituationen geschaffen. Wenn das Programm abgeschaltet ist, leuchtet im Tacho eine gelbe Warnleuchte auf.

Lenkungsspiel prüfen

Das Spiel der Lenkung kann nachgestellt werden, wenn es nicht durch einen Defekt verursacht wird. Die Einstellung sollten Sie jedoch besser der Werkstatt überlassen.

Arbeits-schritte  

① Die Räder geradeaus stellen.

② Greifen Sie durchs geöffnete Fenster und drehen Sie das Lenkrad kurz hin und her.

③ Das Vorderrad muss sich sofort mit bewegen. Achten Sie auf die Felge, denn der elastische Reifen kann einen Teil des Einschlags schlucken, ehe er sich bewegt.

④ Hat die Lenkung um die Geradeausstellung kein Spiel, klemmt aber bei stärkerem Einschlag, ist die Zahnstange der Lenkung verschlissen. Das Lenkgetriebe muss dann ausgetauscht werden.

Spurstangenköpfe und Manschetten prüfen

Das Spurstangengelenk sitzt rechts und links zwischen Spurstange und Spurstangenhebel des Lenk-Schwenklagers. Selbstschmierender Kunststoff umhüllt den stählernen Kugelkopf, eine Manschette schützt ihn vor Schmutz und Feuchtigkeit. Spurstangenköpfe mit defekter Manschette oder Spiel müssen Sie umgehend ersetzen.

Arbeits-schritte 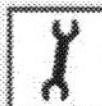  

① Kontrollieren Sie die Manschetten der Spurstangengelenke auf Risse.

② Prüfen Sie, ob das Gelenk Spiel hat. Fahren Sie das Auto dazu am besten über eine Grube.

③ Lassen Sie einen Helfer das Lenkrad mehrmals kurz nach links und rechts drehen. Sie können mit der Hand fühlen, ob die Spurstangengelenke Luft haben.

④ Ist die Manschette defekt, sollte der komplette Spurstangenkopf gewechselt werden.

Achsgelenke kontrollieren

Die Kugelgelenke der Achsgelenke (rechts und links zwischen Querlenker und Lenk-Schwenklager) sitzen in einer Fett-Dauerfüllung in Kunststoffschalen. Staubkappen aus Kunststoff schützen sie vor Nässe und Schmutz. Die Gelenke sind wartungsfrei. Eine beschädigte Staubkappe bedeutet allerdings das vorzeitige Aus fürs Gelenk – eindringender Schmutz wirkt wie Schmirgelsand, Feuchtigkeit lässt es mit der Zeit fest rosten.

Arbeits-schritte   

① Lenkung nach einer Seite voll einschlagen.

② Staubkappen der Achsgelenke rechts und links auf Beschädigungen kontrollieren. Dabei die Kappen zusammendrücken – so entdecken Sie auch versteckte Risse.

③ Eine schadhafte Staubkappe kann nicht einzeln ersetzt werden, der Querlenker muss komplett ausgetauscht werden.

④ Das Axialspiel prüfen, indem der Achslenker kräftig nach unten gezogen und wieder hochgedrückt wird.

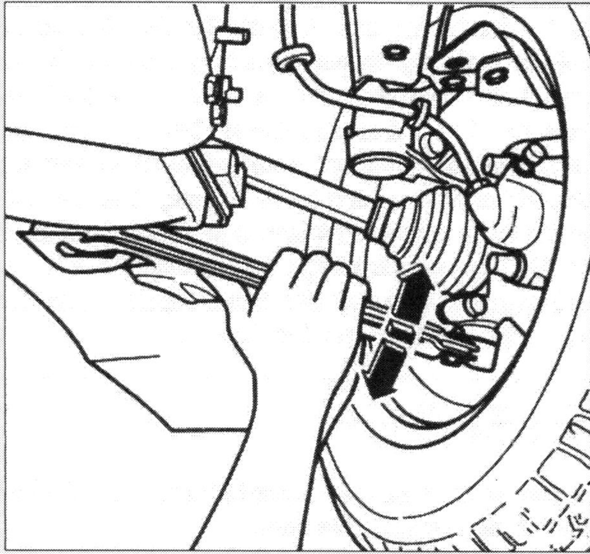

Axialspiel prüfen: Achslenker kräftig nach unten ziehen und wieder hochdrücken.

⑤ Das Radialspiel prüfen, indem das Rad kräftig nach innen und außen gedrückt wird.

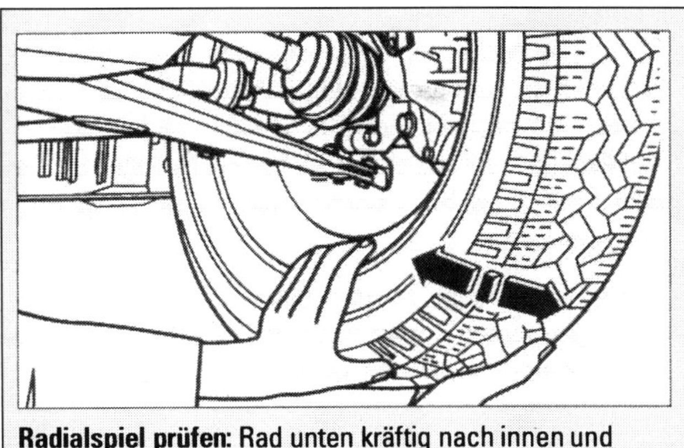

Radialspiel prüfen: Rad unten kräftig nach innen und außen drücken.

Radlagerspiel prüfen

Ein Defekt macht sich meist durch laute Laufgeräusche bemerkbar. Treten sie zum Beispiel in Rechtskurven auf, ist das linke Radlager defekt. Die Radlager können nicht eingestellt werden und müssen bei einem Schaden ausgetauscht werden. Das ist freilich Sache der Werkstatt – Lager, Laufringe, Nabe und Lenk-Schwenklager sind in sehr engen Toleranzen gefertigt, die bei der Montage Spezialwerkzeuge erforderlich machen.

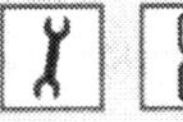

① Wagen auf festem Boden abstellen. Packen Sie das Rad im oberen Bereich und versuchen Sie, es quer zum Wagen zu bewegen. Bei einwandfreien Lagern darf kein Spiel vorhanden sein.

② Wenn Sie Spiel an den vorderen Radlagern feststellen: Helfer Bremse treten lassen und Kontrolle wiederholen. Ist dann immer noch Spiel vorhanden, ist das Achsgelenk defekt.

Federbein ausbauen

Bei diesen Arbeiten benötigen Sie Spezialwerkzeug, wie es in nachfolgenden Abbildungen beschrieben wird. Nach dem Austausch von Stoßdämpfern müssen Sie Spur und Sturz in der Werkstatt einstellen lassen. In der Montageübersicht sind die gängigen Modelle von Lupo und Arosa beschrieben. Bei Lupo 3 L, FSI

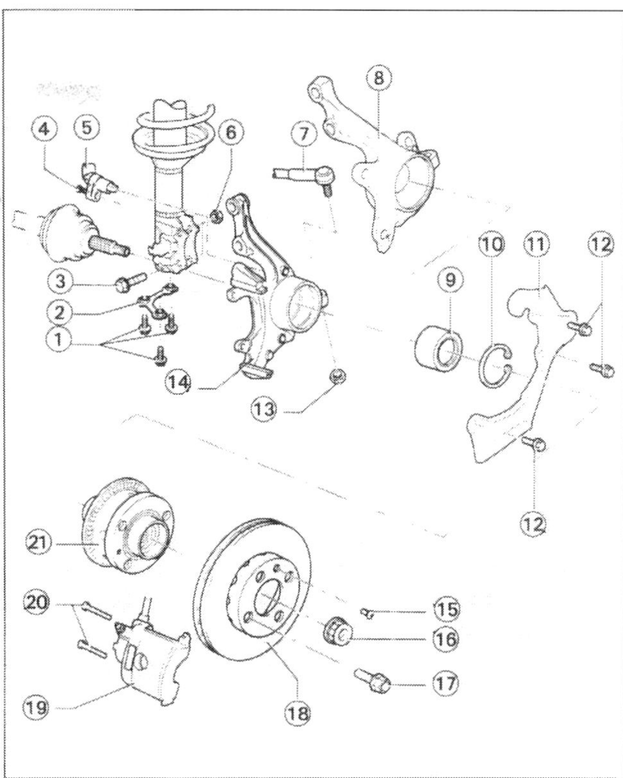

Federbein aus- und einbauen (Montageübersicht): ❶ Schrauben 20 Nm + 90° (stets erneuern, da selbstsichernd), ❷ Blech mit Muttern, ❸ Schraube (vor dem Lösen, Einbaulage markieren), ❹ Innensechskantschraube 10 Nm, ❺ Drehzahlfühler, ❻ Mutter 40 Nm + 90° (stets erneuern, da selbstsichernd), ❼ Spurstange, ❽ Radlagergehäuse für Fahrzeuge mit 14"-Fahrwerk, ❾ Radlager (stets ersetzen, da beim Aus- und Einpressen zerstört wird), ❿ Sicherungsring, ⓫ Abdeckblech, ⓬ Schraube 10 Nm, ⓭ Mutter 35 Nm (stets ersetzen, da selbstsichernd), ⓮ Radlagergehäuse für Fahrzeuge mit 13"-Fahrwerk, ⓯ Kreuzschlitzschraube, ⓰ Zwölfkantmutter (stets ersetzen, da selbstsichernd), ⓱ Radschraube 110 Nm, ⓲ Bremsscheibe, ⓳ Bremssattel, ⓴ Innensechskantschraube 25 Nm, ㉑ Radnabe.

und GTI gibt es Abweichungen, doch die Vorgehensweise ist prinzipiell gleich. Vor Ausbau der Federbeine sollte generell die Sturzeinstellung an den unteren Befestigungsschrauben markiert werden. Wenn das bisherige Federbein wieder eingebaut werden soll, sollten Schraubenköpfe und Muttern am Federbein unten mit einer Reißnadel umkreist oder mit Filzstift markiert werden. Vor dem Abnehmen der Vorderräder ist zu empfehlen, deren Stellung zur Radnabe zu kennzeichnen. So kann das ausgewuchtete Rad wieder in der selben Position aufgesteckt werden.

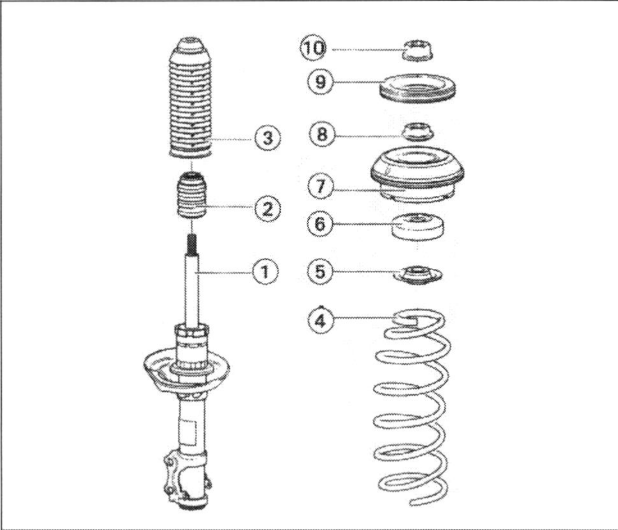

Das Federbein: ❶ Stoßdämpfer, ❷ Anschlagpuffer, ❸ Schutzhülle, ❹ Schraubenfeder, ❺ Federteller, ❻ Axialrillenkugellager, ❼ Federbeinlager, ❽ und ❿ Sechskantmutter 60 Nm (stets ersetzen, da selbstsichernd), ❾ Anschlag.

Arbeitsschritte  

① Vorderräder, wie oben beschrieben, abnehmen.

② Die Gelenkwelle müssen Sie so abstützen, dass sie nach dem Ausbau des Federbeins nicht nach unten durchhängt. Dazu bringen Sie jeweils einen geeigneten Stützbock unter der Gelenkwelle neben Gummimanschette und äußerem Gleichlaufgelenk in Stellung.

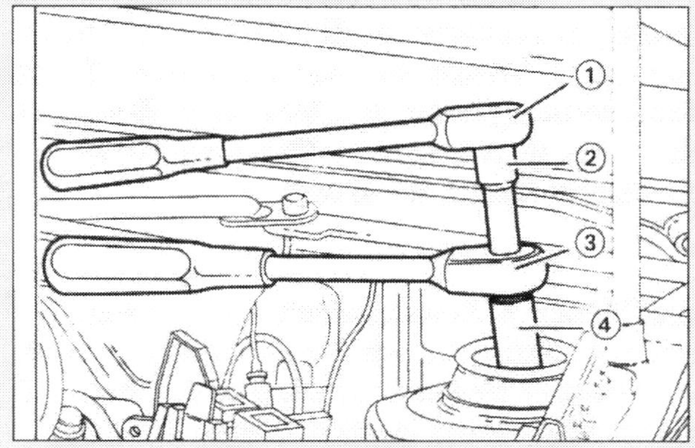

Zum Abschrauben der Sechskantmutter am Federbein benutzen Sie eine handelsübliche Knarre ❶ sowie die VW-Werkzeuge ❷ (T10001/8), ❸ (T10001/11) und ❹ (T10001/5). Mit ❶ und ❷ wird die Kolbenstange des Stoßdämpfers festgehalten, mit ❸ und ❹ wird die Mutter gelöst.

③ Um die Mutter am Federbein oben abzuschrauben, brauchen Sie eine handelsübliche Knarre ❶. Diese wird mit den VW-Werkzeugen ❷ (T 10001/8), ❸ (T 10001/11) und ❹ (T 10001/5) verbunden. Mit ❶ und ❷ halten Sie die Kolbenstange des Stoßdämpfers fest. Mit ❸ und ❹ wird die Mutter gelöst.

④ Bevor das Federbein nach unten durch das Radhaus herausgenommen werden kann, sind die Muttern (Pfeile) abzuschrauben und die Bolzen herauszudrücken.

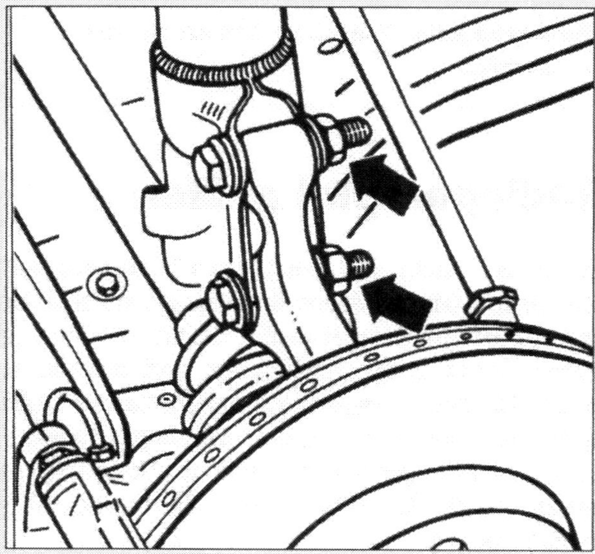

Schrauben Sie die Muttern (**Pfeile**) ab und drücken die Bolzen heraus. Dann können Sie das Federbein nach unten durch den Radkasten herausnehmen.

⑤ Beim Einbau sind die selbst sichernden Muttern grundsätzlich zu erneuern.

⑥ Setzen Sie das Federbein von unten ein, schieben die Bolzen am Radlagergehäuse durch und ziehen **neue** Muttern handfest an.

⑦ Federbein oben mit 60 Nm festziehen, dabei Knarre ❶ und Spezialwerkzeug ❷, ❸ und ❹ wie beim Ausbau verwenden.

⑧ Verschieben Sie jetzt das Federbein unten, bis die Schraubenköpfe die vor dem Ausbau markierte Position einnehmen. Dann die Muttern mit 40 Nm + 90° festziehen.

⑨ Vorderräder so aufstecken, dass die vor der Demontage angebrachten Markierungen übereinstimmen.

Stoßdämpfer/Feder vorne ausbauen

Die Schraubenfeder steht unter einem enormen Druck (etwa vierfache Vorspannung). Für diese Arbeit brauchen Sie unbedingt eine Spannvorrichtung (HAZET 4900). Andernfalls kann es passieren, dass die Teile der Feder nach dem Lösen der zentralen Halteschraube explosionsartig auseinanderfliegen. Das bedeutet für Sie größte Verletzungsgefahr. Wenn Sie eine neue Feder einbauen, sollten Sie beim Ersatzteilkauf auf die richtige Federkennung für Ihr Modell achten. Welche Federn und Dämpfer in ihrem Fahrzeug eingebaut sind, sehen Sie auf dem Fahrzeugdatenträger im Kofferraum oder im Service-Scheckheft.

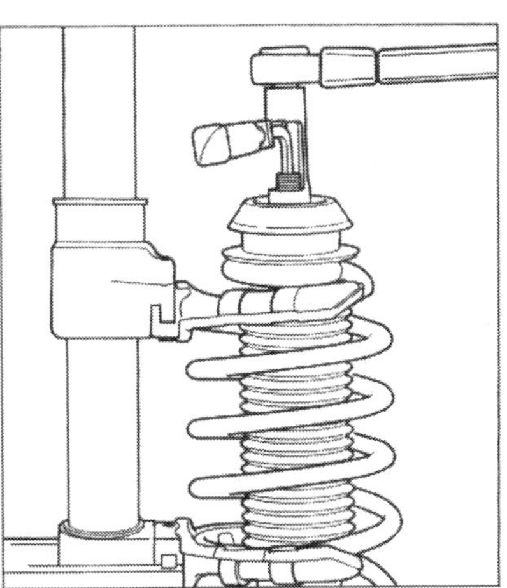

Den Stoßdämpfer können Sie ausbauen, wenn die Schraubenfeder mit dem Spezialwerkzeug HAZET 4900 oder einem geeigneten Federspanner vorgespannt wird.

Arbeitsschritte    

① Federbein ausbauen.

② Schraubenfeder mit einem geeigneten Federspanner (HAZET 4900) vorspannen. Dabei müssen Sie beachten, dass die Federwindungen sicher umfasst werden und die Spannvorrichtung nicht abrutschen kann.

③ Schrauben Sie die Mutter von der Kolbenstange ab. Dabei mit einem Innensechskantschlüssel SW7 gegenhalten.

④ Entspannen sie langsam die Schraubenfeder und nehmen die Einzelteile ab. Den Federteller lösen Sie gegebenenfalls mit leichten Schlägen eines Kunststoffhammers und nehmen ihn ab.

⑤ Beim Einbau neuer Federn darauf achten, dass der Schutzlack gegen Korrosion nicht beschädigt ist.

Spurstangenköpfe auswechseln

Die Spurstangenköpfe ❶ und ⓫ sind jeweils links und rechts an die Spurstange angeschraubt. Das hat den Vorteil, dass Sie bei einem Defekt an diesen Teilen nicht die komplette Spurstange austauschen müssen. Auch der Faltenbalg ❹ kann bei eingebautem Lenkgetriebe ersetzt werden. Die Spurstangenköpfe dürfen kein Spiel haben. Die Staubkappen dürfen keine Beschädigung aufweisen. Gegebenenfalls müssen Spurstangenköpfe beziehungsweise die Staubkappen umgehend erneuert werden. Beim Ersatzteilkauf auf die richtige Zuordnung achten, denn die Spurstangenköpfe links und rechts sind unterschiedlich. Nach einem

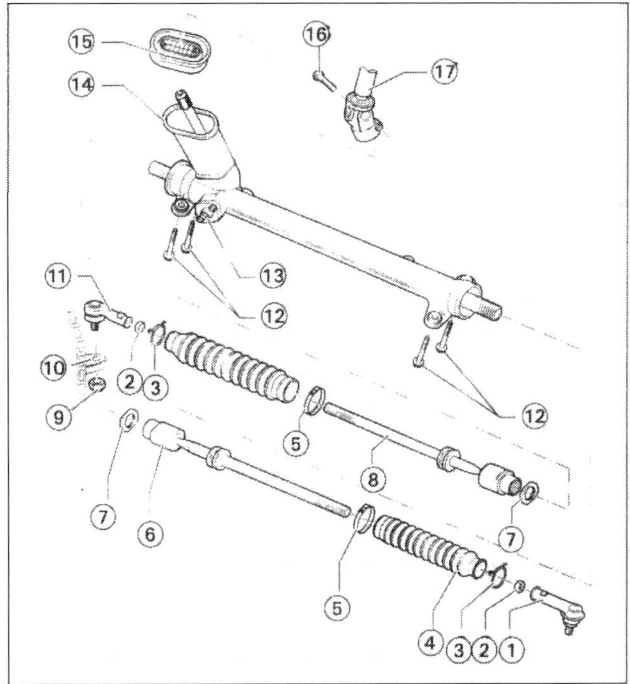

Lenkgetriebe, Spurstangen/Spurstangenköpfe (Montageübersicht):

❶ Spurstangenkopf rechts, ❷ Sechskantmutter 50 Nm, ❸ Spannring (Ösen zeigen in Einbaulage nach oben), ❹ Faltenbalg (darf nach dem Einstellen der Spur nicht verdrillt sein), ❺ Klemmschelle, ❻ Spurstange rechts (kann nur bei ausgebautem Lenkgetriebe ersetzt werden – Werkstattarbeit), ❼ Mutter 50 Nm, ❽ Spurstange links (kann nur bei ausgebautem Lenkgetriebe ersetzt werden – Werkstattarbeit), ❾ Mutter 30 Nm (stets ersetzen, da selbstsichernd), ❿ Lenkspurhebel, ⓫ Spurstangenkopf links, ⓬ und ⓰ Schraube 30 Nm, ⓭ Einstellschraube, ⓮ Lenkgetriebe, ⓯ Dichtung (TOP zeigt nach oben), ⓱ Gelenkwelle für Lenksäule.

Austausch der Spurstangenköpfe sollte die Vorderachse von einem autorisierten Betrieb eingestellt werden. Ein Wechsel der rechten oder linken Spurstange ❻ und ❽ ist Werkstattarbeit.

Arbeitsschritte  

① Wagen vorne aufbocken und Rad abmontieren.

② Befestigungsmutter für Spurstangengelenk lösen, dabei Gelenkzapfen mit Innensechskantschlüssel gegenhalten. Mutter bis an das Ende des Gewindes drehen, sie dient als Auflage für das Abziehwerkzeug.

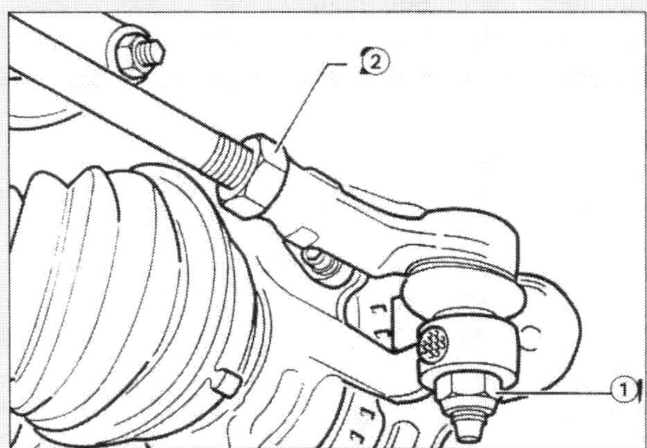

Beim Abschrauben der Befestigungsmutter ❶ am Spurstangenkopf müssen Sie den Gelenkzapfen ❷ mit einem Innensechskantschlüssel gegenhalten.

③ Zapfen des Spurstangengelenks mit Abzieher vom Lenkspurhebel abdrücken.

④ Kontermutter für Spurstangenkopf losdrehen.

⑤ Spurstangenkopf von der Spurstange abschrauben, dabei Umdrehungen zählen und diese für späteren Einbau notieren

⑥ Beim Einbau Spurstangenkopf mit der gleichen Umdrehungszahl auf die Spurstange schrauben und Kontermutter handfest anziehen.

⑦ Setzen Sie den Spurstangenkopf in den Lenkspurhebel am Radlagergehäuse ein und schrauben Sie eine neue selbstsichernde Mutter auf und ziehen Sie mit 45 Nm fest. Dabei Gelenkzapfen mit Innensechskantschlüssel gegenhalten.

⑧ Ziehen Sie die Kontermutter mit 50 Nm am Spurstangenkopf fest.

⑨ Vorderrad so ansetzen, dass die beim Ausbau angebrachten Markierungen übereinstimmen. Vorher Zentriersitz der Felge an der Radnabe mit Wälzlagerfett dünn einfetten. Radschrauben nicht fetten oder ölen. Korrodierte Radschrauben erneuern. Rad anschrauben.

⑩ Lassen Sie die Spur in einer autorisierten Werkstatt kontrollieren..

Federn und Dämpfer hinten ausbauen

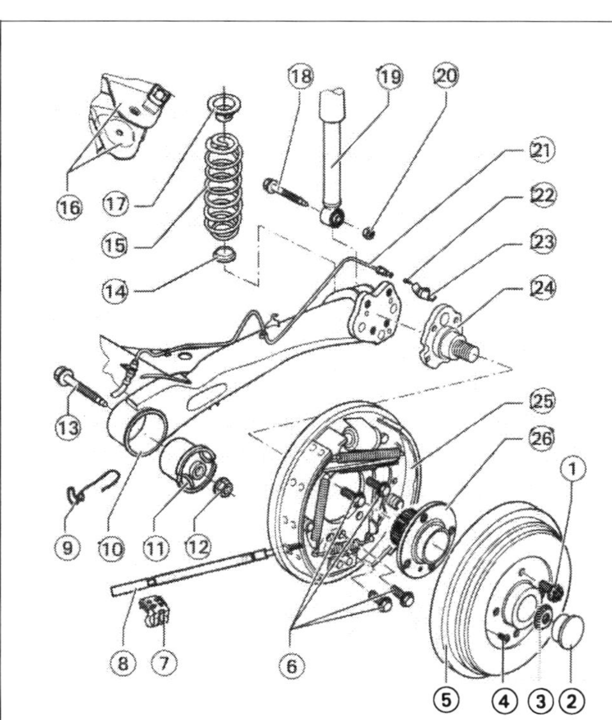

Radaufhängung hinten (Montageübersicht):
❶ Radschraube 110 Nm, ❷ Staubkappe (stets ersetzen), ❸ Zwölfkantmutter 175 Nm (stets ersetzen), ❹ Kreuzschlitzschraube, ❺ Bremstrommel, ❻ Schraube mit Scheibe 60 Nm, ❼ Halter für Handbremsseil (stets ersetzen), ❽ Handbremsseil, ❾ Halter für Handbremsseil, ❿ Achskörper, ⓫ Gummi-Metall-Lager, ⓬ Mutter 65 Nm (stets ersetzen), ⓭ Schraube (stets ersetzen), ⓮ Zinkunterlage (bei Beschädigung ersetzen), ⓯ Schraubenfeder, ⓰ Lagerbock für Hinterachse, ⓱ Federauflage, ⓲ Schraube mit Zentrierspitze, ⓳ Dämpfer, ⓴ Mutter 55 Nm (stets ersetzen, Einbauwinkel beachten), ㉑ Bremsleitung, ㉒ Innensechskantschraube 8 Nm, ㉓ Drehzahlfühler, ㉔ Achszapfen, ㉕ Bremsträger mit Bremsbacken, ㉖ Radnabe mit Radlager.

Wegen des getrennten Aufbaus von Feder ⓯ und Dämpfer ⓳ an der Hinterachse ist der Wechsel der beiden Teile relativ leicht zu bewerkstelligen. Welche Federn und Dämpfer in ihrem Fahrzeug eingebaut sind, sehen Sie auf dem Fahrzeugdatenträger in der Reserveradmulde oder im Service-Scheckheft. Beim Ausbau der Federn ist eine entsprechende Spannvorrichtung mit passenden Haltern unerläßlich. Die Schraubenfeder kann auch ohne Ausbau des Stoßdämpfers aus- und eingebaut werden. Schraubenfeder und Stoßdämpfer dürfen einzeln ersetzt werden.

Airbag-Lenkrad – ein Fall für die Werkstatt

Praxistipp

Schon bei Transport und Lagerung des Airbags sind strenge Vorschriften zu beachten, ebenso für den Arbeitsplatz, an dem Ein- und Ausbau der Einheit vorgenommen werden. Überdies unterliegt der Gasgenerator, der mit seiner Festbrennstoff-Füllung im Fall eines Crashs für das blitzschnelle Aufblasen des Prallsacks sorgt, den Bestimmungen des Sprengstoffgesetzes. Der Hersteller lässt daher schon beim serienmäßigen Einbau nur speziell geschulte Fachkräfte ans Werk; in den Werkstätten werden Mechaniker für Airbag-Arbeiten extra qualifiziert. Wir raten Ihnen daher dringend von Arbeiten an einem Lenkrad mit Airbag und am Beifahrer-Airbag ab. Das gilt auch für Schönheitsreparaturen, bei denen Sie zum Beispiel ein Lenkrad mit Holz- oder Lederbezug nachrüsten. Der Umgang mit dem Airbag ist in jedem Fall ein Job für die Werkstatt.

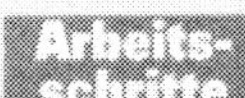
Arbeitsschritte

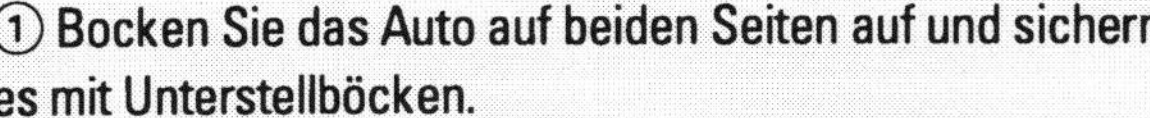
① Bocken Sie das Auto auf beiden Seiten auf und sichern es mit Unterstellböcken.

② Nehmen Sie die Räder ab.

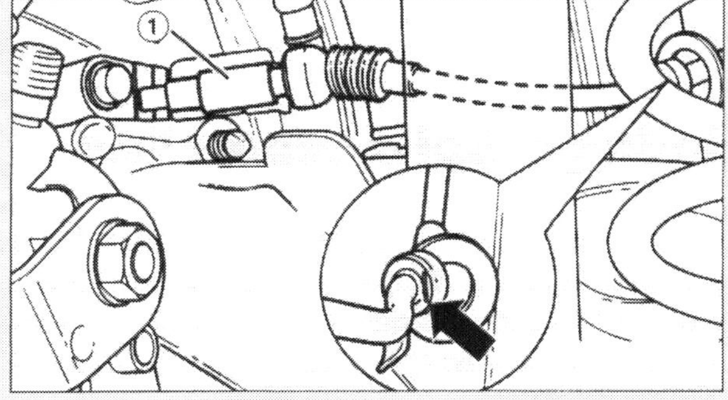

③ Ziehen Sie den Stecker ❶ vom Drehzahlfühler ab und clipsen die Leitung für den Drehzahl aus dem Halter **(Pfeil)** aus.

④ Nehmen Sie die Schraubenfedern heraus, indem Sie eine handelsübliche Spannvorrichtung ❶ mit Adapter ❷ und passenden Haltern ❸ benutzen. Mit dem so aufgerüsteten Federspanner die Schraubenfeder, wie in der Abbildung gezeigt, spannen, bis sie herausgenommen werden kann.

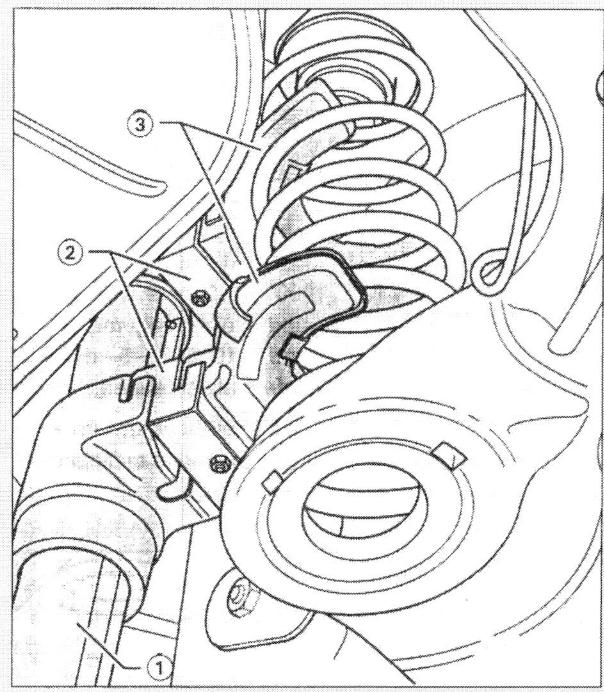

Eine handelsübliche Spannvorrichtung ❶ mit Adapter ❷ und passenden Haltern ❸ (zum Beispiel V.A.G. 1752/1/9/3 oder HAZET 4900) wird gebraucht, um die Schraubenfeder zu spannen, bis die Feder herausgenommen werden kann.

⑤ Bevor die Stoßdämpfer ausgebaut werden können, muss die hintere Seitenverkleidung ausgebaut werden. Dann das Fahrzeug hinten soweit ablassen, bis die Hinterräder den Boden berühren und die Dämpfer etwas eingefahren sind.

⑥ Zum Abschrauben der Stoßdämpfer im Kofferraum benutzen Sie eine handelsübliche Knarre ❶ mit Verlängerung ❷ sowie die in der folgenden Abbildung beschriebenen Spezialwerkzeugen ❸, ❹ und ❺. So ist die Kolbenstange festzuhalten, während die Mutter für die obere Befestigung des Dämpfers abgeschraubt werden kann.

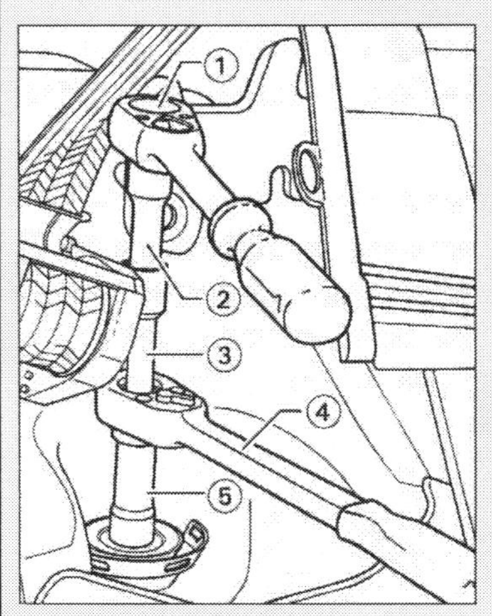

Um den Stoßdämpfer im Kofferraum abzuschrauben, benötigen Sie eine handelsübliche Knarre ❶ mit Verlängerung ❷ sowie die VW-Spezialwerkzeuge ❸ (T 10001/9), ❹ (T 10001/11) und ❺ (T 10001/1).

⑦ Lösen Sie dann die unteren Schrauben der Stoßdämpfer am Längslenker/Achskörper im Radkasten und nehmen die Dämpfer heraus. Dabei ist zu beachten, dass der Hinterachskörper bei beiden abgeschraubten Dämpfern keinen Anschlag mehr hat und herunter hängt. Damit keine Fahrzeugteile beschädigt werden, sollten die Hinterräder unbedingt mit einer geeigneten Unterlage abgestützt werden. Andererseits ist zu empfehlen, immer nur einen Stoßdämpfer ganz auszubauen.

⑧ Beim Einbau denken Sie daran, Schrauben und Muttern zu erneuern. Zuerst wird der Dämpfer am Längslenker/Achskörper eingesetzt und festgeschraubt. Neue Muttern mit 55 Nm anziehen.

⑨ Das Fahrzeug etwas ablassen, bis die Hinterräder den Boden berühren. Jetzt darauf achten, dass der Stoßdämpfer oben am Aufbau richtig in der Halterung sitzt. Die Dämpfer können zum Festziehen der oberen Befestigungsmuttern etwas eingefahren sein.

⑩ Prüfen Sie den Einbauwinkel, wie in der folgenden Abbildung beschrieben wird.

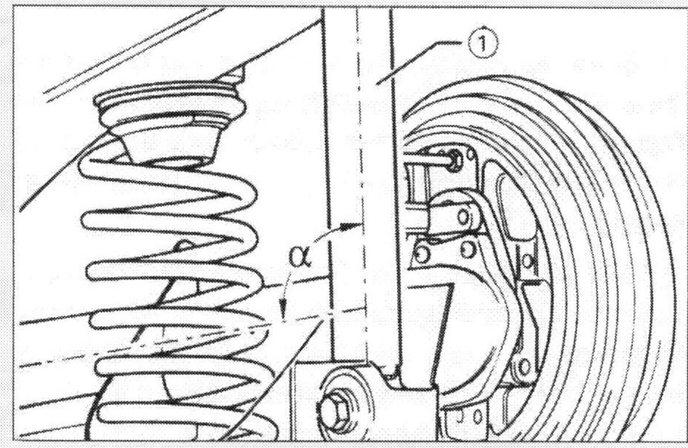

Der Einbauwinkel alpha von 95° muss unbedingt eingehalten werden.

⑪ Beim Festschrauben der Stoßdämpfer im Kofferraum benutzen Sie wieder die Knarre und die dazu passenden Spezialwerkzeuge. Die oberen Befestigungsmuttern mit 30 Nm festziehen.

⑫ Zum Einsetzen der Schraubenfedern heben Sie das Fahrzeug an, bis die Räder den Boden nicht mehr berühren. Prüfen Sie, ob die Zinkunterlage an der unteren Federauflage beschädigt ist und ersetzen diese gegebenenfalls.

⑬ Die vorgespannte Feder ist zusammen mit dem Federspanner einzusetzen, wie in der folgenden Abbildung beschrieben wird. Beim langsamen Entspannen der Feder darauf achten, dass die Feder sicher in der unteren und oberen Auflage sitzt.

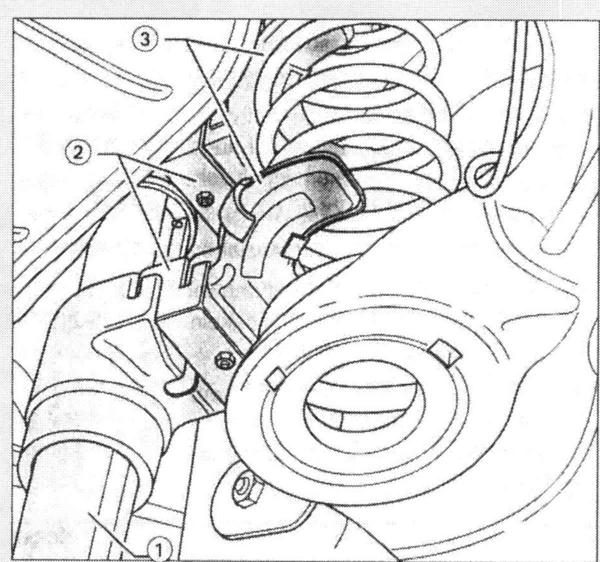

Die vorgespannte Feder ist beim Einbau zusammen mit Federspanner ❶, Adapter ❷ und Haltern ❸ einzusetzen.

⑭ Nach Herausnahme der Spannvorrichtung clipsen Sie die Leitung für den Drehzahlfühler in die Halterung ein und schieben den Stecker auf.

Radlagerspiel einstellen

Die Einstellung des Radlagerspiels (in der nachfolgenden Abbildung am Beispiel des Arosa beschrieben) können Sie selbst erledigen. Einen Ausbau der Radlager sollten Sie hingegen der Werkstatt überlassen, die über das erforderliche Spezialwerkzeug verfügt.

Arbeitsschritte  

① Drücken Sie nach dem Abbau des Rades die Fettkappe von der Bremstrommel ab und nehmen sie ab.

② Jetzt die Sechskantmutter leicht lösen und wieder anziehen.

③ Die richtige Einstellung des Radlagerspiels ist erreicht, wenn sich die Druckscheibe mit einem Schraubendreher durch Fingerdruck in Pfeilrichtung noch verschieben lässt. Auf keinen Fall darf dabei der Schraubendreher durch Dreh- oder Hebelbewegung abgestützt werden.

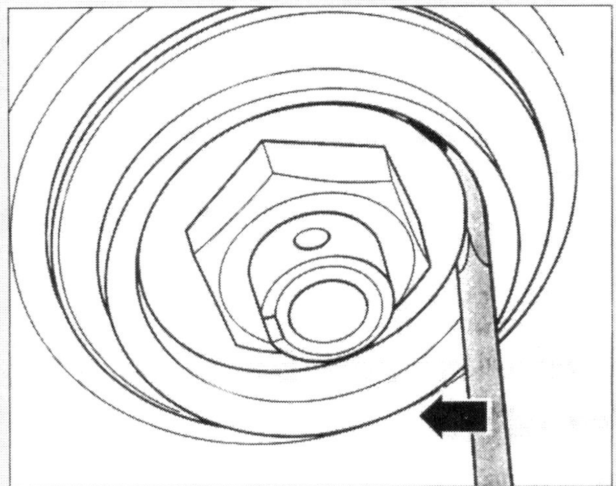

Das Radlagerspiel ist richtig eingestellt, wenn sich die Druckscheibe mit einem Fingerdruck in Pfeilrichtung noch verschieben lässt.

④ Beim Anziehen der Mutter das Rad drehen, damit sich das Radlager nicht verklemmt.

⑤ Kronen so aufsetzen, dass sich der Splint einstecken lässt. Neuen Splint einsetzen und an den Enden umbiegen.

⑥ Beim Aufdrücken der Fettkappe darauf achten, dass die Fettkappe beim Auftreiben nicht verkantet wird.

Die Servolenkung

Die Servolenkung erleichtert erheblich die Lenkarbeit. Im Behördendeutsch heißt so eine Lenkung auch Hilfskraftlenkung. Sie sorgt für größtmöglichen Komfort beim Rangieren und für präzises Lenkgefühl bei schnellen Autobahnfahrten.
Die Kraft für die Servounterstützung stellt ein hydraulisches System zur Verfügung. Es besteht aus der Servopumpe, die vom Keilrippenriemen des Motors angetrieben wird, dem Vorratsbehälter und den Hydraulikleitungen.
Die Funktionsweise: Die Pumpe saugt das Öl aus dem Vorratsbehälter und presst es unter hohem Druck zum Ventilkörper im Lenkgetriebe. Je nach Lenkeinschlag wird das Öl zur linken oder zur rechten Seite des Arbeitszylinders geleitet. Dort drückt das Öl gegen den Zahnstangenkolben und unterstützt so die Lenkbewegung.
Abgesehen von einigen Einstell- und Wartungsarbeiten lässt sich an der Servolenkung nicht viel selbst reparieren. Häufigste Arbeit ist die regelmäßige Kontrolle des Ölstandes im Vorratsbehälter. Beim Lupo 3 L erfolgt die Lenkunterstützung elektrisch, wobei Gewicht reduziert wird. Ein Elektromotor verstärkt die Lenkkraft. Die Lenkhilfe ist nur dann in Betrieb, wenn sie gebraucht wird.

Ölstand der Servolenkung prüfen

Arbeitsschritte 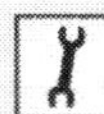  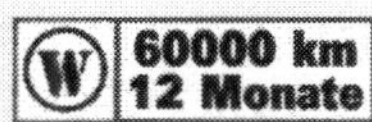

① Wenn das Hydrauliköl kalt ist, lassen Sie den Motor nicht laufen und bringen die Räder in Geradeausstellung. Bei warmem Öl (ab 50 Grad) lassen Sie den Motor laufen, die Räder müssen ebenfalls in Geradeausstellung stehen.

② Schrauben Sie den Verschlussdeckel (Pfeil) mit einem Schraubendreher vom Vorratsbehälter ab.

Der Ausgleichsbehälter für das Hydrauliköl ist vorn am rechten Kotflügel, bei anderen Modellen vorn am Schließblech zu finden.

③ Wischen Sie den am Verschlussdeckel sitzenden Messstab mit einem sauberen Lappen ab und schrauben den Deckel wieder handfest ein. Es gilt nur der Ölstand bei vorher eingeschraubtem Verschlussdeckel.

④ Der Ölstand muss folgendermaßen sein: Bei kaltem Motor im Bereich der MIN-Markierung. Die Toleranz ist zwei Millimeter darunter oder darüber. Bei warmem Motor muss sich der Ölstand zwischen der MIN- und der MAX-Markierung befinden.

⑤ Ist der Ölstand zu hoch, muss Öl abgesaugt werden. Ist er zu niedrig, kontrollieren Sie das System auf Dichtheit. Nur wenn sich keine Undichtigkeiten finden, füllen Sie Dexron-Flüssigkeit nach.

⑥ Schrauben Sie den Verschlussdeckel handfest ein.

Praxistipp

Servolenkung und Selbsthilfe

Reparaturen an der Servolenkung sind eine Sache der Werkstatt. Sie verfügt über spezielle typgebundene Prüfgeräte mit genauen Codeabfragen für das Steuergerät und das entsprechende Know-how. Nur so lassen sich Schäden an den elektronischen Bauteilen und Folgeschäden mit teueren Reparaturen verhindern. Reparaturen an der Servolenkung müssen Sie deshalb unbedingt der Werkstatt überlassen. Bei fehlerhafter Instandsetzung kann die Servounterstützung beim Lenken ausfallen.

Servolenkung auf Dichtheit prüfen

① Drehen Sie die Lenkung bei laufendem Motor einmal ganz nach rechts und ganz nach links. So baut sich im System der höchste Druck auf, Undichtigkeiten werden am ehesten sichtbar. Um Schäden an der Pumpe zu vermeiden, darf der Motor bei dieser Prüfung nicht länger als zehn Sekunden laufen.

② Lassen Sie das Lenkrad von einem Helfer an einem Anschlag festhalten und suchen Sie nach den **Undichtigkeiten**:

③ Zunächst am **Drehkolbenventil**. Es sitzt etwa dort, wo die Lenksäule ins Lenkgetriebe mündet. Öl tritt dann im Fahrzeuginnenraum unter dem Armaturenbrett an der Stirnwand aus.

④ An der **Zahnstangenabdichtung**. Öl kann an einem der Faltenbälge an der Stirnwand austreten. Zur Prüfung lösen Sie die Schlauchbinder des Faltenbalges und schieben den Balg zur Seite.

⑤ An der **Hydraulikpumpe**. Zum Feststellen der Undichtigkeit muss eventuell eine Motorwäsche durchgeführt werde.

⑥ An den **Leitungsanschlüssen**. Prüfen Sie diese und ziehen Sie sie gegebenenfalls nach.

Servolenkung befüllen und entlüften

Arbeitsschritte
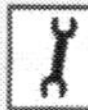
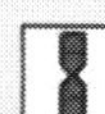

① Das System muss entlüftet werden, wenn Teile der Hydraulik demontiert wurden. Prüfen Sie zuerst den Hydraulikölstand, gegebenenfalls nachfüllen.

② Heben Sie das Fahrzeug soweit an, dass beide Vorderräder frei sind.

③ Drehen Sie bei abgeschaltetem Motor das Lenkrad zehnmal von Anschlag zu Anschlag.

④ Prüfen Sie den Ölstand und füllen gegebenenfalls nach.

⑤ Senken Sie das Fahrzeug ab, starten den Motor und drehen das Lenkrad wieder zehnmal von Anschlag zu Anschlag. Läuft die Flügelpumpe nicht geräuschfrei, wiederholen Sie den gesamten Vorgang bei stehendem Fahrzeug.

⑥ Ölstand prüfen und gegebenenfalls nachfüllen. Eventuell im System verbliebene Restluft entweicht im Fahrbetrieb nach zehn bis 20 Kilometer von selbst.

Servolenkung

Störungsbeistand

Störung	Ursache	Abhilfe
A Hydraulikölstand im Behälter zu niedrig	**1** Eingeschlossene Luft im Hydrauliksystem hat sich selbst ausgeschieden	Hydrauliköl bis »MAX« auffüllen
	2 Undichtigkeiten im Hydrauliksystem	Leitungsanschlüsse nachziehen, neue Dichtung einsetzen, Hydraulikpumpe prüfen (lassen)
B Lenkung ist schwergängig	**1** Förderdruck der Pumpe ist zu gering	Druck prüfen lassen
	2 Lenkgetriebe defekt	ersetzen lassen
C Lenkgeräusche	**1** Ölstand zu niedrig, Flüssigkeit mit Luftbläschen durchsetzt	Lenkung entlüften, Öl auffüllen
	2 Saugseitige Verschraubung der Pumpe undicht	Dichtungen ersetzen, Verschraubungen nachziehen
	3 Keilriemen lose	Nachspannen
D Die Lenkung ist nur in eine Richtung schwergänig	Hydraulischer Defekt am Servolenkgetriebe	Lenkgetriebe ersetzen

Servolenkgetriebe einstellen

Wenn die Lenkung zu viel Spiel hat, versuchen Sie zunächst, diese einzustellen. Das ist durchaus möglich, wenn die Zahnstange noch keinen zu großen Verschleiß aufweist. Sie müssen dazu aber das Auto so aufbocken, dass beide Vorderräder angehoben sind. Außerdem brauchen Sie einen Helfer.

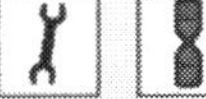

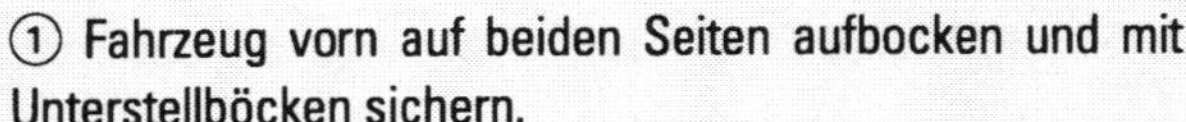

① Fahrzeug vorn auf beiden Seiten aufbocken und mit Unterstellböcken sichern.

② Die Räder müssen in Geradeausstellung stehen.

③ Lassen Sie von einem Helfer das Lenkrad hin und her drehen (etwa 30° um die Mittelachse). Wenn die Lenkung zu viel Spiel hat, ist jetzt ein Klappergeräusch zu hören.

④ Drehen Sie die Einstellschraube vorsichtig so weit in den Deckel, bis sich das Klappergeräusch im Fahrzeuginneren verliert.

⑤ Machen Sie jetzt eine Probefahrt. Stellt sich die Lenkung nach dem Rangieren oder nach einer Kurvenfahrt selbsttätig und ohne zu haken zurück? Wenn nicht, korrigieren Sie die Einstellung. Sichern Sie zum Schluss die Einstellmutter durch einen Körnerschlag.

Reifen und Felgen

Reifenunterbau, Gummimischung und das ausgefeilte Reifenprofil machen moderne Reifen zu echten Hightech-Produkten, die einen wichtigen Beitrag zur passiven Sicherheit Ihres Autos leisten. Sie tragen das Gewicht eines Fahrzeugs, fangen kleinere Stöße der

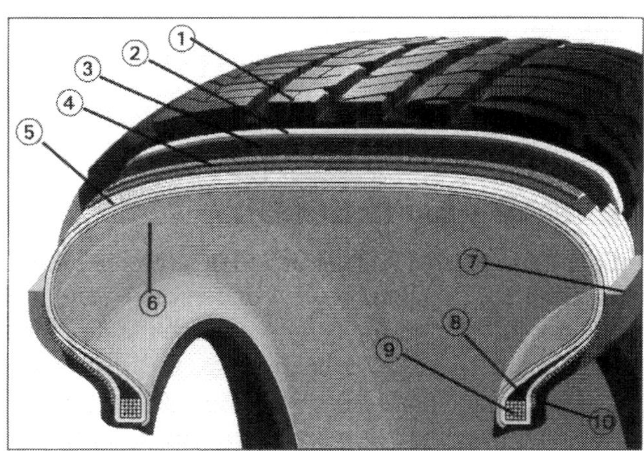

Das vielschichtige Innenleben eines PKW-Reifens:
❶ Laufstreifen: Profil und Mischung beeinflussen die Eigenschaften. ❷ Base: Senkt den Rollwiderstand. ❸ Nylon-Spulbandagen. ❹ Stahlcord-Gürtellagen: Steigern die Fahrstabilität. ❺ Karkasse: Form- und Festigkeitsträger des Reifens. ❻ Innenseele: Gasdichte Innenschicht ersetzt den Schlauch. ❼ Seitenteil: Schützt Karkasse vor Beschädigungen.
❽ Kernprofil: Unterstützt Lenk- und Fahrpräzision. ❾ Kern: Sorgt für festen Sitz auf der Felge. ❿ Wulstverstärker: Für

Fahrbahn ab und übertragen die Kräfte, die bei Antrieb, Bremsen und Kurvenfahrt entstehen. Die Reifen an den Vorderrädern bringen es durchschnittlich auf eine Laufleistung von 15 000 – 35 000 Kilometer, die Pneus der Hinterräder auf 30 000 – 50 000 Kilometer. Aber auch wenn Sie Ihr Fahrzeug nur selten bewegen – spätestens nach sieben, acht Jahren sind die Reifen am Ende, weil sich die Mischung des Gummis mit der Zeit auflöst. Für den Drei-Liter-Diesel wurden Schmiedeleichträder und der Ultra-Leicht-Reifen 155/65 R14 entwickelt.

Die Felgen für Lupo und Arosa

Welche Reifengrößen und Felgen für Ihr Fahrzeug zugelassen sind, steht in den Kfz-Papieren. Als Sonderausstattung sind Leichtmetallräder (14 Zoll mit 185er Reifen und 15 Zoll mit 195er Reifen) möglich. Wenn Sie andere Reifen oder Felgen montieren wollen, müssen Sie die Papiere von der Zulassungsstelle berichtigen lassen. Dazu ist allerdings ein sogenanntes Teilgutachten von TÜV/DEKRA erforderlich. Wenn Sie das Reifenformat wechseln wollen und Ihr Auto ein Navigationssystem hat, muss es in der Werkstatt neu kalibriert werden.

Reifen und Felgen (Auswahl)

Reifengröße	Felgengröße	Einpresstiefe
155/70 R 13 75S	4,5J x 13	35 mm
175/65 R 13 80T	5,5J x 13	43 mm
155/65 R 14 75S	4,5J x 14	35 mm
185/55 R 14 80T	6J x 14	43 mm

Die wichtigsten Reifendaten

Auf der Flanke eines Reifens befinden sich eine Reihe von Ziffern und Buchstaben, mit denen die Hersteller die vorgeschriebenen Reifendaten verschlüsseln. Den Autofahrer interessiert freilich vor allem das Format des Reifens. 155/70 R 13 bedeutet zum Beispiel, dass der Reifenquerschnitt eine Breite von 155 Millimetern aufweist. Die zweite Zahl bestimmt das Verhältnis von Höhe und Breite des Reifens. Im Beispiel beträgt es 70 Prozent. Je kleiner dieses Verhältnis, um so flacher und breiter ist der Reifen. »R« steht für die Radialbauart von Gürtelreifen, die Zahl hinter diesem Buchstaben bestimmt den Durchmesser der Felge in Zoll.

Höchstgeschwindigkeit

Ein anderer Buchstabe steht für die zulässige Höchstgeschwindigkeit des Reifens. Ein Reifen mit dem

Ultra-Leicht-Reifen

Beim ULW, dem Ultraleichtreifen, sind die Stahleinlagen durch Aramidfasern ersetzt. Aramid ist ein Kunststoff, der gegenüber Stahl sechsmal leichter und etwa zehnmal zugfester ist. Außerdem ist die Außenwandstärke des Reifens zehn Prozent geringer. Der ULW-Reifen ist so etwa drei Kilogramm leichter als ein herkömmlicher Reifen. Das spart nicht nur Kraftstoff. Wegen der geringeren rotierenden Radmassen sind auch höhere Regelfrequenzen beim ABS möglich. Auf rutschigem Untergrund kann so ein kürzerer Bremsweg erreicht werden. Und noch ein Vorteil des Aramid-Reifens: Er lässt sich besser runderneuern, weil der Kunststoff nicht rostet.

Die Felgen

Die Größe einer Felge gibt man nach Normvorschrift stets in Zoll an. Die Bezeichnung 6 J x 14 zum Beispiel bezeichnet eine Tiefbettfelge (x) mit einer Breite von sechs Zoll und einem Durchmesser von 14 Zoll. Der Buchstabe »J« steht für die Form des Felgenhorns. Das Besondere der Tiefbettfelge: Damit die Reifen besser sitzen, befindet sich an einer Schulter der Felge eine rundum laufende Erhöhung (Hump). Sie verhindert, dass bei schneller Fahrt durch eine Kurve der Reifenwulst durch die Seitenkräfte von der Schulter der Felge ins Tiefbett gedrückt wird.

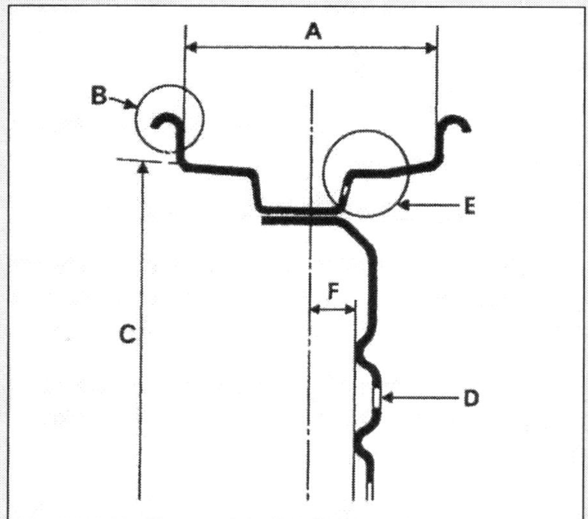

Bemaßung an einer Felge: A Maulweite in Zoll. **B** Profil des Felgenhorns. **C** Felgendurchmesser in Zoll. **D** Lochzahl. **E** Kombinationshump. **F** Einpresstiefe in mm.

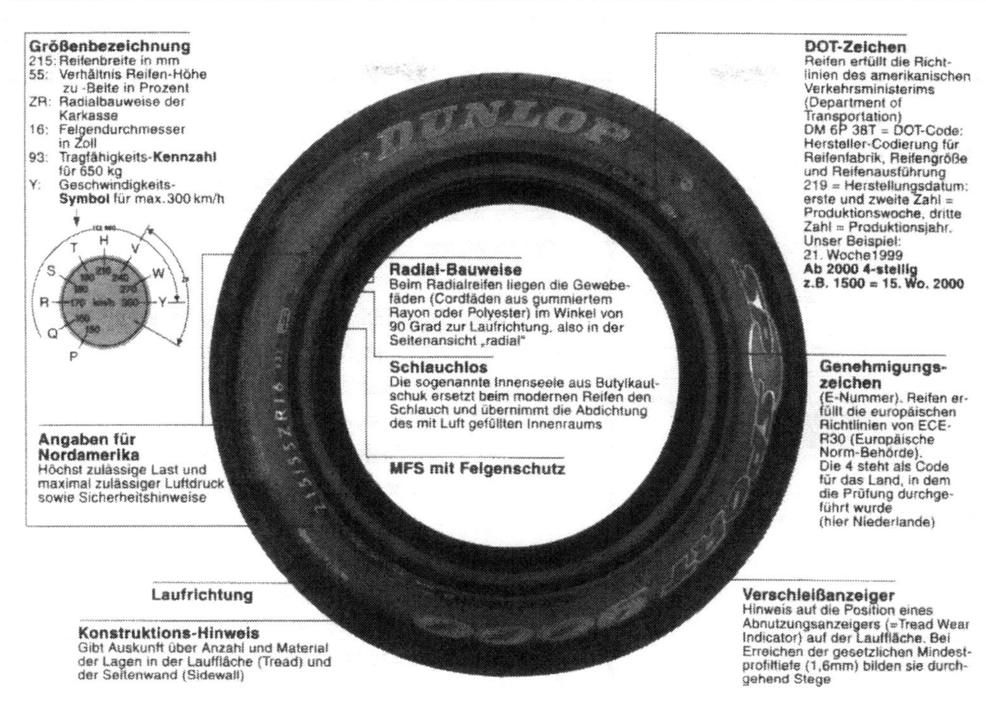

Reifendaten auf der Flanke.
Beachten Sie beim Reifenkauf die Daten auf seiner Flanke, damit der neue Reifen wirklich auf die Felge passt.

Kennbuchstaben »S« ist für eine Top-Speed bis 180 km/h, mit »T« bis 190 km/h zugelassen. Eine Höchstgeschwindigkeit bis 210 km/h gilt für Reifen mit dem Kennbuchstaben »H«. Wenn Sie mit einem herkömmlichen M+S-Reifen durch den Winter fahren, müssen Sie früher vom Gas gehen: Die Pneus mit dem Kürzel »Q« sind nur für 160 km/h zugelassen.

Reifenalter und ECE-Prüfnummer

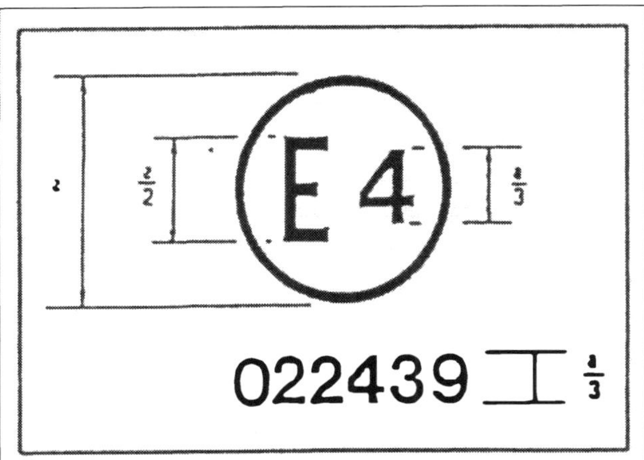

Die Prüfnummer ist erkennbar an einem großen "E" und der Nummer des Herkunftslandes, zum Beispiel 1 für Deutschland, 4 für Niederlande.

Das Datum der Herstellung verrät die dreistellige »DOT«-Nummer. Ab dem Produktionsjahr 1990 steht hinter dieser Zahl ein kleines Dreieck. Die Nummer 187 besagt zum Beispiel, dass der Reifen in der 18. Woche des Jahres 1997 produziert wurde. Neureifen, die nach dem 1. Oktober 1998 hergestellt wurden, müssen eine ECE-Prüfnummer auf der Reifenflanke ragen. Diese Nummer besagt, dass der Pneu ein typgeprüftes Bauteil entsprechend dem Qualitäts-Standard der Economic Commission of Europe (ECE) ist. Bei Neureifen ab 1/2000 gilt ein geändertes 4-stelliges Herstellungsdatum. So bedeutet 0901, dass der Reifen in der 9. Produktionswoche des Jahres 2001 hergestellt wurde.

Winterreifen – Spezialisten für Schnee und Eis

Winterreifen rollen auf Schnee und Eis sicherer als Sommerreifen. Sie werden aus einer speziellen Gummimischung mit einem hohen Anteil Naturkautschuk hergestellt, die bei Temperaturen unter sieben Grad auf trockener und nasser Straße besser haftet. Voraussetzung für die gute Übertragung der Motor- und Bremskräfte auf die Straße ist jedoch ein Profil von mindestens vier Millimetern – weniger Profil ist nicht erlaubt und disqualifiziert den Reifen für den Wintereinsatz. Bestücken Sie in jedem Fall alle vier Räder mit Winterreifen. Eine Kombination von Sommer- und Winterreifen kann gefährlich werden.

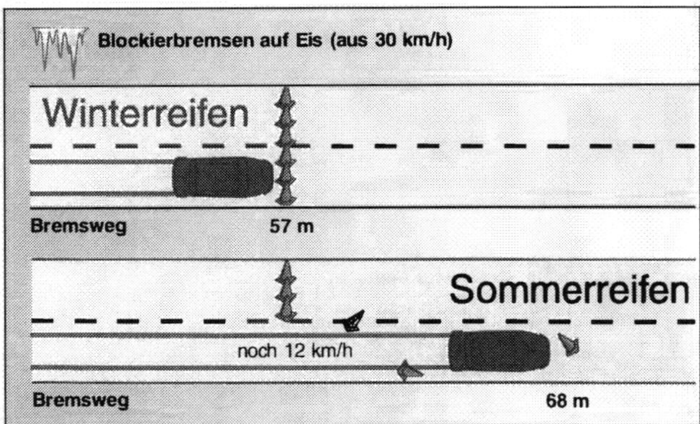

Bremsvergleich Sommer- und Winterreifen eines Autos ohne ABS.

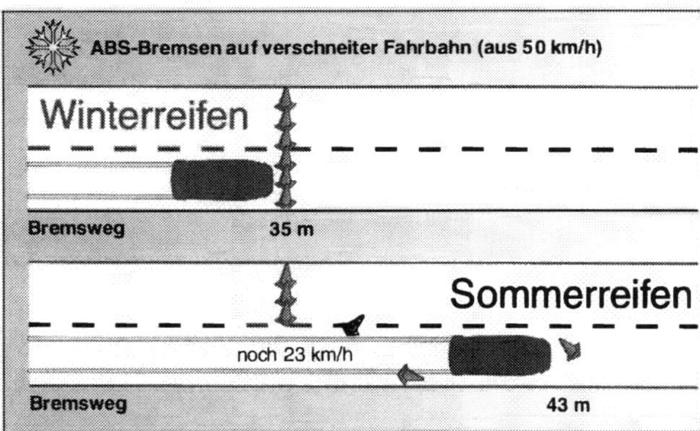

Bremsvergleich Sommer- und Winterreifen eines Autos mit ABS.

Winterreifen auf Felgen montieren

Für einen Winterreifen genügt durchaus eine schmale Ausführung. Investieren Sie das für breitere Pneus gesparte Geld lieber in einen zweiten Satz passender Felgen. Das Ummontieren der Reifen im Frühjahr und Herbst kommt auf die Dauer viel teurer.

Manche Händler und Werkstätten lagern Ihre Winterreifen gegen eine geringe Gebühr bis zum nächsten Tausch. Die Räder müssen übrigens nach jeder Montage neu ausgewuchtet werden. Erhöhen Sie den Luftdruck um 0,2 bar. Wenn die Höchstgeschwindigkeit der Winterreifen (bis zu 160 km/h) unter der Ihres Fahrzeugs liegt, sollten Sie sich zur Erinnerung einen entsprechenden Aufkleber ins Blickfeld (nicht an die Windschutzscheibe!) kleben.

Praxistipp

So halten die Reifen länger

- Fahren Sie höchstens mit der Geschwindigkeit, für die Ihre Reifen zugelassen sind. Das gilt vor allem für M+S-Reifen der Kategorie »Q« (160 km/h). Zu hohes Tempo bewirkt mehr Abrieb, im schlimmsten Fall den Reifenkollaps.
- Vermeiden Sie Höchstgeschwindigkeit, wenn Ihr Auto schwer beladen ist. Machen Sie die Wärmeprobe: Ist der Reifen handwarm, steht es gut um ihn. Ein heißer Gummi ist ein Alarmzeichen, das auf zu niedrigen Luftdruck oder einen beschädigten Unterbau hinweist. In diesem Fall: Reifen abmontieren, beim Fachmann prüfen lassen.
- Wenn Sie häufiger auf der Autobahn mit hohem Tempo unterwegs sind: Montieren Sie Reifen, deren Geschwindigkeitsindex eine Klasse höher ist als im Fahrzeugschein verlangt (zum Beispiel »T« statt »S«).
- Achten Sie darauf, dass Sie beim Einparken mit der Reifenflanke nicht am Bordstein schrammen. Über Bordsteine und Schwellen nur langsam und immer im rechten Winkel rollen.

Praxistipp

Räder richtig tauschen

Wenn sich unter der Kofferraumabdeckung das neue Ersatzrad befindet, können Sie Geld sparen. Voraussetzung ist, dass das gleiche Fabrikat mit demselben Profil noch lieferbar ist. Dann kaufen Sie einen entsprechenden Reifen dazu und haben bereits eine Achse neu bereift. Sie können den Kauf neuer Reifen auch hinausschieben, indem Sie die Räder jeweils einer Fahrzeugseite (gleiche Laufrichtung, also nicht über Kreuz!) gegeneinander austauschen. Der Abrieb der Reifen erfolgt so gleichmäßiger. Nachteil dieser Methode: Beim Ersatz der Reifen sind vier Exemplare auf einmal fällig. Außerdem können Sie beim Wechsel in kurzen Kilometerabständen im Reifenprofil mögliche Fehler der Radaufhängung, Lenkung und Stoßdämpfer nicht mehr deutlich erkennen. Achten Sie beim Tausch der Reifen in jedem Fall darauf, dass Sie auf jeder Achse Reifen des gleichen Fabrikats, mit gleichem Profil und Alter montieren.

Reifendruck prüfen

Den Luftdruck sollten Sie stets bei kalten Reifen messen. Denn während der Fahrt erwärmt sich der Reifen, der Reifendruck steigt. Sie erhalten daher falsche Werte, wenn Sie direkt nach einer Autobahnfahrt zum Luftdruckprüfer greifen. Prüfen Sie den Reifendruck regelmäßig alle drei bis vier Wochen. Bei einem Markenreifen ist ein Druckverlust von 1,5 Prozent im Monat normal. Verliert der Reifen mehr Luft, sollten Sie sich ihn genauer ansehen.

Schutzkappen für Ventile nicht vergessen

Die Reifenventile sollten Sie stets mit den Schutzkappen verschließen. Gelangt Schmutz ins Ventil, kann die Ventilnadel klemmen und es schließt nicht mehr dicht. Der Reifendruck sollte keinesfalls unter die in der Tabelle aufgeführten Werte sinken. Ein um 0,2 – 0,3 bar höherer Luftdruck hat dagegen Vorteile: Die Lenkung arbeitet feinfühliger, die Reifen halten länger und sogar der Kraftstoffverbrauch sinkt ein wenig. Nachteil: Das Fahrzeug federt nicht mehr so komfortabel wie beim normalen Druck.

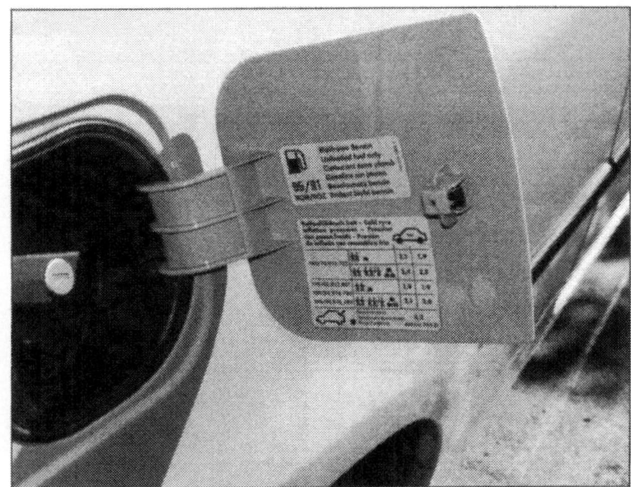

An den richtigen Reifenfülldruck erinnert Sie die offene Tankklappe.

Rad wechseln

① Handbremse anziehen und 1. Gang oder Rückwärtsgang einlegen. Unterwegs ggf. Warnblinker einschalten.

② Räder der anderen Wagenseite gegen Wegrollen sichern (Keile, Steine).

③ Ziehen Sie die Abdeckkappe ab. Den Abziehhaken dazu finden Sie im Bordwerkzeug. Bei einigen Leichtmetallfelgen müssen Sie Kunststoffkappen von den Radschrauben abziehen.

④ Alle Radschrauben lockern (eine Umdrehung). Gehen Sie dabei vorsichtig mit der Felge um. Sie ist mit einer Klarlackschicht versehen, die gegen Rost schützt. Wird die Schicht beschädigt, sollten Sie diese mit Klarlack ausbessern.

⑤ Wagen anheben. Den Wagenheber nur im bezeichneten Bereich am Falz des Türschwellers ansetzen und einrasten.

Der Kopf des waagerecht angesetzten Wagenhebers ist genau an den dafür bei Lupo und Arosa markierten Ansatzpunkten einzurasten. Beim Hochkurbeln kann sonst der Schweller eingedrückt werden.

⑥ Markieren Sie das Rad, damit es in gleicher Stellung wieder montiert werden kann. Drehen Sie zunächst eine Radschraube heraus und drehen an ihrer Stelle den Montagestift aus Plastik herein. Er befindet sich im Bordwerkzeug und erleichtert das Aufstecken des neuen Rades. Drehen Sie nun auch die restlichen Radschrauben heraus.

⑦ Rad abnehmen. Bevor Sie das neue Rad aufsetzen, fetten Sie den Zentrierstift des Scheibenrades an der Radnabe dünn ein. So verhindern Sie ein Festrosten des Rades.

⑧ Rad auf der Nabe so drehen, dass die Radschraubenbohrungen der Felge mit dem Gewinde in der Radnabe in Deckung stehen.

⑨ Radschrauben eindrehen und so gut wie möglich mit dem Radschlüssel fest drehen. Die Schrauben dürfen nicht gefettet oder geölt werden. Beachten Sie auch, dass Bolzen und Felgen aufeinander abgestimmt sind. Radschrauben falscher Länge oder Kalottenform dürfen Sie nicht eindrehen, andernfalls kann die Funktion der Bremse oder der Festsitz des Rades beeinträchtigt werden.

⑩ Wagen ablassen und Radschrauben festziehen. Das Anzugsdrehmoment soll 120 Nm betragen – die Muttern daher nicht mit einem verlängerten Radschlüssel anknallen. Andernfalls können sich die Bremsscheiben verziehen, was ungleichmäßige Bremswirkung und Reifenverschleiß zur Folge hätte.

⑪ Stecken Sie die Abdeckkappe(n) wieder auf.

⑪ Kontrollieren Sie in jedem Fall nach einigen Kilometern Fahrt, ob die Radmuttern richtig angezogen sind.

Zustand der Reifen kontrollieren

Die Vorderräder treiben das Fahrzeug an, lenken es und müssen die Hauptbelastung beim Bremsen aushalten. Sie sind daher auch früher verschlissen als die hinteren Pneus. Den Zustand der Reifen kontrollieren Sie am besten bei aufgebocktem Wagen.

Arbeitsschritte   

① Drehen Sie jedes Rad einmal komplett durch. Entfernen Sie Steinchen und andere Fremdkörper vorsichtig mit einem kleinen Schraubendreher aus den Profillamellen. Sitzt in der Reifendecke eine Glasscherbe oder ein Nagel, kann an dieser Stelle Luft entweichen.

② Achten Sie auf Unregelmäßigkeiten wie Einstiche, Schnitte, Risse und herausgebrochene Profilstücke. Bei einem beschädigten Gummi dringt leicht Feuchtigkeit ins Reifeninnere. Sie können jedoch von außen nicht erkennen, ob der stabilisierende Stahlgürtel schon vom Rost angefressen ist. Lassen Sie den Reifen zur Sicherheit vom Fachmann prüfen. Das gilt übrigens auch bei auffälligem Reifenabrieb.

③ Das Reifenprofil muss über die gesamte Lauffläche mindestens 1,6 Millimeter tief sein. Bei dieser Marke wird auf der Lauffläche an mehreren Stellen ein Profilstandsanzeiger sichtbar. Die Buchstaben »twi« (tread wear indicator) auf der Reifenflanke zeigen, wo sich diese Anzeiger befinden. Das Fahrverhalten wird mit abnehmendem Profil schlechter, vor allem auf nasser Fahrbahn. Tauschen Sie Sommerreifen zur Sicherheit bereits bei einer Profiltiefe von zwei Millimetern, Winterreifen bei vier Millimetern.

④ Kontrollieren Sie, ob alle Reifen gleichmäßig abgefahren sind.

⑤ Sehen Sie sich die Seitenwände (Reifenflanken) der Reifen genau an. Beulen deuten auf eine Beschädigung des Reifenunterbaus hin.

Risikofaktor geringer Luftdruck

Technik-lexikon

Ein schlecht oder gar nicht gewarteter Reifen kann sich zum Risikofaktor für Fahrer und Auto entwickeln. Fahren Sie zum Beispiel einen Reifen mit zu geringem Luftdruck unter sehr hoher Last, kann dies zu teilweisen Ablösungen der Reifenlauffläche führen. Diese Schäden bleiben jedoch oft längere Zeit verborgen. Wird der vorher geschädigte Reifen dann stark beansprucht, können durch die enormen Fliehkräfte bei hohen Geschwindigkeiten sogar einzelne Reifenteile abreißen.

Technik-lexikon

Was das Reifenlaufbild zeigt

Außenseite abgefahren (Vorderreifen). Flotte Fahrweise in Kurven. Reifen auf den Felgen drehen lassen oder gegen Hinterräder austauschen.
Außenseiten stärker abgefahren als Profilmitte. Der Reifen wurde lange Zeit mit zu niedrigem Luftdruck gefahren.
Gleichmäßige Auswaschungen. Vermutlich Stoßdämpfer defekt.
Ungleiche Abnutzung (an mehreren Stellen). Unwucht im Rad. Auswuchten lassen.
Stelle mit starker Abnutzung. Bremsung mit blockiertem Rad (Bremsplatte). Selbst das ABS kann kurzzeitiges Blockieren und damit einen gewissen Reifenverschleiß (Abflachungen) nicht verhindern.

Starke Abnutzung in der Profilmitte. Entsteht durch häufiges Fahren mit Höchstgeschwindigkeit. Die Reifen bauchen durch die Fliehkraft aus, nutzen daher in der Mitte stärker ab. Dieser Effekt tritt besonders deutlich an den Hinterrädern auf. Auch bei zu hohem Reifendruck.

Eine **Unwucht** im Rad macht sich durch Vibrationen am Lenkrad oder Schütteln im Vorderwagen bemerkbar. Ursache ist eine ungleichmäßige Gewichtsverteilung am Rad, die auch für erhöhten Reifenverschleiss sorgt. Die Beseitigung einer Unwucht ist Sache der Werkstatt. Dort schraubt man das Rad auf eine Auswuchtmaschine, die Unwuchten anzeigt. Bleigewichte an den richtigen Stellen der Felgen gleichen den unrunden Lauf des Rades aus.

Schräges Profil. Deutet auf falsche Radeinstellung hin. Auch Leichtmetallräder können die Radstellung negativ beeinflussen, zum Beispiel durch die oft geringere Einpresstiefe der Felgen.

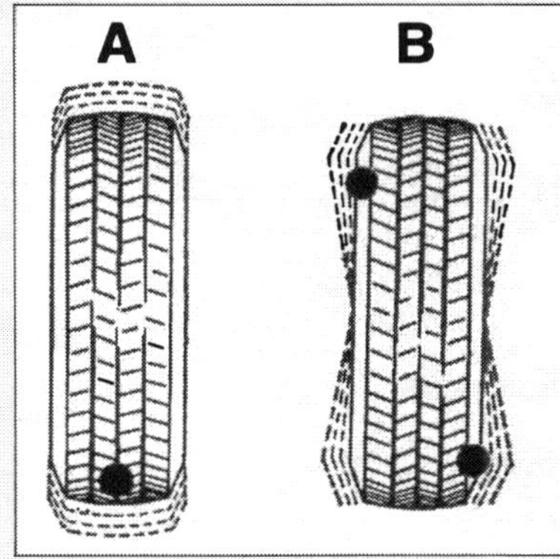

Statische Unwucht A zeigt sich bereits, wenn man das Rad am hochgebockten Wagen frei auspendeln lässt: Der Schwerpunkt wird sich ganz von selbst nach unten begeben. Ein Rad mit einer statischen Unwucht hüpft beim Fahren, die Stoßdämpfer verschleißen schneller.
Dynamische Unwucht B kommt erst beim schnellen Drehen des Rades zur Wirkung. Die übergewichtige Stelle sitzt nicht in der Mittelebene des Rades, sondern etwas nach außen bzw. innen versetzt. Das Rad flattert und wackelt bei schneller Fahrt.

So lagern Sie Reifen richtig

Nach dem Ummontieren der Sommer- oder Winterreifen sollten Sie die ausgetauschten Reifen richtig lagern. Dazu eignet sich am besten ein trockener, kühler und dunkler Raum. Halten Sie Benzin, Öl, Fett und Chemikalien von den Reifen fern – sie sind Gift fürs Gummi.

- Markieren Sie zunächst Laufrichtung und Position der Reifen (VR = vorne rechts, VL = vorne links, HR = hinten rechts, HL = hinten links).
- Reifen abnehmen, mit Wasser reinigen und gut trocknen. Entfernen Sie Rollsplitt und andere Fremdkörper aus den Profilrillen.
- Reifen mit Felgen stapelt man liegend, am besten auf einer alten Holzpalette.
- Reifen ohne Felgen sollten Sie senkrecht stellen. Drehen Sie die Pneus von Zeit zu Zeit.

DIE BREMS-ANLA

Auch Kleinwagen brauchen leistungsstarke Bremsen wie diese innenbelüfteten Scheibenbremsen.

Wartung

Reparatur

Die Bremsen bei Lupo/Arosa

Auch Kleinwagen wie Lupo und Arosa brauchen natürlich eine leistungsfähige Bremsanlage. Schließlich erreichen die stärksten Modelle Höchstgeschwindigkeiten zwischen 199 und 205 km/h. Ein weiterer Stressfaktor neben der Geschwindigkeit ist für die Bremse die Masse des Fahrzeugs – der Lupo GTI hat

immerhin ein Leergewicht von fast einer Tonne (978 Kilogramm).
Um hohen konstruktiven Aufwand kommt man bei der Bremsanlage also nicht herum. Darum sind die Vorderräder generell mit Scheibenbremsen ausgestattet, die zur besseren Wärmeabfuhr innenbelüftet sind. Beim Arosa kommen teilweise massive Bremsscheiben ohne Innenbelüftung zum Einsatz.
An den Hinterrädern sind Trommel- oder Scheibenbremsen eingebaut: Ab 100 PS haben die Wolfsburger Ingenieure auch den Hinterrädern des Lupo Scheibenbremsen verordnet. Ein Bremskraftverstärker nutzt bei Fahrzeugen mit Benzinmotoren einen Teil des vom Motor erzeugten Ansaugunterdrucks. Beim Dieselmotor erzeugt eine Vakuumpumpe den erforderlichen Unterdruck für den Bremskraftverstärker. Die Vakuumpumpe ist bei den 1,2- und 1,4-l-Dieselmotoren am Zylinderkopf und beim 1,7-l-Dieselmotor am Motorblock angeflanscht. Die Handbremse wirkt über Seilzüge auf die Hinterräder.

Die Bremsanlage

Und so funktioniert die Bremsanlage: Beim Tritt aufs Bremspedal presst eine mit dem Pedal verbundene Druckstange zwei hintereinander liegende Kolben in den Hauptbremszylinder, der im Motorraum an den Bremskraftverstärker montiert ist. Die Kolben übertragen die Fußkraft auf die im Hauptbremszylinder eingeschlossene Bremsflüssigkeit. Dadurch entsteht ein hydraulischer Druck, der sich über Rohr- und Schlauchleitungen zu den Radbremszylindern fortsetzt. An den Rädern drücken Kolben die Bremsklötze gegen die Bremsscheiben.
Die Straßenverkehrs-Zulassungsordnung (StVZO) schreibt vor, dass ein Pkw stets mit zwei Bremsanlagen ausgestattet ist, die unabhängig voneinander arbeiten. Sinn dieser Vorschrift: Fällt ein System aus, kann das andere das Fahrzeug immer noch abbremsen.
Die Bremsanlage erfüllt diese Bestimmung mit einer diagonal aufgeteilten Zweikreisbremsanlage. Dabei ist ein Bremskreis jeweils für ein Vorderrad und das gegenüberliegende Hinterrad zuständig. Fällt ein Bremskreis aus, bleiben Vorderrad und Hinterrad des anderen Systems bremsfähig. In diesem Fall müssen Sie freilich stärker aufs Bremspedal treten, um die gleiche Wirkung zu erreichen wie bei einer intakten Anlage. Das Pedal lässt sich weiter durchtreten und der Anhalteweg wird wesentlich länger.

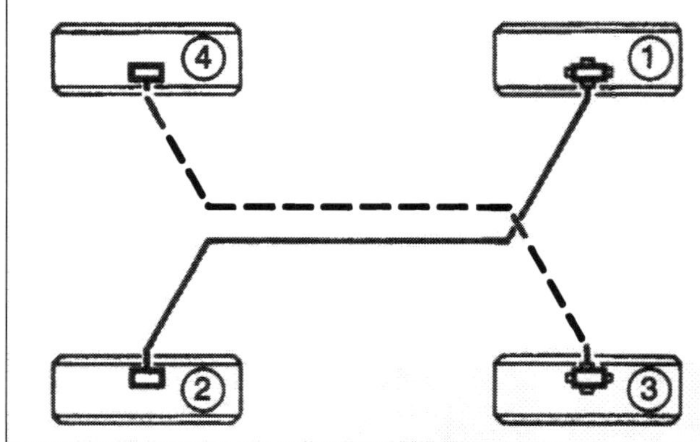

Die diagonal geteilte Bremsanlage (Schema).
❶ Linkes Vorderrad. ❷ Rechtes Hinterrad. ❸ Rechtes Vorderrad. ❹ Linkes Hinterrad.

Auch bei der Bremse hilft Elektronik

Lupo und Arosa können mit dem Antiblockiersystem (ABS) ausgestattet werden. Es verhindert bei scharfem Bremsen ein Blockieren der Räder. Vorteil des Antiblockiersystems: Der Wagen lässt sich auch bei einer Vollbremsung lenken. Dazu dosiert das ABS die Bremskraft an den einzelnen Rädern. Eine reine Blockierbremsung ist nicht mehr möglich. Als Antiblockiersystem wird die Anlage ITT Mark 30 IE verwendet. Störungen am ABS haben keinen Einfluss auf Bremsanlage und Verstärkung. Die herkömmliche Bremsanlage bleibt auch ohne ABS funktionsfähig.

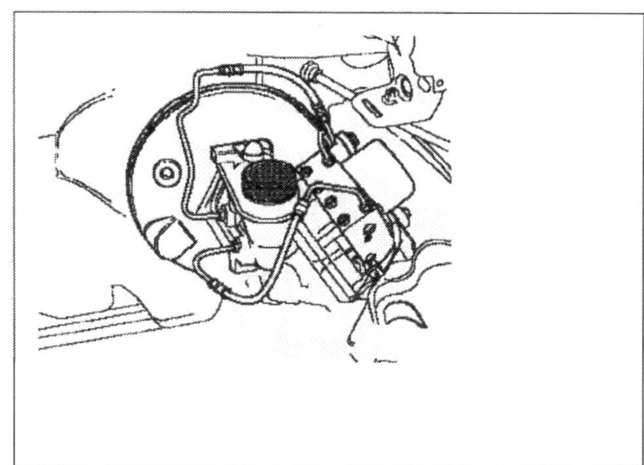

Anordnung ABS im Linkslenker-Fahrzeug.

Die Bremskraftverstärkung erfolgt pneumatisch durch den Vakuumbremskraftverstärker. Bei Ausstattungen mit ABS gibt es also keinen mechanischen Bremskraftregler mehr. Eine speziell abgestimmte Software im Steuergerät sorgt für die Bremskraftverteilung an der Hinterachse. Weitere Angaben entnehmen Sie bitte dem Technik-Lexikon »Das Antiblockierbremssystem im Detail«.

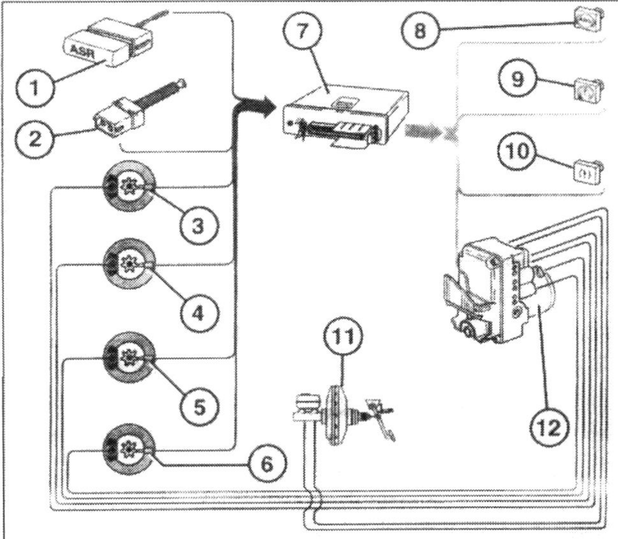

Das ABS-System ist heute nicht mehr allein dafür zuständig, das Blockieren der Räder zu verhindern. Je nach Ausstattung sind die elektronische Differenzialsperre, die Antriebsschlupfregelung und das Stabilitätsprogramm ESP integriert. ❶ Schalter für ASR, ❷ Bremslichtschalter, ❸ Drehzahlfühler hinten links, ❹ Drehzahlfühler hinten rechts, ❺ Drehzahlfühler vorn rechts, ❻ Drehzahlfühler vorn links, ❼ Steuergerät in Hydraulikeinheit integriert, ❽ Kontrolllampe ABS/EDS, ❾ Kontrolllampe ASR, ❿ Kontrolllampe Bremsflüssigkeitsstand, ⓫ Hauptbremszylinder, Bremskraftverstärker, Bremspedal, ⓬ Hydraulikeinheit.

Die wichtigsten Teile der Bremsanlage

Zweikreisbremsanlage: Diagonal aufgeteilte hydraulische Anlage. Jeweils ein Bremskreis für ein Vorderrad und gegenüberliegendes Hinterrad.

Hauptbremszylinder: Wandelt die mechanische Kraft des Bremspedals in hydraulische Kraft um. Sorgt für schnellen Druckabbau im System beim Lösen der Bremsen.

Bremskraftverstärker: Bringt etwa 60 Prozent der Bremskraft auf. Bei Benzinmotoren wird der erforderliche Unterdruck am Ansaugrohr entnommen. Bei Dieselmotoren ist zur Unterdruckerzeugung eine Vakuumpumpe eingebaut.

Beim Bremsen reagiert eine elastische Membrane auf den Druckunterschied zwischen äußerem Luftdruck und dem Unterdruck. Sie drückt zusätzlich auf die Kolben im Hauptbremszylinder.

Radbremszylinder: Der Bremsflüssigkeitsdruck erreicht hier bis zu 120 bar. Die Kolben der Zylinder übertragen den Druck an Bremsklötze (Bremsbeläge).

Bremsscheibe: Eine massive Stahlscheibe, vorn innenbelüftet. Dreht sich mit jedem Vorderrad frei im Luftstrom (führt Reibungswärme ab).

Bremssattel: Sitzt wie ein Sattel auf der Bremsscheibe. Bei einem so genannten Faustsattel wird nur ein Bremskolben benötigt, um beide Bremsbeläge gegen die Bremsscheibe zu drücken.

Vorn kommen grundsätzlich innenbelüftete Bremsscheiben zum Einsatz.

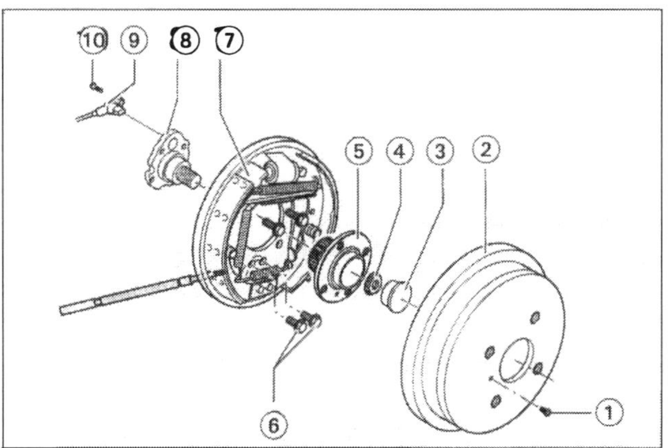

Trommelbremse hinten beim Lupo: ❶ Kreuzschlitzschraube, ❷ Bremstrommel, ❸ Kappe, ❹ selbstsichernde Zwölfkantmutter 175 Nm (immer ersetzen), ❺ Radnabe mit Radlager und Rotor (nur komplett ersetzen), ❻ Schraube 60 Nm, ❼ Bremsträger mit Bremsbacken, ❽ Achszapfen, ❾ Drehzahlfühler ABS, ❿ Innensechskantschraube 8 Nm.

Das passiert beim Bremsen:

Tritt aufs Bremspedal: Der Kolben im Bremssattel drückt die beiden Bremsbeläge (innerer und äußerer Bremsklotz) gegen die Bremsscheibe.

Lösen des Bremspedals: Die Kolbendichtung zieht den Kolben und dadurch auch den Bremssattel von den Bremsscheiben zurück. So entsteht zwischen Bremsklotz und Scheibe ein Spiel von weniger als einem Millimeter – die Bremsscheibe dreht wieder frei.

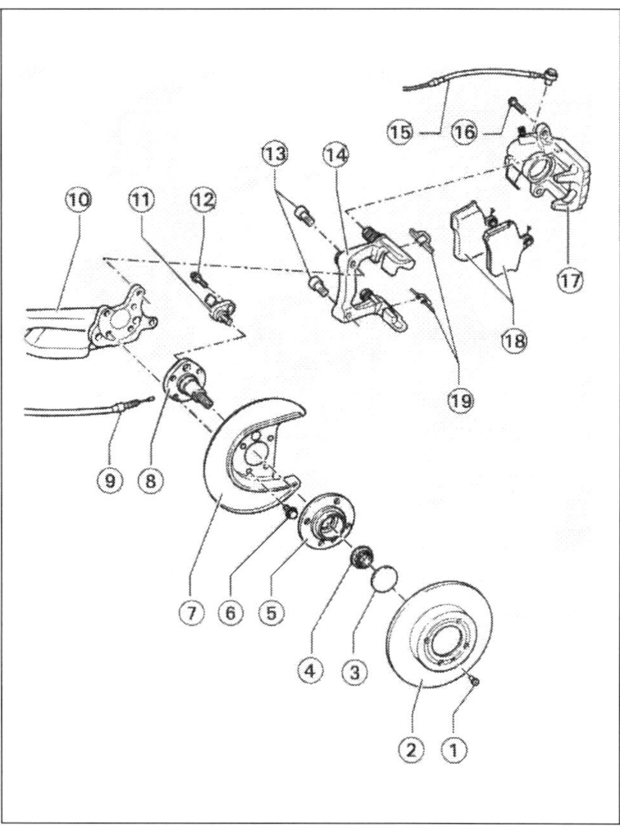

Scheibenbremse hinten beim Lupo:
❶ Kreuzschlitzschraube, ❷ Bremsscheibe, ❸ Kappe, ❹ selbstsichernde Zwölfkantmutter 175 Nm (immer ersetzen), ❺ Radnabe mit Radlager mit Radlager und Rotor (nur komplett ersetzen), ❻ Schraube 60 Nm mit Tellerfeder, ❼ Abdeckblech, ❽ Achszapfen, ❾ Handbremsseil, ❿ Achskörper, ⓫ Drehzahlfühler ABS, ⓬ Innensechskantschraube 8 Nm, ⓭ Innensechskantschraube 65 Nm, ⓮ Bremsträger mit Führungsbolzen und Schutzkappe, ⓯ Bremsschlauch und Bremsrohr, ⓰ selbstsichernde Schraube 35 Nm (immer ersetzen), ⓱ Bremssattel, ⓲ Bremsbeläge (immer achsweise ersetzen), ⓳ Belaghaltefeder (bei Belagwechsel immer ersetzen).

Das Antiblockierbremssystem im Detail

ABS-Steuergerät: Sitzt im Motorraum links. Verarbeitet ständig die Drehzahl-Informationen der Radsensoren und vergleicht sie mit den programmierten Werten. Signalisieren unterschiedliche Drehzahlfrequenzen drohende Blockiergefahr an einem oder mehreren Rädern, aktiviert das Steuergerät die Hydraulikeinheit – der Bremsdruck für das betreffende Rad wird reduziert, bis es wieder frei läuft und erneut gebremst werden kann. Je nach Fahrbahnzustand erfolgt dieses Wechselspiel während des gesamten Bremsvorgangs im Millisekundentakt.
Das Steuergerät ist auch zuständig für eine Reihe weiterer Systeme zur Erhöhung der Fahrsicherheit. Zu nennen ist die elektronische Bremskraftverteilung (EBV), die elektronische Differenzialsperre (EDS) und das elektronische Stabilitätsprogramm (ESP).
EBV: Eine spezielle Software im ABS-Steuergerät regelt den Bremsdruck so, dass die Hinterräder nicht überbremsen können. Ein lastabhängiger Bremskraftregler beziehungsweise das Druckminderventil werden überflüssig.
EDS: Die EDS ist eine Anfahrhilfe. Beim Anfahren auf glatten Fahrbahnen bremst die EDS automatisch das durchdrehende Rad ab. Dabei wird das Antriebsmoment durch das Differenzial-Getriebe auf das stillstehende Rad übertragen. Bei frontgetriebenen Fahrzeugen regelt das EDS bis 40 km/h, bei Allrad-Autos bis 80 km/h. Ergänzt wird das EDS durch die Antriebsschlupfregelung ASR. Diese greift nicht in die Bremsregelung ein, sondern in das Motormanagement. Melden die ABS-Drehzahlfühler durchdrehende Räder, wird die Motorleistung zurückgenommen. Diese Regelung funktioniert bei allen Geschwindigkeiten.
ESP: Das ESP reduziert automatisch die Schleudergefahr und erhöht damit die Fahrsicherheit in kritischen Situationen. Das System ist in der Lage, ein einzelnes Rad abzubremsen, wodurch ein zum Ausbrechen neigendes Fahrzeug stabilisiert werden kann. Beginnt beispielsweise das Heck auszubrechen, bremst das ABS das kurvenäußere Vorderrad ab. Das gegen Aufpreis lieferbare ESP benötigt eine zusätzliche Hydraulikpumpe, die bei Bedarf Bremsdruck bereitstellt (siehe auch das entsprechende Technik-Lexikon im Kapitel »Das Fahrwerk«).
Hydraulikeinheit: Hauptteil des ABS-Bremssystems. Sie ist mit dem Steuergerät verschraubt und befindet sich im Motorraum links. Umfasst die Elektropumpe sowie den Ventilblock mit Magnetventilen. Beim Tritt aufs Bremspedal drückt der Hauptbremszylinder die Bremsflüssigkeit über den Ventilblock zu den Rädern. Tritt das ABS in Akti-

on, erteilt das Steuergerät den Befehl »Bremsdruck reduzieren«. Die Bremsflüssigkeit fließt direkt vom Ventilblock in den Ausgleichsbehälter zurück. Wird der Bremsdruck dann wieder verstärkt, strömt die Bremsflüssigkeit aus dem Ausgleichsbehälter durch die Hydraulikpumpe direkt in den entsprechenden Bremskreis. Wenn die Pumpe läuft, merken Sie das übrigens am Bremspedal: Es beginnt leicht zu pulsieren.

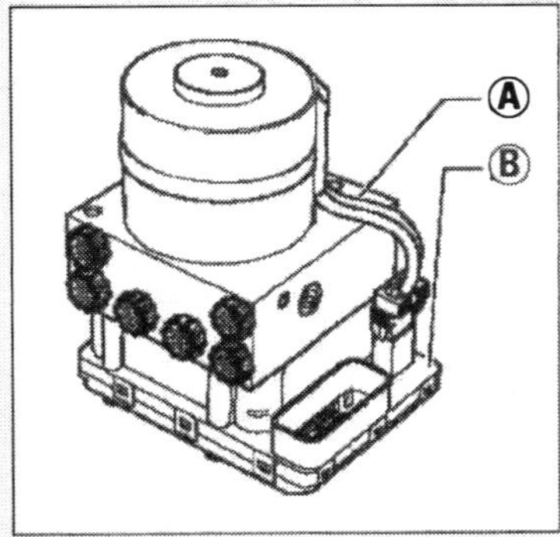

Die Hydraulikeinheit **A** und das Steuergerät **B** bilden eine Einheit. Eine Trennung ist nur im ausgebauten Zustand möglich.

Drehzahlfühler: Jeweils am Rad mit geringem Abstand zu einer Zahnscheibe (Rotor) montiert, die fest mit der Radnabe verbunden ist. Der Rotor dreht sich mit seinen zahnförmigen Erhebungen je nach Radumdrehung (Geschwindigkeit) schneller oder langsamer am Geber vorbei. Jeder Zahn des Impulsrades induziert so einen kurzen Spannungsanstieg. Dadurch wird im Geber eine Wechselspannung erzeugt, die entsprechend der Raddrehzahl ihre Frequenz ändert. Die Sensoren messen also die jeweilige Raddrehzahl und leiten sie als elektrische Signale an das Steuergerät.

Störungen am ABS-Bremssystem: Die Kontrollleuchte des ABS-Bremssystems leuchtet mit dem Einschalten der Zündung auf und verlischt, wenn der Motor läuft, spätestens jedoch nach 2 Sekunden oder wenn schneller als sechs Kilometer gefahren wird. Leuchtet Sie während der Fahrt, dreht entweder ein Rad länger als 20 Sekunden durch, oder es liegt eine Störung im ABS-System vor. Es kann auch sein, dass die Bordspannung unter zehn Volt gefallen ist. Sie können dann aber trotzdem weiterfahren – die Bremse funktioniert eben wie bei einem Wagen ohne ABS. Vorsicht ist allerdings angebracht, weil die elektronische Bremskraftverteilung nicht funktioniert und die Hinterräder leicht blockieren können.

Zur Beseitigung des Defekts müssen Sie eine VW-Werkstatt aufsuchen. Dort fragt man die im Steuergerät gespeicherten System-Störungen mit einem speziellen Gerät ab.

Verlischt die ABS-Kontrollleuchte nicht während der Fahrt, liegt eine Störung vor. Sie können zwar ohne ABS vorsichtig weiterfahren, sollten aber bald eine Werkstatt aufsuchen, wo die im Steuergerät gespeicherte Systemstörung mit einem speziellen Gerät abgefragt wird.

Wartung der Bremsen – im Zweifel in die Werkstatt

Gefahrenhinweis

Im Straßenverkehr entscheiden die Bremsen über Ihre Sicherheit und die anderer Verkehrsteilnehmer. Deshalb ist eine regelmäßige Kontrolle der Bremsanlage Ihre beste Lebensversicherung.

Scheuen Sie sich nicht, die Räder abzunehmen und den Zustand der Bremsbeläge zu prüfen. Die Wartungen an der Bremsanlage sind kein Hexenwerk. Auch die meisten Arbeiten an den Bremsen sind nicht anspruchsvoller als die Demontage eines Kotflügels oder Stoßfängers.

Trotzdem sollten Sie sich nur ans Schrauben machen, wenn Sie sich Ihrer Sache wirklich sicher sind. Überlassen Sie Arbeiten an der Bremse im Zweifelsfall lieber einer Fachwerkstatt. Bremsbeläge sind Bestandteil der Allgemeinen Betriebserlaubnis (ABE), außerdem sind sie vom Werk auf das jeweilige Fahrzeug abgestimmt. Deshalb dürfen nur vom Automobilhersteller beziehungsweise vom Kraftfahrtbundesamt (KBA) freigegebene Bremsbeläge verwendet werden. Sie haben eine KBA-Freigabenummer.

Stand der Bremsflüssigkeit prüfen

     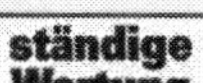

① Der Behälter für die Bremsflüssigkeit sitzt links im Wasserkasten direkt auf dem Hauptbremszylinder. Kontrollieren Sie den Stand der Bremsflüssigkeit regelmäßig.

② Auch bei einer intakten Bremsanlage kann der Pegel sinken. Ursache ist der Verschleiß an den Belägen der vorderen Scheibenbremsen. Dann wandern die Kolben der Radzylinder aus den Zylindern heraus. Die Bremsflüssigkeit fließt nach. Da die Kupplungshydraulik ebenfalls dort angeschlossen ist, kann ein sinkender Pegel auch mit Defekten an diesem System zusammenhängen.

③ Ein sinkender Bremsflüssigkeits-Pegel ist kein Grund zur Sorge, solange die Bremsflüssigkeit im Behälter zwischen den Markierungen »MIN« und »MAX« steht.

④ Ob Sie Bremsflüssigkeit nachfüllen müssen, hängt vom Verschleißgrad der Bremsbeläge ab. Sind die Beläge nahezu abgefahren, kann der Pegel nahe der »MIN«-Marke verbleiben. Beim Einbau neuer Beläge werden die Bremskolben zurückgedrückt, der Stand im Bremsflüssigkeitsbehälter steigt dadurch wieder an. Bei neuen beziehungsweise neuwertigen Belägen sollten Sie gegebenenfalls nachfüllen. Tun Sie das aber nur, nachdem Sie sich vergewissert haben, dass keine Undichtigkeit am Bremssystem vorliegt.

⑤ Zum Nachfüllen verwenden Sie nur Bremsflüssigkeit nach US-Norm FMVSS 116 DOT 4. Achtung! Bremsflüssigkeit ist giftig und greift Lacke an. Weil sie zudem Wasser anzieht, muss sie immer in einem fest verschlossenen Behälter aufbewahrt werden.

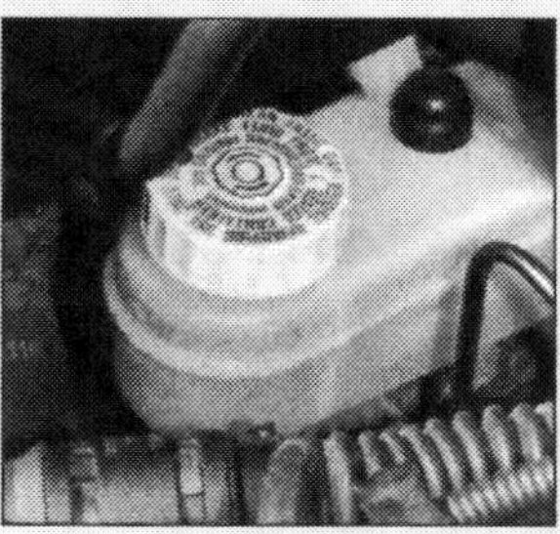

Wenn der Pegel im Bremsflüssigkeitsbehälter (Bildmitte) sinkt, muss nicht unbedingt etwas kaputt sein. Mit fortschreitendem Verschleiß der Bremsbeläge sinkt der Stand etwas. Bevor Sie nachfüllen, sollten Sie aber immer die Bremsanlage kontrollieren und den Zustand der Bremsbeläge prüfen. Übrigens: Die Kupplungshydraulik ist mit diesem Behälter verbunden.

Zustand der Bremsanlage prüfen

 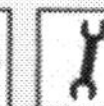   

① Die Unterseite des Wagens muss trocken sein, damit Sie undichte Stellen erkennen.

② Prüfen Sie die Anschlüsse und Verbindungen von Schläuchen und Leitungen und die Bremssättel. Achten Sie auf dunkle und feuchte Flecken.

③ Prüfen Sie die Bremsschläuche. Sie dürfen keine Scheuerstellen aufweisen, weder feucht noch aufgequollen sein. In diesen Fällen: Schläuche auswechseln.

④ Reinigen Sie die Bremsleitungen mit einem Kaltreiniger. Die Leitungen sind zum Schutz gegen Rost mit einer Kunststoffschicht überzogen – daher zur Säuberung nie Schraubendreher, Schmirgelleinen oder Drahtbürste verwenden. Ist die Schutzschicht beschädigt, Rostschutzgrundierung dünn aufstreichen. Stellen Sie Rostnarben oder Verformungen an den Bremsleitungen fest, müssen Sie diese umgehend ersetzen.

⑤ Befinden sich Schutzkappen auf allen Entlüftungsventilen an den Bremssätteln?

⑥ Machen Sie eine (provisorische) Bremsdruckprobe. Treten Sie eine Minute mit voller Kraft aufs Bremspedal – das Pedal darf dabei nicht nachgeben, sonst ist eine der Manschetten im Hauptbremszylinder defekt. Eine exakte Druckprüfung ist allerdings Sache der Werkstatt.

Bremskraftverstärker prüfen

 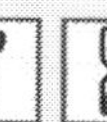 

① Motor abstellen, das Bremspedal mehrmals durchtreten und in seiner tiefsten Stellung halten.

② Motor starten. Das Pedal muss dann noch ein Stück nachgeben. Senkt sich das Pedal nicht, liegt das meist an einer der folgenden Ursachen:

Unterdruckschlauch vom Ansaugrohr zum Bremskraft-

verstärker undicht: In diesem Fall müssen Sie den Schlauch ersetzen.

Rückschlagventil im Unterdruckschlauch defekt: Nehmen Sie zur Kontrolle des Ventils den Unterdruckschlauch am Bremskraftverstärker ab. Durchblasen muss, Ansaugen darf nicht möglich sein.

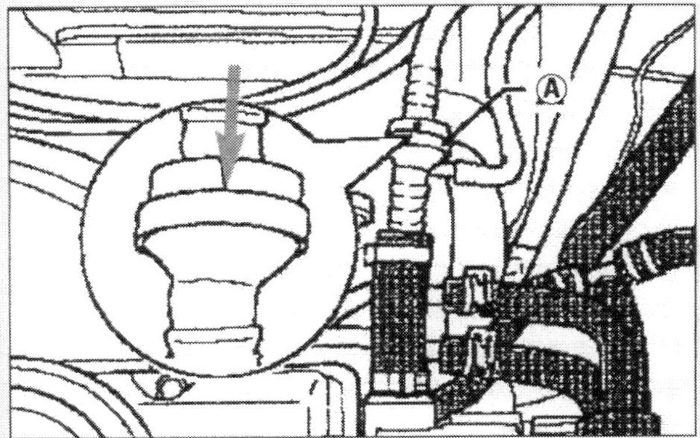

Bei der Prüfung des Rückschlagventils **A** muss das Ventil die Luft in Pfeilrichtung passieren lassen. In entgegen gesetzter Richtung muss das Ventil geschlossen bleiben.

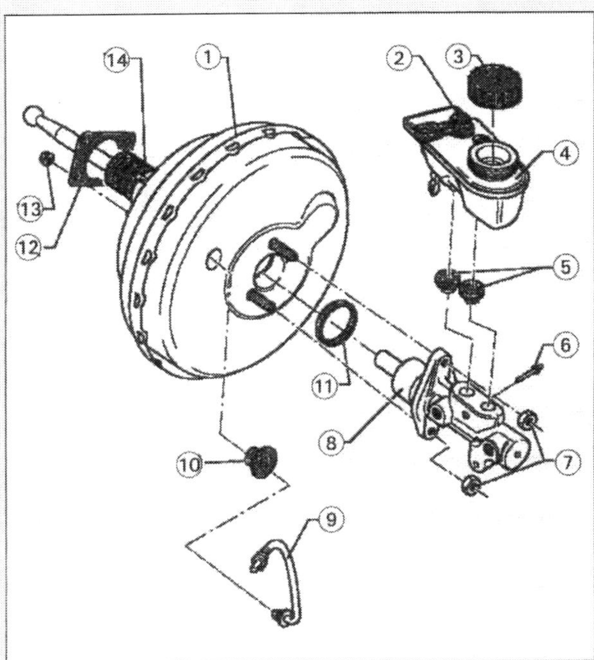

Bremskraftverstärker/Hauptbremszylinder (Montageübersicht): ❶ Bremskraftverstärker, ❷ Schalter für Bremsflüssigkeitsstand, ❸ Verschlussdeckel, ❹ Bremsflüssigkeitsbehälter, ❺ Dichtungsstopfen, ❻ Haltestift, ❼ Sechskantmutter 20 Nm, ❽ Hauptbremszylinder, ❾ Unterdruckschlauch, ❿ Dichtungsstopfen, ⓫ Dichtring, ⓬ Dichtung, ⓭ Sechskantmutter 20 Nm, ⓮ Faltenbalg.

Gummiring zwischen Hauptbremszylinder und Bremskraftverstärker verschlissen: Zum Austausch muss der Hauptbremszylinder demontiert werden.

Membran des Verstärkers defekt: Eine Reparatur ist nicht möglich. Sie müssen den Bremskraftverstärker komplett ersetzen.

Bremsen prüfen

Suchen Sie sich eine ebene, möglichst abgelegene Straße. Führen Sie die Bremsprüfung nur durch, wenn Sie Ihr Fahrzeug beherrschen und andere Verkehrsteilnehmer nicht behindern oder gefährden.

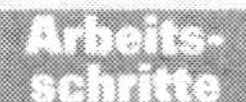

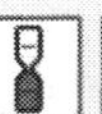

① Fahren Sie zuerst mit Schritttempo. Mit voller Kraft bremsen, dann den Gummiabrieb auf der Straße ansehen – die Bremsen ziehen gleichmäßig, wenn die Spuren gleich lang sind. Die gleiche Übung mit der Handbremse durchführen.

② Beschleunigen Sie auf etwa 50 km/h. Lassen Sie das Lenkrad los (Hände griffbereit halten), bremsen Sie zuerst sanft und dann scharf bis zum Stillstand. Das Fahrzeug sollte die Spur halten. Zieht es zum Beispiel nach links, ist eine der rechten Bremsen nicht in Ordnung (Wagen zieht in Richtung des stärker gebremsten Rades). Bei scharfem Bremsen spüren Sie den Regeldruck des ABS im Pedal.

③ Lassen Sie Ihr Fahrzeug nach diesem Test auf einer leicht abschüssigen Strecke aus dem Stand anrollen – so stellen Sie fest, ob die Räder frei und leichtgängig sind. Machen Sie nach einer kurzen Fahrt die Wärmeprobe an den Felgen: Sie müssen alle gleich warm sein. Ursache für zu hohe Temperatur können schleifende Bremsen oder defekte Radlager sein.

Bremsbeläge messen

Die Beläge an den vorderen Scheibenbremsen leisten mehr Arbeit beim Bremsen als ihre Partner an den Hinterrädern. Sie nutzen sich daher auch schneller ab. Kontrollieren Sie die Stärke der Beläge regelmäßig, mindestens jedoch alle 15.000 Kilometer oder einmal im Jahr. VW beziffert die Verschleißgrenze auf 7 mm (vorn) und 7,5 mm (hinten), einschließlich Rückenplatte. Die Beläge müssen grundsätzlich achsweise ersetzt werden.

Arbeitsschritte    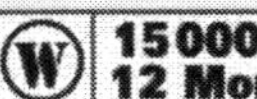

① Bei manchen Felgen können Sie die Bremsbeläge bei angebautem Rad durch den Durchbruch erkennen. Den inneren Belag jedoch sehen Sie bestenfalls nur mit einem Spiegel. Nehmen Sie im Zweifelsfall jeweils das Rad ab. So kommen Sie besser an den Belag heran.

② Als Messinstrument eignet sich ein Zehnpfennigstück. Halten Sie es zwischen Bremsscheibe und Belagsträger. Ist der Belag bei der Dicke des Geldstücks angelangt, ist es höchste Zeit für einen Tausch. VW schreibt vor, den Belag bei einer Dicke (einschließlich Rückenplatte) von 7 bzw. 7,5 Millimeter zu ersetzen.

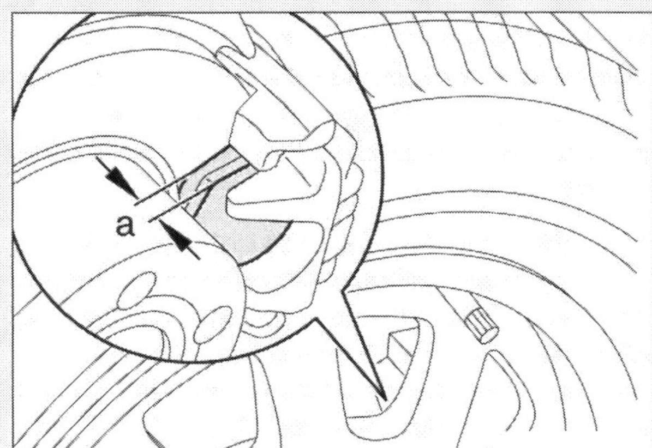

Sie können die Bremsbelagstärke bei angebautem Rad erkennen. Für den inneren Belag hinten brauchen Sie freilich einen Spiegel. Die Verschleißgrenze liegt vorn und hinten bei sieben Millimetern a inklusive Rückplatte.

Zustand der Bremsscheiben kontrollieren, Rotor prüfen

Für diese Wartung müssen Sie die Vorderräder abnehmen. Kontrollieren Sie den Zustand der Bremsscheiben stets gemeinsam mit den Bremsbelägen. Dabei sind Taschenlampe, Spiegel und Schieblehre hilfreich. Bei dieser Gelegenheit sollte auch der Rotor durch Drehen der Bremsscheibe auf Verschmutzung und Beschädigung geprüft werden.

Praxistipp

Bremspedal und Bremsbelag

Der Leerweg des Bremspedals soll höchstens ein Drittel des gesamten Pedalwegs betragen. Lässt sich das Pedal weiter nach unten drücken (mit der Hand prüfen), sollten Sie sofort die Scheibenbremsen untersuchen – die Bremsbeläge können stark abgefahren oder verklemmt sein. Vielleicht ist auch die Bremszange im Bremssattel festgerostet. Die Prüfung des Pedalwegs ersetzt jedoch keine Kontrolle der Bremsbeläge: Der Bremskolben schiebt den abnutzenden Belag beim Bremsen so weit nach, dass er nach dem Loslassen des Pedals immer die gleiche Grundstellung zur Bremsscheibe hat. Der Pedalweg bleibt also fast gleich, solange die Beläge nicht auf das Mindestmaß geschrumpft sind. Wird der Pedalweg durch Pumpen geringer, ist möglicherweise Luft im System – dann muss die Anlage entlüftet und nach der Ursache geforscht werden.

Den Seitenanschlag des Rotors prüfen Sie, indem Sie die Radnabe drehen und den Abstand zwischen Rotor und Drehzahlfühler /Maß a) auf Gleichmäßigkeit prüfen. Der Abstand soll nicht größer als 0,3 mm sein.

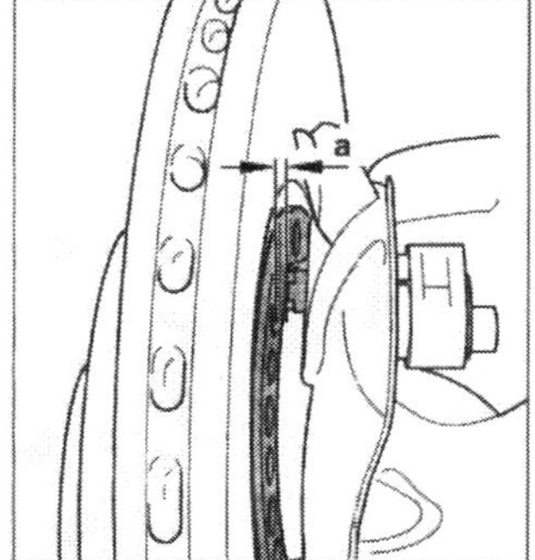

Arbeitsschritte   

① Eine bläuliche Verfärbung der Scheibe ist normal.

② Achten Sie auf Rillen in den Scheiben. Sie entstehen durch Schmutz oder zu stark abgefahrene Beläge. Die Rillen dürfen nicht zu tief sein.

③ Die Bremsscheiben dürfen nicht nachgearbeitet werden. Bei Riefen oder zu starken Verschleißspuren ist stets ein paarweiser Austausch fällig.

④ Die Stärke der Scheiben messen Sie am besten, indem Sie zwischen Schieblehre und Bremsscheibe jeweils eine Münze legen. So erhalten Sie auch bei eingelaufenen Bremsscheiben genaue Werte. Die Dicke der Münzen müssen Sie dann natürlich vom gemessenen Wert abzie-

Maße der Bremsscheiben (Auswahl)

Fahrzeugtyp	Durchmesser (vorn/hinten)	Stärke (vorn/hinten)	Verschleißgrenze (vorn/hinten)
1,0-Liter	239/232 mm	10/9 mm	8/7 mm
1,4-Liter	256/232 mm	20/9 mm	18/7 mm

Die Stärke der Bremsscheiben messen: Damit das Ergebnis stimmt, müssen Sie natürlich die Stärke der zwischengelegten Münzen abziehen.

hen. Messen Sie die Bremsscheibe an mehreren Punkten. Es gilt der jeweils schlechteste Wert.

⑤ Zu dünne Scheiben müssen immer paarweise ausgetauscht werden.

Bremsanlage entlüften

Gelangt Luft ins Bremssystem, müssen Sie die Anlage entlüften. Das gilt zum Beispiel für alle Arbeiten, bei denen Sie die Bremsschläuche abnehmen oder die Bremsleitungen öffnen. In der Regel genügt es, wenn Sie nur den Bremskreis entlüften, an dem Sie gearbeitet haben.

Fürs Entlüften brauchen Sie neue Bremsflüssigkeit (Spezifikation US-Norm FMVSS 116 DOT 4) und einen durchsichtigen Schlauch. Den bekommen Sie im Baumarkt. Außerdem sollten Sie sich von einem Helfer unterstützen lassen. Das Fahrzeug muss mit allen vier Rädern auf ebenem Boden stehen. Achtung: Beobachten Sie während des Entlüftens stets den Stand der Bremsflüssigkeit im Vorratsbehälter. Füllen Sie bei Bedarf Bremsflüssigkeit nach. Der Behälter darf nicht leer sein, sonst wird wieder Luft ins System angesaugt.

Sicherheitshinweis: Wenn beim Entlüften der Pegel im Bremsflüssigkeitsbehälter so weit absinkt, dass Luft angesaugt wird, muss die Bremsanlage in der Werkstatt mit einem speziellen Entlüftergerät entlüftet werden. Der Grund: Luft kann in die ABS-Hydraulikpumpe gelangt sein. Nach dem Einbau eines neuen Bremsschlauches muss ebenfalls in der Werkstatt entlüftet werden.

① Wenn erforderlich, die Entlüftungsventile einige Stunden vor der Arbeit mit Rostlöser einsprühen. Das mindert das Risiko, dass die Ventile beim Lösen abgerissen werden.

② Arbeitsreihenfolge: 1. Radbremszylinder hinten rechts, 2. Radbremszylinder hinten links, 3. Bremssattel vorn rechts, 4. Bremssattel vorn links.

③ Gummikappe vom Entlüftungsventil abziehen, Ventilnippel säubern.

Den Entlüftungsnippel lösen Sie am besten mit einem Steckschlüssel.

④ Kunststoffschlauch auf den Nippel schieben und das freie Schlauchende in einen teilweise mit Bremsflüssigkeit gefüllten Auffangbehälter stecken.

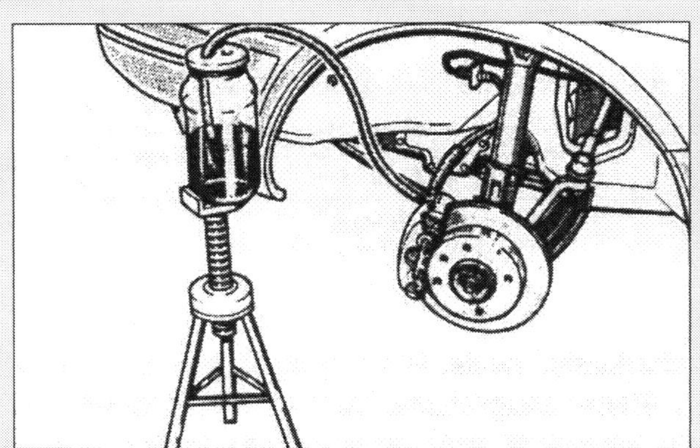

So entlüften Sie die Bremsanlage: Der durchsichtige Kunststoffschlauch ist auf das Ventil gesteckt. Die giftige und Lack angreifende Bremsflüssigkeit gelangt sicher in ein Gefäß.

⑤ Entlüftungsschraube mit einem Ringschlüssel maximal eine Umdrehung lösen. Der Helfer tritt das Bremspedal langsam bis zum Boden, damit die Bremsflüssigkeit und die darin eingeschlossene Luft herausgepumpt wird. Achten Sie dabei auf Schlauch und Auffangbehälter – Sie müssen die Luftbläschen sehen können. Das Bremspedal am Boden halten.

⑥ Schließen Sie die Entlüftungsschraube. Erst dann das Pedal zurücknehmen.

⑦ Wiederholen Sie diesen Vorgang so lange, bis keine Luftbläschen mehr aufsteigen – dann ist keine Luft mehr im System. Beobachten Sie ständig den Stand der Bremsflüssigkeit im Ausgleichsbehälter. Füllen Sie bei Bedarf nach - aber nur soviel, dass der vorherige Stand im Bremsflüssigkeitsbehälter nicht überschritten wird. Dadurch verhindern Sie, dass bei einem späteren Wechsel der Bremsbeläge zuviel Bremsflüssigkeit im System ist und der Behälter beim Zurückdrücken der Bremskolben überläuft. Warten Sie bis zum nächsten Pumpen jeweils etwa drei Sekunden, damit sich der Hauptbremszylinder wieder füllen kann.

⑧ Nach dem letzten Durchgang muss der Helfer das Bremspedal wieder am Boden halten, bis das Entlüftungsventil endgültig geschlossen ist (Schraube nicht anknallen).

⑨ Die Arbeit an den anderen Entlüftungsventilen wiederholen.

⑩ Lässt sich die Bremse nach vorgenannter Methode nicht vollständig entlüften, sollten Sie alle Entlüftungsventile schließen, den Motor starten und mehrfach die Bremse betätigen. Dann nochmals einen Entlüftungsdurchgang vornehmen.

⑪ Kontrollieren Sie zum Schluss noch einmal alle Bremsleitungen, Entlüftungsventile (angezogen?), den Stand im Bremsflüssigkeitsbehälter und die Funktion der Bremsen bei einer (vorsichtigen) Probefahrt. Bremsen Sie einmal so stark, dass die ABS-Regelung greift.

Bremsen

Störungsbeistand

Störung	Ursache	Abhilfe
A Bremse quietscht	**1** Resonanzgeräusche zwischen Bremsscheibe und Belägen	Beläge wechseln, Bremsbelagträger auf der Rückseite mit Anti-Quietsch-Paste einstreichen
	2 Beläge verschlissen bzw. verhärtet	Erneuern
	3 Bremsflächen der Scheiben stark verschmutzt, verschmiert oder abgenutzt	Scheiben abschleifen, ausdrehen lassen, austauschen
	4 Belagführung am Bremssattel verschmutzt oder verrostet	Säubern bzw. blank schleifen
	5 Festsitzender Kolben im Bremssattel	Gängig machen oder Bremssattel überholen lassen
	6 Neue Bremsbeläge liegen nicht plan an	Außenkanten der Beläge mit einer Feile brechen
B Bremswirkung lässt nach (Fading)	**1** Pedalweg normal	
	a) Beläge verölt, verbrannt oder verhärtet	Bremsbeläge ersetzen (lassen)

Bremsen

Störungs-beistand

Störung	Ursache	Abhilfe
	b) siehe A 3	
	2 Pedalweg kurz: Bremskraftverstärker arbeitet nicht oder kein Unterdruck am Verstärker	Bremskraftverstärker bzw. Unterdruckleitung auf Knicke prüfen; das Teil prüfen und evtl. ersetzen (lassen)
	3 Pedalweg lang: a) Siehe A5 b) Ein Bremskreis ausgefallen	Kontrollieren, schadhafte Teile auswecheln lassen
	4 Falscher Belag	Bremsbeläge tauschen (lassen)
C Bei hohem Bremspedaldruck schwache Bremsleistung	**1** Siehe A 2 bis 6	
	2 Siehe B 1 bis 4	
D Bremspedalweg schwammig	**1** Luft in der Anlage	Bremsanlage prüfen, entlüften (lassen)
	2 Bei überbeanspruchter Bremse (Gebirgsfahrt, Anhängerbetrieb) Dampfblasenbildung	Anhalten, Bremse abkühlen lassen. Verhalten fahren und bremsen, häufiger Herunterschalten (Motorbremse)
	3 Hauptbremszylinder nicht richtig befestigt	Befestigung prüfen
E Bremspedal lässt sich ganz durchtreten, keine Bremswirkung	**1** Hauptzylinder ausgefallen	Austauschen
	2 Bremsschlauch oder Leitung gerissen, Dichtung leck	Ersetzen
	3 Bremsflüssigkeit zu alt oder überhitzt	Auswechseln
F Pedalweg zu lang	**1** Lager an der Radseite lose oder verschlissen	Befestigen, evtl. ersetzen lassen
	2 Scheiben unrund, Beläge verschoben	Scheibe und Beläge prüfen und evtl. ersetzen lassen
	3 Bremsflüssigkeit läuft aus	Hydraulik auf Leck prüfen und Mangel beheben lassen
G Stand der Bremsflüssigkeit zu niedrig	**1** Bremsbeläge verschlissen	Bremsbeläge prüfen, ersetzen lassen
	2 Leck in der Hydraulik	Hydraulik auf Leck prüfen und Mangel beheben lassen
H Bremsen ziehen einseitig	**1** Bremsscheiben defekt oder unterschiedliche Beläge	Prüfen, evtl. ersetzen lassen
	2 Siehe A 3	
	3 Siehe A 5	
	4 Falsche Reifen oder falscher Reifendruck	Prüfen, richtige Reifen aufziehen, Reifendruck kontrollieren
	5 Stoßdämpfer verschlissen	Prüfen, evtl. ersetzen lassen
I Beläge stark oder ungleichmäßig verschlissen	**1** Bremsscheiben sind korrodiert oder weisen Riefen auf	Prüfen, evtl. ersetzen (lassen)
	2 Siehe A 5	

Bremsflüssigkeit wechseln

Der Wechsel der Bremsflüssigkeit ist - wie schon gesagt - alle zwei Jahre fällig und sollte möglichst nach der kalten Jahreszeit stattfinden. Die Werkstatt erledigt diesen Wartungspunkt mit einem speziellen Befüllgerät. Sie können sich aber auch selbst ans Werk machen – die Arbeit ist die gleiche wie beim Entlüften. Sie benötigen etwa 1,5 Liter frische Bremsflüssigkeit (auf Spezifikation achten).

alle 2 Jahre

① Beachten Sie bitte alle Hinweise und Arbeitsschritte unter »Bremsanlage entlüften«.

② Beachten Sie bei Fahrzeugen mit Schaltgetriebe, dass auch das Hydrauliksystem der Kupplungsbetätigung mit neuer Bremsflüssigkeit gespült werden muss. Lesen Sie dazu bitte im Kapitel »Die Kraftübertragung« die Arbeitsanweisungen zum Thema »Kupplungshydraulik entlüften« nach. Am Kupplungsnehmerzylinder müssen für eine komplette Erneuerung der Flüssigkeit mindestens 0,1 Liter Bremsflüssigkeit herausgepumpt werden.

③ Die Arbeitsschritte an den einzelnen Entlüftungsventilen sind die gleichen wie beim Entlüften. Sie müssen natürlich regelmäßig Bremsflüssigkeit in den Ausgleichsbehälter einfüllen – bei jedem Ventil soll mindestens ein Viertel Liter Bremsflüssigkeit herausgepumpt werden, damit ein kompletter Austausch erfolgt. Die ausgepumpte Bremsflüssigkeit soll auf jeden Fall klar und blasenfrei sein.

Die Bremsflüssigkeit

Hauptbestandteile der Bremsflüssigkeit sind Glykol und Polyglykoläther. Diese Mischung ist bei –40°C noch dünnflüssig und hat einen sehr hohen Siedepunkt von etwa 270°C. Als hygroskopische Flüssigkeit nimmt Bremsflüssigkeit allerdings Wasser auf (undichte Bremsschläuche und Gummimanschetten). Dadurch sinkt der Siedepunkt – bei einem Wassergehalt von 2,5 Prozent liegt er nur noch bei 150°C. In diesem Fall können sich bei stark erhitzten Bremsen (Gebirgsfahrt, Vollbremsungen) Dampfblasen in der Bremsflüssigkeit bilden. Diese werden beim Bremsen zusammengepresst, das System kann keinen stabilen Bremsdruck aufbauen, das Bremspedal lässt sich tief durchtreten (im Extremfall bis auf den Boden). Wechseln Sie daher zu Ihrer Sicherheit die Bremsflüssigkeit regelmäßig – sie soll alle zwei Jahre, möglichst im Frühjahr erneuert werden.

Vorsicht beim Umgang mit Bremsflüssigkeit

Bremsflüssigkeit ist giftig. Nicht mit Mund oder offenen Wunden in Berührung bringen. Sie greift Metall- und Gummiteile zwar nicht an, wirkt jedoch auf Autolack aggressiv. Bremsflüssigkeit, die Sie einmal aus dem System abgelassen haben, dürfen Sie später nicht mehr einfüllen. Verwenden Sie auch keine Bremsflüssigkeit aus einem Behälter, der längere Zeit offen gestanden hat. Gebrauchte Bremsflüssigkeit ist Sondermüll – kümmern Sie sich um eine fachgerechte Entsorgung.

Vorratsbehälter der Bremsflüssigkeit ausbauen

① Nehmen Sie die Abdeckung für den Wasserkasten ab.

② Ziehen Sie die Steckverbindung vom Geber der Schwimmerwarnanzeige ab.

③ Stecken Sie einen Entlüfterschlauch mit einem Gefäß auf den Bremssattel vorn links. Öffnen Sie die Entlüfterschraube. Pumpen Sie durch Betätigen des Bremspedals soviel Bremsflüssigkeit wie nötig aus. Achten Sie darauf, dass der Hauptbremszylinder nicht leer gepumpt wird. Schließen Sie die Entlüfterschraube.

④ Ziehen Sie den Nachlaufschlauch für den Kupplungsgeberzylinder ab und verschließen Sie ihn mit einem Blindstopfen.

⑤ Vorratsbehälter durch seitliches Kippen vom Hauptbremszylinder trennen und abheben.

⑥ Beim **Einbau** neue Dichtringe in die Bohrungen des Hauptbremszylinders einsetzen. Dazu die Dichtringe mit Bremsflüssigkeit einreiben.

⑦ Drücken Sie den Vorratsbehälter ein, bis er einrastet. Nachlaufschlauch für die Kupplungshydraulik und Stecker für den Geber für die Schwimmerwarnanzeige anschließen.

⑧ Entlüften Sie die Bremsanlage.

Hauptbremszylinder ausbauen

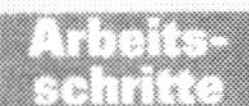    

① Klemmen Sie die Batterie ab und bauen Sie das Steuergerät und die Hydraulikeinheit aus.

② Legen Sie ausreichend nicht fasernde Lappen im Bereich des Wasserkastens, des Motors und des Getriebes aus.

③ Soviel wie möglich Bremsflüssigkeit ist mit einer Absaugflasche aus dem Bremsflüssigkeitsbehälter abzusaugen.

④ Ziehen Sie die Steckverbindung vom Schalter für Bremsflüssigkeit ab. Die Bremsleitungen am Hauptbremszylinder sind abzuschrauben und mit Stopfen zu verschließen.

⑤ Schrauben Sie die Muttern des Hauptbremszylinders ab (falls vorhanden, Wärmeabschirmblech abnehmen) und nehmen den Zylinder vorsichtig aus dem Bremskraftverstärker heraus.

⑥ Beim **Einbau** des Hauptbremszylinders in umgekehrter Ausbaureihenfolge müssen Sie darauf achten, dass die Druckstange im Hauptbremszylinder richtig sitzt. Durch leichtes Drücken des Bremspedals bewegen Sie die Druckstange in Richtung des Hauptbremszylinders. So führen Sie die Druckstange leichter ein.

Bremskraftverstärker ausbauen

Zum Ausbau des Bremskraftverstärkers ist vorher die Batterie abzuklemmen und auszubauen. Auch der Ausgleichsbehälter für Kühlmittel muss ausgebaut, die Stecker abgezogen und zur Seite geschwenkt werden.

   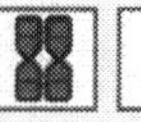

① Ziehen Sie die Steckverbindung vom Schalter für den Bremsflüssigkeitsstand ab. Der Unterdruckschlauch ist vom Bremskraftverstärker zu trennen.

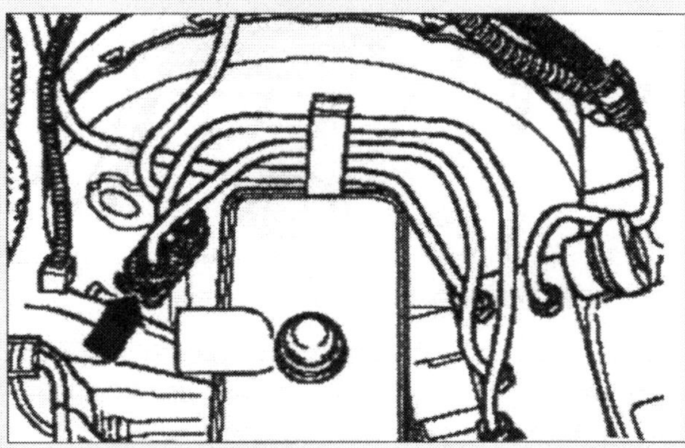

② Öffnen Sie den Halter **(Pfeil)** und clipsen die Bremsleitungen aus.

③ Bauen Sie das Steuergerät und die Hydraulikeinheit aus.

④ Die Abdeckung im Fussraum **(Pfeile)** ist auszubauen.

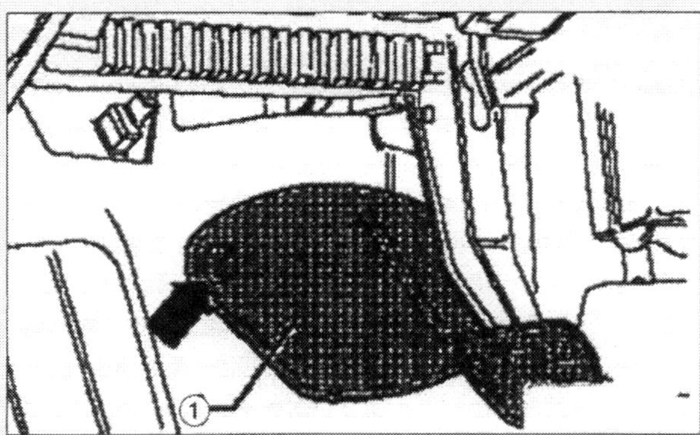

⑤ Die untere Abdeckung ❶ muss ebenfalls ausgebaut werden.

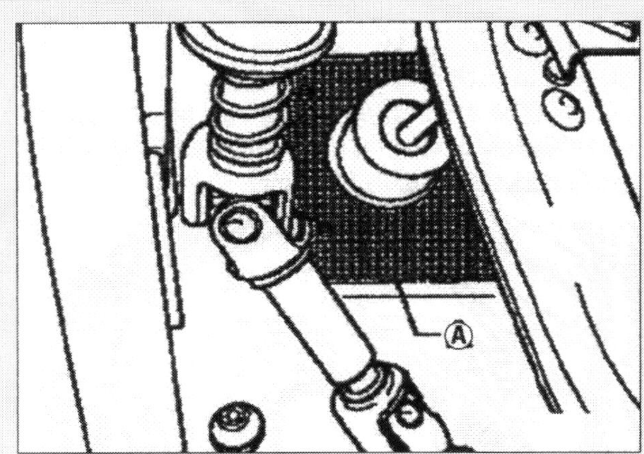

⑥ Klappen Sie die Abdeckung **A** nach unten.

⑦ Bei Fahrzeugen mit Schaltgetriebe ist das Verbindungsblech zwischen Kupplungs- und Bremspedal abzuschrauben und der Bremslichtschalter auszubauen.

⑧ Bei der Trennung des Bremspedals vom Bremskraftverstärker benutzt die Fachwerkstatt spezielles Entriegelungswerkzeug, um den Kugelkopf abzudrücken. Wenn Sie dies nicht haben, müssen Sie es mit Zange und Schraubendreher probieren.

⑨ Wenn der Bremskraftverstärker abgeschraubt wurde, können Sie das Teil zusammen mit dem Hauptbremszylinder nach vorn ausfädeln und ausbauen.

⑩ Beim **Einbau** in umgekehrter Reihenfolge müssen Sie den Bremslichtschalter einstellen.

⑪ Nach dem Einbau muss die Bremsanlage entlüftet werden. Außerdem ist eine Entlüftung der Kupplungshydraulik notwendig.

Praxistipp

So läuft keine Bremsflüssigkeit aus

Wenn Sie eine Bremsleitung (oder einen Bremsschlauch) lösen, läuft langsam die Bremsflüssigkeit aus dem Vorratsbehälter. Das lässt sich jedoch verhindern. Lösen Sie vor dem Öffnen der Verschraubung eine Entlüftungsschraube im betreffenden Bremskreis. Stecken Sie ")einen Entlüftungsschlauch auf und platzieren Sie das andere Ende in ein sauberes Gefäß. Dann das Bremspedal voll durchtreten und zum Beispiel mit einer Holzlatte in dieser Stellung fixieren. Die Zulaufbohrungen im Hauptbremszylinder sind jetzt verschlossen, es kann keine Bremsflüssigkeit mehr auslaufen.

Bremsschlauch aus-/einbauen

Der Hauptbremszylinder und die vier Radbremsen sind mit starren Bremsleitungen und flexiblen druckfesten Bremsschläuchen verbunden. Arbeiten an den Bremsleitungen aus Metall sollten der Werkstatt überlassen werden, da zur fachgerechten Montage viel Erfahrung gehört. Bremsschläuche können Sie bei erkennbaren Schäden selbst auswechseln.

Arbeitsschritte 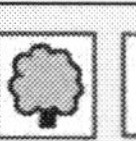   

① Zuerst die Überwurfmutter der betreffenden Bremsleitung losdrehen. Dabei darauf achten, dass sich die Leitung nicht verdreht.

② Manche Bremsschläuche sind mit einem so genannten Schlauchhalter (Blechbügel) gegen Rutschen an der Karosserie gesichert. Beim Zusammenbau diesen Schlauchhalter nicht vergessen!

③ Beim **Einbau** den Schlauch immer zuerst an der Stelle festdrehen, an der das Außengewinde sitzt. Dann die andere Verschraubung anziehen.

④ Der Bremsschlauch darf nicht in sich verdreht sein. Den richtigen Sitz erkennen Sie am durchgehenden Farbstreifen, dem Gummianguss oder dem Gummiprofil entlang des Schlauches.

⑤ Bremssystem entlüften.

Ist ein Bremsschlauch ❶ mit einem Blechhalter ❷ an der Karosserie befestigt, dann ist er mit einem Blechbügel ❸ gesichert. Beim Zusammenbau darf dieser nicht vergessen werden.

⑥ Kontrollieren Sie unbedingt, ob der Bremsschlauch bei Federbewegungen an einer Stelle scheuern kann. Dann müssen Sie den Abstandshalter verschieben. Wiederholen Sie diese Kontrolle nach einer längeren Fahrstrecke.

Scheibenbremsbeläge vorn wechseln

Bei dieser Arbeit müssen Sie sich gleich zweimal ans Werk machen. Die Beläge dürfen nämlich grundsätzlich nur auf beiden Seiten ausgetauscht werden. Mit neuen Bremsbelägen sollten Sie auf den ersten 200 Kilometern häufige Vollbremsungen vermeiden. Der Belag verändert sonst seine Struktur. Er verhärtet (»verglast«) und erreicht dadurch nicht seine beste Bremswirkung.

Als Bremsanlagen vorn sind die VW II-, die FS I- und die Lucas-Bremse gebräuchlich. Die VW I mit massiven Bremsscheiben kommt noch bei manchen Arosa-Modellen zum Einsatz. In den Arbeitsschritten wird der Wechsel der Bremsbeläge am Beispiel der Lucas-Bremse beschrieben.

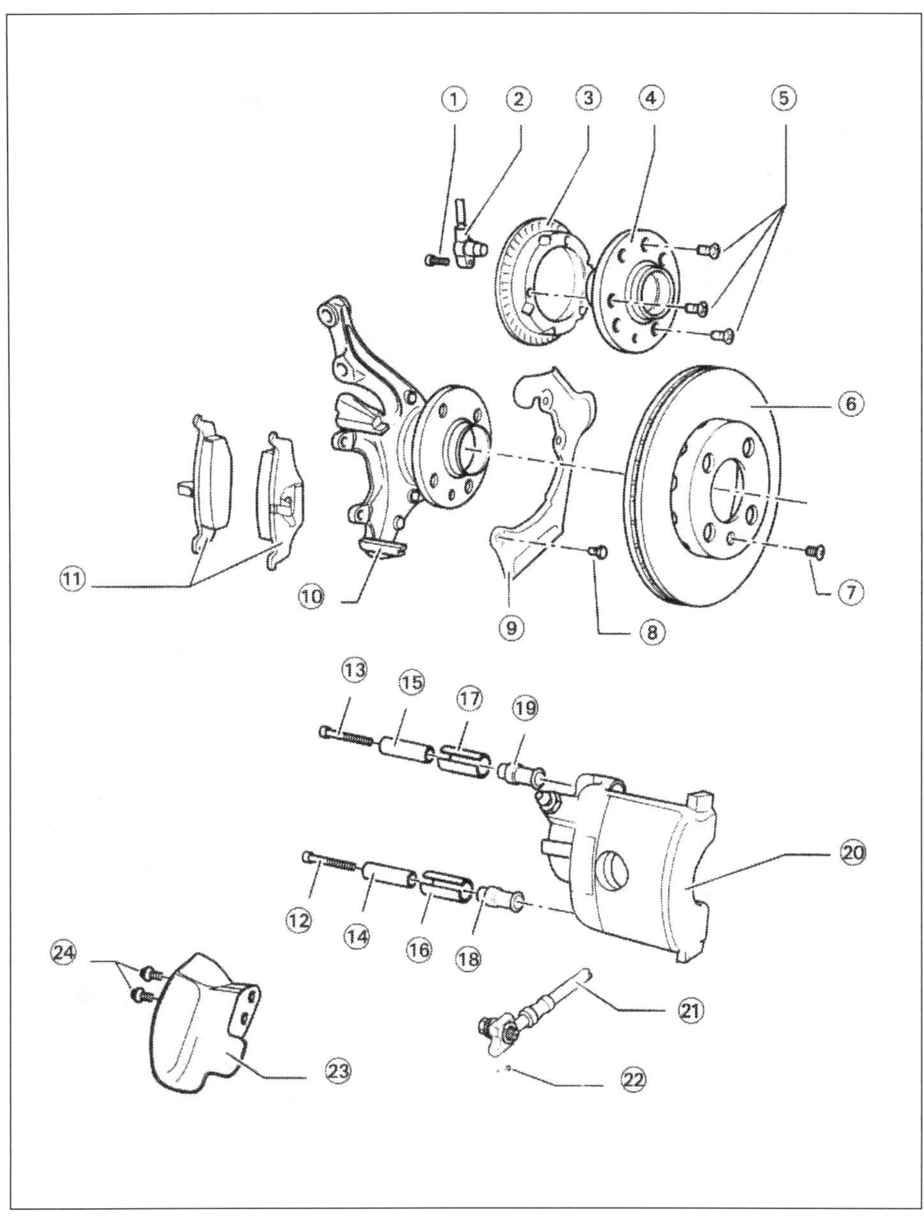

VW-II-Bremse: ❶ Innensechskantschraube 10 Nm, ❷ Drehzahlfühler ABS, ❸ Rotor für Drehzahlfühler, ❹ Radnabe, ❺ Kreuzschlitzschraube, ❻ Bremsscheibe innenbelüftet, ❼ Kreuzschlitzschraube 4 Nm, ❽ Schraube 10 Nm, ❾ Abdeckblech, ❿ Radlagergehäuse, ⓫ Bremsbeläge, ⓬ Innensechskantschrauben unten 25 Nm, ⓭ Innensechskantschrauben oben 25 Nm, ⓮ Abstandshülse unten, ⓯ Abstandshülse oben, ⓰ Buchse unten, ⓱ Buchse oben, ⓲ Hülse unten, ⓳ Hülse oben, ⓴ Bremssattel, ㉑ Bremsschlauch, ㉒ Spannhülse, ㉓ Luftführung, ㉔ Schraube 10 Nm.

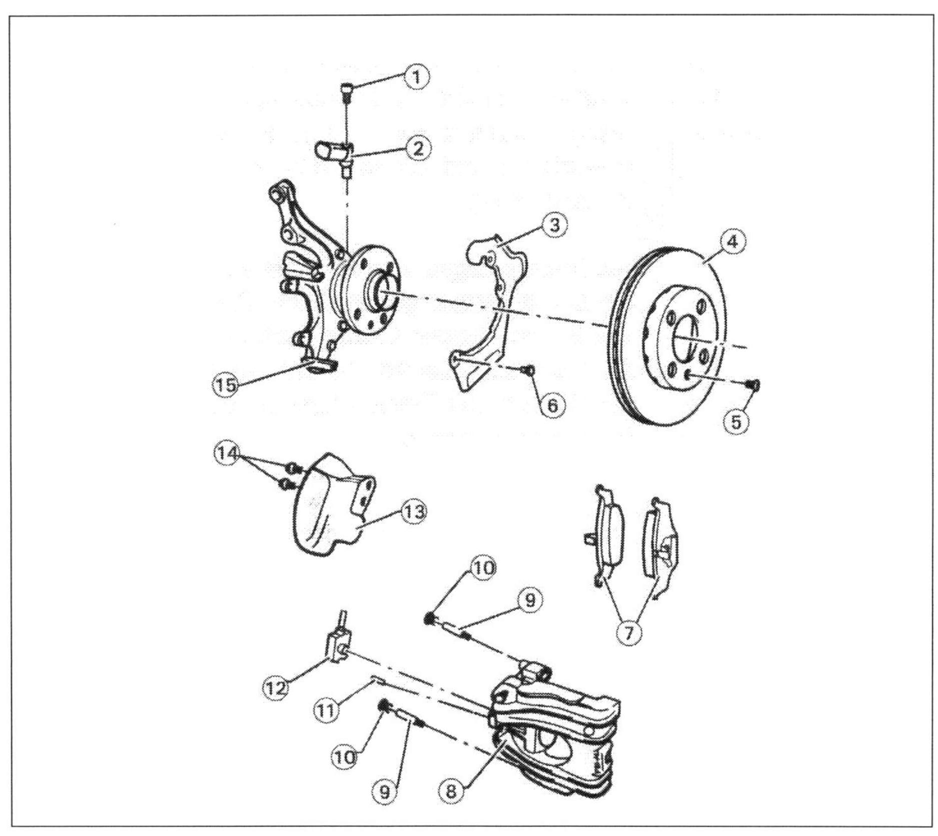

FS-I-AL-Bremse: ❶ Innensechskantschraube 10 Nm, ❷ Drehzahlfühler ABS, ❸ Abdeckblech, ❹ Bremsscheibe innenbelüftet, ❺ Kreuzschlitzschraube 4 Nm, ❻ Schraube 10 Nm, ❼ Bremsbeläge, ❽ Bremssattel, ❾ Führungsbolzen, ❿ Abdeckkappe, ⓫ Spannhülse, ⓬ Bremsschlauch, ⓭ Luftführung, ⓮ Schraube 10 Nm, ⓯ Radlagergehäuse.

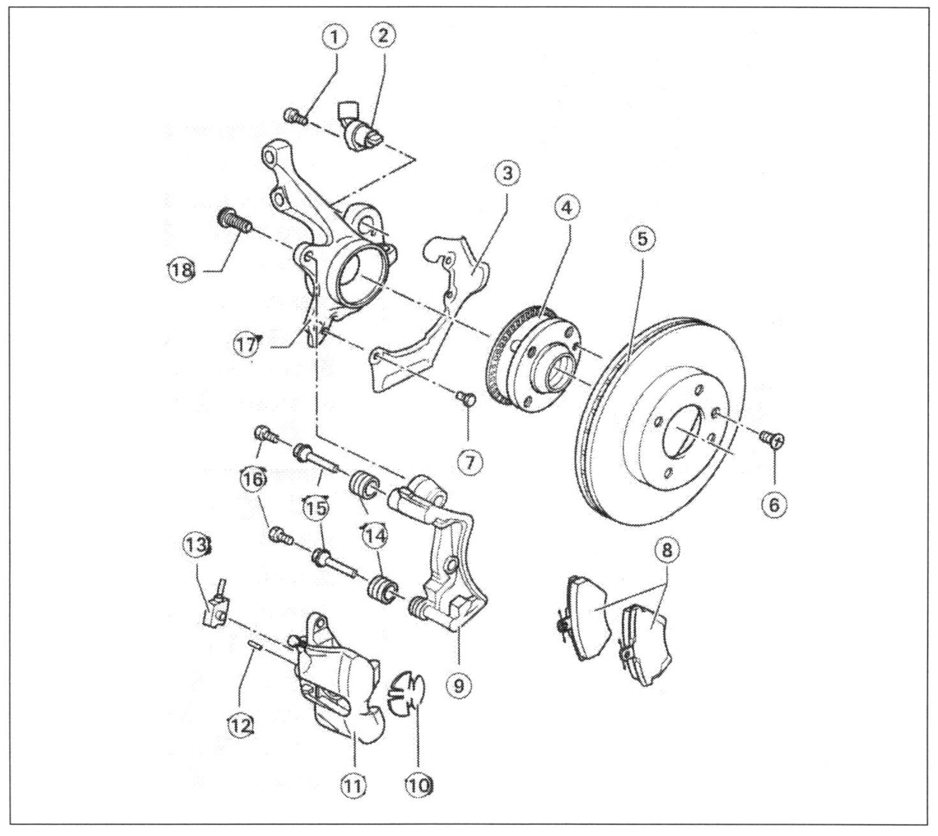

Lucas-Bremse: ❶ Innensechskantschraube 10 Nm, ❷ Drehzahlfühler ABS, ❸ Abdeckblech, ❹ Radnabe, ❺ Bremsscheibe innenbelüftet, ❻ Kreuzschlitzschraube 4 Nm, ❼ Schraube 10 Nm, ❽ Bremsbeläge mit Geräuschdämmblech auf der Rückseite der Rückenplatte, ❾ Bremsträger, ❿ Wärmeschutzblech, ⓫ Bremssattel, ⓬ Spannhülse, ⓭ Bremsschlauch, ⓮ Schutzkappe, ⓯ Führungsbolzen, ⓰ Schraube 35 Nm, ⓱ Radlagergehäuse, ⓲ Rippschraube 125 Nm.

① Wagen vorne aufbocken, Räder abbauen. Sichern Sie die Bremsscheiben, indem Sie zwei Radbolzen eindrehen.

② Lenkung einschlagen, damit die Beläge gut zugänglich sind.

③ Schrauben Sie die untere Befestigungsschraube aus dem Bremssattel heraus. Dabei am Führungsbolzen gegenhalten.

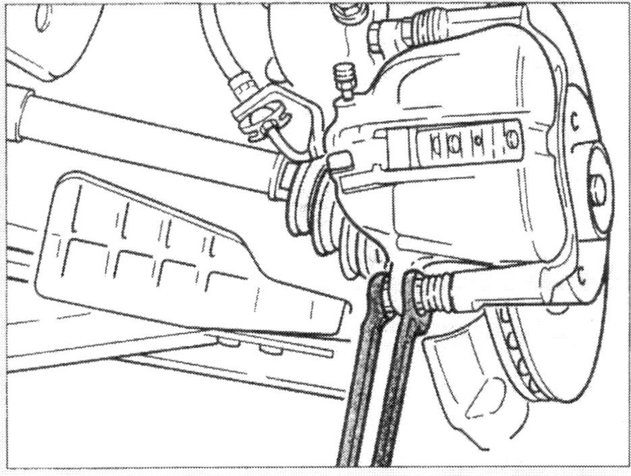

④ Schwenken Sie den Bremssattel nach oben. So können Sie die Bremsbeläge herausnehmen.

⑤ Nehmen Sie die Bremsbeläge heraus. Wenn Sie diese wieder verwenden wollen, kennzeichnen Sie sie. An falscher Stelle eingebaute alte Beläge führen zu ungleichmäßiger Bremswirkung.

⑥ Wenn Sie neue Bremsbeläge montieren, müssen Sie den Bremskolben in den Zylinder zurückdrücken. Wenn Sie dafür kein Spezialwerkzeug haben, können Sie auch eine Schraubzwinge verwenden. Schützen Sie den Kolben mit einem Stück Holz. Beschädigen Sie die Manschette nicht. Behalten Sie beim Zurückdrücken den Bremsflüssigkeitsbehälter im Auge. Er könnte jetzt überlaufen. Saugen Sie gegebenenfalls vorher etwas Bremsflüssigkeit ab.

⑦ Setzen Sie den inneren Bremsbelag mit Haltefedern in das Bremssattelgehäuse beim Bremskolben ein. Der innere Belag ist mit einem Pfeil gekennzeichnet. Im eingebauten Zustand muss der Pfeil auf der Rückenplatte des Bremsbelages nach unten zeigen. Der äußere Belag kommt auf den Bremsträger. Ziehen Sie zuvor die Schutzfolie von der Rückplatte des Belages ab.

⑧ Wenn Sie fertig sind, treten Sie mehrmals kräftig das

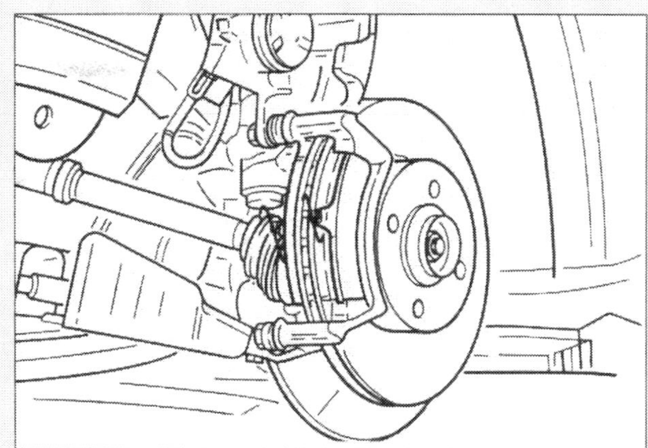

Bremssattelgehäuse und Haltefedern.

Bremspedal durch. So nehmen die Beläge den richtigen Sitz ein. Danach kontrollieren Sie den Stand im Bremsflüssigkeitsbehälter.

Bremsbeläge hinten wechseln

Der Aus- und Einbau der Scheibenbremsbeläge für die Hinterräder erfolgt prinzipiell wie bei den Vorderrädern. In den Arbeitsschritten werden die abweichenden Arbeiten illustriert. Die Arbeit ist eigentlich kein Problem, jedoch ist zum Zurückdrücken des Bremskolbens ein Spezialwerkzeug (3272 Rückstell- und Ausdrehwerkzeug) nötig. Ohne das Werkzeug kann beim Zurückdrücken der Nachstellmechanismus für die Handbremse zerstört werden.

Arbeits-
schritte

① Ziehen Sie Clip ❸ ab, drücken den Bremshebel ❷ in Pfeilrichtung und hängen das Handbremsseil ❶ aus.

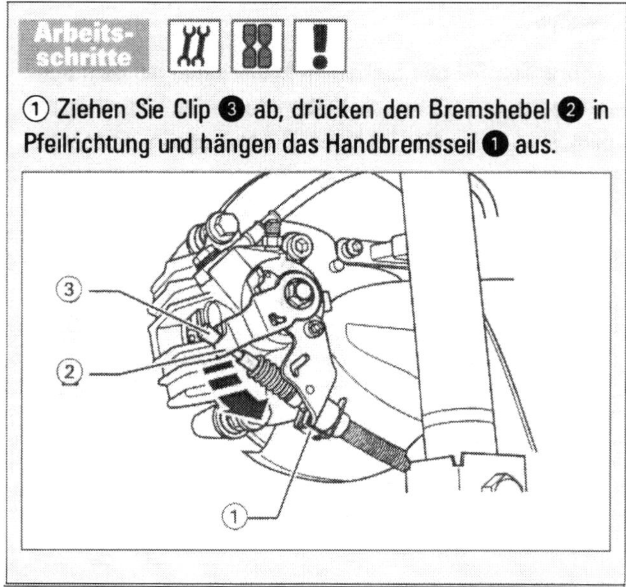

② Schrauben Sie die Befestigungsschrauben vom Bremssattelgehäuse ab. Der Führungsbolzen muss dabei mit einem Maulschlüssel gegengehalten werden.

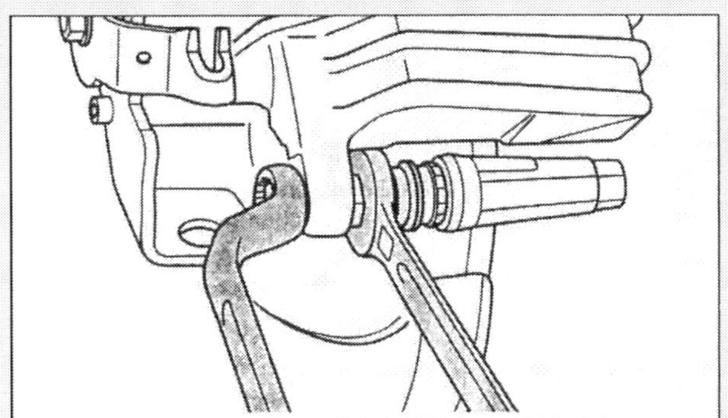

③ Nehmen Sie die Bremsbeläge ab, nachdem Sie die Belaghaltefedern (Pfeile) ausgebaut haben. Wenn Sie die Beläge wieder einbauen wollen, müssen Sie diese kennzeichnen und an derselben Stelle wieder einsetzen.

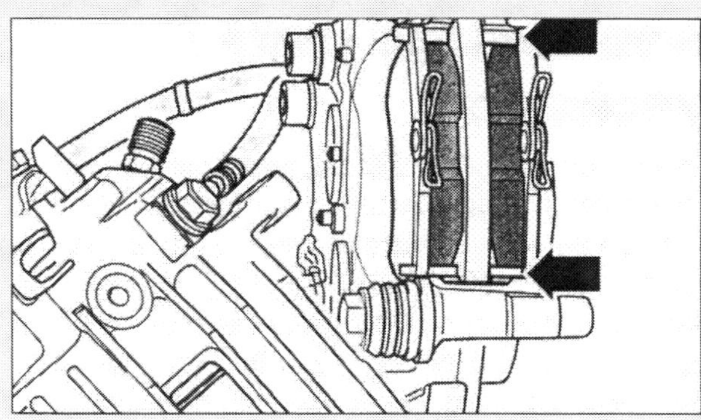

④ Reinigen Sie den Bremssattel ausschließlich mit Spiritus. Keine Drahtbürste zum Reinigen des Gehäuses verwenden.

⑤ Drücken Sie den Kolben im Bremssattel mit dem Spezialwerkzeug 3272 zurück. Kolben durch Rechtsdrehen mit dem Werkzeug unter kräftigem Druck langsam einschrauben. Der Bund (Pfeil links) des Werkzeugs muss am Bremssattel anliegen. Bei schwergängigen Kolben mit einem Maulschlüssel SW 13 an den Abflachungen **A** des Werkzeugs drehen.

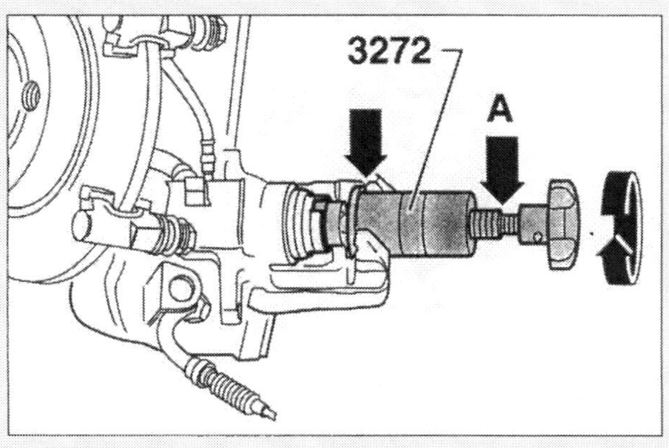

⑥ Ziehen Sie die Schutzfolie von den Rückseiten der Bremsbeläge ab und setzen diese zusammen mit den Belaghaltefedern ein.

⑦ Schrauben Sie das Bremssattelgehäuse mit neuen selbstsichernden Schrauben ein.

⑧ Drücken Sie den Bremshebel herunter, hängen das Handbremsseil wieder ein und bauen den Clip für das Handbremsseil ein.

⑨ Zum Abschluss ist die Handbremse einzustellen.

Bremsscheiben aus-/einbauen

Die Bremsscheiben müssen Sie stets auf beiden Seiten erneuern. Ein Wechsel nur auf einer Seite kann eine ungleiche Wirkung der Bremsen zur Folge haben. Der Ausbau ist vorn und hinten weitgehend identisch. Sie müssen im Prinzip nur den Bremssattel abbauen, dann fällt Ihnen die Bremsscheibe schon entgegen. Beachten Sie dabei, dass zum Zurückdrücken des Bremskolbens am hinteren Bremssattel Spezialwerkzeug nötig ist.

Arbeitsschritte

① Wagen aufbocken und Rad abbauen.

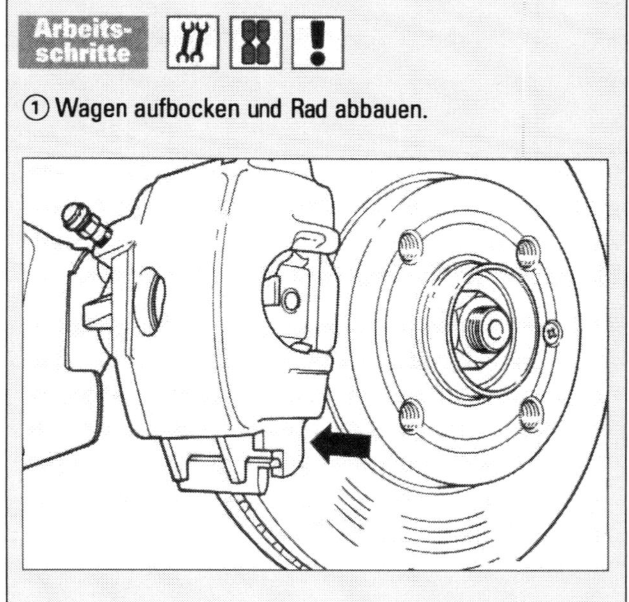

② **Vorn:** Lösen Sie die Befestigungschrauben des Bremssattels. Ziehen Sie den Bremssattel vom Radlagergehäuse in Pfeilrichtung ab. Hängen Sie den Sattel mit einem Stück Draht o.ä. an die Karosserie. Nicht am Bremsschlauch baumeln lassen.

Hinten: Bauen Sie den Bremssattel und die Bremsbeläge wie bereits beschrieben ab. Der Bremsschlauch muss in keinem Fall gelöst werden. Andernfalls ist eine Entlüftung der Bremsanlage nötig.

③ Die Bremsscheibe kann nun abgezogen werden. Ist sie festgerostet, helfen Sie mit kräftigen Hammerschlägen nach - aber nur wenn Sie vorhaben, neue einzubauen.

④ Bevor Sie die neue Scheibe aufsetzen, sollten Sie die Radnabe säubern. Die neue Bremsscheibe kann mit einem Schutzlack gegen Korrosion versehen sein, den Sie mit Verdünner entfernen müssen.

⑤ Schrauben Sie den Bremssattel fest. Benutzen Sie neue selbstsichernde Schrauben.

⑥ Rad montieren.

Bremskolben vorn gängig machen

Korrosion an den Gleitflächen von Bremssattel und Bremszange macht den Bremssattel schwergängig. Bei einer defekten oder nachlässig montierten Staubmanschette können Schmutz und Feuchtigkeit in den Bremskolben eindringen, außerdem kann der Kolben im Bremssattel festgehen. Beides führt zu einer ungleichmäßigen Wirkung der Bremse.

Arbeitsschritte   

① Bremsbeläge ausbauen. Bremssattelgehäuse ausschließlich mit Spiritus reinigen. Die Klebefläche für den Bremsbelag muss frei von Kleberesten und Fett sein.

② Kontrollieren Sie, ob sich die Beläge in ihren Führungen leicht bewegen lassen. Sonst säubern Sie die Führungen mit einem Schraubendreher. Dabei die Bremskolbenmanschette nicht beschädigen. Vor dem Einsetzen der Bremsbeläge etwas Kupferfett angeben (darf nicht auf die Bremsflächen von Bremsscheiben und -belägen gelangen).

③ Auch der Bremssattel sollte sich bewegen lassen. Ist dies nicht der Fall, Führungsbolzen säubern. Damit sie gängig bleiben, an den Gleitstellen etwas hitzebeständiges Fett auftragen.

Bremskolben prüfen (nur vorn!)

① Um die Gängigkeit des Bremskolbens zu prüfen, als Anschlag im Bremssattel mit einer Schraubzwinge ein Holzstück ansetzen (verhindert, dass der Kolben aus dem Zylinder springt und die Kolbenfläche beschädigt wird).

② Ein Helfer soll das Bremspedal vorsichtig treten (der andere Bremssattel muss natürlich eingebaut sein). Bewegt sich der Kolben? Wenn nicht, so lange mit dem Bremspedal pumpen, bis er sich bewegt. Dann Kolben durch Drehen der Schraubzwinge zurückdrücken. Diese Übung so lange wiederholen, bis er sich leichtgängig bewegt.

An der Hinterradbremse dürfen Sie nicht so vorgehen, weil sonst der Nachstellmechanismus der Handbremse zerstört wird.

Die Handbremse

Mit der Handbremse sichern Sie Ihr Fahrzeug im Stand gegen eine unbeabsichtigte Fortbewegung. Sie wirkt auf die beiden Hinterräder und wird mechanisch betätigt. Damit wird auch den gesetzlichen Vorschriften Genüge getan, die eine zweite unabhängige Bremsbetätigung fordern.

Die Handbremsbetätigung ist in die Bremssättel der Hinterrad-Bremse integriert. Weil die Hinterradbremse sich automatisch nachstellt, muss die Handbremse nicht regelmäßig nachgestellt werden.

Anders bei der mechanischen Betätigung der Handbremse: Hier würde der Druckstößel der Handbremsbetätigung den weiter nach außen gerückten Kolben irgendwann nicht mehr erreichen. Die Nachstellvorrichtung verlängert den Druckstößel je nach Verschleißgrad der Bremsbeläge. Kernstück der Nachstellung ist ein Gewinde, auf dem sich ein zweites Teil je nach Belagverschleiß immer weiter nach vorn schraubt. Beim Belagwechsel darf der Bremskolben also nicht einfach wieder zurückgedrückt werden. Er wird stattdessen auf der Nachstellvorrichtung zurückgeschraubt.

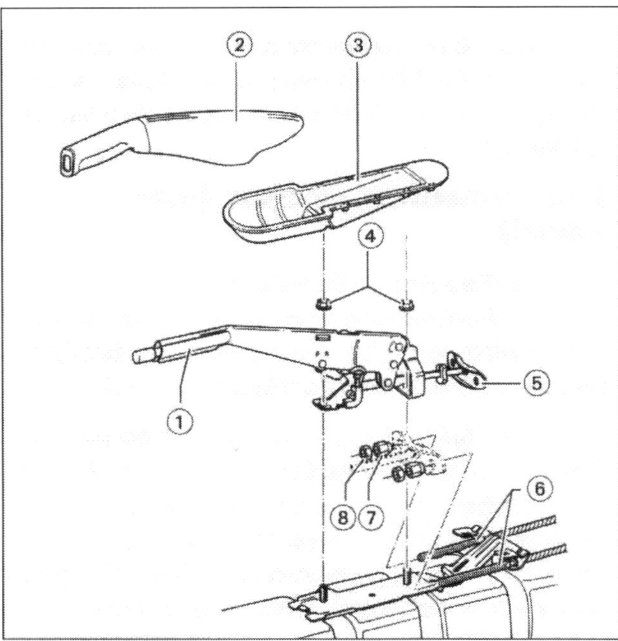

Der Handbremshebel des Lupo (Abdeckungen bei Arosa sowie Lupo 3 L, FSI und GTI sind etwas anders gestaltet): ❶ Handbremshebel, ❷ Handgriff, ❸ Rahmen für Handbremse, ❹ Mutter 25 Nm, ❺ Ausgleichbügel, ❻ Handbremsseil, ❼ Einstellmutter, ❽ Kontermutter.

Wirkung der Handbremse prüfen

① Lassen Sie Ihr Fahrzeug auf einer Straße mit leichtem Gefälle im Leerlauf rollen. Ziehen Sie den Handbremshebel in die erste Raste – die Bremse sollte bereits wirken (Wagen darf nicht schneller werden).

② Ziehen Sie den Hebel weiter nach oben. In der dritten, spätestens der vierten Raste sollten die Hinterräder blockieren.

③ Ein längerer Leerweg kann im Prinzip kaum durch abgefahrene Bremsbeläge entstehen. Das Spiel wird ja durch die Nachstellvorrichtung automatisch kompensiert. Trotzdem sollten Sie die hinteren Bremsbeläge prüfen. Andere Ursachen: Wenn Sie beim Parken die Handbremse regelmäßig kräftig anziehen, kann ein langer Leerweg des Hebels bedeuten, dass die Seilzüge gedehnt sind oder Spiel in den Übertragungsteilen von Handbremse und Nachstellmechanismus entstanden ist.

Handbremszüge wechseln

Arbeitsschritte    

① Fahrzeug so aufbocken, dass Sie unter dem Auto arbeiten können. An die hinteren Bremssättel kommen Sie besser heran, wenn Sie die Hinterräder abbauen. Das ist aber nicht unbedingt nötig.

② Bauen Sie Abdeckungen und Blenden sowie die Verlängerung der Mittelkonsole aus.

③ Lösen Sie die Nachstellmutter der Handbremse soweit, bis das Handbremsseil aus dem Ausgleichbügel ausgehängt werden kann.

④ Hängen Sie die Handbremsseile an den Bremssätteln aus. Achten Sie darauf, dass die Faltenbälge beim Ein- und Aushängen nicht beschädigt werden.

⑤ Jetzt können Sie das Handbremsseil aus der Halterung am Hinterachskörper (Pfeil **A**) ausclipsen und aus der Halterung (Pfeil **B**) aushängen.

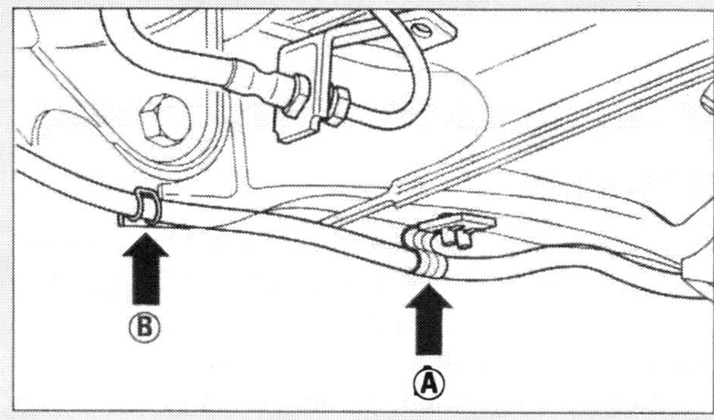

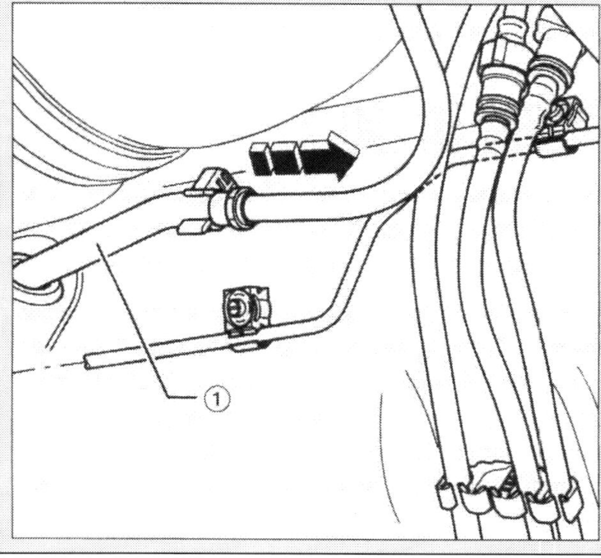

⑥ Ziehen Sie nun das Handbremsseil in Pfeilrichtung aus dem Führungsrohr ❶ heraus.

⑦ Beim **Einbau** schieben Sie das Handbremsseil in das Führungsrohr ein und hängen es wie im Bild gezeigt ein.

⑧ Clipsen Sie das Seil in die Halterungen am Hinterachskörper ein. Der Klemmring am Seil muss in der Mitte des Clips liegen.

⑨ Hängen Sie das Handbremsseil in den Ausgleichbügel ein und stellen die Handbremse ein.

⑩ Bauen Sie die Verlängerung der Mittelkonsole ein und führen Sie die Karosseriearbeiten zu Ende.

Handbremse einstellen

Die Neueinstellung der Handbremse ist nur bei Ersatz der Handbremsseile, der Bremssättel und Bremsscheiben erforderlich.

Kontrollieren Sie vor dem Einstellen, ob das Handbremsseil in den Führungen richtig verlegt ist. Auch die Nachstellvorrichtung in den Hinterradbremsen sollte einwandfrei arbeiten. Durch die automatische Nachstellung ist eine Justierung der Handbremse normalerweise nicht nötig. Sie muss allerdings vorgenommen werden, wenn die Handbremsseile, Bremssättel, Bremsbeläge oder Bremsscheiben ausgetauscht wurden. Vorraussetzung für eine korrekte Einstellung ist eine entlüftete und fehlerfreie Fußbremsanlage.

① Fahrzeug hinten aufbocken. Handbremse vollständig lösen und mindestens einmal kräftig auf die Bremse treten.

② Karosserie-Montagearbeiten wie bei »Handbremszüge wechseln«.

③ Bei Fahrzeugen mit Trommelbremsen Kontermuttern lösen und Einstellmuttern (Pfeile) gleichmäßig so weit anziehen, dass sich bei vier Rasten weit angezogener Handbremse beide Hinterräder nur schwer von Hand durchdrehen lassen. Sicherstellen (gegebenenfalls durch Nachjustieren der Einstellmuttern), dass sich bei gelöster Handbremse beide Hinterräder frei drehen lassen. Einstellmuttern mit Kontermuttern sichern.

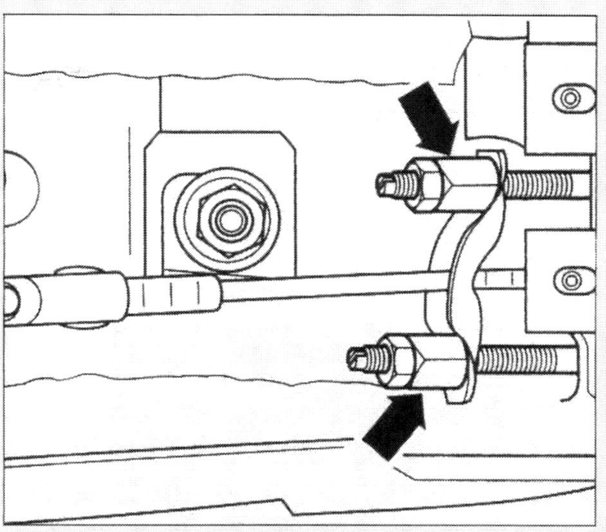

④ Bei Fahrzeugen mit Scheibenbremsen Handbremshebel in Ruhestellung bringen. Nachstellmutter soweit anziehen, bis sich die Hebel (Pfeil) an den Bremssätteln vom Anschlag abheben. Das Spiel zwischen Hebel und Anschlag am Bremssattel muss auf beiden Seiten gleich groß sein. Maximal 1,5 mm Abstand zum Anschlag ist je Seite zulässig.

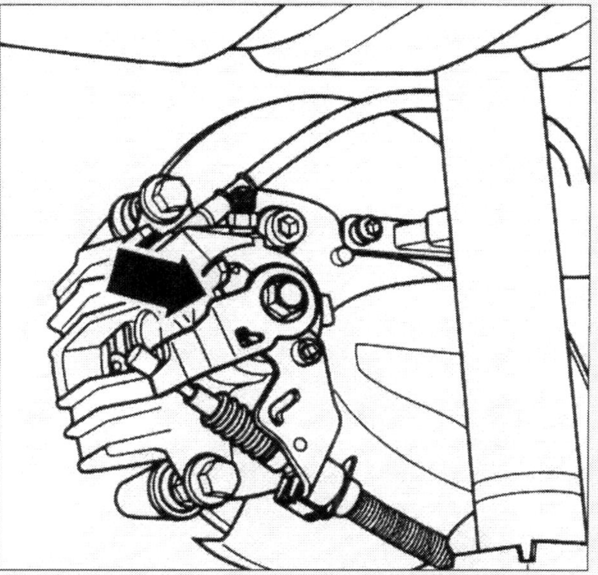

⑤ Handbremse drei Mal fest anziehen und anschließend wieder lösen.

⑥ Prüfen Sie, ob beide Räder frei durchdrehen.

⑦ Nach der Neueinstellung ist durch die automatische Nachstellung der Hinterradbremse ein Nachstellen der Handbremse nicht mehr erforderlich.

DIE FAHRZE ELEKTR

Schon allein der markante Rundscheinwerfer mit der schräg darunter gesetzten Blinkleuchte signalisiert moderne Kfz-Elektrik. Die gesamte CAN verknüpfte Elektrik/Elektronik an Bord umfasst allerdings weitaus mehr.

Wartung

Reparatur

Das elektrische System

Batterie, Generator und Anlasser (Starter) sind zusammen für die Arbeitsaufnahme des Motors verantwortlich. Um seine Aufgabe zu erfüllen, ist jedes Bauteil auf das andere angewiesen: Ohne Batterie dreht sich der Anlasser nicht; ohne diesen Starter bleiben Motor und Lichtmaschine (Generator) bewegungslos; ohne Lichtmaschine kann die Batterie verbrauchte Energien nicht erneuern.

Strom für die Fahrt

Natürlich benötigt Ihr Lupo auch während der Fahrt elektrischen Strom. Motorsteuerung und Benzin- oder Dieseleinspritzung müssen mit Energie versorgt werden. Alle weiteren unbedingt erforderlichen oder für Ihre Sicherheit und Bequemlichkeit eingebauten automatischen Systeme sowie die gesamte Lichtanlage sind ohne elektrische Energie arbeitsunfähig. Die Autoelektrik ist also eine hochwichtige Angelegenheit.
Fast jedem Fahrer fallen zu diesem Thema unangenehme Geschichten ein. Strom wird im Motorraum produziert, und die Arbeitsbedingungen dort sind nicht gerade ideal. Mal ist es zu kalt, mal zu warm, oft ist es feucht und manchmal richtig nass. Batterie und Lichtmaschine, die Stromerzeuger, sorgen daher bisweilen für Ärger. Weil viele Stromverbraucher an exponierten Stellen sitzen, sind auch bei ihnen Störungen programmiert.

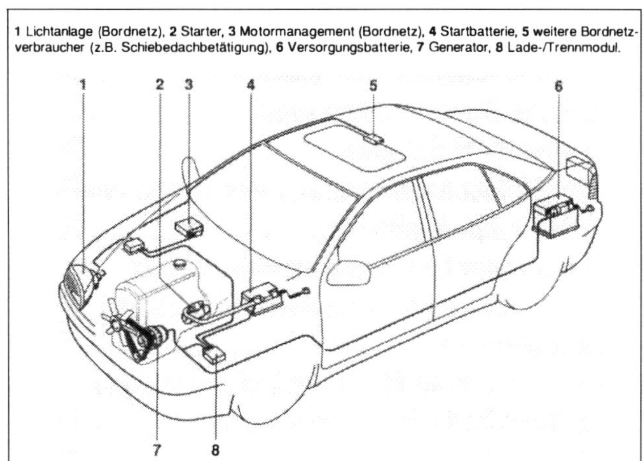

Bordnetz der Zukunft: Getrennte Batterien sichern stabilen Start und störungsfreie Bordnetzversorgung. Das Lade-/Trennmodul verhindert Spannungseinbruch beim Start und Entladung der Startbatterie durch Bordnetzverbraucher.

Bordnetz der Zukunft: Zwei Batterien

Im 12-Volt-Bordnetz der heutigen Serienfahrzeuge ist aus diesen Gründen die Batterie ein Kompromiss. Sie muss für den Startvorgang und für die Bordnetzversorgung dimensioniert sein. Die beiden Anforderungen widersprechen sich zum Teil: Für den Startvorgang muss die Batterie Ströme zwischen 300 und 500 Ampere und damit eine hohe Leistung liefern können, worunter infolge Spannungseinbruch Geräte mit Mikroprozessoren leiden. Im Fahrbetrieb dagegen fließen nur noch geringe Ströme.
Eine einzige Batterie lässt sich nur schwer für beide Anforderungsprofile auslegen. Bei künftigen Bordnetzen werden die Funktionen durch Einsatz einer Startbatterie und einer Versorgungsbatterie getrennt. Dadurch ist dann sogar ein sicherer Kaltstart bei einem Ladezustand der Versorgungsbatterie von 30 % gewährleistet.

Keine Angst vor der Elektrik

Trotz der eingangs geschilderten Probleme und der noch höheren Komplexität künftiger Bordelektrik sollten Sie jedoch nicht gleich den Mut verlieren, wenn Sie einen Schalter drücken und nichts geschieht. Oft sitzt nur ein Kabel lose oder ein Kontakt ist korrodiert. Viele Störungen an der Elektrik lassen sich mit einfachen Mitteln beheben. Auch dann, wenn man kein Elektrik-Profi ist.

Batterie und Anlasser

Sechs in Reihe geschaltete Zellen bilden das Herz einer 12-Volt-Auto-Batterie. Jede Zelle besteht aus einer Kombination positiver und negativer Platten, die in chemischem Teamwork eine Spannung von etwa zwei Volt produzieren. Die Platten aus Hartblei-Gittern sind mit einer aktiven Masse gefüllt: Die positive Platte enthält Bleidioxid, die negative Platte reines Blei. Dazwischen sitzt ein Separator. Er trennt die beiden Platten voneinander, lässt den Elektrolyten jedoch durch mikroskopisch kleine Poren passieren. Der Elektrolyt ist eine leitfähige Flüssigkeit, die zu etwa 37 Prozent aus konzentrierter Schwefelsäure und zu 63 Prozent aus destilliertem Wasser besteht.

Batterie ist der Energiespeicher

Im Inneren der Batterie laufen chemische Prozesse ab, durch die sie Energie aufnimmt und speichert. Bei der

Die »Batterieverordnung«

Praxistipp

Für Kauf und Entsorgung von Starterbatterien gelten seit dem 1. Oktober 1998 die Vorschriften der »Batterieverordung«. Das Regelwerk richtet sich an Händler und Werkstätten ebenso wie an Endverbraucher. Sie müssen jetzt zum Beispiel eine ausgediente Batterie bei einem Händler oder einer Werkstatt abgeben; dort ist man verpflichtet, die Alt-Akkus unentgeltlich abzunehmen. Eine besondere Regel gilt für den Neukauf einer Starterbatterie. Unsere Übersicht fasst die wichtigsten Punkte zusammen.

- Kaufen Sie bei einem Händler oder einer Werkstatt eine neue Starterbatterie, wird zusätzlich zum Verkaufspreis ein Pfand in Höhe von 15 Mark fällig. Als Beleg für das Pfand erhalten Sie eine Quittung oder Pfandmarke.
- Diese Regelung enthält eine wichtige Ausnahme: Die Zahlung eines Pfandgelds entfällt, wenn Sie beim Kauf eine alte Batterie zurückgeben.
- Haben Sie dem Händler oder der Werkstatt für die alte Batterie bereits Pfand gezahlt, erhalten Sie Ihr Geld gegen Vorlage der Quittung zurück.
- Ihr Pfand können Sie jedoch grundsätzlich nur dort einlösen, wo Sie die neue Batterie gekauft haben. Dazu dem Händler oder der Werkstatt die Quittung (Pfandmarke) vorlegen und die alte Batterie.
- Die zurückgegebene Starterbatterie muss freilich nicht mit der Batterie identisch sein, für die Sie das Pfandgeld bezahlt haben. Sie können gegen Vorlage der Quittung auch jede andere Starterbatterie abgeben.
- Geben Sie beim Kauf der neuen Batterie eine alte zurück, für die Sie noch kein Pfand entrichtet haben, ist es egal, wo Sie diesen Akku gekauft haben. Ein Pfand für die neue Batterie entfällt auch in diesem Fall.

Grundbegriffe der Elektrik

Elektrischer Strom kann nur in einem geschlossenen Stromkreis fließen. Der besteht aus Erzeuger (z.B. Batterie), Verbraucher (z. B. Glühlampe, Anlasser) und den Leitungen (Kabel), mit denen Erzeuger und Verbraucher verbunden sind. Die Grundbegriffe der Elektrik veranschaulicht folgendes Beispiel. Stellen Sie sich eine Wasserleitung vor, durch die unter einem bestimmten Druck eine bestimmte Menge Wasser fließt. Dieses System lässt sich mit einem Stromkreis vergleichen.

Spannung. Sie entspricht dem Druck in der Wasserleitung. Wird in Volt (V) gemessen.

Strom. Entspricht der Wassermenge, die in einer bestimmten Zeit durch die Leitung fließt. Maßeinheit ist Ampere (A).

Leistung. Das Produkt aus Spannung und Strom gibt an, welche elektrische Arbeit ein Stromerzeuger an einen Verbraucher abgibt. Wird in Watt (W) angegeben.

Widerstand. Vergleichbar mit dem Absperrhahn der Wasserleitung. Ist er ganz geöffnet, fließt das Wasser ungehindert (Widerstand 0). Dreht man den Hahn zu, erhöht sich der Widerstand, bis das Wasser nicht mehr fließen kann (Widerstand ∞). Maßeinheit ist Ohm (Ω).

Kabel. Entsprechen der Wasserleitung. Die Dicke der Leitung (Querschnitt) hängt vom Verbraucher ab. Ein Kontrolllämpchen kommt mit einer Kabelstärke von 0,5 mm^2 aus, der Anlasser braucht dagegen eine 16-mm^2-Leitung. Ein zu dünnes Kabel heizt sich auf – die Spannung fällt ab. Dann kommen zum Beispiel am Scheinwerfer nicht 12 Volt, sondern nur 10 oder 9,5 Volt an – das Licht wird trübe.

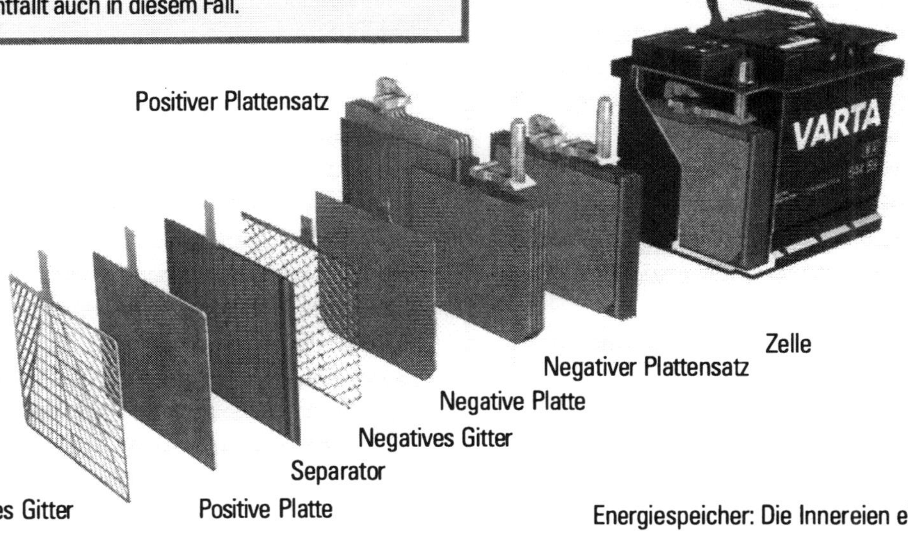

Energiespeicher: Die Innereien einer 12-Volt-Batterie.

Die Batterie – Begriffe und Normen

Technik-lexikon

Die Batterie finden Sie im Motorraum Ihres Lupo vorn links unter einem Sicherungshalter.

Kennzeichnung: Befindet sich auf dem Gehäuse der Batterie, bezeichnet ihre Eigenschaften. Beispiel: 12V 340A 70Ah (12V = Nennspannung; 340A = Kälteprüfstrom; 70Ah = Nennkapazität).

Nennspannung: Die allgemeine Spannungsabgabe beträgt bei allen Lupo-Modellen 12V (Volt). Die tatsächliche Spannung hängt vom Ladezustand der Batterie ab. Sie kann größer oder kleiner sein als die Nennspannung.

Nennkapazität: Diese Batterienorm steht für das Speichervermögen einer Batterie, gemessen in Amperestunden (Ah). Sie gibt an, wieviel eine vollgeladene Batterie bei einer Temperatur von 27 Grad in 20 Stunden abgeben kann, ohne dass dabei die Spannung unter 10,5 Volt absinkt (Entladeschlussspannung). Das Standlicht Ihres Lupo nimmt zum Beispiel 25 Watt auf. Bei der Bordspannung von 12 Volt gibt die Batterie nach der Formel Strom (A) = Leistung (W) geteilt durch Spannung (V) einen Strom von 2,08 Ampere ab. Mit einer 40Ah-Batterie könnten Sie Ihr Auto also theoretisch 19,2 Stunden mit eingeschaltetem Standlicht parken. In der Praxis verhält sich das etwas anders: Schon nach etwa 15 Stunden sind das Licht aus und die Batterie leer.

Kälteprüfstrom: Ein definierter Entladestrom in Ampere (A), der einer 12-Volt-Batterie bei –18 Grad entnommen werden kann, ohne dass die Spannung innerhalb von 30 Sekunden unter 9 Volt, innerhalb von 150 Sekunden unter 6 Volt absinkt.

Selbstentladung: Chemische Vorgänge im Inneren der Batterie führen zur Entladung, auch wenn kein Verbraucher angeschlossen ist. Eine geladene Starterbatterie verliert täglich etwa 0,5 Prozent ihrer Ladung. Hohe Temperaturen, Beschädigungen und Verschmutzungen des Batteriedeckels beschleunigen die Selbstentladung.

Der Schub-Schraubtrieb-Anlasser

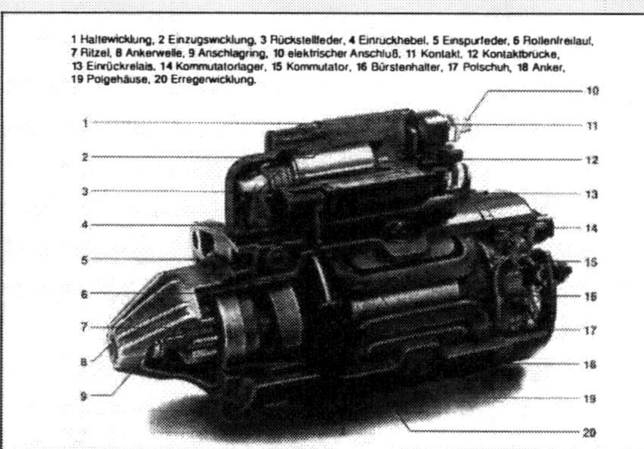

Prinzip-Bild eines modernen Anlassers vom Typ Schub-Schraubtrieb-Starter.

- Beim Drehen des Zündschlüssels in Richtung Start gibt das Zündschloss Spannung an die Halte- und Einzugswicklungen (1 und 2) des Einrückrelais (13) frei, das oben auf dem Anlasser sitzt.
- Schubweg: Der Relaisanker zieht den Einrückhebel (4) an. Dieser schiebt über Führungsringe und Einspurfeder den Mitnehmer mit dem Zahnritzel (7) gegen den Zahnkranz des Motorschwungrads, wodurch sich diese Teile drehen. Der Anker (18) des Startermotors dreht sich noch nicht, der Hauptstrom für Erreger- und Ankerwicklung ist noch nicht eingeschaltet. Erst wenn das Ritzel so weit eingespurt ist, dass das Ende des Schubweges erreicht ist und die Kontaktbrücke im Einrückrelais an den Relaiskontakten anliegt, wird der Startermotor eingeschaltet.
- Schraubweg: Der nun umlaufende Starteranker schraubt durch die Wirkung des Steilgewindes das im Zahnkranz gegen Drehung festgehaltene Ritzel weiter in den Zahnkranz hinein, bis es am Anschlagring (9) der Ankerwelle (8) anschlägt. Die Einzugswicklung ist kurzgeschlossen, die Haltewicklung hält den Relaisanker bis zum Abschluss des Startvorgangs in der eingezogenen Stellung fest. Der Motor wird durchgedreht.
- Ist der Motor angesprungen, steigt die Drehzahl des Starterritzels über die Leerlaufdrehzahl des Startermotors an. Der Rollenfreilauf (6) löst die kraftschlüssige Verbindung zwischen Ritzel und Ankerwelle. Der Anker wird vor Hochdrehen geschützt, das Ritzel bleibt im Eingriff. Beim Ausschalten des Startschalters gehen Einrückhebel, Mitnehmer und Ritzel durch die Rückstellfeder (3) in die Ruhestellung zurück. Das Ritzel bleibt bis zum nächsten Startvorgang in der Ruhelage.

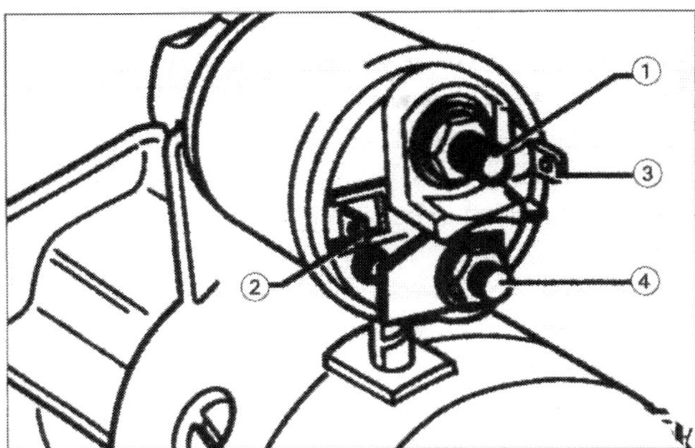

Die Anschlüsse am Magnetschalter auf dem Anlasser: ❶ Klemme 30 von der Batterie, ❷ Klemme 50 vom Zündanlassschalter, ❸ Klemme 15a, ❹ Anschluss für Feldwicklung.

Stromabgabe wird diese chemische Energie in elektrische Energie umgewandelt. Die wichtigste Aufgabe der Batterie ist es, dem Anlasser die nötige Power für den Start des Motors zu liefern. Das ist nicht wenig. Je nach Motor und Anlassertyp werden im Augenblick des Starts, in dem ja die Haftreibung zu überwinden ist, bis zu 2.000 Watt gebraucht. Zum Durchdrehen des warmen Motors benötigt der Anlasser nur ein Fünftel dieser Leistung. Sein Strombedarf wächst bei niedrigen Temperaturen, weil dann die Schmierstoffe zäher werden.

Die Lupo-Modelle sind mit einem so genannten Schub-Schraubtrieb-Anlasser ausgestattet, der sich vorn am Motor an der Trennstelle zwischen Motor und Getriebe befindet. Auf dem eigentlichen Anlasser sitzt der Magnetschalter mit den für Überprüfungen wichtigen Anschlüssen Klemme 30 (dickes Pluskabel von der Batterie) und Klemme 50 (dünnes Kabel vom Zündanlassschalter, dem Zündschloss).

Der Generator

Ein leistungsfähiger Drehstrom-Synchrongenerator ist das Kraftwerk (Lichtmaschine) Ihres Fahrzeugs. Er versorgt schon bei Leerlauf des Verbrennungsmotors alle elektrischen Aggregate mit Strom und lädt ständig die Batterie auf. Der Generator im Lupo bringt es auf etwas mehr als 2 kW elektrische Leistung. Angetrieben wird die Lichtmaschine über den Keilrippenriemen.

Eine Drehstrom-Lichtmaschine produziert dreiphasigen Wechselstrom. Da die Batterie mit Gleichstrom geladen werden muss, besorgen Leistungsdioden die

CAN-Datenbus

Im Lupo kommt, wie schon im Zusammenhang mit dem Motormanagement erwähnt, das moderne **C**ontroller **A**rea **N**etwork (CAN) zum Einsatz. Es verbindet einzelne Steuergeräte zu einem Gesamtsystem. Die Technik hat verschiedene Vorteile:

- Sehr schnelle Datenübertragung zwischen den Steuergeräten,
- Platzgewinn durch kleinere Steuergeräte und -stecker,
- Einsparung von Signalleitungen und Sensoren, weil ein Sensorsignal mehrfach genutzt werden kann.

Den CAN-Datenbus gibt es zwischen Motorsteuergerät und ABS-Steuergerät sowie, wenn vorhanden, der Steuerung für das automatische Getriebe. Das Grundprinzip des CAN: Anstatt einer Leitung für jede Information gibt es generell nur zwei Leitungen. Darüber werden alle Infos zu Motordrehzahl, Verbrauch, Drosselklappenstellung, Motoreingriff oder Schaltvorgänge ausgetauscht.

CAN funktioniert prinzipiell so, dass ein Steuergerät seine Daten in das Leitungsnetz hinein »spricht«, während die anderen Geräte »mithören«. Registriert ein Steuergerät für die eigene Arbeit wichtige Daten, werden diese berücksichtigt.

Das System besteht aus folgenden Teilen:

- **CAN-Controller:** Bekommt vom Computer im Steuergerät die Daten, die gesendet werden sollen. Er bereitet sie auf und gibt sie an den CAN-Transceiver weiter. Genau so bekommt er vom Transceiver die Daten, bereitet sie auf und gibt sie an den Computer im Steuergerät weiter.
- **CAN-Transceiver:** Sender und Empfänger in einem. Er wandelt die Daten vom CAN-Controller in elektrische Signale um und sendet sie auf die Datenbus-Leitungen.
- **Datenbus-Abschluss:** Ein Widerstand, der verhindert, dass gesendete Daten als Echo zurückkommen und die ursprünglichen Informationen verfälschen.
- **Datenbus-Leitungen:** Die bidirektionalen Leitungen CAN-Low und CAN-High dienen zum Übertragen der Daten.

Spannung, Strom und Widerstand messen

Wenn Sie wissen wollen, ob die verschiedenen elektrischen Systeme Ihres Lupo in Ordnung sind, brauchen Sie nicht gleich einen Elektriker. Im Handel gibt es eine Reihe von Prüfgeräten, mit denen Sie sich selbst über den Zustand Ihrer elektrischen Anlage informieren können.

Prüflampe (mit Nadelkontakt): Damit testen Sie, ob Spannung in einem Stromkreis anliegt. Je heller die Lampe leuchtet, desto mehr Spannung ist vorhanden. Mit der Nadel der Lampe die Isolierung des zu prüfenden Kabels durchstechen. Die Klemme am Kabel der Lampe wird am blanken Metall angeclipst (Masse). Vorsicht: Die Prüflampe nimmt viel Leistung auf und eignet sich daher nicht für Messungen an elektronischen Bauteilen (z. B. Steuergerät). Hier müssen Sie einen Spannungsprüfer mit Leuchtdioden verwenden.

Spannungsprüfer mit Leuchtdioden: Je nach Ausführung zeigt dieses Gerät Gleich- und Wechselspannungen zwischen sechs und rund 700 Volt an. Die Spannungsanzeige erfolgt optisch über die Leuchtdioden. Einfache Geräte gibt's im Handel ab etwa 10 Mark.

Multimeter: (Vielfachinstrument). Damit lassen sich Spannung, Strom (Gleich-/Wechselstrom) und Widerstand messen. Geeignete Geräte mit digitaler Anzeige gibt's bereits ab etwa 20 Mark. Die Stromversorgung des Multimeters erfolgt in der Regel durch eine Batterie (Eigenstromquelle).

Spannung messen: Um mit einem Multimeter zum Beispiel die Ruhespannung der Batterie zu messen, müssen Sie das mit dem Minus-Zeichen markierte Kabel an den Minuspol der Batterie oder an Masse anklemmen. Das Plus-Kabel des Messgeräts wird an den Pluspol der Batterie oder an die zu messende Leitung geklemmt. Zeigt das Instrument etwa nur 10,4 Volt an, deutet das auf einen Kurzschluss in einer Batteriezelle hin. Prüfen Sie einmal die Spannung der Batterie, während der Anlasser betätigt wird – ein Messergebnis von 5 Volt bedeutet, dass es um den Akku nicht mehr gut steht.

Strom messen: Dazu müssen Sie den Stromkreis auftrennen und das Messgerät dazwischen schalten. Bei einer Reihe von Messungen in Ihrem Fahrzeug genügt es, wenn Sie einen Steckkontakt abziehen und dann das Messgerät zwischen Stecker und Kontaktzunge schalten. Vorsicht: Achten Sie stets auf den Messbereich Ihres Multimeters. In Verbrauchern wie z.B. dem Anlasser fließen sehr hohe Ströme, die Ihr Gerät bei einer Messung beschädigen könnten.

Spannung, Strom und Widerstand messen

Widerstand messen: Mit dem Multimeter prüfen Sie, ob eine Leitung oder ein Schalter Durchgang hat. Fließt der Strom ungehindert, zeigt das Gerät den Messwert 0. Ist der Stromweg jedoch an einer Stelle unterbrochen, erhalten Sie den Messwert unendlich (∞). Außerdem können Sie feststellen, welchen Innenwiderstand ein bestimmtes Bauteil hat.

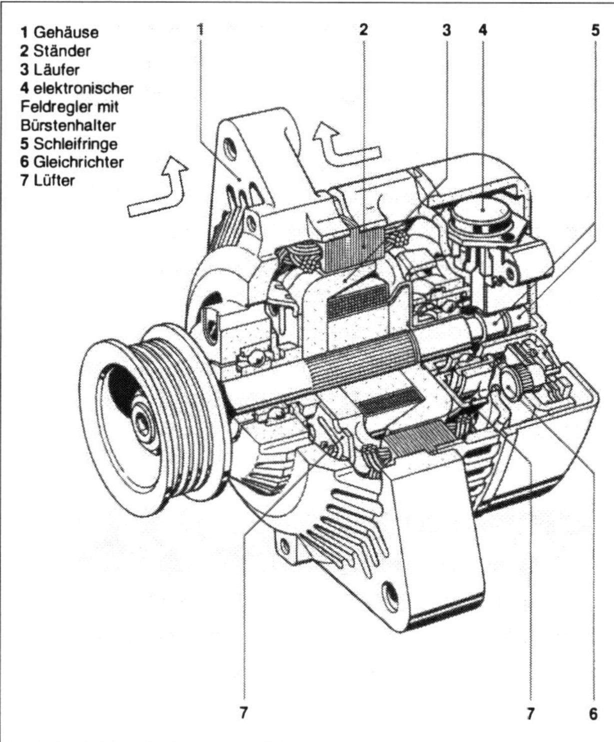

Grundsätzlicher Aufbau eines heute üblichen Drehstromgenerators für die Elektroversorgung an Bord von Kraftfahrzeugen. Mindestens sechs Leistungsdioden sind zur Gleichrichtung des Wechselstroms in die Kühlbleche eingepresst (Position 6).

Gleichrichtung des Wechselstroms. Diese Gleichrichter verhindern auch die Entladung der Batterie bei stehendem Fahrzeug. Der Generator ist praktisch wartungsfrei, da es nichts zu schmieren gibt. Selbst die Schleifkohlen sind ohne weiteres für 100.000 Kilometer gut. Reparaturen an der Lichtmaschine müssen Sie der Werkstatt überlassen.

Der Spannungsregler

Je schneller die Lichtmaschine dreht, um so höher

steigt wie bei einem Fahrraddynamo die Spannung. Ein solches Auf und Ab ertragen weder die Stromverbraucher im Auto noch die Batterie. Ein Regler schützt daher vor Überspannungen und verhindert ein Überladen der Batterie.
Der Regler ist an die Lichtmaschine angeschraubt – er reguliert die Betriebsspannung je nach Temperatur von Batterie und Umgebung auf Werte zwischen 13,8 und 14,5 Volt (so genanntes 14-Volt-Toleranzfeld).

Säurestand der Batterie kontrollieren, Kontakte pflegen

Der Lupo verfügt über eine unter normalen Betriebsbedingungen weitgehend wartungsfreie Batterie. Bei hohen Außentemperaturen oder langen täglichen Fahrten empfiehlt es sich jedoch, den Säurestand von Zeit zu Zeit zu prüfen. Auch nach jedem Ladevorgang ist der Säurestand zu kontrollieren.
Die Batterieflüssigkeit aus Schwefelsäure und destilliertem Wasser kann bei hohen Temperaturen oder bei defektem Lichtmaschinen-Spannungsregler Wasser verlieren. Auch eine Selbstentladung (lange Standzeiten) oder eine Tiefentladung durch einen nicht ausgeschalteten starken Stromverbraucher kommen als Ursache in Frage. Füllen Sie dann nur destilliertes Wasser nach. Leitungswasser enthält ebenso wie abgekochtes Wasser leitfähige Salze und andere mineralische Stoffe, die der Batterie schaden.

Arbeitsschritte   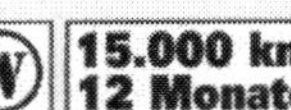

① Die Batterie befindet sich links vorn im Motorraum. Beachten sie bei allen Arbeiten an der Batterie die verschiedenen Warnhinweise, zu denen Piktogramme aufgeklebt sind: Vorsicht vor Säurepartikeln, Augenschutz tragen, offenes Feuer fernhalten, Knallgasbildung berücksichtigen! Auf der Längsseite der Batterie sind Säurestandsmarken aufgebracht, die Sie zu kontrollieren haben.

② Die Batteriesäure muss mindestens bis zur MIN-Markierung am Gehäuse reichen (Oberkanten der Platten müssen gut bedeckt sein), darunter darf der Stand nicht abfallen. Richtig ist es, den Säurestand immer auf der MAX-Marke zu halten. Bei Batterien mit »magischem Auge« (Batterien mit schwarzem oder weißem Gehäuse) ist die Kontrolle sehr erleichtert: Im Sichtfenster zeigt eine Farbänderung ungünstig veränderten Lade- oder Säurezustand an. Luftblasen können die Farbanzeige verfälschen. Klopfen Sie leicht auf das magische Auge! Im Normalfall ist die Anzeige grün. Ist sie farblos oder hellgelb, muss destilliertes Wasser nachgefüllt werden. Ist sie schwarz, muss man nach- oder aufladen.

③ Bei zu niedrigem Säurestand Verschlussstopfen herausschrauben. VW schreibt für das Nachfüllen oder Absaugen (zu hoher Säurestand) die Batterie-Füllflasche VAS 5045 vor.

④ Bei einer geladenen Batterie bis zum oberen Strich (15 mm über den Oberkanten der Platten) mit destilliertem Wasser auffüllen.

⑤ In eine stark entladene Batterie nur so viel Wasser füllen, dass die Platten gerade bedeckt sind. Beim Aufladen steigt der Säurestand erheblich. Erst nach dem Laden bis zur oberen Marke nachfüllen.

⑥ Den Akku nicht überfüllen, weil die Säure sonst an den Verschlussstopfen oder an der seitlichen Entlüftungsbohrung austritt. Das verursacht Korrosion und Säurekristalle an der Oberfläche der Batterie oder an Funktionsteilen im Motorraum. Daher überschüssige Batteriesäure unbedingt absaugen.

Kontakte pflegen

① Oxidkristalle an den Batterieklemmen mit warmem Sodawasser abwaschen oder mit Neutralon (Varta-Produkt) behandeln.

② Volkswagen schreibt neuerdings vor, dass die Batteriepole nicht mehr gefettet werden dürfen.

③ Die Batterie-Polklemmen dürfen nur gewaltfrei von Hand aufgesteckt werden, um Beschädigungen des Gehäuses zu vermeiden. Anzugsdrehmoment für die Klemmen: 6 Nm.

Ladezustand der Batterie prüfen

Wirkt die Batterie trotz richtigem Säurestand kraftlos, sollten Sie den Ladezustand kontrollieren. Dazu verwenden Sie einen handelsüblichen Säureheber (Aräometer). Seine Skala zeigt die Dichte des Elektrolyten in der Batteriezelle an. Sie können zur Messung auch ein hochgenau anzeigendes Multimeter verwenden (Anzeigegenauigkeit ± 0,02 Volt): Die Werte der Ruhespannung geben Aufschluss über den Ladezustand.

Arbeits-schritte | 12 Monate

Säuremessung

① Führen Sie die Messung erst durch, wenn die letzte Aufladung mindestens sechs Stunden zurückliegt.

② Schrauben sie alle Batterie-Stopfen (Verschlussstopfen der Batteriezellen) heraus.

③ Tauchen Sie den Säureheber senkrecht in die Batteriezelle. Dann soviel Batteriesäure ansaugen, bis die Messspindel frei in der Säure schwimmt. Je höher die Säuredichte, desto mehr taucht der Schwimmer auf. An der Skala des Säurehebers können Sie die Säuredichte in kg pro Kubikdezimeter (l) ablesen.

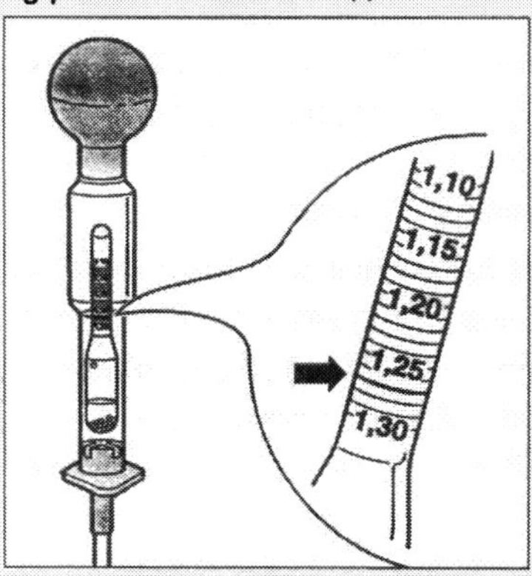

An der Skala des Säurehebers können Sie die Säuredichte ablesen.

④ Vergleichen Sie nun den abgelesenen Messwert mit den Werten in der Tabelle:

Ladezustand in normalen Klimazonen:

Spezifische Dichte (kg/l)	1,28	1,22	1,15
Zustand der Batterie	voll geladen	halb geladen	entladen

⑤ Die Säuredichte muss mindestens 1,24 kg/l betragen. Ferner dürfen die Messwerte für die Säuredichte der einzelnen Batteriezellen nicht mehr als 0,03 kg/l voneinander abweichen. Ist die Dichte zu gering: Batterie laden. Nach dem Laden die Säuredichteprüfung wiederholen.

Spannungsmessung

① Liegt die letzte Batterieladung weniger als sechs Stunden zurück, das Abblendlicht für etwa 30 Sekunden einschalten, damit durch die Ladung entstandene Spannungsspitzen abgebaut werden.

② Nach vier bis fünf Minuten Wartezeit die Batteriespannung zwischen den Polen messen. Dazu alle Stromverbraucher ausschalten.

Spannung (V)	12,66 (und mehr)	12,48	12,3
Zustand der Batterie ent-	100 % geladen	75 % geladen	50% laden

③ Unterschreitet nach Auffüllen der Batteriesäure und Aufladen der Batterie die Ruhespannung den Wert von 12,5V, muss die Batterie ersetzt werden.

Motor mit Starthilfekabel starten

Verwenden Sie zur Überbrückung von einer vollen zu einer leeren Batterie spezielle Elektronik-Starthilfekabel. Damit schützen Sie die elektronischen Bauteile Ihres Fahrzeugs vor gefährlichen Spannungsspitzen.

Arbeits-schritte 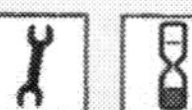 

① Hilfsfahrzeug dicht an Ihr Fahrzeug heranfahren, damit die Batterien durch die Starthilfekabel verbunden werden können.

② Schalten Sie in Ihrem Fahrzeug alle Stromverbraucher ab.

③ Die Pluspole mit dem Starthilfekabel verbinden, zuerst die leere, dann die volle Batterie anklemmen.

④ Das andere Kabel zuerst am Minuspol der Fremdbatterie und dann am Minuspol der entladenen Batterie (oder an Masse) anschließen.

⑤ Motor des Hilfswagens starten und mit erhöhter Drehzahl laufen lassen, damit die Lichtmaschine viel Spannung liefert.

⑥ Starten Sie Ihr Fahrzeug. Wenn der Motor nicht gleich anspringt, sollten Sie nach weiteren Versuchen immer wieder eine Pause einlegen, damit der Anlasser abkühlen kann. Dabei den Motor des Hilfsfahrzeugs weiterlaufen lassen – die leere Batterie in Ihrem Golf oder Bora wird dadurch schon nachgeladen.

⑦ Zum Abnehmen der Starthilfekabel zuerst den Minuspol der eigenen Batterie, dann den der Fremdbatterie abklemmen. Anschließend Kabel von den Pluspolen abnehmen, erst Vollbatterie, dann Leerbatterie.

⑧ Nach dem Start eine Zeitlang mit höheren Drehzahlen fahren, damit die Lichtmaschine die Batterie aufladen kann.

Belastungsprüfung der Batterie

Im Zusammenhang mit der Säuredichteprüfung gibt eine Belastungsprüfung Aufschluss über den Zustand der Batterie. Erforderlich ist dazu ein Batterieprüfgerät. Wird ein Gerät VAS 1979 oder VAS 5033 verwendet, muss die Batterie nicht ausgebaut und auch nicht abgeklemmt werden. Dann Zündung ausschalten und die Zangen der Prüfleitungen an die Batteriepole anschließen. Je nach Batteriekapazität muss am Prüfgerät der richtige Belastungsstrom eingestellt werden:

Batterie-kapazität	Kälteprüf-strom	Belastungs-strom	Mindest-spannung
36Ah	175A	100A	10,0V
40Ah – 49Ah	220A	200A	9,2V
50Ah – 60Ah	265A – 280A	200A	9,4V
61Ah – 80Ah	300A – 380A	300A	9,0V
81Ah – 110Ah	380A – 500A	300A	9,5V

Durch die hohe Belastung der Batterie während dieser Prüfung sinkt die Batteriespannung, bei einwandfreier Batterie allerdings nur bis zur Mindestspannung. Wenn die Spannung sehr schnell unter die Mindestspannung laut Tabelle sinkt, ist die Batterie nur schwach geladen oder defekt.

Wagen anschieben

Das klappt am besten, wenn Motor und Anlasser in Ordnung sind. Verzichten Sie aufs Anschieben, wenn der Motor wegen einer defekten Zündanlage nicht startet – unverbrannte Gemischanteile können nachgezündet werden und die Temperatur im Katalysator auf gefährliche Höhen treiben. **Anschieben oder Anschleppen über eine Strecke von mehr als 50 Metern ruiniert den Kat.** Fahrzeuge mit Automatikgetriebe können nicht angeschoben werden.

① Zündung einschalten und zweiten oder dritten Gang einlegen. In höheren Gängen wird die Lichtmaschine für kräftige Stromlieferung zu langsam durchgedreht.

② Kupplung durchtreten, Wagen anschieben lassen, bis er in Schwung ist.

③ Kupplung schnell kommen lassen – der Motor wird abrupt durchgedreht und müsste anspringen. Dann sofort Kupplung treten und Gas geben.

Wagen anschleppen

Praxistipp

Auch diese Methode eignet sich nicht bei einer defekten Zündanlage. Arbeiten Sie nur mit einem erfahrenen Helfer zusammen. Denken Sie daran, dass Bremskraftverstärker und Servolenkung bei stehendem Motor nicht arbeiten. Fahrzeuge mit Automatikgetriebe können nicht angeschleppt werden. Auch hier gilt: **Anschieben oder Anschleppen über eine Strecke von mehr als 50 Metern ruiniert den Kat.**

① Zündung einschalten, zweiten oder dritten Gang einlegen und Kupplung treten.

② Der Zugwagen muss langsam anfahren.

③ Bei etwa 15 km/h die Kupplung langsam kommen lassen. Bleiben Sie stets bremsbereit (Hand an die Handbremse).

④ Ist der Motor angesprungen, Kupplung treten und Gas geben.

⑤ Dem Schleppfahrer ein Hupsignal geben, beide Fahrzeuge sanft abbremsen.

Batterie laden

Eine ausgebaute Batterie sollten Sie einmal im Monat mit einem Heimwerker-Ladegerät nachladen. Volkswagen empfiehlt zum Akkuladen die V.A.G.-Geräte 1471, 1648 oder 1974. Völlig leere Batterien können bei Frost einfrieren und platzen. Randvoll geladen, vertragen sie hingegen Kälte recht gut. Das gilt übrigens auch für einen Akku im vorübergehend stillgelegten Fahrzeug.

Befindet sich die Batterie noch an Bord, schalten Sie zum Laden die Zündung aus. Klemmen Sie zuerst das Batterie-Masseband und danach die Plusleitung ab.

Räume, in denen Batterien geladen werden, dürfen wegen des entstehenden Knallgases nicht mit offenem Licht oder rauchend betreten werden. Stellen Sie Durchlüftung sicher: Funken beim An- oder Abklemmen könnten das Gas ebenfalls entzünden.

Die Batteriestopfen müssen gut schließend eingeschraubt sein. Die Batterie muss eine Mindesttemperatur von 10°C haben. Und noch ein Tipp: So genanntes Schnellladen schadet der Batterie und führt bei tiefentladenen Batterien auch nur zu »Oberflächenladung«.

Arbeitsschritte  

① Pluskabel des Ladegeräts am Batterie-Pluspol, Minuskabel am Minuspol anklemmen.

② Ladestrom am Batterieladegerät entsprechend der Batteriekapazität einstellen und Ladegerät einschalten.

③Bei tiefentladenen Batterien, bei denen die Ruhespannung unter 11,6V abgesunken ist, den Ladestrom auf maximal 10% der Batteriekapazität einstellen. Bei einer 60Ah-Batterie beträgt der Ladestrom dann 6A.

④ Die Ladezeit muss mindestens 24 Stunden betragen.

⑤ Wird die Batterie wieder angeklemmt, denken Sie daran, die Fahrzeugausstattungen wie Radio, Uhr und Komfortelektrik auf einwandfreie Funktion zu prüfen.

Batterie aus- und einbauen

Bevor Sie die Batterie ausbauen können, müssen Sie den Sicherungshalter auf der Batterie demontieren:

Im aufgeklappten Sicherungshalter sind im Bild oben das Stromleitblech und darunter die Pluspolklemme, in der Mitte die Befestigungsschrauben sowie die Anschlussklemmen und Hauptsicherungen zu sehen. Der rechts oben liegende Minuspol ist von der Abdeckklappe des Sicherungshalters verdeckt.

Arbeitsschritte  

① **Ausbau:** Schalten Sie die Zündung aus. Klemmen Sie das Batterie-Massekabel am Batterie-Minuspol ab und legen Sie es zur Seite, damit beim weiteren Hantieren kein Kurzschluss entstehen kann.

② Zum Öffnen des Sicherungshalters die Verriegelungslaschen zusammendrücken und Abdeckung abnehmen.

③ Schrauben Sie die Befestigungsschraube des Stromleitbleches von der Plusklemme der Batterie ab.

④ Zum Abklemmen der angeschlossenen Leitungen an den Streifensicherungen schrauben Sie die Befestigungsschrauben ab. Ziehen Sie die Steckverbindung seitlich der Batterie ab.

⑤ Drücken Sie mit dem Daumen auf den Spannbügel und hebeln Sie mit einem Schraubendreher die Verrastung des Hebels mit der Batterie auf. Nehmen Sie den Sicherungshalter nach oben von der Batterie ab.

⑥ Klemmmutter an der Plusklemme lösen und Plusklemme vom Batterie-Pluspol abnehmen.

⑦ Sechskant-Schraube M8 x 25 am Batteriefuß losdrehen und den Befestigungsbügel abnehmen.

⑧ Batterie herausheben.

⑨ **Einbau:** Die Zündung und alle Stromverbraucher müssen ausgeschaltet sein. Die Nase des Batterieträgers muss so in die Aussparung der mindestens 10,5 mm hohen Batterie-Fußleiste eingreifen, dass sich die Batterie nicht mehr nach links oder rechts verschieben lässt. Nur so ist Rüttelsicherheit gegeben, um die Bleiplatten vor Schäden zu bewahren. Die Batterie sitzt richtig, wenn die mittlere Aussparung der Fußleiste mit dem Gewindeloch im Batterieträger fluchtet. Bei Zentralentgasungs-Batterie den Schlauch nicht abknicken!

⑩ Befestigungsbügel am Batteriefuß anbringen und mit Sechskantschraube M8x25 befestigen (22 Nm).

⑪ Zuerst das Pluskabel mit 6 Nm an der Befestigungsschraube anschließen, dann das Minuskabel. Polklemme ohne Gewalt aufdrücken, damit das Batteriegehäuse nicht beschädigt wird.

⑫ Sicherungshalter auf die Batterie aufsetzen, dabei das Stromleitblech auf den Befestigungsbolzen der Batterie-Plusklemme aufstecken.

⑬ Spannbügel des Sicherungshalters an der Batterie einrasten. Nun die Befestigungsschraube des Stromleitblechs auf der Plusklemme festschrauben.

⑭ Elektrische Leitungen an den Streifensicherungen aufschieben und festschrauben. Mehrfachstecker aufschieben.

⑮ **Erst jetzt** das Massekabel am Minuspol aufstecken und mit 6 Nm anschrauben. Polklemme ohne Gewalt aufdrücken!

⑯ Zur Aktivierung des automatischen Tief-/Hochlaufs der elektrischen Fensterheber Fahrzeug von außen über Fahrer- oder Beifahrertür verschließen. Alle Türen und Fenster müssen vollständig geschlossen sein. Dann Fahrzeug entriegeln und erneut verriegeln. Den Schlüssel dabei mindestens eine Sekunde in Schließstellung halten. (Wenn eine Störung im Fensterheber vorliegt, blinken die Schalterbeleuchtungen in den Türen.)

⑰ Stellen Sie die Zeituhr neu ein. Falls erforderlich, das Radio neu programmieren.

⑱ Bevor Sie den Motor starten, lassen Sie die Zündung für zehn Sekunden eingeschaltet. Dadurch aktivieren Sie das Motorsteuergerät. Wenn es Probleme gibt, muss das Gerät in der Werkstatt neu programmiert werden.

Defekten Verbraucher ermitteln

Liefert die am Vortag intakte Batterie keinen Strom, hat vielleicht ein defekter Verbraucher im Bordnetz den Akku über Nacht leergesaugt. Das überprüfen Sie zunächst mit einer Strommessung. Wenn nötig, ermitteln Sie dann den betreffenden Verbraucher.

Arbeitsschritte  

① Batterie-Minuskabel abnehmen, Kabel des Multimeters zwischen Minuspol und Batteriekabel anschließen. Dauerverbraucher wie die Zeituhr abklemmen, Türen schließen. Zeigt das Gerät einen Stromfluss an, ist ein Verbraucher defekt.

② Massekabel anschließen, Sicherungskasten öffnen und eine Sicherung herausnehmen. An die Kontakte das

Batterie und Lichtmaschine

Störungsbeistand

Störung	Ursache	Abhilfe
A Rote Ladekontrolle brennt nicht beim Einschalten der Zündung	**1** Batterie leer	Mit Starthilfekabeln starten oder Wagen anschleppen
	2 Batteriekabel gebrochen, Kabelklemmen lose oder oxidiert	Batteriekabel und -klemmen kontrollieren
	3 Kontrolleuchte defekt	Ersetzen
	4 Kabelweg zwischen Zündschloss, Kontrolllampe und Lichtmaschine unterbrochen	Stromweg mit Prüflampe kontrollieren
	5 Schleifkohlen abgenutzt	Regler austauschen
	6 Spannungsregler defekt	Regler austauschen
	7 Lichtmaschine schadhaft	Lichtmaschine überholen lassen oder austauschen
	8 Feuchtigkeit bildet einen isolierenden Schmierfilm zwischen den Schleifringen und Kohlen (z.B. nach Motorwäsche)	Lichtmaschine mit Druckluft ausblasen oder Schleifringe und Kohlen sauberreiben
B Ladekontrolle brennt oder glimmt bei laufendem Motor	**1** Keilrippenriemen lose bzw. ohne Spannung	Keilriemenspannung kontrollieren
	2 Mangelnder Kontakt an Kabelanschlüssen der Lichtmaschine oder unterbrochene Kabel	Kabelanschlüsse und Kabel prüfen
	3 Siehe A5 bis 7	
C Batterieoberfläche feucht	**1** Zuviel eingefülltes destilliertes Wasser	Ausgasen lassen. Keine Säure absaugen
	2 Batterieverschlüsse verstopft	Entlüftungslöcher säubern
	3 Siehe A6	
D Batterie gast stark	Siehe A6	

Multimeter anschließen. Fließt kein Strom, ist der betreffende Stromkreis in Ordnung. Ein geringer Stromfluss ist kein Alarmsignal: Geräte wie Bordcomputer, Uhren, Radios und Warnanlagen entnehmen ständig Energie von der Batterie.

③ Wiederholen Sie die Messungen, bis das Gerät einen höheren Stromfluss anzeigt. Die Sicherungstabelle zeigt Ihnen, welche Verbraucher zu diesem Stromkreis gehören. Maßgeblich ist jedoch die Sicherungstabelle in der Bedienungsanleitung Ihres Fahrzeugs.

④ Die Verbraucher der Reihe nach ausbauen und jeweils den Strom messen. Wenn das Multimeter keinen Strom mehr anzeigt, haben Sie das fehlerhafte Teil ermittelt.

Praxistipp

Die Zentralentgasung

Batterien neuester Generation sind mit einer Zentralentgasung und einem Rückzündungsschutz (»Fritte«) ausgestattet. Die Fritte ist eine kleine runde Glasfasermatte von 15 mm Durchmesser und 2 mm Dicke. Sie lässt ähnlich wie ein Ventil das bei Ladung in der Batterie entstehende Gas ausströmen. Das Gas tritt zentral durch eine Öffnung in der oberen Deckelseite aus. Die Fritte verhindert dort die Zündung des brennbaren Gases in der Batterie.
Bei Batterien mit Schlauch für die Zentralentgasung muss beim Einbau darauf geachtet werden, den Schlauch nicht abzuklemmen. Hat die Batterie keinen Schlauch, muss die Öffnung in der oberen Deckelseite frei von Verstopfungen sein. Nur dann kann die Batterie störungslos entgasen.

Spannungsregler prüfen

Arbeitsschritte  

① Multimeter zwischen Plus-Klemme (rotes Kabel) der Lichtmaschine und Masse anklemmen.

② Motor zwei Minuten mit 3.000 bis 4.000/min drehen lassen, damit die Lichtmaschine betriebswarm wird (ca. 80°C). Beim Start darf die Spannung (bei +20°C Außentemperatur) bis 8 Volt absinken.

③ Schalten Sie Standlicht, Radio oder Frischluftgebläse ein. Das entspricht einer Strombelastung von drei bis sieben Ampere. Die Regulierspannung muss jetzt zwischen 13,5 und 14,8 Volt liegen, dann arbeiten Generator und Regler korrekt. Die Generatorspannung (auch: Bordspannung) muss höher als die Batteriespannung sein, damit die Batterie im Fahrbetrieb aufgeladen werden kann.

④ Schalten Sie das Fernlicht ein und wiederholen Sie die Messung bei 3000/min. Die Spannung darf nicht mehr als 0,4 V über dem zuvor gemessenen Wert liegen.

⑤ Messen Sie höhere Spannungen, ist der Regler defekt und muss ausgetauscht werden. Ist die Spannung zu niedrig, deutet das auf abgenutzte Schleifkohlen hin. In diesem Fall Lichtmaschine ausbauen und zum Überholen in die Autoelektrik-Werkstatt bringen. (Vergl. auch: Schleifkohlen prüfen/ersetzen)

Fahren mit defekter Lichtmaschine

Wenn die Lichtmaschine oder der Regler streikt, können Sie trotzdem weiterfahren. Die Batterie übernimmt dann die Stromversorgung. Je nach Ladezustand und Kapazität reicht die Energie für etwa fünf Stunden – allerdings nur, wenn Sie bei der Fahrt keine überflüssigen Verbraucher einschalten.

- Mehrfachstecker an der Lichtmaschine abziehen, damit sich die Batterie nicht über den defekten Generator oder Spannungsregler entladen kann.
- Die Fahrt nicht unnötig unterbrechen. Der Anlasser braucht besonders viel Strom. Wenn möglich, den Wagen anrollen lassen.
- Heizbare Heckscheibe, Gebläse und Radio nicht einschalten.
- Scheibenwischer und Scheibenwaschanlage nur bei Bedarf in Betrieb nehmen.
- Bei Dunkelheit möglichst ohne Fernlicht und Nebelscheinwerfer fahren.

Lichtmaschine aus- und einbauen

Fahrzeuggeneratoren sind Austauschteile: Ein defekter wird beim Kauf eines überholten oder neuen Generators vom Hersteller in Zahlung genommen. Bei allen Arbeiten an der Lichtmaschine gelten die Sicherheitshinweise, auf die in diesem Buch an verschiedenen Stellen verwiesen wird: Batterie-Massekabel abklemmen, den Massepol an der Batterie am besten mit Isolierband abkleben, Batterie oder Spannungsregler nicht bei laufendem Motor abklemmen, Generator nicht bei angeschlossener Batterie ausbauen.

Aus- und Einbau der Lichtmaschine in Eigenregie sind nicht ganz einfach. Diese aufwändige Arbeit wird natürlich von der jeweiligen Ausführung des Generatorhalters und von der Keilrippenriemen-Demontage bestimmt. Je nach Modell gibt es beim Lupo unterschiedliche Keilrippenriemenantriebe. Aus- und Einbau von Keilrippenriemen sind in diesem Selbsthilfe-Buch bereits an anderer Stelle beschrieben worden.

Hier werden Aus- und Einbau der Lichtmaschine für den 4-Zylinder-Benzinmotor ohne Servolenkung und ohne Klimaanlage demonstriert. Beim 3-Zylinder-Dieselmotor und bei Fahrzeugen mit Klimaanlage und Servolenkung gibt es Abweichungen der Einbausituation, prinzipiell aber ist der Arbeitsablauf der gleiche.

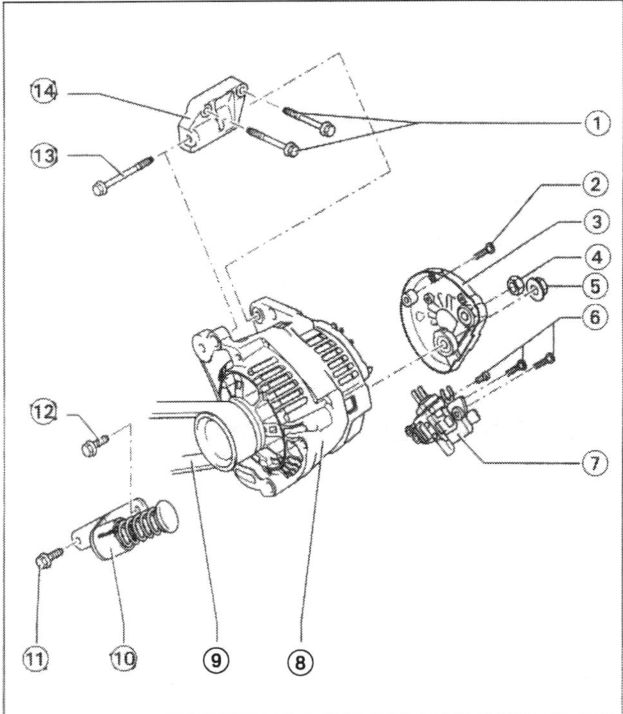

Bauteile des Lupo-Generators:
❶ Sechskantschrauben M10x50, 45 Nm (bei Aluminium-Motorblock immer ersetzen, da mit Dichtmittel beschichtet); ❷, ❹, ❺, ❻ Schrauben und Muttern, ❸ Schutzkappe, ❼ Spannungsregler, ❽ Drehstromgenerator, ❾ Keilrippenriemen, ❿ Spannbügel, ⓫ Sechskantschraube M8x22, 25 Nm (bei Aluminium-Motorblock immer ersetzen, Dichtmittel), ⓬ Sechskantschraube M8x39, 25 Nm; ⓭ Sechskantschraube M8x85, 25 Nm; ⓮ Halter.

Arbeitsschritte  

① **Ausbau:** Batterie-Massekabel bei ausgeschalteter Zündung abklemmen. Beachten Sie, dass dadurch Speicher gelöscht werden (z.B. Radiocode). Das ist bei der Wiederinbetriebnahme zu berücksichtigen.

② Keilrippenriemen ❾ entspannen und abnehmen.

③ Klemmen Sie an der Rückseite des Generators die dicke Leitung (je nach Lichtmaschine B+ oder B1+) sowie die dünne Leitung (D+) ab.

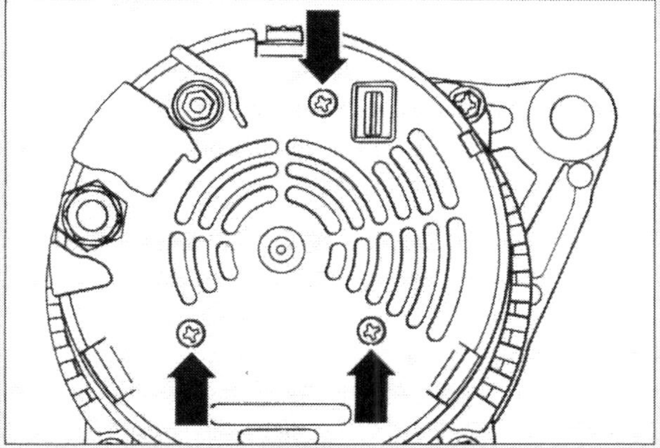

Generator bis 04/99: Die Pfeile weisen auf die Befestigungsschrauben für die Schutzkappe.

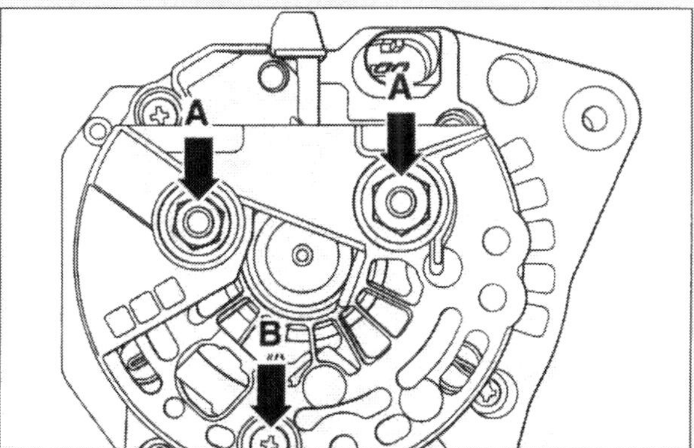

Generator ab 5/99: Die Pfeile weisen auf die Befestigungsmuttern **A** und die Befestigungsschraube **B** für die Schutzkappe.

④ Die Bezeichnung B+ gilt für die Generatoren der Bauzeit bis 4/99. Die ab 5/99 eingeführten Lichtmaschinen sind mit B1+ gekennzeichnet. Schrauben Sie die entsprechende Mutter ab.

⑤ Drehen Sie die Schrauben ❶ am Generatorhalter ⓮ (siehe Abbildung »Bauteile«) heraus. Nehmen Sie den Generator ❽ ab.

⑥ **Einbau:** Setzen Sie den Generator am Halter an und ziehen Sie die Sechskantschrauben mit 45 Nm fest.

⑦ Klemmen Sie die dicke Leitung (B+ bzw. B1+) an der Rückseite des Generators an. Ziehen Sie die Klemmmutter mit 15 Nm fest. Das Einhalten des Anzugsmoments ist wichtig, um Funkenbildung und Schäden an der E-Anlage auszuschließen.

⑧ Stecken Sie die (dünne) D+-Leitung an der Generatorrückseite ein.

⑨ Bauen Sie den Keilrippenriemen ein und spannen Sie ihn. Wird der in Gebrauch befindliche Riemen wieder eingebaut, kennzeichnen Sie bitte vor dem Ausbau die Laufrichtung mit Filzstift durch Pfeil auf dem Keilrippenriemen. Einbau entgegen der bisherigen Laufrichtung würde höheren Verschleiß mit sich bringen.

⑩ **Zum Prüfen und Ersetzen der Schleifkohlen** schrauben Sie vom ausgebauten Generator die Schutzkappe ab. Die Generatoren bis 4/99 haben drei Befestigungsschrauben, die Generatoren ab 5/99 zwei Befestigungsmuttern und eine Schraube (siehe Abbildungen Seite 233). Drehen Sie die Befestigungsschrauben für den Spannungsregler heraus und entnehmen Sie den Regler. Die Schleifkohlenhalter der beiden Generatorentypen sind unterschiedlich:

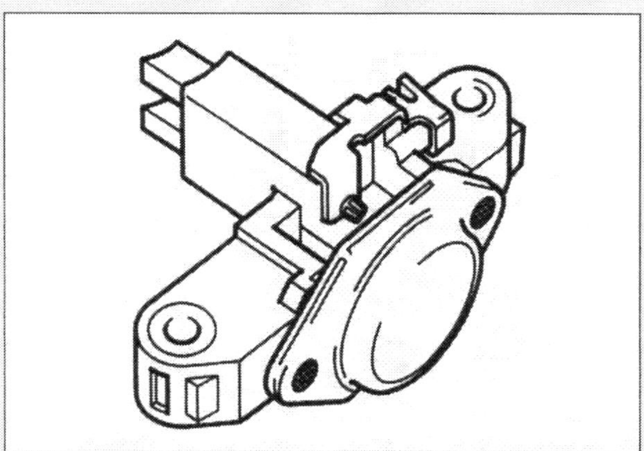

Älterer Schleifkohlenhalter (bis 4/99).

⑪ Die Schleifkohlen müssen ersetzt werden, wenn sie nur noch 5mm lang oder gar kürzer sind. Der Längenunterschied zwischen beiden Kohlebürsten darf nicht größer als 1 mm sein. Zum Wechseln der Kohlen müssen die Anschlusslitzen ausgelötet werden. Das ist vermutlich ebenso wie das Prüfen der Schleifringe auf Verschleiß und ein eventuelles Feinstüberdrehen und Polieren der Ringe eine Sache für die Fachwerkstatt.

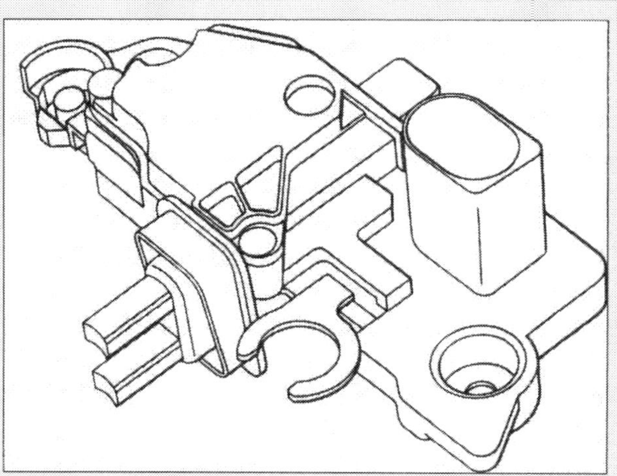

Neuer Schleifkohlehalter (ab 5/99).

⑫ Reinigen Sie die Kontaktfläche und prüfen Sie die Vorspannung der Kontaktfedern in den Kohlebürstenhaltern. Ggf. sind die Federn zu erneuern.

⑬ Nach dem Einbau neue Kohlen auf leichten Lauf in den Haltern prüfen.

⑭ Spannungsregler mit zunächst einer von Hand eingeschraubten Schraube befestigen. Vorsichtig in die Einbaulage drücken, mit lediglich 2 Nm festschrauben.

⑮ Hintere Generatorschutzkappe festschrauben.

⑯ Generator einbauen, Batterie-Massekabel anklemmen, Hinweise zu Zeituhr, Radiocode etc. beachten.

Anlasser aus- und einbauen

Streikt der Anlasser, sind meist mehrere Teile die Ursache. Der Magnetschalter oder die Schleifkohlen zum Beispiel können klemmen oder stark abgenutzt sein. Auch ein Verschleiß der Lagerung ist möglich. Dreht sich der Anlasser bei geladener Batterie nicht oder dreht er sich zu langsam und zieht den Motor nicht durch, sollten auch die Leitungsanschlüsse am Magnetschalter und die Massebänder zwischen Motor, Aufbau und Batterie auf festen Sitz überprüft werden; sie dürfen nicht oxidiert sein.

Beim 1,0 Liter-Benzinmotor wird der Anlasser nach oben ausgebaut. Dazu ist der Batterieausbau Voraussetzung. Beim 1,4 Liter-Benzinmotor und beim Dieselmotor geschieht der Ausbau nach unten; das Fahrzeug muss aufgebockt werden.

Anlasser

Störungs-beistand

Störung	Ursache	Abhilfe
A Beim Drehen des Zündschlüssels in Startstellung dreht der Anlasser zu langsam oder gar nicht	**1** Kontrolllampen brennen schwach oder verlöschen	
	a) Batterie entladen	Mit Starthilfekabeln starten, Auto anschieben/abschleppen
	b) Kabelanschlüsse lose oder oxidiert	Kabel befestigen, Anschlüsse säubern
	c) Anlasser hat Masseschluss	Anlasser überholen lassen oder austauschen
	2 Kontrolllampen brennen hell, Klicken aus Richtung Anlasser – kurz auf den Magnetschalter klopfen. Dreht der Anlasser immer noch nicht:	
	a) Kohlebürsten bzw. deren Anschlüsse im Anlasser gelöst	Anlasser überholen lassen
	b) Kontakte im Magnetschalter verschmort	Anlasser überholen lassen oder austauschen
	c) Anlasserwicklung schadhaft	Anlasser überholen lassen oder austauschen
	3 Kontrolllämpchen brennen hell, keinerlei Geräusche	
	a) Anschluss der Klemme 50 am Magnetschalter lose	Anschluss überprüfen
	b) Klemme-50-Leitung vom Zündschloss zum Magnetschalter unterbrochen	Leitung mit Prüflampe kontrollieren
B Anlasser läuft, ohne den Motor durchzudrehen	**1** Ritzel verschmutzt	Ritzel reinigen
	2 Einrückvorrichtung klemmt	Anlasser überholen lassen
	3 Verzahnung des Ritzels oder der Motorschwungscheibe beschädigt	Wagen bei eingelegtem Gang ein Stück vorschieben. Erneut starten. Beschädigte Teile ersetzen lassen
C Magnetschalter schaltet in schneller Folge ein und aus, Anlasser läuft nicht an	**1** Batterie stark entladen, beim Einschalten des Magnetschalters fällt die Spannung ab, und er schaltet wieder ab	Batterie laden
D Anlasser läuft weiter, obwohl der Zündschlüssel losgelassen wurde	**1** Magnetschalter hängt oder schaltet nicht ab	Zündung sofort abschalten, notfalls Batterie abklemmen. Magnetschalter reparieren oder Anlasser austauschen
	2 Zünd-/Anlassschalter defekt	Schalter ersetzen
E Ritzel spurt nach Anspringen des Motors nicht aus	**1** Rückstellfeder des Einrückhebels lahm oder gebrochen	Zündung abschalten, ggf. Anlasser austauschen
	2 Siehe B 3	

Arbeitsschritte  

① Batterie entsprechend der Anleitung im vorangegangenen Abschnitt ausbauen. Befestigungsschrauben des Batterieträgers herausschrauben und Batterieträger abnehmen.

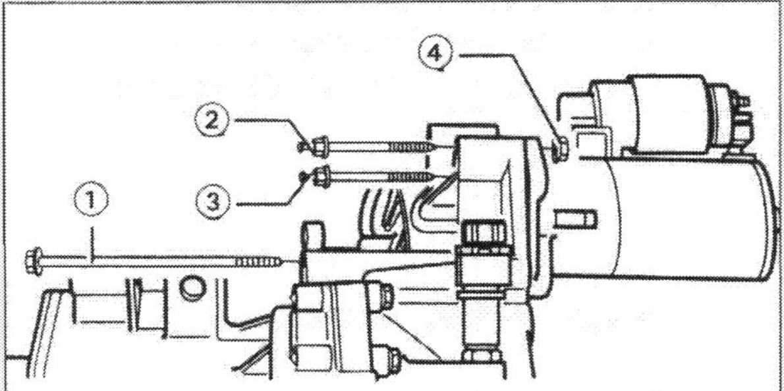

Anlasser für Benzinmotoren:
❶, ❷ und ❸ Sechskantschrauben, ❹ Mutter.

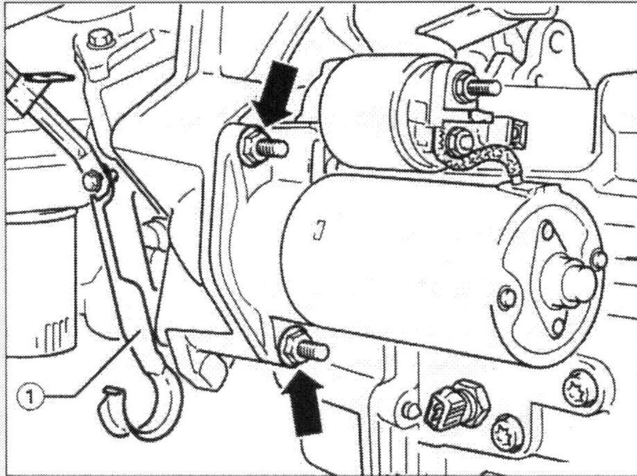

Anlasser für Diesel: ❶ Halter für Kühlmittelschlauch. Die Pfeile weisen auf Muttern für die Demontage.

② Steckverbindung trennen und aus dem Halter ziehen. Stecker von Klemme 50 entriegeln und abziehen. Leitung am Magnetschalter Klemme 30 abschrauben (Wiedereinbau: Mutter mit 13 Nm anziehen).

③ Leitungen aus der Leitungsführung herausnehmen und Leitungsführung ausbauen.

④ Obere Sechskantschraube (M12 x 180mm) herausschrauben. Beim Einbau: Anziehen mit 65Nm.

⑤ Befestigungsschrauben (9 Stück) herausschrauben und die mittlere Motorraumabdeckung zur Geräuschdämpfung herausnehmen.

⑥ Sechskantmutter abschrauben, Befestigungsklammern ausclipsen und linke Motorraumabdeckung zur Geräuschdämpfung herausnehmen.

⑦ Halter für Druckleitung der Servolenkung abschrauben und zur Seite legen.

⑧ Untere Sechskantschraube (Position 2; M12 x 180mm) herausschrauben. Beim Einbau mit 65 Nm anziehen.

⑨ Nehmen Sie den Anlasser nach unten heraus.

⑩ Der Einbau erfolgt sinngemäß in umgekehrter Reihenfolge. Wichtig: Die angegebenen Drehmomente beachten!

Die Beleuchtung

Die Fahrzeugbeleuchtung ist das zentrale aktive Sicherheitselement im nächtlichen Straßenverkehr. Darüber hinaus aber wird angesichts immer höherer Verkehrsdichte auch das Fahren mit Licht am Tag immer aktueller. In vielen skandinavischen und osteuropäischen Ländern ist es seit langem Pflicht, bei uns in Deutschland wird es immer wieder diskutiert. Nach Untersuchungen könnte mit Tagfahrlicht allein die Zahl der tödlichen Unfälle um 25 Prozent reduziert werden.

Die Firma Hella hat daher in jüngster Zeit eine kompakte und energiesparende Leuchte zum Nachrüsten entwickelt. Gegenüber mehr als 100 Watt bei normalem Abblendlicht verbrauchen diese Leuchten nur 12 Watt. Die Lampen werden wie Zusatzscheinwerfer an der Fahrzeugfront montiert. Beim Zünden schalten nur sie sich automatisch ein. Schaltet man hingegen das normale Fahrlicht ein, verlöschen sie automatisch.

Zur Beleuchtungsanlage gehören an erster Stelle die Hauptscheinwerfer, und schon sie enthalten verschiedene Glühlampen unterschiedlicher Ausführung. Ferner sorgen Nebelscheinwerfer, Heckleuchten, Bremsleuchten, Rückfahrscheinwerfer, Blinkleuchten, Nebelschlussleuchten sowie Kennzeichen- und Innenleuchten für genügend Licht. Ein neuzeitlicher Autoscheinwerfer soll den Gegenverkehr möglichst nicht blenden, auch bei höheren Geschwindigkeiten die Fahrbahn gut ausleuchten und dem Fahrzeug ein unverwechselbares Gesicht geben. Seine wichtigsten Teile sind Lichtquelle, Reflektor und Streuscheibe, wobei moderne Scheinwerfer schon ohne Streuscheibe auskommen. Der Blinker ist fester Bestandteil des Schein-

werfers, er lässt sich nicht separat austauschen.
Als Lichtquelle setzt VW bei den Scheinwerfern Halogenlampen ein. Der Reflektor war früher fast ausschließlich parabolisch, heute gibt es Stufenreflektoren, Freiformflächen oder Systeme mit Abbildungsoptik PES. Die Reflektoren aus Stahlblech oder Kunststoff sind mit einer dünnen Schicht Aluminium plus Spezialschicht präpariert. Streuscheiben aus Glas oder Kunststoff streuen oder bündeln das Licht zur Erzielung des gewünschten Ausleuchtungseffekts. Sie haben normalerweise nach innen hin ein Raster optischer Elemente (Linsen, Prismen), sind neuerdings aber auch völlig klar - also nur noch Schutz- und keine eigentlichen Streuscheiben.

Der Freiflächenreflektor

Der so genannte Freiflächen-Reflexionsscheinwerfer Ihres Lupo oder Arosa erzeugt einen genau definierten Lichtkegel auch ohne Streuscheibe. Die optimale Form des Reflektors ist nach speziellen mathematischen Verfahren per Computer berechnet. Bestimmte Segmente im Reflektor sind bestimmten Bereichen auf der Straße zugeordnet. Infolge dadurch ermöglichter kleinerer Brennweiten können im Bauraum herkömmlicher parabolischer Reflektoren drei getrennte Reflektoren für Abblendlicht, Fernlicht und Nebellicht untergebracht werden. Gleichzeitig wird die Lichtausbeute erhöht.

Spezialglas für die Streuscheibe

Der Gesetzgeber schreibt für das Abblendlicht eine spezielle Lichtverteilung vor – mit einer asymmetrischen Hell-Dunkel-Grenze, bei der sich das Lichtmaximum auf der rechten Seite der Fahrbahn konzentriert. Damit diese Vorgaben eingehalten werden, ist die übliche Streuscheibe auf der Innenseite mit Zylinderlinsen, Prismen und Parallelflächen ausgestattet, die das vom Reflektor kommende Licht in der gewünschten Richtung verteilen.
Bei Lupo und Arosa besteht die allerdings klare, wegen der modernen Reflektoren von optischen Elementen freie Streuscheibe aus Kunststoff, der gegen Steinschlag zehnmal widerstandsfähiger ist als Glas. Eine harte Decklackschicht schützt vor Kratzern. Ein anderer Effekt des Kunststoff-Einsatzes: Der Scheinwerfer ist etwa ein halbes Kilogramm leichter als einer mit Glasscheibe.

DE-Nebelscheinwerfer serienmäßig

DE ist die Abkürzung für dreiachsiger Ellipsoid und bezeichnet die Form der Reflektorflächen. Die Technik erlaubt Scheinwerfer besonders kleiner Bauart mit hoher Lichtleistung. Sie funktionieren ähnlich wie Dia-Projektoren: Eine Blende, die wie ein Dia wirkt, begrenzt die Lichtverteilung und erzeugt die Hell-Dunkel-Grenze. Sie ist beim DE-Licht besonders scharf, weshalb es für Nebelscheinwerfer sehr gut geeignet ist. Eine Linse übernimmt die Funktion des Objektivs und projiziert die Lichtverteilung auf die Straße. Jüngste Entwicklung sind die Poly-Ellipsoid-Systeme PES.

Ständige Kontrolle der Beleuchtung

Lassen Sie die Einstellung der Scheinwerfer an Ihrem Fahrzeug regelmäßig prüfen. Eine gute Möglichkeit hierzu sind die im Herbst stattfindenden Aktionen von ADAC, TÜV und Dekra. Außerdem sollten Sie vor jeder Fahrt die Beleuchtung Ihres Fahrzeugs kontrollieren.

Alle Lichter müssen funktionieren

Dazu Zündung einschalten und nacheinander Standlicht, Abblendlicht, Fernlicht und Nebelscheinwerfer einschalten. Am Heck des Wagens müssen Rücklichter, Kennzeichenleuchten, Rückfahrscheinwerfer und Nebelschlussleuchte einwandfrei funktionieren. Legen Sie sich einen kleinen Vorrat mit den wichtigsten Lampen und Leuchten für unterwegs an. Die Lampenbezeichnung steht auf dem Sockel oder auf dem Glaskörper.

Diese Ersatzlampen sollten Sie an Bord haben:

Glühlampe für:	Typ	Leistung
Abblendlicht / Fernlicht		
Zweifadenlampe	H4	60/55 W
Blinkleuchten	Bajonett	21 W
Seitliche Blinkleuchten	Glassockel	5 W
Standlicht	Glassockel	5 W
Brems-/Schlusslicht	Bajonett	21/5 W
Rückfahrleuchten	Bajonett	21 W
Nebelschlussleuchte	Bajonett	21 W
Kennzeichenleuchte	Sofitte	5 W
Zus. Bremsleuchten	Glassockel	5 W
Innenleuchten	Sofitte	10 W

Xenon-Licht

Technik-lexikon

Der Lupo ist in der GTI-Version mit der Sonderausstattung »Scheinwerfer mit Gasentladungslampen« lieferbar. Die Xenon-Technik bringt eine tageslichtähnliche Lichttemperatur, einen zweieinhalbfachen Lichtstrom im Vergleich zur Halogenlampe und einen um 35 Prozent niedrigeren Energieverbrauch. Die Ausleuchtung der Fahrbahn ist besser, ebenso die Reichweite des Lichtes.

Statt einer Glühlampe kommt hier eine Gasentladungslampe zum Einsatz. Beim Anlegen der Zündspannung (10 bis 20 kV) wird das Gasgemisch aus Xenon und Metallhalogeniden zwischen den Elektroden leitend. Damit wird ein Lichtbogen gezündet. Durch kontrollierte Zufuhr von 400 Hz-Wechselstrom verdampft die metallische Füllsubstanz und strahlt dabei Licht ab. Für Einschaltvorgang und Betrieb braucht die Lampe ein elektronisches Vorschaltgerät.

Wegen des starken Lichts muss ein Auto mit Xenon-Lampen eine automatische Leuchtweiten-Regulierung haben. Achtung: Den Lampenwechsel darf nur ein VW-Betrieb durchführen. Bei unsachgemäßem Umgang mit dem Hochspannungsteil der Lampe besteht unter Umständen Lebensgefahr.

Lupo-Spitzenmodell GTI: Xenon-Technik gibt den Scheinwerfern tageslichtähnliche Lichttemperatur, einen zweieinhalbfachen Lichtstrom im Vergleich zur Halogenlampe und einen um 35 Prozent niedrigeren Energieverbrauch.

Lampen im Scheinwerfer wechseln

Die Hauptscheinwerfer von Lupo/Lupo 3L und Arosa unterscheiden sich hauptsächlich in der Form. Ihre Glühlampen für Abblendlicht/Fernlicht und für Standlicht werden vom Motorraum her ausgebaut.
Der Wechsel einer Lampe fürs Standlicht verändert die Justierung des Scheinwerfers nicht. Bei allen anderen Lampen sollten Sie nach einem Tausch die Einstellung des betreffenden Scheinwerfers kontrollieren (lassen). Fassen Sie intakte Glühlampen nicht mit den Fingern am Glaskolben an! Selbst geringe Spuren von Handschweiß verdampfen auf der brennenden Lampe, trüben den Glaskolben und können im Extremfall das Lampenglas zerstören. Verwenden Sie deshalb zum Einsetzen einer Lampe ein sauberes Tuch.

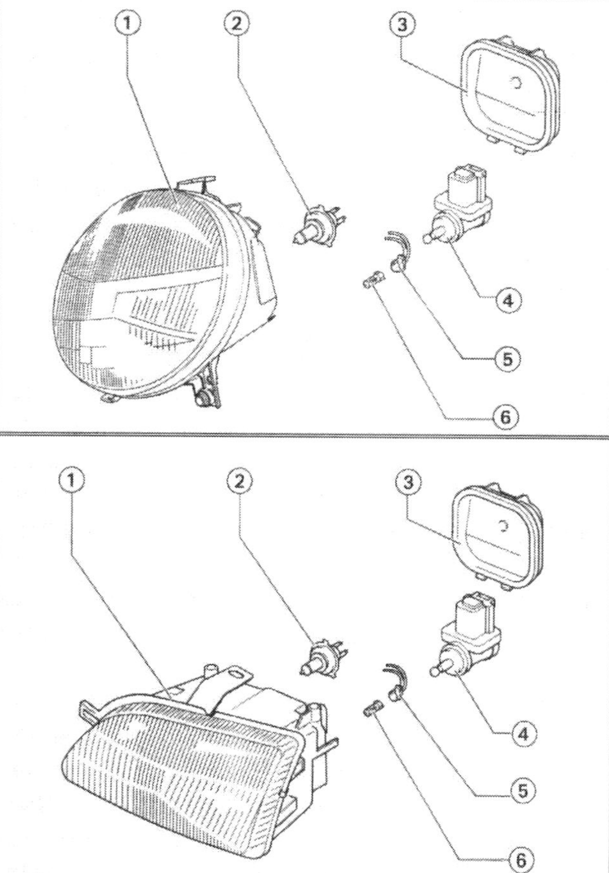

Bauteile des Hauptscheinwerfers von Lupo/Lupo 3L (oben) und Arosa (unten): ❶ Scheinwerfer, ❷ Zweifadenlampe für Fern- und Abblendlicht (H4, 12 V, 60/55 W), ❸ Abdeckkappe, ❹ Stellmotor für Leuchtweitenregulierung, ❺ Lampenfassung für Standlichtlampe, ❻ Lampe für Standlicht (12 V, 5 W).

Arbeitsschritte  

① Abdeckkappe an der Rückseite des Scheinwerfers abnehmen. Dazu den Federdrahtbügel hochklappen und die Abdeckkappe nach oben abnehmen.

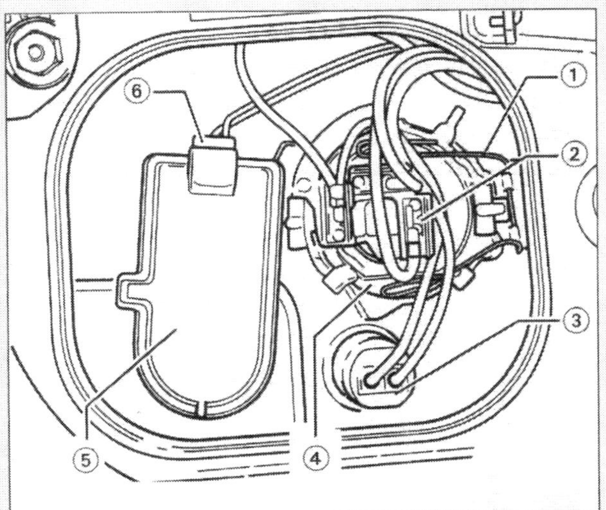

Abblendlicht/Fernlicht:

② Steckverbindung ❷ von der Lampe für Abblendlicht abziehen.

③ Federdrahtbügel ❶ über Rastnasen drücken und zur Seite klappen.

④ Glühlampe ❹ aus dem Reflektor herausziehen.

⑤ Neue Lampe so einsetzen, dass die Rastnasen am Lamellenteller in den Aussparungen am Reflektor liegen. Federdrahtbügel zurückklappen und einrasten.

⑥ Steckverbindung aufstecken.

Standlicht:

⑦ Fassung ❸ mit der Glühlampe am Anschlussstecker aus dem Reflektor herausziehen.

⑧ Lampe aus der Fassung ziehen und neue Glühlampe einsetzen.

⑨ Fassung mit Glühlampe bis zum Anschlag in den Reflektor hineindrücken.

⑩ Abdeckkappe auf der Rückseite des Scheinwerfers einbauen.

⑪ Funktion von Abblendlicht, Fernlicht und Standlicht prüfen.

Nebelscheinwerfer:

① Federbügel **(Pfeil)** ausrasten und Verschlussdeckel abnehmen.

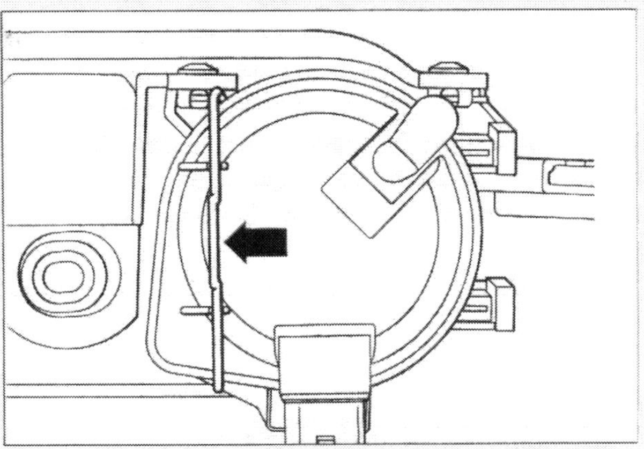

② Steckverbindung an der Glühlampe abziehen.

③ Federdrahtbügel ❶ über Rastnasen ❷ drücken und entriegeln.

④ Ziehen Sie nun die Glühlampe ❸ aus dem Reflektor heraus.

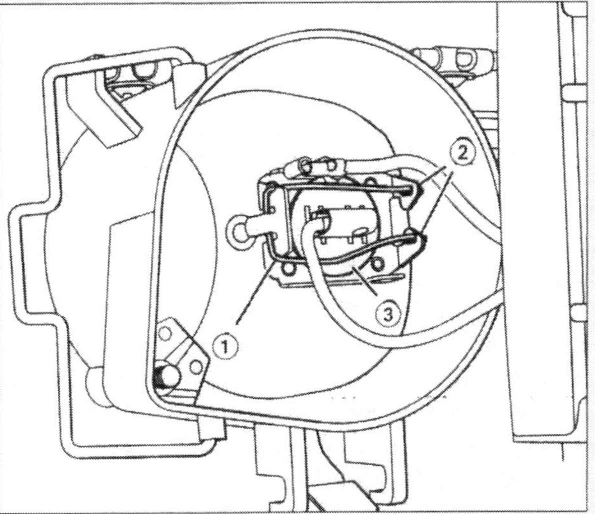

⑤ Setzen Sie die neue Glühlampe lagerichtig ein, indem Sie die Rastnase am Lamellenteller in die Aussparung am Reflektor einlegen.

⑥ Steckverbindung aufstecken.

⑦ Bauen Sie den Verschlussdeckel ein und sichern Sie ihn mit dem Federbügel

⑧ Funktion des Nebelscheinwerfers prüfen.

Die Leuchtweiten-regelung

In Deutschland ist für Neuwagen eine Leuchtweitenregelung gesetzlich vorgeschrieben. Sie soll verhindern, dass der Gegenverkehr bei beladenem Fahrzeug geblendet wird. Beim Lupo kann die Leuchtweite elektrisch verstellt werden. Dazu befindet sich an jedem Scheinwerfer ein Schrittmotor, der bei Betätigen des Drehreglers elektrisch durch eine entsprechende Frequenz angesteuert wird. Der Motor lässt sich getrennt vom Scheinwerfer ausbauen.

Glühlampen rechtzeitig wechseln

Praxistipp

Eine schwach leuchtende Glühlampe deutet darauf hin, dass der Kolben zu stark geschwärzt ist. Das ist zum Beispiel öfter bei der Kennzeichenbeleuchtung der Fall. Dann die Lampe rechtzeitig wechseln. Fällt eine Lampe nach einer längeren Betriebszeit aus, sollten Sie auch die intakte Lampe auf der anderen Seite des Fahrzeugs wechseln, da sie erfahrungsgemäß kurze Zeit später ebenfalls versagt.

Hauptscheinwerfer aus-/einbauen

Streuscheibe und Scheinwerferreflektor sind miteinander verklebt. Bei einem beschädigten Scheinwerferglas oder einem matten Reflektor ist daher stets der Austausch des kompletten Scheinwerfers fällig. Bei einem Schaden müssen Sie also das Streuglas zusammen mit dem Reflektor wechseln. Vorsicht: Nach dem Einbau eines neuen Scheinwerfers grundsätzlich die Einstellung kontrollieren (lassen). Vor dem Ausbau wie bei allen Arbeiten an der elektrischen Anlage das Batterie-Masseband (Minuspol) abklemmen!

Beim Ausbau des Hauptscheinwerfers im Arosa muss auch die Blinkleuchte vorn ausgebaut werden. Sowohl beim Arosa als auch beim Lupo müssen Sie den Kühlergrill ausbauen (siehe Kapitel »Die Karosserie«). Beim Lupo 3L muss der vordere Stoßfänger demontiert werden (siehe dazu ebenfalls Kapitel »Die Karosserie«).

① Ziehen Sie die Mehrfachsteckverbindung an der Scheinwerferrückseite ab.

② Lupo/Lupo 3L: Drehen Sie die Befestigungsschrauben (Pfeile) heraus.

③ Arosa: Drehen Sie die Befestigungsschrauben (Pfeile) heraus.

④ Alle Modelle: Nehmen Sie den Scheinwerfer vorsichtig nach vorn heraus.

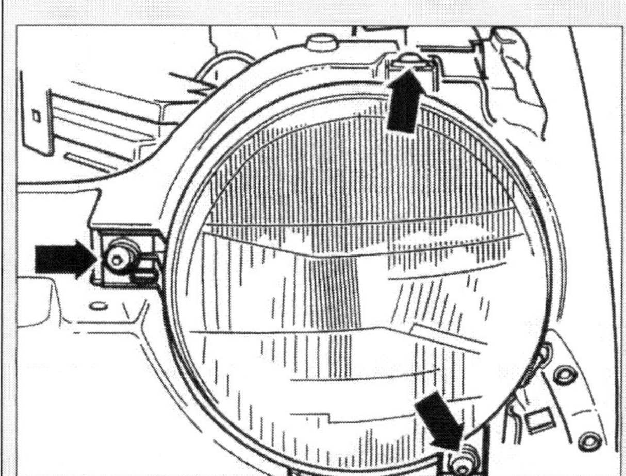

Hauptscheinwerfer Lupo/Lupo 3L.

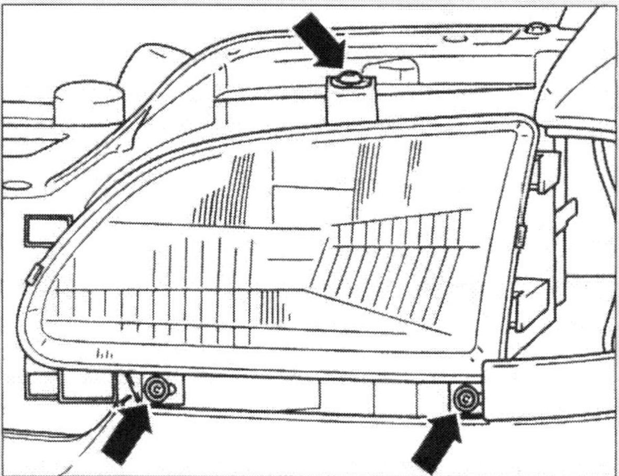

Hauptscheinwerfer Arosa.

⑤ **Einbau:** Scheinwerfer von vorn einsetzen und festschrauben.

⑥ Schieben Sie die Mehrfachsteckverbindung hinten am Scheinwerfer auf.

⑦ Lupo 3L: Bauen Sie den vorderen Stoßfänger ein. Lupo/Arosa: Bauen Sie den Kühlergrill ein. Arosa: Bauen Sie die vordere Blinkleuchte ein.

⑧ Scheinwerfereinstellung in der Fachwerkstatt kontrollieren und ggf. korrigieren lassen.

Scheinwerfer provisorisch einstellen

Für die exakte Einstellung der Scheinwerfer ist ein spezielles Scheinwerfereinstellgerät erforderlich. Überlassen Sie diese Arbeit daher der Werkstatt, die auch die genauen Sollwerte kennt. Manche Tankstellen bieten übrigens ebenfalls eine fachgerechte Justierung an.
Sie können die Scheinwerfer provisorisch prüfen und einstellen, wenn Sie zum Beispiel am Wochenende eine Glühlampe oder einen kompletten Scheinwerfer ausgetauscht haben. Das kann aber nur eine Notlösung sein! Lassen Sie den Scheinwerfer bei der nächsten Gelegenheit vom Fachmann einstellen.

Für die provisorische Einstellung sollte

- der Tank gefüllt oder der Kofferraum mit Gewicht belastet sein;
- ein Helfer hinter dem Steuer sitzen oder das Fahrzeug zusätzlich mit 75 Kilogramm belastet werden;
- der Reifendruck stimmen.

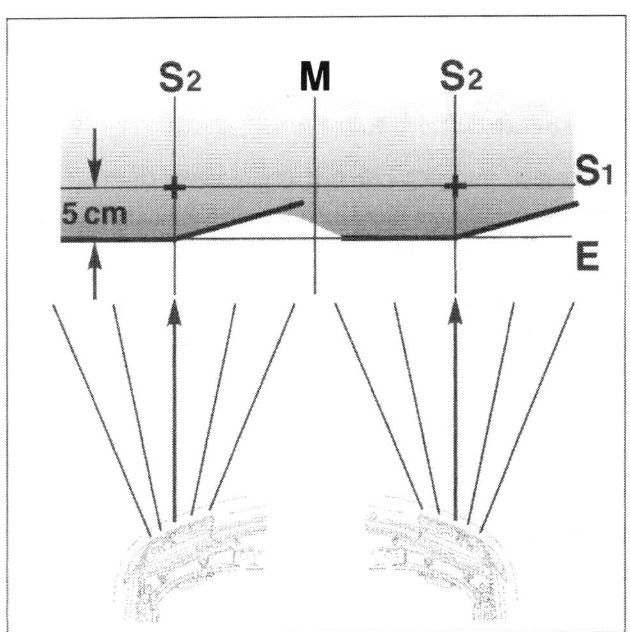

Arbeitsschritte

① Stellen Sie Ihr Fahrzeug gegenüber der Einstellwand ab. Der Abstand zwischen Front und Wand muss exakt fünf Meter betragen.

② Drücken Sie den Vorderwagen kräftig nach unten, damit die Vorderradaufhängung in Ruhelage kommt.

③ Stellen Sie die Leuchtweitenregulierung auf Null.

④ Die Hauptscheinwerfer dürfen nur bei Abblendlicht eingestellt werden. Das vorgeschriebene Neigungsmaß beträgt zehn Zentimeter auf zehn Meter Entfernung. Das Neigungsverhältnis ist auf dem Scheinwerferhalter eingeprägt.

⑤ Messen Sie den Abstand zwischen Boden und Mittelpunkt der beiden Scheinwerfer aus. Markieren Sie das Maß an der Wand und verbinden Sie beide Punkte durch eine Linie (S 1).

⑥ Zeichnen Sie fünf Zentimeter darunter eine parallele Linie E an der Wand an. Das ist die Neigung des Abblendlichts auf fünf Meter Entfernung.

⑦ Peilen Sie durch das Heckfenster nach vorn und lassen Sie von einem Helfer genau in Fahrzeugmitte die senkrechte Linie M einzeichnen.

⑧ Messen Sie den Abstand zwischen Fahrzeugmitte und Mittelpunkt des Scheinwerfers (rechts und links). Diese Werte sind auf die Hilfslinie S1 (rechts und links vom Schnittpunkt der Linien M und S1) zu übertragen und mit einem Einstellkreuz (S2) zu markieren.

⑨ Genau fünf Zentimeter unter diesen Kreuzen müssen die Abknickpunkte des Abblendlichts auf der Einstellinie E justiert werden.

⑩ Nun müssen die Scheinwerfer an ihren Einstellschrauben vom Motorraum aus verstellt werden. Dazu Zündung und Abblendlicht einschalten.

⑪ Zuerst an der Höhen-Einstellschraube so lange drehen, bis der Strahl des Abblendlichts mit seiner waagerechten Hell-Dunkel-Grenze mit der Einstelllinie E übereinstimmt. Gegebenenfalls muss zur Höheneinstellung auch die Seiten-Einstellschraube gedreht werden.

⑫ Seiteneinstellung mit der Einstellschraube so ausrichten, dass der Abknickpunkt im Abblend-Lichtbild genau auf das Einstellkreuz ausgerichtet ist. Dabei darf ein Streuanteil von 15 Prozent über der Linie liegen.

⑬ Bei dieser Einstellung wird auch das Fernlicht automatisch richtig justiert.

Stellmotor für Leuchtweitenregulierung wechseln

Der Aus- und Einbau des Stellmotors für Leuchtweitenregulierung erfolgt bei allen Lupo-Modellen und beim Arosa auf die gleiche Weise.

Arbeitsschritte

① **Ausbau:** Bauen Sie den Hauptscheinwerfer aus.

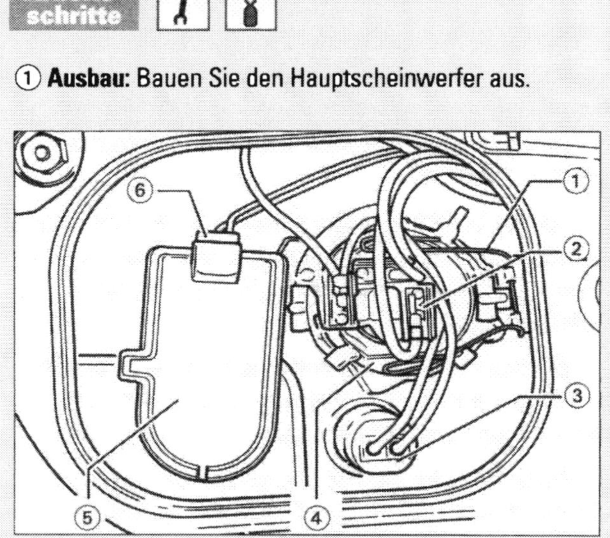

② Bauen Sie die Glühlampen für Abblendlicht/Fernlicht ❹ sowie für Standlicht ❸ aus. Ziehen Sie die Steckverbindung ❻ am Stellmotor ab und entriegeln Sie den Stellmotor ❺ beim linken Scheinwerfer durch Rechtsdrehen und beim rechten Scheinwerfer durch Linksdrehen.

③ Ziehen Sie den Kugelkopf der Stellachse seitlich aus der Kugelkopfaufnahme am Reflektor heraus.

④ Nehmen Sie nun den Stellmotor heraus.

⑤ **Einbau:** Setzen Sie den Stellmotor an der Einbauöffnung am Scheinwerfer an.

⑥ Halten Sie den Reflektor durch die Gehäuseöffnung der Glühlampe für Abblendlicht/Fernlicht fest und schieben Sie den Kugelkopf der Stellachse in die Kugelkopfaufnahme am Reflektor hinein.

⑦ Verriegeln Sie den Motor durch Verdrehen in die Einbaulage.

⑧ Schieben Sie die Steckverbindung am Stellmotor für die Leuchtweitenregulierung auf.

⑨ Bauen Sie die erst die Glühlampen, dann den Scheinwerfer wieder ein.

Heckleuchte und Lampen in Heckleuchte aus- und einbauen

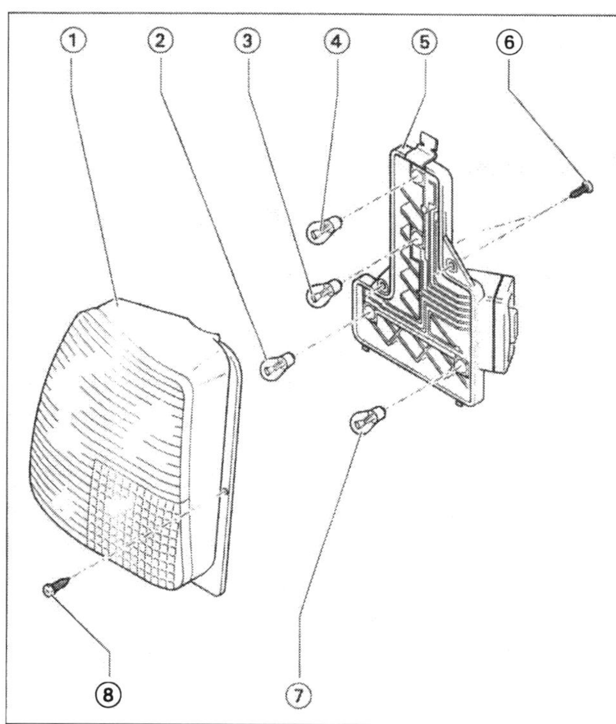

Bauteile und Lampen der Schlussleuchte: ❶ Gehäuse, ❷ Glühlampe für Nebelschlussleuchte (nur links; 12 V, 21 W), ❸ Glühlampe für Blinklicht (12 V, 21 W), ❹ Glühlampe für Brems- und Schlusslicht (Zweifadenlampe: 12 V, 21/5 W), ❺ Lampenträger, ❻ Kreuzschlitzschraube, ❼ Glühlampe für Rückfahrlicht (12 V, 21 W), ❽ Kreuzschlitzschraube (4 Nm).

① **Ausbau:** Drehen Sie die Befestigungsschraube 8 heraus und nehmen Sie die Heckleuchte nach hinten ab. Trennen Sie die Steckverbindung.

② Schrauben Sie die zwei Befestigungsschrauben für den Lampenträger (Position 6) heraus. Klappen Sie den Lampenhalter nach unten und nehmen Sie ihn ab.

③ Zum **Wechseln der Glühlampen** drücken Sie diese in die Fassung, drehen sie etwas nach links und nehmen sie heraus.

④ Setzen Sie die neue Glühlampe (nicht den Glaskörper berühren!) in die Fassung ein, drücken sie hinein und drehen sie nach rechts.

⑤ **Einbau:** Setzen Sie den Lampenträger am Gehäuse an, klappen Sie ihn nach oben und schrauben ihn an.

⑥ Stecken Sie die Steckverbindung wieder auf.

⑦ Setzen Sie die Schlussleuchte in die Einbauöffnung der Karosserie ein und schrauben Sie sie (mit 4 Nm Anzugsmoment) fest.

⑧ Überprüfen Sie die Funktion der einzelnen Lampen.

Blinkleuchte vorn und Blinkleuchtenlampen aus- und einbauen

Zum Ausbau der vorderen Blinkleuchte muss der Kühlergrill ausgebaut werden (siehe Kapitel »Die Karosserie«).

Arbeitsschritte

Lupo:

① Ausbau: Ziehen Sie die Steckverbindung (Pfeil) ab.

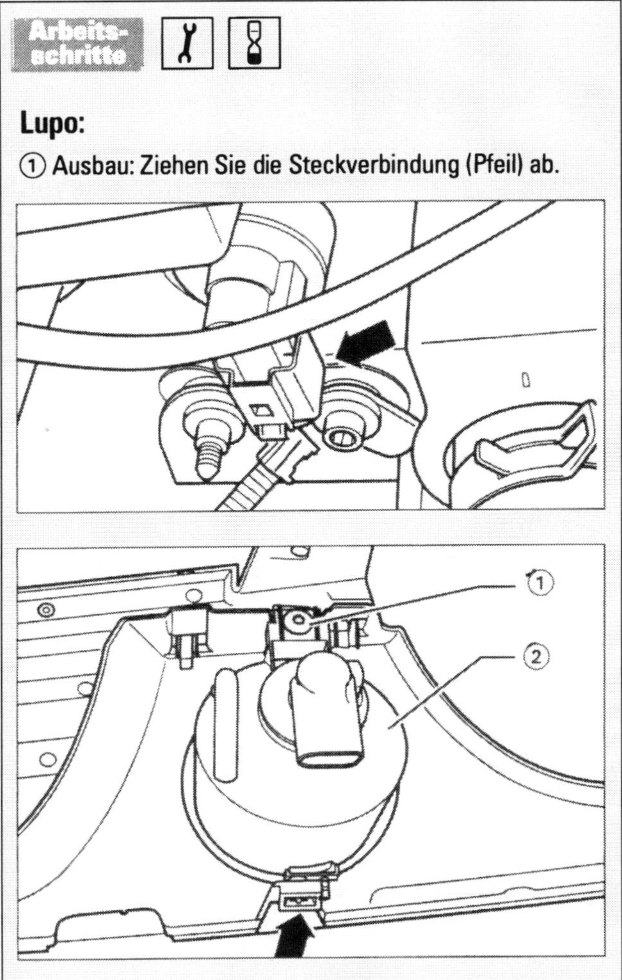

② Schrauben Sie die Schraube ❶ heraus und schwenken Sie die Blinkleuchte ❷ aus der Lagerung **(Pfeil)** heraus.

Lupo 3L:

① – ② Beim Lupo 3L drehen Sie die Schraube **(Pfeil)** heraus und schwenken Sie die Blinkleuchte zur Seite heraus.

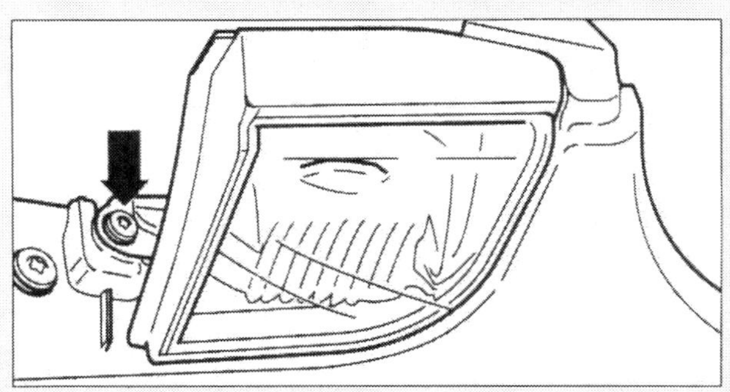

① – ② Beim Arosa müssen Sie auf der Innenseite der Blinkleuchte einen Drahtfederbügel aushängen, die Leuchte in Pfeilrichtung (Bild) nach vorn vom Scheinwerfergehäuse abziehen und die Steckverbindung lösen.

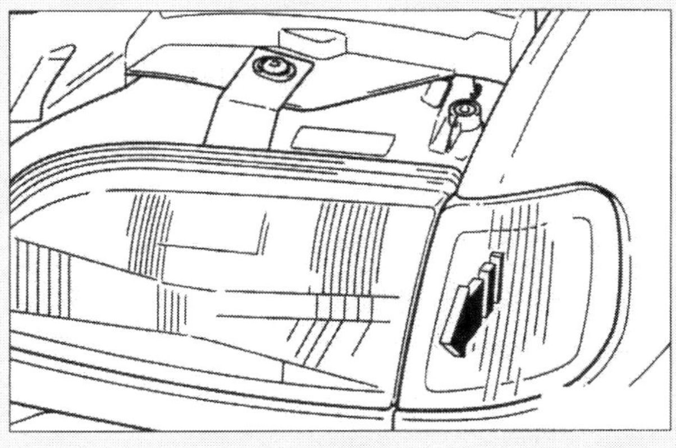

③ Zum Wechseln der Glühlampen drehen Sie die Fassung in Richtung der Pfeile, wie in den folgenden Abbildungen demonstriert: **a** = Lupo, **b** = Lupo 3L, **c** = Arosa.

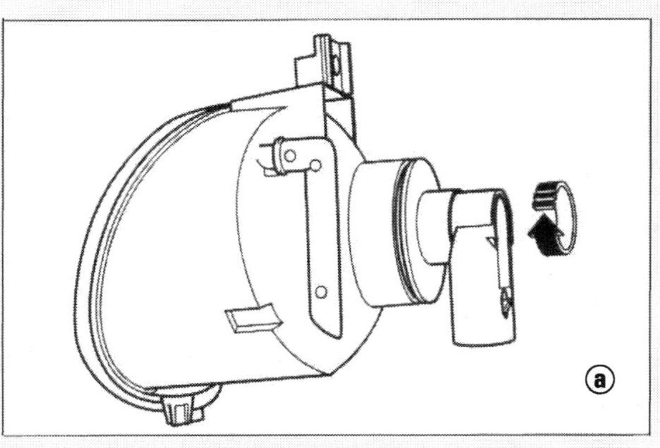

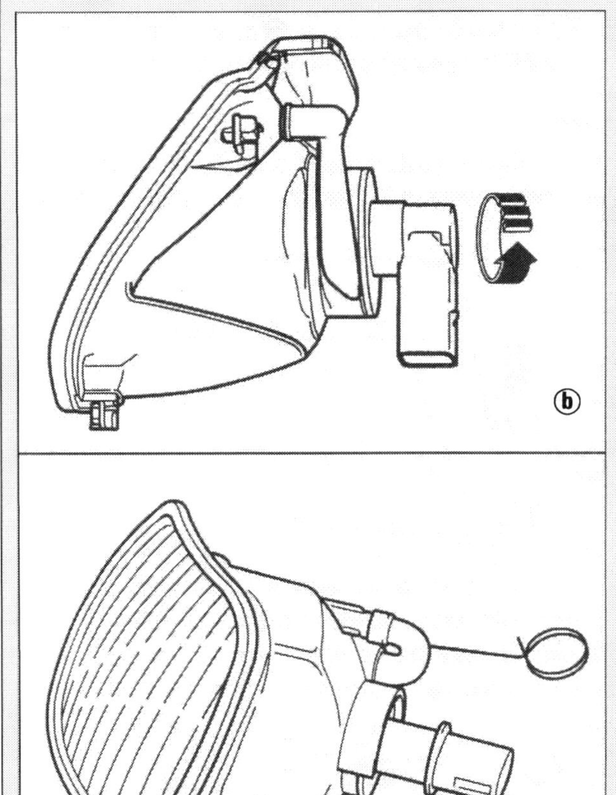

④ Nehmen Sie die Glühlampe aus der Fassung heraus.

⑤ Setzen Sie die neue Glühlampe ein (Glaskolben nicht mit bloßen Fingern berühren!).

⑥ Fassung mit Glühlampe in das Gehäuse einsetzen und durch Drehen entgegen der Pfeilrichtung befestigen.

⑦ **Einbau:** Blinkleuchte mit der Haltenase einsetzen und in die Einbauöffnung hineinschwenken.

⑧ Beim Lupo 3L darauf achten, dass die Haltenasen an der Seite der Blinkleuchte in die Aufnahme im Stoßfänger eingreifen.

⑨ Steckverbindung aufschieben.

⑩ Kühlergrill einbauen.

⑪ Beim Arosa: Blinkleuchte in die Einbauöffnung neben dem Scheinwerfer hineinschieben. Stecken Sie dabei die Laschen der Blinkleuchte in die Führungen des Scheinwerfers. Hängen Sie den Drahtfederbügel wieder auf der Innenseite der Blinkleuchte ein.

Lampen in Kennzeichenleuchte wechseln

Arbeitsschritte

① Drehen Sie die mit **Pfeilen** gekennzeichneten Schrauben heraus.

② Ersetzen Sie die Lampe.

③ Setzen Sie die Leuchte wieder ein und schrauben Sie sie an. Achten Sie dabei unbedingt darauf, dass der silberfarbene Blendschutzstreifen **(Pfeil)** zum Stoßfänger zeigt, also in Fahrtrichtung gesehen nach vorn.

Lampe in Zusatzbremsleuchte wechseln

Arbeitsschritte

Die Zusatzbremsleuchte ist am oberen Rand der Heckscheibe eingebaut.

① **Ausbau (Lupo/Arosa):** Sie müssen zunächst eine Blende in Richtung der unteren Heckklappenkante von der Leuchteneinheit abziehen.

② Schrauben Sie jetzt die drei Befestigungsschrauben (Pfeile) ab. Nehmen Sie die Zusatzbremsleuchte nach außen heraus.

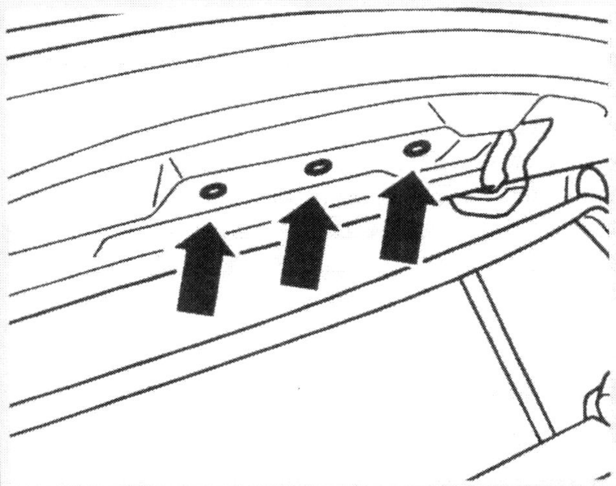

③ Trennen Sie die Steckverbindung.

② **Lupo 3L:** Clipsen Sie die Abdeckung der Leuchte am oberen Teil der Heckscheibe aus.

③ **Lupo 3L:** Drehen Sie die Befestigungsschrauben (Pfeile) heraus und ziehen Sie die Steckverbindung ❶ ab. Nehmen Sie die Zusatzbremsleuchte heraus.

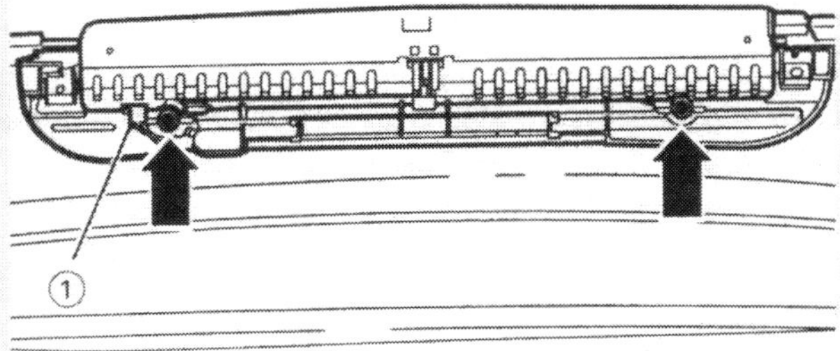

④ Zum **Lampenwechsel** clipsen Sie bei **Lupo und Arosa** den Lampenträger an den Haltenasen **(Pfeile)** vom Leuchtenglas ab (siehe Bild oben rechts).

⑤ Ziehen Sie die defekte Glassockellampe heraus und setzen Sie die neue Lampe ein (Glaskörper nicht berühren!). Setzen Sie dann den Lampenträger wieder in das Leuchtenglas ein und clipsen Sie ihn fest.

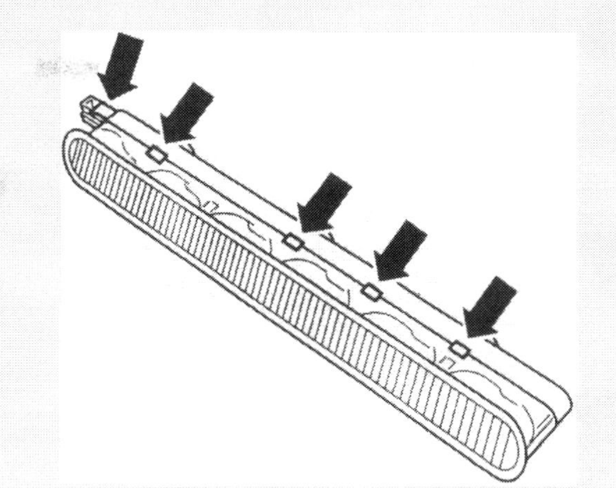

④ – ⑤ Beim **Lupo 3L** clipsen Sie den Lampenträger ❶ aus dem Halter der Zusatzbremsleuchte ❷ aus. Nun müssen Sie den Lampenhalter noch an beiden Quer- und an beiden Längsseiten ausclipsen. Auf dem Lampenträger sind auf einer Platine 18 Leuchtdioden fest verlötet und mit einer Kunststoffleiste abgedeckt. Diese Dioden können nicht einzeln ausgetauscht werden. Bei einem Defekt müssen Sie den gesamten Lampenträger ersetzen. Den neuen Lampenträger setzen Sie in den Halter der Zusatzbremsleuchte ein und clipsen ihn fest.

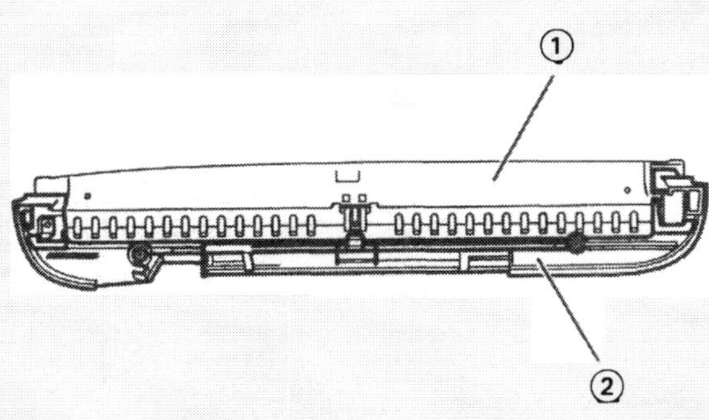

⑥ **Einbau (Lupo/Arosa):** Schieben Sie die Steckverbindung am Lampenträger auf.

⑦ Zusatzbremsleuchte von außen in die Einbauöffnung einsetzen und mit drei Schrauben anschrauben.

⑧ Bringen Sie die Abdeckung an.

⑥ – ⑧ **Lupo 3L:** Schieben Sie die Steckverbindung auf. Setzen Sie die Zusatzbremsleuchte ein und schrauben sie an. Befestigen Sie die Abdeckung.

Lampe in Innenleuchte wechseln

Arbeitsschritte  

① Hebeln Sie mit einem flachen Schraubendreher die Innenleuchte vorsichtig aus der Dachverkleidung heraus. Legen Sie einen Lappen unter, um die Dachverkleidung nicht zu beschädigen!

② Entriegeln Sie die Steckverbindung und ziehen Sie sie ab.

③ Entriegeln Sie die Abdeckung ❶ für die Glühlampe durch seitlichen Druck und schieben Sie sie zur Seite **(Pfeil)**.

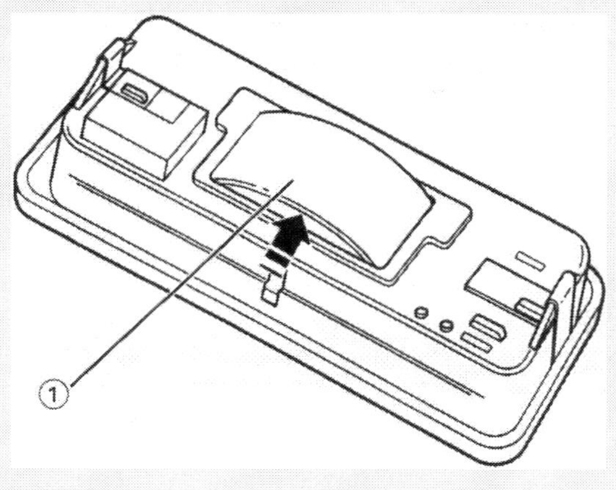

④ Nun die defekte Sofittenlampe aus der Fassung ziehen und ersetzen. Auf festen Sitz der neu eingesetzten Lampe achten. Nötigenfalls die Kontaktklammern vorsichtig nachbiegen.

⑤ Abdeckung ❶ entgegen Pfeilrichtung aufschieben.

⑥ Innenleuchte in die Einbauöffnung im Dachhimmel einsetzen und festdrücken. Die Leuchte muss sicher halten!

Die Signaleinrichtungen

Die Signaleinrichtungen Ihres Fahrzeugs sind ein wichtiges Instrument, um andere Verkehrsteilnehmer zuverlässig über Ihre Fahrabsichten zu informieren. Wenn Sie zum Beispiel die Fahrtrichtung ändern wollen, betätigen Sie den Blinker, beim Tritt aufs Bremspedal warnen die Bremslichter den Hintermann. Bevor Sie außerhalb einer geschlossenen Ortschaft ein Fahrzeug überholen, betätigen Sie kurz die Lichthupe. Aber Ihrem Lupo stehen noch mehr Warneinrichtungen zur Verfügung.

Hupe und Warnblinker sind Pflicht

Die Straßenverkehrs-Zulassungsordnung (StVZO) schreibt vor, dass jedes Kraftfahrzeug zum Abgeben von Warnzeichen mit einer Hupe ausgestattet sein muss. Die **Doppelhorn-Hupe** (Sicherungen: Lupo SB 19 / SB 22, ältere Modelle SB 20, Arosa 11) befindet sich vorn links, zwischen Stoßfänger und Innenkotflügel. Sie ist an einem Halter angeschraubt und kann nur im aufgebockten Zustand des Fahrzeugs aus- und eingebaut werden. Beim Wechseln muss die Steckverbindung entriegelt und abgezogen bzw. wieder aufgesteckt und verriegelt werden.

Außerdem muss eine funktionstüchtige **Warnblinkanlage** vorhanden sein, damit im Notfall das haltende oder liegengebliebene Fahrzeug gesichert werden kann. Da die Warnblinkanlage auch bei ausgeschalteter Zündung arbeiten soll, wird der Schalter direkt von Batterieplus über eine Sicherung (Arosa 21, Lupo SB14) versorgt. Die Richtungsblinker erhalten dagegen nur bei eingeschalteter Zündung Strom vom Zündschloss.

Die Signaleinrichtungen sollten Sie stets vor Fahrtantritt überprüfen

Warnblinkanlage: Drücken Sie bei ausgeschalteter Zündung auf den Druckschalter der Warnblinkanlage auf der oberen Lenksäulenverkleidung. Alle vier Blinklampen und die Kontrollleuchte im Druckschalter sollten im gleichen Rhythmus aufleuchten.

Blinker: Zündung einschalten, Blinkerhebel drücken. Die beiden Blinker auf der Fahrzeugseite müssen im gleichen Rhythmus blinken, ebenso die Blinkerkontrolle im Kontrollinstrument.

Bremsleuchten: Fahrzeug mit dem Heck zur Garagenwand stellen, Bremspedal drücken. Die Wand muss dann rot aufleuchten. Sie können aber auch während der Fahrt in einer Kolonne prüfen, ob Ihr Bremslicht funktioniert. Kontrollieren Sie durch einen Blick in den Rückspiegel, ob sich Ihre Bremsleuchten in den Scheinwerfern oder in der Lackierung des folgenden Fahrzeugs spiegeln. Funktionieren beide Bremsleuchten nicht, kontrollieren Sie zuerst die Sicherung und den Bremslichtschalter.

Lichthupe: Wenn Sie bei eingeschalteter Zündung den Blinkerhebel zum Lenkrad hin ziehen, müssen Fernlicht und Fernlichtkontrolle stets aufleuchten. Funktioniert die Lichthupe nicht, obwohl die Scheinwerfer bei eingeschalteter Beleuchtung brennen, sollten Sie zuerst prüfen, ob an den beiden roten Klemme-30-Kabeln zum Kombischalter Spannung anliegt. Ist dies der Fall, dürfte der Lichtumschalter im Hebelschalter defekt sein.

Seitliche Blinkleuchten wechseln

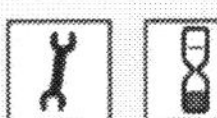

① **Ausbau:** Drücken Sie die Blinkleuchte am besten mit den Fingern oder mit einem geeigneten Werkzeug auf der Seite der Lagerstelle ❶ vorsichtig in Pfeilrichtung gegen die Kraft der Federklammer ❷ auf der anderen Seite der Leuchte und nehmen Sie sie heraus. Wenn Sie – wozu nicht geraten werden kann – einen Schraubendreher benutzen, seien Sie vorsichtig, damit der Lack nicht zerkratzt und die Leuchte nicht beschädigt wird. Besser ist ein Kunststoffkeil. Oder Sie schützen die Umgebung mit Klebeband.

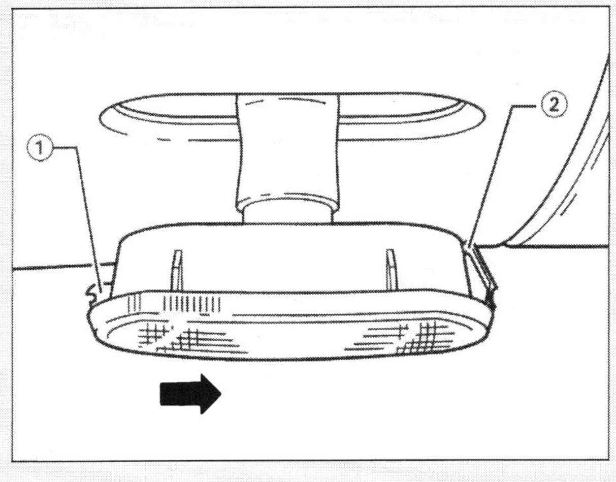

Der Ausbau der Blinkleuchte ist nur in einer Richtung möglich. Aber Sie können von außen nicht erkennen, auf welcher Seite die Lagerstelle und auf welcher Seite die Federklammer sitzt. Daher ist größte Vorsicht geboten.

② Lampenfassung vom Lampengehäuse abziehen.

③ Wenn Sie die Lampe (12V/5W) austauschen müssen, ziehen Sie sie aus der Fassung heraus (nicht drehen!).

④ Fassung mit Lampe in das Gehäuse stecken.

⑤ **Einbau:** Hängen Sie die Leuchte mit der Lagerstelle 1 in die Öffnung des Kotflügels ein. Drücken Sie auf der anderen Seite ein und lassen Sie das Gehäuse einrasten.

Behelf bei Defekt: Blinkrelais simulieren

Versagt an Ihrem Fahrzeug der Blinker, sollten Sie nicht einfach weiterfahren. Andere Verkehrsteilnehmer müssen schließlich eindeutig erkennen können, ob Sie abbiegen wollen oder nicht. Das gilt vor allem bei dichtem Verkehr und bei Dunkelheit. Wenn der Blinker nicht mehr funktioniert, weil das Blinkrelais ausgefallen ist, können Sie sich durch einen Trick helfen:

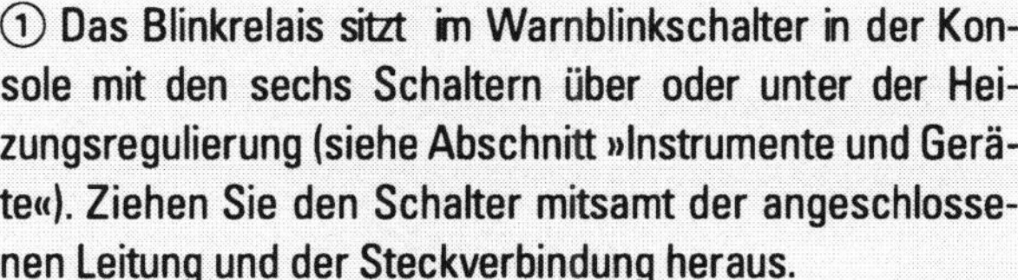

① Das Blinkrelais sitzt im Warnblinkschalter in der Konsole mit den sechs Schaltern über oder unter der Heizungsregulierung (siehe Abschnitt »Instrumente und Geräte«). Ziehen Sie den Schalter mitsamt der angeschlossenen Leitung und der Steckverbindung heraus.

② Ziehen Sie den Stecker ab. Um das Relais zu umgehen, müssen Sie eine Kurzschlussbrücke zwischen den entsprechenden Klemmen herstellen. Stecken Sie dazu ein kurzes Drahtstück - eine Büroklammer tut es auch - von hinten in die Steckerfelder des Mehrfachsteckers. Die Steckerzungen müssen Verbindung haben.

③ Isolieren Sie die Drahtbrücke – beispielsweise mit Isolierband.

④ Wenn Sie den Blinkerhebel drücken, muss jetzt die betreffende Blinkerseite dauernd leuchten. Durch Ein- und Ausschalten mit dem Blinkerhebel können Sie den Blinker-Rhythmus simulieren.

Bremslichtschalter prüfen und aus-/einbauen

Wenn beide Bremslichter ausgefallen sind, liegt das oft am Bremslichtschalter, der an einem Halter der Bremspedal-Aufhängung befestigt ist. Beim Tritt aufs Bremspedal drückt eine Feder den Betätigungsstift (Stößel) des Schalters in Richtung Ein. Damit werden die Kontakte im Schalter und der Stromkreis zu den Bremsleuchten geschlossen. Wird das Bremspedal losgelassen, drückt der Pedalhals den Betätigungsstift wieder in die Ausgangsstellung – das Bremslicht erlischt. Der Schalter signalisiert auch dem ABS-Steuergerät jeden Bremsvorgang. Seine korrekte Funktion und Einstellung sind daher sehr wichtig.
Für den Bremslichtschalter ist eine Montageöffnung im oberen Bereich des Bremspedals gleich unterhalb der Verschraubung für das Verbindungsblech zum Kupplungspedal vorgesehen (Bild unten).

① Bauen Sie die Ablage im Fahrerfußraum aus.

② Ziehen Sie den Stecker vom Bremslichtschalter ab.

③ Überbrücken Sie die Kabelanschlüsse im Stecker mit einem Drahtstück (Büroklammer!).

④ Wenn jetzt die Bremslichter aufleuchten, ist der Bremslichtschalter defekt. Er muss ausgebaut werden.

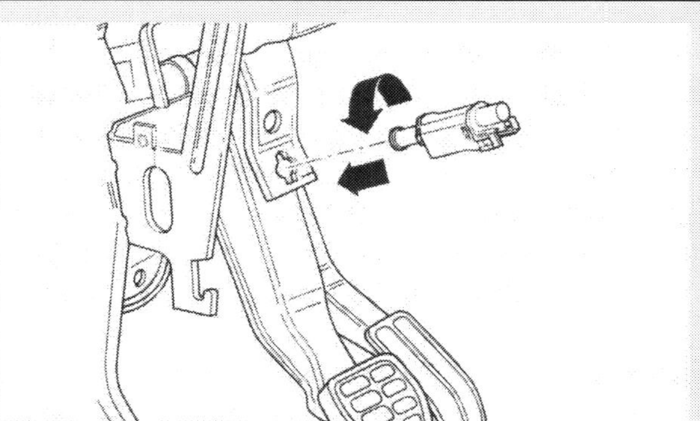

⑤ Drehen Sie den Schalter um eine Vierteldrehung (90°) nach links und nehmen Sie ihn heraus.

⑥ EINSTELLEN/EINBAUEN: Ziehen Sie den Stößel des Schalters ganz heraus.

⑦ Drücken Sie das Bremspedal mit der Hand so weit wie möglich herunter.

⑧ Stecken Sie den (neuen) Bremslichtschalter in die Halterung und befestigen Sie ihn durch Vierteldrehung (90°) nach rechts.

⑨ Lassen Sie das Bremspedal los. Der Betätigungsstift wird nun automatisch eingestellt.

⑩ Schieben Sie den Stecker wieder auf den Schalter.

⑪ Überprüfen Sie die Schalterfunktion. Das Bremslicht muss schon bei geringem Pedaldruck aufleuchten.

⑫ Wenn alles in Ordnung ist, bauen Sie die Ablage im Fußraum wieder ein.

Hupe

Störungsbeistand

Störung	Ursache	Abhilfe
A Hupe tönt nicht	**1** Sicherung defekt	Ersetzen
	2 Kabel vom Lenkrad zur Hupe unterbrochen	Kabelverlauf kontrollieren, Steckkontakte der Hupe blankkratzen
	3 Hupe defekt	Prüfen, ggf. ersetzen
	4 Relais defekt	Prüfen, ggf. ersetzen
B Hupe tönt dauernd	**1** Hupenkontakt im Lenkrad defekt Kabel vom Hupenkontakt zur Hupe hat Dauerstrom	Schwarz/gelbes Kabel von der Hupe abziehen. Hupt es nicht mehr, Hupenkontakt bzw. Kabel reparieren (lassen)
	2 Hupe hat inneren Masseschluss	Hupe ersetzen. Unterwegs Kabel von der Hupe abziehen

Bremslicht

Störungs-beistand

Störung	Ursache	Abhilfe
A Eine Bremsleuchte brennt nicht	**1** Glühlampe durchgebrannt	Austauschen
	2 Masseverbindung unterbrochen. Brennen alle übrigen Lampen in derselben Heckleuchte? Falls nicht:	
	3 Unterbrechung in der Zuleitung	Kabel kontrollieren
B Beide bzw. alle drei Bremslichter brennen nicht	**1** Sicherung defekt	Ersetzen
	2 Bremslichtschalter defekt	Überprüfen, ggf. ersetzen
	3 Siehe A1 und 3	
C Bremslicht brennt dauernd	**1** Siehe B2	
	2 Kabel zum Bremslichtschalter haben direkten Kontakt	Kabel kontrollieren

Warnblink- und Blinkanlage

Störungs-beistand

Störung	Ursache	Abhilfe
A Kontrolllampe für Richtungsblinker leuchtet in ganz kurzen Intervallen auf, normaler Blinkrhythmus beim Warnblinken	Eine Glühlampe defekt oder ohne Kontakt	Auswechseln
B Blinkleuchten und Kontrollleuchte brennen bei Richtungs- und Warnblinken dauernd oder gar nicht	Blinkrelais defekt	Auswechseln
C Richtungsblinken funktioniert, aber kein Warnblinken	**1** Sicherung defekt	Auswechseln
	2 Kabel vom Steckkontakt am Warnblinkschalter zur Sicherung bzw. Blinkerrelais unterbrochen	Durchgang kontrollieren, ggf. erneuern
	3 Warnblinkschalter defekt	Auswechseln
D Warnblinken funktioniert, aber kein Richtungsblinken	**1** Kabel zwischen Blinkerschalter Blinkerrelais unterbrochen	Durchgang kontrollieren, ggf. erneuern
	2 Blinkerschalter defekt	Auswechseln (lassen)
	3 Sicherung defekt	Ersetzen
E Kein Richtungs- und kein Warnblinken	**1** Siehe C1 und 3	
	2 Siehe D	

Instrumente und Geräte

Die meisten Messstellen im Inneren Ihres Fahrzeugs werden durch elektronische Bauteile kontrolliert. Das spart Ihnen jede Menge Arbeit, weil Sie nur noch wenige Anzeigen und Kontrolllämpchen beachten müssen. Die allerdings sollten Sie stets im Blick haben und eventuelle Fehlanzeigen in jedem Fall ernst nehmen: Leuchtet während der Fahrt plötzlich eine Kontrollleuchte auf, ist dies grundsätzlich ein Alarmzeichen.

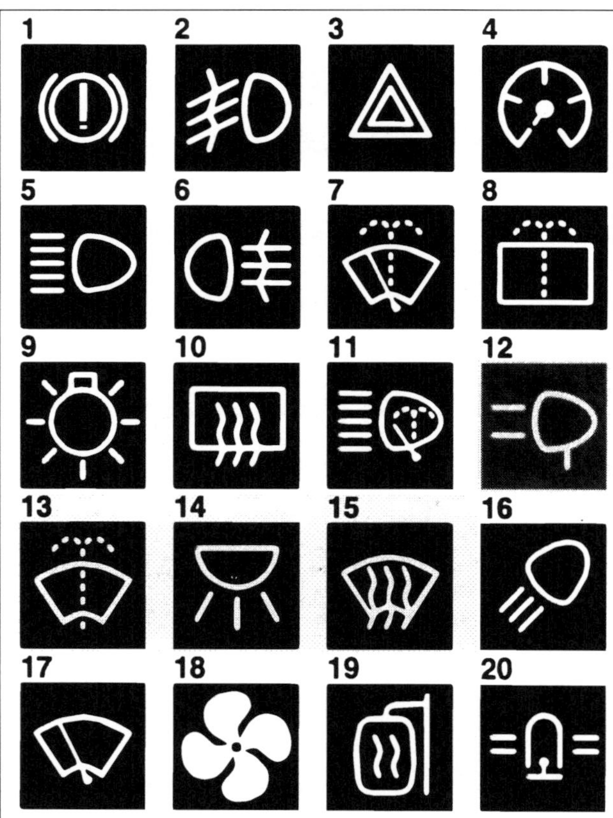

Diese Zeichen sollten Sie kennen: ❶ Fehler in der Bremsanlage, ❷ Nebelscheinwerfer, ❸ Warnblinker, ❹ Instrumentenbeleuchtung, ❺ Fernlicht, ❻ Nebelschlussleuchte, ❼ Scheibenwischer mit Waschanlage, ❽ Heckscheibenwaschanlage, ❾ Lichthauptschalter, ❿ Heckscheibenheizung, ⓫ Scheinwerferreinigungsanlage, ⓬ Suchscheinwerfer, ⓭ Scheibenwaschanlage, ⓮ Innenraumbeleuchtung, ⓯ Frontscheibenheizung, ⓰ Arbeitsscheinwerfer, ⓱ Scheibenwischer, ⓲ Lüfter/Heizgebläse, ⓳ Spiegelheizung, ⓴ Rundumleuchten.

Über diese 20 Symbole sollten Sie Bescheid wissen, um Schalter zu erkennen oder Warnungen zu verstehen. Ihre Instrumententafel wartet aber je nach Ausstattung Ihres Fahrzeugs noch mit einer ganzen Zahl weiterer Piktogramme auf, die vor allem Kontrollleuchten kennzeichnen. Beachten Sie diese Anzeigen unbedingt, um schwere Schäden zu vermeiden.

Öldruckleuchte und Brems-Kontrollleuchte

Blinkt die Öldruckleuchte während der Fahrt, sofort anhalten, Motor abstellen, Ölstand prüfen. Entweder muss Öl nachgefüllt werden oder es liegt ein Fehler vor - dann darf sich der Motor auch nicht einmal mehr im Leerlauf drehen. Fachmännische Hilfe ist angesagt. Blinkt die Kontrollleuchte für die Bremsanlage, können drei Probleme vorliegen: Ist der Bremsflüssigkeitsstand zu niedrig, heißt es Flüssigkeit nachfüllen; stimmt etwas mit ABS, EDS, ASR oder ESP nicht, muss der entsprechende Bremsenfehler schnellstens behoben werden. Wenn der dritte Fall vorliegt, ist am schnellsten Abhilfe zu schaffen: »Handbremse angezogen«.

Sensoren, Kabel und Schalter

Die Kontrollsysteme selbst arbeiten nun auch nicht immer ohne Störungen. Manchmal sind Sensoren oder Kabel beschädigt, bisweilen sorgt ein kaputter Schalter für eine Fehlinformation. Wenn Sie zum Beispiel feststellen, dass mehrere Instrumente nicht richtig anzeigen, liegt das häufig am Regler der Lichtmaschine, der bei einem Defekt die Werte für die Bordspannung zu hoch oder zu niedrig einstellt.

Kontrollen vor der Fahrt

Bevor Sie mit Ihrem Wagen losfahren, sollten Sie stets einen Blick auf das Armaturenbrett werfen. Die Anzahl der Anzeigen hängt von der jeweiligen Ausstattung Ihres Lupo-Modells ab. Bestimmte Funktionen und Signale aber werden immer realisiert:

- Funktioniert die Uhr im Schalttafeleinsatz?
- Wenn Sie die Zündung einschalten, müssen Ladekontrolle und Öldruckwarnleuchte aufleuchten. Auch die Warnleuchten für Kühlflüssigkeitstempe-

ratur, Katalysator, Airbagsystem, Bremsanlage und Handbremse (bei angezogenem Hebel) müssen jetzt leuchten. Es müssen auch die Kontrollleuchten für folgende Systeme brennen: Wegfahrsperre, ABS und Servolenkung.

- Betätigen Sie die Schalter für Warnblinker, heizbare Heckscheibe, Nebelscheinwerfer und Nebelschlussleuchte. Reagieren jeweils die Kontrollleuchten?
- Brennen bei eingeschaltetem Licht die Leuchten für Instrumente und Schalter sowie für Abblendlicht und Fernlicht?
- Betätigen Sie den linken Kombihebel. Leuchten die Blinkerkontrolle und die Fernlichtkontrolle?
- Starten Sie den Motor. Die Lade- und Öldruckkontrollleuchte muss verlöschen.
- Prüfen Sie während der Fahrt die Funktion des Tachometers.

Praxistipp

Instrumente zeigen nicht an

Öldruck-Kontrolle leuchtet nicht (nach dem Start): Zündung einschalten, Kabel am Öldruckschalter abziehen und an blankes Metall halten. Brennt das Warnlicht jetzt, ist der Öldruckschalter defekt und muss ausgetauscht werden. Leuchtet die Kontrolle nicht, ist entweder die Zuleitung, die Leiterfolie des Kombi-Instruments oder die Warnlampe defekt.
Keine Tankanzeige: Entweder ist das Anzeigeinstrument oder der Tankgeber defekt (Schwimmer klemmt). Eventuell ist auch die Stromzufuhr unterbrochen. Im elektrischen Teil der Kraftstoff-Vorratsanzeige ist nur eine eingeschränkte Fehlersuche möglich. Abdeckung am Geber abnehmen und prüfen, ob an den Zuleitungen zum Mehrfachstecker und am Geber selbst Durchgang vorhanden ist. (Kapitel »Die Kraftstoffversorgung«)
Kühlmittel-Warnleuchte brennt nicht: Der Geber der Temperaturwarnleuchte ist ein doppelter Geber, der mit einem Kontaktpaar die Motronic und mit dem anderen Kontaktpaar das Kombi-Instrument versorgt. Er sitzt im Kühlmittelrohr hinter dem Zylinderkopf. Messen Sie nach den Hinweisen im Kapitel »Das Kühlsystem« mit einem Multimeter den Widerstand des Gebers.

Prüfung der Schalterfunktion

Schalter verschiedener Typen setzen die einzelnen Stromverbraucher in Betrieb. Ein defekter Schalter ist manchmal die Ursache für eine Störung im elektrischen System. Zur Kontrolle der elektrischen Funktion von Schaltern verwenden Sie am besten eine Prüflampe mit Nadelkontakt.

Arbeitsschritte  

① Suchen Sie den zutreffenden Stromlaufplan (Schaltplan) für Ihren Lupo/Arosa heraus.

② Stellen Sie zunächst fest, welche Kabel Spannung führen. Dazu mit der Nadel der Prüflampe die Isolierung der Kabel durchstechen.

③ Prüfen Sie, ob am Schalter überhaupt Spannung anliegt. Dazu müssen Sie in der Regel Zündung oder Beleuchtung einschalten.

④ Den Schalter einschalten. Dann kontrollieren, ob der Schalter die Spannung weiterleitet.

Lichtschalter aus- und einbauen

Arbeitsschritte  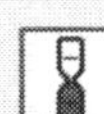

① **Ausbau:** Drehen Sie den Drehgriff des Hauptlichtschalters in die Nullstellung.

② Drücken Sie den Drehgriff fest hinein (Pfeil 1) und drehen ihn etwas nach rechts (Pfeil 2).

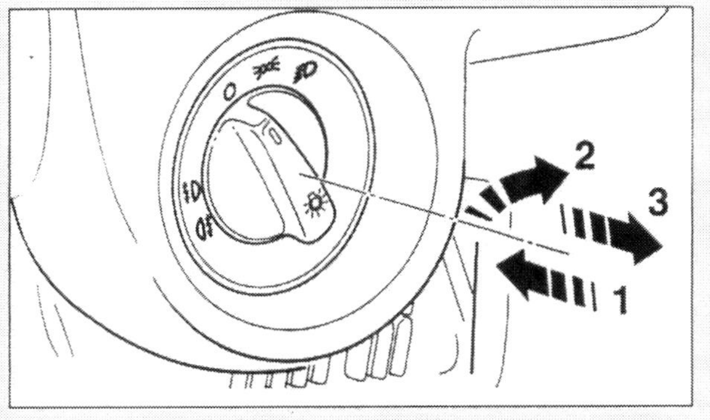

③ Halten Sie den Drehgriff in dieser Stellung und ziehen Sie den Schalter am Drehgriff aus der Schalttafel heraus (Pfeil 3).

④ Entriegeln Sie die Steckverbindungen und ziehen Sie diese ab.

⑤ **Einbau:** Stecken Sie die Steckverbindungen auf.

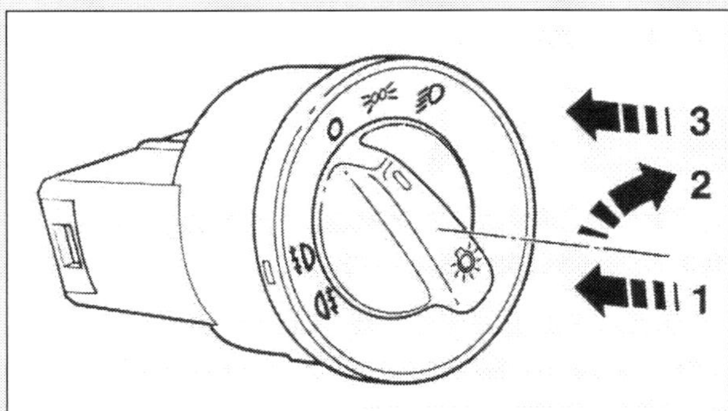

⑥ Halten Sie den Schalter fest und drücken Sie den Drehgriff fest hinein (Pfeil 1). Drehen Sie ihn etwas nach rechts (Pfeil 2).

⑦ Halten Sie den Drehgriff in dieser Stellung und setzen Sie den Schalter in die Schalttafel ein (Pfeil 3).

⑧ Drehen Sie den Griff in die Nullstellung, lassen Sie ihn los und verrasten Sie den Schalter.

Arosa

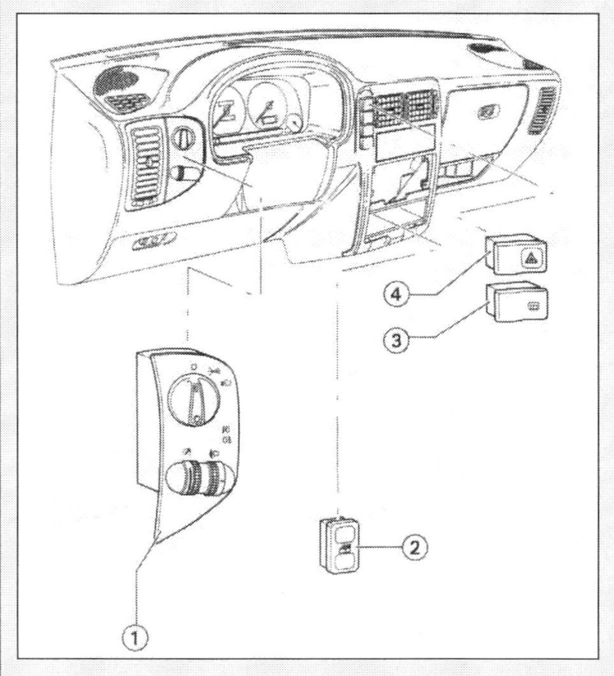

① **Ausbau:** Bauen Sie die fahrerseitige Ablage aus.

② Lösen Sie die Haltefeder am Lichtschalter ❶ von hinten durch Hochdrücken.

③ Ziehen Sie den Lichtschalter aus der Armaturentafel.

④ Ziehen Sie die Steckverbindungen ab und entnehmen Sie den Schalter.

⑤ Wenn Sie die Schalter ❷ für Faltschiebedach, ❸ für beheizbare Heckscheibe und/oder ❹ für Warnlicht auszubauen haben, hebeln Sie den jeweiligen Schalter ab, indem sie einen Schraubendreher an der rechten Schalterseite zwischen Armaturentafel und Schalter ansetzen. Nehmen Sie den Schalter vorsichtig heraus und ziehen Sie die Steckverbindung ab.

⑥ **Einbau:** Stecken Sie die Steckverbindungen am Lichtschalter wieder auf.

⑦ Stecken Sie den Lichtschalter ❶ in die Einbauöffnung der Armaturentafel hinein, bis die Haltefeder spürbar einrastet.

⑧ Bauen Sie die Fahrerseite-Ablage wieder ein.

⑨ Im Falle der Schalter ❷, ❸ und ❹ schieben Sie die Steckverbindung wieder auf; drücken Sie den jeweiligen Schalter an seinen Platz in der Armaturentafel hinein und lassen ihn einrasten.

Einsteller für Leuchtweitenregelung und Regler für Instrumentenbeleuchtung aus-/einbauen

Lupo / Lupo 3L

Arbeitsschritte  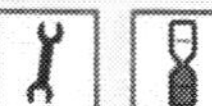

① **Ausbau:** Bauen Sie den Lichtschalter wie beschrieben aus. Drehen Sie dann die Schraube ❶ heraus.

② Schwenken Sie die Abdeckung mit Lüftungsgitter ❷ in Pfeilrichtung aus der Armaturentafel heraus.

③ Ziehen Sie die Steckverbindung ab.

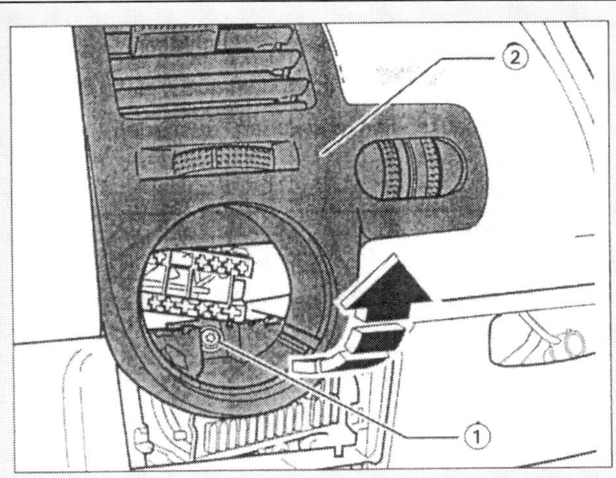

④ Drücken Sie die im Bild durch Pfeile gekennzeichneten Rasthaken zusammen und ziehen Sie den Einsteller ❶ aus der Abdeckung ❷ heraus.

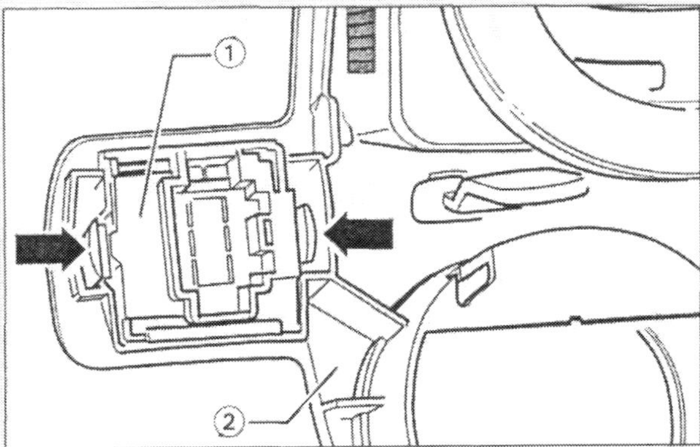

⑤ **Einbau:** Setzen Sie den Einsteller in die Abdeckung ein und drücken Sie ihn hinein, bis die Rasthaken spürbar einrasten.

⑥ Stecken Sie die Steckverbindungen für Einsteller wieder auf.

⑦ Setzen Sie die Abdeckung mit Lüftungsgitter in die Armaturentafel ein und schrauben Sie sie an.

⑧ Bauen Sie den Lichtschalter wieder ein.

Schalterkonsole für Warnblinker, Heizungen und Schiebedach aus-/einbauen

Lupo / Lupo 3L

In dieser Konsole, die beim Lupo über der, beim 3L unterhalb der Heizungsregulierung sitzt, befinden sich die Schalter für Warnblinker, Heckscheibenbeheizung, Sitzheizung, Faltschiebedach und Economy-Betrieb. Sie werden alle auf die gleiche Weise aus- und eingebaut.

① **Ausbau:** Drehen Sie die Schrauben ❶ heraus und nehmen Sie die Schalterkonsole ❷ nach unten ab.

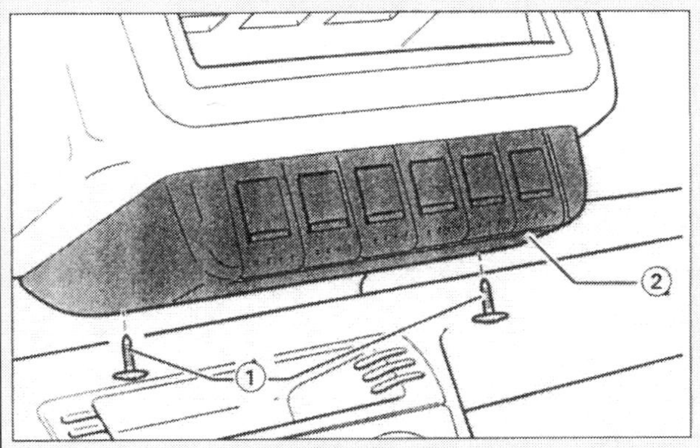

② Drücken Sie die Haltefeder ❶ herunter und schieben Sie den Schalter ❷ (oder gewünschten anderen Schalter) aus der Konsole heraus.

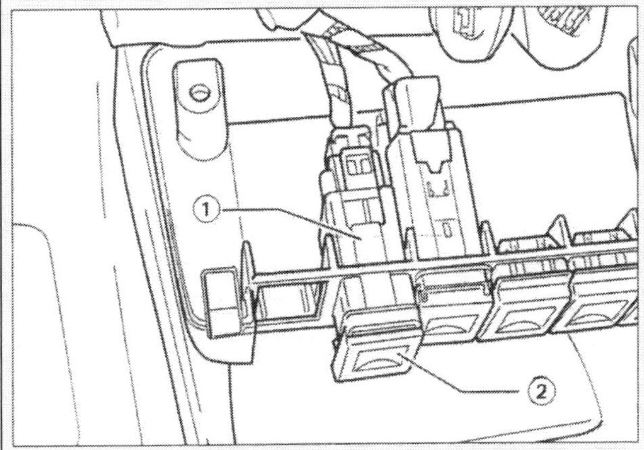

③ Ziehen Sie die Steckverbindung ab.

④ **Einbau:** Ziehen Sie das Anschlusskabel etwas heraus und schieben Sie den Stecker am Schalter auf.

⑤ Drücken Sie den jeweiligen Schalter wieder in die Konsole, bis die Haltefeder einrastet.

⑥ Setzen Sie die Schalterkonsole an und schrauben Sie sie mit den zwei Schrauben an der Armaturentafel (Lupo) fest; im Falle des Lupo 3L unter der Heizungsregulierung einsetzen.

Schalttafeleinsatz aus-/einbauen

Der Ausbau des Schalttafeleinsatzes ist relativ leicht zu bewerkstelligen. Viel reparieren können Sie an diesem Kombiinstrument allerdings nicht. Austauschen lassen sich nur die wenigen Kontrolllampen, die als Glühlampen ausgelegt sind. Meistens aber handelt es sich bei den Lampen um Leuchtdioden. Falls einzelne Instrumente defekt sind, muss der gesamte Instrumenteneinsatz ersetzt werden, weil er nicht zerlegbar ist.

Die Anzeigeinstrumente des Lupo sind in einem Kombiinstrument zusammengefasst.

Wie so viele Bauteile Ihres Lupo oder Arosa verfügt auch dieses über einen Mikroprozessor, der Fehler als Codes abspeichern kann. Diese kann jedoch nur die Werkstatt mit dem originalen VW-Diagnosegerät auslesen. Mit diesem Gerät lassen sich auch Tankanzeige, Verbrauchsanzeige, Service-Intervall-Anzeige und Wegstreckenzähler anpassen oder korrigieren. Nach einem Instrumentenwechsel müssen diese Einstellungen auf jeden Fall vorgenommen werden. Vor dem Ausbau des alten Instruments muss der Fehlerspeicher abgefragt werden. Die Werte für die Service-Intervall-Anzeige und den Stand des Wegstreckenzählers müssen ausgelesen und für die spätere Neuanpassung notiert werden.

Diese Prozedur wird auf jeden Fall erforderlich, wenn bei Ihrem Fahrzeug anstelle des Tageskilometerstandes die Anzeige "dEF" eingeblendet wird. Dann muss der Instrumenteneinsatz unbedingt ersetzt werden – der Gang zur Werkstatt ist unvermeidlich. Es liegt ein Fehler im Festspeicher vor. Der Ausbau des Lenkrades ist übrigens beim Wechseln des Schalttafeleinsatzes nicht nötig. Das Lenkrad ist auf den folgenden Zeichnungen nur der besseren Übersichtlichkeit wegen fortgelassen worden.

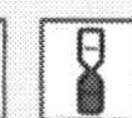

Lupo und Lupo 3L

① **Ausbau:** Schalten Sie die Zündung aus und klemmen Sie das Massekabel der Batterie (minus) ab. Wie Sie inzwischen bereits wissen, werden dadurch elektronische Speicher gelöscht (Radiocode etc.). Das muss nach dem Wiedereinbau berücksichtigt und entsprechend neu eingerichtet werden.

② Drehen Sie zum Abnehmen des oberen Teils der Instrumentenhutze die beiden durch die Pfeile gekennzeichneten Schrauben heraus.

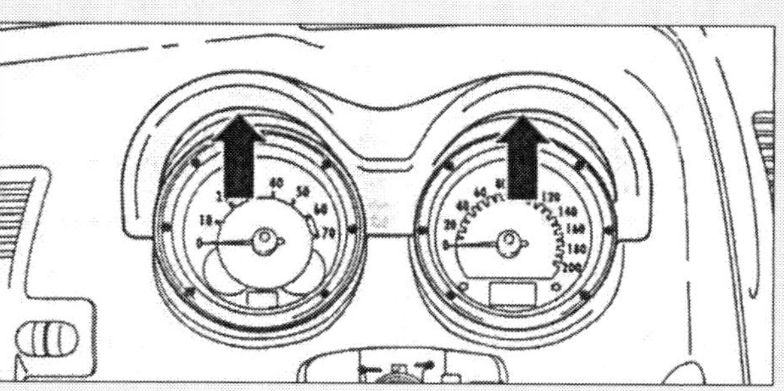

③ Um das Unterteil der Instrumenteneinhausung abzuschrauben, müssen Sie nun die durch die Pfeile gekennzeichneten vier weiteren Schrauben lösen.

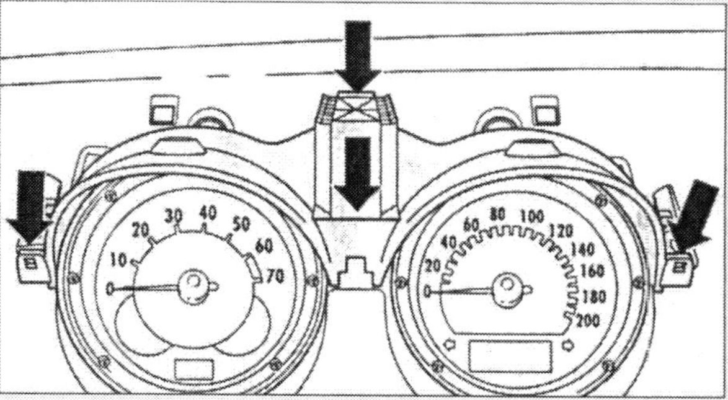

④ Jetzt sind die zwei Schrauben (Pfeile) für das Kombiin-

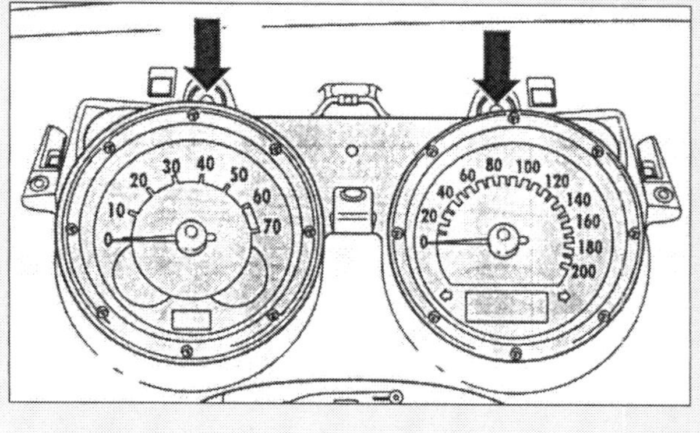

strument herauszudrehen. Ziehen Sie dann die Steckverbindung (beim Lupo 3L zwei Steckverbindungen) am Instrument ab.

⑤ **Einbau:** Stecken Sie die Steckverbindungen wieder am Kombiinstrument an.

⑥ Setzen Sie das Instrument ein und schrauben Sie es mit den beiden Schrauben an.

⑦ Setzen Sie das Hutzenunterteil an und schrauben Sie es (vier Schrauben) fest.

⑧ Schrauben Sie das Oberteil (zwei Schrauben) fest.

⑨ Klemmen Sie das Batterie-Massekabel (minus) wieder an (Zeituhr, Radiocode, Laufautomatik Fensterheber!).

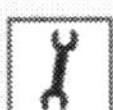

Arosa

Beim Seat Arosa macht der Ausbau des Kombiinstrumentes den Ausbau von Fahrer-Airbag, Lenkrad und Lenkstockschalter erforderlich. Dies sind Arbeiten nur für entsprechend geschultes Personal, die wir hier auch nicht beschreiben. Dennoch demonstrieren wir der Vollständigkeit halber den Ausbau des Arosa-Schalttafeleinsatzes.

① **Ausbau:** Klemmen Sie das Batterie-Massekabel (bei ausgeschalteter Zündung) ab. Denken Sie wieder an entsprechende Folgewirkungen wie Radiocode etc.

② Bauen Sie das Unterteil der Lenksäulenverkleidung aus. Dazu sind die drei Schrauben herauszudrehen und die Verkleidung nach unten abzunehmen.

③ Jetzt sind Fahrer-Airbag und Lenkrad auszubauen.

④ Nehmen Sie nun das Oberteil der Lenksäulenverkleidung nach oben ab.

⑤ Nun muss der Lenkstockschalter ausgebaut werden: Steckverbindungen abziehen, Steckgehäuse nach unten aus der Führung am Lenkschlossgehäuse nehmen, Schalter nach vorn von der Lenksäule abnehmen.

⑥ Lösen Sie jetzt die Höhenverstellung für das Lenkrad und arretieren Sie die Lenksäule in der unteren Stellung.

⑦ Drehen Sie die vier durch die Pfeile gekennzeichneten Schrauben heraus. Ziehen Sie den Blendrahmen nach vorn heraus.

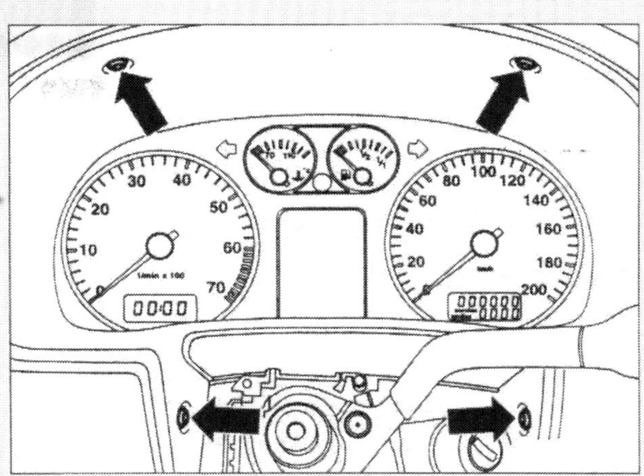

⑧ Drehen Sie die zwei Schrauben (Pfeile) heraus. Kippen Sie das Kombiinstrument nach vorn und clipsen Sie es aus den unteren Zapfenlagern heraus.

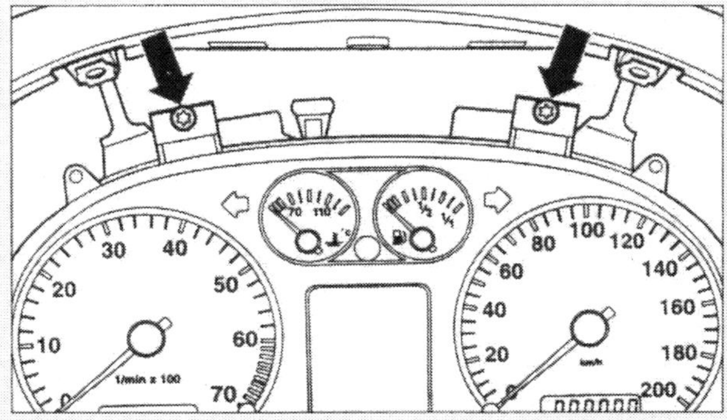

⑨ Entriegeln Sie die Steckverbindungen für das Instrument und ziehen Sie sie ab.

⑩ Nehmen Sie nun das Kombiinstrument heraus.

⑪ **Einbau:** Stecken Sie die Verbinder für die Elektrik am Kombiinstrument wieder an.

⑫ Setzen Sie das Instrument mit den unteren Zapfenlagern ein, schwenken Sie es in die Einbauöffnung und schrauben Sie es an (zwei Schrauben).

⑬ Setzen Sie den Blendrahmen ein und schrauben Sie ihn fest (vier Schrauben).

⑭ Bauen Sie den Lenkstockschalter (umgekehrte Prozedur wie beim Ausbau) wieder ein, setzen Sie die Lenksäulenverkleidung oben wieder auf und bauen Sie das Lenkrad ein. Dann muss der Airbag wieder eingebaut werden.

⑮ Setzen Sie den unteren Teil der Lenksäulenverkleidung wieder an und schrauben Sie die drei Schrauben ein.

⑯ Klemmen sie das Batterie-Massekabel (minus) an und beachten Sie Eingabe und Aktivierung von Radiocode und Fensterheber-Automatik, stellen Sie die Zeituhr.

Dachantenne aus- und einbauen

Zu unterscheiden sind die beiden Antennentypen R51 für Radio- und Telefonbetrieb sowie R52 für Radio-, Telefon- und Navigations-System. R51 hat zwei, R52 drei Anschlüsse. In den Antennenfuß ist bei der R51 ein Verstärker für Radiobetrieb (keiner für Telefon) eingebaut. Im Antennenfuß der R52 sitzen ein Verstärker für Radio und einer für das Navigationssystem (keiner für Telefon).

Zum Aus- und Einbau der Antenne muss der Formhimmel hinten abgesenkt werden. In der Dichtung des Antennenfußes befinden sich Aussparungen. Diese

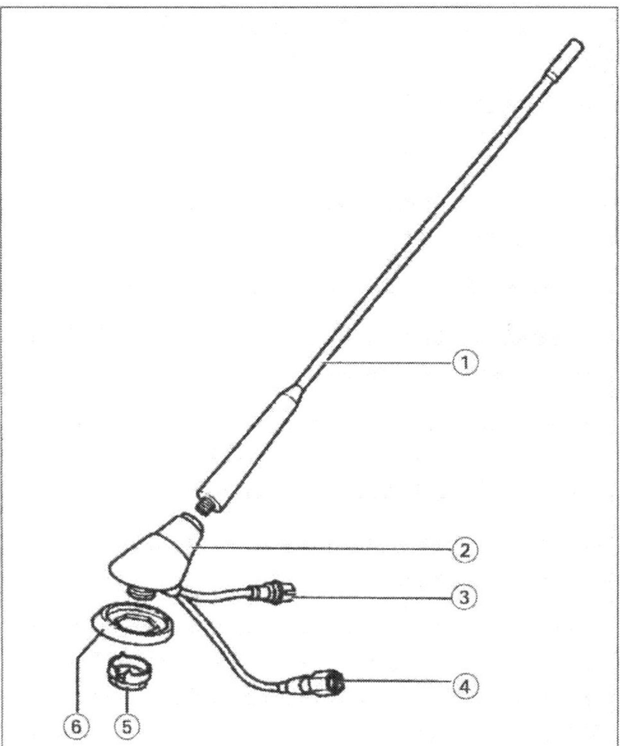

Die Bauteile der Dachantenne R51 für Radio und Telefon: ❶ Antennenstab, ❷ Antennenfuß, ❸ Anschluss für Radioanlage, ❹ Anschluss für Telefonanlage, ❺ Sechskantmutter M14 mit Zahnscheibe (Kontaktfett auf Dachinnenseite auftragen!), ❻ Dichtung.

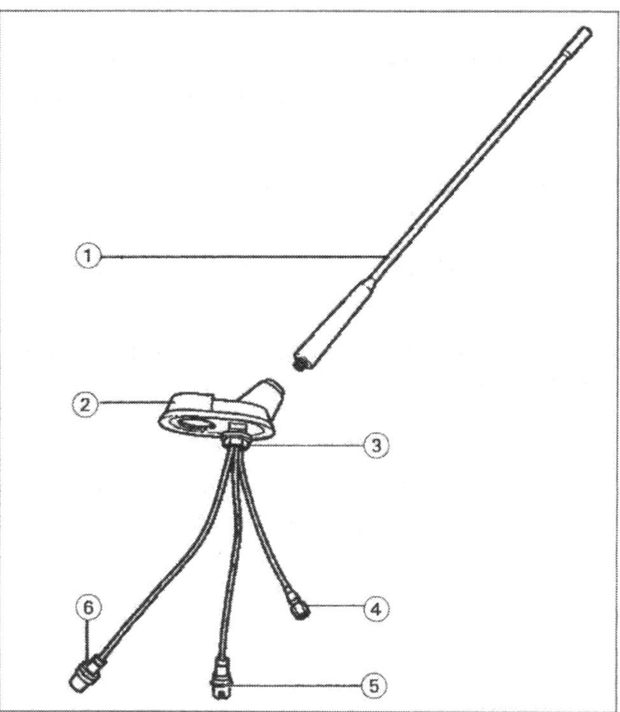

Die Bauteile der Dachantenne R52 für Radio, Telefon und Navigations-System: ❶ Antennenstab, ❷ Antennenfuß, ❸ Sechskantmutter M14 mit Zahnscheibe (Kontaktfett auf Dachinnenseite auftragen!), ❹ Anschluss für Navigations-System (muss verschraubt werden; kürzer als der Telefonanschluss!), ❺ Anschluss für Telefonanlage (muss an die Leitung zur Telefonanlage gesteckt werden; kürzer als der Radioanschluss!), ❻ Anschluss für Radioanlage (an die Radioleitung stecken).

müssen beim Einbau genau in die entsprechenden Zapfen des Antennenfußes gelegt werden. Durch die Nut in der Befestigungsmutter müssen die Anschlussleitungen geführt werden. Dann montiert man den Antennenfuß mit der Mutter am Dach.

Bauteile, Leitungen, Klemmen, Sicherungen und Relais

Die verwirrende Elektrik wird anschaulich durch die Stromlaufpläne. Bei ihrer Benutzung geht man am sinnvollsten so vor, dass man in der Legende zunächst das betreffende Bauteil sucht, um das es sich dreht. Die wichtigsten Bauteile haben folgende Kennbuchstaben, die zur Präzisierung mit Zahlen kombiniert werden:

Kennbuchstabe	Bauteil
A	Batterie
B	Anlasser
	Drehstromgenerator
D	Zündanlassschalter
E	Schalter für Handbedienung
	Mechanische Schalter
G	Geber, Kontrollgeräte
H	Hupe (Signalhorn, Doppeltonhorn o.ä.)
J	Relais, Steuergerät
K,L,M,W,X	Kontrolllampen, Lampen, Leuchten
N	Elektroventile, Widerstände, Schaltgeräte
O	Zündverteiler
P,Q	Zündkerzenstecker, Zündkerzen
R	Radio
SA	Sicherungen im Sicherungshalter/Batterie
SB	Sicherungen im Halter/ Relaisplatte
T	Steckverbindungen
V	Elektromotoren

An den meisten Stromverbrauchern sind zwei Kabel angeschlossen. Doch oft lässt sich nur eine Leitung vom Verbraucher zur Batterie oder zum Generator zurückverfolgen. Die andere ist meist schon nach wenigen Zentimetern am Blech der Karosserie, am Motor oder am Getriebe festgeschraubt oder an einer Steckerzunge eingesteckt.

Metallteile: Der »Masse«-Kontakt

Die Automobilbauer machen sich hier ein physikalisches Prinzip zunutze. Metallteile, in der Autoelektrik als Masse bezeichnet, können nämlich Strom leiten. Man erspart sich die langen Kabel für die Rückleitung des Stroms zum Minuspol der Batterie und überlässt diese Aufgabe der Masse. Wenn ein Verbraucher nicht funktioniert, liegt das häufig an fehlender Masseverbindung. Der Kontakt zur Fahrzeugmasse wird dann auf Umwegen hergestellt, wodurch das elektrische System gestört wird.
In manchen Fällen reicht die Masseverbindung nicht aus. Dann wird ein zusätzliches Kabel gelegt, das in der Regel braun eingefärbt ist.

Mehrfachsteckverbindungen

Die Fülle von Kabelverbindungen muss Arbeiten an allen Bauteilen zulassen. Um an Teile heranzukommen oder um sie auszubauen, ist häufig die Unterbrechung von Kabelbündeln erforderlich. Auch Messen, Prüfen und Ersetzen von Teilen und Baugruppen der Elektrik und des Motormanagements erfordern die Trennung von Kabelsträngen. Aus diesem Grunde gibt es eine ganze Reihe abziehbarer Verbindungen mit Kupplung und Stecker, als Bauteil mit T gekennzeichnet und nummeriert. Manche dieser Steckverbinder sind mit einem Haltebügel an der Karosserie oder an einem bestimmten Bauteil befestigt. Zum Lösen der Verbindung muss dann das Gegenstück am Stecker so aufgebogen werden, dass der Stecker vom Haltebügel abgenommen werden kann.
Im Lupo und ähnlich im Arosa werden je nach Ausführung mindestens vier Mehrfachsteckverbindungen am Motor und mindestens 18 Mehrfachsteckverbindungen an der Karosserie eingebaut.
Am Motor sind die 28-fach- und die 24-fach-Steckverbindung an der Kupplungsstation im Motorraum links die wichtigsten. Die beiden anderen (10-fach, 8-fach) finden sich – wenn vorhanden – am automatischen Getriebe.
An der Karosserie gibt es Mehrfachsteckverbindungen von der 5-fachen bis zur 17-fachen (hinter der Schalttafel links) und 16-fachen (in der Schalttafelmitte) an verschiedenen Einbauorten. 8-fache finden sich am Scheinwerfer rechts und links, 5-fache und 8-fache stecken in Fahrer- und Beifahrertür, in den Kupplungsstationen A- und C-Säule sind zwei 5- und sechs 10-fache untergebracht.
Darüber hinaus gibt es im Schalttafeleinsatz noch eine 32-fache Steckverbindung T32.

Farben und Kennzahlen

Trotz der rationellen Bauweise gibt es in Ihrem Lupo oder Arosa dennoch jede Menge Kabel. Das scheinbare Gewirr ist allerdings sehr gut geordnet, denn die Kabelfarben weisen den Weg. Zudem sind die meisten Anschlüsse an den Mehrfachsteckern wie an den Relais nummeriert. Bei der Nummerierung folgt man der DIN-Norm. Auf weißen Kabeln finden Sie zur Identifizierung zusätzliche Nummern. Auch die Bezeichnung der Klemmen ist nach DIN genormt. Einige der wichtigsten Klemmen sind:

Klemme 30 Hier liegt immer die Batteriespannung an. Die Kabel sind meist rot oder rot mit Farbstreifen.

Klemme 31 Führt zur Masse, über braune Kabel.

Klemme 15 Sie wird über das Zündschloss gespeist. Die Leitungen führen nur bei eingeschalteter Zündung Strom. Die Kabel sind grün oder grün mit farbigen Streifen.

Klemme X Über diese Klemme werden alle größeren Stromaufnehmer gespeist, zum Beispiel das Fernlicht. Die Klemme führt bei eingeschalteter Zündung Strom. Dieser wird aber unterbrochen, wenn der Anlasser betätigt wird. Damit steht während des Startens die volle Batterieleistung der Zündanlage zur Verfügung.

Die wichtigsten Kabelfarben (ohne Farbstreifen) für die elektrischen Grundfunktionen:

Technik-lexikon

- **Rot (ro).** Erhält dauernd Strom vom Pluspol der Batterie bzw. bei laufendem Motor von der Lichtmaschine. Das kann bei unvorsichtigem Umgang mit Werkzeug zu Kurzschlüssen und Funkenregen führen, wenn das Minuskabel der Batterie nicht abgenommen wurde.
  Schwarz (sw). Erhält nur bei eingeschalteter Zündung Strom ab Zündschloss, wobei außer der Zünd- und Einspritzanlage jene Stromverbraucher mit Strom versorgt werden, die nur bei Betrieb des Wagens Strom erhalten sollen. Stromverbrauchern.
- **Braun (br).** Ist für direkte Masse-Verbindungen reserviert. Mit einem schwarzen (nicht braunen) Kabel muss ein Stromverbraucher zur Fahrzeugmasse verbunden sein, damit der Stromkreis geschlossen ist.
- **Grau (gr).** Gilt für die Stromkreise der Begrenzungs-, Schluss- und Kennzeichenleuchten und für das Standlicht.

Weitere Kabelfarben sind blau (bl), gelb (ge), grün (gn), lila (li), orange (or) und weiß (ws).

Den Kabelfarben zugeordnete Ziffern geben im Stromlaufplan an, welchen Querschnitt die Leitung hat. Sind Leitungen mit Steckverbindungen (T) verbunden, geben Ziffernkombinationen die Art der Verbindung und den Kontaktpunkt an:

T32/27 = 32-fach-Steckverbindung mit Kontaktpunkt 27.

Einige Kabel schließlich haben zur detaillierten Kennzeichnung noch zusätzliche Farbstreifen.

Die Schaltrelais

In Ihrem Lupo oder Arosa gibt es eine Reihe von Verbrauchern, die im Vergleich zu anderen einen hohen Strom aufnehmen. Sie werden jedoch nicht direkt durch den Schalter in Betrieb genommen. Diese Aufgabe übernimmt das Schaltrelais. Wenn Sie einen Schalter betätigen, aktivieren Sie dadurch zunächst nur einen geringen Schaltstrom.

Beim Einschalten des betreffenden Verbrauchers wird im Schaltrelais durch den Schaltstrom der Schaltstromkreis geschlossen. Dadurch zieht eine Magnetspule einen kräftigen Kontakt gegen Federdruck an und schließt so den Stromkreis für den Arbeitsstrom. Der Arbeitsstrom wird zur Vermeidung von Spannungsabfall auf kurzem Weg direkt an das Relais herangeführt und von dort – bei geschlossenen Schalterkontakten – an den Stromverbraucher weitergeleitet. Vorteil der Relais-Konstruktion: Die Schalterkontakte werden nicht durch hohen Stromfluss beansprucht. Außerdem vermeidet man Spannungsverluste, die bei langen Ka-

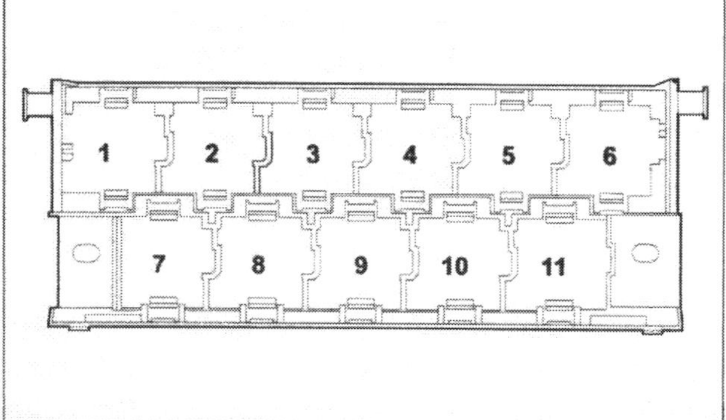

Belegung der Relais (ab 06/00):

1 = Anlasserrelais (53) (bei Automatik)
2 = Kraftstoffpumpen-Relais-Crash (409) (bei Benzinmotoren)
3 = --
4 = --
5 = --
6 = --
7 = Entlastungsrelais für X-Kontakt (100)
8 = Relais für Wisch-Wasch-Intervallautomatik (19)
9 = Steuergerät für Kraftstoffabschaltung (405) (nur bei Airbag und Diesel)
10 = --
11 = --
12 = --

Bei früheren Lupo-Modellen war das Kraftstoffpumpenrelais die Nummer 167; der Platz 7 war wie heute Platz 9, der Platz 9 wie heute Platz 7 belegt.

belwegen zwischen Schalter und Verbraucher entstehen würden.
Die Relais befinden sich auf dem Relaisträger hinter der linken Fußraumabdeckung unterhalb des Armaturenbrettes. Bei umfangreich ausgestatteten Modellen gibt es oberhalb der Relaisplatte noch einen Zusatzrelaisträger. Daneben gibt es noch Relaistypen, die bestimmte Funktionen auslösen. Dazu gehört das Blinkrelais (im Warnblinkschalter).

Die Sicherungen

Zahlreiche Sicherungen sorgen für den Schutz der elektrischen Systeme Ihres Fahrzeugs. Eine Sicherung ist Teil eines Stromkreises. Sie tritt in Aktion, wenn zum Beispiel bei einem Kurzschluss (defekter Verbraucher, beschädigtes Kabel) der Strom plötzlich stark ansteigt. Das Innenleben der Sicherung wird zerstört, der Stromfluss unterbrochen, eine Überlastung des Stromkreises verhindert. Das geschieht übrigens auch dann, wenn Sie an einen bereits voll ausgelasteten Stromkreis zusätzliche Verbraucher anschließen.
Damit Ihr Fahrzeug bei einem elektrischen Defekt nicht ohne Strom dasteht, sind die Sicherungen auf verschiedene Stromkreise verteilt. Die Einspritzanlage und die meisten elektrischen Aggregate haben eine eigene Absicherung. In einem separaten Sicherungshalter (über der Batterie platziert) überwachen verschiedene Hauptsicherungen auch den Stromfluss zwischen Batterie und Verbrauchern wie Anlasser und Lichtmaschine und schützen so die gesamte Fahrzeugelektrik bei Störungen durch Kabelbrand oder Kurzschluss.
Die elektrischen Anschlüsse der Sicherungen sind aus den einzelnen Stromlaufplänen ersichtlich.

Sicherungsbelegung

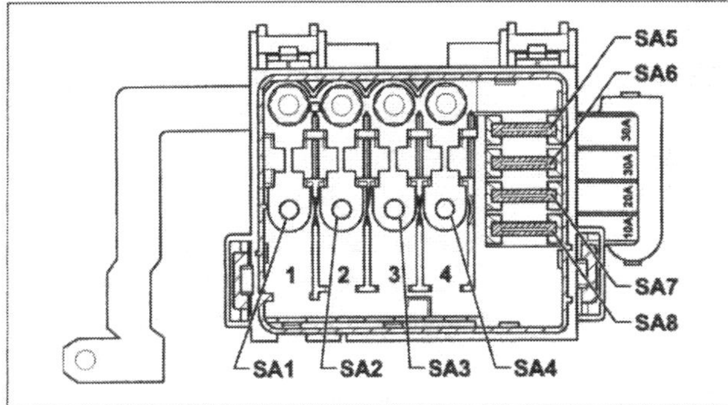

Die Belegung im Sicherungshalter auf der Batterie.

Nr.	Ampere	Verbraucher
SA1	110	Drehstromgenerator
SA2	80	Relaisträger
SA3	50	Glühkerzen - Motor
SA4	50	Glühkerzen - Kühlmittel
		Klimaanlage
SA5	30	ABS (Hydraulikpumpe)
SA6	30	ABS (Ventile)
SA7	20	Lüfter für Kühlmittel
SA8	10	Klimaanlage

Die weiteren Sicherungen befinden sich in einem **Sicherungshalter an der Schalttafel links.** Nimmt man den Klarsichtdeckel nach vorn vom Halter ab, werden die Sicherungen zugänglich. Auf der Innenseite der Abdeckung befindet sich ein Belegungsplan.

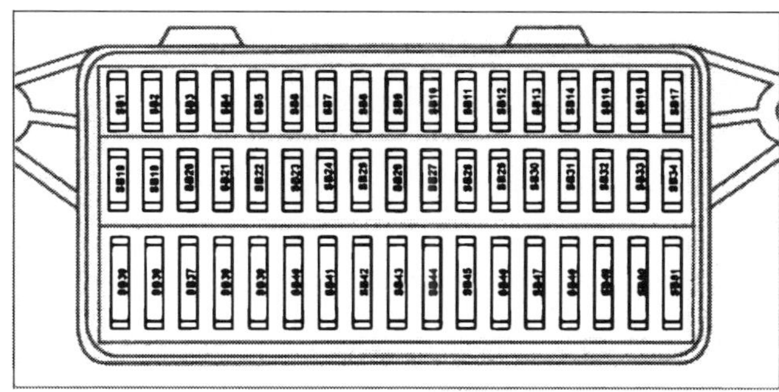
Die Belegung im Sicherungshalter Schalttafel links.

Der Sicherungshalter im Wageninnenraum: In der Ablage unter der Armaturentafel und des Hauptlichtschalter befindet sich der Sicherungskasten mit den Sicherungshaltern. Die eingeclipste Abdeckung wird nach vorn abgezogen. Auf der Innenseite der Abdeckung ist mit Nummern und Piktogrammen die Zuordnung der Sicherungen zu finden. Auch die kleine Kunststoffzange zum Wechseln der Sicherungen ist hier angeklemmt.

Nr.	Ampere	Verbraucher
SB1	10	Heizung für Lambda-Sonde
SB2	5	Kennzeichenleuchte
SB3	10	Einspritzventile
SB4	5	Standlicht links
SB5	5	Standlicht rechts
SB6	15	Heckwischer
SB7	7,5	Blinkanlage
SB8	5	ABS mit EDS
SB9	5	Leuchtweitenregelung
SB10	5	Innenraumbeleuchtung
SB11	5	Spannungsversorgung für Anschluss Eigendiagnose
SB12	10	Fernlichtscheinwerfer rechts
SB13	10	Fernlichtscheinwerfer links
SB14	10	Warnblinkanlage, Diebstahlwarn-Anlage
SB15	10	Bremsleuchten
SB16	5	Warnsummer für Standlicht und Radio
SB17	5	Anklappspiegel
SB18	5	Spiegelheizung
SB19	15	Doppeltonhorn, beheizbare Scheibenwaschdüsen
SB20	10	CD-Wechsler, Telefon
SB21	5	Automatisches Getriebe
SB22	15	DWA-Horn
SB23	5	Ventile für Einspritzbeginn und für Drosselklappe, Relais für Glühkerzen Motor
SB24	5	Kupplungspedalschalter, Steuer-Gerät für Dieseldirekteinspritzanl.
SB25	5	Wählhebel für automat. Getriebe
SB26	7,5	Umluftanlage
SB27	5	Schalttafeleinsatz
SB28	5	Geber für Geschwindigkeits-messer, Wegfahrsicherung
SB29	7,5	Rückfahrleuchten
SB30	5	Ventil für Abgasrückführung, Magnet für Aktivkohlebehälter
SB31	10	Steuergerät für Einspritzanlage
SB32	5	Steuergerät für Einspritzanlage
SB33	10	Steuergerät automat. Getriebe
SB34	10	Zündtrafo, Geber für Geschwindigkeitsmesser (AHT-Motor)
SB35	25	Glasschiebedach
SB36	15	Steuergerät für Simos-Einspritz-Anlage
SB37	15	Steuergerät für Einspritzanlage
SB38	25	Elektr. Fensterheber Fahrertür
SB39	25	Elektr. Fensterheber Beifahrertür
SB40	15	Kraftstoffpumpe
SB41	15	Steuergerät Zentralverriegelung
SB42	15	Radio, Navigation
SB43	15	Nebelscheinwerfer, Nebelschlussleuchte
SB44	15	Abblendlicht Scheinwerfer links
SB45	15	Abblendlicht Scheinwerfer rechts
SB46	15	Zigarrenanzünder
SB47	20	Scheinwerferreinigungsanlage
SB48	20	Heckscheibenheizung
SB49	25	Frischluftgebläse
SB50	15	Scheibenwischeranlage
SB51	15	Sitzheizung

Diese Belegung gilt ab 10/98 und ist selbstverständlich auch kleineren Änderungen und Abweichungen unterworfen. Bis 09/98 gab es eine etwas andere Belegung mit folgenden wesentlichen Abweichungen:

SB17	10	Steuergerät für Simos
SB18	--	Nicht belegt
SB19	--	Nicht belegt
SB20	15	Doppeltonhorn, beheizbare Scheibenwaschdüsen
SB21	--	Nicht belegt
SB22	5	Automatisches Getriebe
SB23	--	Nicht belegt
SB24	5	Ventil für Einspritzbeginn, Ventil für Drosselklappe, Relais für Glühkerzen Motor
SB25	5	Kupplungspedalschalter, Steuer-Gerät für Dieseldirekteinspritzanlage
SB26	5	Wählhebel für automatisches Getriebe
SB27	5	Umluftanlage
SB28	5	Schalttafeleinsatz
SB29	5	Geber für Geschwindigkeitsmesser, Wegfahrsicherung
SB30	5	Rückfahrleuchten
SB31	5	Ventil für Abgasrückführung, Magnet für Aktivkohlebehälter
SB32	10	Steuergerät für Kraftstoffabschaltung, Steuergerät für Einspritzanlage
SB35	--	Nicht belegt

SB39	15	Kraftstoffpumpe
SB40	15	Steuergerät Zentralverriegelung
SB41	15	Radio
SB42	15	Nebelschlussleuchte
SB43	15	Abblendlicht Scheinwerfer links
SB44	15	Abblendlicht Scheinwerfer rechts
SB45	15	Zigarrenanzünder
SB46	--	Nicht belegt
SB47	20	Heckscheibenheizung
SB48	25	Frischluftgebläse
SB49	25	Elektrische Fensterheber, Beifahrertür

Im Seat Arosa ist die Sicherungsbelegung prinzipiell wie folgt, wobei natürlich auch hier modellbedingte Abweichungen auftreten:

Nr.	Ampere	Verbraucher
1	15	Motorelektronik
2	10	Motorelektronik
3	7,5	Motorsteuerung
4	15	
5	5	Automatikgetriebe
6	5	Automatikgetriebe
7	10	ABS-Steuergerät
8	15	Motorelektronik
9	15	Motorelektronik
10	15	Motorelektronik
11	15	Hu e, Sitzheizun
12	10	Fernlicht rechts, Fernlichtkontrolle
13	10	Fernlicht links
14	10	Abblendl. und Leuchtweitenreg. rechts
15	10	Abblendl. und Leuchtweitenreg.
16	5	Begrenzungsleuchten rechts
17	5	Begrenzungsleuchten links
18	7,5	Rückfahrl., beheizbare Scheibenwaschdüsen
19	15	Nebelscheinwerfer, Nebelschlussleuchte
20	10	Bremsleuchten
21	15	Warnblinkanlage
22	5	Blinkleuchten
23	15	Wischer/Wascher vorn
24	10	Wischer/Wascher hinten, Außenspiegelbeheizung
25	15	Heckscheibenbeheizung, Außenspiegelbeheizung
26	5	Wegfahrsicherung
27	5	Kombiinstrument, Innenleuchte
28	15	Zigarettenanzünder, Radio, Zentralverriegelung
29	5	Fensterheber, Faltschiebedach
30	20	Gebläse, Klimaanlage
31	5	Kennzeichenbeleuchtung
32	15	Kraftstoffpumpe

Generell gilt, dass die aktuelle Sicherungsbelegung abhängig von Baujahr, Motorisierung und Ausstattung Ihres Fahrzeugs ist.

Die Sicherungen des Lupo (Arosa)

In den Sicherungshaltern des Lupo (und des Seat Arosa) befinden sich so genannte Flachsteck-Sicherungen. In ein durchscheinendes Kunststoffteil sind zwei flache Stecker eingebettet, die durch einen Schmelzdraht verbunden sind. Eine durchgebrannte Sicherung erkennen Sie am unterbrochenen Schmelzdraht. Oft ist auch der Rücken der Plastikumhüllung herausgebrochen oder geschmolzen.

Die Beschriftung der Sicherung informiert ebenso wie die Farbe über ihre Stärke:

Lila	3 Ampere
Beige/hellbraun	5 Ampere
Braun	7,5 Ampere
Rot	10 Ampere
Blau	15 Ampere
Gelb	20 Ampere
Weiß	25 Ampere
Grün	30 Ampere

Sicherung wechseln

Arbeitsschritte  

① Öffnen Sie die Fahrertür und hebeln Sie mit einem Schraubendreher oder notfalls mit einem Zündschlüssel die Abdeckplatte am Armaturenbrett ab.

② Mit dem Sicherungszieher (Kunststoffpinzette auf der Abdeckplatte) die defekte Sicherung aus dem Steckplatz ziehen.

③ Neue Sicherung mit gleicher Amperestärke in den Steckplatz eindrücken. Achten Sie dabei auf korrekten Sitz.

④ Brennt die neue Sicherung sofort wieder durch, haben Sie eventuell eine zu schwache Sicherung eingesetzt oder der Verbraucher ist defekt. In diesem Fall sollten Sie dem Problem schnellsten auf den Grund gehen. Der Verbraucher könnte beschädigt werden, im schlimmsten Fall sogar ein Kabelbrand entstehen.

Die Schaltpläne

Die verschiedenen Stromlaufpläne Ihres Lupo oder Arosa füllen einen Ordner von beträchtlicher Dicke. In diesem Ratgeber kann nur eine knappe Auswahl geboten werden, um das Allgemeine abzudecken und das Prinzip für's Detail zu zeigen. Wir haben hierfür die Pläne **18** (Tagesfahrlicht), **24** (Grundausstattung, ab Juli 1999) und **48** (CAN-Bus Vernetzung) ausgewählt. Die Schaltplanseiten sind für jede laufende Schaltplannummer von 2 beginnend durchnummeriert (1 ist jeweils das **Deckblatt**, Muster für 18 siehe unten).

Die weiteren jeweils bis zu 12 Seiten umfassenden Schaltplanpakete enthalten die Turbodiesel, die elektronischen Schaltgetriebe, die Airbagsysteme, die elektromechanische Servolenkung, das Antiblockiersystem, das Faltschiebe- und das Schiebe-/Ausstelldach, die Zentralverriegelung und die Sitzheizung.

Das graue Feld oben auf den Schaltplanseiten kennzeichnet die plusseitigen Anschlüsse, die Relaisplatte; die Grundlinie stellt Masse (minus) dar. Kleinbuchstaben an offenen Leitungen verweisen auf Weiterführung im folgenden Stromlaufplan, Bauteil-Kennungen an offenen Leitungen verweisen auf Weiterführung der Leitung zu diesem Bauteil. Die Bauteile sind wie weiter oben aufgelistet kenntlich gemacht, SB sind Sicherungen, T sind Steckverbindungen. Schwarze Kästchen mit weißen Zahlen geben die Relaisplatznummer an.
In den Leitungen geben die klein gedruckten Zahlen den Querschnitt in mm², die klein gedruckten Buchstaben die Kabelfarbe an.

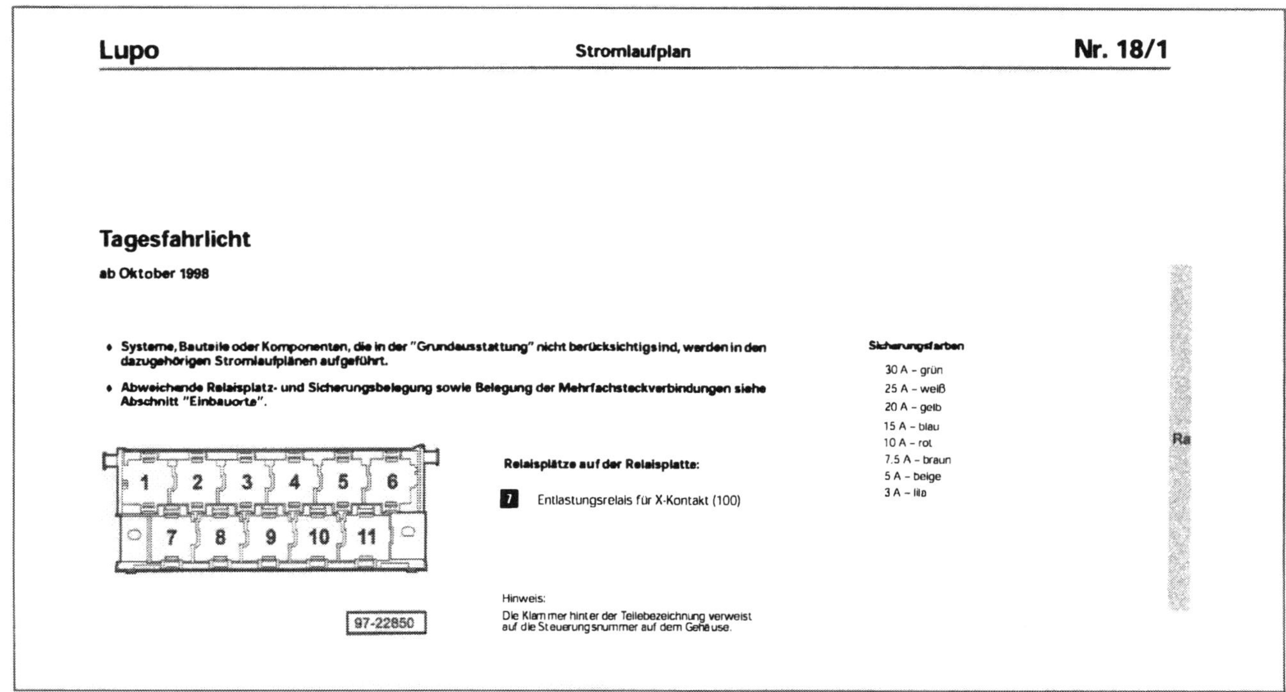

Lupo Stromlaufplan **Nr. 18/1**

Tagesfahrlicht

ab Oktober 1998

- **Systeme, Bauteile oder Komponenten, die in der "Grundausstattung" nicht berücksichtigsind, werden in den dazugehörigen Stromlaufplänen aufgeführt.**
- **Abweichende Relaisplatz- und Sicherungsbelegung sowie Belegung der Mehrfachsteckverbindungen siehe Abschnitt "Einbauorte".**

Relaisplätze auf der Relaisplatte:

7 Entlastungsrelais für X-Kontakt (100)

Hinweis:
Die Klammer hinter der Teilebezeichnung verweist auf die Steuerungsnummer auf dem Gehäuse.

Sicherungsfarben

30 A - grün
25 A - weiß
20 A - gelb
15 A - blau
10 A - rot
7.5 A - braun
5 A - beige
3 A - lila

Ra

Lupo — Stromlaufplan — Nr. 18/2

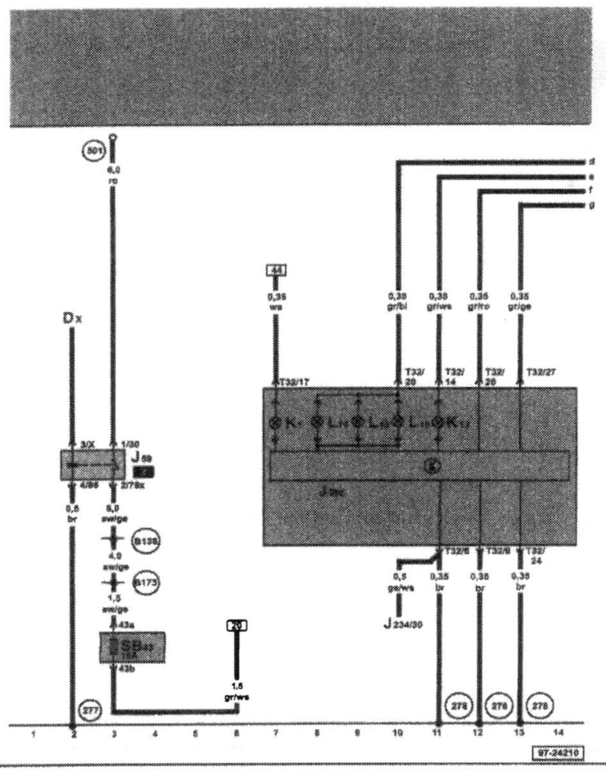

Schalttafeleinsatz, Kontrollampe für Fernlicht, Entlastungsrelais für X-Kontakt

- D - Zündanlaßschalter
- J59 - Entlastungsrelais für X-Kontakt
- J234 - Steuergerät für Airbag
- J285 - Steuergerät mit Anzeigeeinheit im Schalttafeleinsatz (01317)
- K1 - Kontrollampe für Fernlicht
- K13 - Kontrollampe für Nebelschlußleuchte
- L10 - Lampe für Beleuchtung Schalttafeleinsatz
- SB43 - Sicherung im Sicherungshalter/Relaisplatte
- T32 - Steckverbindung, 32-fach, blau, am Schalttafeleinsatz

- (277) - Masseverbindung -3-, im Leitungsstrang Innenraum
- (278) - Masseverbindung -4-, im Leitungsstrang Innenraum
- (501) - Schraubverbindung -2-(30), an der Relaisplatte
- (B136) - Plusverbindung (X), im Leitungsstrang Innenraum
- (B173) - Plusverbindung -2-(X), im Leitungsstrang Innenraum

ws = weiß
sw = schwarz
ro = rot
br = braun
gn = grün
bl = blau
gr = grau
li = lila
ge = gelb

97-24216

[1] *Steckverbindungen siehe Abschnitt "Einbauorte"*

Ausgabe 11.98

Lupo — Stromlaufplan — Nr. 18/3

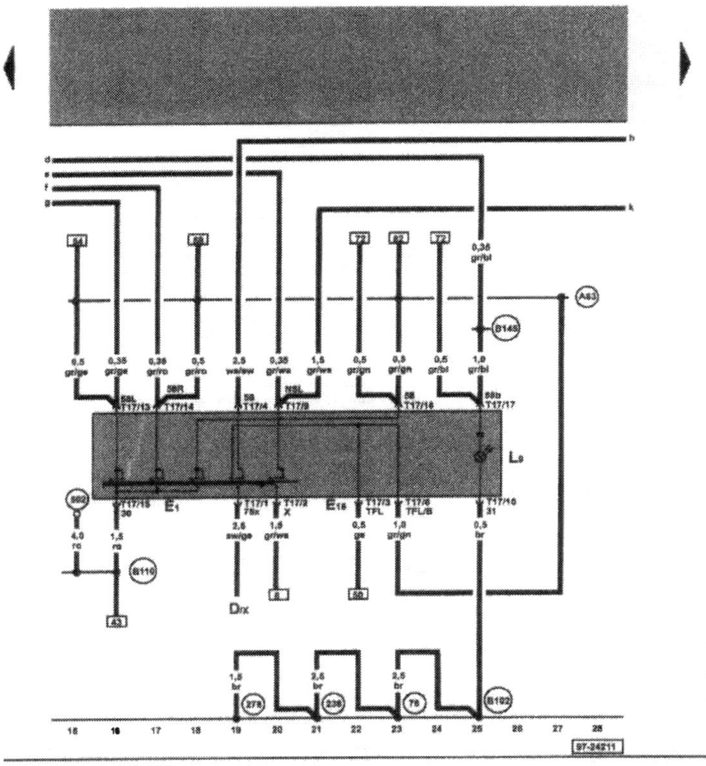

Lichtschalter

- D - Zündanlaßschalter
- E1 - Lichtschalter
- E18 - Schalter für Nebelschlußleuchte
- L9 - Lampe für Beleuchtung Lichtschalter
- T17 - Steckverbindung, 17-fach, schwarz, am Lichtschalter[1]

- (76) - Massepunkt, Nähe Schaltbetätigung
- (238) - Masseverbindung -1-, im Leitungsstrang Innenraum
- (278) - Masseverbindung -4-, im Leitungsstrang Innenraum
- (502) - Scharubverbindung -3- (30), an der Relaisplatte
- (A83) - Verbindung (Tagesfahrlicht), im Schalttafelleitungsstrang Innenraum
- (B102) - Masseverbindung, im Leitungsstrang Innenraum vorn links
- (B110) - Verbindung (30, Fensterheber), im Leitungsstrang Innenraum
- (B145) - Plusverbindung (58b), im Leitungsstrang Innenraum

ws = weiß
sw = schwarz
ro = rot
br = braun
gn = grün
bl = blau
gr = grau
li = lila
ge = gelb

97-24211

[1] *Steckverbindungen siehe Abschnitt "Einbauorte"*

Ausgabe 10.98

Lupo Stromlaufplan **Nr. 18/4**

Schlußleuchten, Bremslicht, Nebelschlußleuchte, Rückfahrlicht, Blinklicht hinten

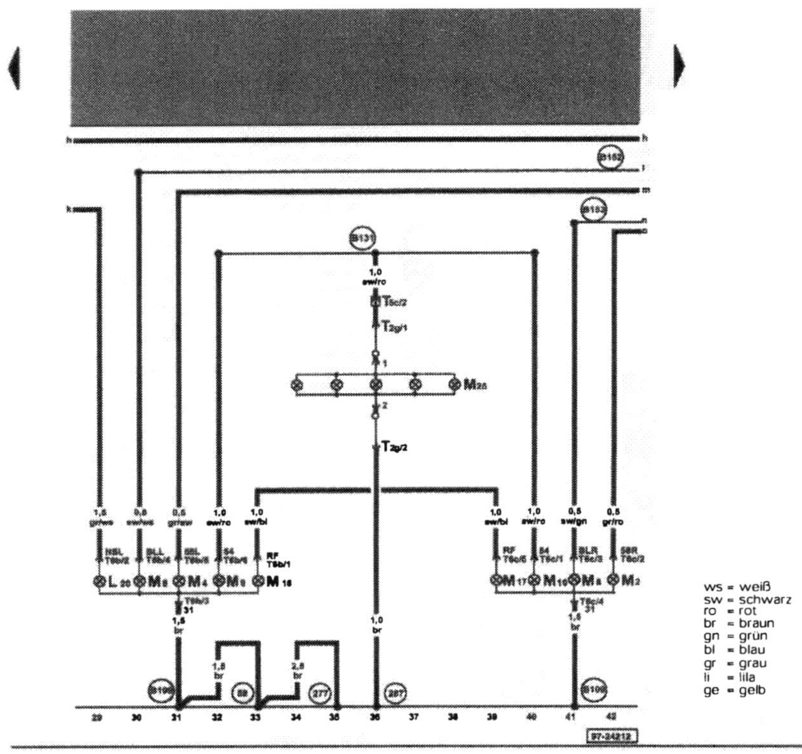

- L20 - Lampe für Nebelschlußleuchte
- M2 - Lampe für Schlußlicht rechts
- M4 - Lampe für Schlußlicht links
- M6 - Lampe für Blinklicht hinten links
- M8 - Lampe für Blinklicht hinten rechts
- M9 - Lampe für Bremslicht links
- M10 - Lampe für Bremslicht rechts
- M16 - Lampe für Rückfahrlicht links
- M17 - Lampe für Rückfahrlicht rechts
- M25 - Lampe für hochgesetztes Bremslicht
- T2g - Steckverbindung, 2-fach, schwarz, im Leitungsstrang Heckklappe
- T5c - Steckverbindung, 5-fach, schwarz, im Leitungsstrang Heckklappe-Zuführung[1]
- T6b - Steckverbindung, 6-fach, schwarz, an Schlußleuchte links
- T6c - Steckverbindung, 6-fach, schwarz, an Schlußleuchte rechts
- (59) - Massepunkt, Nähe Schlußleuchte links
- (277) - Masseverbindung -3-, im Leitungsstrang Innenraum
- (287) - Masseverbindung, im Leitungsstrang Heckklappe- Zuführung
- (B109) - Masseverbindung, im Leitungsstrang Innenraum hinten links
- (B131) - Verbindung (54), im Leitungsstrang Innenraum
- (B152) - Verbindung (BL), im Leitungsstrang Innenraum
- (B153) - Verbindung (BR), im Leitungsstrang Innenraum

ws = weiß
sw = schwarz
ro = rot
br = braun
gn = grün
bl = blau
gr = grau
li = lila
ge = gelb

97-24212

[1] *Steckverbindungen siehe Abschnitt "Einbauorte"*

Ausgabe 10.98

Lupo Stromlaufplan **Nr. 18/5**

Schalter für Handabblendung und Lichthupe, Scheinwerfer links, Blinkerschalter, Schalter für Parklicht Standlicht links

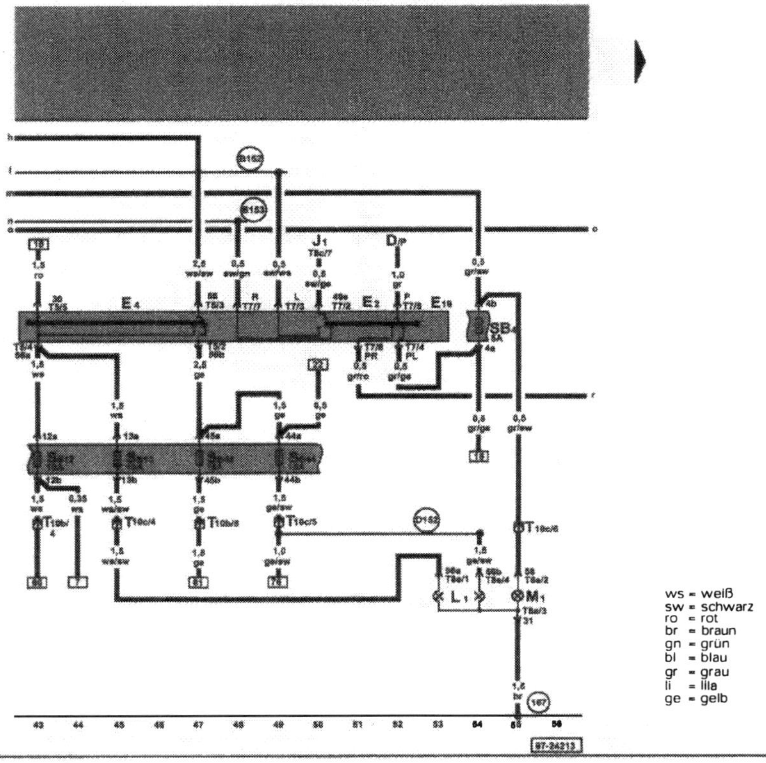

- D - Zündanlaßschalter
- E2 - Blinkerschalter (00886)
- E4 - Schalter für Handabblendung und Lichthupe
- E19 - Schalter für Parklicht
- J1 - Blinkrelais
- M1 - Lampe für Standlicht links
- L1 - Zweifadenlampe für Scheinwerfer links
- SB4 - Sicherung im Sicherungshalter/Relaisplatte
- SB12 - Sicherung im Sicherungshalter/Relaisplatte
- SB13 - Sicherung im Sicherungshalter/Relaisplatte
- SB44 - Sicherung im Sicherungshalter/Relaisplatte
- SB45 - Sicherung im Sicherungshalter/Relaisplatte
- T5 - Steckverbindung, 5-fach, schwarz, hinter Verkleidung für Lenkstockschalter
- T7 - Steckverbindung, 7-fach, rot, hinter Verkleidung für Lenkstockschalter
- T8c - Steckverbindung, 8-fach, schwarz, am Warnlichtschalter
- T8e - Steckverbindung, 8-fach, schwarz, an Scheinwerfer links
- T10b - Steckverbindung, 10-fach, schwarz, Kupplungsstation unter dem Relaisträger[1]
- T10c - Steckverbindung, 10-fach, blau, Kupplungsstation unter dem Relaisträger[1]
- (167) - Masseverbindung -4-, im Leitungsstrang Motorraum
- (B152) - Verbindung (BL), im Leitungsstrang Innenraum
- (B153) - Verbindung (BR), im Leitungsstrang Innenraum
- (D152) - Plusverbindung -1- (56b), im Leitungsstrang Motorraum

ws = weiß
sw = schwarz
ro = rot
br = braun
gn = grün
bl = blau
gr = grau
li = lila
ge = gelb

97-24213

[1] *Steckverbindungen siehe Abschnitt "Einbauorte"*

Ausgabe 10.98

Lupo — Stromlaufplan — Nr. 18/6

Scheinwerfer rechts, Standlicht rechts

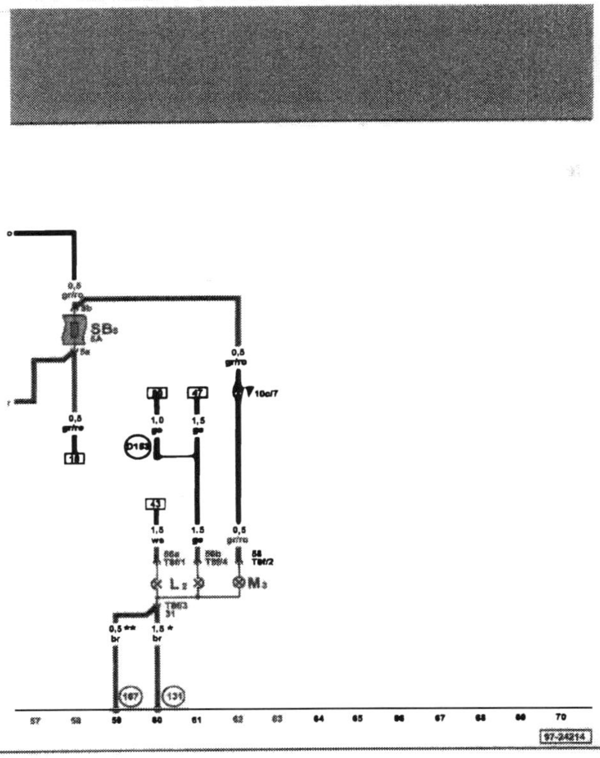

- L2 - Zweifadenlampe für Scheinwerfer rechts
- M3 - Lampe für Standlicht rechts
- SB5 - Sicherung im Sicherungshalter/Relaisplatte
- T8f - Steckverbindung, 8-fach, schwarz, Nähe Scheinwerfer rechts
- T10c - Steckverbindung, 10-fach, blau, Kupplungsstation unter dem Relaisträger[1]
- (131) - Masseverbindung -2-, im Leitungsstrang Motorraum
- (167) - Masseverbindung -4-, im Leitungsstrang Motorraum
- (D153) - Plusverbindung -2- (56b), im Leitungsstrang Motorraum
- * - nur bei Benzinmotoren
- ** - nur bei Dieselmotoren

ws = weiß
sw = schwarz
ro = rot
br = braun
gn = grün
bl = blau
gr = grau
li = lila
ge = gelb

97-24214

[1] *Steckverbindungen siehe Abschnitt "Einbauorte"*

Ausgabe 10.98

Lupo — Stromlaufplan — Nr. 18/7

Regler für Beleuchtung - Schalter und Instrumente, Leuchtweitenregelung, Kennzeichenleuchte

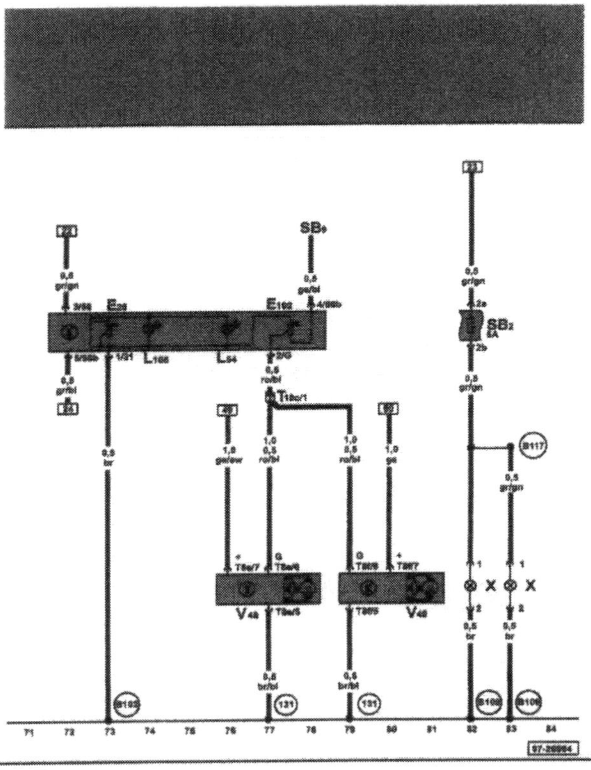

- E20 - Regler für Beleuchtung - Schalter und Instrumente
- E102 - Einsteller für Leuchtweitenregelung
- L54 - Lampe für Beleuchtung/Einsteller Leuchtweitenregelung
- L105 - Beleuchtung für Beleuchtungsregler
- SB2 - Sicherung 2 im Sicherungshalter/Relaisplatte
- SB9 - Sicherung 9 im Sicherungshalter/Relaisplatte
- T8e - Steckverbindung, 8-fach, schwarz, Nähe Scheinwerfer links
- T8f - Steckverbindung, 8-fach, schwarz, Nähe Scheinwerfer rechts
- T10c - Steckverbindung, 10-fach, blau, Kupplungsstation unter dem Relaisträger
- V48 - Stellmotor links für Leuchtweitenregelung
- V49 - Stellmotor rechts für Leuchtweitenregelung
- X - Kennzeichenleuchte
- (131) - Masseverbindung -2-, im Leitungsstrang Motorraum
- (B102) - Masseverbindung, im Leitungsstrang Innenraum vorn links
- (B109) - Masseverbindung, im Leitungsstrang Innenraum hinten links
- (B117) - Verbindung (58a, rechts), im Leitungsstrang Innenraum

ws = weiß
sw = schwarz
ro = rot
br = braun
gn = grün
bl = blau
gr = grau
li = lila
ge = gelb
or = orange

Ausgabe 03.00

Lupo — Stromlaufplan — Nr. 24/2

Batterie, Zündanlaßschalter, Entlastungsrelais für X-Kontakt

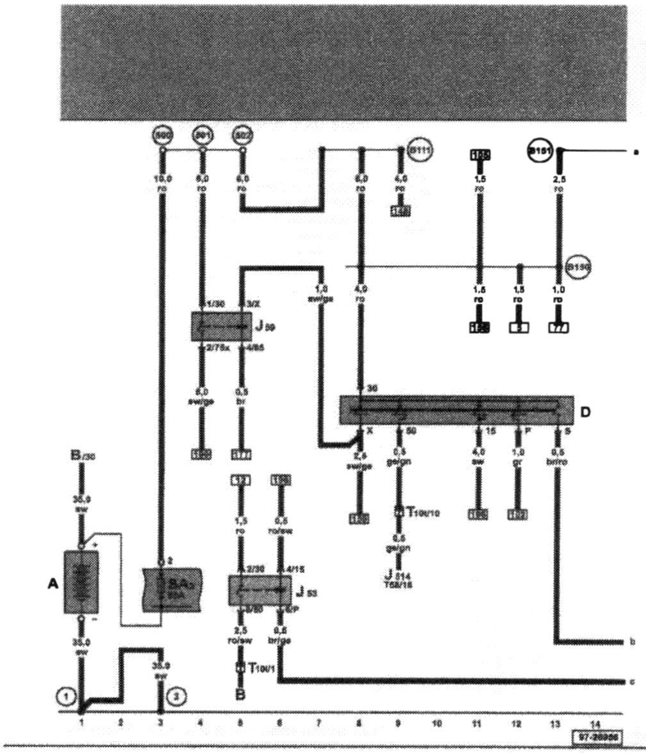

A – Batterie
B – Anlasser
D – Zündanlaßschalter
J53 – Relais für Anlasser
J59 – Entlastungsrelais für X-Kontakt, auf dem Relaisträger
J514 – Steuergerät für elektronisches Schaltgetriebegetriebe
SA2 – Sicherung -2- (30) im Sicherungshalter/Batterie
T10l – Steckverbindung, 10-fach, grün, Kupplungsstation unter dem Relaisträger
T10m – Steckverbindung, 10-fach, braun, Kupplungsstation unter dem Relaisträger
T10t – Steckverbindung, 10-fach, violett, Kupplungsstation unter dem Relaisträger
T68 – Steckverbindung, 68-fach

(1) – Masseband, Batterie - Aufbau
(3) – Masseband, Motor - Aufbau
(500) – Schraubverbindung -1- (30), am Relaisträger
(501) – Schraubverbindung -2- (30), am Relaisträger
(502) – Schraubverbindung -1- (30a), am Relaisträger
(B111) – Plusverbindung -1- (30a), im Leitungsstrang Innenraum
(B150) – Plusverbindung -2- (30a), im Leitungsstrang Innenraum
(B151) – Plusverbindung -3- (30a), im Leitungsstrang Innenraum

ws = weiß
sw = schwarz
ro = rot
br = braun
gn = grün
bl = blau
gr = grau
li = lila
ge = gelb
or = orange

97-26906

Ausgabe 03.00

Lupo — Stromlaufplan — Nr. 24/3

Spannungskonstanter

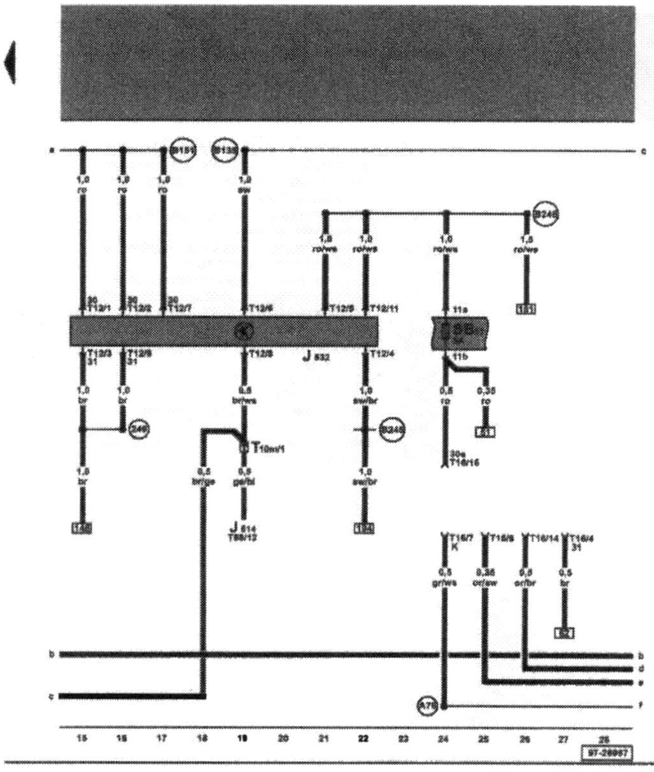

J514 – Steuergerät für elektronisches Schaltgetriebegetriebe
J532 – Spannungsstabilisator, hinter Verkleidung B-Säule links
SB11 – Sicherung 11 im Sicherungshalter
T10m – Steckverbindung, 10-fach, braun, Kupplungsstation unter dem Relaisträger
T12 – Steckverbindung, 12-fach
T16 – Steckverbindung, 16-fach, in der Schalttafel mitte, Anschluß Eigendiagnose
T68 – Steckverbindung, 68-fach

(249) – Masseverbindung -2-, im Leitungsstrang Innenraum
(A76) – Verbindung (K-Diagnoseleitung), im Schalttafelleitungsstrang
(B135) – Verbindung -1- (15a), im Leitungsstrang Innenraum
(B151) – Plusverbindung -3- (30a), im Leitungsstrang Innenraum
(B245) – Stabilisierte Plusverbindung (15a), im Leitungsstrang Innenraum
(B246) – Stabilisierte Plusverbindung (30a), im Leitungsstrang Innenraum

ws = weiß
sw = schwarz
ro = rot
br = braun
gn = grün
bl = blau
gr = grau
li = lila
ge = gelb
or = orange

97-26907

Ausgabe 03.00

Lupo — Stromlaufplan — Nr. 24/4

Schalttafeleinsatz, Geschwindigkeitsmesser, Wegstreckenanzeige

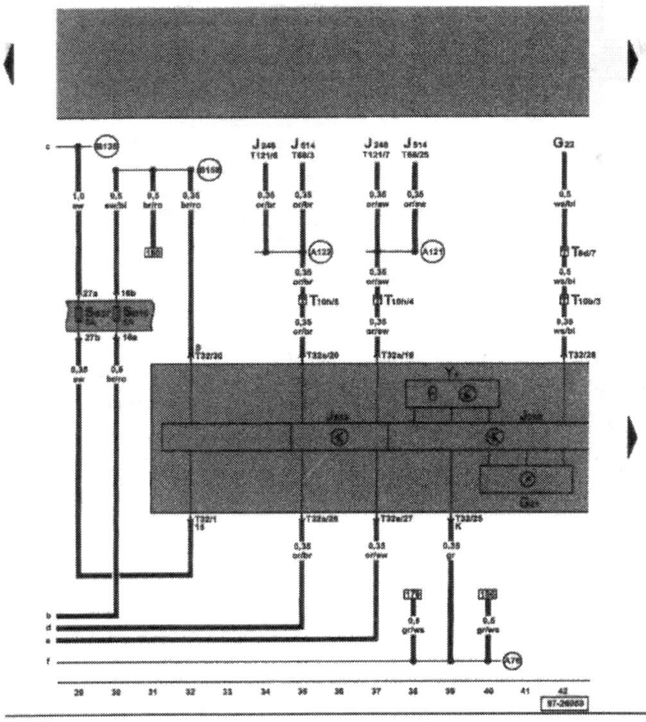

- G21 – Geschwindigkeitsmesser
- G22 – Geber für Geschwindigkeitsmesser im Getriebe
- J248 – Steuergerät für Dieseldirekteinspritzanlage
- J285 – Steuergerät mit Anzeigeeinheit im Schalttafeleinsatz
- J514 – Steuergerät für elektronisches Schaltgetriebe
- J533 – Diagnose-Interface für Datenbus, im Schalttafeleinsatz
- SB16 – Sicherung 16 im Sicherungshalter
- SB27 – Sicherung 27 im Sicherungshalter
- T8d – Steckverbindung, 8-fach, im Motorraum links
- T10b – Steckverbindung, 10-fach, schwarz, Kupplungsstation unter dem Relaisträger
- T10h – Steckverbindung, 10-fach, grau, Kupplungsstation unter dem Relaisträger
- T32 – Steckverbindung, 32-fach, blau
- T32a – Steckverbindung, 32-fach, grün
- T68 – Steckverbindung, 68-fach
- T121 – Steckverbindung, 121-fach
- Y4 – Wegstreckenanzeige

- (A76) – Verbindung (K-Diagnoseleitung), im Schalttafelleitungsstrang
- (A121) – Verbindung (High-Bus), im Schalttafelleitungsstrang
- (A122) – Verbindung (Low-Bus), im Schalttafelleitungsstrang
- (B135) – Verbindung -1- (15a), im Leitungsstrang Innenraum
- (B156) – Verbindung (S), im Leitungsstrang Innenraum

ws = weiß
sw = schwarz
ro = rot
br = braun
gn = grün
bl = blau
gr = grau
li = lila
ge = gelb
or = orange

97-26069

Ausgabe 03.00

Lupo — Stromlaufplan — Nr. 24/5

Schalttafeleinsatz, Kontrollampe für offene Heckklappe, Drehzahlmesser, Digitaluhr, Warnsummer, Kontrollampe für Generator

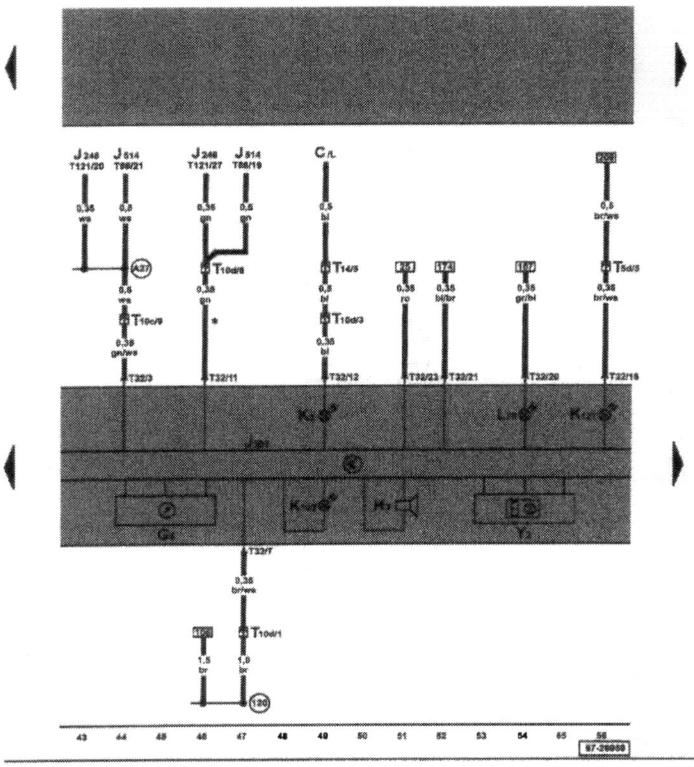

- C – Drehstromgenerator
- G5 – Drehzahlmesser
- H3 – Warnsummer
- J248 – Steuergerät für Dieseldirekteinspritzanlage
- J285 – Steuergerät mit Anzeigeeinheit im Schalttafeleinsatz
- J514 – Steuergerät für elektronisches Schaltgetriebe
- K2 – Kontrollampe für Generator
- K105 – Kontrollampe für Kraftstoffreserve
- K127 – Kontrollampe für offene Heckklappe
- L75 – Beleuchtung für Digitalanzeige
- T5d – Steckverbindung, 5-fach, im Leitungsstrang Heckklappe-Zuführung
- T10c – Steckverbindung, 10-fach, blau, Kupplungsstation unter dem Relaisträger
- T10d – Steckverbindung, 10-fach, rot, Kupplungsstation unter dem Relaisträger
- T14 – Steckverbindung, 14-fach, im Motorraum links
- T32 – Steckverbindung, 32-fach, blau
- T68 – Steckverbindung, 68-fach
- T121 – Steckverbindung, 121-fach
- Y2 – Digitaluhr

- (120) – Masseverbindung -2-, im Leitungsstrang Scheinwerfer
- (A27) – Verbindung (Geschwindigkeitssignal), im Schalttafelleitungsstrang

- * – Drehzahlsignal vom Motorsteuergerät

ws = weiß
sw = schwarz
ro = rot
br = braun
gn = grün
bl = blau
gr = grau
li = lila
ge = gelb
or = orange

97-26069

Ausgabe 03.00

Lupo — Stromlaufplan — Nr. 24/6

Schalttafeleinsatz, Kontrollampe für Bremsanlage, Kontrollampe für Fernlicht, Warnkontakt für Bremsflüssigkeitsstand, Kontrollampe für Nebelschlußleuchte, Kontrollampen für Blinker

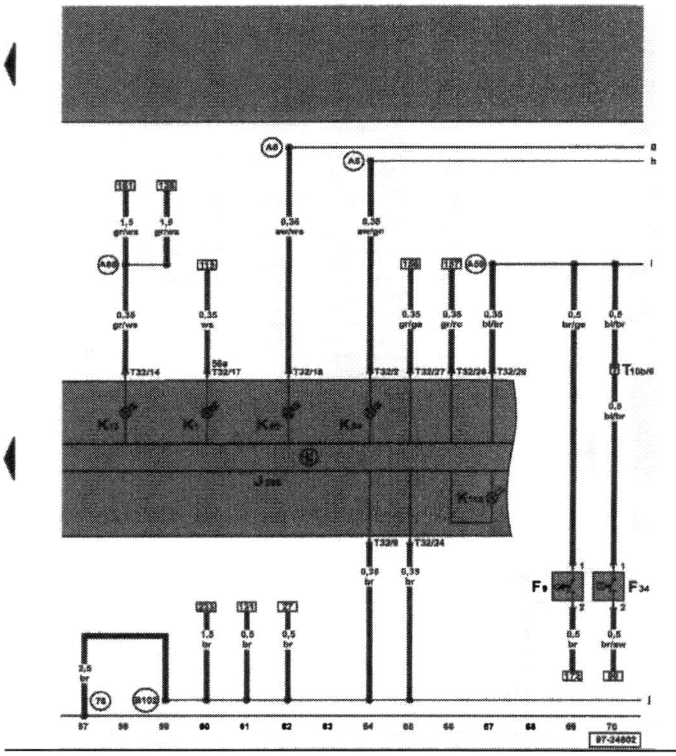

F9 – Schalter für Handbremskontrolle
F34 – Warnkontakt für Bremsflüssigkeitsstand
J285 – Steuergerät mit Anzeigeeinheit im Schalttafeleinsatz
K1 – Kontrollampe für Fernlicht
K13 – Kontrollampe für Nebelschlußleuchte
K65 – Kontrollampe für Blinker links
K94 – Kontrollampe für Blinker rechts
K118 – Kontrollampe für Bremsanlage
T10b – Steckverbindung, 10-fach, schwarz, Kupplungsstation unter dem Relaisträger
T32 – Steckverbindung, 32-fach, blau

(76) – Massepunkt, Nähe Schaltbetätigung
(A5) – Plusverbindung (Blinker rechts) im Schalttafelleitungsstrang
(A6) – Plusverbindung (Blinker links) im Schalttafelleitungsstrang
(A59) – Verbindung (Geber), im Armaturenleitungsstrang
(A88) – Verbindung (NSL), im Schalttafelleitungsstrang
(B102) – Masseverbindung, im Leitungsstrang Innenraum vorn links

ws = weiß
sw = schwarz
ro = rot
br = braun
gn = grün
bl = blau
gr = grau
li = lila
ge = gelb
or = orange

97-24802

Ausgabe 03.00

Lupo — Stromlaufplan — Nr. 24/7

Steuergerät für Kontrollampe/Handbremse, Kontrollampe für Handbremse, Zigarrenanzünder

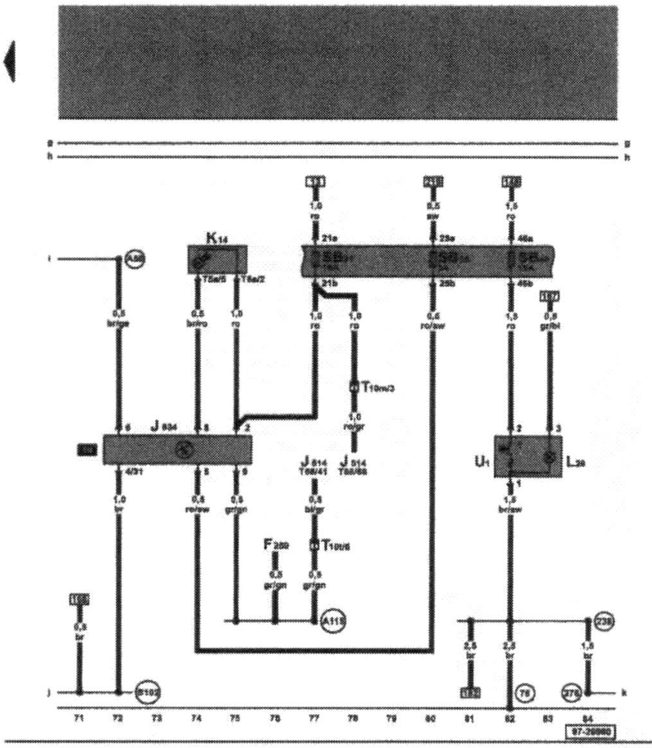

F259 – Schalter Stop-Position
J514 – Steuergerät für elektronisches Schaltgetriebe
J534 – Steuergerät für Kontrollampe/Handbremse, auf dem Relaisträger
K14 – Kontrollampe für Handbremse
L28 – Lampe für Beleuchtung Zigarrenanzünder
SB21 – Sicherung 21 im Sicherungshalter
SB25 – Sicherung 25 im Sicherungshalter
SB46 – Sicherung 46 im Sicherungshalter
T5a – Steckverbindung, 5-fach
T10t – Steckverbindung, 10-fach, violett, Kupplungsstation unter dem Relaisträger
T10m – Steckverbindung, 10-fach, braun, Kupplungsstation unter dem Relaisträger
T68 – Steckverbindung, 68-fach
U1 – Zigarrenanzünder

(76) – Massepunkt, Nähe Schaltbetätigung
(238) – Masseverbindung -1-, im Leitungsstrang Innenraum
(278) – Masseverbindung -4-, im Leitungsstrang Innenraum
(A59) – Verbindung (Geber), im Armaturenleitungsstrang
(A115) – Verbindung (Handbremskontrolle), im Schalttafelleitungsstrang
(B102) – Masseverbindung, im Leitungsstrang Innenraum vorn links

ws = weiß
sw = schwarz
ro = rot
br = braun
gn = grün
bl = blau
gr = grau
li = lila
ge = gelb
or = orange

97-29980

Ausgabe 03.00

Lupo — Stromlaufplan — Nr. 24/8

Warnlichtschalter, Blinkrelais, Blinklicht vorn

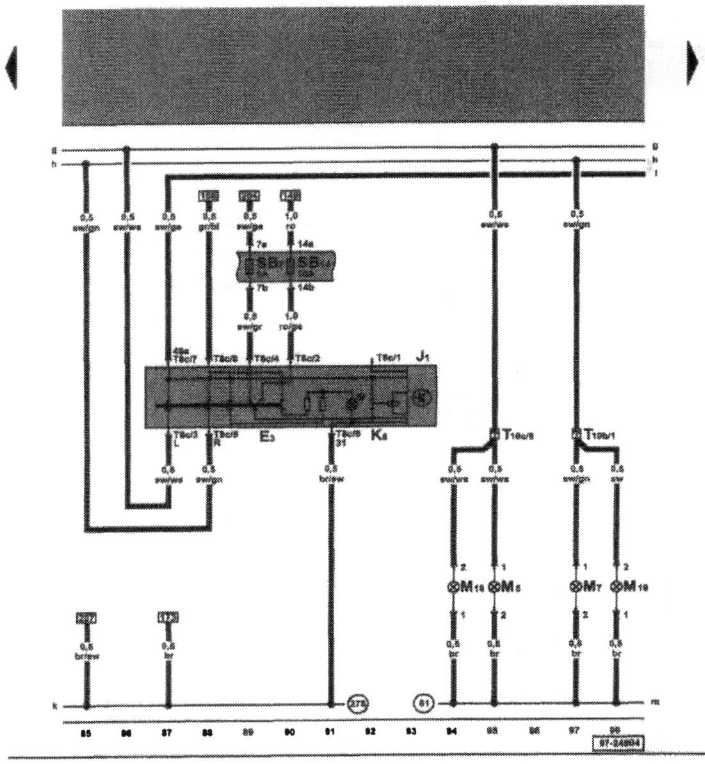

- E3 – Warnlichtschalter
- J1 – Blinkrelais
- K6 – Kontrollampe für Warnblinkanlage
- M5 – Lampe für Blinklicht vorn links
- M7 – Lampe für Blinklicht vorn rechts
- M18 – Lampe für Seitenblinkleuchte links
- M19 – Lampe für Seitenblinkleuchte rechts
- SB7 – Sicherung 7 im Sicherungshalter
- SB14 – Sicherung 14 im Sicherungshalter
- T8c – Steckverbindung, 8-fach
- T10b – Steckverbindung, 10-fach, schwarz, Kupplungsstation unter dem Relaisträger
- T10c – Steckverbindung, 10-fach, blau, Kupplungsstation unter dem Relaisträger
- (81) – Masseverbindung -1-, im Schalttafelleitungsstrang
- (278) – Masseverbindung -4-, im Leitungsstrang Innenraum

ws = weiß
sw = schwarz
ro = rot
br = braun
gn = grün
bl = blau
gr = grau
li = lila
ge = gelb
or = orange

97-24804

Ausgabe 03.00

Lupo — Stromlaufplan — Nr. 24/9

Blinkerschalter, Schalter für Handabblendung und Lichthupe, Schalter für Parklicht, Scheinwerfer vorn links

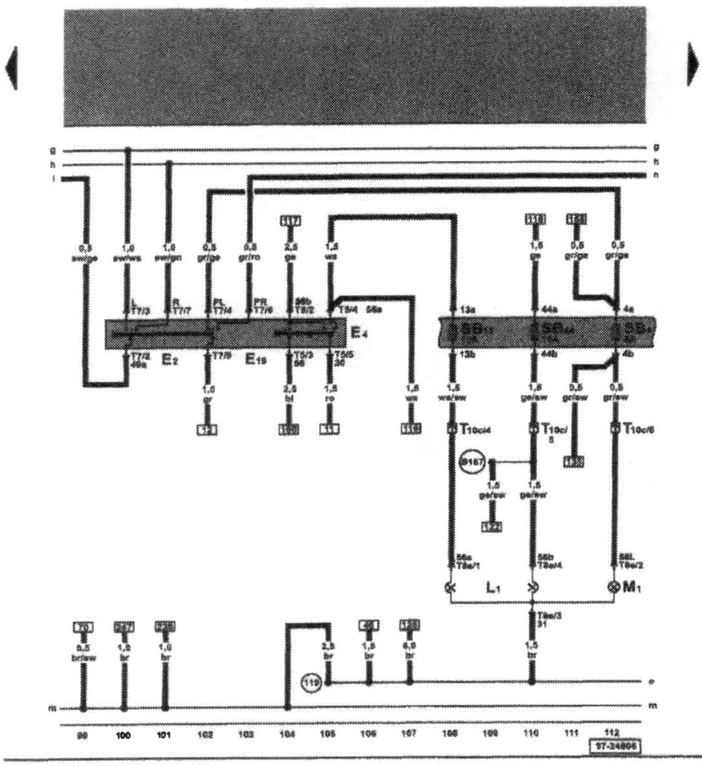

- E2 – Blinkerschalter
- E4 – Schalter für Handabblendung und Lichthupe
- E19 – Schalter für Parklicht
- L1 – Zweifadenlampe für Scheinwerfer links
- M1 – Lampe für Standlicht links
- SB4 – Sicherung 4 im Sicherungshalter
- SB13 – Sicherung 13 im Sicherungshalter
- SB44 – Sicherung 44 im Sicherungshalter
- T5 – Steckverbindung, 5-fach
- T7 – Steckverbindung, 7-fach
- T8e – Steckverbindung, 8-fach, am Scheinwerfer links
- T10c – Steckverbindung, 10-fach, blau, Kupplungsstation unter dem Relaisträger[1]
- (119) – Masseverbindung -1-, im Leitungsstrang Scheinwerfer
- (B167) – Verbindung (56b), im Leitungsstrang Innenraum

ws = weiß
sw = schwarz
ro = rot
br = braun
gn = grün
bl = blau
gr = grau
li = lila
ge = gelb

97-24806

[1] *Steckverbindungen siehe Abschnitt "Einbauorte"*

Ausgabe 07.99

Lupo Stromlaufplan **Nr. 24/10**

Scheinwerfer vorn rechts, Leuchtweitenregelung

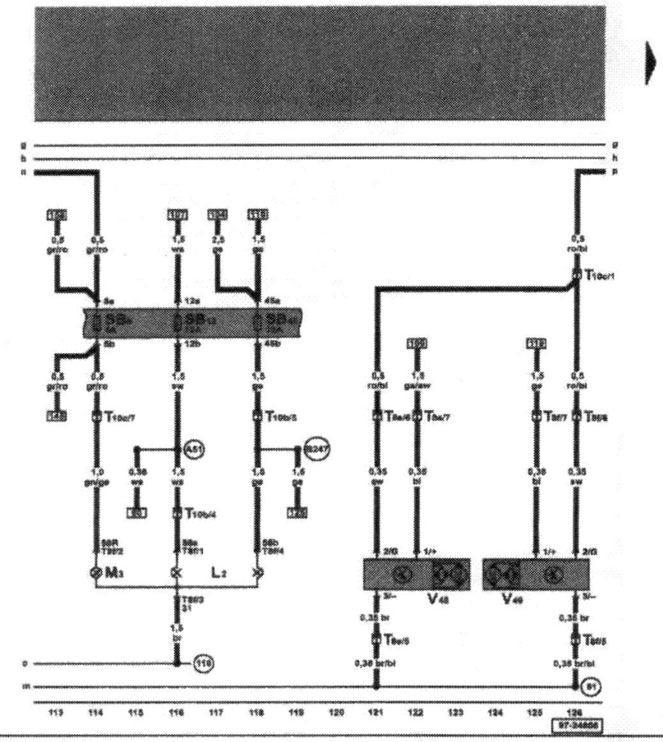

L2 – Zweifadenlampe für Scheinwerfer rechts
M3 – Lampe für Standlicht rechts
SB5 – Sicherung 5 im Sicherungshalter
SB12 – Sicherung 12 im Sicherungshalter
SB45 – Sicherung 45 im Sicherungshalter
T8e – Steckverbindung, 8-fach, am Scheinwerfer links
T8f – Steckverbindung, 8-fach, am Scheinwerfer rechts
T10b – Steckverbindung, 10-fach, schwarz, Kupplungsstation unter dem Relaisträger[1]
T10c – Steckverbindung, 10-fach, blau, Kupplungsstation unter dem Relaisträger[1]
V48 – Stellmotor links für Leuchtweitenregelung
V49 – Stellmotor rechts für Leuchtweitenregelung

(81) – Masseverbindung -1-, im Schalttafelleitungsstrang
(119) – Masseverbindung -1-, im Leitungsstrang Scheinwerfer
(A51) – Verbindung (56), im Schalttafelleitungsstrang
(B247) – Verbindung -2- (56b), im Leitungsstrang Innenraum

ws = weiß
sw = schwarz
ro = rot
br = braun
gn = grün
bl = blau
gr = grau
li = lila
ge = gelb

[1] *Steckverbindungen siehe Abschnitt "Einbauorte"*

Ausgabe 07.99

Lupo Stromlaufplan **Nr. 24/11**

Regler für Beleuchtung - Schalter und Instrumente, Schlußlicht links, Bremslicht links, Blinklicht hinten links, Rückfahrlicht links, Schalter für Rückfahrleuchten, Nebelschlußleuchte

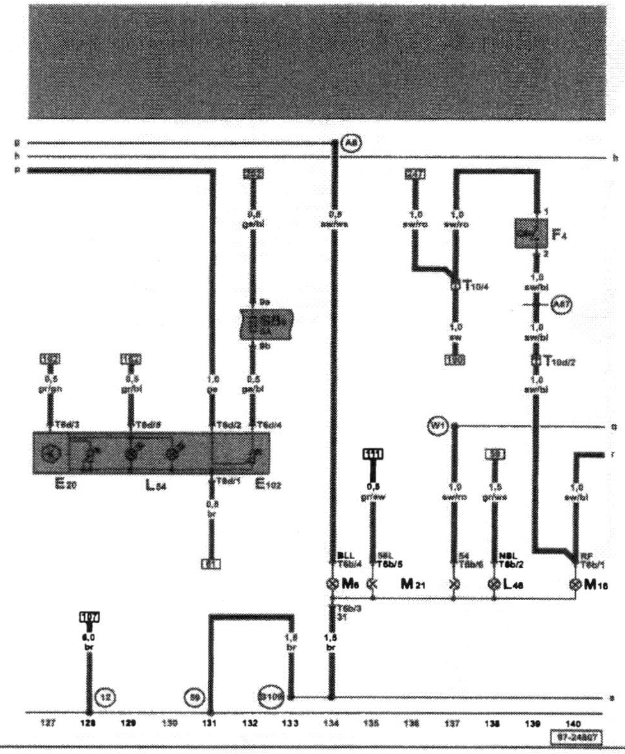

E20 – Regler für Beleuchtung - Schalter und Instrumente
E102 – Einsteller für Leuchtweitenregelung
F4 – Schalter für Rückfahrleuchten
L46 – Lampe für Nebelschlußleuchte links
L54 – Lampe für Beleuchtung/Einsteller Leuchtweitenregelung
M6 – Lampe für Blinklicht hinten links
M16 – Lampe für Rückfahrlicht links
M21 – Lampe für Brems- und Schlußlicht links
SB9 – Sicherung 9 im Sicherungshalter
T6b – Steckverbindung, 6-fach
T6d – Steckverbindung, 6-fach
T10 – Steckverbindung, 10-fach, weiß, Kupplungsstation unter dem Relaisträger[1]
T10d – Steckverbindung, 10-fach, rot, Kupplungsstation unter dem Relaisträger[1]

(12) – Massepunkt, im Motorraum links
(59) – Massepunkt, Nähe Schlußleuchte links
(A6) – Plusverbindung (Blinker links) im Schalttafelleitungsstrang
(A87) – Verbindung (RF), im Schalttafelleitungsstrang
(B109) – Masseverbindung, im Leitungsstrang Innenraum hinten links
(W1) – Plusverbindung (54) im Leitungsstrang hinten

ws = weiß
sw = schwarz
ro = rot
br = braun
gn = grün
bl = blau
gr = grau
li = lila
ge = gelb

[1] *Steckverbindungen siehe Abschnitt "Einbauorte"*

Ausgabe 07.99

Lupo Stromlaufplan **Nr. 24/12**

Schlußlicht rechts, Bremslicht rechts, Blinklicht hinten rechts, Rückfahrlicht rechts, Bremslichtschalter, hochgesetztes Bremslicht, Kennzeichenleuchte

- F – Bremslichtschalter
- M8 – Lampe für Blinklicht hinten rechts
- M17 – Lampe für Rückfahrlicht rechts
- M22 – Lampe für Brems- und Schlußlicht rechts
- M25 – Lampe für hochgesetztes Bremslicht (18 Leuchtdioden)
- SB2 – Sicherung 2 im Sicherungshalter
- SB15 – Sicherung 15 im Sicherungshalter
- T6c – Steckverbindung, 6-fach
- T10 – Steckverbindung, 10-fach, weiß, Kupplungsstation unter dem Relaisträger[1]
- X – Kennzeichenleuchte
- (A5) – Plusverbindung (Blinker rechts) im Schalttafelleitungsstrang
- (A18) – Verbindung (54), im Schalttafelleitungsstrang
- (B109) – Masseverbindung, im Leitungsstrang Innenraum hinten links
- (B156) – Plusverbindung (30a), im Leitungsstrang Innenraum
- (W1) – Plusverbindung (54) im Leitungsstrang hinten
- (W2) – Plusverbindung (58) im Leitungsstrang hinten

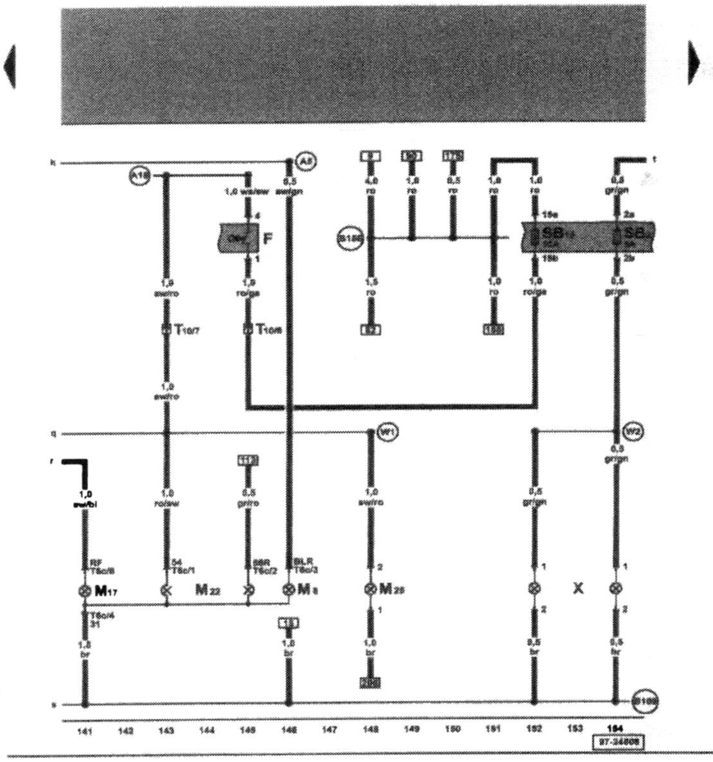

ws = weiß
sw = schwarz
ro = rot
br = braun
gn = grün
bl = blau
gr = grau
li = lila
ge = gelb

141 142 143 144 145 146 147 148 149 150 151 152 153 154

97-34808

[1] *Steckverbindungen siehe Abschnitt "Einbauorte"*

Ausgabe 07.99

Lupo Stromlaufplan **Nr. 24/13**

Lichtschalter

- E1 – Lichtschalter
- E23 – Schalter für Nebelscheinwerfer und -schlußleuchte
- L9 – Lampe für Beleuchtung Lichtschalter
- SB43 – Sicherung 43 im Sicherungshalter
- T17 – Steckverbindung, 17-fach
- (B145) – Plusverbindung (58b), im Leitungsstrang Innenraum

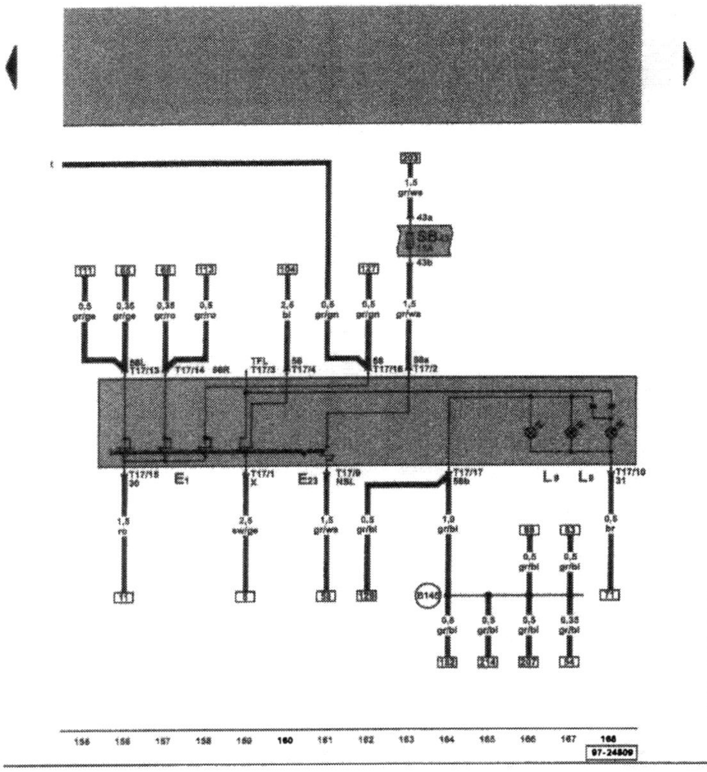

ws = weiß
sw = schwarz
ro = rot
br = braun
gn = grün
bl = blau
gr = grau
li = lila
ge = gelb
or = orange

155 156 157 158 159 160 161 162 163 164 165 166 167 168

97-24809

Ausgabe 03.00

Lupo Stromlaufplan **Nr. 24/14**

Innenleuchte vorn, Türkontaktschalter-Fahrer-/Beifahrerseite

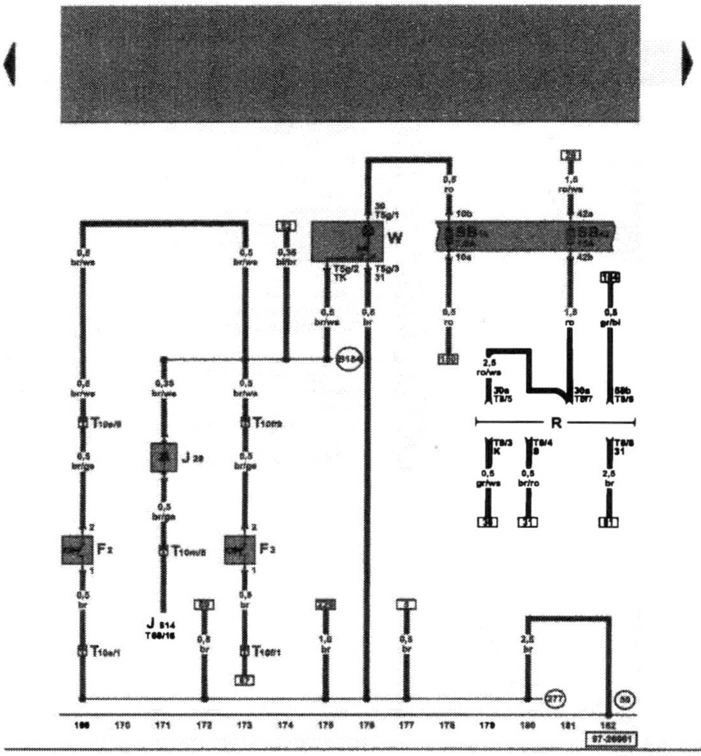

F2 – Türkontaktschalter-Fahrerseite
F3 – Türkontaktschalter-Beifahrerseite
J29 – Sperrdiode, Nähe Kupplungsstation A-Säule links im Leitungsstrang eingewickelt
J514 – Steuergerät für elektronisches Schaltgetriebe
R – Radio
SB10 – Sicherung 10 im Sicherungshalter
SB42 – Sicherung 42 im Sicherungshalter
T5g – Steckverbindung, 5-fach
T8 – Steckverbindung, 8-fach, am Radio
T10e – Steckverbindung, 10-fach, schwarz, Kupplungsstation A-Säule links[1]
T10f – Steckverbindung, 10-fach, schwarz, Kupplungsstation A-Säule rechts
T10m – Steckverbindung, 10-fach, braun, Kupplungsstation unter dem Relaisträger
T68 – Steckverbindung, 68-fach
W – Innenleuchte vorn

(59) – Massepunkt, Nähe Schlußleuchte links
(277) – Masseverbindung -3-, im Leitungsstrang Innenraum
(B154) – Verbindung -1- (TK), im Leitungsstrang Innenraum

ws = weiß
sw = schwarz
ro = rot
br = braun
gn = grün
bl = blau
gr = grau
li = lila
ge = gelb
or = orange

Ausgabe 03.00

Lupo Stromlaufplan **Nr. 24/15**

Wegfahrsicherung, Signalhornbetätigung, Signalhorn

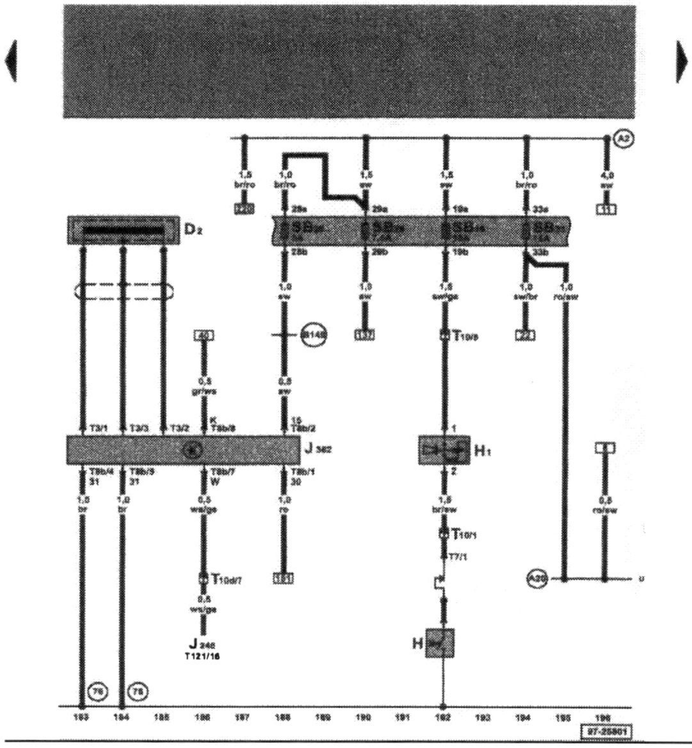

D2 – Lesespule für Wegfahrsicherung
H – Signalhornbetätigung
H1 – Signalhorn
J248 – Steuergerät für Dieseldirekteinspritzanlage
J362 – Steuergerät für Wegfahrsicherung, hinter der Schalttafel links
SB19 – Sicherung 19 im Sicherungshalter
SB28 – Sicherung 28 im Sicherungshalter
SB29 – Sicherung 29 im Sicherungshalter
SB33 – Sicherung 33 im Sicherungshalter
T3 – Steckverbindung, 3-fach
T7 – Steckverbindung, 7-fach
T8b – Steckverbindung, 8-fach
T10 – Steckverbindung, 10-fach, weiß, Kupplungsstation unter dem Relaisträger
T10d – Steckverbindung, 10-fach, rot, Kupplungsstation unter dem Relaisträger
T121 – Steckverbindung, 121-fach

(76) – Massepunkt, Nähe Schaltbetätigung
(A2) – Plusverbindung (15) im Schalttafelleitungsstrang
(A20) – Verbindung (15a), im Schalttafelleitungsstrang
(B149) – Plusverbindung -2- (15a), im Leitungsstrang Innenraum

ws = weiß
sw = schwarz
ro = rot
br = braun
gn = grün
bl = blau
gr = grau
li = lila
ge = gelb
or = orange

Ausgabe 03.00

Lupo — Stromlaufplan — Nr. 24/16

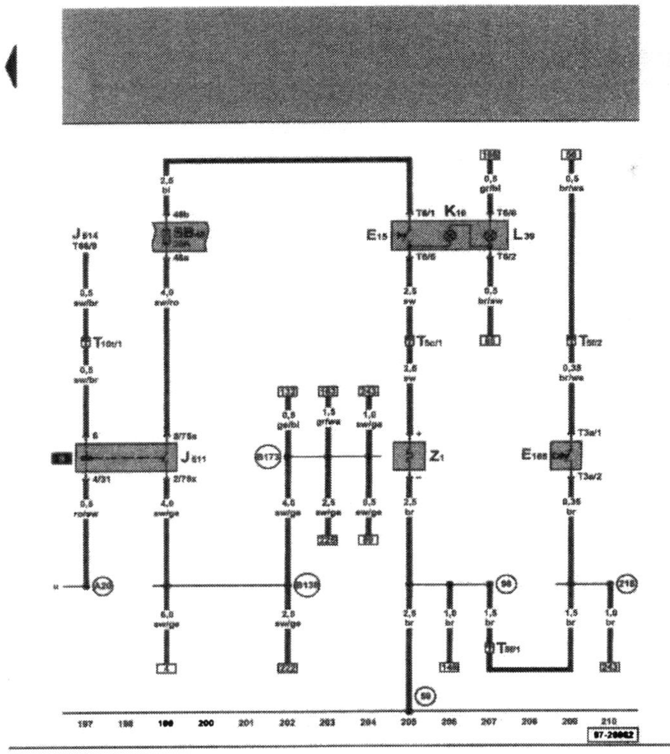

Schalter für beheizbare Heckscheibe, beheizbare Heckscheibe

- E15 – Schalter für beheizbare Heckscheibe
- E165 – Schalter für Heckklappenentriegelung
- J511 – Relais für Verbraucherabschaltung, auf dem Relaisträger
- J514 – Steuergerät für elektronisches Schaltgetriebe
- K10 – Kontrollampe für beheizbare Heckscheibe
- L39 – Lampe für Beleuchtung für Schalter für beheizbare Heckscheibe
- SB48 – Sicherung 48 im Sicherungshalter
- T3a – Steckverbindung, 3-fach
- T5c – Steckverbindung, 5-fach, im Leitungsstrang Heckklappe-Zuführung
- T5f – Steckverbindung, 5-fach, in der Heckklappe
- T6 – Steckverbindung, 6-fach
- T10t – Steckverbindung, 10-fach, violett, Kupplungsstation unter dem Relaisträger
- T68 – Steckverbindung, 68-fach
- Z1 – beheizbare Heckscheibe

- (59) – Massepunkt, Nähe Schlußleuchte links
- (98) – Masseverbindung, im Leitungsstrang Heckklappe
- (218) – Masseverbindung -1-, im Leitungsstrang Heckklappe
- (A20) – Verbindung (15a), im Schalttafelleitungsstrang
- (B138) – Plusverbindung (X), im Leitungsstrang Innenraum
- (B173) – Plusverbindung -2- (X), im Leitungsstrang Innenraum

ws = weiß
sw = schwarz
ro = rot
br = braun
gn = grün
bl = blau
gr = grau
li = lila
ge = gelb
or = orange

97-28862

Ausgabe 03.00

Lupo — Stromlaufplan — Nr. 24/17

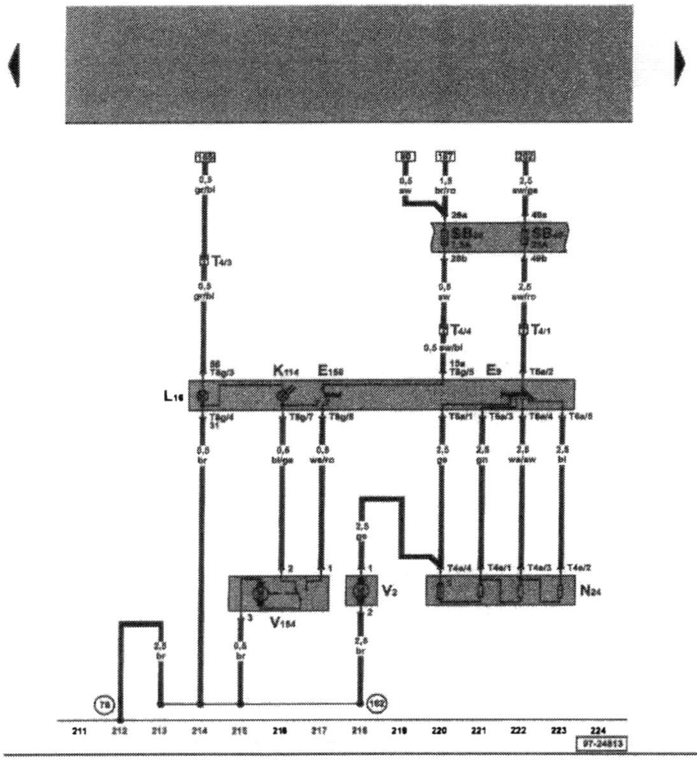

Schalter für Frischluftgebläse, Schalter für Frisch- und Umluftklappe, Frischluftgebläse, Stellmotor für Frisch-/Umluftklappe

- E9 – Schalter für Frischluftgebläse
- E159 – Schalter für Frisch- und Umluftklappe
- K114 – Kontrollampe für Frisch- und Umluftbetrieb
- L16 – Lampe für Beleuchtung Frischluftregulierung
- N24 – Vorwiderstand für Frischluftgebläse mit Überhitzungssicherung
- SB26 – Sicherung 26 im Sicherungshalter
- SB49 – Sicherung 49 im Sicherungshalter
- T4 – Steckverbindung, 4-fach, hinter der Schalttafel mitte
- T4e – Steckverbindung, 4-fach
- T6a – Steckverbindung, 6-fach
- T8g – Steckverbindung, 8-fach
- V2 – Frischluftgebläse
- V154 – Stellmotor für Frisch-/Umluftklappe

- (76) – Massepunkt, Nähe Schaltbetätigung
- (162) – Masseverbindung, im Leitungsstrang Gebläsemotor

ws = weiß
sw = schwarz
ro = rot
br = braun
gn = grün
bl = blau
gr = grau
li = lila
ge = gelb

97-24813

[1] *Steckverbindungen siehe Abschnitt "Einbauorte"*

Ausgabe 07.99

Lupo — Stromlaufplan — Nr. 24/18

Scheibenwischerschalter für Intervallbetrieb, Schalter für Heckscheibenwischer, Relais für Wasch-Wisch-Intervallautomatik, Scheibenwischermotor, Front- und Heckscheibenwaschpumpe

- E22 – Scheibenwischerschalter für Intervallbetrieb
- E34 – Schalter für Heckscheibenwischer
- J31 – Relais für Wasch-Wisch-Intervallautomatik, auf dem Relaisträger
- SB50 – Sicherung 50 im Sicherungshalter
- T4a – Steckverbindung, 4-fach
- T5e – Steckverbindung, 5-fach
- T5i – Steckverbindung, 5-fach
- T10 – Steckverbindung, 10-fach, weiß, Kupplungsstation unter dem Relaisträger[1]
- T10b – Steckverbindung, 10-fach, schwarz, Kupplungsstation unter dem Relaisträger[1]
- V – Scheibenwischermotor
- V59 – Front- und Heckscheibenwaschpumpe
- A36 – Verbindung (75a), im Schalttafelleitungsstrang
- A155 – Verbindung -2- (86), im Schalttafelleitungsstrang

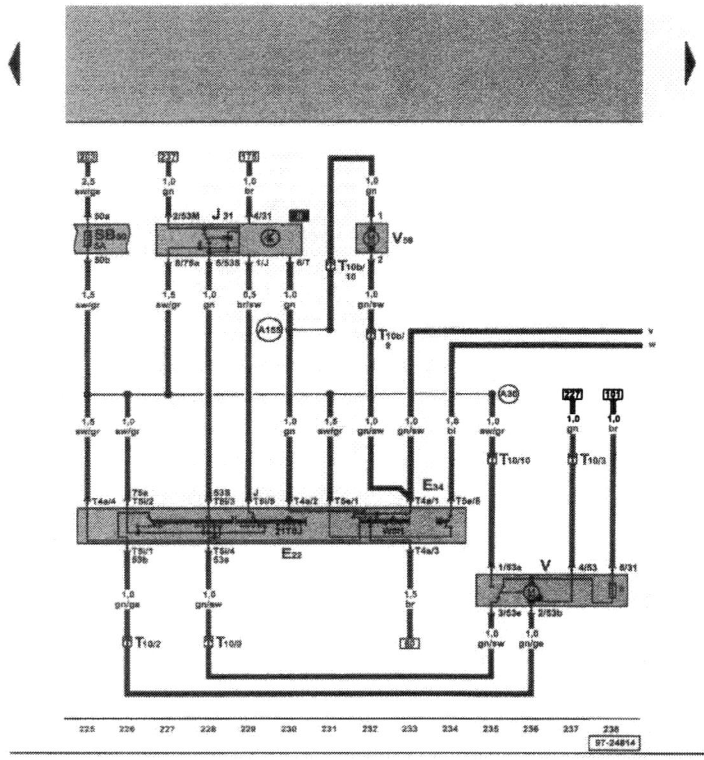

ws = weiß
sw = schwarz
ro = rot
br = braun
gn = grün
bl = blau
gr = grau
li = lila
ge = gelb

225 226 227 228 229 230 231 232 233 234 235 236 237 238

97-24814

[1] *Steckverbindungen siehe Abschnitt "Einbauorte"*

Ausgabe 07.99

Lupo — Stromlaufplan — Nr. 24/19

Motor für Heckscheibenwischer, beheizte Scheibenwascdüsen

- SB6 – Sicherung 6 im Sicherungshalter
- T2 – Steckverbindung, 2-fach, schwarz, im Wasserkasten links
- T2a – Steckverbindung, 2-fach, schwarz, an der Motorraumklappe links
- T2b – Steckverbindung, 2-fach, schwarz, an der Motorraumklappe rechts
- T5c – Steckverbindung, 5-fach, im Leitungsstrang Heckklappe-Zuführung[1]
- T5f – Steckverbindung, 5-fach, in der Heckklappe[1]
- V12 – Motor für Heckscheibenwischer
- Z20 – Heizwiderstand für Spritzdüse links
- Z21 – Heizwiderstand für Spritzdüse rechts

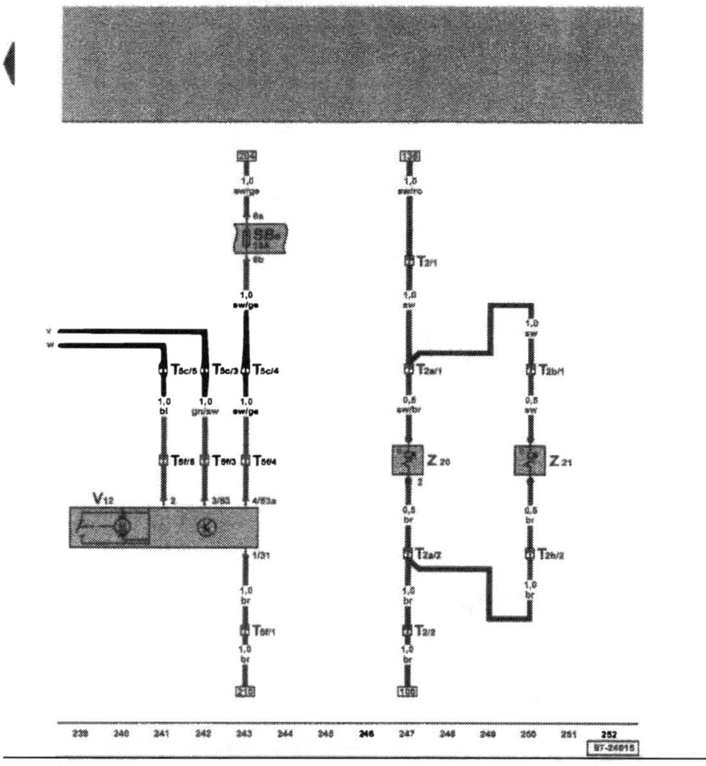

ws = weiß
sw = schwarz
ro = rot
br = braun
gn = grün
bl = blau
gr = grau
li = lila
ge = gelb

239 240 241 242 243 244 245 246 247 248 249 250 251 252

97-24815

[1] *Steckverbindungen siehe Abschnitt "Einbauorte"*

Ausgabe 07.99

Lupo — Stromlaufplan — Nr. 48/2

Schalttafeleinsatz, Diagnose-Interface für Datenbus, Anschluß für Eigendignose, Anschluß für Airbagsteuergerät

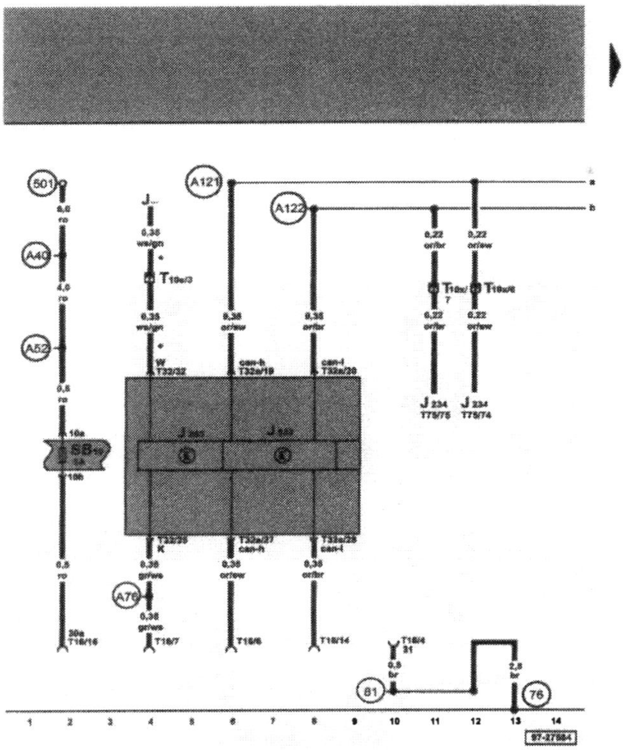

- J.. - Motorsteuergeräte
- J234 - Steuergerät für Airbag
- J285 - Steuergerät mit Anzeigeeinheit im Schalttafeleinsatz
- J533 - Steuergerät für Diagnose-Interface für Datenbus
- SB10- Sicherung -10- im Sicherungshalter/Relaisplatte
- T10s - Steckverbindung, 10-fach, grau, Kupplungsstation unter dem Relaisträger
- T10x - Steckverbindung, 10-fach, gelb, Kupplungsstation A-Säule rechts
- T16 - Steckverbindung, 16 fach, Anschluß für Eigendiagnose
- T32 - Steckverbindung, 32-fach, blau
- T32a - Steckverbindung, 32-fach, grün
- T75 - Steckverbindung, 75-fach, am Steuergerät für Airbag
- (76) Massepunkt, Nähe Schaltbetätigung
- (81) - Masseverbindung - 1- , im Schalttafelleitungsstrang
- (501) - Schraubverbindung - 2- (30), an der Relaisplatte
- (A40) - Plusverbindung - 1- (30), im Armaturenleitungsstrang
- (A52) - Plusverbindung - 2- (30), im Schalttafelleitungsstrang
- (A76) - Verbindung (K- Diagnoseleitung), im Schalttafelleitungsstrang
- (A121) - Verbindung (High-Bus), im Schalttafelleitungsstrang
- (A122) - Verbindung (Low-Bus), im Schalttafelleitungsstrang
- * - Nicht bei Motorkennbuchstaben ANY

ws = weiß
sw = schwarz
ro = rot
br = braun
gn = grün
bl = blau
gr = grau
li = lila
ge = gelb
or = orange

97-27584

Ausgabe 06.00

Lupo — Stromlaufplan — Nr. 48/3

Anschluß für: Steuergeräte für ABS, Geber für Lenkwinkel, Steuergerät für automatisches Getriebe, Steuergerätfür Wegfahrsicherung, Steuergerät für elektronisches Schaltgetriebe, Motorsteuergeräte

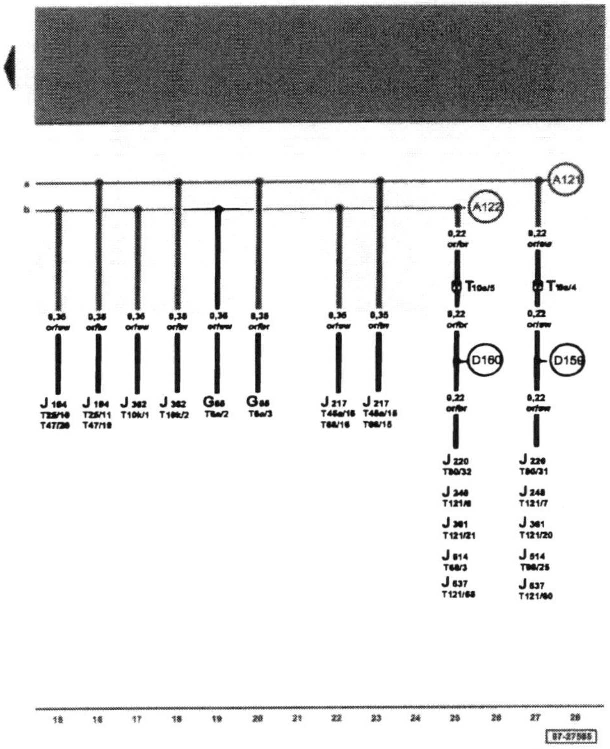

- G85. - Geber für Lenkwinkel
- J104.- Steuergerät für ABS mit EDS
- J217 - Steuergerät für autom. Getriebe
- J220 - Steuergerät für Motronic
- J248 - Steuergerät für Dieseldirekteinspritzanlage
- J361 - Steuergerät für Simos (Einspritzanlage)
- J362 - Steuergerät für Wegfarsicherung
- J514 - Steuergerät für elektronisches Schaltgetriebe
- J537 - Steuergerät für 4LV (Einspritzanlage)
- T10s - Steckverbindung, 10-fach, grau, Kupplungsstation unter dem Relaisträger
- T25 - Steckverbindung, 25-fach, am Steuergerät für ABS mit EDS
- T45a - Steckverbindung, 45-fach, am Steuergerät für autom. Getriebe
- T47 - Steckverbindung, 47-fach, am Steuergerät für ABS mit EDS
- T68 - Steckverbindung, 68-fach, am Steuergerät für elektronisches Schaltgetriebe
- T80 - Steckverbindung, 80-fach, am Steuergerät für Motronic
- T121 - Steckverbindung, 68-fach
- (A121) - Verbindung (High-Bus), im Schalttafelleitungsstrang
- (A122) - Verbindung (Low-Bus), im Schalttafelleitungsstrang
- (D159) - Verbindung (High-Bus), im Leitungsstrang Motorraum
- (D160) - Verbindung (Low-Bus), im Leitungsstrang Motorraum

ws = weiß
sw = schwarz
ro = rot
br = braun
gn = grün
bl = blau
gr = grau
li = lila
ge = gelb
or = orange

97-27585

Ausgabe 06.00

DER INNEN-RAUM

Der Innenraum des Lupo soll je nach Ausstattung vier oder fünf Personen Platz bieten. Beim Verreisen empfiehlt es sich aber doch, zu zweit zu bleiben und für das Gepäck die hintere Sitzlehne umzuklappen.

Wartung

Reparatur

Lupo und Arosa sollen je nach Ausstattung vier oder fünf Personen genügend Bewegungsfreiheit bieten. Das relativ hohe Dach, die weit vorn angesetzte Windschutzscheibe und das steile Heck vermitteln laut Hersteller ein großzügiges Raumgefühl. Serienmäßig gibt es Fahrersitz und Lenksäule, die stufenlos in der Höhe verstellbar sind. Die auf Rollen gelagerten Vordersitze werden dafür gelobt, dass sie selbst auf langen Fahrten komfortabel bleiben oder bei sportlichem Fahrspaß in der Kurve einen hervorragenden Halt sichern. Die Rücksitzbank (bei manchen Ausstattungen geteilt) ist umklappbar und macht den Kleinwagen zumindest für zwei Personen zum bequemen Reisegefährt.
Der Gepäckraum fasst mit stehenden Lehnen 130 Liter. Nach Umklappen der Lehnen vergrößert er sich auf 790 (Arosa) bzw. 830 Liter (Lupo). Durch spezielle Extras wie Sitzheizung, Klimaanlage oder ein Faltschiebedach kann das Auto individuell aufgewertet werden.
Dieses Kapitel zeigt Ihnen einige Reparaturen im Innenraum, die Sie selbst erledigen können. Eine de-

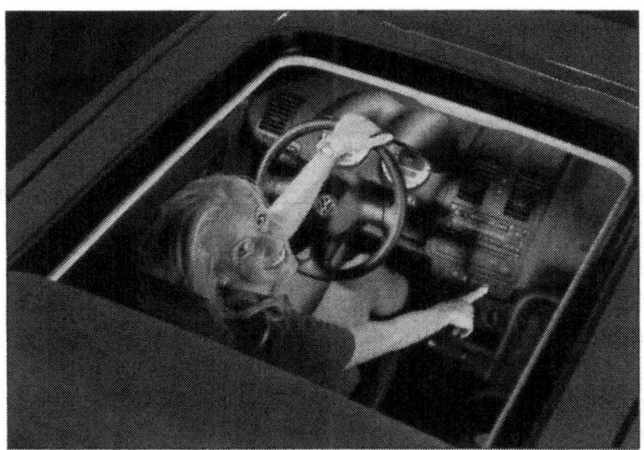

Gegen Aufpreis kann für den Lupo eine Klimaanlage oder ein elektrisches Faltschiebedach für den Fahrspaß Open Air bestellt werden.

Seats italienischer Chefdesigner Walter De'Silva hat beim neuen Arosa auch das Cockpit einer kosmetischen Operation unterzogen.

Konsequente Leichtbauweise beim 3-Liter-Diesel bedeutet auch eine deutliche Gewichtsreduzierung der Vordersitze.

fekte Innenleuchte zum Beispiel steht durchaus öfter einmal auf der Tagesordnung. Auch können Sie hier nachlesen, wie Türverkleidung, Sonnenblende oder Haltegriff aus- und einzubauen sind. Die Demontage der Mittelkonsole zum Beispiel wird nötig, wenn Sie Arbeiten an der Handbremse erledigen wollen. Störungsbeistände sollen bei möglicher Fehlersuche helfen, wenn die in manchen Modellen eingebauten elektrischen Fensterheber oder die Zentralverriegelung nicht funktionieren.

Wenig Spielraum für Do it yourself

Es gibt im Innenraum allerdings auch Bereiche, die wenig Spielraum für's Do it yourself bieten. Dazu gehören die Dreipunkt-Automatik-Sicherheitsgurte. Von ihnen sollte man die Finger lassen, denn in der Gurtrolle lauert der pyrotechnische Gurtstraffer auf ein Signal, durch eine kleine Explosion den Gurt straff zu ziehen. Auch in den Rückenlehnen der Vordersitze können je nach Ausstattung Seitenairbags auf explosive Kommandos warten. Von Arbeiten an Komponenten, die gefährliche Sicherheitstechnik enthalten,

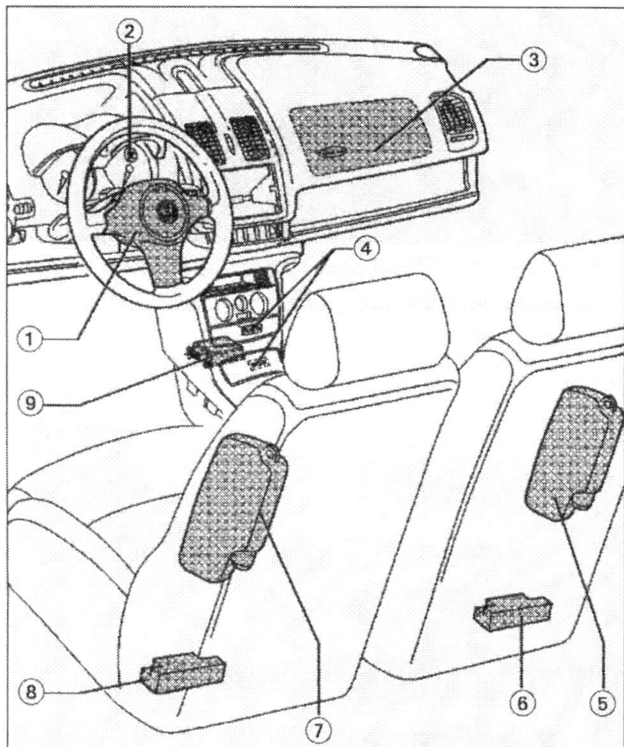

Einbauorte Airbag: ❶ Airbag Fahrerseite, ❷ Kontrolllampe für Airbag, ❸ Airbag Beifahrerseite, ❹ Diagnosestecker (hinter der Ablage oder unter dem Aschergehäuse), ❺ Seitenairbag (Beifahrer) mit ❻ Sensor, ❼ Seitenairbag (Fahrer) mit ❽ Sensor, ❾ Steuergerät für Airbag.

raten wir dringend ab. Selbst in den Werkstätten darf nur speziell geschultes Personal bei Prüf-, Montage- und Instandsetzungsarbeiten an diesen Teilen tätig werden. Die Sicherheitsvorschriften, die diese Mechaniker beachten müssen, sind sehr strikt. Das Risiko, bei der Reparatur verletzt zu werden, ist nur die eine Seite, ein möglicherweise nicht funktionierender Airbag bei einem Unfall die weitaus schwerer wiegende andere.

Die Klimaanlage

Das Schrauben am Klimatisierungs-System scheitert weniger an Sicherheitsrisiken. Es ist vielmehr die komplizierte Technik, die dem Heimwerker das Leben schwer macht. Volkswagen unterscheidet zwischen Klimaanlage und Klimatisierungsautomatik (Climatronic). Die Climatronic hält vollautomatisch die gewählte Fahrzeuginnentemperatur. Die Temperatur der ausströmenden Luft sowie die Gebläsedrehzahl (Luftmenge) und Luftverteilung werden automatisch verändert. Die Anlage berücksichtigt auch starke Sonneneinstrahlung. Ein Nachregeln von Hand ist überflüssig.

Das Klima-Steuergerät verarbeitet vielfältige Informationen von Sensoren. Die gesamte Anlage wird über elektrische Stellmotoren dirigiert. Sämtliche Luftklappen bewegen sich vollautomatisch. Das Steuergerät hat ebenfalls die Magnetkupplung am Klimakompressor im Griff.

Empfohlen wird folgende Standardeinstellung für alle Jahreszeiten: Stellen Sie die Temperatur auf 22°C und drücken die Taste auf AUTO. Bei dieser Einstellung wird am schnellsten ein behagliches Klima erreicht. Die Einstellung sollte nur verändert werden, wenn das persönliche Wohlbefinden es erfordert. Damit die Climatronic einwandfrei funktionieren kann, muss der Lufteinlass vor der Windschutzscheibe frei von Eis, Schnee und Blättern sein. Empfohlen wird, bei Umluftbetrieb im Fahrzeug nicht zu rauchen, da sich der aus dem Fahrzeuginnern angesaugte Rauch auf dem Verdampfer absetzt und zu dauerhafter Geruchsbelästigung führt.

Wenn nach Einschalten der Zündung alle Symbole im Anzeigenfeld etwa 15 Sekunden blinken, liegt eine Störung vor, die nur in der Fachwerkstatt behoben werden kann. Sollte die Kühlanlage einmal nicht arbeiten, kann entweder die Außentemperatur niedriger als etwa +5°C sein, der Kompressor der Kühlanlage wegen zu hoher Motor-Kühlmitteltemperatur vorübergehend abgeschaltet haben oder die Sicherung durchgebrannt sein.

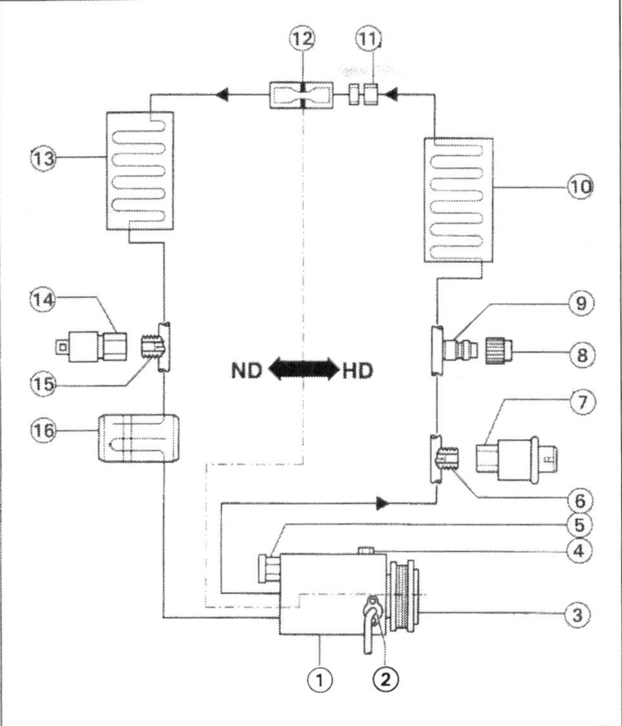

Damit Ihre Klimaanlage einwandfrei funktionieren kann, sollten Sie den Lufteinlass vor der Windschutzscheibe frei von Eis, Schnee und Herbstlaub halten. Empfohlen wird, bei Umluftbetrieb im Fahrzeug nicht zu rauchen, da sich der aus dem Fahrzeuginnern angesaugte Rauch auf dem Verdampfer absetzt und zu dauerhafter Geruchsbelästigung führt.

System der Klimaanlage:
❶ Kompressor, ❷ Geber für Klimakompressor-Drehzahl, ❸ Magnetkupplung, ❹ Ölablassschraube, ❺ Überdruckablassventil, ❻ Anschluss mit Ventil, ❼ Hochdruckschalter für Klimaanlage und Magnetkupplung, ❽ Verschlusskappe, ❾ Serviceanschluss am Kondensator, ❿ Kondensator, ⓫ Verschraubung in der Kältemittelleitung, ⓬ Drossel (in der Verschraubung ⓫ eingebaut), ⓭ Verdampfer, ⓮ Niederdruckschalter für Kältemittelkreislauf, ⓯ Anschluss mit Ventil, ⓰ Auffangbehälter. **HD** = Hochdruckseite, **ND** Niederdruckseite.

Achtung: Der Kältemittelkreislauf der Kimaanlage darf auf keinen Fall geöffnet werden. Das Neubefüllen ist Werkstatt-Sache. Es bestehen große gesundheitliche Risiken: Bei Berührung kann das Kältemittel Erfrierungen hervorrufen.

Noch gefährlicher ist austretendes Kältemittel in geschlossenen Räumen. Es ist nicht wahrnehmbar und schwerer als Luft, weshalb Erstickungsgefahr am Boden beziehungsweise in unteren Räumen besteht.

Pollenfilter wechseln

Lässt man die Fenster geschlossen, wird man mit sehr sauberer Frischluft versorgt. Die von vorn her einströmende Luft muss nämlich einen Staub-/Pollenfilter passieren. Von wesentlicher Bedeutung für gutes Klima im Wagen ist daher die Sauberkeit dieses Filters. Ist der Pollenfilter verstopft, kann das auch weiterreichende unangenehme Folgen haben: Die Scheiben beschlagen von innen schneller. Höheres Laufgeräusch und geringer Luftdurchsatz an den Ausströmern zeigen an, dass das Gebläse Probleme hat, frische Luft anzusaugen. Besorgen Sie sich dann am besten einen neuen Filter aus dem Zubehörhandel und machen Sie sich ans Werk.

Arbeitsschritte | W | **1 Jahr 30 000 km**

Der Filter befindet sich am Ansaugstutzen für die Innenraumbelüftung, rechts unterhalb der Wasserkastenabdeckung.

① Öffnen Sie die Motorhaube.

② Nehmen Sie das Verschlussstück am äußersten rechten Motorraumrand ab; es befindet sich zwischen Gummidichtung der Wasserkastenabdeckung und rechter Motorraumkante.

③ Ziehen Sie die Gummidichtung der Wasserkastenabdeckung auf der rechten Seite bis zur Fahrzeugmitte vom Karosseriefalz ab und nach oben.

④ Drehen Sie die drei Schrauben heraus, die die Wasserkastenabdeckung halten, und nehmen Sie die Abdeckung heraus.

⑤ Drücken Sie die Laschen des Filtergehäuses nach vorn und nehmen Sie den Filtereinsatz mit Rahmen nach oben heraus. Entnehmen Sie dann den rechteckigen Filtereinsatz.

⑥ Zum **Einbau** führen Sie die Filterrahmenkante links und rechts jeweils in die erste Lamelle des neuen Filtereinsatzes ein.

⑦ Führen Sie den Rahmen mit den Laschen wieder in die Aussparungen im Filtergehäuse ein und drücken Sie den Rahmen mit Filtereinsatz nach unten.

⑧ Bauen Sie die Wasserkastenabdeckung wieder ein und befestigen Sie sie mit den drei Schrauben.

⑨ Drücken Sie die Gummidichtung wieder auf den Falz und setzen Sie das Verschlussstück ein.

Ablagen, Verkleidungen und Kindersitze

Mechanik, Elektrik und Elektronik haben die Ingenieure säuberlich hinter Ablagen und Verkleidungen versteckt. Das sieht schöner aus, aber natürlich kommt man nicht so leicht an verschiedene wichtige Teile heran. Die Demontage von Abdeckungen ist jedoch meistens relativ unkompliziert. Schließlich soll auch in der Werkstatt eine Reparatur schnell vonstatten gehen können. Eine gewisse Vorsicht ist beim Umgang mit Verkleidungen aber unbedingt zu empfehlen - sie sind oft sehr kratzempfindlich, und Clipselemente können recht schnell beschädigt werden.
Die Abdeckungen der Airbag-Einheiten dürfen nicht beklebt, überzogen oder anderweitig verändert werden. Reinigen sollte man sie nur mit einem trockenen oder mit Wasser angefeuchteten Lappen. Bei Ausstattungen mit Seitenairbags dürfen die Sitzlehnen nur mit speziellen, vom Hersteller freigegebenen Bezügen geschont werden.
Ein gegen die Fahrtrichtung angeordneter Kindersitz auf dem Beifahrersitz darf nur eingebaut werden, wenn der Beifahrer-Airbag in einer Vertragswerkstatt deaktiviert wurde. Empfehlenswerter und einfach an den Halteösen (je zwei in der Fuge Sitzbank/Lehne jedes Sitzes) im Fond des Fahrzeugs zu montieren ist der Isofix-Kindersitz Bobsy G1.

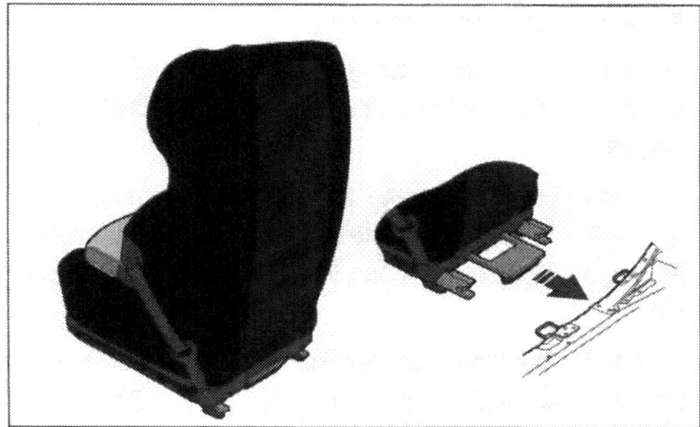

Leicht zu montieren: Der Isofix-Kindersitz.

Mittelkonsole aus-/einbauen

Für eine ganze Reihe von Arbeiten an Ihrem Fahrzeug macht sich der Ausbau der Mittelkonsole erforderlich.

Im Folgenden wird die Demontage der Mittelkonsole jeweils beim Lupo und beim Arosa beschrieben.

Arbeitsschritte  

① Beim **Lupo** clipsen Sie zuerst Münzfach ❶, Blende ❷ und Ablagefach ❸ aus.

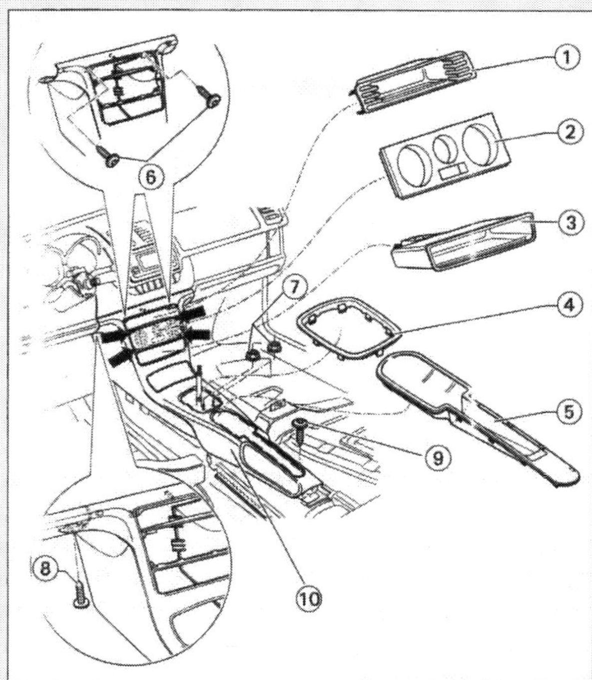

Mittelkonsole Lupo: ❶ Münzfach, ❷ Blende, ❸ Ablagefach, ❹ Manschette, ❺ Rahmen für Handbremse, ❻ Blechschrauben, ❼ Mutter, ❽ + ❾ Schraube, ❿ Mittelkonsole.

② Die Manschette ❹ kann jetzt ausgeclipst und hochgezogen werden.

③ Wenn Sie den Rahmen für die Handbremse ❺ ausgeclipst und abgenommen haben, können Sie die Blechschrauben ❻ und ❽ (Pfeile) rechts und links an der Blende herausdrehen, die Muttern ❼ abschrauben und die Schraube ❾ herausdrehen.

④ Nun die Mittelkonsole ❿ hinten etwas anheben und lösen, die Steckverbindung zum Aschenbecher trennen und die Mittelkonsole herausnehmen.

⑤ Der **Einbau** erfolgt in umgekehrter Reihenfolge.

Arbeits-schritte  

① Beim **Arosa** clipsen Sie zuerst die Abdeckung ❷ aus und nehmen sie nach oben ab.

② Die Muttern ❸ und die Kreuzschlitzschraube ❶ sind jetzt abzuschrauben bzw. herauszudrehen.

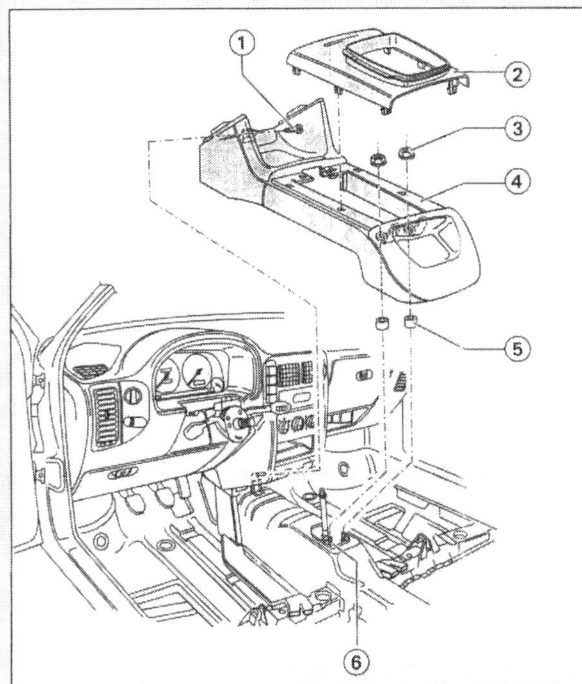

Mittelkonsole Arosa:
❶ Kreuzschlitzschraube, ❷ Abdeckung, ❸ Mutter, ❹ Mittelkonsole, ❺ Distanzhülsen, ❻ Gewindebolzen.

③ Die Mittelkonsole ❹ kann hinten von den Gewindebolzen ❻ abgezogen und vom Schalthebel abgehoben werden.

④ Beim Einbau in umgekehrter Ausbaureihenfolge ist zu beachten, dass gegebenenfalls Distanzhülsen ❺ auf Gewindebolzen ❻ aufgesetzt werden.

Untere Ablage aus-/einbauen

Die Demontage der unteren Ablage ist, wie in den Abbildungen gezeigt wird, beim Lupo etwas komplizierter als beim Arosa. In den folgenden Arbeitsschritten wird mit der Beschreibung der Arbeiten jeweils auf der Fahrerseite begonnen.

Arbeits-schritte  

Lupo

① Bauen Sie zuerst die Verkleidung für den Lenkstockschalter ab. Dazu muss die Lenkrad-Höhenverstellung ❶ gelöst und in die unterste Position gebracht werden.

② Nachdem die Schrauben (Pfeile) herausgedreht wurden, können Sie die untere ❷ und die obere ❸ Verkleidung für den Lenkstockschalter abnehmen.

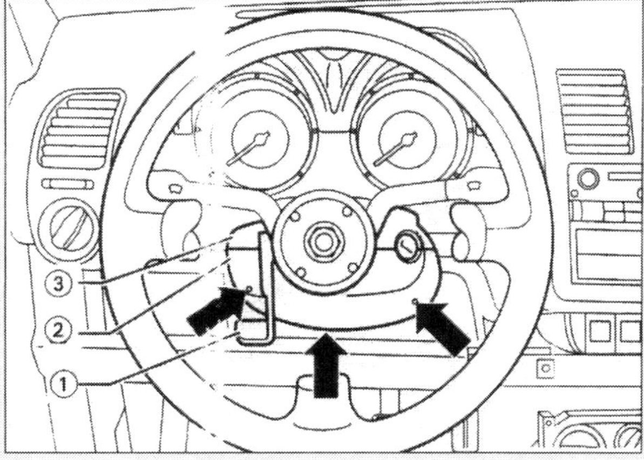

③ Schraube ❶ herausdrehen, um die Abdeckung ❷ abzunehmen.

④ Sechs Schrauben (**Pfeile**) sind noch herauszudrehen, damit die Ablage auf der Fahrerseite ❸ herausgenommen werden kann.

⑤ Der **Einbau** erfolgt in umgekehrter Reihenfolge.

⑥ Zum **Ausbau** der Ablage auf der **Beifahrerseite** muss zuvor die Mittelkonsole demontiert werden. Dann können zunächst die sieben Schrauben (Pfeile) herausgedreht werden.

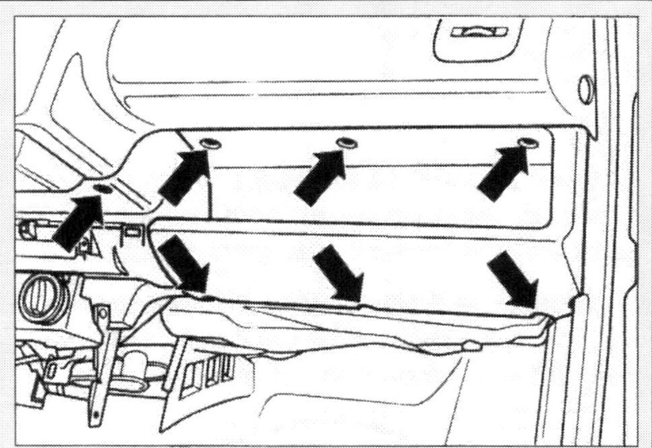

⑦ Drei Schrauben **(Pfeile)** herausdrehen und Ablage herausnehmen.

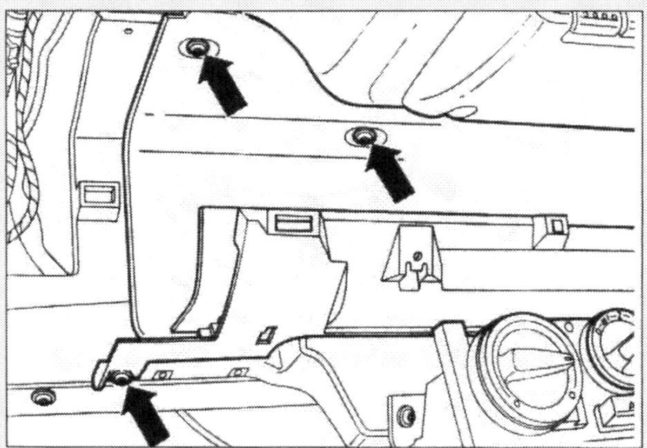

⑧ Beim **Einbau** zuerst mit drei Schrauben anschrauben, dann die restlichen sieben Schrauben einschrauben und Mittelkonsole einbauen.

Arosa

① Beim **Ausbau** der unteren Ablage auf der Fahrerseite im Arosa sind lediglich vier Torxschrauben herauszudrehen. Dann die Ablage etwas nach hinten ziehen und nach unten herausnehmen.

② Zum Ausbau der Ablage auf der Beifahrerseite müssen Sie die Klappe ❺ öffnen, die Befestigungsclips ❹ herausziehen und die Filzeinlage ❸ herausnehmen, ehe die mit Torxschrauben am Ablagefach befestigte Klappe abgeschraubt werden kann.

③ Nun sind die beiden Torxschrauben ❷ herauszudrehen und die Ablage ❶ herauszunehmen.

④ Beim **Einbau** schrauben Sie zuerst die Ablage mit den zwei Torxschrauben fest und fixieren die Filzeinlage mit den Clips.

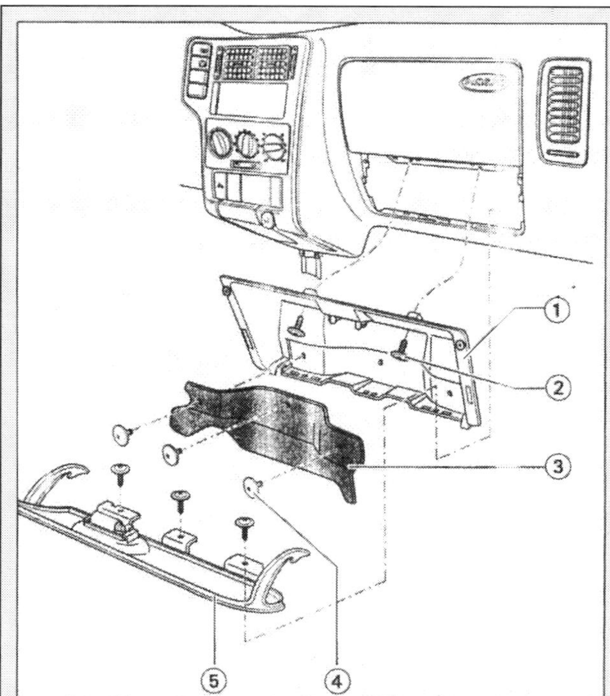

Untere Ablage Arosa (Beifahrerseite): ❶ Ablage, ❷ Torxschrauben, ❸ Filzeinlage, ❹ Befestigungsclips, ❺ Klappe für Ablage.

Verkleidung für Heckklappe aus-/einbauen

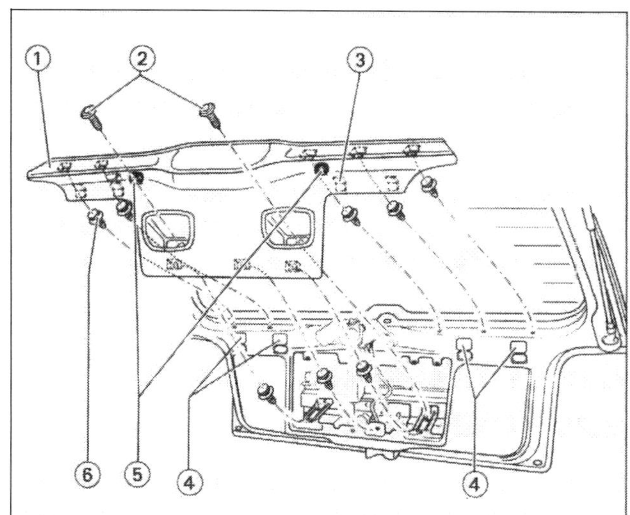

Heckklappenverkleidung: ❶ Heckklappeninnenverkleidung, ❷ Torxschrauben, ❸ Rastnasen, ❹ Aufnahme für Rastnasen, ❺ Anschlagpuffer, ❻ Befestigungsclips.

① Lösen Sie zuerst die Torxschrauben ❷ (je eine) in den beiden Griffmulden der Verkleidung ❶.

② Mit einem Abdrückhebel (zum Beispiel HAZET 1965/20) oder einem Kunststoffkeil kann die Verkleidung abgehebelt werden.

③ Jetzt können Sie die Verkleidung nach oben mit den Rastnasen ❸ aus den Aufnahmelöchern ❹ herausheben.

④ Beim **Einbau** sollten die acht Befestigungsclips ❻ erneuert werden. Beim Ansetzen der Verkleidung von oben ist darauf zu achten, dass die Rastnasen und die Befestigungsclips richtig sitzen.

Tür- und Seitenverkleidung aus-/einbauen

Die hintere Seitenverkleidung ist sehr leicht ein- und auszubauen, wie die Abbildung hier zeigt.

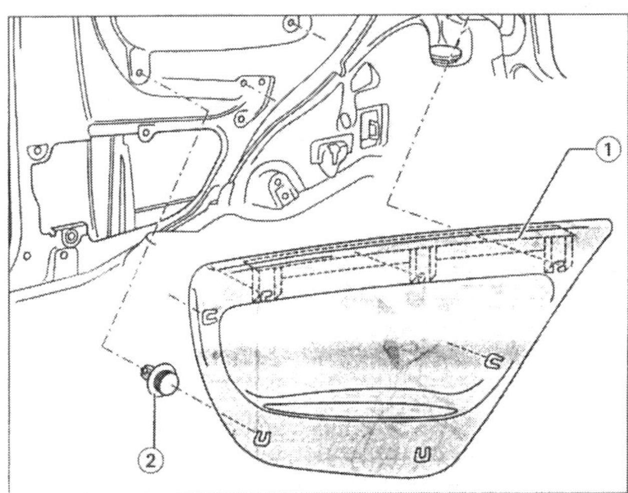

Beim Ausbau der hinteren **Seitenverkleidung** clipsen Sie einfach die Verkleidung ❶ vom Seitenteil ab und nehmen sie ab. Beim Einbau sind sieben neue Befestigungsclips ❷ zu verwenden.

Etwas aufwändiger ist die Demontage von Türverkleidung/Türablage, die in den folgenden Arbeitsschritten beschrieben wird. Hilfreich dazu ist eine Spezialzange (HAZET 799/4), die in den Fachwerkstätten verwendet wird. Ohne dieses Werkzeug müssen sie auf Ihre Fingerfertigkeit beim Abziehen der Verkleidungen setzen. Beim Ausbau ist weiter zu beachten, dass das Batterie-Massekabel bei ausgeschalteter Zündung abgeklemmt wird. Dadurch werden möglicherweise elektronische Speicher wie der Sicherheitscode Ihres Radios gelöscht (siehe dazu auch »Batterie aus- und einbauen« im Kapitel »Die Fahrzeugelektrik«).

① Zuerst die Blende ❹ mit einem flachen Schraubendreher aus dem Griff ❷ heraushebeln. Dann können Sie die beiden Schrauben ❸ herausdrehen.

② Den in die Verkleidung ❶ eingeclipsten Türgriff ❷ abziehen, in dem die beiden Rastnasen (Pfeile) von der Rückseite der Verkleidung zusammen gedrückt werden.

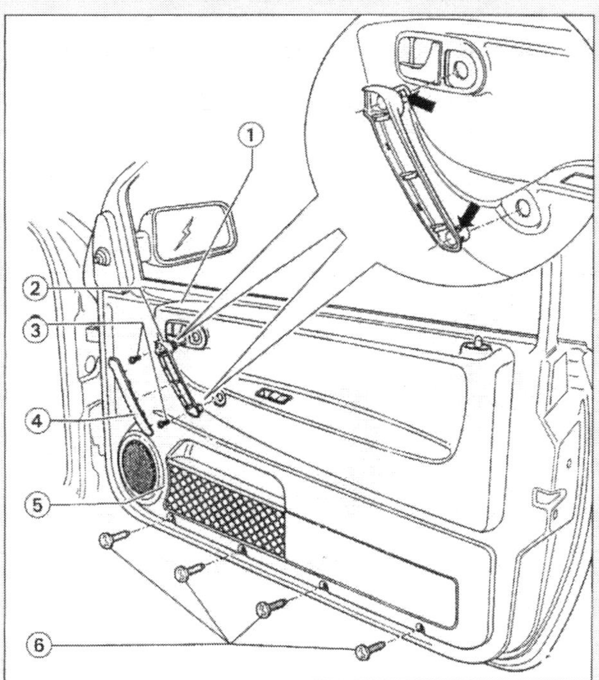

Türverkleidung/Türablage: ❶ Türverkleidung, ❷ Griff, ❸ Schrauben, ❹ Griffblende, ❺ Türablage, ❻ Schrauben.

③ Bei Fahrzeugen mit mechanischen Fensterhebern muss noch die Abdeckung der Fensterkurbel abgehebelt, eine Kreuzschlitzschraube herausgedreht und die Fensterkurbel mit Distanzscheibe vom Kurbelantrieb abgezogen werden.

④ Jetzt können Sie mit den Fingern oder einer Spezialzange die Türverkleidung abziehen, den Bowdenzug der Türbetätigung abnehmen und gegebenenfalls Steckverbindungen trennen.

⑤ Zum Ausbau der Türablage ❺ drehen Sie die vier Schrauben ❻ heraus und trennen gegebenenfalls die Steckverbindung zum Lautsprecher.

⑥ Vor dem **Einbau** in sinngemäß umgekehrter Reihenfolge überprüfen Sie, ob die Clips der Türverkleidung/Türablage erneuert werden müssen. Die beiden Teile müssen über die ganze Länge gleichmäßig an der Tür anliegen.

Haltegriff aus-/einbauen

① Der Haltegriff ❶ wird nach unten (**Pfeil**) geklappt.

② Jetzt können Sie die Abdeckungen ❷ mit einem Schraubendreher vorsichtig aufhebeln und aufklappen.

③ Die beiden Kreuzschlitzschrauben ❸ sind noch herauszudrehen, damit der Haltegriff abgenommen werden kann.

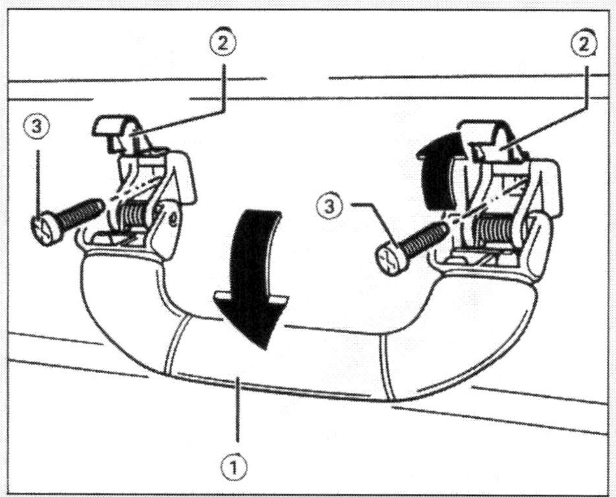

④ Beim Einbau Haltegriff ansetzen und festschrauben.

⑤ Abdeckungen zuklappen und einrasten.

Sonnenblende aus-/einbauen

① Die Sonnenblende ❶ haken Sie aus dem Aufnahmelager ❷ aus.

② Abdeckkappe ❸ mit einem Schraubendreher heraushebeln und Schraube ❹ herausdrehen.

③ Jetzt das Sonnenblendlager ❺ aus seiner Aufnahmeöffnung aushaken und die Abdeckkappe ❻ abnehmen.

④ Nach dem Herausdrehen der beiden Schrauben ❹ kann das Aufnahmelager ❷ abgenommen werden.

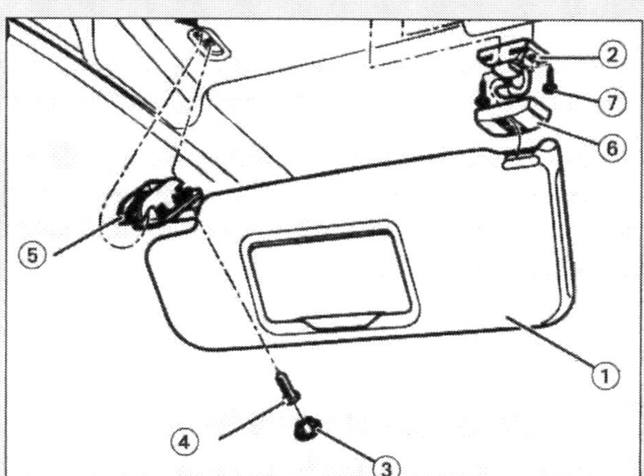

⑤ Beim Einbau ist das Aufnahmelager ❷ anzusetzen und anzuschrauben und die Abdeckkappe am Aufnahmelager aufzudrücken.

⑥ Nun die Sonnenblende mit dem Sonnenblendlager ❺ in die Aufnahmeöffnung einhaken, das Lager mit Schraube ❹ anschrauben, die Abdeckkappe ❸ aufdrücken und Sonnenblende in das Aufnahmelager einhaken.

Sitzbank/Sitzlehne aus-/einbauen

Je nach Ausstattung ist die Rücksitzbank geteilt oder einteilig. Aus- und Einbau werden am Beispiel der geteilten Sitzbank beschrieben. Auf die gleiche Weise kann die einteilige Sitzbank demontiert werden. Ähnlich verhält es sich mit der Lehne für die Rücksitzbank.

① Heben Sie die Sitzbank leicht an, ziehen sie nach vorn und klappen sie auf.

② Der Federbügel ❶ wird in Pfeilrichtung gedrückt und aus den Scharnieren ❷ herausgeführt. Jetzt kann die Sitzbank aus dem Fahrzeug herausgehoben werden.

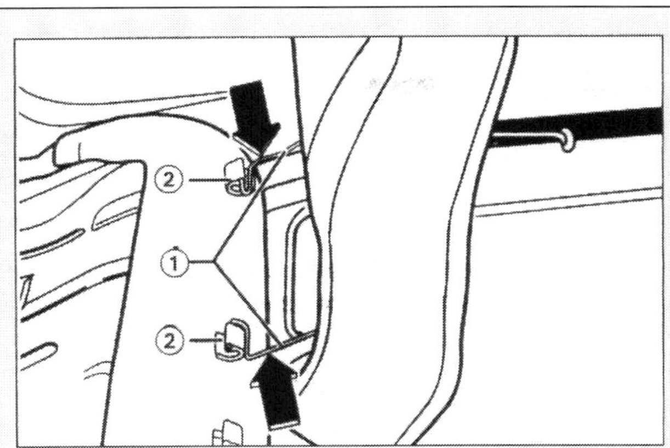

③ Beim Einbau Sitzbank ansetzen, Federbügel in Pfeilrichtung drücken, in die Scharniere einführen und loslassen. Sitzbank nach hinten klappen

Lehne ausbauen

① Lehne ❶ nach vorn klappen.

② Mit einem Schraubendreher den Rasthaken nach hinten (Pfeile) drücken.

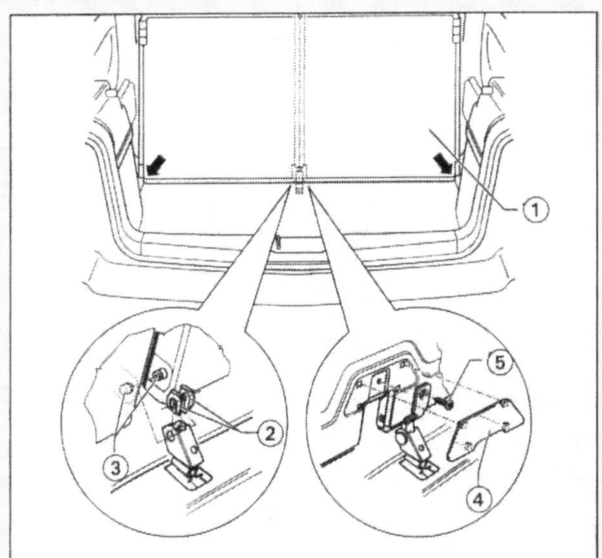

③ Bei Fahrzeugen mit geteilter Lehne müssen Sie die Sicherungsscheiben ❷ vom Lehnenbolzen ❸ abziehen und die Lehnenteile nach oben herausnehmen.

④ Bei Fahrzeugen mit einteiliger Lehne sind Abdeckkappe ❹ abzuziehen und Schraube ❺ herauszudrehen.

⑤ Beim **Einbau** in umgekehrter Reihenfolge ist zu beachten: Bei Fahrzeugen mit geteilter Lehne sind die Sicherungsscheiben am Lehnenbolzen anzubringen, bei Fahrzeugen mit einteiliger Lehne dürfen Sie die Schraube ❺ nicht vergessen.

Radio aus-/einbauen

Der Ausbau des Radios geht dank der Einschubhalterung so schnell, dass sich nicht nur Do it yourselfer, sondern auch Diebe freuen. Allerdings benötigt man spezielle Entriegelungswerkzeuge, die man zusammen mit dem Radio oder im Fachhandel bekommt. Bedenken Sie, dass Sie nach dem Ausbau den Anti-Diebstahl-Code eingeben müssen. Haben Sie den nicht, werden Sie die Hilfe der VW-Werkstatt in Anspruch nehmen müssen.

Wenn Sie ein anderes als ein VW-Radio einbauen, benötigen Sie unter Umständen zum Anschluss ein VW-Adapterkabel. Beachten Sie bitte noch folgendes:

- Entstörsätze müssen eine ABE haben. Andernfalls kann die Betriebserlaubnis erlöschen.
- Manche Radios erhalten ein Geschwindigkeits-Signal für die Geschwindigkeits-abhängige Lautstärkeanpassung (Gala). Das Kabel dafür darf nicht kurzgeschlossen werden. Probleme bei der Motorsteuerung sind ansonsten nicht ausgeschlossen.
- Bei den VW-Radios beta und gamma erfolgt nach Anschließen an die Versorgungsspannung automatisch ein Datenaustausch zwischen dem Radio und dem Instrumenteneinsatz. Ein bei der Erstaktivierung der Diebstahlsicherung abgespeicherter Zahlencode

Bei der Komfort-Radiocodierung (VW-Radios beta und gamma) ist ein manuelles Aufheben der elektronischen Sperre nicht mehr nötig.

wird verglichen. Bei Übereinstimmung ist das Radio betriebsbereit. Das Radio wird gesperrt, wenn es in ein anderes Fahrzeug eingebaut wird.

① Batterie-Massekabel abklemmen. Beachten Sie dabei die Hinweise unter »Batterie ausbauen« im Kapitel »Die Fahrzeugelektrik«.

② Stecken Sie die Entriegelungswerkzeuge in die entsprechenden Schlitze, bis sie einrasten.

③ Ziehen Sie das Radio an den Grifflösen der Werkzeuge aus der Armaturentafel. Die Ausziehbügel dürfen dabei nicht zur Seite gedrückt oder verkantet werden.

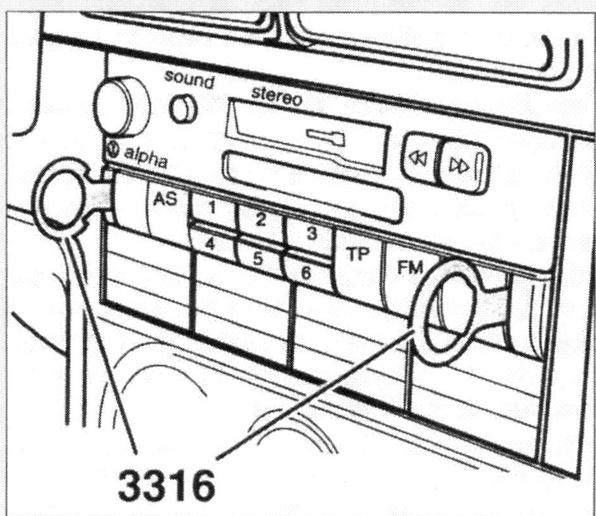

Zum Ausbau des Radios stecken Sie die Entriegelungswerkzeuge 3316 in die entsprechenden Schlitze und ziehen das Radio an den Grifflösen der Werkzeuge heraus.

④ Ziehen Sie die Steckverbindungen ab. Nicht alle Radios sind mit verwechslungssicheren Mehrfachsteckern ausgerüstet, so dass die Stecker beim Einbau vertauscht werden könnten. Bringen Sie also am besten Markierungen an.

⑤ Ziehen Sie zum Einbau beide Werkzeuge aus dem Radio heraus und stecken die Anschlüsse an.

⑥ Schieben Sie das Radio in die Armaturentafel, bis es einrastet.

⑦ Klemmen Sie das Massekabel der Batterie wieder an.

⑧ Geben Sie den Geheimcode ein. Schauen Sie dazu in die Bedienungsanleitung des Radiogeräts.

Innenleuchten instand setzen

① Wenn Sie die Glühlampe wechseln wollen, brauchen Sie nur die Streuscheibe vorsichtig mit einem Schraubendreher abzuhebeln.

② Die gesamte Leuchte lässt sich ebenfalls mit einen Schraubendreher heraushebeln.

③ Ziehen Sie die beiden Stecker ab.

④ Zum **Einbau** hängen Sie die Innenleuchte ein und clipsen sie gegenüber ein.

Innenspiegel aus- und einbauen

① Der Innenspiegel ❶ kann einfach schräg nach unten (Pfeil) von der Halteplatte abgedrückt werden bis die Klemmfedern im Spiegelfuß ausrasten.

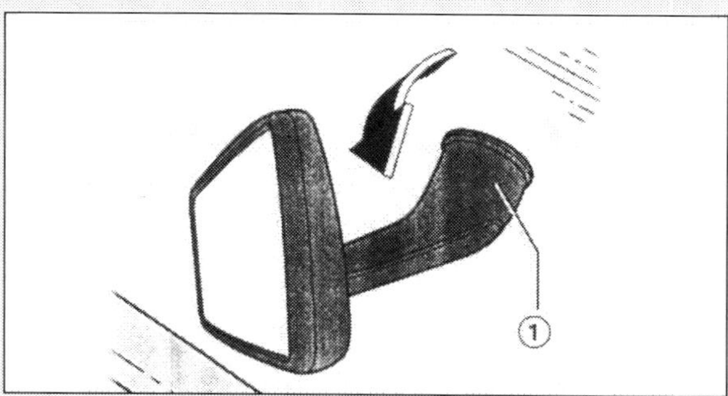

② Den Spiegel ❶ zum Einbau um 60 bis 90 Grad verdreht zur Anbaulage ansetzen und in Pfeilrichtung drehen, bis die Arretierfeder einrastet.

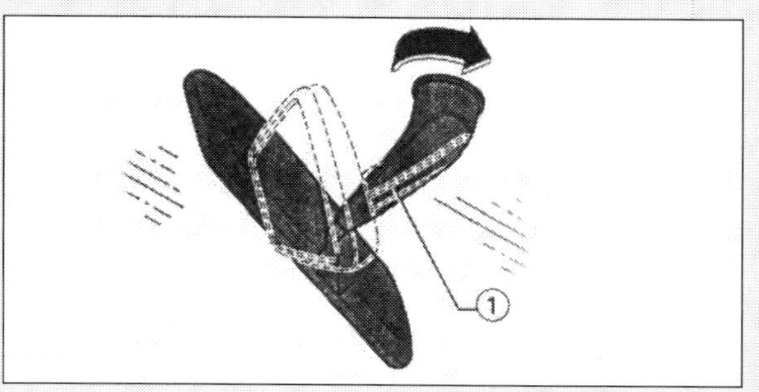

Elektrische Fensterheber

Störungsbeistand

Störung	Ursache	Abhilfe
A Fensterscheibe wird nur in eine Richtung verstellt	Schalter defekt	Schalter auswechseln
B Fensterscheibe wird in keine Richtung verstellt	**1** Fensterscheibe in den Führungen schwergängig, Sicherung wegen Überlastung des Motors durchgebrannt	Fensterscheibe in den Führungen gängig machen, Sicherung erneuern
	2 Motor läuft nicht, obwohl die Sicherung in Ordnung ist	Spannung direkt an die Motoranschlüsse legen. Wenn der Motor jetzt läuft liegt der Fehler in der Zuleitung. Läuft der Motor nicht, diesen auswechseln
C Fensterscheibe wird im ganzen Verstellbereich zu langsam verstellt	**1** Fensterscheibe in den Führungen verklemmt	Spiel der Scheibe prüfen ggf. korrigieren
	2 Zu starke Reibung in der gesamten Mechanik	Mechanik ohne Scheibe auf Reibungsverluste überprüfen, ggf. erneuern (lassen)
	3 Kabelverbindungen defekt oder oxidiert	Überprüfen, reinigen, ggf. auswechseln
	4 Schalter defekt oder oxidiert	Überprüfen, ggf. auswechseln
D Fensterscheibe wird an der oberen Grenze des Verstellbereichs zu langsam verstellt	Siehe C 1	

Zentralverriegelung

Störungsbeistand

Störung	Ursache	Abhilfe
A Verriegelung funktioniert nicht	**1** Sicherung durchgebrannt	Erneuern
	2 Motor der Fahrer- oder Beifahrertür defekt	Funktion überprüfen, ggf. auswechseln
	3 Verkabelung unterbrochen	Überprüfen, ggf. erneuern (lassen)
B Schlösser werden entriegelt, aber nicht verriegelt	**1** Siehe A 2	
	2 Mehrfachstecker an Motor oder Türkasten locker oder oxidiert	Festen Sitz kontrollieren, ggf. reinigen
	3 Schalter im Servomotor defekt	Durchgangsprüfung an den entsprechenden Motorklemmen durchführen
C Schlösser werden verriegelt, aber nicht entriegelt	**1** Siehe A 2	
	2 Siehe B 2 und 3	
D Eines der Schlösser funktioniert nicht	**1** Siehe B 2	
	2 Kabel- bzw. Steckerverbindung am Servomotor oder Türkasten fehlerhaft	Überprüfen, ggf. instand setzen
	3 Mechanische Übertragungsteile klemmen	Teile auf Funktion überprüfen und festen Sitz kontrollieren. Ggf. Teile etwas fetten, verschlissene Teile auswechseln

DIE KAROSS

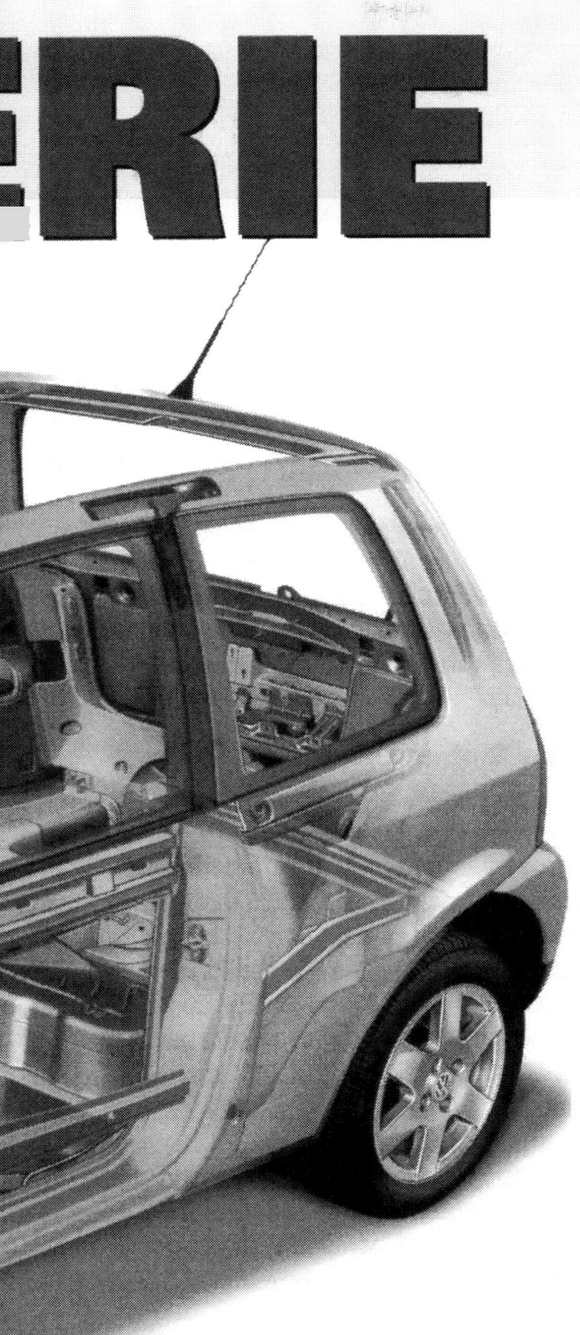

Reparatur

Bei der Sicherheitskarosserie des Lupo haben die Wolfsburger Ingenieure vor allem an die Stabilität der Fahrgastzelle gedacht. Ein ADAC-Crashtest ergab vier Sterne: Beste Beurteilung der Summe aus Frontal- und Seitencrash. Allerdings war nach dem Frontaufprall mit 64 km/h die Knautschzone völlig aufgebraucht.

Als herausragendes Qualitätsmerkmal von Lupo und Arosa gilt die vollverzinkte Karosserie, für die 12 Jahre Garantie gegen Durchrostung geleistet wird. Leider ist Rost aber nicht das Einzige, was einer Karosserie zusetzen kann. Mit der Zeit kommt es durch ständige Belastung zu unangenehmen Begleiterscheinungen wie Klappern oder Quietschen.

Das sollen Sie im Lupo allerdings auch nach vielen Jahren nicht hören. Die enorm hohe Verwindungssteifigkeit reduziert akustische Alterserscheinungen weitestgehend. Karosseriepartien nämlich, die früher aus mehreren Teilen bestanden, werden heute in einem Stück gefertigt. Die Montage einzelner Baugruppen erfolgt per moderner Laserschweißung. Eine präzise Rohbaufertigung reduziert die Spaltmaße auf ein Minimum. Das verringert sowohl lästige Windgeräusche als auch den Kraftstoffverbrauch.

Die Karosserie ist selbsttragend. Bodengruppe, Seitenteile, Dach und die hinteren Kotflügel sind miteinander verschweißt. Eine Reparatur größerer Karosserieschäden und das Auswechseln der geklebten Front- und Heckscheibe sollten einer Fachwerkstatt überlassen werden.

Motorhaube, Heckklappe, Türen und die vorderen Kotflügel sind angeschraubt und lassen sich leicht auswechseln. Die richtige Fugenbreite muss beim Einbau

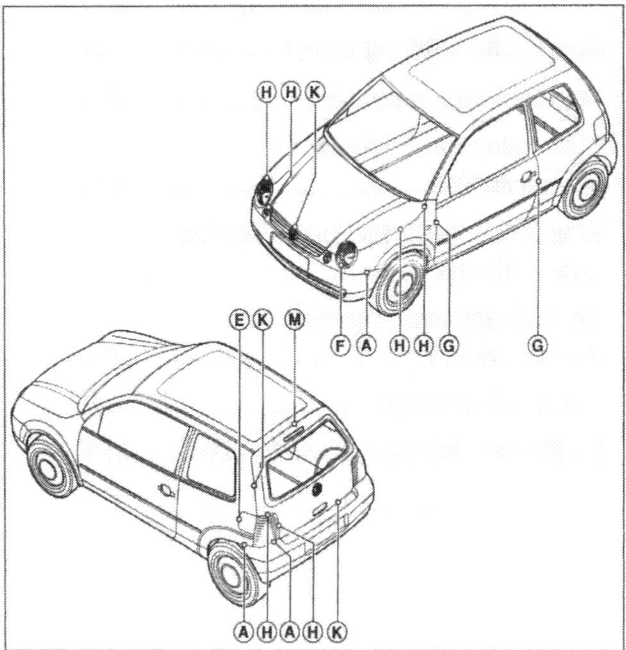

Karosseriespaltmaße: Bei Arbeiten an der Karosserie sind unbedingt die richtigen Spaltmaße einzuhalten. Ansonsten müssen Sie damit rechnen, dass die gerade eingebauten Teile klappern oder zu übermäßigen Windgeräuschen führen.
Karosserie vorn: A=0,5 mm, F=3,0 mm, G=3,5 mm, H=4,0 mm, K=5,0 mm.
Karosserie hinten: A=0,5 mm, E=2,5 mm, H=4,0 mm, K=5,0 mm, M=6,0 mm.

Mit den gestalterischen Korrekturen 2000 wurde die Außenhülle des Arosa aerodynamisch optimiert. Der Neue mit seiner neu gestalteten Frontpartie ist deutlich windschlüpfriger als sein Vorgänger.

Wegen der speziellen Ansprüche an das Emissionsverhalten und den Verbrauch wurde der Lupo FSI aerodynamisch optimiert. Die modifizierte Karosserie bekam oberhalb der Heckklappe einen Spoiler. Der CW-Wert des FSI wurde auf 0,30 gebracht.

allerdings eingehalten werden, sonst klappert etwa die Tür oder es treten erhöhte Windgeräusche während der Fahrt auf. Der Abstand zwischen den Karosserieteilen muss auf der gesamten Länge des Luftspalts gleich groß sein. Abweichungen bis zu 1 mm sind zulässig.

Passive Sicherheit

Für die passive Sicherheit der Insassen sorgt die selbsttragende Sicherheits-Fahrgastzelle. Dazu kommen ein steifer Aufbau der Karosserie und ein Aufprallschutz auf beiden Seiten. Trotz dieser ausgeklügelten Konstruktion ist der Lupo ein reparaturfreundliches Auto. Das merken Sie spätestens dann, wenn Sie nach einem Blechschaden einen Stoßfänger, einen Kotflügel oder eine Heckklappe wechseln müssen.

Die Lupo-Versionen FSI und 3L TDI kommen mit einer gewichtsoptimierten Version auf den Markt. Dieser Leichtbau, wir sagten es bereits im Kapitel zur Modellvorstellung, geht nicht zu Lasten der Sicherheit. Die in zahlreichen Punkten verstärkte Fahrgastzelle der Karosserie erfüllt strengste Crashanforderungen. Daran ändert auch der Einsatz von Aluminium und Magnesium nichts.

Scheiben und Fenster

Front- und Heckscheibe bieten keinen Spielraum fürs Do it yourself. Sie sind als konstruktives Element der Karosserie mit dem Aufbau verklebt. Ohne Spezialwerkzeug ist da nichts zu machen. Auch das ist wieder ein typischer Fall für die Werkstatt. Was übrigens auch für den Ausbau der Tür- und Fensterscheiben empfohlen wird.

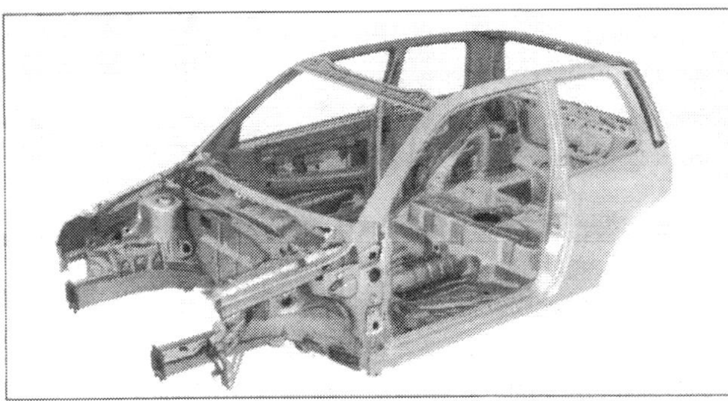

Die **Rohkarosserie** des Drei-Liter-Diesel bleibt aus vollverzinktem Stahl. Für Anbauteile wurde durch den Einsatz von Aluminium und Magnesium eine deutliche Gewichtsreduzierung erreicht. Der Lupo 3L TDI kommt so auf ein Leergewicht von 830 Kilogramm.

Das Streben der Wolfsburger Ingenieure nach höchstmöglicher **Sicherheit** für Insassen auch eines Kleinwagens wird an dieser Abbildung überzeugend dokumentiert.

Die beim 3L und beim FSI angewandte **Leichtbauweise** wird im Glasmodell deutlich sichtbar.

Dacromet gegen Kontaktkorrosion

Beim Lupo 3L, FSI und GTI sind Anbauteile wie Türen, Kotflügel und die Klappe vorn aus Aluminium. Beim Lupo 3L und FSI ist zusätzlich die Klappe hinten aus Aluminium und Magnesium. Bei diesen Anbauteilen ist besonders darauf zu achten, dass bei der Montage

Praxistipp

Arbeiten an der Karosserie

Die meisten der in diesem Kapitel vorgestellten Reparaturen können Sie mit einer Werkzeug-Grundausstattung selbst erledigen. Viele Teile sind mit Torx-Schrauben befestigt, weshalb Sie zusätzlich einen entsprechenden Schlüssel-Satz benötigen. Teile wie Motorhaube, Heckklappe und Türen sind jedoch ziemlich sperrig und können beim Ausbau nur schwer gesichert werden. Lassen Sie sich daher von einem Helfer unterstützen. Ein Tipp für Arbeiten an Motorhaube und Heckklappe: Sie erleichtern sich den Wiedereinbau, wenn Sie die Lage der Scharniere vor der Demontage mit einem wasserfesten Filzschreiber anzeichnen.
Bei Lupo 3L, FSI und GTI sind zahlreiche Anbauteile wegen der Gewichtsersparnis aus Aluminium und Magnesium. Bei der Montage dieser Leichtbauteile muss Kontaktkorrosion vermieden werden. Darum dürfen keine herkömmlichen Verbindungselemente wie Schrauben oder Muttern verwendet werden. Schäden durch Kontaktkorrosion fallen nicht unter die Gewährleistung.

Kontaktkorrosion vermieden wird (vergl. den Praxistipp).
Kontaktkorrosion kann entstehen, wenn nicht geeignete Verbindungselemente (Schrauben, Muttern, Scheiben...) verwendet werden. Verbaut werden dürfen nur Verbindungselemente mit einer speziellen Oberflächenbeschichtung. Sie heißt Dacromet und ist an ihrer grünlichen Farbe zu erkennen.
Die in der Vertragswerkstatt für diese Fahrzeuge verwendeten Gummi-, Kunststoffteile und Klebstoffe sind zum Schutz vor Kontaktkorrosion aus elektrisch nicht leitendem Material. Bei Heimwerkerarbeiten ist zu empfehlen, nur Originalzubehör der VW AG zu verwenden.

Kühlergrill ausbauen

Der Kühlergrill wird zusammen mit dem Blendrahmen ausgebaut. Der Kühlergrill ist in den Blendrahmen eingeclipst. Das Firmenzeichen ist im Kühlergrill eingeclipst. Bei der Demontage sind die Stecker von den Blinkleuchten abzuziehen. Beim Arosa müssen sieben Rastnasen an Blendrahmen und Kühlergrill mit einem Schraubendreher herunter gedrückt und entriegelt werden. Beim Lupo 3 L ist besonders zu beachten, dass die Mittenfixierung ❹ entriegelt wird, ehe die Kühlerblende nach vorn herausgeschwenkt werden kann.

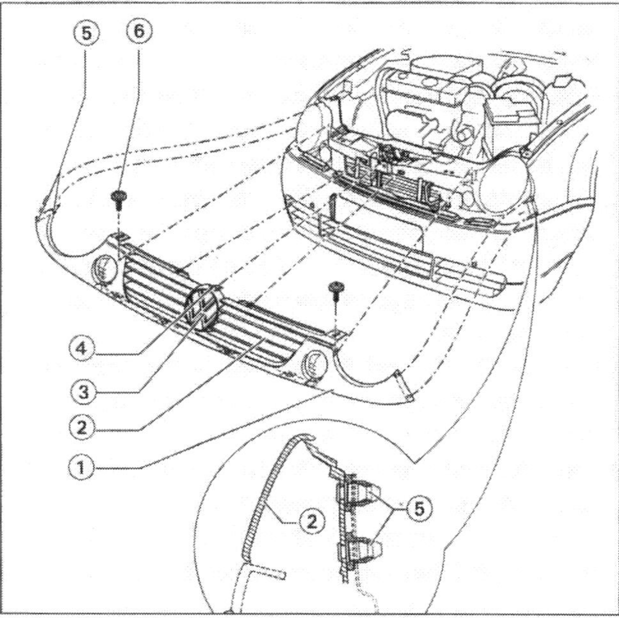

Kühlergrill mit Blendrahmen: ❶ Blendrahmen, ❷ Kühlergrill, ❸ Firmenzeichen, ❹ Mittenfixierung, ❺ Rastnase, ❻ Schrauben.

Arbeitsschritte  

① Ziehen Sie die Steckverbindungen von den Blinkleuchten ab und drehen Sie die beiden Schrauben ❶ heraus (im obigen Übersichtsbild die Schrauben ❻).

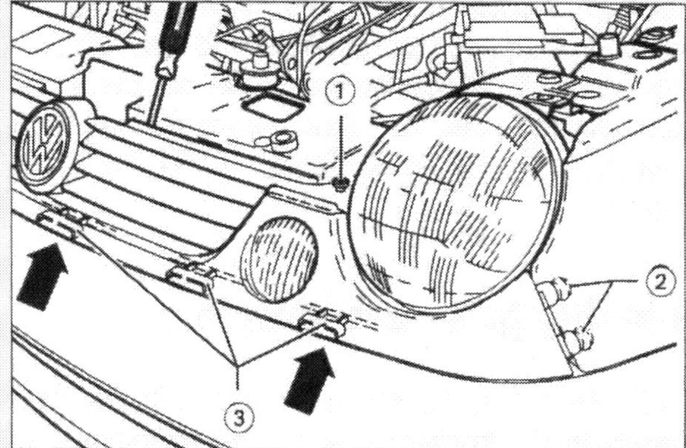

Ausbau des Blendrahmens mit Kühlergrill.

② Während der Blendrahmen mit dem Kühlergrill nach vorn gezogen wird, ist mit einem Schraubendreher der Rasthaken zu entriegeln.

Sicherheitshinweise für Karosseriearbeiten

Gurtstraffer: Bei Fahrzeugausstattungen mit Gurtstraffern, die bei einem Crash die Sicherheitsgurte schlagartig anziehen, ist besondere Vorsicht geboten. Aktiviert werden die Gurtstraffer von elektrisch gezündeten Gasgeneratoren. Dieses Rückhaltesystem ist fürs Do it yourself tabu. Montage und Demontage der Gurtstraffer sind Sache der Werkstatt, die dabei strenge Sicherheitsvorschriften einhalten muss. Wenn Sie an der Karosserie arbeiten, dürfen Sie nicht ohne weiteres in der Umgebung der Gurtrolle mit Schlagschrauber oder Hammer arbeiten – die Gurtstraffer reagieren empfindlich auf Vibrationen und harte Schläge und können auslösen. Ziehen Sie zur Sicherheit vor allen Arbeiten unter dem Fahrzeug die Sicherung für die Gurtstraffer ab und warten Sie fünf Minuten, bis sich die Kondensatoren entladen haben.

Verzinkung: Die Karosserie ist außen elektrolytisch und innen feuerverzinkt. Bei Schweißarbeiten entsteht giftiges Zinkoxid. Sorgen Sie für gute Belüftung am Arbeitsplatz.

Klimaanlage: Es dürfen keine Schweiß- oder Lötarbeiten durchgeführt werden, bei denen sich Teile der Klimaanlage erwärmen können. Der Kältemittelkreislauf darf nicht geöffnet werden.

Elektrische Anlage: Soweit Schweißarbeiten oder andere Funken erzeugende Arbeiten durchgeführt werden, müssen grundsätzlich die Batterie abgeklemmt und beide Batterieklemmen (+) und (-) sorgfältig isoliert werden.

③ Die Eckbereiche ❷ des Blendrahmens können mit einem Kunststoffkeil ausgeclipst werden.

④ Jetzt schwenken Sie den Blendrahmen nach vorn heraus und drücken den unteren Bereich in Pfeilrichtung, um die Clips ❸ zu entriegeln.

⑤ Der Kühlergrill kann nun aus dem Blendrahmen ausgeclipst werden.

⑥ Beim Einbau achten Sie darauf, dass der Blendrahmen mit Kühlergrill und Clips entgegen der Pfeilrichtung einrastet. Zum Schluss müssen die Stecker an den Blinkleuchten wieder aufgeschoben werden.

Stoßfänger vorn aus-/einbauen (Lupo, Lupo 3L, Arosa)

 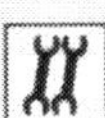 

① Fahrzeug vorn aufbocken und Vorderräder abnehmen.

② Beim Lupo 3L demontieren Sie zunächst die jeweils mit zwei Torxschrauben befestigten Innenkotflügel, beim Arosa müssen die Blinkleuchten ausgebaut werden. Nach diesen Arbeiten, die beim Lupo entfallen, wird der Kühlergrill mit Blendrahmen ausgebaut. Beim Lupo müssen dazu zwei Schrauben heraus gedreht werden. Sodann werden bei allen Fahrzeugtypen Rastnasen oder Rasthaken mit einem Schraubendreher entriegelt und die Blendrahmen mit Kühlergrill nach vorn abgenommen.

③ Bauen Sie die vier Spreizniete ❸ aus dem Stoßfänger ❶ aus, indem dazu der Stift im Niet etwas eingedrückt und dann der Spreizniet herausgezogen wird. Dann können links und rechts jeweils die drei Schrauben für den Stoßfänger im Bereich der Innenkotflügel gelöst werden (entfällt beim Arosa). Anschließend die Torxschrauben ❷ und ❹ herausdrehen. Beim Lupo 3L finden sich diese Schrauben analog, zusätzlich ist aber links und rechts je eine kleine Blende aus dem Stoßfänger auszuclipsen.

④ Jetzt entriegeln Sie den Rasthaken ⓮ (beim 3L sitzen dort Schrauben, beim Arosa keine weitere Befestigung) und ziehen den Stoßfänger mit einem Helfer waagerecht nach vorn von den Führungsteilen ❾ links und rechts ab.

⑤ Beim Einbau in umgekehrter Reihenfolge ist darauf zu achten, dass der Stoßfänger gleichmäßig aufgeschoben wird und sich auf den Führungsteilen nicht verkantet.

⑥ Beschädigte Spreizniete sind zu erneuern. Sie werden ohne Stift eingesetzt. Der dann eingedrückte Stift muss an der Oberseite bündig abschließen. Bei den Schrauben sind unterschiedliche Drehmomente zu beachten: 6 Nm beim Lupo; 1,5 sowie 3,5 und 8 Nm beim Lupo 3L und 6 Nm beim Arosa.

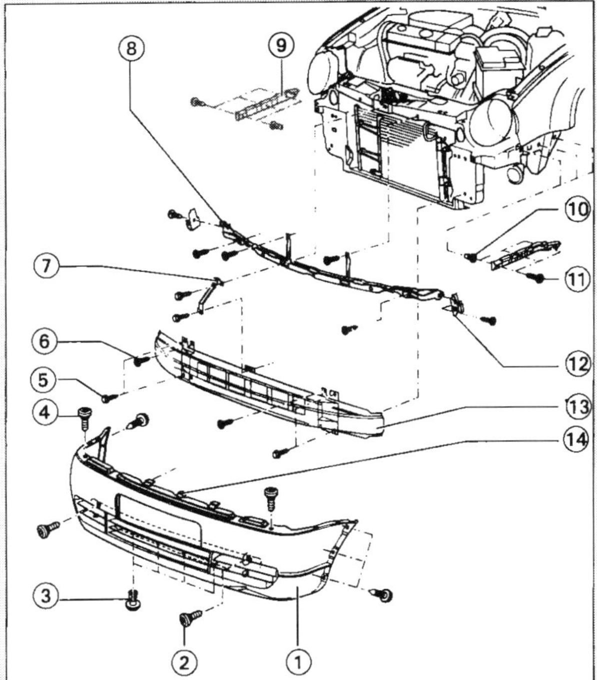

Der Stoßfänger vorn: ❶ Abdeckung/Stoßfänger, ❷ Torxschrauben T30, ❸ Spreizniete, ❹ Torxschrauben T30, ❺ Schrauben, ❻ Schrauben, ❼ Befestigungsbügel, ❽ Träger, ❾ Führungsteile, ❿ Spreizclips, ⓫ Schrauben, ⓬ Halter, ⓭ Stoßfängerträger, ⓮ Rasthaken.

Schlossträger-Servicestellung

Für manche Arbeiten empfiehlt es sich, den Schlossträger in Servicestellung zu bringen. Dazu sind zuerst der Stoßfänger vorn auszubauen und der Bowdenzug am Schloss auszuhängen.

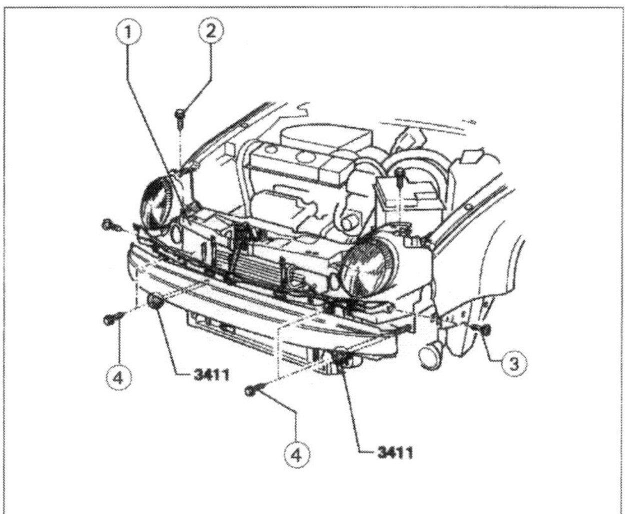

Wichtig für die Servivestellung:
❶ Schlossträger, ❷, ❸ und ❹ Schrauben, 3411 ist ein Sonderwerkzeug.

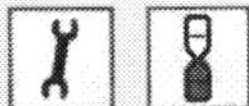

① Die beiden unteren der Schrauben ❹ aus den Längsträgern herausdrehen.

② Anstelle der unteren Schrauben ❹ Sonderwerkzeuge 3411 in den rechten und linken Längsträger einschrauben.

③ Obere Schrauben ❹, Schrauben ❷ und Schrauben ❸ herausdrehen. Schlossträger ❶ kann nun in Servicestellung gezogen werden.

④ Schlossträger wieder in Normalstellung bringen: Arbeitsschritte in umgekehrter Reihenfolge.

Geräuschdämpfung aus-/einbauen

Bei Fahrzeugen mit Dieselmotoren ist eine Geräuschdämpfung (untere Motorverkleidung) vorhanden, die bei verschiedenen Arbeiten »unter dem Auto« ausgebaut werden muss. Die Geräuschdämpfung ist geschraubt und im vorderen Bereich im Schlossträger eingesteckt (siehe auch entsprechende Arbeitsschritte im Kapitel »Der Motor«).

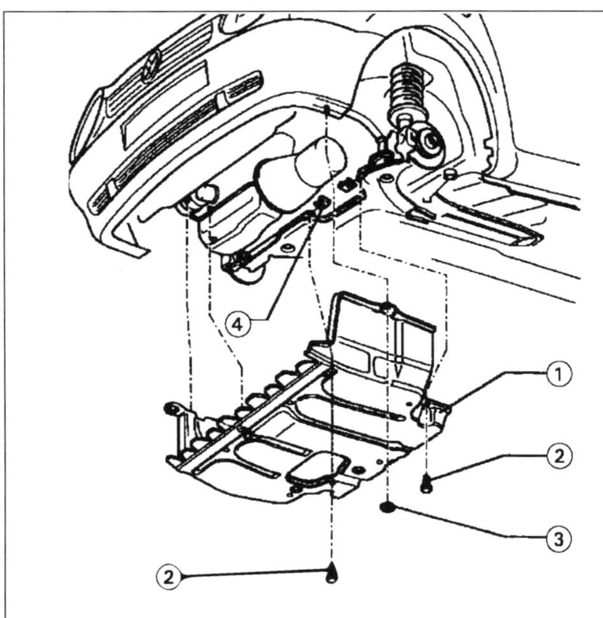

Geräuschdämpfung bei Dieselmotoren:
❶ Geräuschdämpfung, ❷ Schraube 6,5 Nm, ❸ Klemmscheibe, ❹ Schnappmutter.

Kotflügel aus-/einbauen

Der Aus- und Einbau des vorderen Kotflügels erfolgen bei Lupo und Arosa prinzipiell auf die gleiche Weise, nur die Anzahl und Lage der Befestigungsschrauben unterscheiden sich. Bei den Lupo-Modellen 3L und FSI ist an den Anlagestellen des Kotflügels wegen der erforderlichen Vermeidung von Kontaktkorrosion eine VW-Scheuerschutzfolie aufzukleben.

① Bauen Sie den Stoßfänger und den Innenkotflügel (Radhausschale) aus. Die Stoßfänger-Demontage ist in vorangegangenen Arbeitschritten beschrieben. Zum Ausbau des Innenkotflügels müssen sie die elf Torxschrauben T20 lösen.

② Die seitlichen Blinkleuchten sind auszubauen.

③ Die hintere Befestigungsschraube ❶ zwischen Kotflügel und Tür muss herausgedreht werden. Dann die Befestigungsschraube ❷ vom Unterbodenschutz säubern und herausdrehen.

④ Wenn die restlichen Befestigungsschrauben ❸ herausgedreht sind, den Kotflügel im Bereich der A-Säule mit einem Heißluftgebläse oder Fön erwärmen und abnehmen. (Achtung! PVC-Material nur leicht und kurzzeitig erwärmen!)

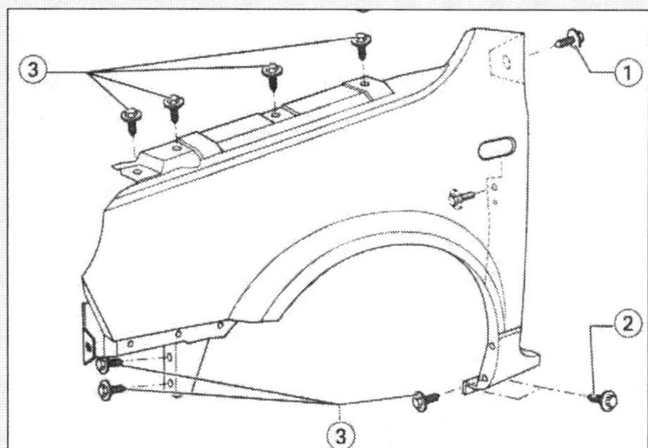

Der Kotflügel vorn: ❶ Befestigungsschraube zwischen Kotflügel und Tür, ❷ untere Befestigungsschraube, ❸ restliche Befestigungsschrauben.

⑤ Beim **Einbau** in umgekehrter Reihenfolge ist zu beachten, dass vor dem Anschrauben des Kotflügels die Schraubpunkte im Anlagebereiche mit je einer Zink-Zwischenlage belegt werden. VW empfiehlt dazu sein Material AKL38103550.

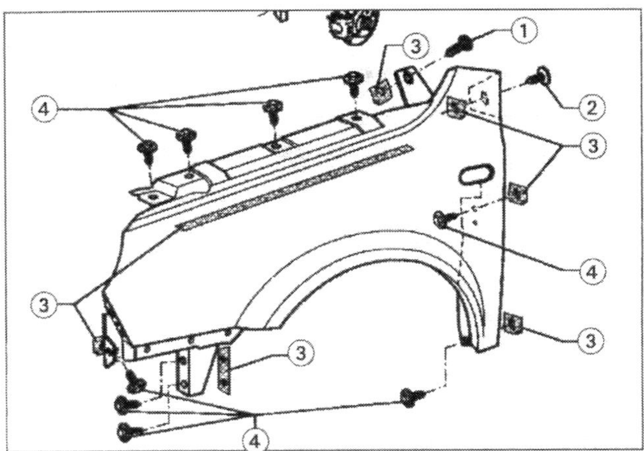

Kotflügel vorn bei FSI, GTI, 3L: Bei den Leichtmetallbauteilen muss unter alle Schrauben ❶, ❷ und ❹ an den durch ❸ bezeichneten Stellen die Scheuerschutzfolie untergelegt werden. Wenn die alte Folie nicht mehr verwendbar ist, neue einsetzen!

Motorhaube aus-/einbauen und einstellen

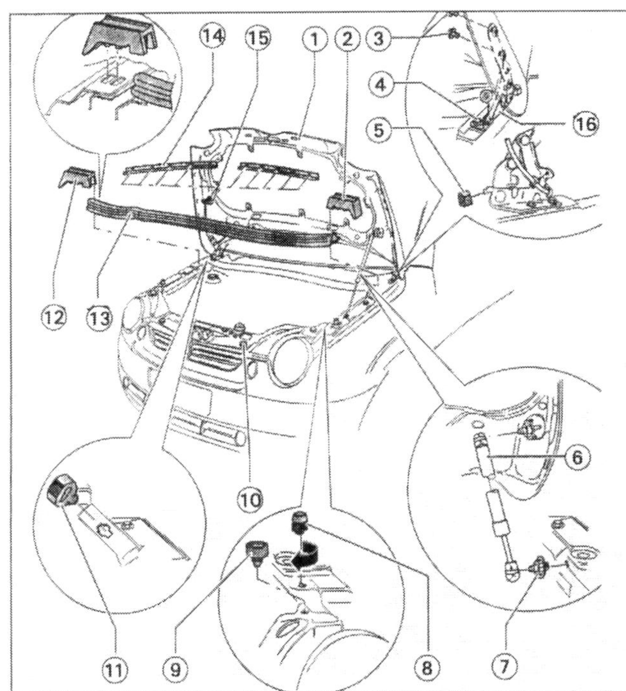

Die Motorhaube (Lupo): ❶ Motorhaube, ❷ Füllstück, ❸ Schrauben zum Einstellen der Motorhaube in Längsrichtung, ❹ Schrauben zum Einstellen der Motorhaube in Querrichtung, ❺ Anschlagpuffer, ❻ Gasdruckfeder, ❼ Kugelzapfen, ❽ Einstellpuffer für Motorhaube, ❾ Anschlagpuffer, ❿ Schrauben, ⓫ Führungsstück, ⓬ Füllstück, ⓭ Dichtung für Wasserkasten, ⓮ CW-Dichtung, ⓯ Clips, ⓰ Scharnier.

Bei einem Ausbau der Motorhaube kann man als spätere Montagehilfe an den Enden der Wasserschläuche, die von den Scheibenwaschdüsen abzuziehen sind, eine Schnur befestigen. Beim Herausziehen der Schläuche wird die Schnur eingezogen und bleibt anschließend in der Haube. Die Motorhaube kann zwischen den Kotflügeln durch Verschieben der Klappenscharniere in den übergroßen Bohrungen ausgemittelt werden. Nach Montage oder Einstellarbeiten sind Korrosionschutzmaßnahmen an Scharnieren und Schrauben empfohlen. Bei Lupo 3L und FSI sind zur Vermeidung von Kontaktkorrosion die von VW vorgeschriebenen Scheuerschutzfolien zu verwenden.

Arbeitsschritte  

① Die Schläuche der Scheibenreinigungsanlage müssen an den Düsen abgezogen und die Leitung ausgeclipst werden.

② Um sich nach dem Einbau Justierarbeiten zu ersparen, können Sie die Position der Schrauben ❸ (siehe Bild linke Spalte) am Scharnier (kotflügelseitig) mit Filzstift markieren.

③ Gasdruckfeder ❷ von der Klappe demontieren. Dabei benötigen Sie einen Helfer, der die Motorhaube hält. Den Sicherungsbügel ❶ am Ende der Feder heben Sie mit einem kleinen Schraubendreher an, dann können Sie die Gasdruckfeder vom Kugelzapfen ❸ abnehmen. Der Sicherungsbügel darf nicht ganz aus der Kugelpfanne heraus gehebelt werden, weil sonst die Gasdruckfeder beschädigt wird und ersetzt werden muss.

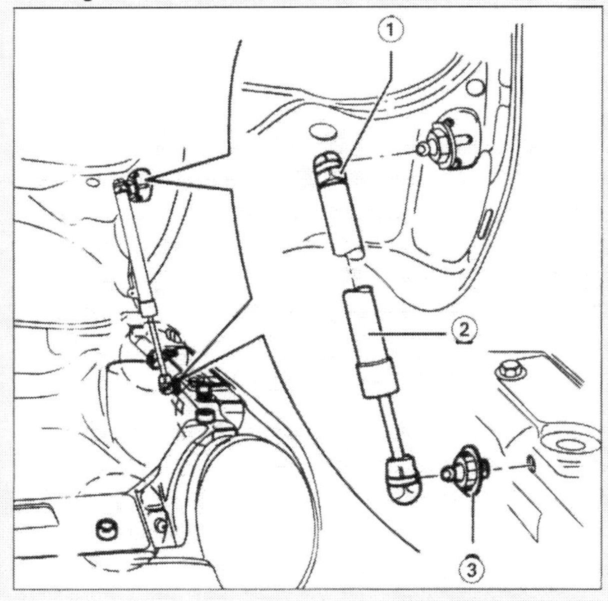

④ Schrauben ❸ (siehe Bild Seite 295 linke Spalte) herausdrehen und Motorhaube abnehmen.

⑤ Der Einbau erfolgt in umgekehrter Reihenfolge. Anhand der vorher angebrachten Filzstiftmarkierungen kann die Haube ausgerichtet werden.

Handelt es sich um eine neue Motorhaube, muss sie eingestellt werden.

So stellen Sie gegebenenfalls die Haube ein (Arosa):

⑥ Schrauben ❹ und ❺ etwas lösen, so dass die Motorhaube in Längs- und Querrichtung gerade noch verschiebbar ist. Befestigungsschrauben für Motorhaubenschloss etwas lösen.

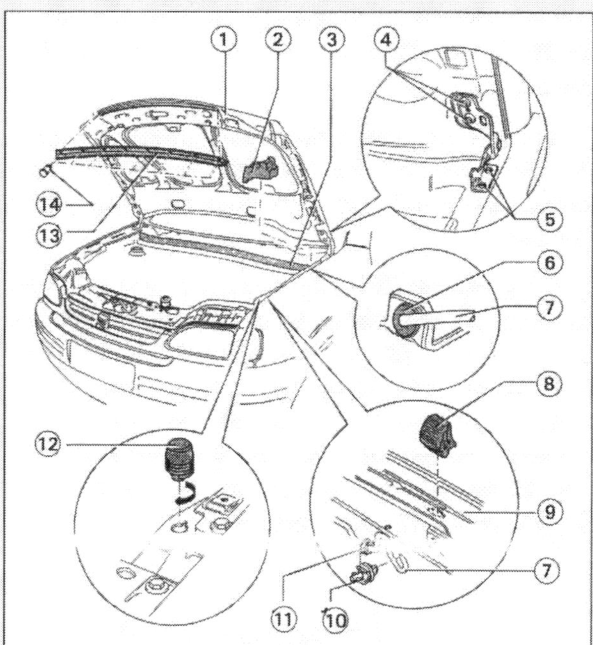

Die Motorhaube (Arosa): ❶ Motorhaube, ❷ Füllstück, ❸ Dichtung für Wasserkasten, ❹ Schrauben zum Einstellen der Motorhaube in Längsrichtung, ❺ Schrauben zur Einstellung der Motorhaube in Querrichtung, ❻ Gummilager, ❼ Motorhaubenstütze, ❽ Führungsstück, ❾ Kotflügel, ❿ Halter für Motorhaubenstütze, ⓫ Gummiring, ⓬ Anschlagpuffer für Höheneinstellung der Motorhaube, ⓭ CW-Dichtung, ⓮ Befestigungsclips.

⑦ Um einen sauberen Abschluss zu den Kotflügeln zu erhalten, Motorhaube schließen und so verschieben, dass zu den umliegenden Karosserieteilen ein parallel verlaufender Spalt von vier bzw. fünf Millimeter besteht (siehe Abbildung Karosseriespaltmaße).

⑧ Beim vorsichtigen Öffnen der ausgerichteten Motorhaube darauf achten, dass die Stellung am Haubenscharnier nicht mehr verändert wird.

⑨ Dann Schrauben ❹ und ❺ und die Befestigungsschrauben für das Motorhaubenschloss anziehen.

⑩ Die Höheneinstellung der Motorhaube zu den Kotflügeln regeln Sie, indem Sie die Einstellpuffer ⓬ in Pfeilrichtung drehen.

Wasserkastenabdeckung/Windlauf aus- und einbauen

Zum Herausheben des Abdeckungsober- und -unterteils müssen zunächst die Wischerarme der Scheibenwischer abgebaut, die Wartungsklappe für Pollenfilter abgenommen und die über die gesamte Fahrzeugbreite reichende Dichtung vom Flansch abgezogen werden. Das Abdeckungsoberteil ist dann nach Herausdrehen von drei Kreuzschlitzschrauben abnehmbar. Jetzt kann das Unterteil herausgenommen werden. Der Einbau erfolgt in umgekehrter Reihenfolge.
An der Unterkante der Frontscheibe ist der Windlauf eingeclipst. Er kann nach Entfernen der drei Kreuzschlitzschrauben des Wasserkasten-Abdeckungsoberteils und der Abdeckung für den Pollenfilter vorsichtig nach oben abgehebelt werden.

Heckklappe aus-/einbauen und einstellen

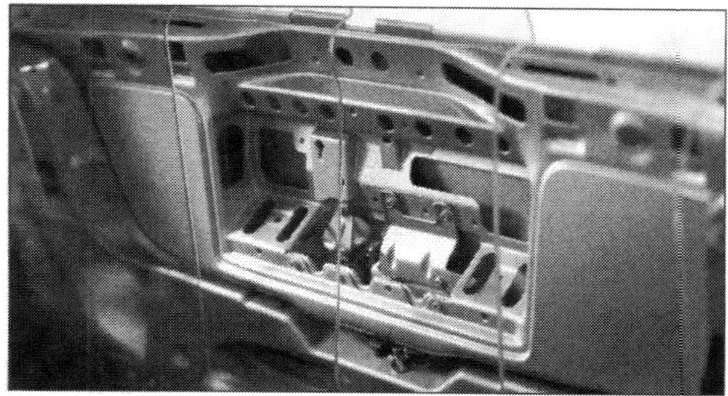

Bei den Lupo-Versionen 3L FSI ist die Heckklappe innen (Abbildung) aus Magnesium gefertigt und außen aus Aluminium. Bei Karosseriearbeiten ist also Kontaktkorrosion zu vermeiden, wozu VW Schutzfolien entwickelt hat.

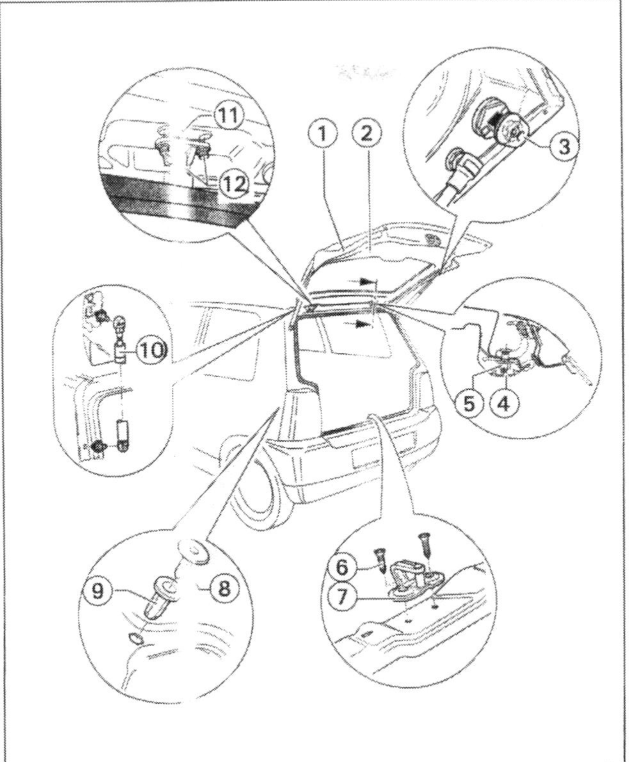

Die Heckklappe (Lupo): ❶ Heckklappe, ❷ Verkleidung, ❸ Einstellpuffer, ❹ Abdeckkappe, ❺ Mutter, ❻ Schraube, ❼ Schließblech, ❽ Kappe, ❾ Blindnietmutter, ❿ Gasdruckfeder, ⓫ Scheuerschutzfolie (nur bei 3L und FSI), ⓬ Schrauben.

① Bauen Sie die Verkleidung der Heckklappe aus (wie im voran gegangenen Kapitel beschrieben).

② Elektrische Leitungen trennen und ausclipsen.

③ Markieren Sie die Position der Sechskantmuttern am Klappenscharnier.

④ Schrauben Sie die Muttern für die Verbindung beider Klappenscharniere zur Klappe ab. Jetzt muss die Gasdruckfeder ausgebaut werden.

⑤ Heben Sie den Sicherungsbügel ❸ (Detailbild) mit einem kleinen Schraubendreher etwas an und ziehen Sie den Kugelkopf ab. Nehmen Sie mit einem Helfer die Klappe ab.

⑥ Beim **Einbau** gehen Sie in umgekehrter Reihenfolge vor.

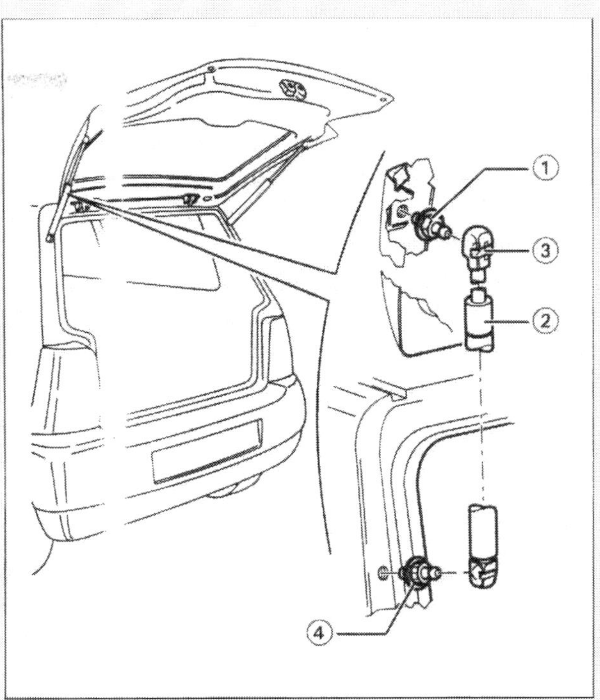

Beim Ausbau der Gasdruckfeder ❷ den Sicherungsbügel ❸ nicht ganz aus der Kugelpfanne aushebeln. Anderenfalls wird die Federklammer beschädigt, und die Gasdruckfeder muss erneuert werden. Kugelzapfen ❶ und ❹, falls erforderlich, mit 22 Nm anschrauben.

So stellen Sie die Klappe ein:

⑥ Das Fahrzeug muss auf ebener Fläche stehen. Die Klappe ist richtig eingestellt, wenn sie im geschlossenen Zustand überall ein gleichmäßiges Spaltmaß (zwischen Klappe und Seitenteil 5 mm) hat, nicht zu weit nach innen oder außen steht und die Konturen fluchten.

⑦ Dazu müssen Sie die Einstellpuffer ❸ (Position im Übersichtsbild) mit einem Ringschlüssel, Schlüsselweite 24 mm, um 90° drehen und aus dem Formloch herausnehmen. Gummipuffer abnehmen, Innensechskant (3 mm) soweit lösen, bis sich der Rastschieber herausziehen lässt. Rastschieber auf das Maß 12,5 mm einstellen (ein neuer Puffer ist bereits auf diesen Abstand eingestellt).

⑧ Heckklappe mit leichtem Druck über die Mitte schließen, dabei den Griff anziehen.

⑨ Spaltmaß zwischen Heckklappe und Seitenteil auf 5 mm einstellen. Die VW-Werkstatt verwendet dazu das Spezialwerkzeug 3371.

Tür aus- und einbauen

Beim Aus- und Einbau der Tür empfiehlt es sich, das Fahrzeug auf einer ebenen Fläche abzustellen. Arbeiten an der Tür sind allerdings am besten der Werkstatt zu überlassen. Denn für eine korrekte Türeinstellung nach dem Wiedereinbau muss das Türscharnier an der A-Säule **von innen** gelöst werden. Sie müssen dazu die Innenvielzahnschraube ㉕ (Zeichnung Bauteile der Tür) lösen, was nur nach Ausbau der Armaturentafel möglich ist. Dies aber sollte Werkstattarbeit sein und wird von uns in diesem Buch nicht beschrieben.

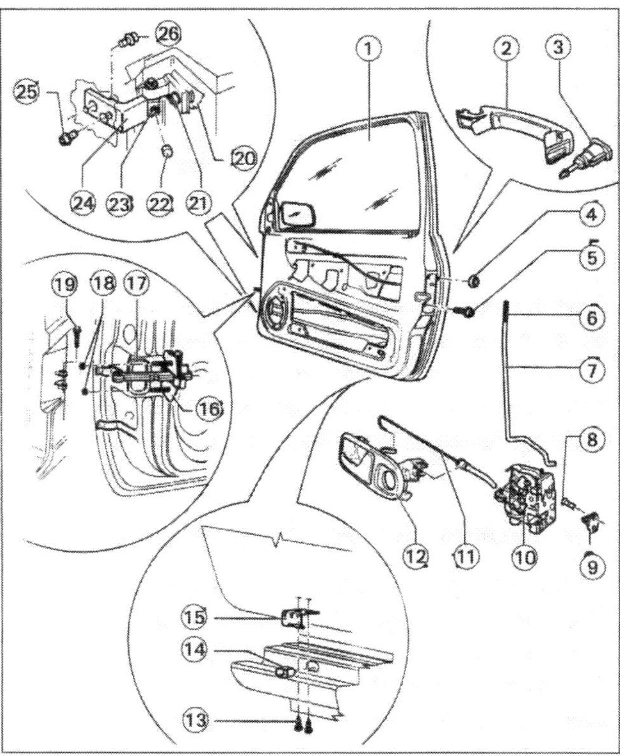

Bauteile der Tür:
❶ Tür, ❷ Türgriff mit Unterlage, ❸ Schließzylindergehäuse, ❹ Abdeckkappe, ❺ Schraube, ❻ Sicherungsknopf, ❼ Sicherungsstange, ❽ Schraube, ❾ Schließblech, ❿ Türschloss, ⓫ Bowdenzug, ⓬ Türinnenbetätigung, ⓭ Innenvielzahnschraube, ⓮ Abdichtung, ⓯ Haken, ⓰ Türfeststeller, ⓱ Abdeckung, ⓲ Mutter, ⓳ Schraube, ⓴ Scheuerschutzfolie (nur bei 3L und FSI), ㉑ Schraube, ㉒ Abdeckkappe, ㉓ Madenschraube, ㉔ Türscharnier, ㉕ Innenvielzahnschraube, ㉖ Innenvielzahnschraube.

Versuchen Sie bitte nicht, die Tür(en) auf andere Art und Weise einzustellen oder auszurichten! Die Türen würden nach solchen Bemühungen doch wieder absacken. Außerdem sind zum Türeinstellen Spezialwerkzeuge nötig. In den folgenden Arbeitsschritten werden daher nur prinzipiell Aus- und Einbau beschrieben

Arbeitsschritte  

① Schrauben Sie die untere Verkleidung für die A-Säule ❺ ab (eine Schraube) und lösen Sie die Steckverbindung ❻.

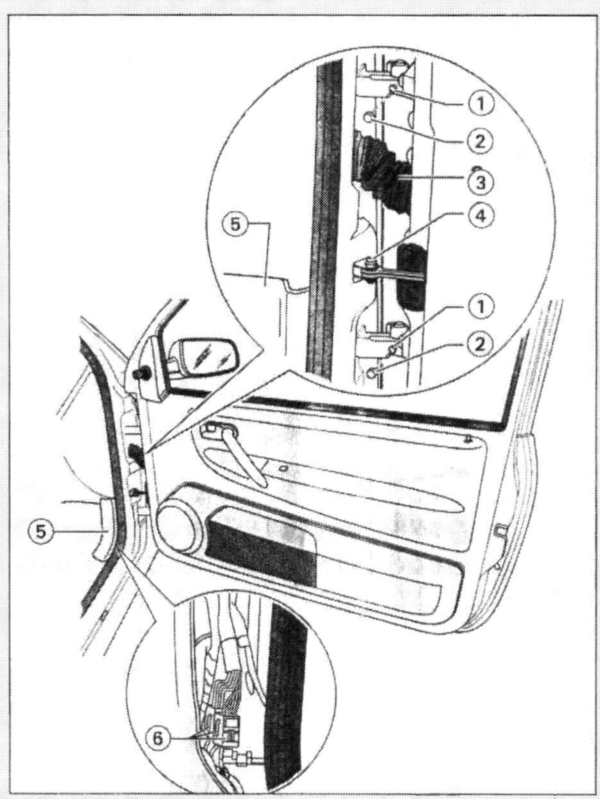

Aus- und Einbau der Tür: ❶ Madenschraube, ❷ Abdeckkappe, ❸ Faltenbalg, ❹ Schraube für Türfeststeller, ❺ untere Verkleidung für A-Säule, ❻ Steckverbindung an der A-Säule.

② Ziehen Sie den Faltenbalg ❸ von der A-Säule ab. Die Kabelstränge müssen durch die Öffnung aus der Säule gezogen werden.

③ Drehen Sie die Schraube ❹ für den Türfeststeller heraus.

④ Hebeln Sie mit einem Schraubendreher die Abdeckkappe ❷ (Bauteil ㉒ im Bild »Bauteile der Tür«) von der Madenschraube ❶ (Bauteil ㉓ im Bild »Bauteile der Tür«) ab und drehen Sie die Schraube aus beiden Scharnierteilen heraus.

⑤ Nun können Sie die Tür nach oben aus den Scharnierwinkeln heraus heben.

Der **Einbau** erfolgt sinngemäß in umgekehrter Reihenfolge. Beachten Sie dabei, dass die Madenschraube (❶ bzw. ㉓) ins untere und obere Scharnier mit 23 Nm einzuschrauben ist. Die Schraube für den Türfeststeller ❹ ist mit 7,2 Nm anzuziehen.

Stoßfänger hinten aus-/einbauen

Arbeitsschritte  

① Öffnen Sie die Heckklappe und bauen Sie die Heckleuchten aus.

② Schrauben Sie den Innenkotflügel im Bereich des Stoßfängers ab und drehen Sie die Schrauben ❽ (zwei von oben, zwei von unten) heraus.

③ Ziehen Sie nun den Stoßfänger gleichmäßig von den Führungsteilen ❹ ab und trennen Sie die Steckverbindungen für die Kennzeichenleuchte.

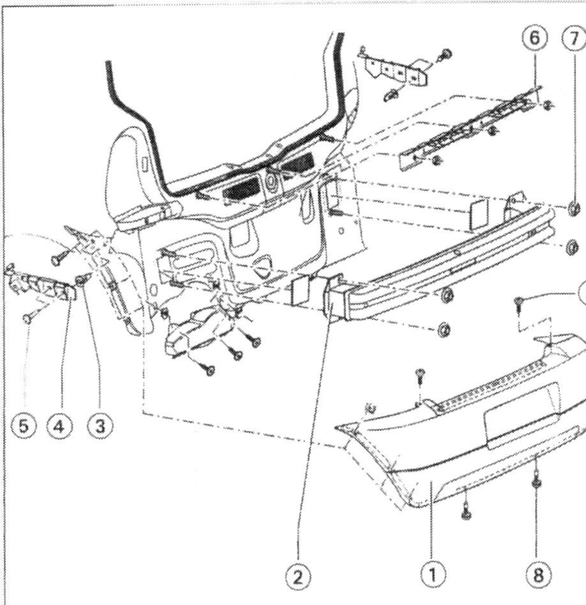

Der Stoßfänger hinten (Lupo/Lupo 3L): ❶ Abdeckung/-Stoßfänger, ❷ Stoßfängerträger, ❸ Spreizclips (vier), ❹ Führungsteil, ❺ Schrauben (vier) zur Befestigung des Führungsteils, ❻ Befestigungsleiste, ❼ Muttern (vier) für Stoßfängerträger, ❽ Schrauben.

④ Der **Einbau** erfolgt in umgekehrter Reihenfolge, beginnend beim Aufschieben des Steckers für die Kennzeichenleuchte. Nach Aufsetzen des Stoßfängers auf die Führungsteile müssen die Schrauben ❽ mit 5 Nm festgezogen werden.

Aus- und Einbau des Stoßfängers beim **Seat Arosa** erfolgen analog zu den Arbeitsschritten beim Lupo. Die Torxschrauben ❻ (zwei von oben, zwei von unten) müssen beim Wiedereindrehen mit 6 Nm festgezogen werden.

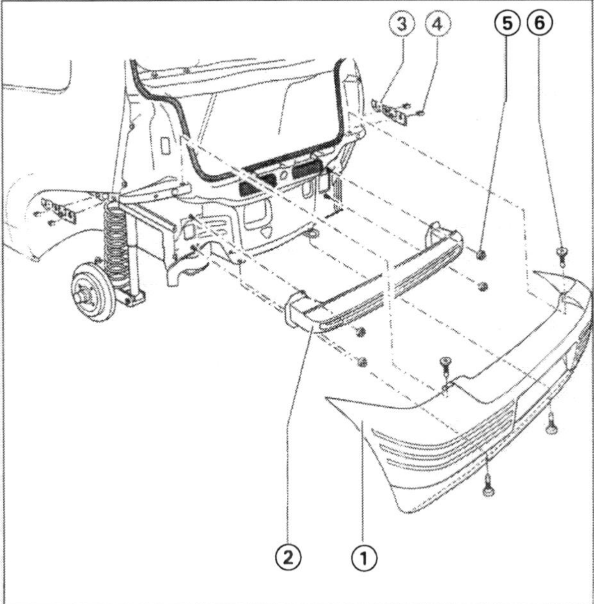

Der Stoßfänger hinten (Arosa): ❶ Abdeckung/Stoßfänger, ❷ Stoßfängerträger, ❸ Führungsteil, ❹ Spreizstücke (vier) zur Befestigung des Führungsteils, ❺ Muttern für Stoßfängerträger, ❻ Torxschrauben.

Technische Daten

Die junge Produktfamilie Lupo / Lupo 3L / Lupo FSI, Lupo GTI und Seat Arosa ist zwar noch überschaubar, aber für die Baureihe eines Kleinwagens doch von erstaunlicher Vielfalt. Rechnet man alle Bauformen nach Motorisierung und Getriebeart zusammen, bringt sie es auf 13 Modelle (Stand: Frühjahr 2001) bei 11 unterschiedlichen Motorisierungen sowie den drei Getriebearten Fünfgang-Schaltgetriebe, Fünfgang-Halbautomatik und Viergang-Automatik. Mit der Fünfgang-Halbautomatik sind die besonders sparsamen Modelle FSI und TDI 3L ausgestattet.

Nicht alle 13 Modelle sollen hier aufgelistet werden. Wir sehen von zwei (50 PS) 1,0 Liter- und zwei (60 PS und 100 PS) 1,4 Liter-Benzinmotoren ab. In den folgenden tabellarischen Übersichten bieten wir also sieben Motorvarianten und damit eine Auswahl der gängigsten Modelle. Diese technischen Daten machen die wesentlichsten Übereinstimmungen und Unterschiede deutlich.

Motor

Modell	1,0 Schalt	1,4 Automatik	1,4 FSI Halbauto	1,6 GTI Schalt	1,7 SDI Schalt	1,2 TDI 3L Halbauto	1,4 TDI Schalt
Motortyp	ALD ANV	AHW AKQ, APE	ARR	AVY	AKU	ANY, AYZ	AMF
Hubraum in cm^3	999	1.390	1.390	1.598	1.716	1.191	1.422
Bohrung in mm	67,1	76,5	76,5	76,5	79,5	76,5	79,5
Hub in mm	70,6	75,6	75,6	86,9	86,4	86,4	95,5
Verdichtungsverh.	10,7 : 1	10,5 : 1	11,5 : 1	11,5 : 1	19,5 : 1	19,5 : 1	19,5 : 1
Höchstleistung kW/PS	37 / 50	55 / 75	77 / 105	92 / 125	44 / 60	45 / 61	55 / 75
bei 1/min	5.000	5.000	6.200	6.500	4.250	4.000	4.000
Max.Drehmoment Nm	86	126	130	152	115	140	195
bei 1/min	3.000 - 3.600	3.800...	4.250...	3.000	2.200 - 3.000	1.800 - 2.400	2.200...
Zylinder	4	4	4	4	4	3	3
Nockenwellen	1 oben	2 oben	2 oben	2 oben	1 oben	1 oben	1 oben
Ventile pro Zylinder	2 parallel	4 im Winkel	4 im Winkel	4 im Winkel	2 parallel	2 parallel	2 parallel
Ventilsteuerung	Über Zahnriemen, oben liegende Nockenwelle(n); hydraulischer Ventilspielausgleich.						
Schmiersystem	Druckumlaufschmierung.						

Elektrische Anlage

Modell	1,0 Schalt	1,4 Automatik	1,4 FSI Halbauto	1,6 GTI Schalt	1,7 SDI Schalt	1,2 TDI 3L Halbauto	1,4 TDI Schalt
Hubraum in cm^3	999	1.390	1.390	1.598	1.716	1.191	1.422
Bordspannung V	12	12	12	12	12	12	12
Batterie Ah	36	60	60		61	61	61
Batterie A	175	280	280		330	330	330
Generator A	70	70	70		90	70	120
Zündanlage	Ruhende Zündverteilung	Ruhende Zündverteilung	Elektron. Zündung ohne Verteiler	Kennfeld-Zündung 2 Doppel funkenspu.	Selbstzünder	Selbstzünder	Selbstzünder

Fahrgeräusche (obere Zeile: Standgeräusche db, untere Zeile: Fahrgeräusche db)

Modell	1,0 Schalt	1,4 Automatik	1,4 FSI Halbauto	1,6 GTI Schalt	1,7 SDI Schalt	1,2 TDI 3L Halbauto	1,4 TDI Schalt
	81,0	81,0	84,0	84,0	83,0	81,0	82,0
	72,5	72,5	69,0	73,0	73,0	71,0	73,0

Emissionen und Füllmengen

Modell	1,0 Schalt	1,4 Automatik	1,4 FSI Halbauto	1,6 GTI Schalt	1,7 SDI Schalt	1,2 TDI 3L Halbauto	1,4 TDI Schalt
Hubraum in cm^3	999	1.390	1.390	1.598	1.716	1.191	1.422
Emission (g/km) CO_2	139	173	118	168	119	81	116
CH	0,07	0,07	---	0,06	---	---	---
HC + NO_x	0,05	---	---	---	0,39	0,24	0,45
Partikel	---	---	---	---	0,02	0,02	0,02
Füllmengen in l							
Motoröl	3,5	3,5	3,3	3,5	4,7	4,5	4,3
Kraftstoff	34,0	34,0	34,0	34,0	34,0	34,0	34,0
Kühlmittel	5,0	5,0	4,8	5,4	5,0	4,2	3,8

Kraftstoffanlage (Gemischaufbereitung)

Benzinmotoren	Elektrische Multipoint-Benzineinspritzung, beim FSI direkte Benzin- Einspritzung, beim GTI indirekte elektronische Einzeleinspritzung. Elektronische Steuerung: Verschiedene Typen Magneti Marelli, Siemens (Simos), Bosch (Motronic)
Dieselmotoren	Direkte elektronische Einzeleinspritzung, beim 3L Pumpe-Düse-Direkt- Einspritzung. TDI: Abgasturbolader, Ladedruck. Einspritzpumpe von Bosch

Kraftübertragung

Übersetzungsverhältnisse: 5-Gang-Schaltgetriebe (Frontantrieb) = Schalt, 5-Gang-Halbautomatik (Frontantrieb) = Halbauto, 4-Gang-Automatik (Frontantrieb) = Automatik, Kupplungstyp: Einscheiben-Trockenkupplung; Automatik: Wandler mit Überbrückungskupplung

Modell	1,0 Schalt	1,4 Automatik	1,4 FSI Halbauto	1,6 GTI Schalt	1,7 SDI Schalt	1,2 TDI 3L Halbauto	1,4 TDI Schalt
Hubraum in cm^3	999	1.390	1.390	1.598	1.716	1.191	1.422
Übersetzungen (:1)							
1. Gang:	3,46	2,88	3,46	3,5	3,46	3,45	3,3
2. Gang:	2,1	1,51	1,96	2,1	1,96	1,96	1,94
3. Gang:	1,45	1,0	1,18	1,44	1,25	1,18	1,31
4. Gang:	1,1	0,73	0,85	1,08	0,93	0,81	0,97
5. Gang:	0,89	---	0,71	0,89	0,74	0,64	0,76
R-Gang:	3,36	2,66	3,36	3,18	3,36	3,36	3,06
Achsantrieb:	4,06	4,12	3,88	3,61	3,33	3,33	3,16
Primärstufe	---	1,08	---	---	---	---	---

Gewichte

Modell	1,0 Schalt	1,4 Automatik	1,4 FSI Halbauto	1,6 GTI Schalt	1,7 SDI Schalt	1,2 TDI 3L Halbauto	1,4 TDI Schalt
Leergewicht in kg:	884	953	901	978	973	830	984
Zul. Gesamtgewicht kg:	1.340	1.420	1.260	1.320	1.430	1.210	1.450
Zul. Achslast vorn kg:	710	790	730	770	800	710	820
Zul. Achslast hinten kg:	690	690	590	600	690	540	690
Zul. Anhängelast bis 12% gebremst kg:	650	800	---	800	800		800
Zul. Anhängelast bis 12% ungebr. kg:	450	450	---	450	450		450
Zul. Stützlast kg:	50	50	---	50	50	50	50
Zul. Dachlast kg:	50	50	50	50	50	50	50

Fahrwerk

Vorderachse	Einzelradaufhängung, McPherson-Federbeine und Schraubenfedern, Stabilisator
Hinterachse Frontantrieb	Verbundlenkerachse oder Koppellenkerachse (FSI und GTI), Längslenker, Schraubenfedern, Gasdruckstoßdämpfer, Stabilisator (FSI und GTI)
Spurweite mm	Vorn 1.392, hinten 1.400; FSI: 1.396/1.394; GTI: 1.420/1.400; TDI 3L: 1.425/1.400
Radstand mm	2.323; GTI: 2.318; TDI 3L und FSI: 2.319
Lenkung	Hydraulisch unterstützte Zahnstangenlenkung / ESP (FSI und GTI)
Wendekreis in m	10,22; TDI 3L: 10,33; FSI: 10,36; GTI: 10,42; 1-l-Fahrzeuge: 9,84
Lenkübersetzung	Je nach Typ und Motorisierung zwischen 3,8:1 und 5,4:1

Bremsanlage

Art der Bremsen	Scheibenbremsen vorn innenbelüftet, Trommelbremsen hinten, FSI und GTI: rundum Scheibenbremsen; FSI, GTI und TDI 3L mit ABS
Durchmesser der Bremsscheiben/-trommel vorn / hinten in mm	239/200; TDI 3L: 239/180; TDI (1,4l): 256/200; FSI und GTI: 256/232
Wirkung der Handbremse	Mechanische Seilzugbremse wirkt auf die Hinterräder

Stichwortverzeichnis

Wartungsplan Lupo / Arosa

Die Wartungsintervalle beim Lupo und Arosa hängen von den gefahrenen Kilometern und dem Zeitpunkt der letzten Inspektion ab. Wenn eine Wartung oder ein Ölwechsel erforderlich ist, erscheint eine entsprechende Anzeige im Display des Tageskilometerzählers. Dies geschieht eine Minute lang nach Einschalten der Zündung und nach dem Anlassen des Motors.
Es gibt zwei verschiedene Anzeigen: »service OEL« für den Ölwechsel und »service INSP« für die fällige Inspektion.
Nach der Durchführung des Service muss die Intervallanzeige zurückgesetzt werden.
Die Wartung soll nach der Intervallanzeige durchgeführt werden, davon unabhängig aber alle zwölf Monate oder nach 15.000 Kilometern.

Ständige Kontrollen

- Scheibenwaschwasser auffüllen Bremsflüssigkeit prüfen
- Scheibenwischer und Waschanlage prüfen
- Standlicht, Abblend- und Fernlicht prüfen
- Motorölstand prüfen
- Rücklichter und Nebelschlussleuchten prüfen
- Kühlflüssigkeit prüfen und nachfüllen
- Bremsleuchten und Blinker prüfen
- Reifendruck prüfen
- Warnblinker prüfen
- Bremsen prüfen
- Hupe prüfen

Wartung alle 15 000 Kilometer oder einmal im Jahr

- Beleuchtung, elektrische Verbraucher, Schalter, Anzeigen, sonstige Bedienelemente auf Funktion prüfen
- Scheibenwisch- und Waschanlage auf Düseneinstellung und Funktion prüfen
- Scheibenwischerblätter: Ruhestellung und auf Beschädigung prüfen
- Eigendiagnose: Fehlerspeicher mit V.A.G. 1551 abfragen
- Service-Intervallanzeige zurücksetzen
- Türfeststeller schmieren
- Schließzylinder schmieren
- Schiebedach-Führungsschienen reinigen und mit Silikon-Gleitmittel einsprühen
- Säurestand der Batterie prüfen, ggf. destilliertes Wasser auffüllen
- Scheibenwasch-/Scheinwerferreinigungsanlage Flüssigkeit auffüllen
- Frostschutz im Kühlsystem prüfen
- Motorraum: Sichtprüfung auf Beschädigungen und Undichtigkeiten
- Motor von unten: Getriebe, Achsantrieb, Lenkung, Gelenkschutzhüllen: Sichtprüfung auf Beschädigung und Undichtigkeiten
- Motoröl: Wechseln, Ölfilter ersetzen
- Sichtprüfung der Bremsanlage auf Undichtigkeiten und Beschädigungen
- Dicke der Bremsbeläge prüfen
- Bremsflüssigkeitsstand abhängig vom Belagverschleiß prüfen
- Sichtprüfung der Abgasanlage
- Spiel, Befestigung und Dichtungsbälge der Spurstangenköpfe prüfen
- Dichtungsbälge der Achsgelenke prüfen
- Reifen (einschließlich Reserverad): Zustand, Reifenlaufbild, Fülldruck und Profiltiefe prüfen
- TDI: Kraftstofffilter entwässern
- CO-Anteil des Kraftstoffgemischs, Regulierung der Lambda-Sonde, Funktion des Katalysators und andere Teile der Abgasregulierung in der Werkstatt kontrollieren lassen, besonders, wenn das Fahrzeug dem TÜV vorgeführt werden muss

Zusätzlich alle 30 000 km

- TDI: Kraftstofffilter wechseln
- Pollenfilter ersetzen
- Ölstand im Schaltgetriebe prüfen
- Ölstand im Achsantrieb bei eingebauter Getriebeautomatik kontrollieren
- Unterbodenschutz auf Beschädigung prüfen
- Scheinwerfereinstellung prüfen

Zusätzlich alle 60 000 km

- Luftfiltergehäuse reinigen und Filtereinsatz wechseln
- Zündkerzen ersetzen
- Hydraulik: Auf Dichtheit und Flüssigkeitsstand prüfen
- Ölstand des Achsantriebes beim automatischen Getriebe prüfen
- Bei automatischem Getriebe die Flüssigkeit in der Werkstatt wechseln lassen

Zusätzlich alle 90 000 km

- TDI: Zahnriemen für Nockenwellenantrieb und Spannrolle ersetzen

Zusätzlich alle 120 000 km

- Zahnriemen für Nockenwellenantrieb, Keilrippenriemen und Spannrolle ersetzen

Alle 24 Monate

- Bremsflüssigkeit wechseln

Erstmals nach 36 Monaten, dann alle 24 Monate

- Abgasuntersuchung

Bei Fahrzeugen mit Long-Life-Service-System (zum Beispiel Lupo FSI) kann durch entsprechende schonende Fahrweise und Einsatzbedingungen die Wartungsintervalldauer bis auf das Doppelte vergrößert werden. Die maximale Intervalldauer beträgt also 30.000 km oder 24 Monate, wobei die Fälligkeit einer Wartung immer durch die flexible Service-Intervallanzeige signalisiert wird. Der Fahrer wird ca. 3000 km vorher durch die Anzeige »service in 3000 km« nach jedem Einschalten der Zündung vorgewarnt. Bei Erreichen der vom Steuergerät berechneten Intervalldauer erscheint dann die Meldung »service« oder »service jetzt«. Die Wartung sollte dann alsbald durchgeführt werden. Bei extremer Fahrweise und extremen Einsatzbedingungen kann die Wartung auch bei Fahrzeugen mit Long-Life-Service nach 15.000 km oder 12 Monaten fällig werden.

Wenn Sie die Wartungsarbeiten selbst erledigen, beachten Sie bitte Folgendes: Die Werkstätten fragen bei jeder Inspektion die Fehlerspeicher der elektronischen Steuergeräte von Motor, Airbag, Wegfahrsicherung und ABS ab. Dazu benötigt man ein spezielles Fehlerauslesegerät. Die gelegentliche Kontrolle der Fehlerspeicher ist sinnvoll, weil manche Defekte im elektronischen System während der Fahrt nicht unbedingt auffallen. Die Steuergeräte besitzen Notlaufprogramme, die den Betrieb auch bei Ausfall beispielsweise eines Sensors garantieren sollen. Manche dieser Programme funktionieren so gut, dass der Fahrer einen Fehler nicht bemerkt.

Zeitfracht Medien GmbH
Ferdinand-Jühlke-Straße 7
99095 Erfurt, Deutschland
produktsicherheit@kolibri360.de